建筑工程设计专业图库

结构专业

上海现代建筑设计（集团）有限公司　　编

中国建筑工业出版社

图书在版编目(CIP)数据

上海现代建筑设计（集团）有限公司建筑工程设计专业图库. 结构专业／上海现代建筑设计（集团）有限公司编. －北京:中国建筑工业出版社，2006
ISBN 7-112-08642-6

I.上... II.上... III.①建筑设计－图集②建筑结构－建筑设计－图集 IV.①TU206 ②TU318-64

中国版本图书馆 CIP 数据核字(2006)第106383号

责任编辑：徐纺 邓卫

上海现代建筑设计（集团）有限公司建筑工程设计专业图库 结构专业

上海现代建筑设计（集团）有限公司 编
*
中国建筑工业出版社出版、发行（北京西郊百万庄）
新华书店经销
上海恒美印务有限公司制版
北京中科印刷有限公司印刷
*
开本：889毫米×1194毫米 1/16 印张：19 1/4 字数：381千字
2006年12月第一版 2006年12月第一次印刷
印数：1-5000册 定价：152.00元
ISBN 7-112-08642-6
(15306)

本社网址：http://www.cabp.com.cn
网上书店：http://www.china-building.com.cn

编制委员会

主　　任：盛昭俊
副 主 任：高承勇 黄磊 杨联萍 田炜
成　　员：建　筑：许一凡 舒薇蔷 范太珍 傅彬 王文治 马骞（技术中心）
　　　　　结　构：顾嗣淳 李亚明 陈绩明 王平山 邱枕戈 唐维新 冯芝粹
　　　　　　　　　沈海良 余梦麟 蔡慈红 周春 陆余年 梁继恒（上海院）
　　　　　给排水：余勇（现代都市）徐燕（技术中心）
　　　　　暖　通：寿炜炜 张静波（上海院）郦业（技术中心）
　　　　　电　气：高坚榕（现代华盖）李玉劲（现代都市）谭密 王兰（技术中心）
　　　　　动　力：刘毅 钱翠雯（华东院）崔岚（技术中心）
执行主编：许一凡
执行编辑：王文治
档案资料：向临勇 张俊 葛伟长
装帧设计：上海唯品艺术设计有限公司

结构专业
Structural

集团技术负责人：盛昭俊 高承勇
技术审定人（技委会）：顾嗣淳
分册主编：李亚明 王平山
编制成员：唐维新 邱枕戈
绘图人：沈捷攀

前言

从上世纪90年代中期开始，我国进入了基本建设的高速发展期，中国已成为世界最大的建筑工程设计市场。作为国内建筑工程设计的龙头企业，上海现代建筑工程设计（集团）有限公司（以下简称“集团”），十年多以来承接了上海及全国各地数千项建筑工程项目，许多工程项目建成后，不仅成为该工程项目所在地区的标志性建筑，而且还充分代表了当今中国乃至世界建筑技术的最高水平。在前所未有的建设大潮下，集团的建筑工程设计水平得到空前的提高，同时也受到前所未有的挑战，真所谓：机遇与挑战并存。

集团领导居安思危，为了提高集团建筑工程设计效率和水平，控制设计质量，做好技术积累总结工作，实现集团工程设计的资源共享，从而进一步提高集团建筑工程设计的综合竞争力，于2003年下半年决定由集团组织各专业的专家组成编制组，开始编制《建筑工程设计专业图库》。

编制组汇集了集团近十年来完成的几百项大中型建筑工程项目中万余个各专业实用的节点详图、系统图和参考图，通过大量的筛选、修改、优化等编制工作，不断听取各专业设计人员的意见及建议，并经过了集团技术委员会反复评审，几易其稿，于2006年3月完成了第一版的编制工作并通过了专家组的评审。

《建筑工程设计专业图库》的编制采用了现行的国家规范和标准，涵盖建筑、结构、给排水、暖通、电气、动力等六个设计专业，取材于许多已建成的重大工程项目，具有一定的实用性和典型性，适用于各类民用建筑的施工图设计。编制组为了使之更具代表性，结构、动力、暖通、电气专业引用了部分国标图集。

《建筑工程设计专业图库》的出版，集中反映了集团十多年来在建筑工程设计实践中所积累的技术和成果，也体现出编制人员的无私奉献的精神和聪明卓越的才智。评审委员会认为《建筑工程设计专业图库》不仅是集团建筑工程设计技术的积累和提高，而且对提高设计效率和水平、控制设计质量将有极大帮助，具有很好的参考意义，是建筑工程设计人员从事施工图设计的好助手。

《建筑工程设计专业图库》是供建筑工程施工图设计参考的资料性图库，其编制工作是一项长期的基础性技术工作，也是设计技术逐步积累和提高的过程。《建筑工程设计专业图库》的第一版，重点还只能满足量大面广的基础性设计的需求，随着日新月异的建筑设计技术的发展，还必须不断地更新、修改、充实和完善。《建筑工程设计专业图库》的成功与否，关键在于其内容是否实用，是否符合建筑设计的需求。为此，编制组希望《建筑工程设计专业图库》在推广应用的基础上，能充分得到国内同行的批评指正，吸取广大建筑工程设计的意见，以便不断地积累和完善，同时也能不断体现出设计和施工的最新技术，进一步提高新版本的水平及参考价值。

为了更好地让《建筑工程设计专业图库》被广大设计人员应用，编制组在编制的同时，推出了相应的使用软件，所有图形都有基于AutoCAD软件的DWG文件，编制组为了规范和统一集团的CAD应用标准，提高CAD应用水平，所有DWG文件都是按照集团《工程设计CAD制图标准》编制，并配套开发了检索软件，软件采用先进的软件技术和良好的用户界面，设计人员可在AutoCAD环境下，通过图形菜单方便地检索到所需的图形文件，供设计人员直接调用。同时，《建筑工程设计专业图库》的推广应用可以为设计院建立一个工程设计的技术交流平台，在这个平台上，《建筑工程设计专业图库》的内容可以不断地被设计人员充实、更新、完善，更有利于建筑设计技术的不断积累和提高。

几点说明：

1. 《建筑工程设计专业图库》中的节点详图、系统图和参考图，取材于实际工程的施工图，其优点是源自工程，具有很强的参考性和实用性，缺点是由于项目的特殊性，详图缺乏一定的通用性，不一定适用于其他项目。因此，《建筑工程设计专业图库》不是标准图集，其定位是建筑工程设计实用的参考图库，设计人员务必要根据工程项目的条件、要求和特点参考选用，绝对不能盲目调用。作为工程设计的参考图集，《建筑工程设计专业图库》不承担工程设计人员因调用本图集而引起的任何责任。
2. 《建筑工程设计专业图库》取材于上海现代建筑设计（集团）有限公司完成的工程项目，其中的图集有可能不适合其他地区的工程设计，图纸的表达方式也可能与其他地区存在一定的差异。
3. 由于编制人员的水平有限，各专业存在内容不系统和不全面的问题，也存在各专业不平衡、部分内容不适用、参考价值不高的情况。

值此《建筑工程设计专业图库》出版之际，谨向所有关心、支持本书编写工作的集团及各子分公司的领导、各专业总师和设计人员，尤其是负责评审的集团技术委员会所有为此发扬无私奉献精神、付出辛勤工作的专家，在此表示最诚挚的谢意。

《建筑工程设计专业图库》编制委员会
2006年10月18日

現代設計

结构专业
Structural

目录

钢结构部分

1 总说明 …… 1

2 民用多高层框架节点

2.1 柱脚部分

2.1.1 铰接柱脚节点（一） …… 6

铰接柱脚节点（二） …… 7

2.1.2 外露式刚接柱脚节点（一） …… 8

外露式刚接柱脚节点（二） …… 9

外露式刚接柱脚节点（三） …… 10

2.1.3 外露式柱脚的抗剪键设置和柱脚防护（一） …… 11

外露式柱脚的抗剪键设置和柱脚防护（二） …… 12

2.1.4 外包式和埋入式柱脚（一） …… 13

外包式和埋入式柱脚（二） …… 14

2.2 钢柱拼接部分

2.2.1 H形或工字形柱的拼接（一） …… 15

H形或工字形柱的拼接（二） …… 16

2.2.2 箱形柱及其他截面柱的拼接（一） …… 17

箱形柱及其他截面柱的拼接（二） …… 18

箱形柱及其他截面柱的拼接（三） …… 19

2.3 梁柱铰接连接部分

2.3.1 梁柱铰接形式（一） …… 20

梁柱铰接形式（二） …… 21

梁柱铰接形式（三） …… 22

2.4 梁柱半刚性连接部分

2.4.1 梁柱半刚性连接形式（一） …… 23

梁柱半刚性连接形式（二） …… 24

梁柱半刚性连接形式（三） …… 25

2.5 梁柱刚接连接部分

2.5.1 H形或工字形梁柱刚接形式（一） …… 26

H形或工字形梁柱刚接形式（二） …… 27

H形或工字形梁柱刚接形式（三） …… 28

H形或工字形梁柱刚接形式（四） …… 29

H形或工字形梁柱刚接形式（五） …… 30

2.5.2 箱形柱梁刚接形式（一）...... 31
箱形柱梁刚接形式（二）...... 32
箱形柱梁刚接形式（三）...... 33
箱形柱梁刚接形式（四）...... 34
2.5.3 其他断面柱梁刚接形式 35
2.5.4 梁柱连接处的加劲设置及节点域补强（一）...... 36
梁柱连接处的加劲设置及节点域补强（二）...... 37
梁柱连接处的加劲设置及节点域补强（三）...... 38

2.6 梁梁连接部分
2.6.1 主次梁连接形式（一）...... 39
主次梁连接形式（二）...... 40
主次梁连接形式（三）...... 41
2.6.2 梁梁拼接形式（一）...... 42
梁梁拼接形式（二）...... 43
2.6.3 梁腹板开洞的补强形式...... 44

2.7 支撑与梁柱连接部分
2.7.1 H形柱梁与支撑的连接形式（一）...... 45
H形柱梁与支撑的连接形式（二）...... 46
H形柱梁与支撑的连接形式（三）...... 47
H形柱梁与支撑的连接形式（四）...... 48
H形柱梁与支撑的连接形式（五）...... 49
H形柱梁与支撑的连接形式（六）...... 50
2.7.2 箱形柱H形梁与支撑的连接形式（一）...... 51
箱形柱H形梁与支撑的连接形式（二）...... 52
2.7.3 人字形支撑的连接形式（一）...... 53
人字形支撑的连接形式（二）...... 54
人字形支撑的连接形式（三）...... 55
2.7.4 交叉形支撑的连接形式（一）...... 56
交叉形支撑的连接形式（二）...... 57
2.7.5 耗能支撑连接形式及主次梁连接支撑（一）...... 58
耗能支撑连接形式及主次梁连接支撑（二）...... 59

3 钢管混凝土节点及钢-混组合楼板

3.1 钢管的对接节点（一）...... 60
钢管的对接节点（二）...... 61

3.2 框架节点
3.2.1 刚接节点（一）…… 62
刚接节点（二）…… 63
刚接节点（三）…… 64
刚接节点（四）…… 65
刚接节点（五）…… 66
3.2.2 铰接节点 …… 67

3.3 格构柱节点（一）…… 68
格构柱节点（二）…… 69

3.4 桁架节点（一）…… 70
桁架节点（二）…… 71

3.5 柱脚 …… 72

3.6 钢梁与混凝土墙、梁连接节点 …… 72

3.7 压型钢板
3.7.1 梁、板平面布置及板的配筋示意图 …… 73
3.7.2 简支组合次梁和连续组合次梁的配筋构造 …… 74
3.7.3 压型钢板开孔时的补强措施及其他 …… 75
3.7.4 压型钢板的边缘节点 …… 76

4 网架网壳节点

4.1 网架角钢节点（一）…… 77
网架角钢节点（二）…… 78

4.2 网架空心球节点（一）…… 79
网架空心球节点（二）…… 80
网架空心球节点（三）…… 81
架空心球节点（四）…… 82

4.3 网架螺栓球节点及其他形式节点 …… 83

4.4 网架平板支座节点 …… 84

4.5 网架弧形支座节点（一）…… 85
网架弧形支座节点（二）…… 86

5 桁架与屋架节点

5.1 钢管桁架与屋架节点 …… 87
5.1.1 相贯节点焊缝分区 …… 87
5.1.2 平面相贯节点基本形式（一） …… 89
平面相贯节点基本形式（二） …… 90
平面相贯节点基本形式（三） …… 91
平面相贯节点基本形式（四） …… 92
5.1.3 空间相贯节点基本形式（一） …… 93
空间相贯节点基本形式（二） …… 95
空间相贯节点基本形式（三） …… 97
5.1.4 其他连接形式 …… 99
5.1.5 管件拼接节点 …… 103
5.1.6 节点加强措施 …… 105
5.1.7 平面铰接支座节点 …… 108
5.1.8 空间支座节点 …… 110

5.2 型钢桁架与屋架节点 …… 112
5.2.1 中间节点与拼接节点 …… 112
5.2.2 屋架与柱的刚接节点（一） …… 114
屋架与柱的刚接节点（二） …… 116
5.2.3 屋架与柱的铰接节点 …… 118

6 轻钢与普钢结构厂房节点

6.1 梁梁拼接节点部分 …… 120

6.2 梁柱节点部分 …… 121
6.2.1 边跨梁柱节点 …… 121
6.2.2 边跨梁柱节点加腋构造 …… 123
6.2.3 中跨梁柱节点 …… 125
6.2.4 高低跨中跨梁柱节点 …… 127

6.3 柱脚节点部分 …… 128
6.3.1 铰接柱脚节点 …… 128
6.3.2 刚接柱脚节点 …… 130
6.3.3 柱脚抗剪键构造节点 …… 132

6.4 托架节点部分 …… 135

6.5 端墙抗风柱连接节点部分 …… 136

6.6 支撑连接节点部分 …… 138
6.6.1 柱间支撑节点（一） …… 138
6.6.2 柱间支撑节点（二） …… 141
6.6.3 刚架间屋面水平支撑 …… 142

6.7 檩条连接节点部分 …… 143
6.7.1 檩条与刚架连接节点（一） …… 143

6.7.2 檩条与刚架连接节点（二） 145
6.7.3 檩条与撑杆、拉条连接节点 146
6.7.4 屋脊处檩条连接节点 148
6.7.5 檩条隅撑连接节点 150

6.8 墙梁连接节点部分 152
6.8.1 墙梁与柱连接节点 152
6.8.2 墙梁隅撑节点 154
6.8.3 墙梁斜拉条节点 155
6.8.4 墙梁拉条、撑杆节点 157

6.9 吊车梁节点部分 159
6.9.1 平板式吊车梁连接节点 159
6.9.2 突缘式吊车梁连接节点 161
6.9.3 悬挂吊车节点 163
6.9.4 吊车梁支撑体系节点 165

6.10 雨篷与天沟节点部分 167
6.10.1 雨篷节点详图（一） 167
6.10.2 雨篷节点详图（二） 169
6.10.3 天沟节点详图 171

6.11 普钢厂房节点部分 173
6.11.1 屋架横向水平支撑及垂直支撑节点 173
6.11.2 檩条与屋架上弦横向水平支撑的连接节点 175
6.11.3 屋架与托梁、托架的连接节点 176

7 索膜结构节点

7.1 膜节点的连接 178

7.2 膜边界的连接节点 182
7.2.1 软边界 182
7.2.2 软边界及硬边界 184
7.2.3 硬边界 187

7.3 膜角的连接节点——软边界与硬边界 189

7.4 膜脊和膜谷的连接节点 191
7.4.1 膜材与脊索和谷索的连接 191
7.4.2 膜材与刚性支承骨架的连接 194

7.5 膜面内的高点和低点的连接节点 197

8 钢楼梯节点

8.1 悬挑钢楼梯节点 198

8.2 旋转钢楼梯节点 200
8.3 单跑钢楼梯节点 202
8.4 与钢柱连接钢楼梯节点 204

混凝土结构部分

9 基础部分
9.1 钻孔灌注桩详图 206
9.2 桩与承台连接详图 207
9.3 后浇带 210
9.4 承台详图 215
9.5 独立柱基础 217
9.6 混凝土条形基础详图 218
9.7 基础主梁与柱结合部构造 220
9.8 柱和墙插筋在基础主梁中的锚固构造 221
9.9 柱和墙插筋在基础平板中的锚固构造 222
9.10 非承重基础 223
9.11 地下室底板和外墙板施工详图 224

10 板
10.1 楼板配筋构造 225
10.2 板冲切弯起钢筋构造 229
10.3 楼板开洞加强钢筋配筋构造 230
10.4 挑檐配筋构造 233
10.5 房屋阳角处楼板配筋构造 234
10.6 楼板上设隔墙构造 235
10.7 楼面梁板与墙柱的施工节点构造 236

11 剪力墙
11.1 约束边缘构件 237
11.2 构造边缘构件 238
11.3 暗梁构造详图 239
11.4 剪力墙开洞加强构造详图 240

11.5 连梁详图 243
11.6 剪力墙边缘构造连接 245
11.7 剪力墙竖向钢筋连接 246
11.8 剪力墙暗柱箍筋构造 247
11.9 剪力墙钢筋锚固、搭接连接 248
11.10 剪力墙拉筋构造 250

12 框架

12.1 一级抗震等级现浇框架梁、柱纵向钢筋构造 251
12.2 一级抗震等级现浇框架梁、柱箍筋构造 252
12.3 二级抗震等级现浇框架梁、柱纵向钢筋构造 253
12.4 二级抗震等级现浇框架梁、柱箍筋构造 254
12.5 三级抗震等级现浇框架梁、柱纵向钢筋构造 255
12.6 三级抗震等级现浇框架梁、柱箍筋构造 256
12.7 四级抗震等级现浇框架梁、柱纵向钢筋构造 257
12.8 四级抗震等级现浇框架梁、柱箍筋构造 258
12.9 非抗震现浇框架梁、柱纵向钢筋构造 259
12.10 非抗震现浇框架梁、柱箍筋构造 260
12.11 现浇框架柱纵向钢筋连接构造（一） 261
12.12 现浇框架抗震柱纵向钢筋连接构造（二） 262
12.13 现浇框架非抗震柱纵向钢筋连接构造（三） 263
12.14 现浇框架变截面抗震柱纵向钢筋连接构造（四） 264
12.15 现浇框架变截面非抗震柱纵向钢筋连接构造（五） 265
12.16 现浇框架柱纵向钢筋连接构造（六） 266
12.17 现浇框架柱箍筋构造 267
12.18 现浇框架柱、梁纵向钢筋及箍筋连接构造 268
12.19 现浇框架变截面梁纵向钢筋构造详图 269
12.20 现浇框架变截面梁（折梁、悬臂梁）配筋示意图 270

12.21 现浇框架宽扁梁纵向钢筋和箍筋构造详图 271
12.22 框架梁上开洞（圆孔）构造详图 272
12.23 框架梁上开洞（矩形孔洞）构造详图 273
12.24 现浇框架梁上柱、梁节点详图 274

13 **楼梯**
13.1 楼梯平台详图 275
13.2 楼梯段详图 276
13.3 楼梯梁详图 278

14 **砌体结构**
14.1 填充墙与框架柱拉接构造 279
14.2 填充墙与剪力墙拉接构造 281
14.3 填充墙设置圈梁构造 282
14.4 砖墙与构造柱拉接构造 283
14.5 过梁构造 284

15 **预埋件详图** 285

16 **其他**
16.1 沉降观测点详图 288
16.2 管穿墙详图 289
16.3 集水井详图 290
16.4 避雷接地详图 291

总 说 明

一、 设计依据

本图集中的钢结构节点图主要依据以下规范进行设计：

（1）《建筑结构制图标准》（GB/T 50104-2001）

（2）《钢结构设计规范》（GB 50017-2003）

（3）《混凝土结构设计规范》（GB 50010-2002）

（4）《建筑抗震设计规范》（GB 50011-2001）

（5）《高层民用建筑钢结构技术规程》（JGJ 99-98）

（6）《网架结构设计与施工规程》（JGJ 7-91）

（7）《网壳结构技术规程》（JGJ 61-2003）

（8）《门式刚架轻型房屋钢结构技术规程》（CECS 102:2002）

（9）《冷弯薄壁型钢结构技术规范》（GB 50018-2002）

（10）《钢管混凝土结构设计与施工规程》（CECS 28:90）

（11）《建筑钢结构焊接技术规程》（JGJ 81-2002）

（12）《钢结构工程施工质量验收规范》（GB 50205-2001）

（13）《高层建筑钢-混凝土混合结构设计规程》（J 10285-2003）

（14）《空间格构结构设计规程》（J 10508-2005）

（15）《型钢组合结构技术规程》（JGJ 138-2001）

二、 适用范围

本图集主要适用于民用建筑以及工业建筑钢结构的连接节点，描述了节点构造的一般形式和做法，构件截面尺寸、焊缝布置、焊脚尺寸、螺栓数量以及直径等数据须由使用者根据节点受力状况进行计算确定。本图集包含了以下钢结构体系的连接节点构造形式：

（1）民用多高层框架节点，适用于多、高层房屋钢结构的非抗震连接节点设计及抗震设防烈度为6、7、8、9度的地区（除甲类建筑以外）的抗震连接节点设计。

（2）钢管混凝土节点及钢-混组合楼板，适用于工业与民用建筑及构筑物的钢管混凝土及钢-混组合楼板的连接节点设计。

（3）网架网壳节点，适用于由各种类型钢杆件（常用圆钢管和角钢）组成的空间网架和网壳体系的各连接节点设计。

（4）桁架与屋架节点，适用于：a.用钢管（圆钢管或矩形钢管）直接相贯焊接组成的平面或空间桁架体系中的连接节点。b.用型钢通过节点板焊接组成的空间或平面桁架与屋架体系中的连接节点。

（5）轻钢与普钢结构厂房节点，适用于门式刚架结构与普通钢结构厂房的连接节点设计。

（6）索膜结构节点，适用于索结构和膜结构建筑连接节点设计。

（7）钢楼梯节点。

三、 材料

（一）结构钢材：本图集的构件以及连接板件可以选用Q235、

Q345、Q390和Q420等钢材。

（二）连接材料：

（1） 连接板钢材应具有不低于与被连接构件相同牌号的钢材性能指标。

（2） 高强度螺栓采用8.8s和10.9s两种。其螺栓、螺母、垫圈的尺寸及技术条件应符合GB/T 1228~1231。

（3） 普通C级螺栓采用4.6s或4.8s两种或可采用A、B级螺栓。其螺栓、螺母、垫圈的尺寸及技术条件应符合GB/T 5780–2001及GB/T 5782–2000；所采用锚栓应符合GB/T799–1998。

（4） 手工焊接材料分别采用与Q235、Q345、Q390和Q420钢相匹配的E43、E50和E55型焊条，其性能应符合《碳素焊条》GB/T 5117或《低合金钢焊条》GB/T 5118的规定。自动焊和半自动焊所采用的焊丝和焊剂，应保证其熔敷金属的力学性能不低于现行国家标准《埋弧焊用碳钢焊丝和焊剂》GB/T 5293和《低合金钢埋弧焊用焊剂》（GB/T 12470）中相关规定。

四、节点构造基本要求

节点构造应遵循构造简单、传力明确、整体性好、安全可靠、节约材料的原则。

（一） 民用多高层框架节点

（1） 多层及高层钢结构的连接节点设计，可分为非抗震设计和抗震设计两种。

（2） 焊缝的坡口形式和尺寸，可按《建筑钢结构焊接技术规程》（JGJ 81–2002）确定。

（3） 高层钢结构中，构件内力较大，板厚较厚，在连接节点设计时应避免采用易于产生过大约束应力和层状撕裂的连接形式，使结构具有良好的延性。

（4） 高层钢结构承受风荷载和地震荷载的反复作用，其主要承重构件当采用螺栓连接时，应选用摩擦型高强度螺栓，以避免在使用荷载下发生滑移，增大节点的变形。

（二）钢管混凝土节点

（1） 钢管混凝土结构表面温度不宜超过100℃；当超过时，应采取有效的防护措施。

（2） 焊接钢管必须采用坡口焊，并满足二级质量检验标准，达到焊缝与母材等强度的要求。

（3） 施工时应保证钢管内壁与核心混凝土紧密粘接，钢管内不得有油渍等污物。

（三）网架网壳节点

（1） 焊接空心球节点适用于连接网架、单层及双层网壳的钢管杆件；节点内可设置或不设置加劲肋，根据节点受力大小确定。螺栓球节点适用于连接双层网架网壳的钢管杆件。

（2） 当网架网壳节点汇交杆件较多时，容许部分杆件直接相贯焊接连接。

（3） 对于大跨度或点支承网架网壳可采用球铰支座；对于较小跨度的网架网壳结构可采用弧形铰支座；对于较大跨度、落地的网架网壳结构可采用双向弧形铰支座或双向板式橡胶支座。

（四）桁架与屋架节点

（1） 热加工管材和冷成型管材不应采用屈服强度超过345MP以及屈强比>0.8的钢材，且钢管壁厚不宜大于25mm。

（2） 为了避免偏心受力，焊接桁架或屋架各杆件的重心线应尽量与屋架的几何轴线重合，在节点处应交于一点。

（3） 节点连接采用节点板时节点板应有足够的强度。其形状和尺寸根据所连接杆件及所需连接焊缝长度确定，应尽量使连接焊缝中心受力。

（五）轻钢与普钢结构厂房节点说明

（1） 在节点处所有构件几何轴线应尽量汇交于一点，如构造上却有困难也应力求减少偏心值。

（2） 门式刚架连接节点适用于单层压型钢板或金属夹心板作为屋面板的门式刚架，也适用于采用轻质混凝土条形板作为屋面板和墙板的门式刚架。

（3） 门式刚架构件的连接采用高强度螺栓，可采用承压型或摩擦型连接。

（4） 门式刚架吊车梁和制动梁的连接可采用高强度螺栓或焊接，吊车梁和刚架的连接处宜设长圆孔。

（六）索膜结构节点

（1） 脊索与脊谷连接处，膜与索的连接部分必须用加劲膜加强，索必须有膜套。索谷区域应保证雨水流畅。

（2） 角部区域膜材裁剪必须非常精确，膜角部分容易形成膜面的应力集中，根据实际情况对该部分膜面进行补强。

（3） 与膜面接触的刚性支撑部分应平滑无尖角，必要时可采用双层膜片或增加橡胶垫片。

五、 本图集中所有的节点应用在对有防火和防腐蚀要求的结构中时，应按有关的专门规定，作相应的防火和防腐蚀处理。

六、 本图集中的尺寸除注明者外，均以毫米为单位。

七、 本图中螺栓符号为：

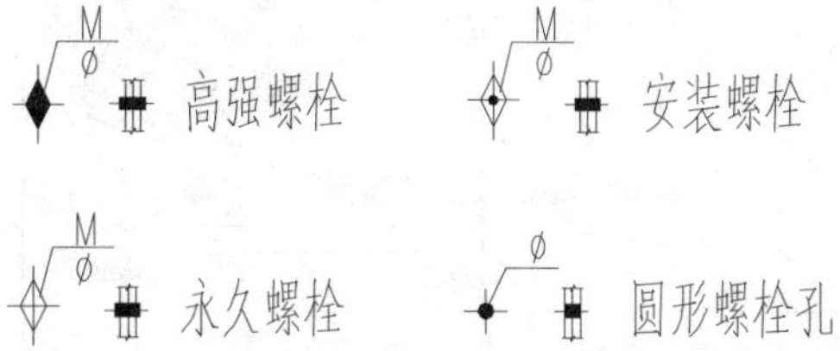

八、 焊缝标准图（见下页）

焊缝标准图（一）

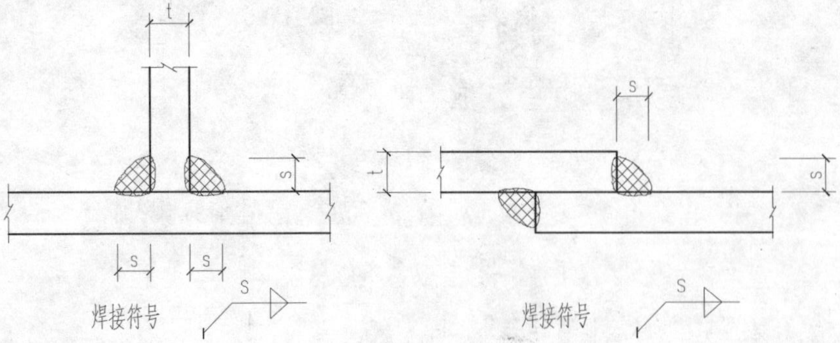

角焊缝连接

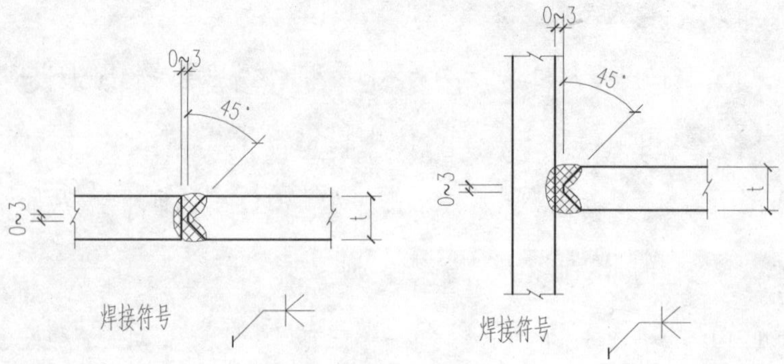

双边斜角全熔透坡口焊

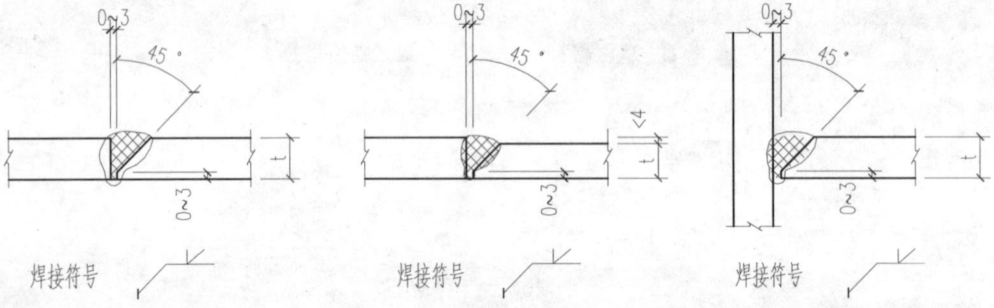

单边斜角全熔透坡口焊

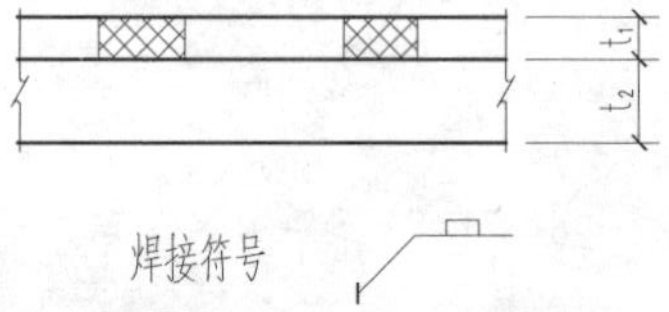

塞焊

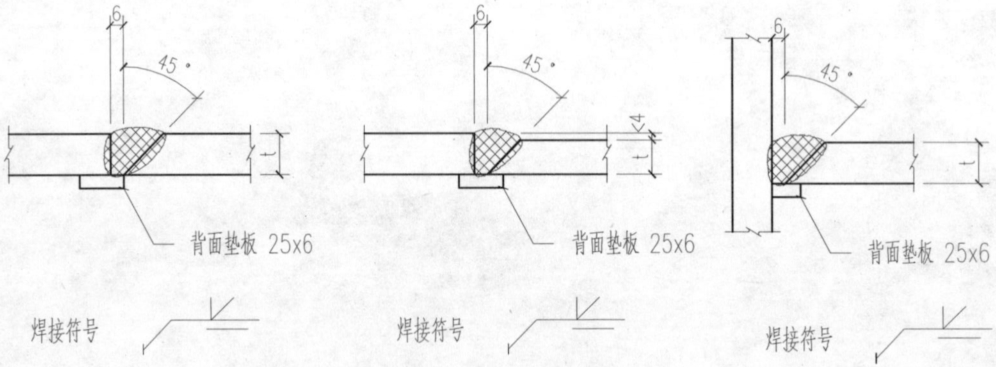

单边斜角全熔透坡口焊(含背面垫板)

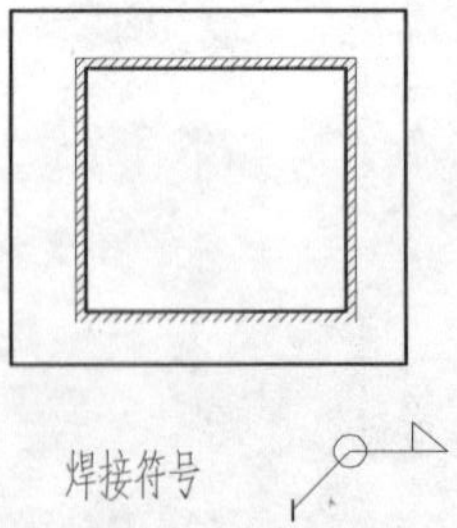

围焊

焊缝标准图（二）

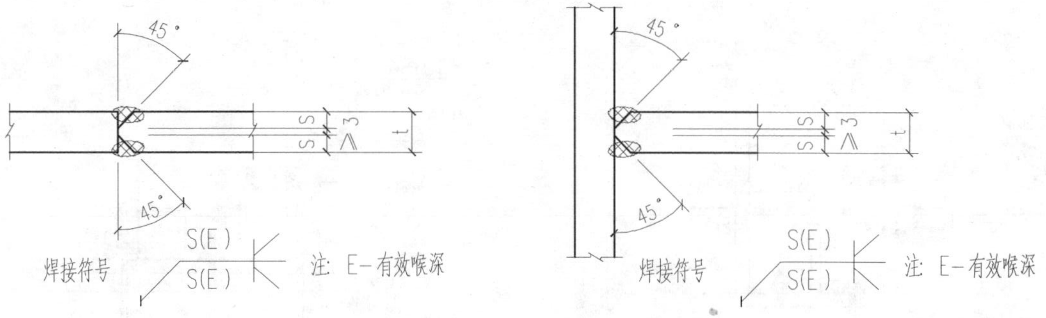

双边斜角部分熔透坡口焊

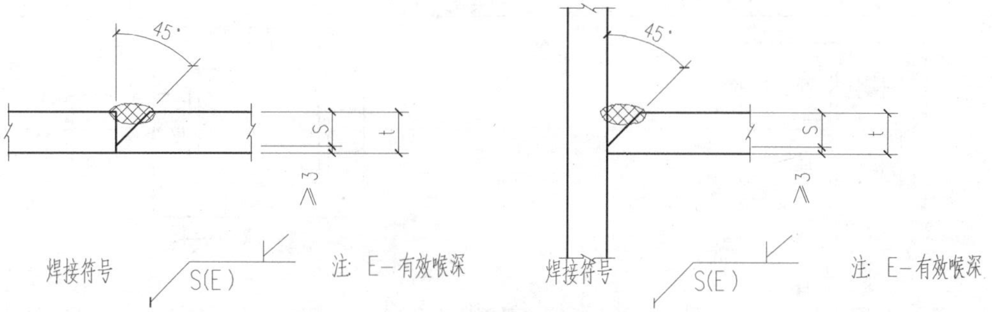

单边斜角部分熔透坡口焊

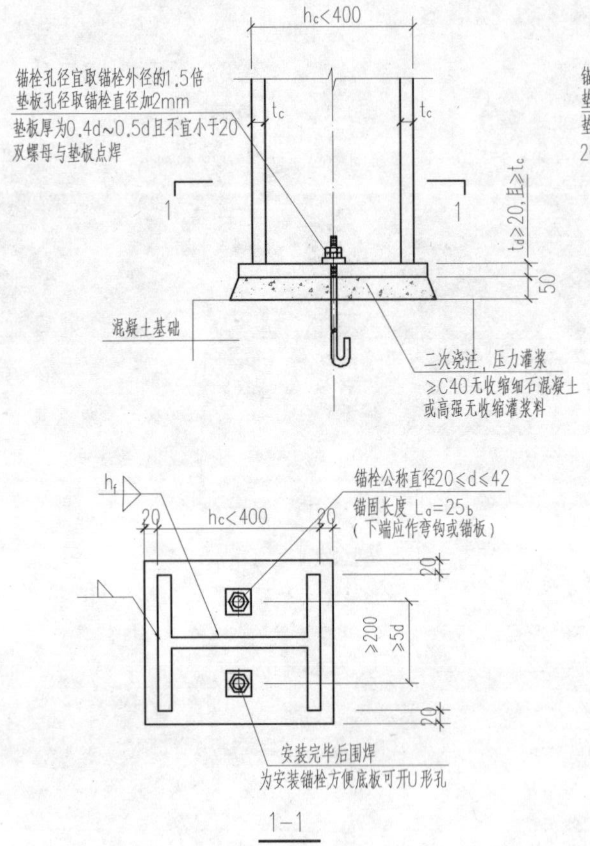

① 工字形或H形截面柱铰接柱脚构造(一)

用于柱截面较小,hc<400mm时

S2.1.1-001

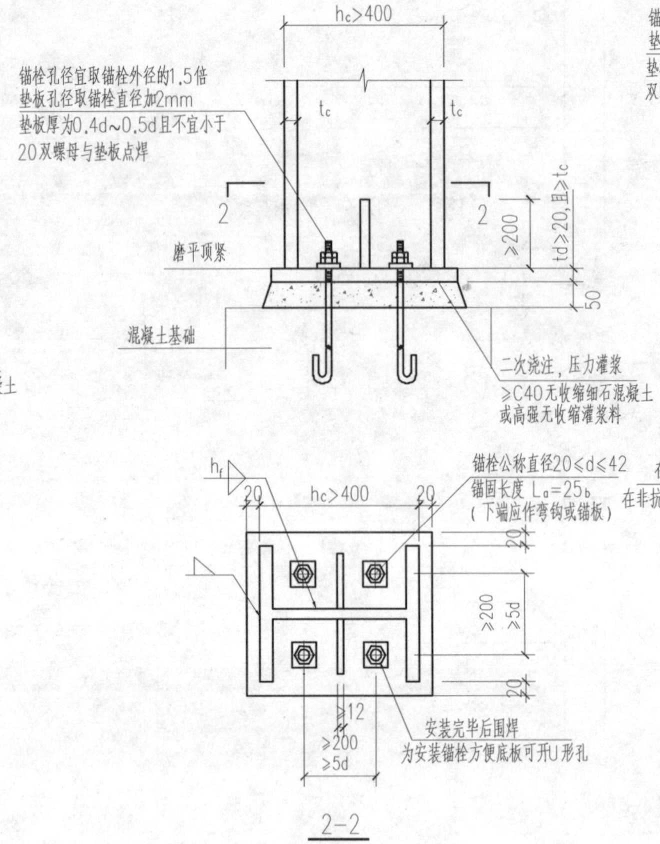

② 工字形或H形截面柱铰接柱脚构造(二)

用于柱截面较大,hc>400mm时

S2.1.1-002

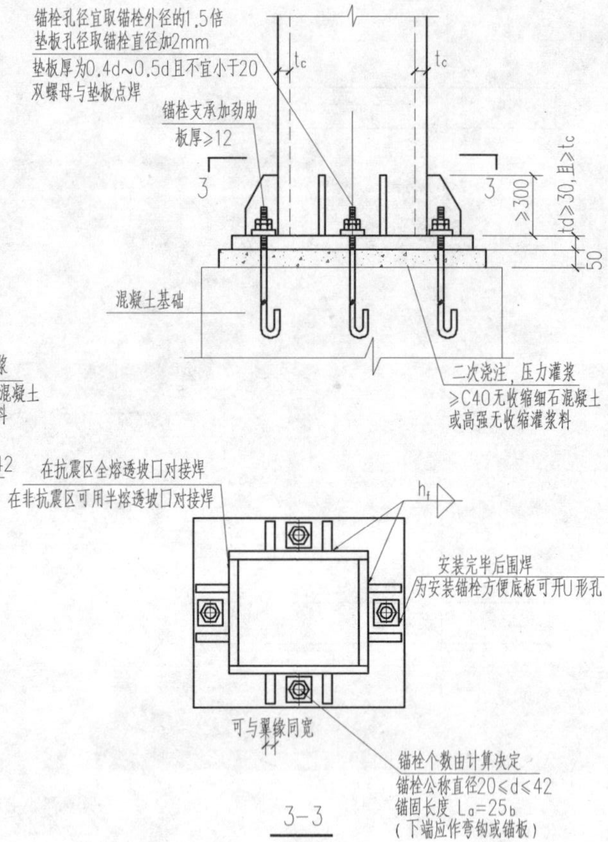

③ 箱形截面柱的铰接柱脚构造(一)

S2.1.1-003

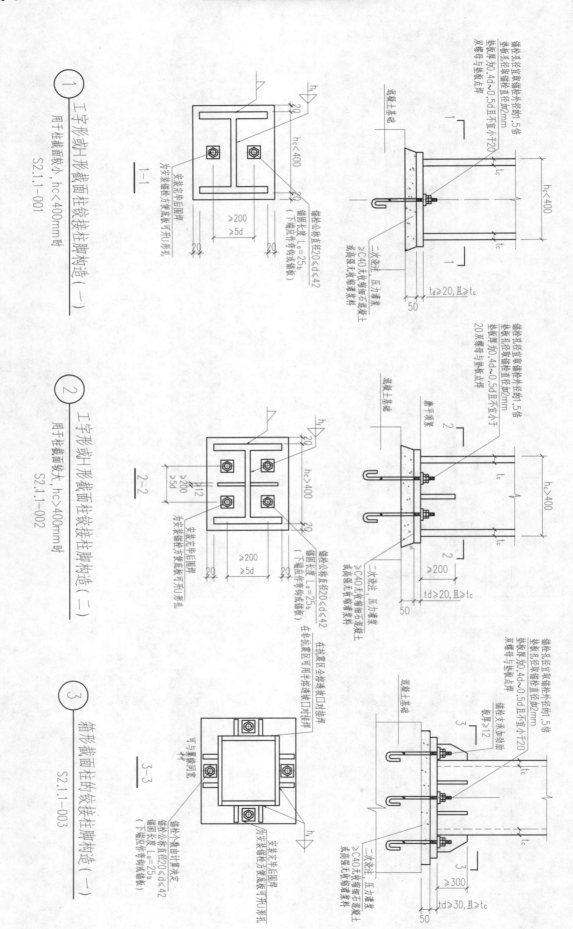

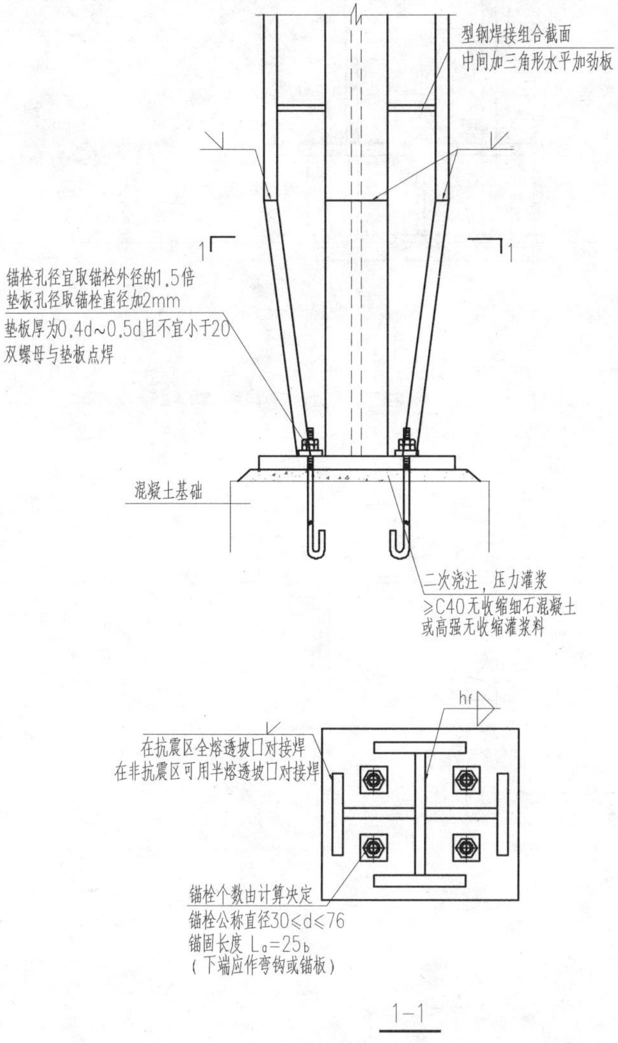

① 十字形截面柱的铰接柱脚构造
S2.1.1-004

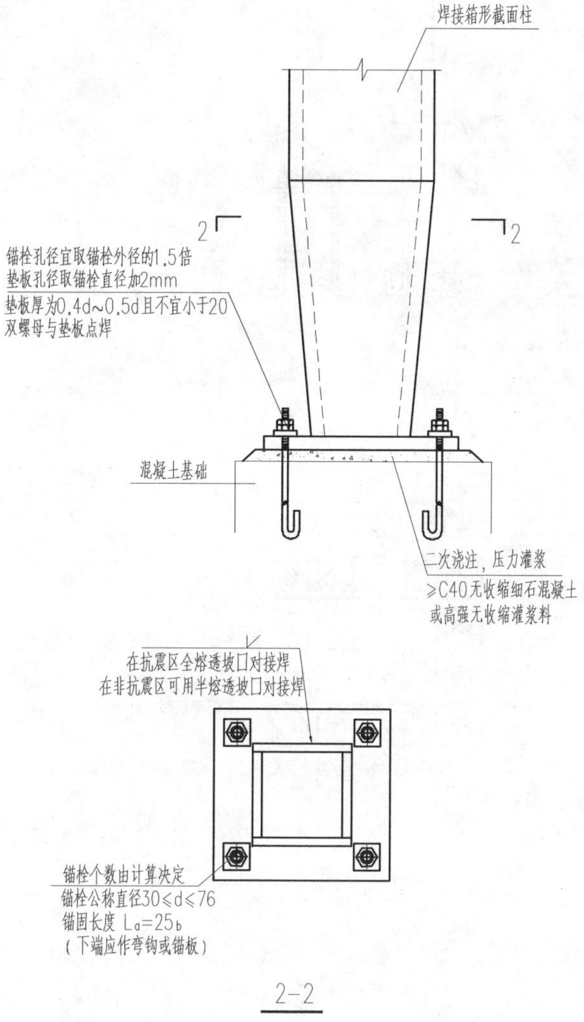

② 箱形截面柱的铰接柱脚构造
S2.1.1-005

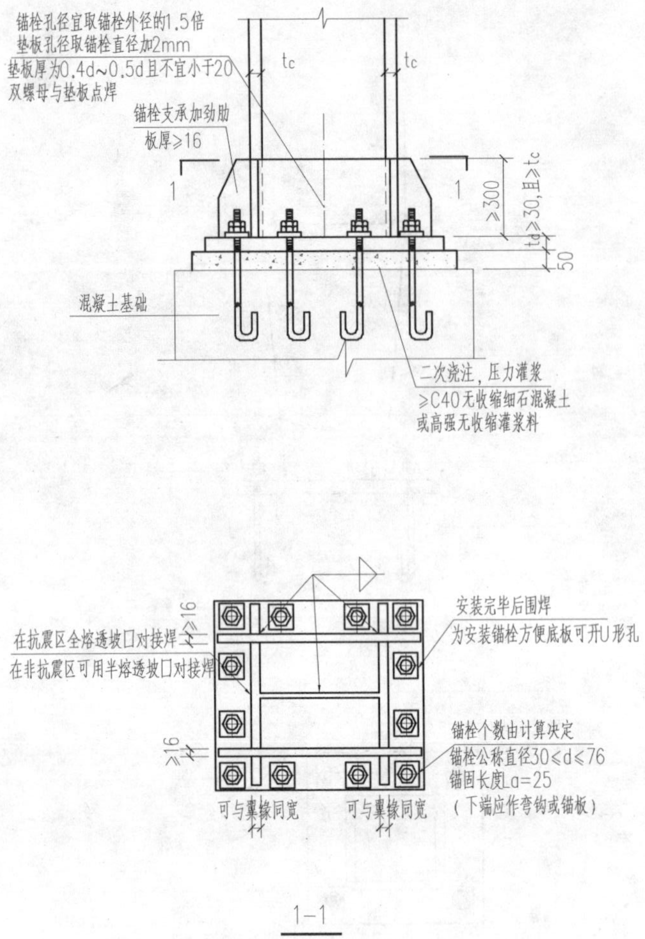

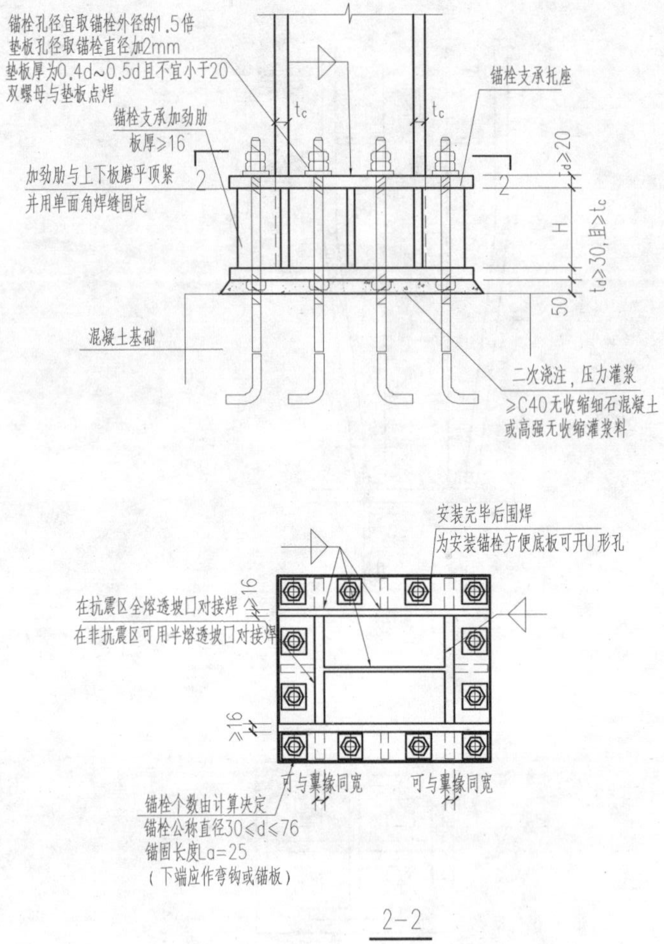

① 工字形或H形截面柱的刚性柱脚构造(一)

用于柱底端在弯矩和轴力作用下锚栓出现较小拉力和不出现拉力时

S2.1.2-001

② 工字形或H形截面柱的刚性柱脚构造(二)

用于柱底端在弯矩和轴力作用下锚栓出现较大拉力时

S2.1.2-002

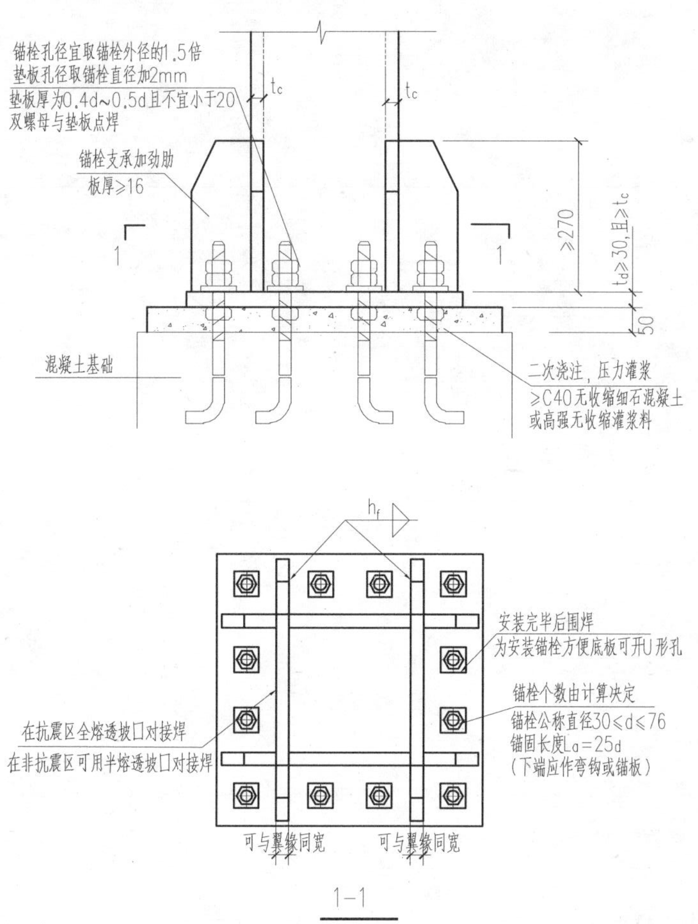

① 箱形截面柱刚性柱脚构造(一)

用于柱底端在弯矩和轴力作用下锚栓出现较小拉力和不出现拉力时

S2.1.2-003

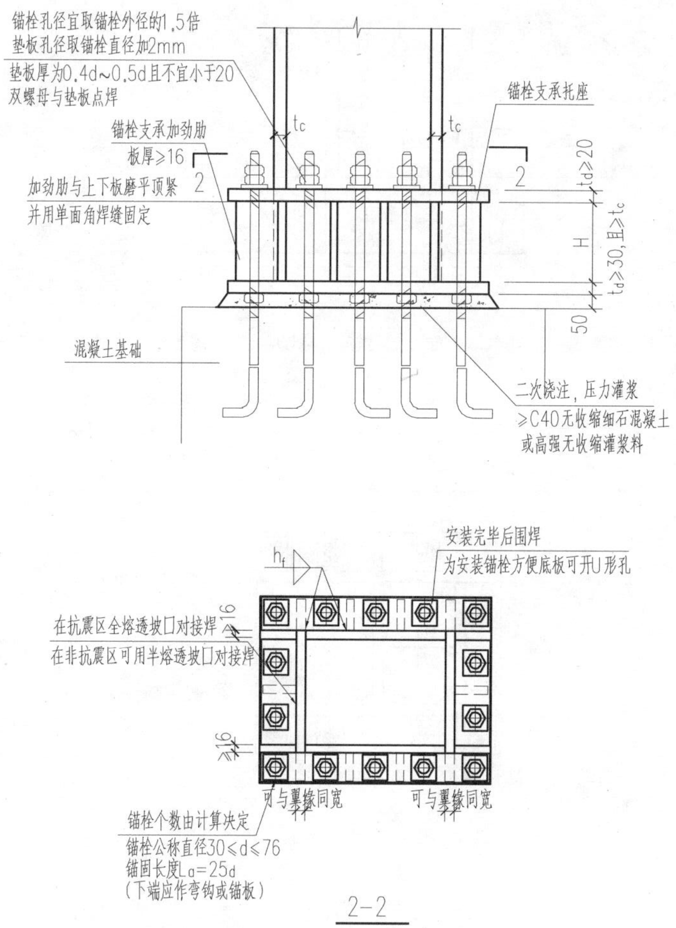

② 箱形截面柱刚性柱脚构造(二)

用于柱底端在弯矩和轴力作用下锚栓出现较大拉力时

S2.1.2-004

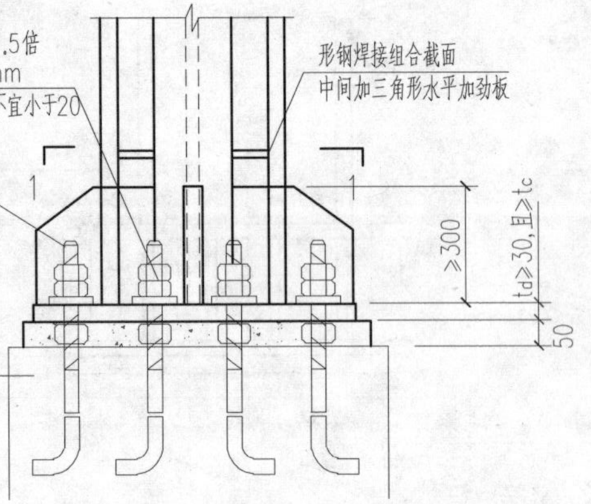

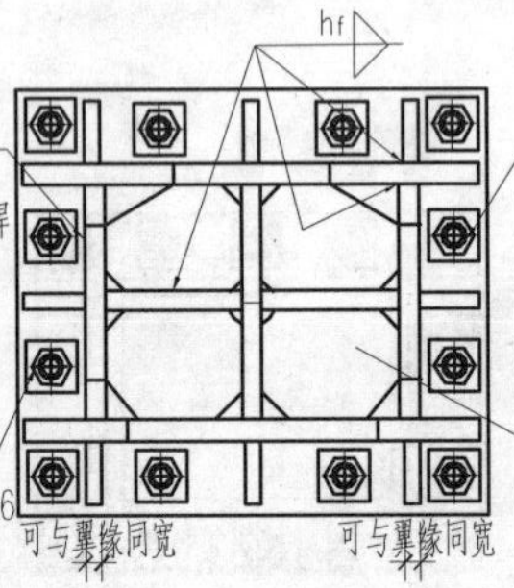

1-1

① 十字形截面柱的刚性柱脚构造

S2.1.2-005

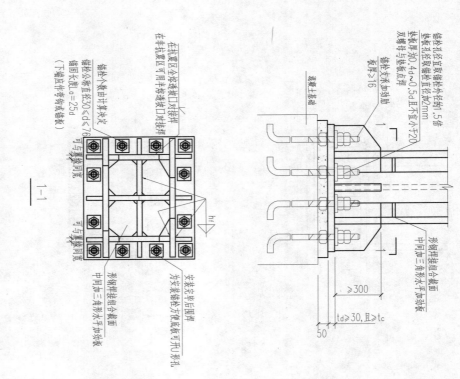

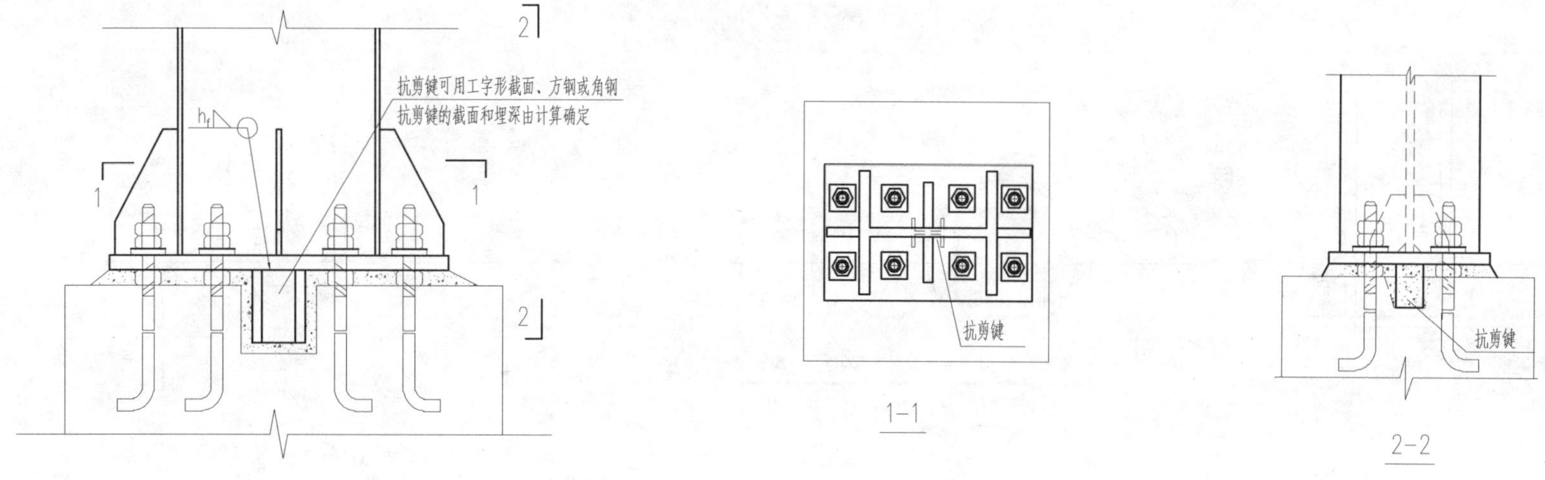
2
抗剪键可用工字形截面、方钢或角钢
抗剪键的截面和埋深由计算确定
h_f
1
1
2
抗剪键
1-1
抗剪键
2-2

外露式柱脚抗剪键的设置(一)

S2.1.3-001

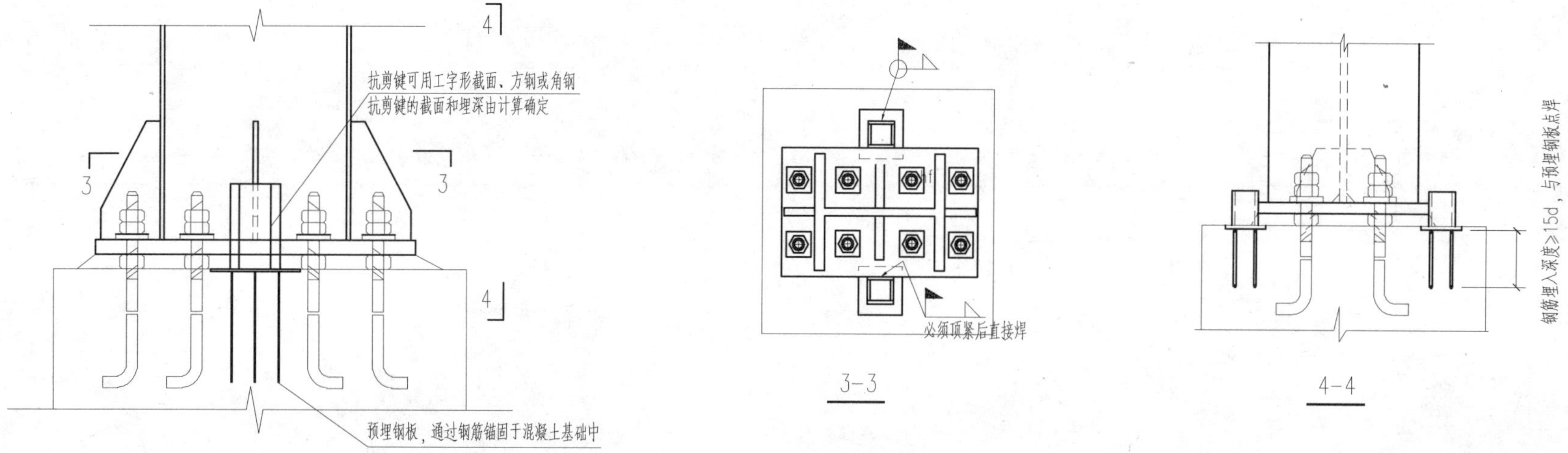
4
抗剪键可用工字形截面、方钢或角钢
抗剪键的截面和埋深由计算确定
3
3
4
预埋钢板，通过钢筋锚固于混凝土基础中
必须顶紧后直接焊
3-3
4-4
钢筋埋入深度≥15d，与预埋钢板点焊

外露式柱脚抗剪键的设置(二)

S2.1.3-002

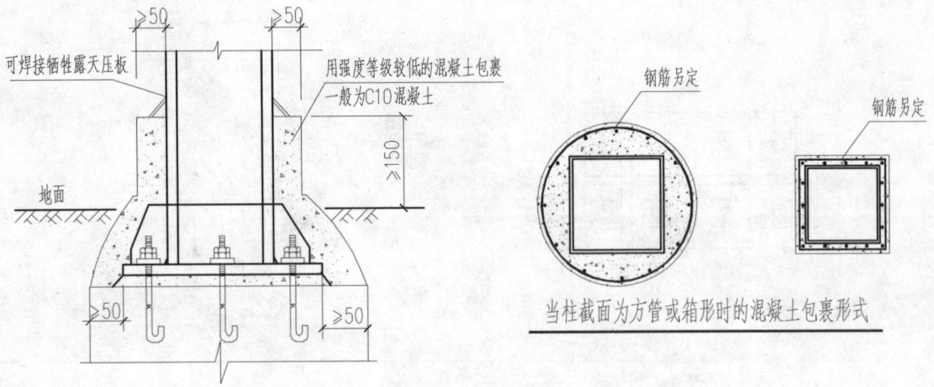

① 外露式柱脚包裹混凝土的防护措施

S2.1.3-003

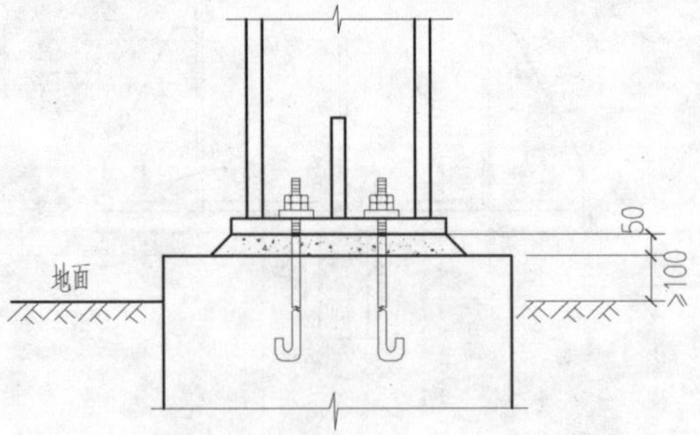

② 外露式柱脚在地面以上时的防护措施

柱脚高出地面≥100

S2.1.3-004

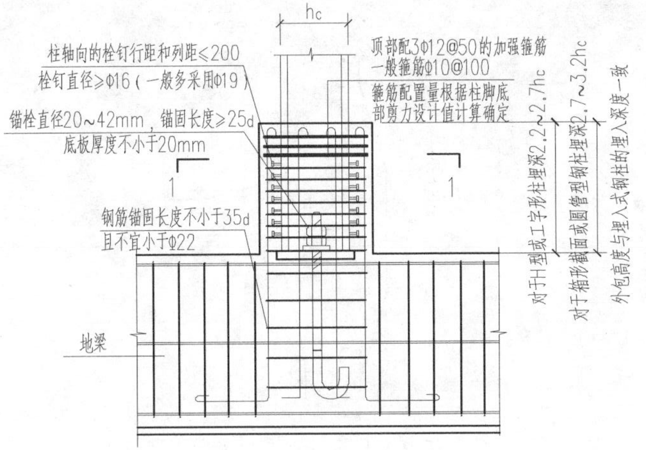

① 外包式刚性柱脚构造
适用于12层以下的钢结构柱脚
S2.1.4-001

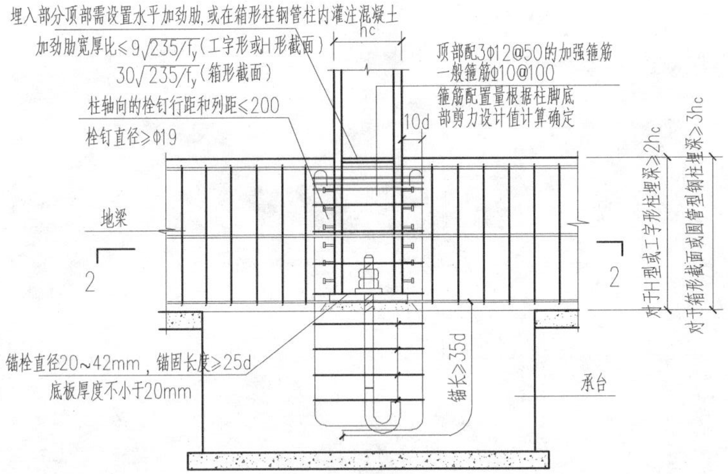

② 埋入式刚性柱脚构造
此构造也适合于箱形截面、管形截面和十字形截面
S2.1.4-002

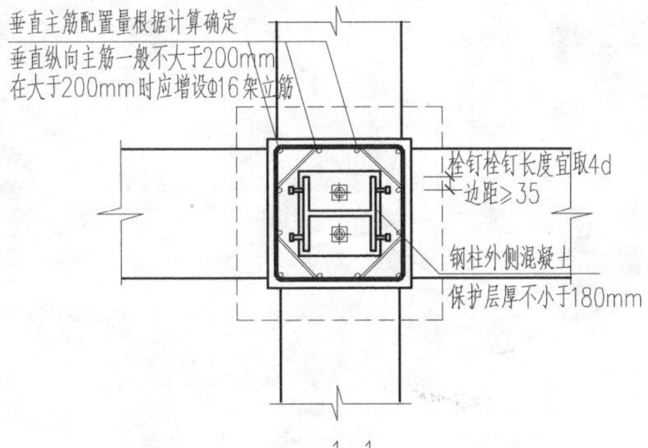

1-1

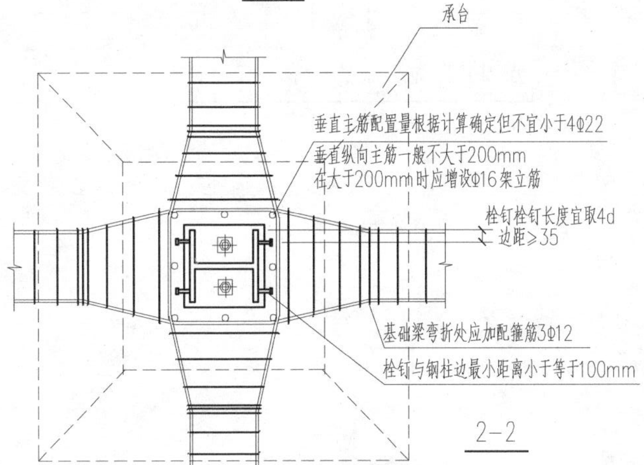

2-2

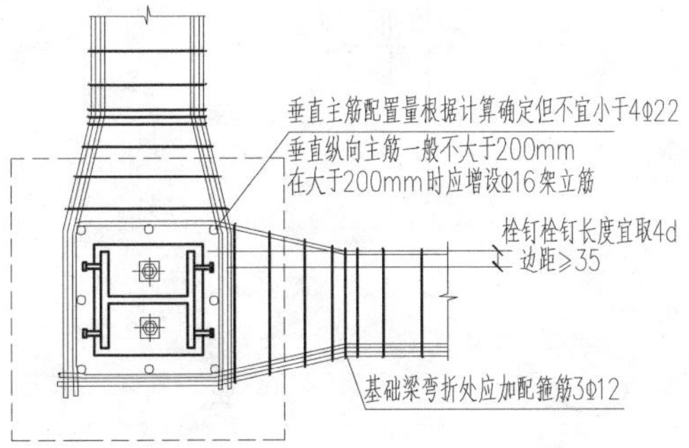

当为角柱时的配筋

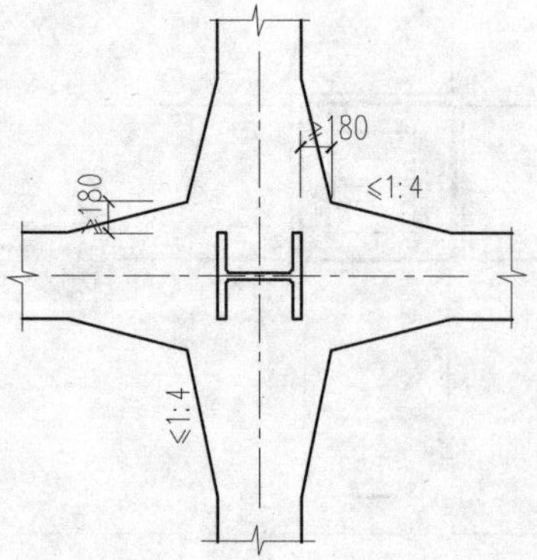

① 在中柱中钢柱翼缘的最小保护层厚度

S2.1.4-003

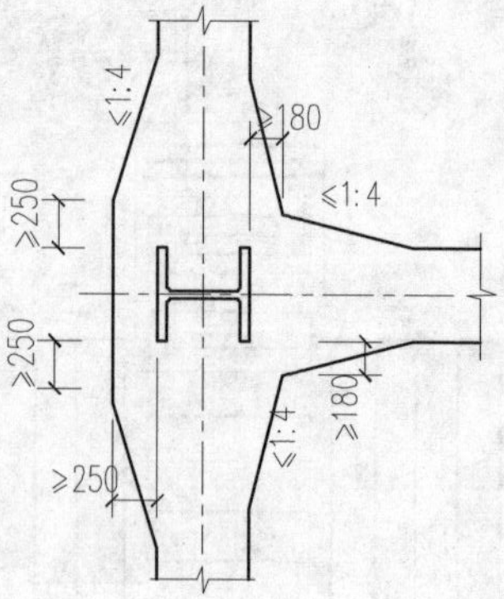

② 在边柱中钢柱翼缘的最小保护层厚度

S2.1.4-004

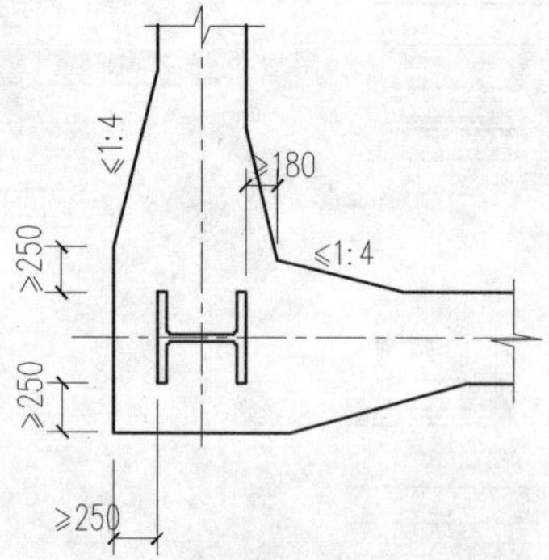

③ 在角柱中钢柱翼缘的最小保护层厚度

S2.1.4-005

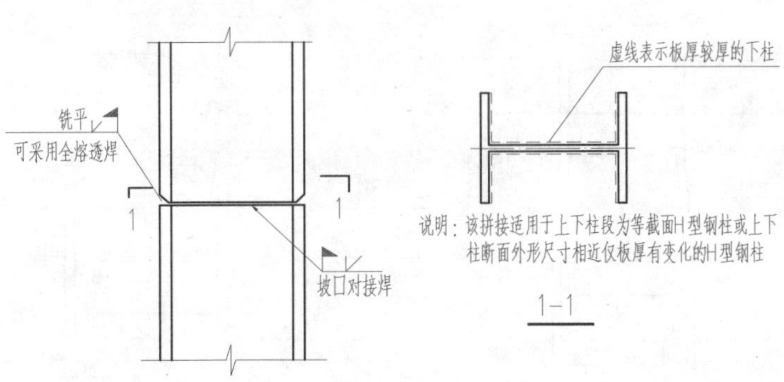

① H形或工字形柱的现场焊接拼接

仅限于受荷较小的结构拼接
柱现场拼接标高位置应避开框架节点塑性区，应在框架梁上1.3m左右

S2.2.1-001

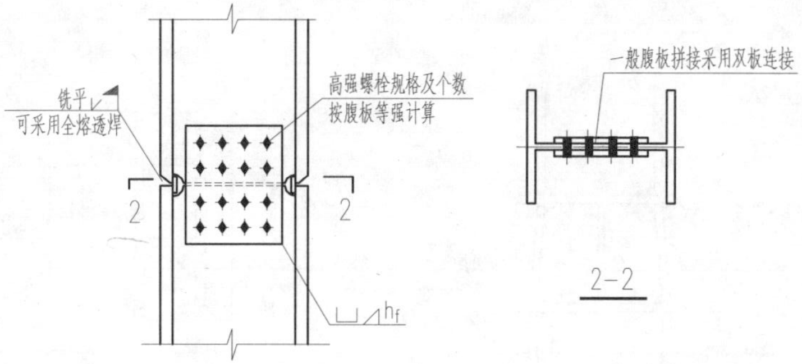

② H形或工字形柱的栓焊接拼接（等截面）

仅限于受荷较小的结构拼接
柱现场拼接标高位置应避开框架节点塑性区，应在框架梁上1.3m左右

S2.2.1-002

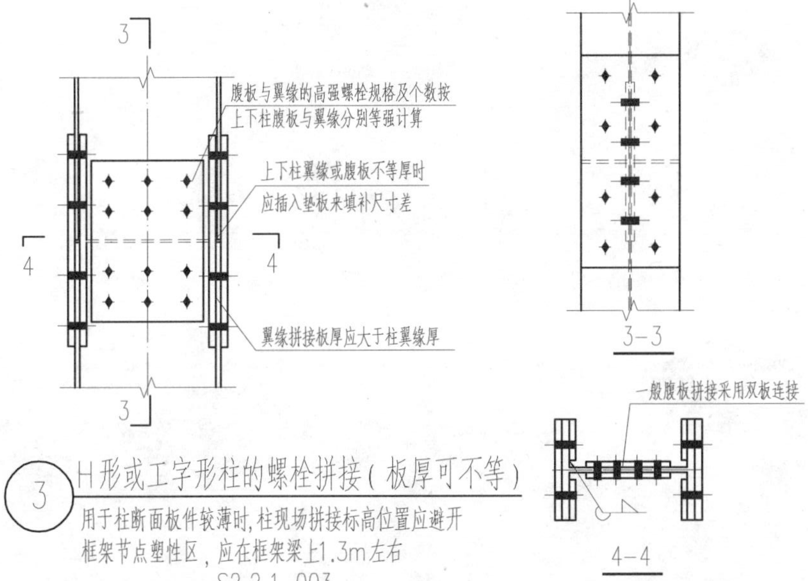

③ H形或工字形柱的螺栓拼接（板厚可不等）

用于柱断面板件较薄时，柱现场拼接标高位置应避开
框架节点塑性区，应在框架梁上1.3m左右

S2.2.1-003

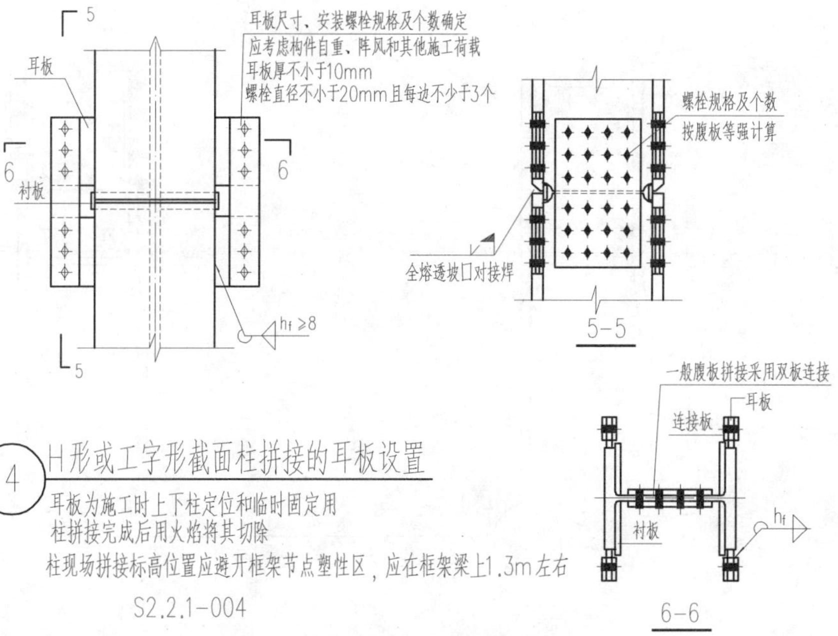

④ H形或工字形截面柱拼接的耳板设置

耳板为施工时上下柱定位和临时固定用
柱拼接完成后用火焰将其切除
柱现场拼接标高位置应避开框架节点塑性区，应在框架梁上1.3m左右

S2.2.1-004

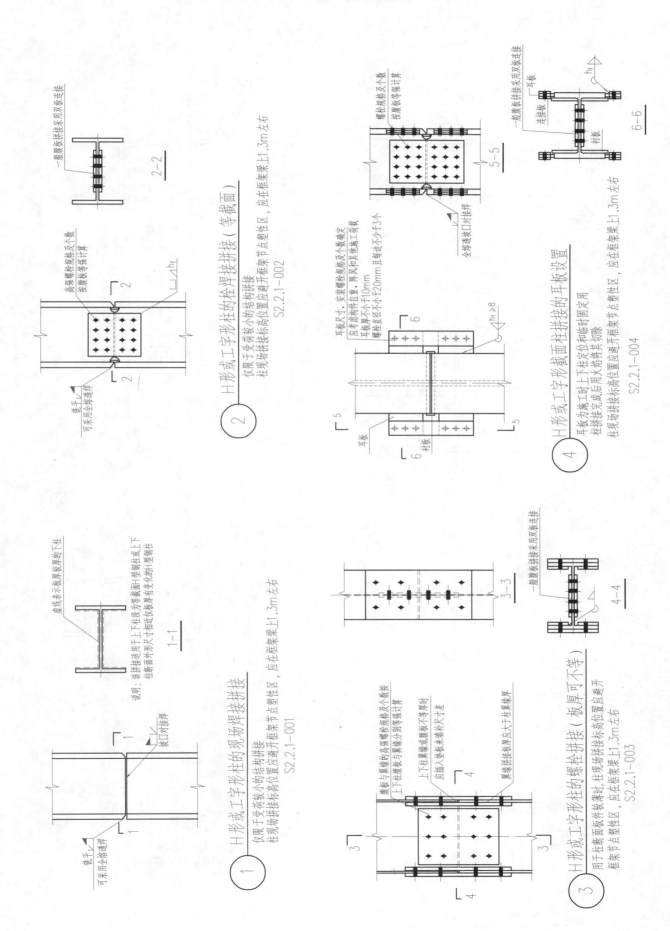

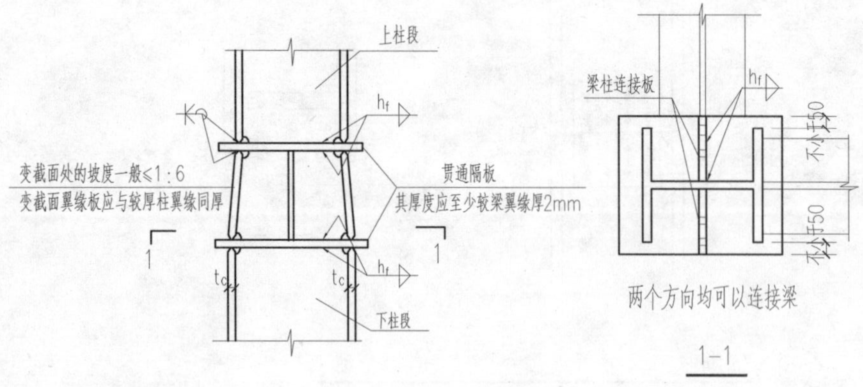

① H形或工字形柱的焊接拼接接(隔板贯通)

也可用于等截面的拼接

S2.2.1-005

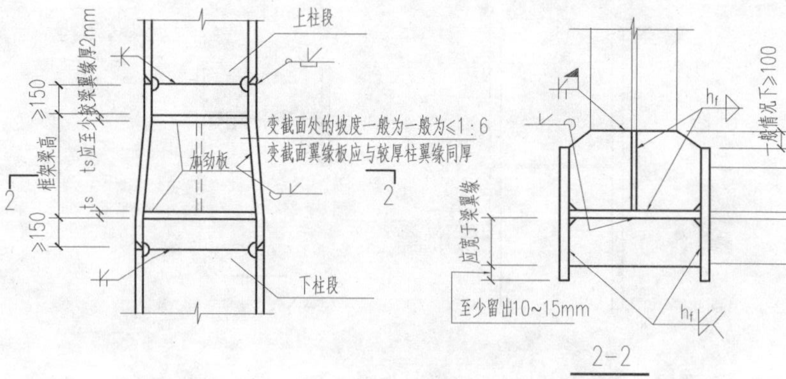

② H形或工字形柱的焊接拼接(变截面)二

无框架梁连接时可不设加劲板，拼接在工厂完成

S2.2.1-007

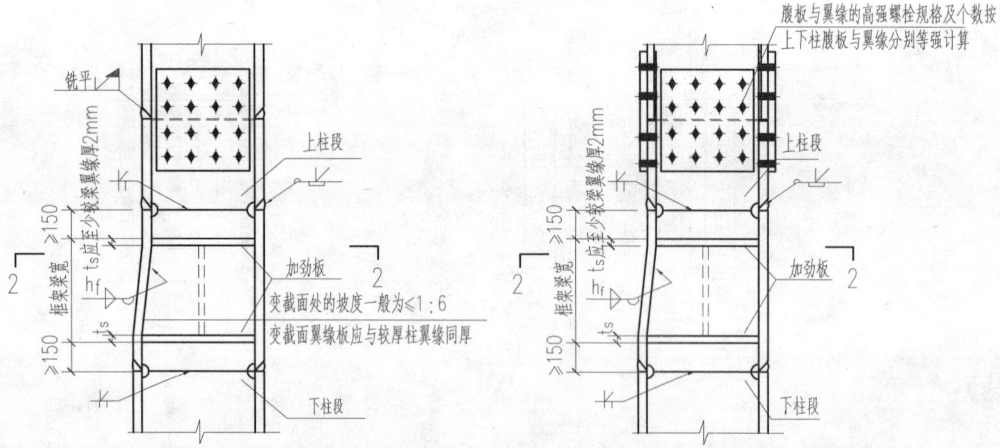

③ H形或工字形柱的焊接拼接(变截面)一

预留拼接接头，可部分现场焊接或螺栓连接

无框架梁连接时可不设加劲板

S2.2.1-006

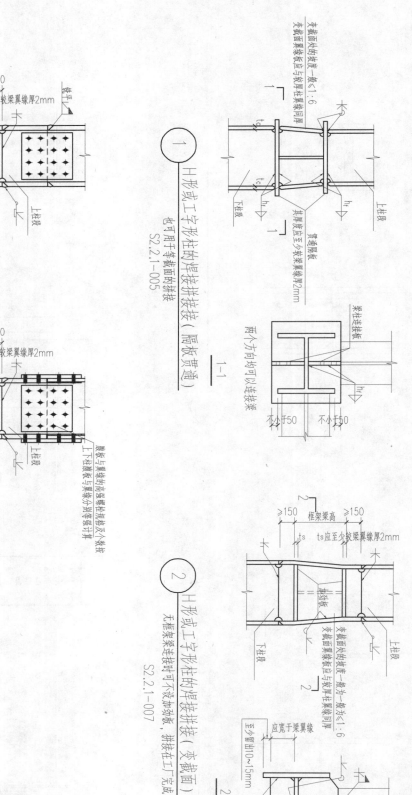

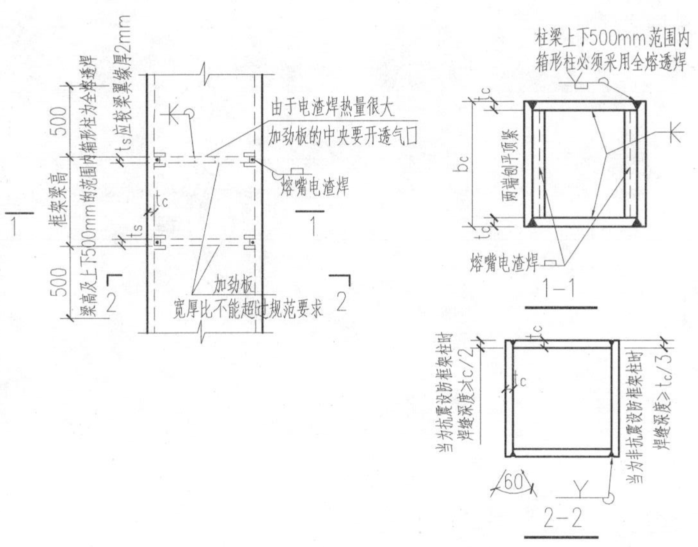

① 箱形截面柱焊接拼接(上下柱等高)

S2.2.2-001

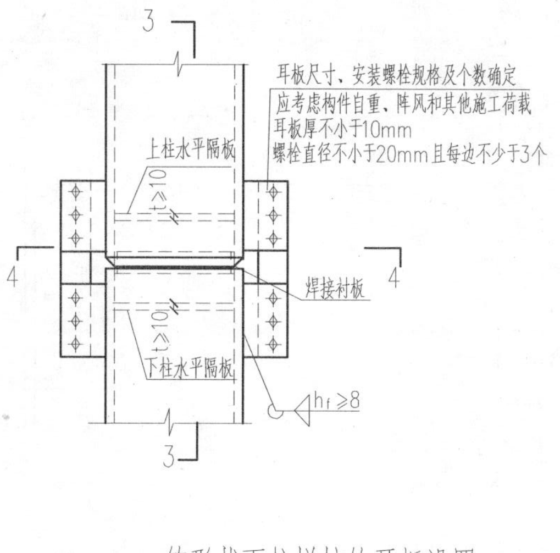

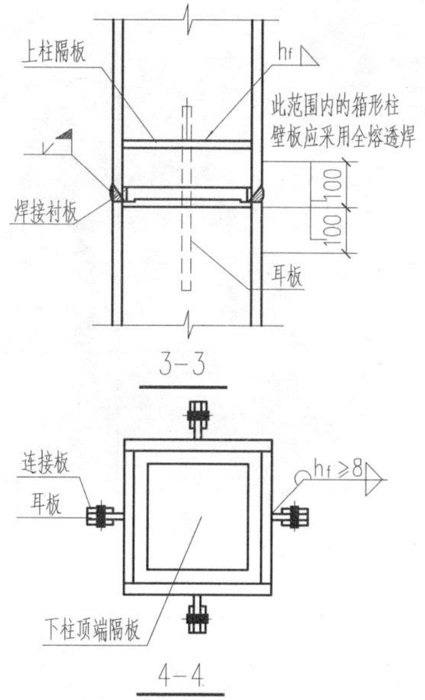

② 箱形截面柱拼接的耳板设置

耳板为施工时上下柱定位和临时固定用
柱拼接完成后用火焰将其切除

S2.2.2-002

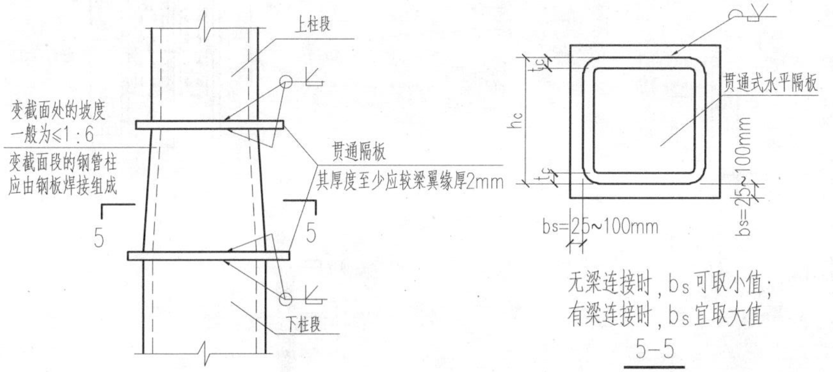

③ 热轧形钢方管柱的焊接拼接(变截面)

上图为隔板贯通式连接，同样适用于等截面拼接

S2.2.2-003

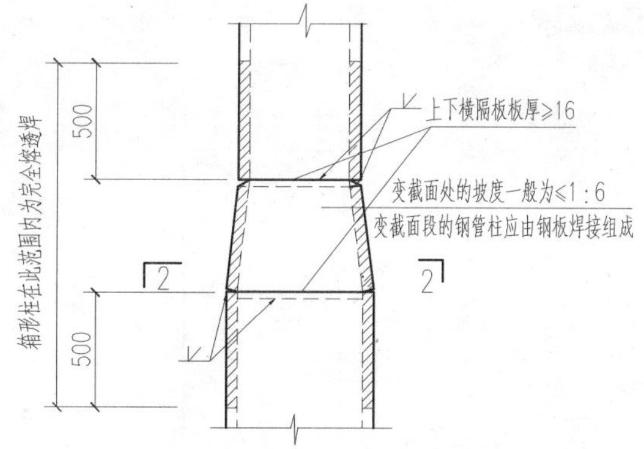

④ 箱形柱的焊接拼接(变截面)

无框架梁连接，中列柱

S2.2.2-004

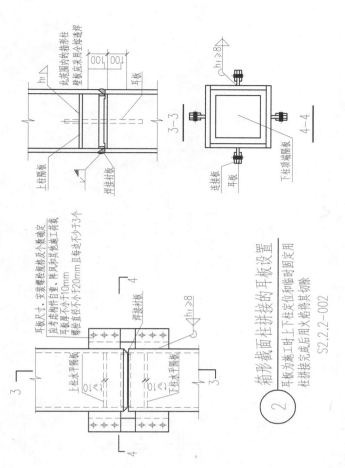

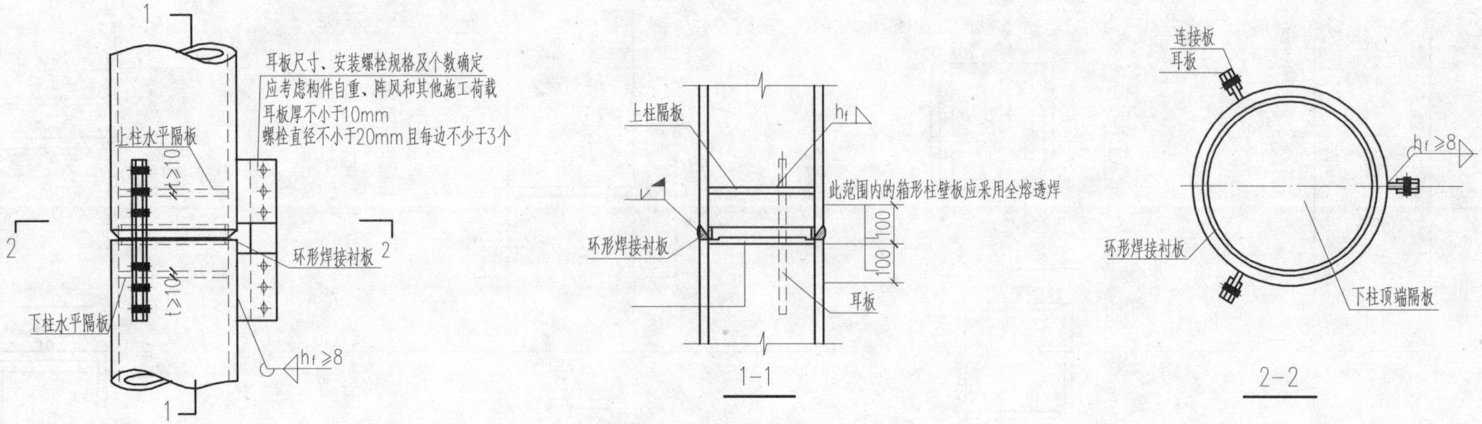

1 圆管形截面柱的的耳板拼接

耳板为施工时上下柱定位和临时固定用
柱拼接完成后用火焰将其切除
S2.2.2-006

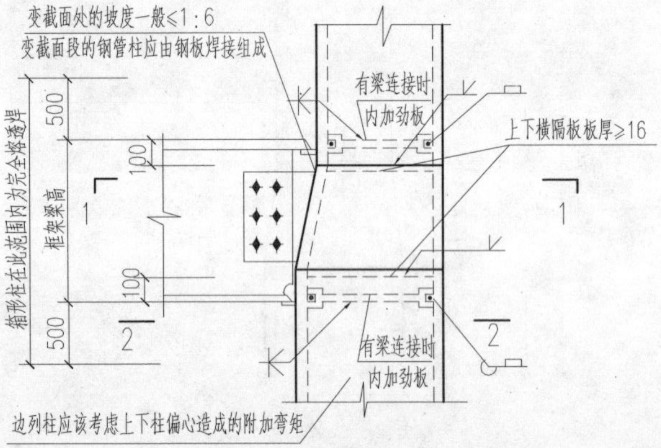

2 箱形柱的焊接拼接(变截面)

有框架梁连接，边列柱
S2.2.2-005

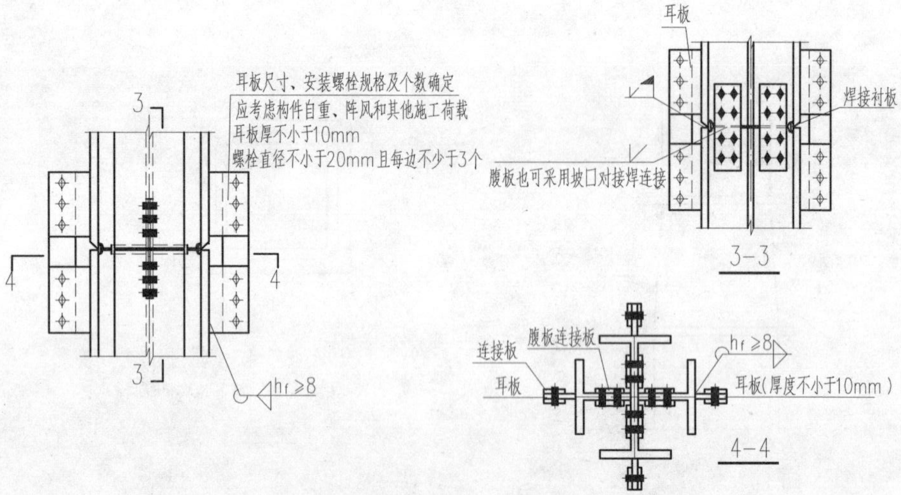

3 十字形截面柱拼接的耳板设置

腹板也可采用坡口对接焊连接
S2.2.2-007

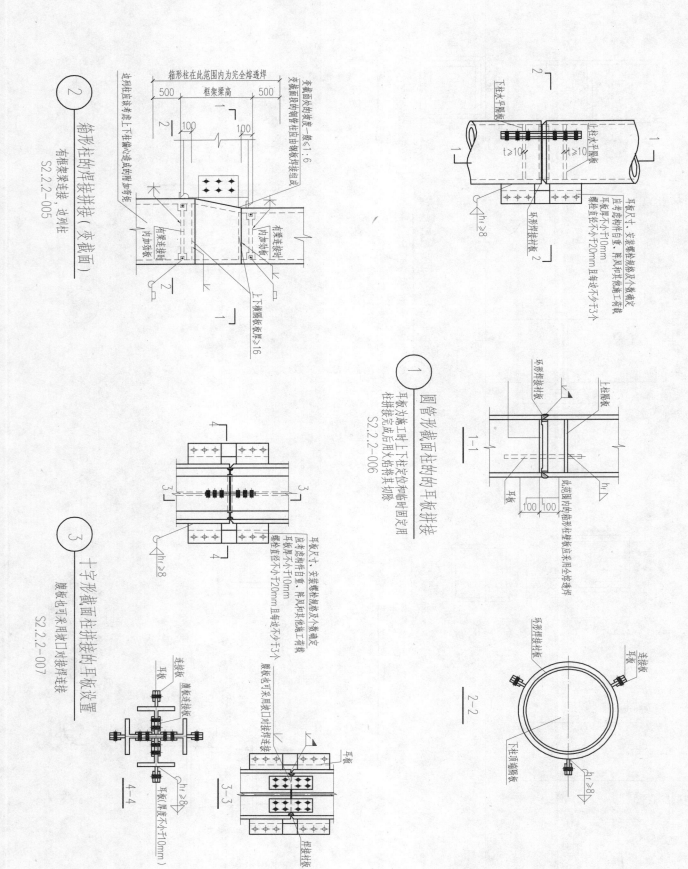

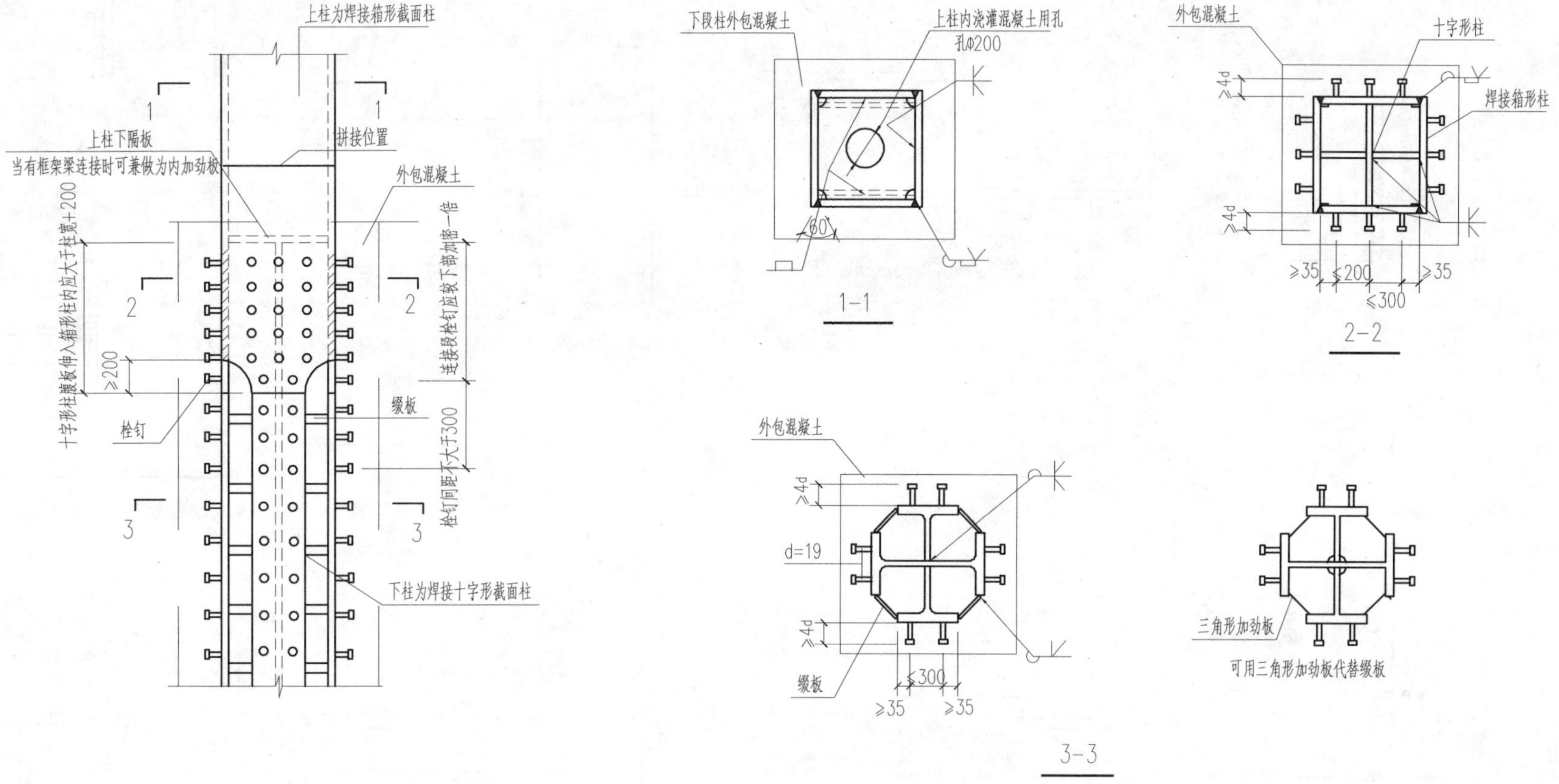

1 箱形截面柱与十字形截面柱的焊接拼接

无框架梁连接时可不设加劲板及其他连接零件

S2.2.2-008

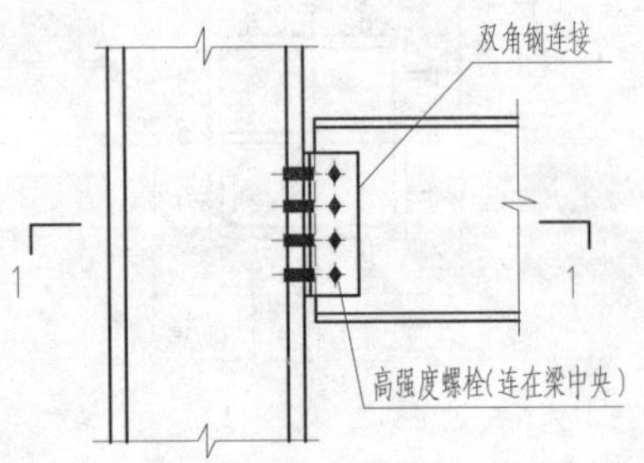

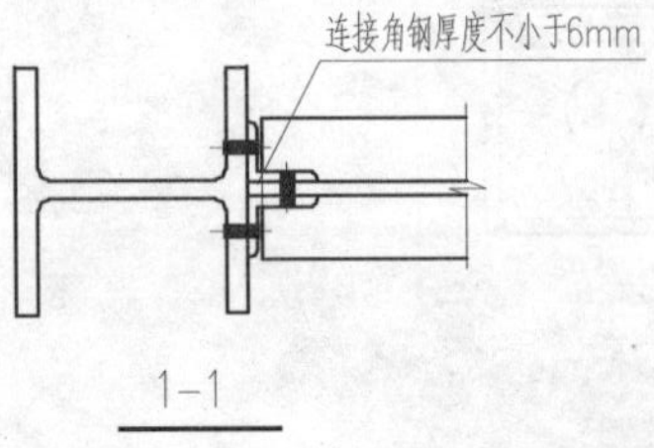

① 梁腹板与柱翼缘的双角钢螺栓连接

S2.3.1-001

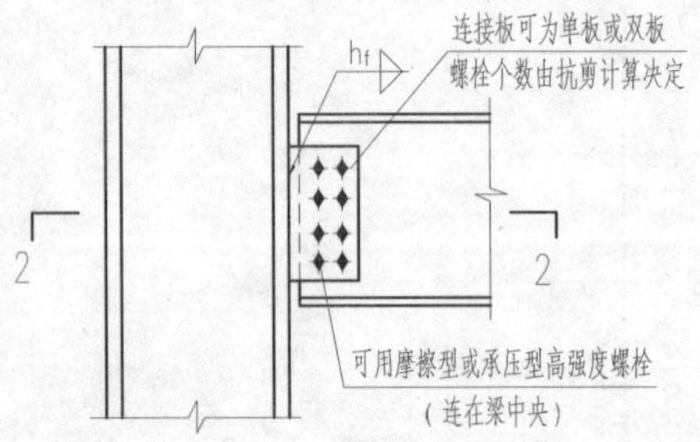

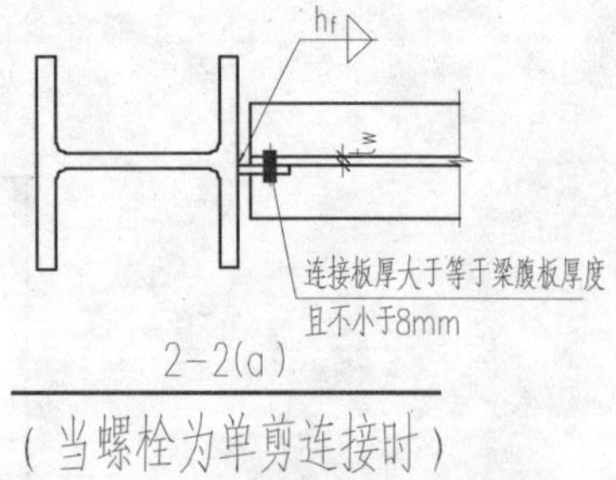

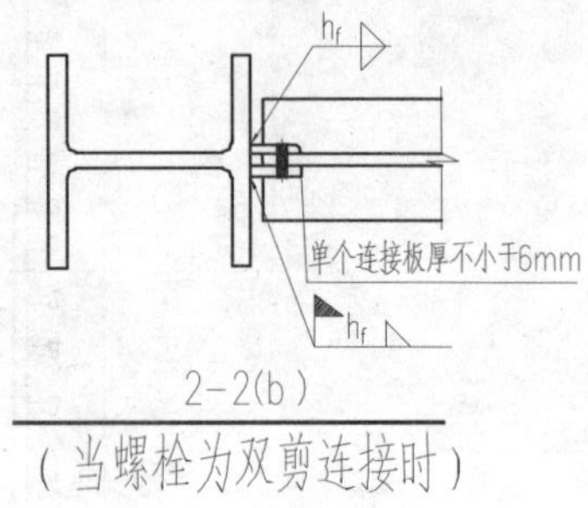

② 梁腹板与柱翼缘的连接板螺栓连接

S2.3.1-002

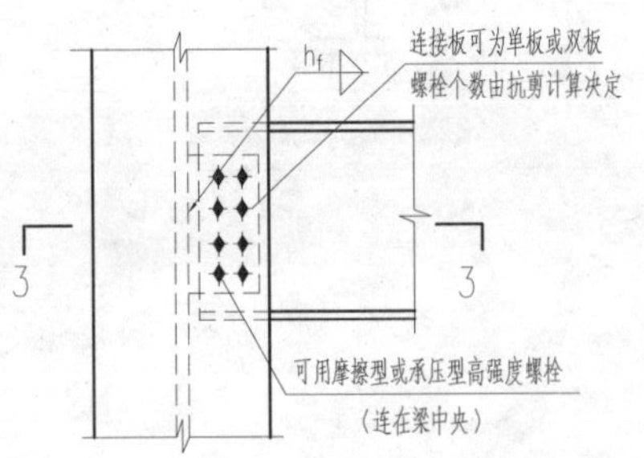

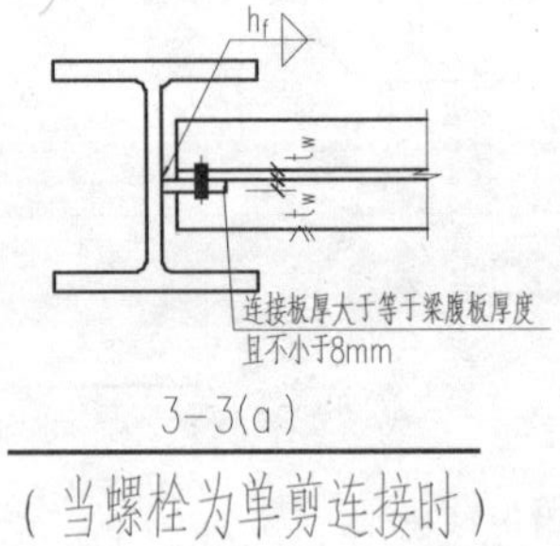

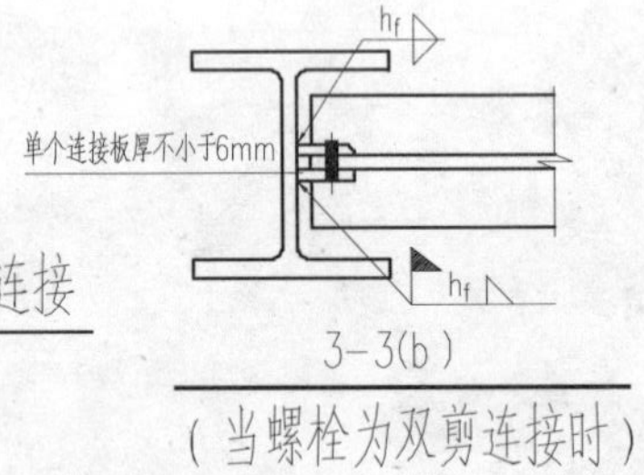

③ 梁腹板与柱腹板的连接板螺栓连接

S2.3.1-003

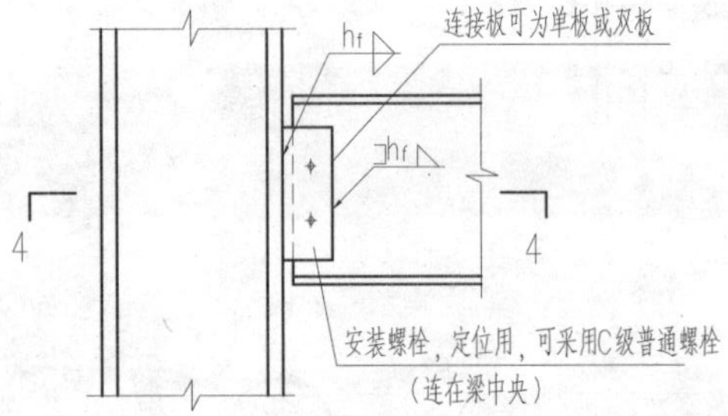

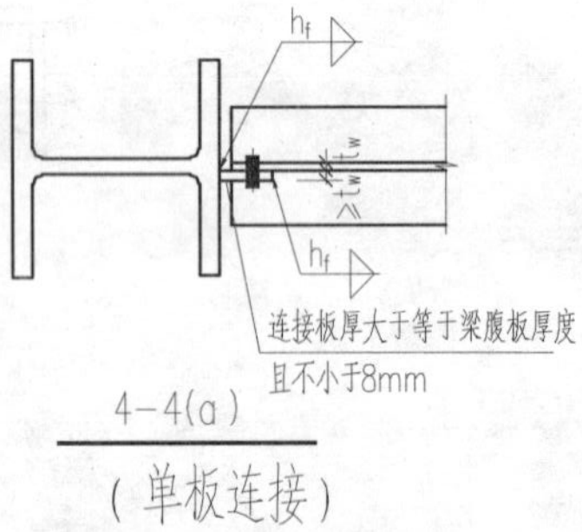

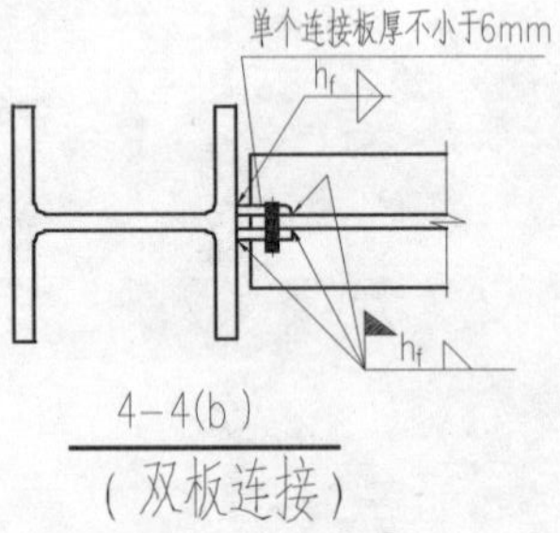

④ 梁腹板与柱翼缘的焊接连接

S2.3.1-004

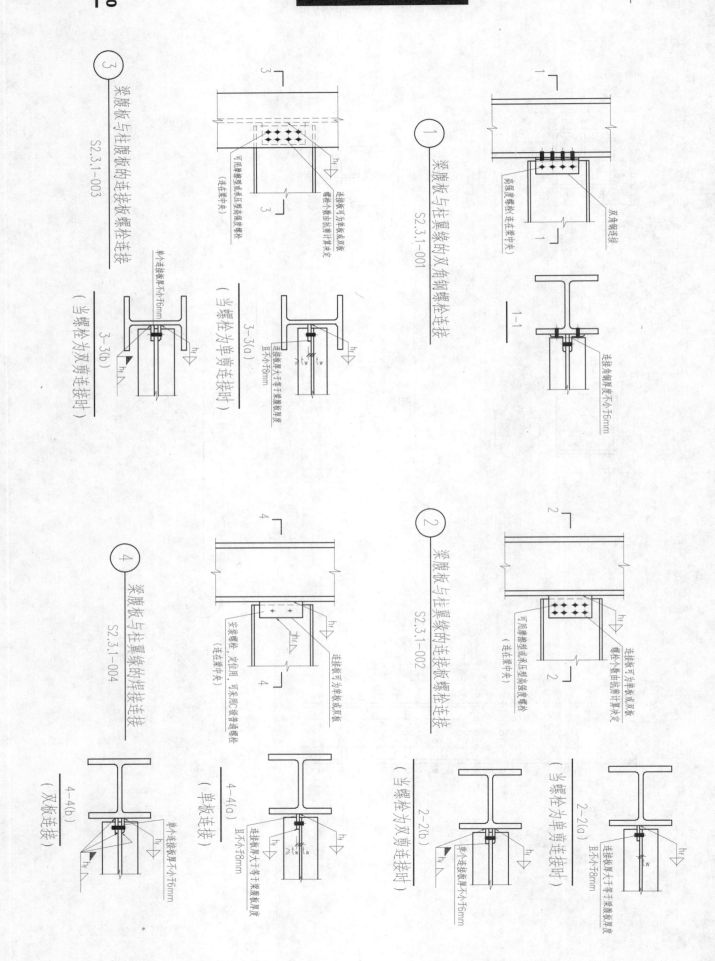

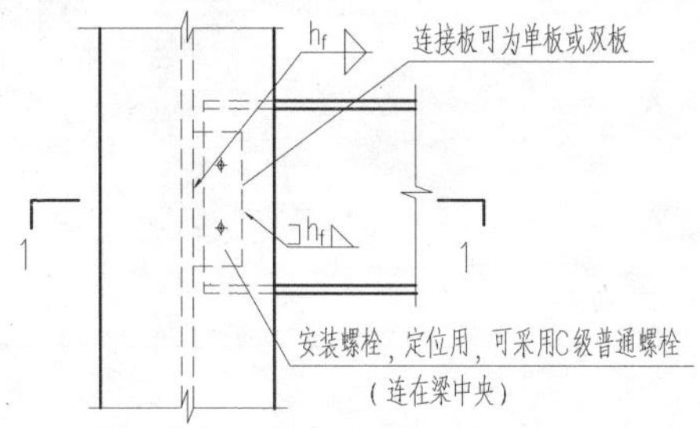

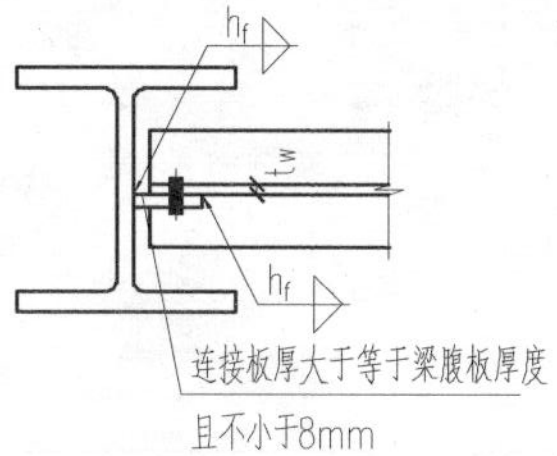

1-1(a)

（单板连接）

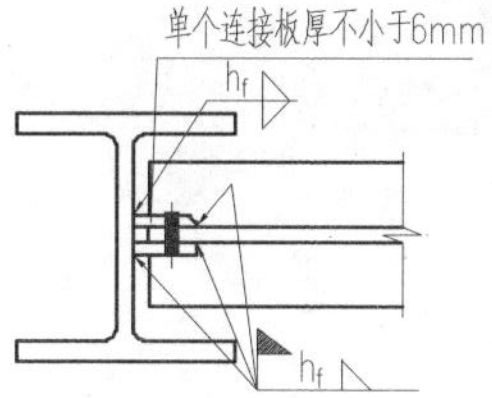

1-1(b)

（双板连接）

① 梁腹板与柱腹板的焊接连接

S2.3.1-005

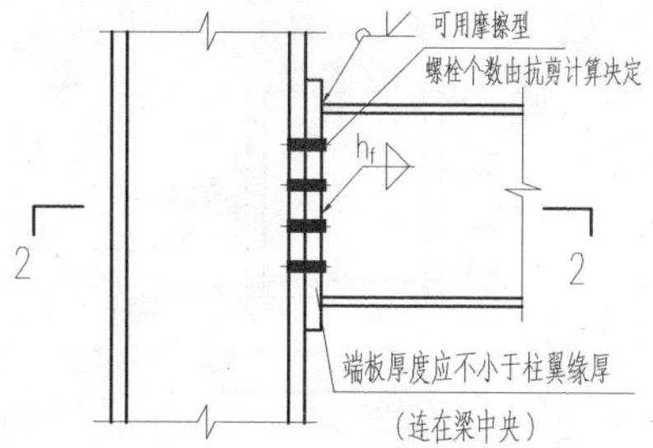

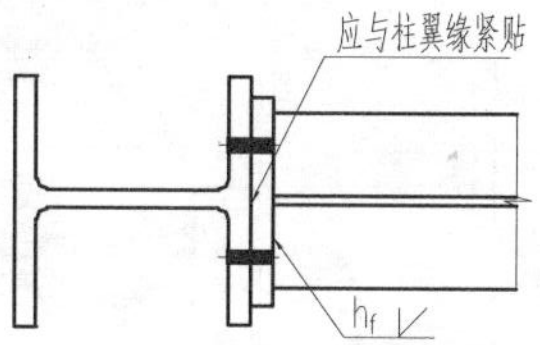

2-2

② 梁与柱翼缘的端板连接

S2.3.1-006

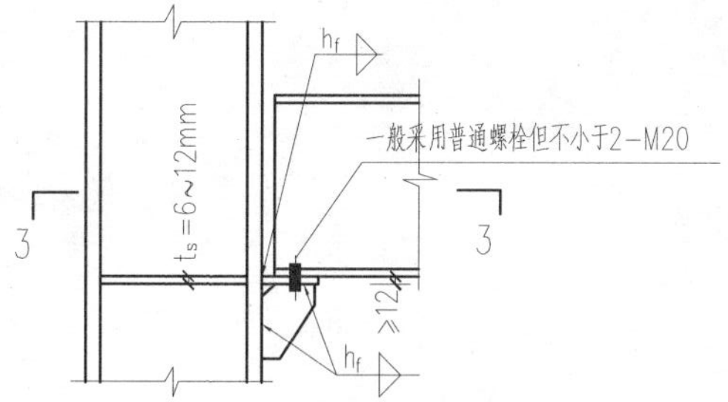

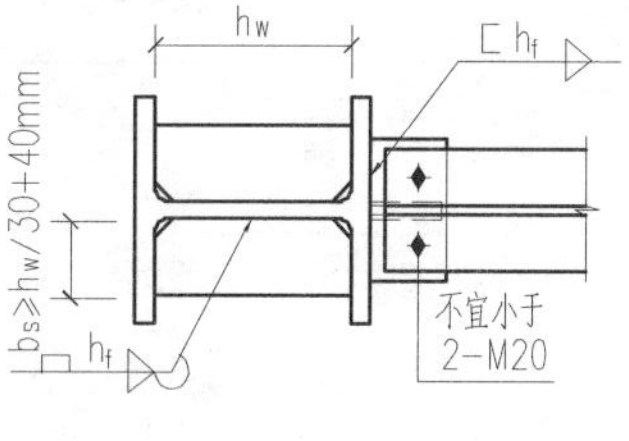

3-3

③ 梁下翼缘与柱翼缘的牛腿连接

S2.3.1-007

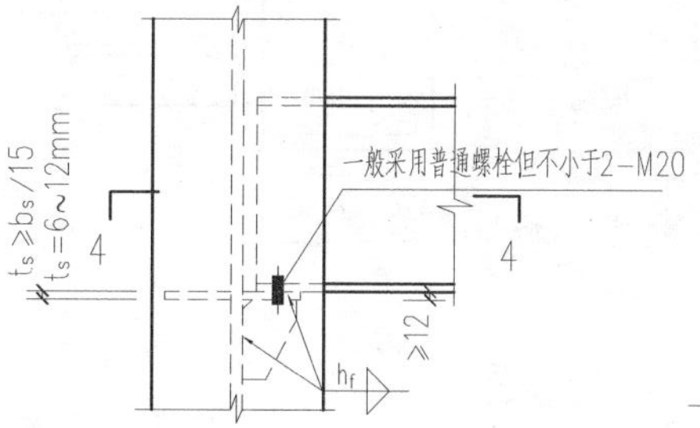

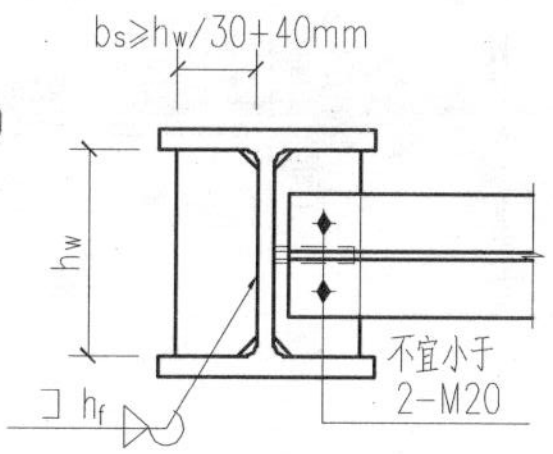

4-4

④ 梁下翼缘与柱腹板的牛腿连接

S2.3.1-008

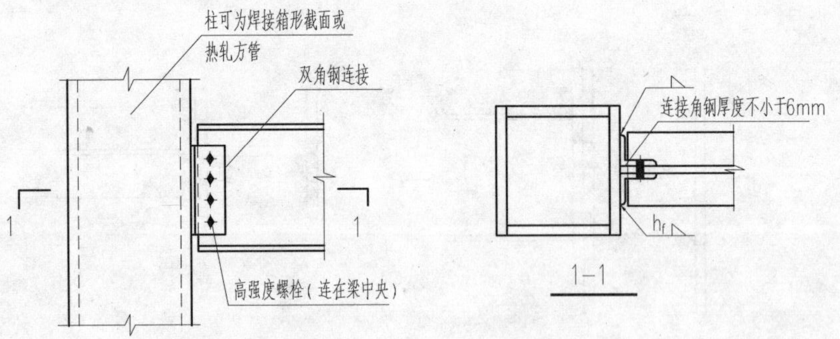

① 梁腹板与箱形柱的双角钢螺栓连接
S2.3.1-009

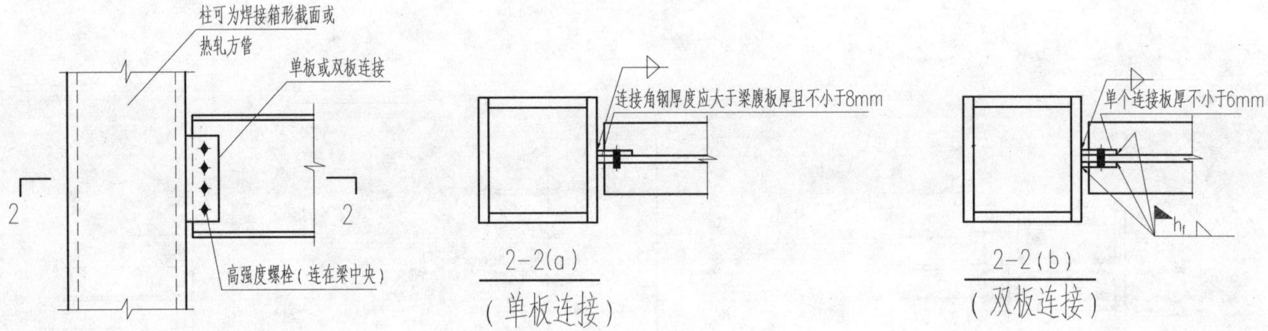

② 梁腹板与箱形柱的双角钢螺栓连接
S2.3.1-010

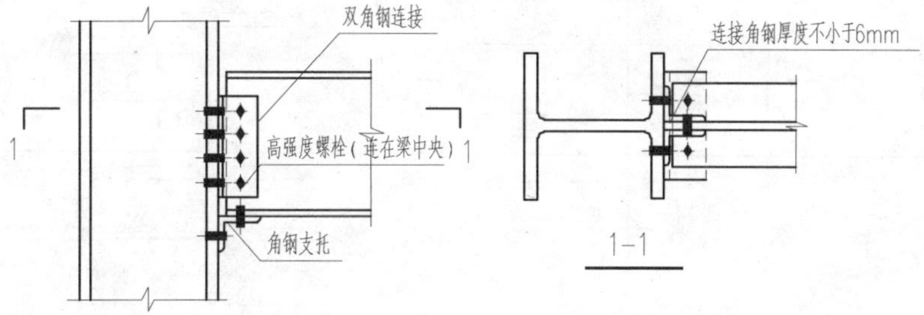

① 梁腹板与柱翼缘的双角钢加角钢支托的螺栓连接

S2.4.1-001

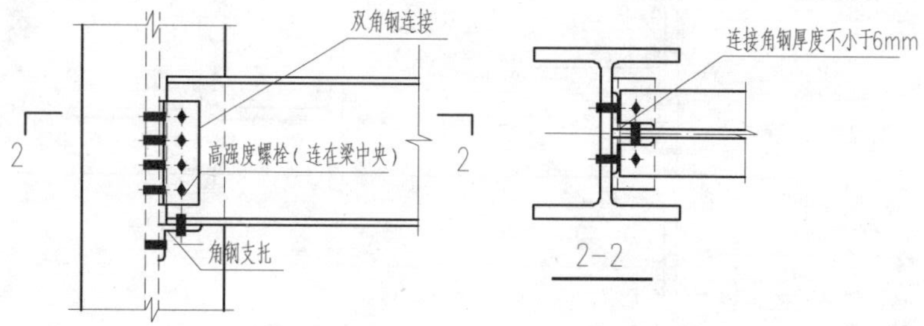

② 梁腹板与柱腹板的双角钢加角钢支托的螺栓连接

S2.4.1-002

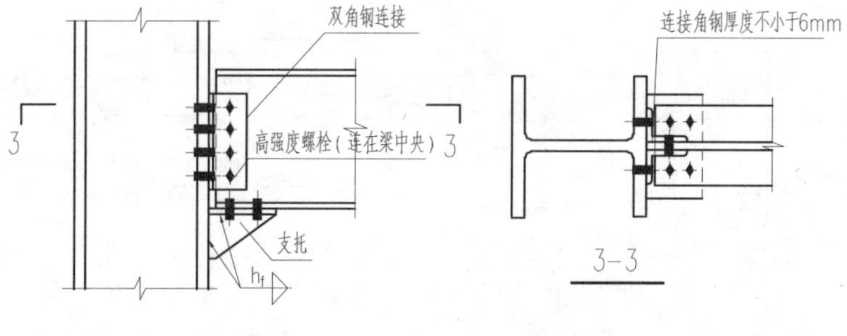

③ 梁腹板与柱翼缘的双角钢加钢板支托的螺栓连接

S2.4.1-003

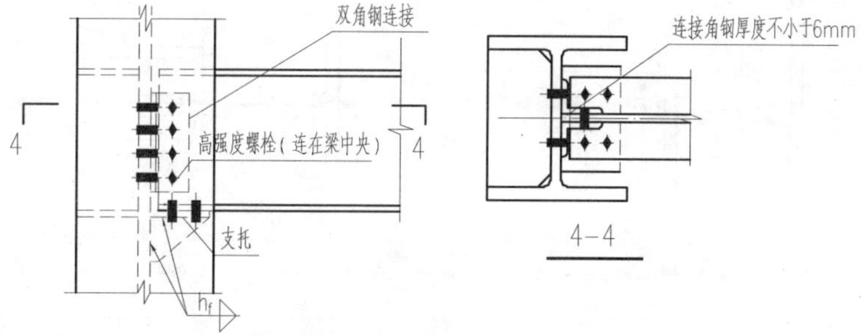

④ 梁腹板与柱腹板的双角钢加钢板支托的螺栓连接

S2.4.1-004

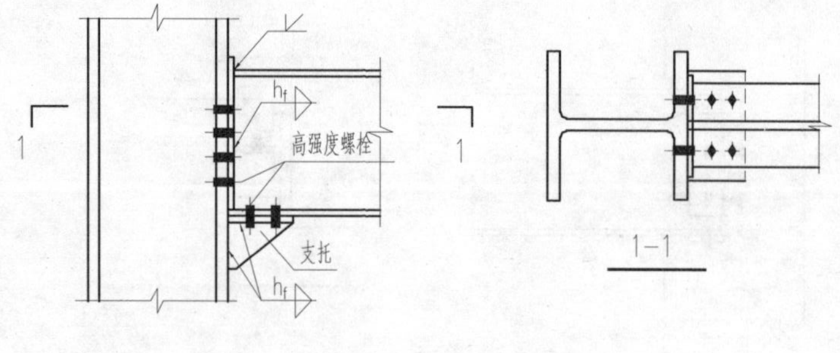

① 梁腹板与柱翼缘的端板加支托的螺栓连接
S2.4.1-005

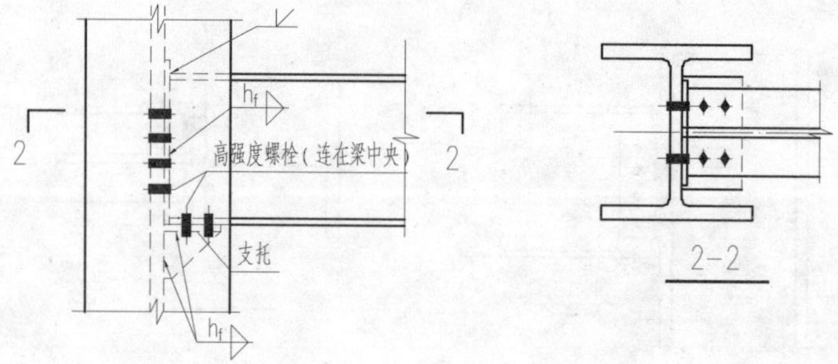

② 梁腹板与柱腹板的端板加支托的螺栓连接
S2.4.1-006

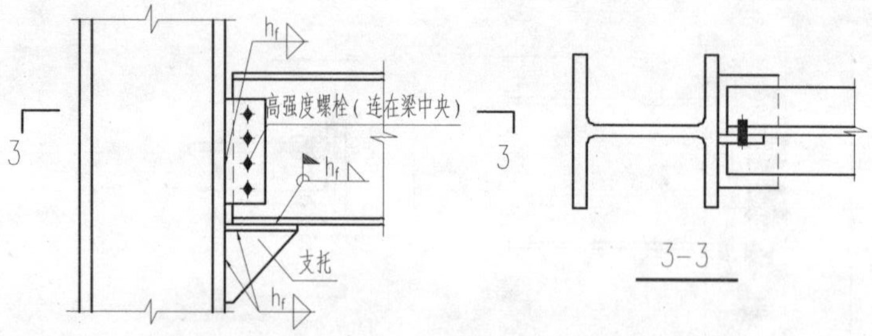

③ 梁腹板与柱翼缘加支托的栓焊连接
S2.4.1-007

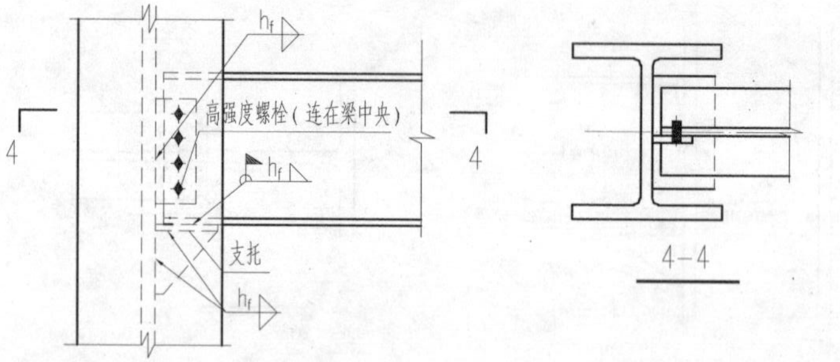

④ 梁腹板与柱腹板加支托的栓焊连接
S2.4.1-008

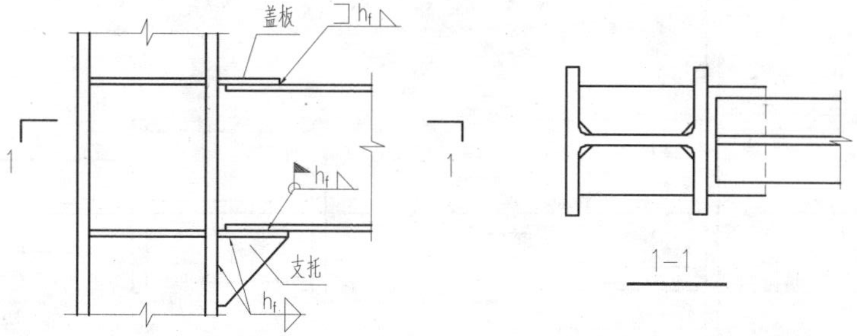

① 梁腹板与柱翼缘的盖板加支托的全焊连接

S2.4.1-009

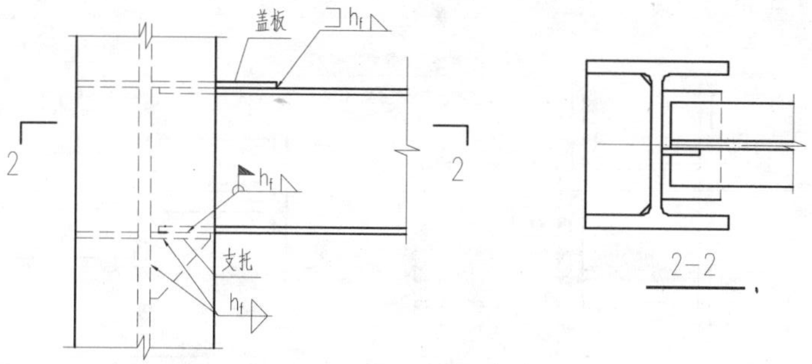

② 梁腹板与柱腹板的盖板加支托的全焊连接

S2.4.1-010

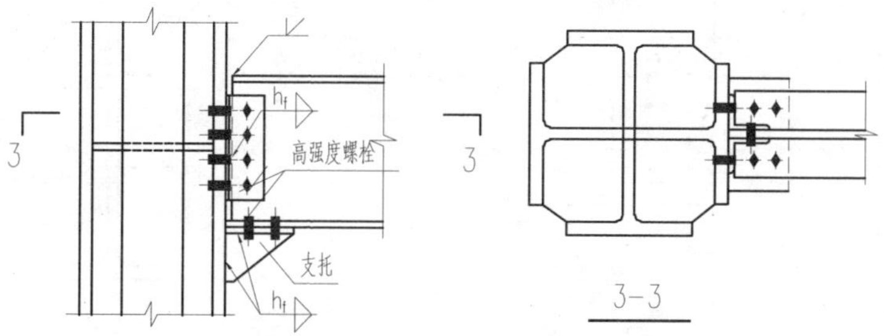

③ 梁腹板与十字形柱翼缘的双角钢加支托的螺栓连接

S2.4.1-011

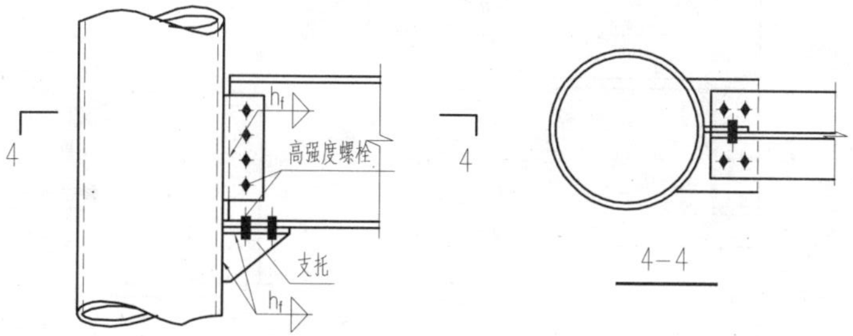

④ 梁腹板与圆管柱的连接板加支托的螺栓连接

S2.4.1-012

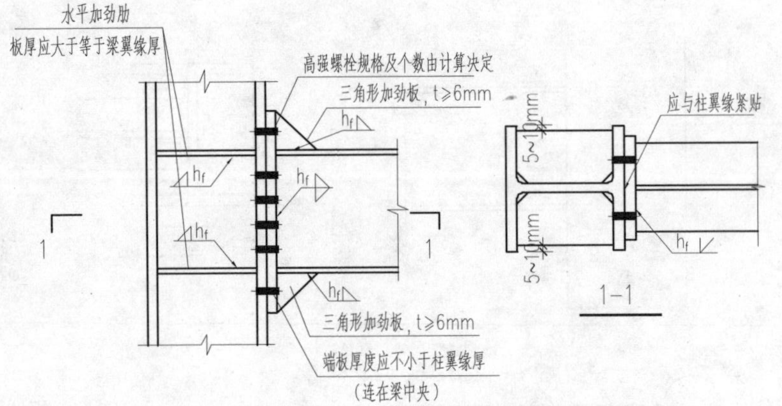

① 梁与工字形或H形柱翼缘的端板连接
S2.5.1-001

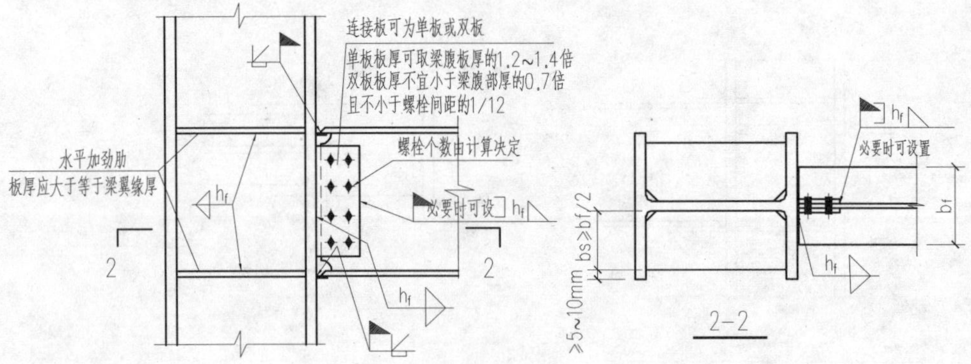

② 梁与工字形或H形截面柱强轴方向的刚性连接
S2.5.1-002

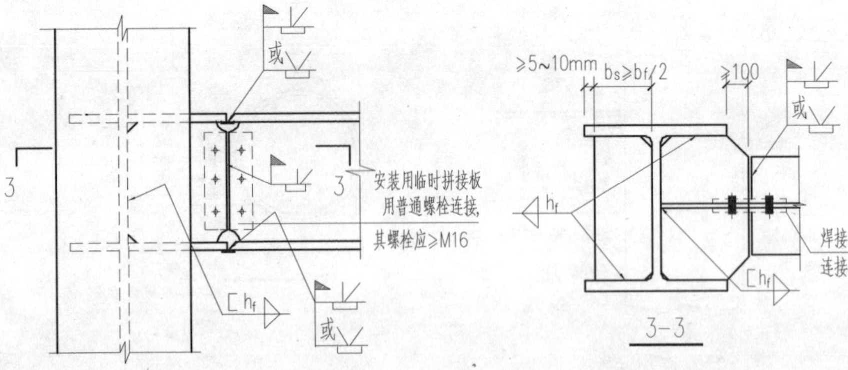

③ 梁与工字形或H形截面柱弱轴方向的刚性连接(一)
翼缘与腹板都为焊接连接
S2.5.1-003

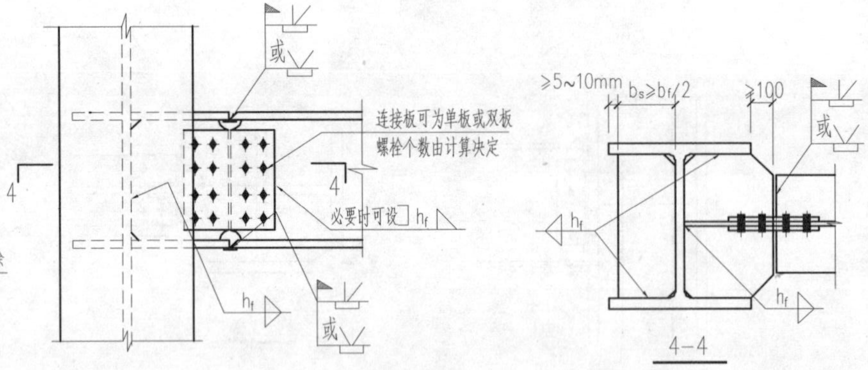

④ 梁与工字形或H形截面柱弱轴方向的刚性连接(二)
翼缘为焊接连接,腹板为双连接板螺栓连接
S2.5.1-004

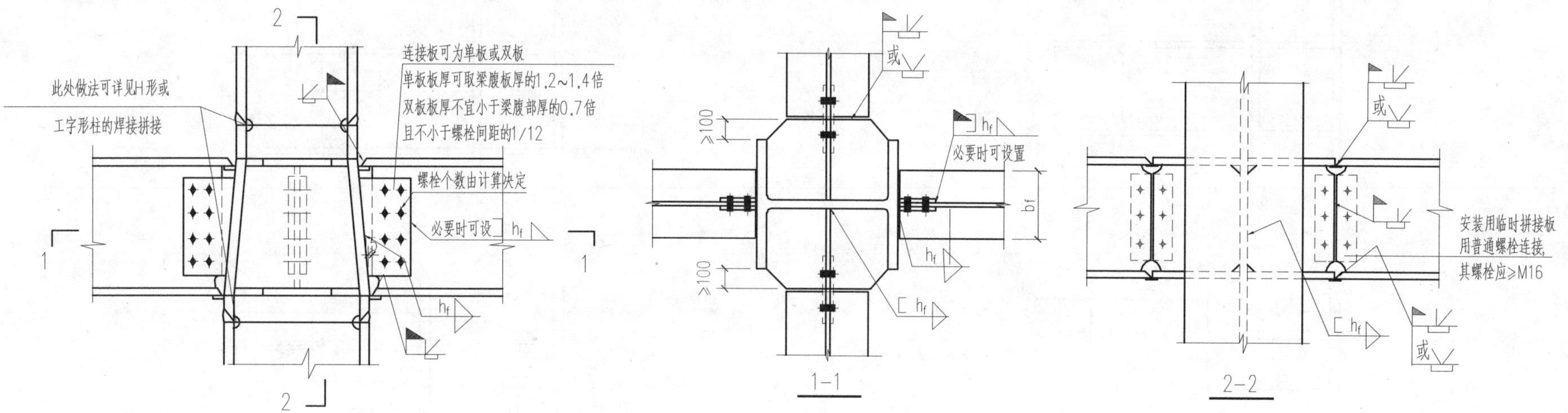

① 框架梁与变截面工字形或H形截面柱的刚性连接

中柱两个垂直方向均有梁连接　S2.5.1-005

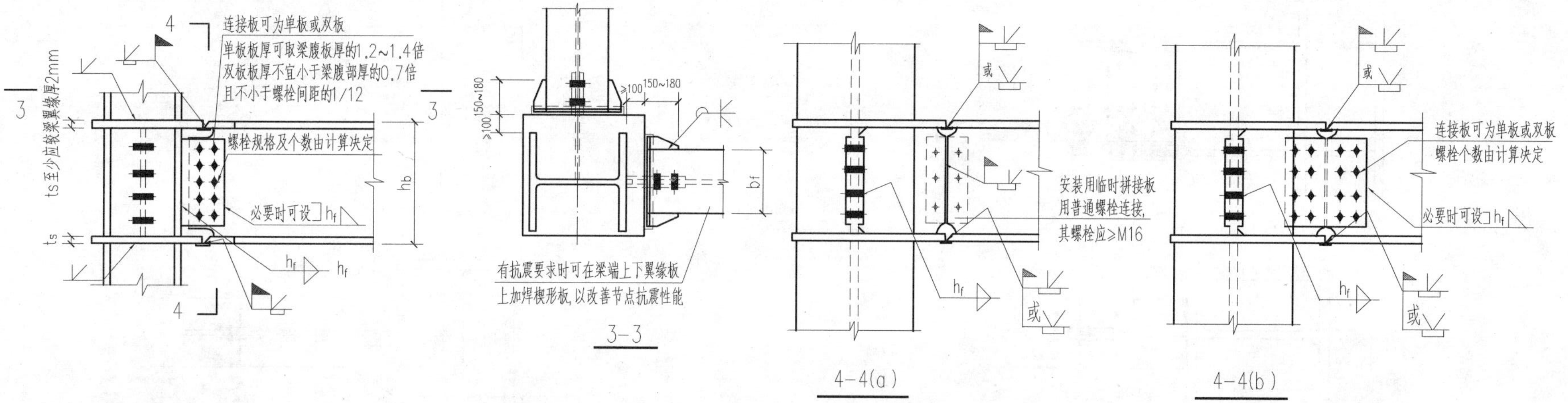

② 框架梁与工字形或H形截面柱的隔板贯通式连接

边柱两个垂直方向均有梁连接　S2.5.1.2-001

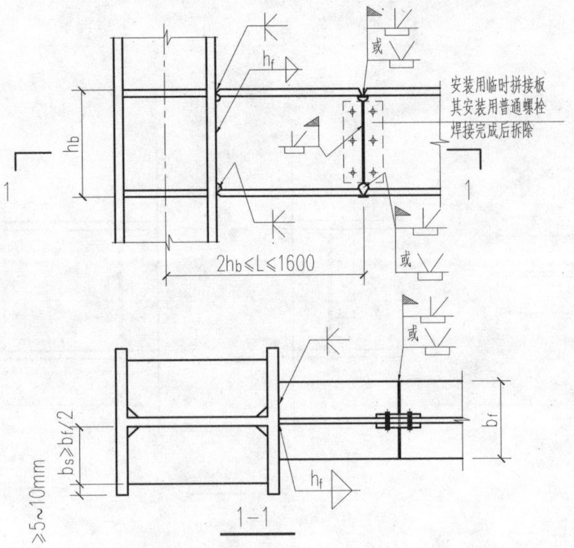

① 带悬臂梁段的柱与中间梁段的全焊刚性连接（一）

悬臂段与柱在工厂完成焊接 S2.5.1.2-002

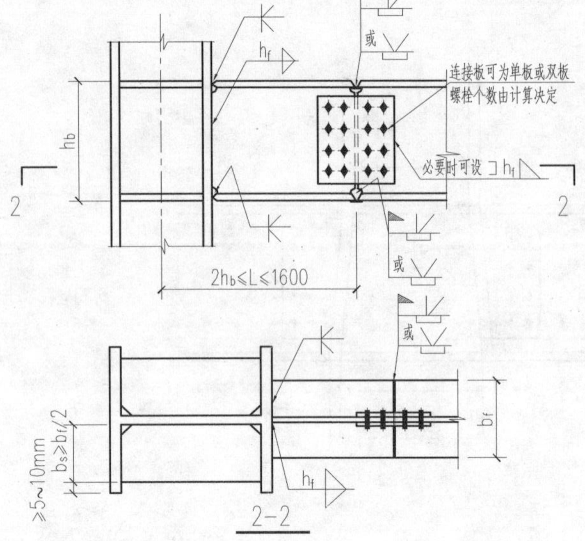

② 带悬臂梁段的柱与中间梁段的栓焊刚性连接（二）

悬臂段与柱在工厂完成焊接 S2.5.1.2-003

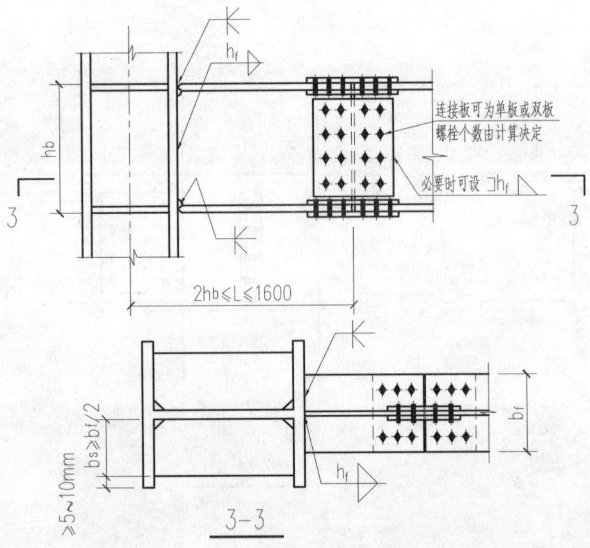

③ 带悬臂梁段的柱与中间梁段的全螺栓刚性连（三）

悬臂段与柱在工厂完成焊接 S2.5.1.2-004

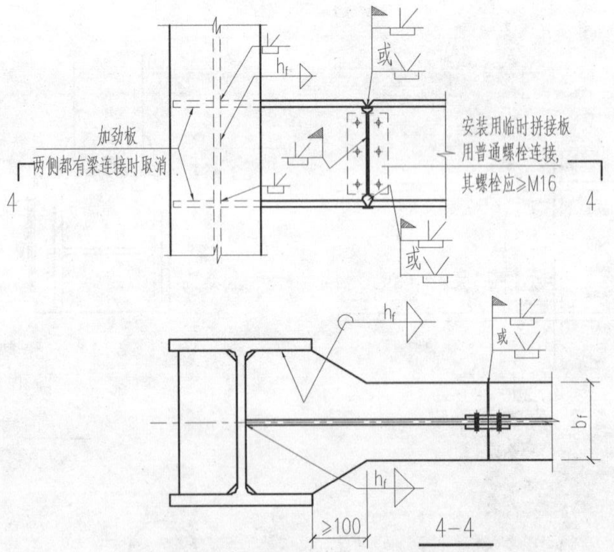

④ 带悬臂梁段的柱与中间梁段的全焊刚性连接（四）

悬臂段与柱在工厂完成焊接 S2.5.1.3-001

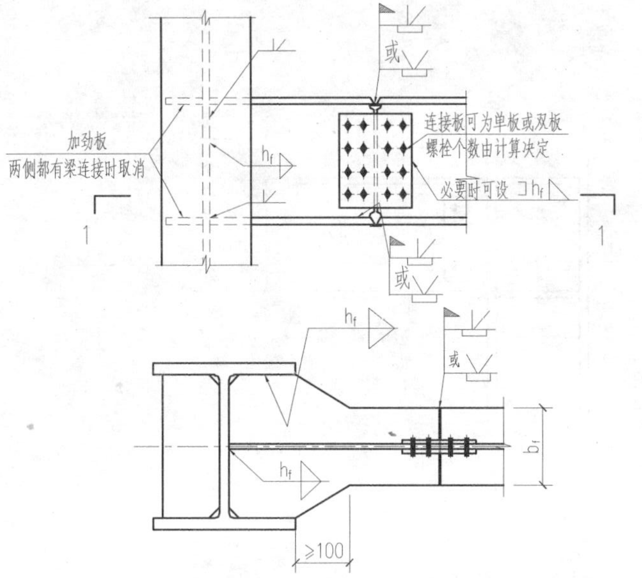

1-1

① 带悬臂梁段的柱与中间梁段的栓焊刚性连接(五)

悬臂段与柱在工厂完成焊接　　S2.5.1.3-002

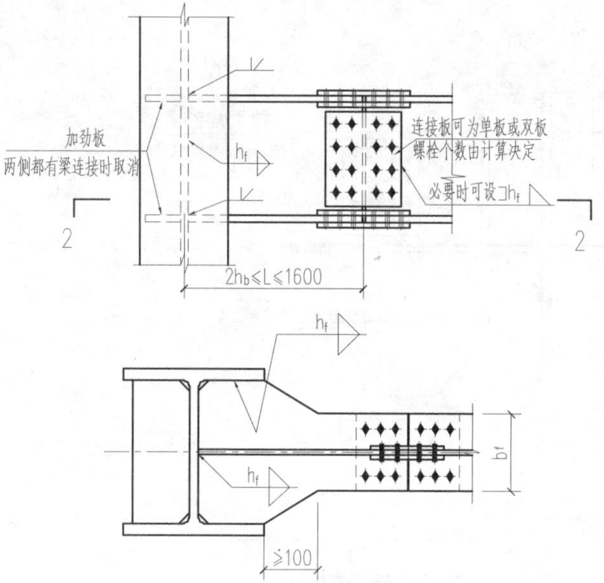

2-2

② 带悬臂梁段的柱与中间梁段的全螺栓刚性连(六)

悬臂段与柱在工厂完成焊接　　S2.5.1.3-003

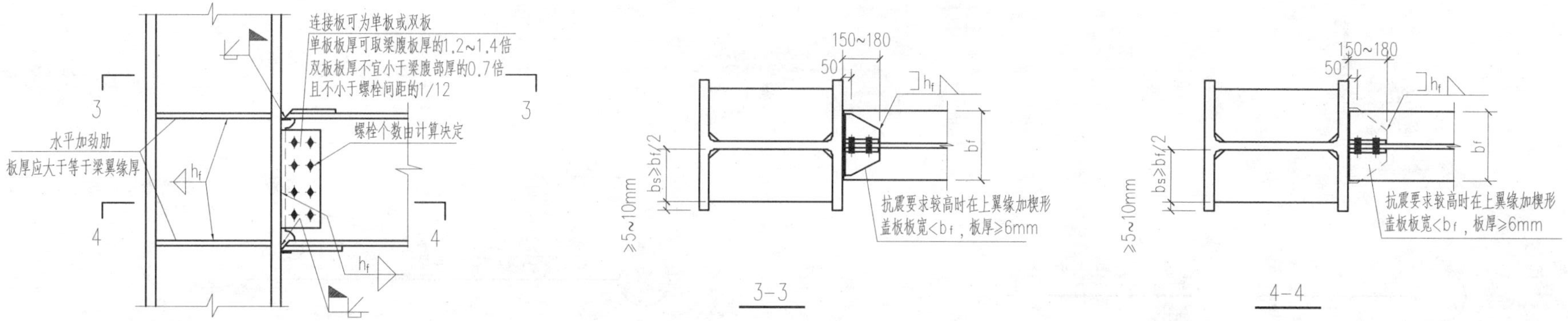

③ 梁与工字形或H形截面柱加楔形盖版的刚性连接

S2.5.1.3-004

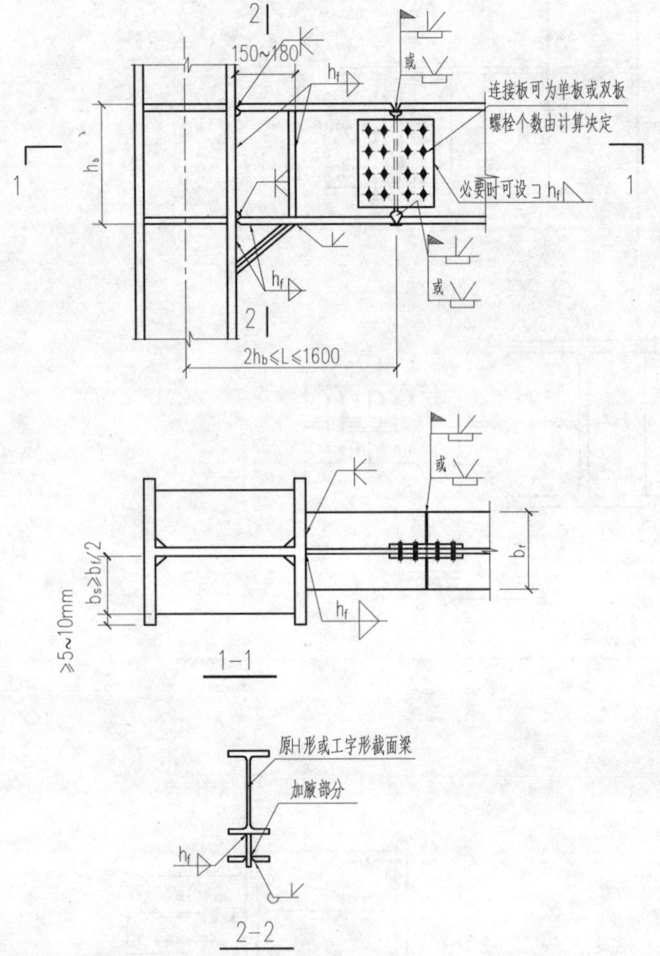

① 采用梁端下部加腋板加强的框架梁与柱连接

S2.5.1.4-001

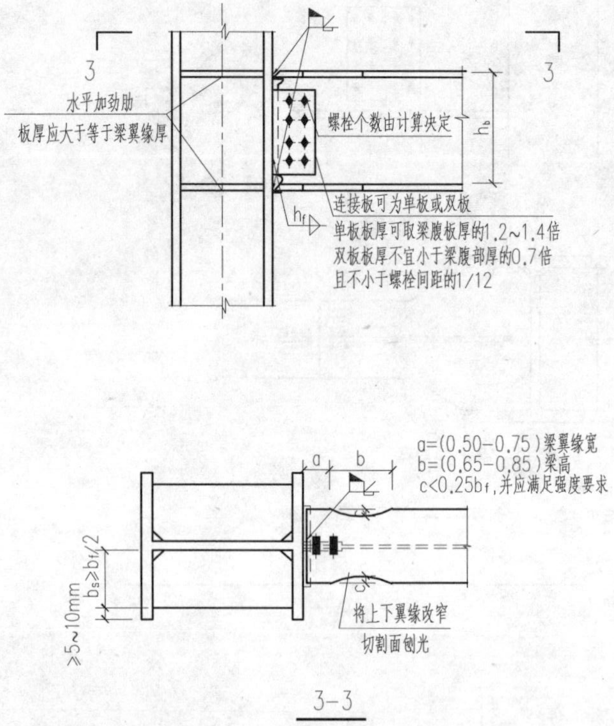

② "狗骨头"式的梁与工字形或H形柱连接

S2.5.1.4-002

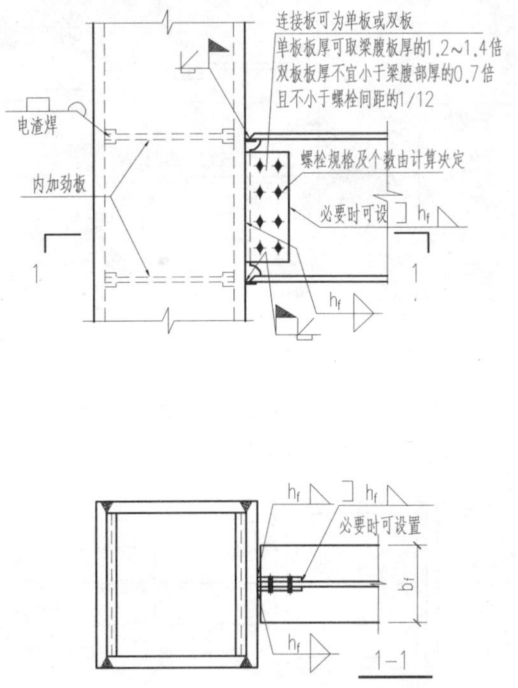

① 框架梁与箱形截面柱的刚性连接
S2.5.2.1-001

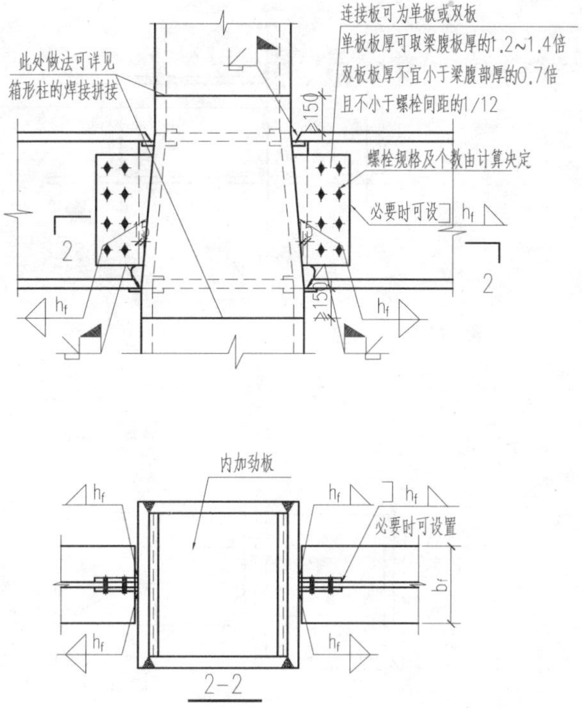

② 框架梁与变截面箱形柱的刚性连接
S2.5.2.1-002

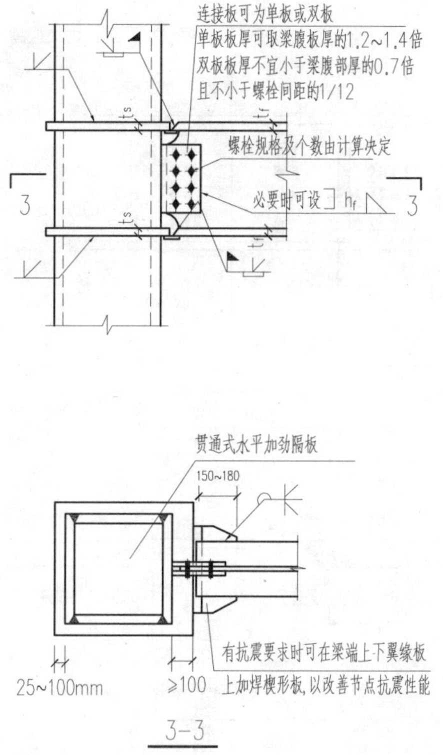

③ 框架梁与设有贯通式水平加劲隔板的箱形截面柱的刚性连接
S2.5.2.1-003

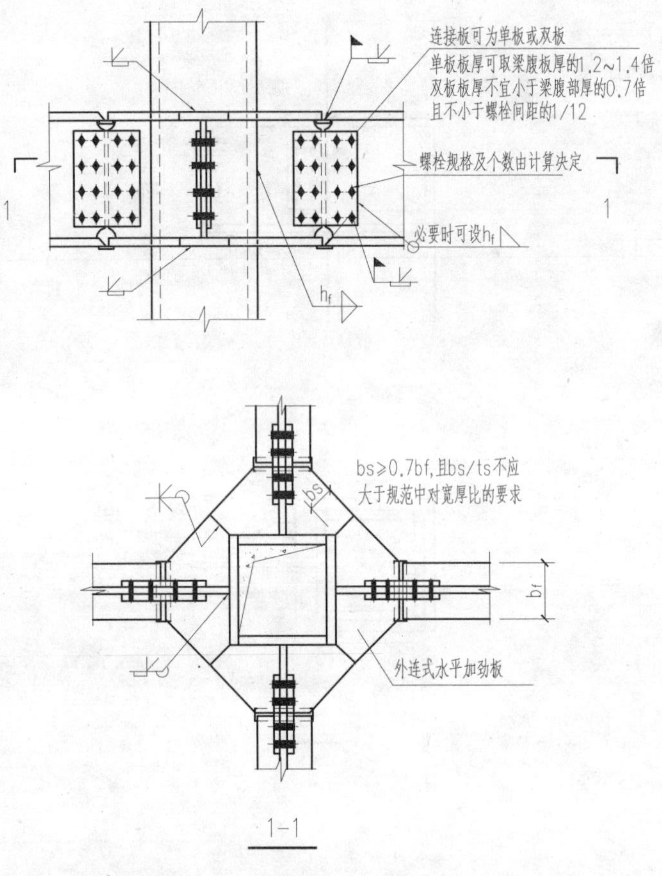

框架梁与设有外连式水平加劲板的箱形截面柱的刚性连接

S2.5.2.1-004

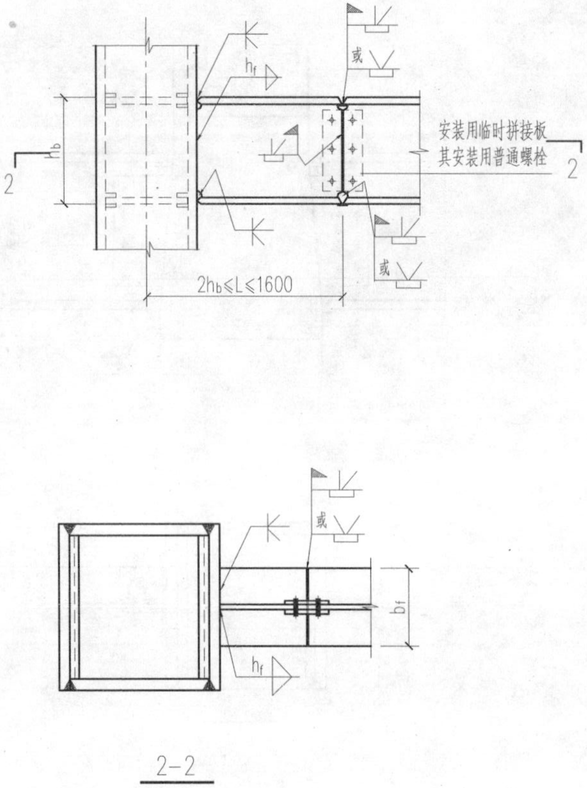

带悬臂梁段的箱形柱与中间梁段的全焊刚性连接

悬臂段与柱在工厂完成焊接

S2.5.2.1-005

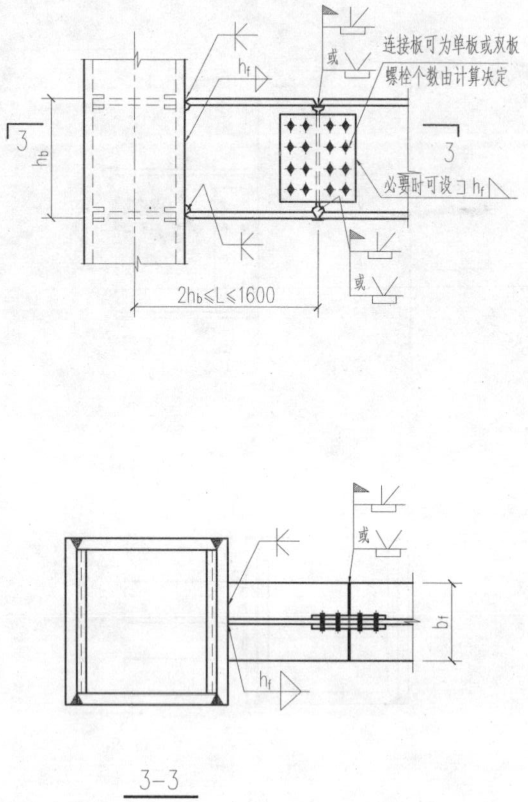

带悬臂梁段的箱形柱与中间梁段的栓焊刚性连接

悬臂段与柱在工厂完成焊接

S2.5.2.1-006

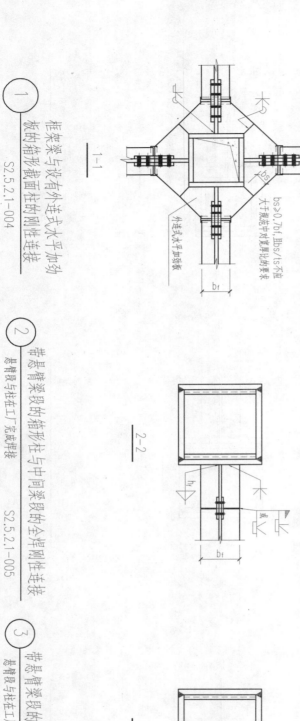

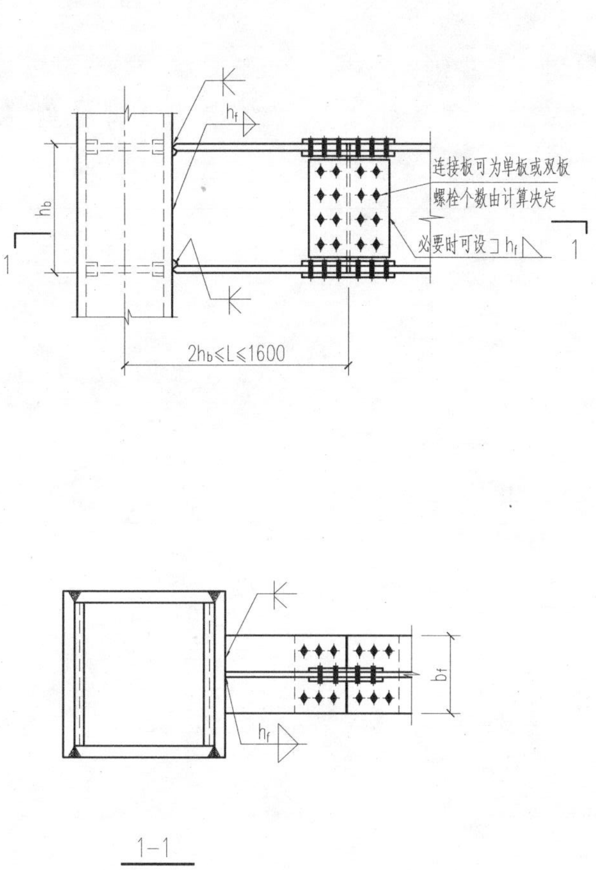

① 带悬臂梁段的箱形柱与中间梁段的全螺栓刚性连
悬臂段与柱在工厂完成焊接 S2.5.2.2-001

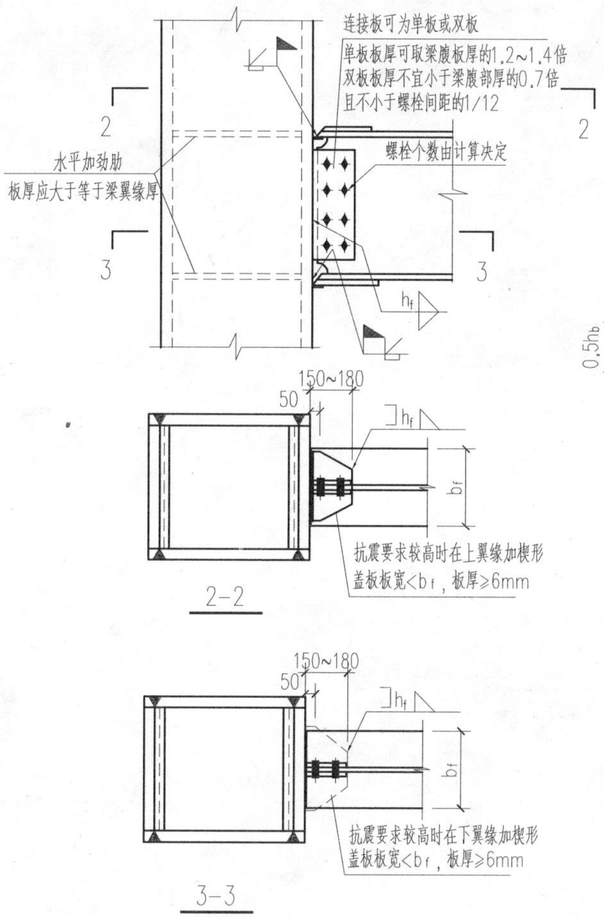

② 梁与箱形截面柱有抗震要求的刚性连接
S2.5.2.2-002

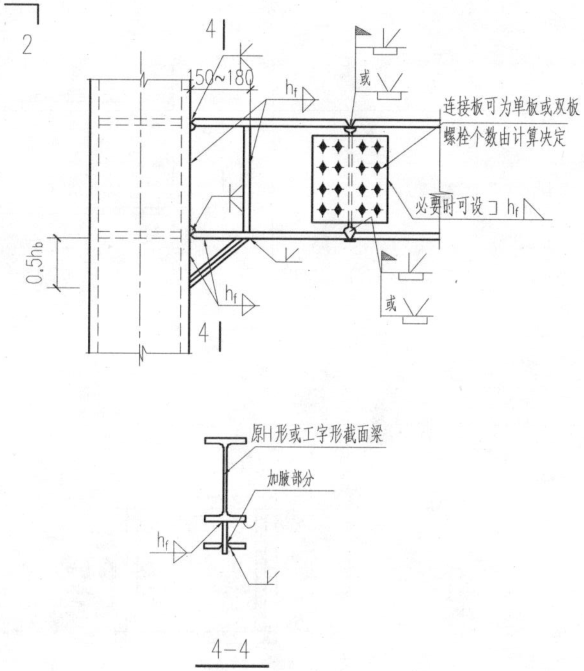

③ 采用梁端下部加腋板加强的框架梁与柱连接
S2.5.2.2-003

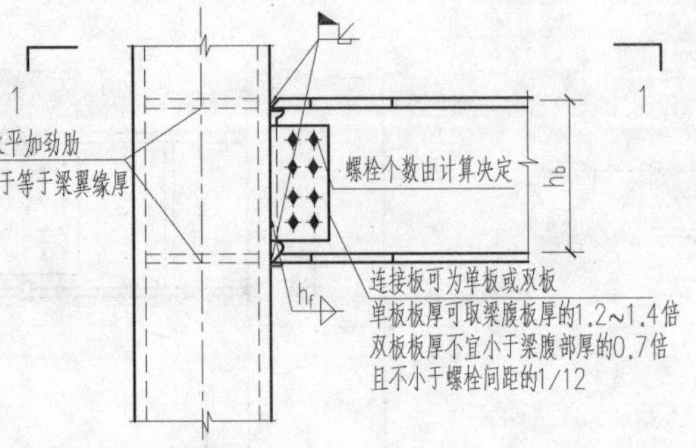
板厚应大于等于梁翼缘厚

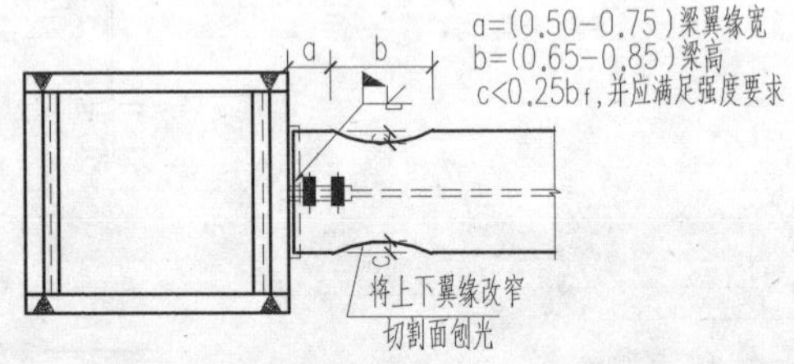

1-1

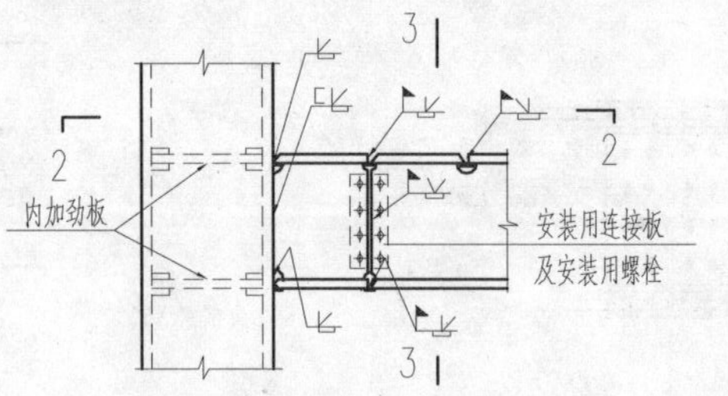

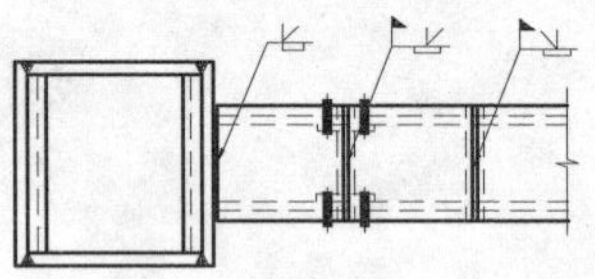

2-2

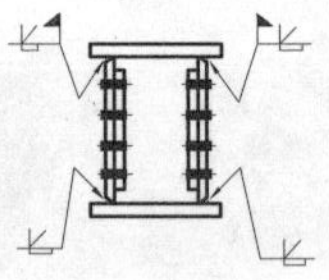

3-3

① “狗骨头”式的梁与箱形柱连接

S2.5.2.2-004

② 箱形梁与箱形柱的刚性连接

S2.5.2.2-005

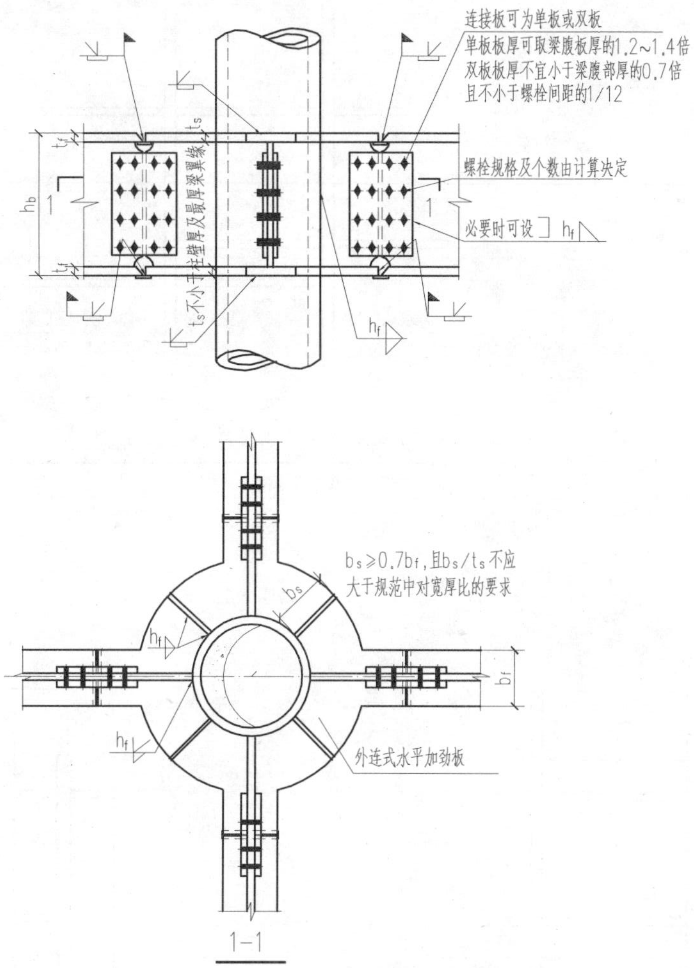

① 框架梁与设有外连式水平加劲板的圆管形截面柱的刚性连接
S2.5.2.3-001

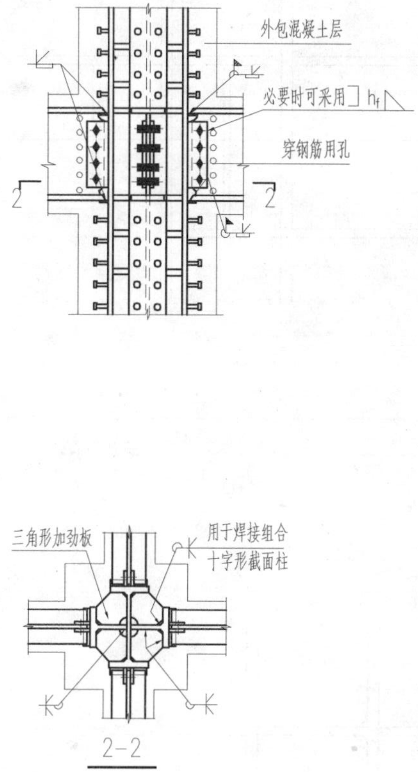

② 在钢骨混凝土结构中梁与十字形截面柱的刚性连接
S2.5.2.3-002

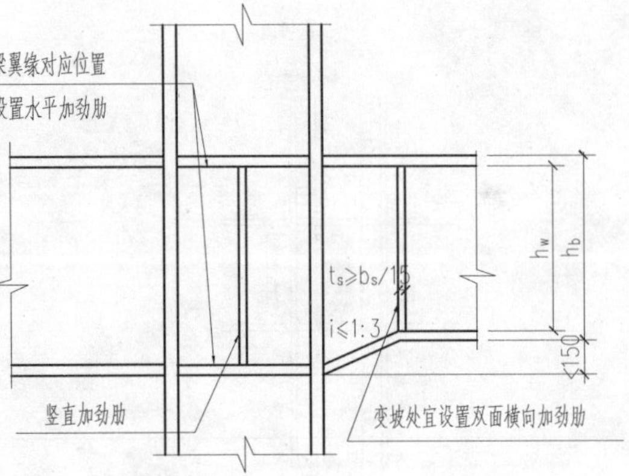

① 不等高梁与柱刚性连接时的加劲肋设置(一)

当柱两侧的梁底高差<150时的作法

S2.5.2.4-001

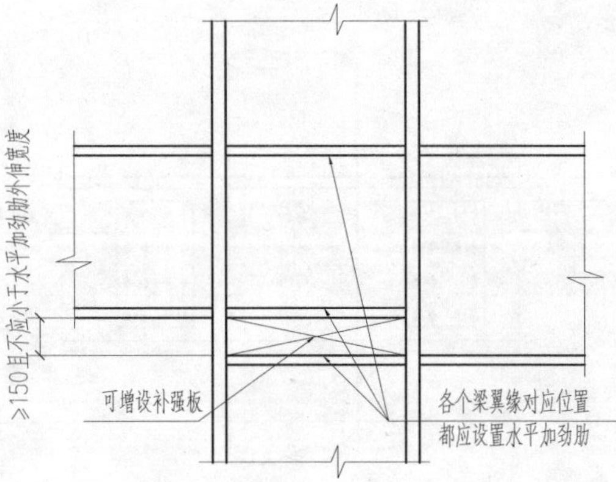

② 不等高梁与柱刚性连接时的加劲肋设置(二)

当柱两侧的梁底高差≥150且不小于水平加劲肋外伸宽度时的作法

S2.5.2.4-002

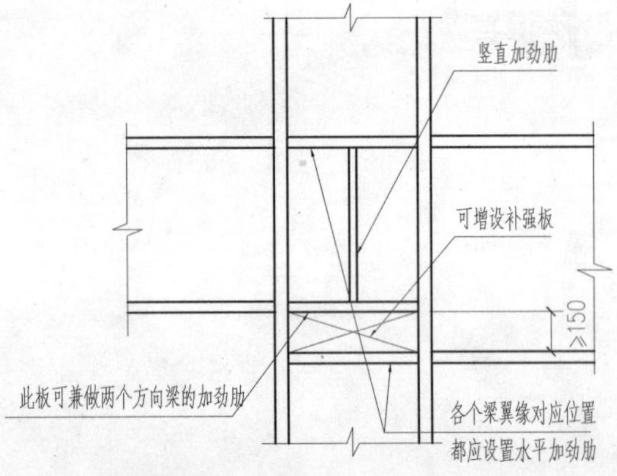

③ 不等高梁与柱刚性连接时的加劲肋设置(三)

当柱两垂直方向的梁底高差≥150且不小于水平加劲肋外伸宽度时的作法

S2.5.2.4-003

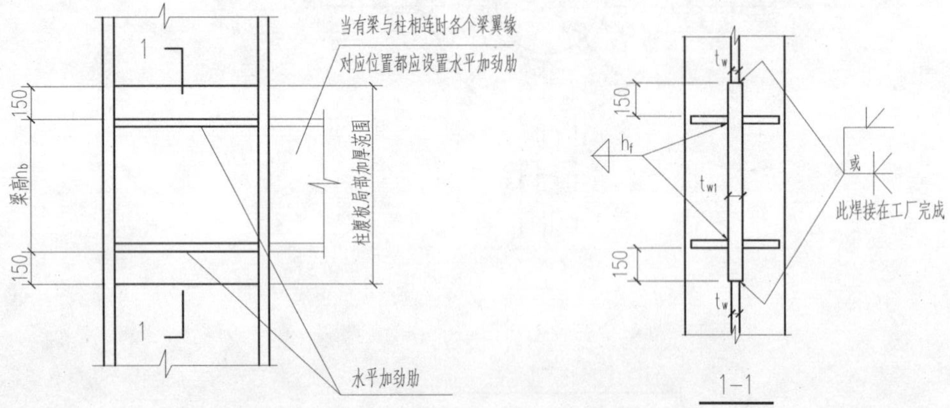

④ 工字形或H形柱腹板在节点域的补强(一)

S2.5.2.4-004

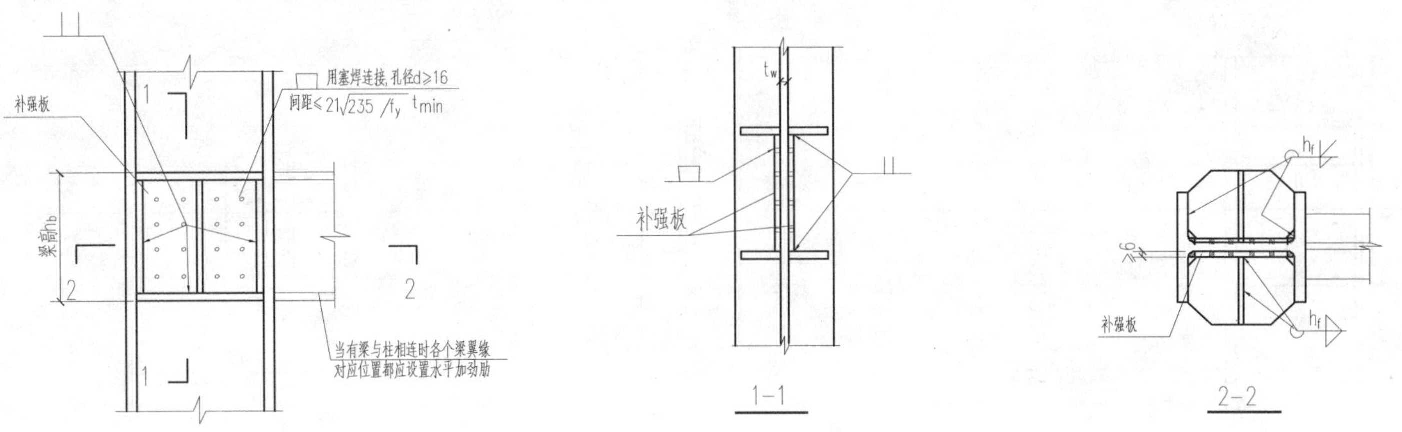

① 工字形或H形柱腹板在节点域的补强（二）

补强板限制在节点域范围内　　S2.5.2.4-005

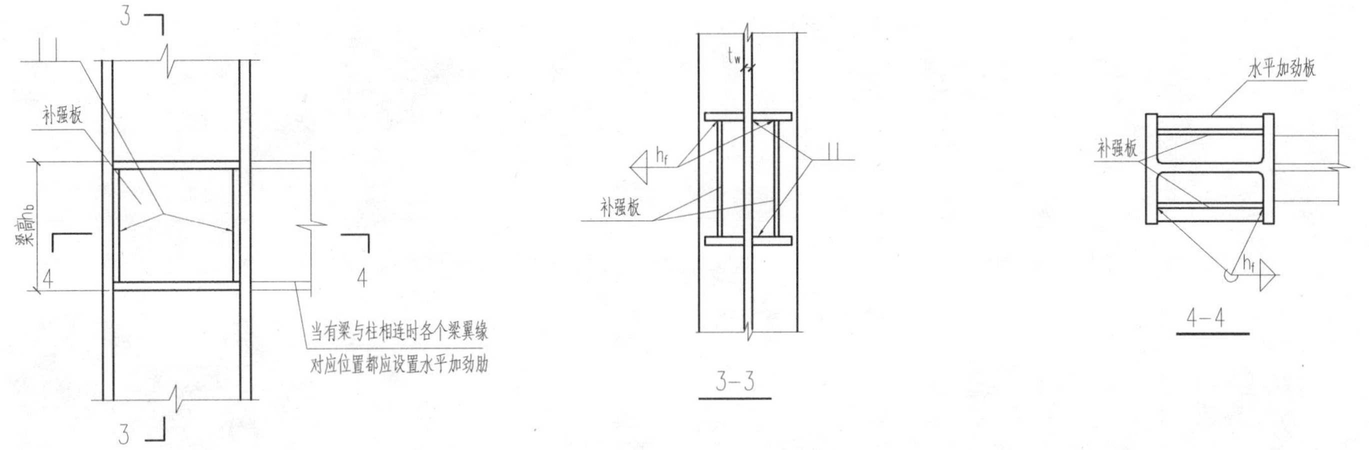

② 工字形或H形柱腹板在节点域的补强（三）

补强板限制在节点域范围内　　S2.5.2.4-006

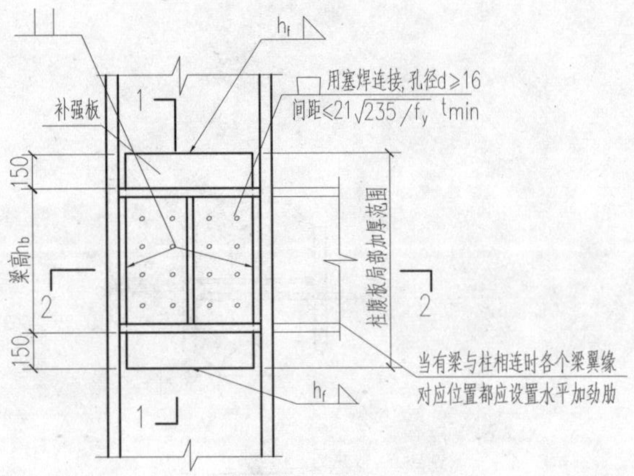

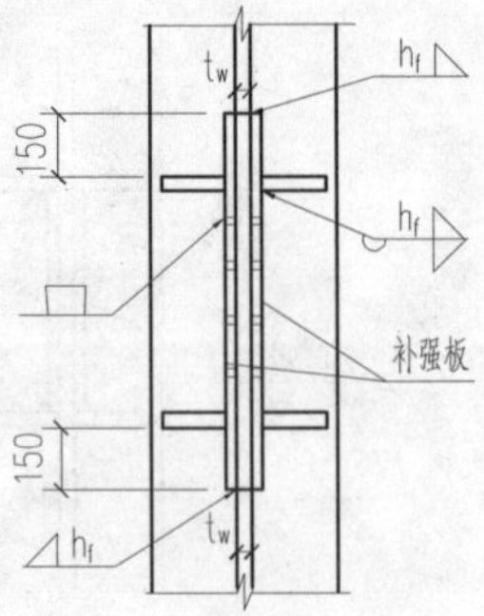

1-1

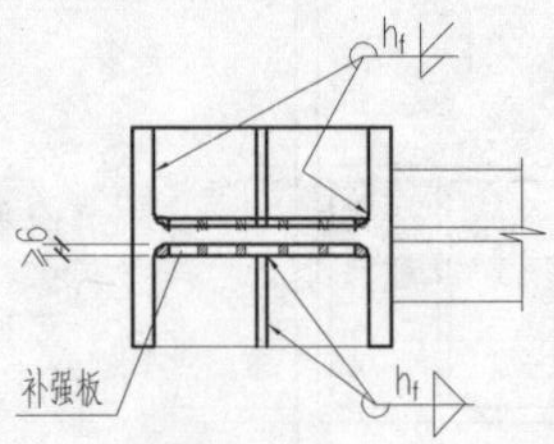

2-2

① 工字形或H形柱腹板在节点域的补强(四)

当节点域厚度不足部分小于腹板厚度时,用单面补强,若超过腹板厚度时则用双面补强

S2.5.2.4-007

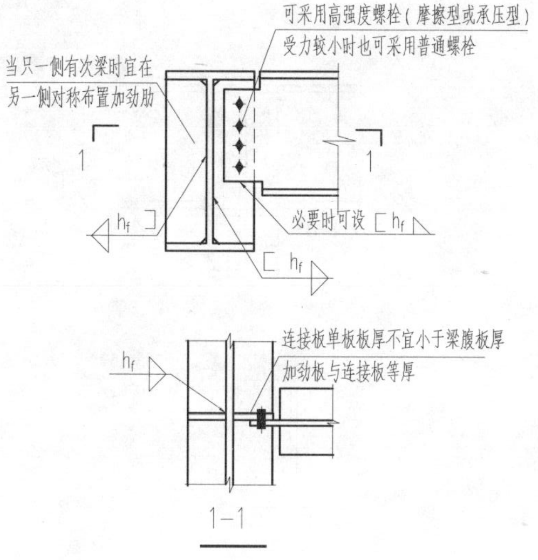

① 与主梁连接板单面相连(一)
S2.6.1-001

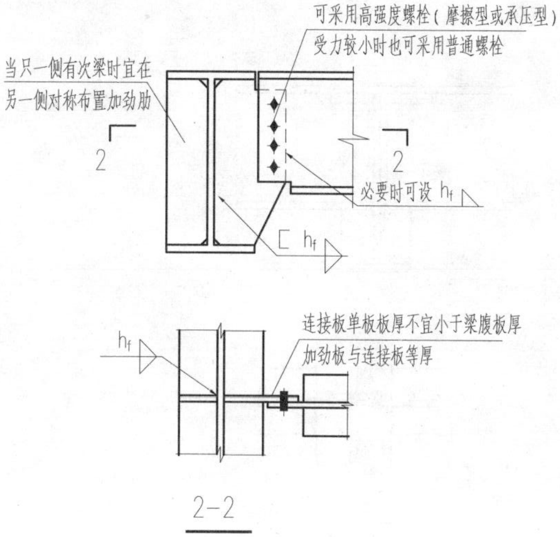

② 次梁与主梁连接板单面相连(二)
S2.6.1-002

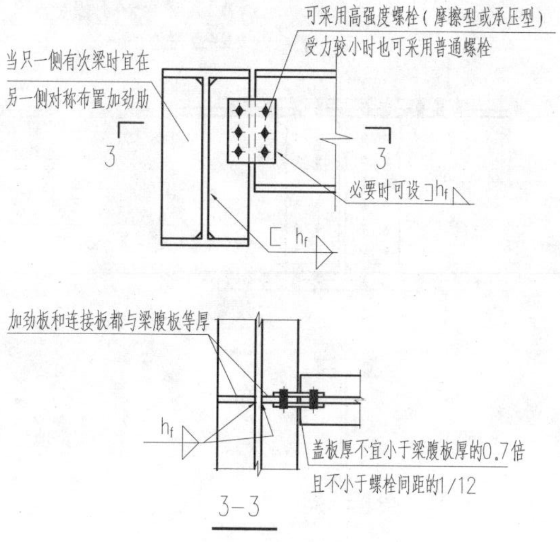

③ 次梁与主梁通过双盖板相连
S2.6.1-003

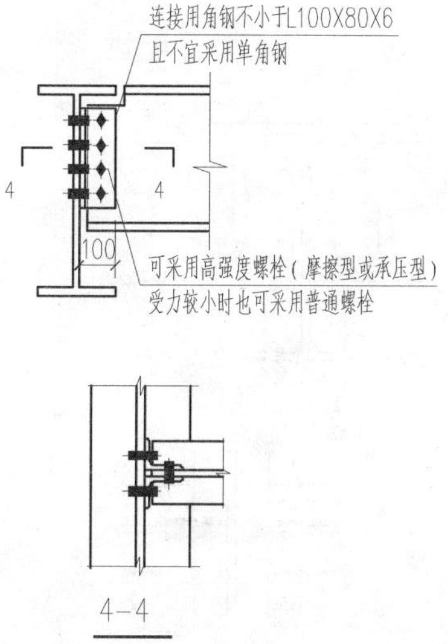

④ 用双角钢与主梁腹板相连
S2.6.1-004

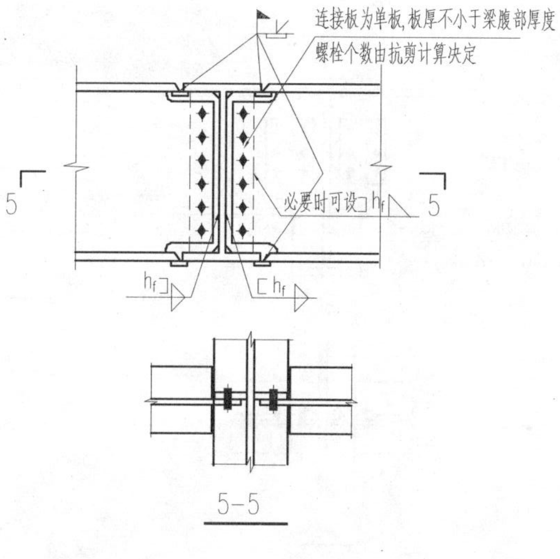

⑤ 次梁与主梁等高的刚性连接(一)
S2.6.1-005

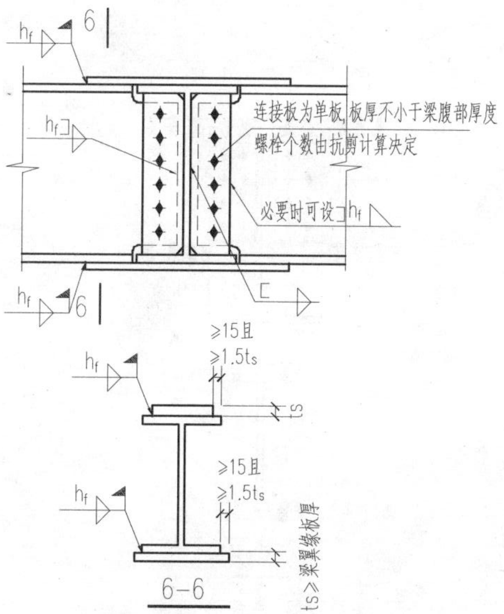

⑥ 次梁与主梁等高的刚性连接(二)
S2.6.1-006

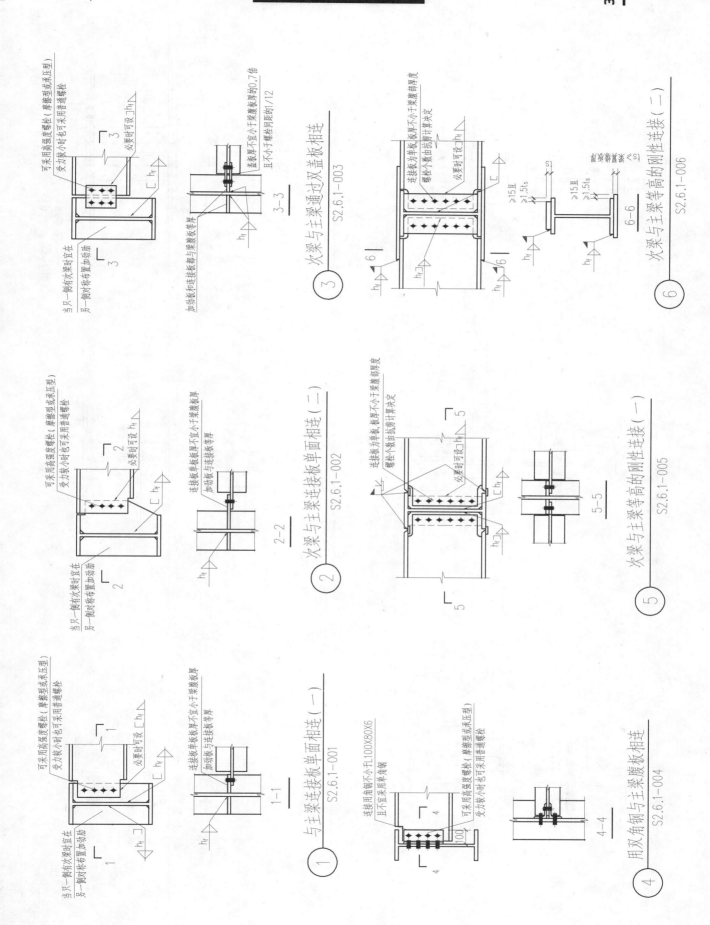

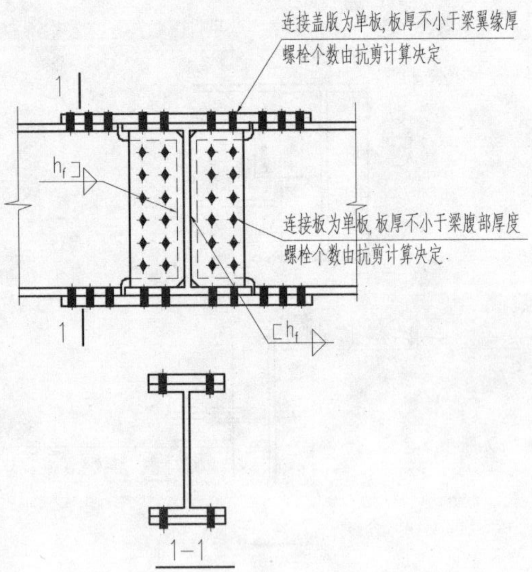

① 次梁与主梁等高的刚性连接（三）

S2.6.1-007

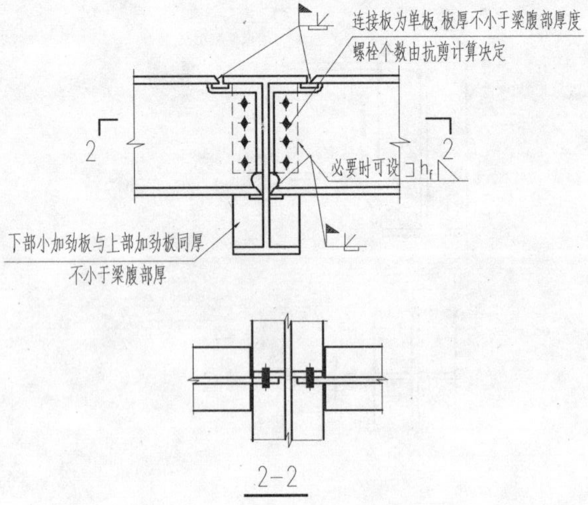

② 次梁与主梁不等高的刚性连接（一）

S2.6.1.2-001

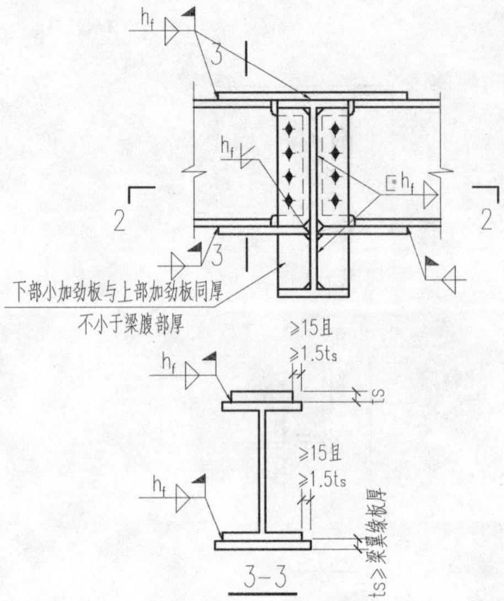

③ 次梁与主梁不等高的刚性连接（二）

S2.6.1.2-002

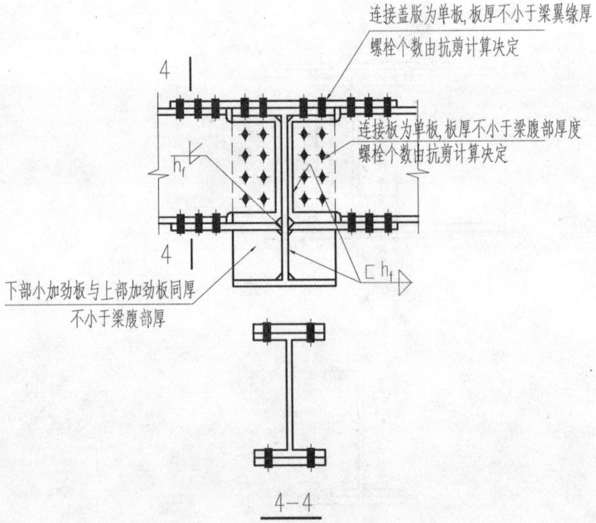

④ 次梁与主梁不等高的刚性连接（三）

S2.6.1.2-003

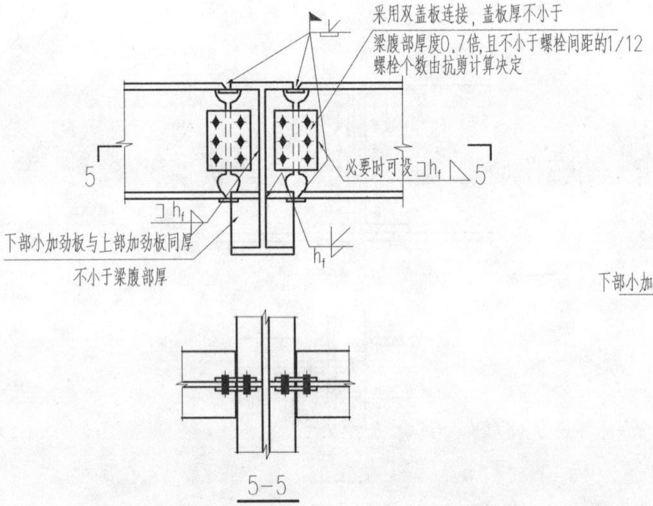

⑤ 次梁与主梁不等高的刚性连接（四）

S2.6.1.2-004

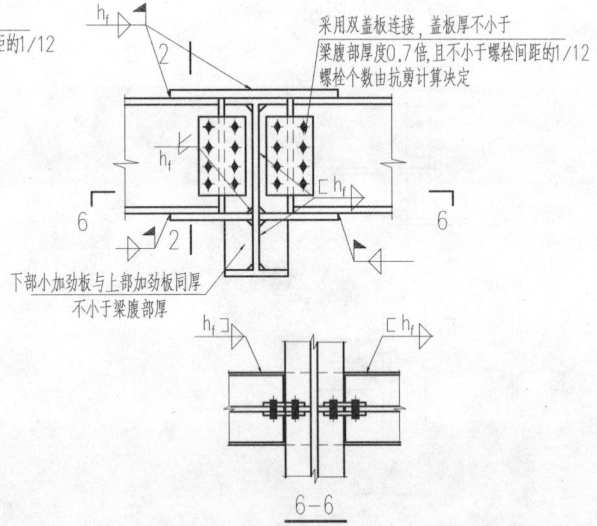

⑥ 次梁与主梁不等高的刚性连接（五）

S2.6.1.2-005

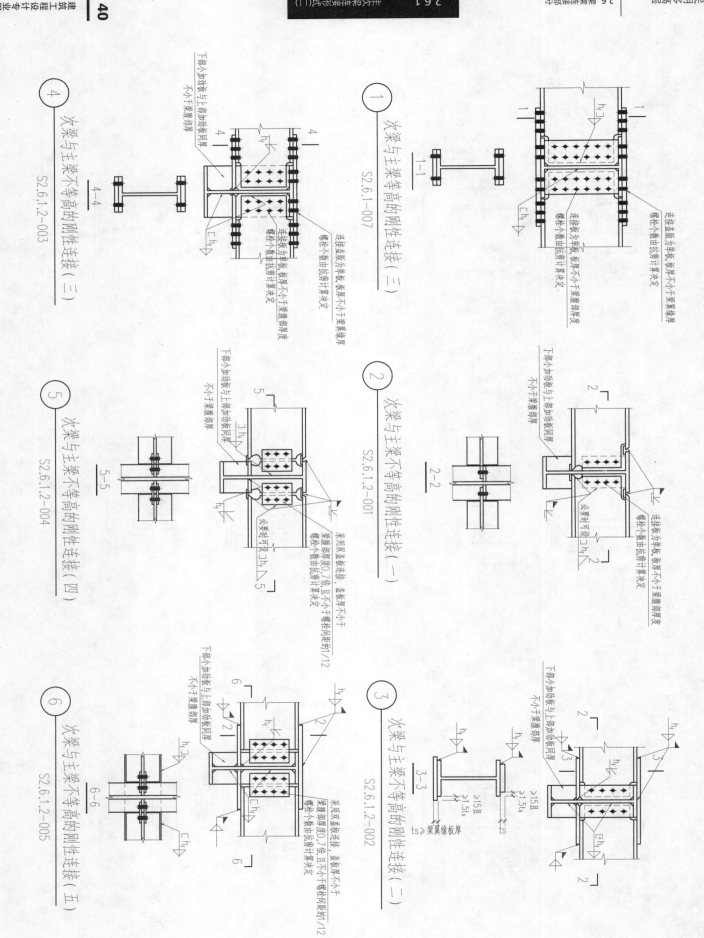

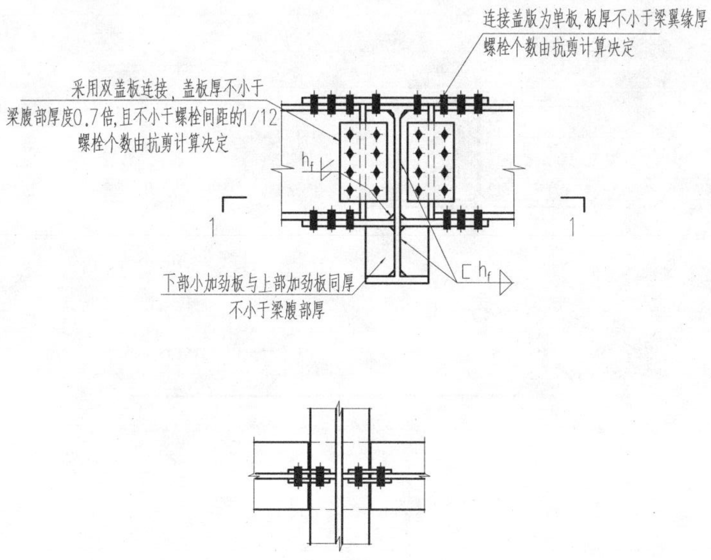
连接盖版为单板,板厚不小于梁翼缘厚
螺栓个数由抗剪计算决定
采用双盖板连接，盖板厚不小于
梁腹部厚度0.7倍,且不小于螺栓间距的1/12
螺栓个数由抗剪计算决定
h_f
1
1
下部小加劲板与上部加劲板同厚
不小于梁腹部厚
h_f

1-1

① 次梁与主梁不等高的刚性连接(六)

S2.6.1.2-006

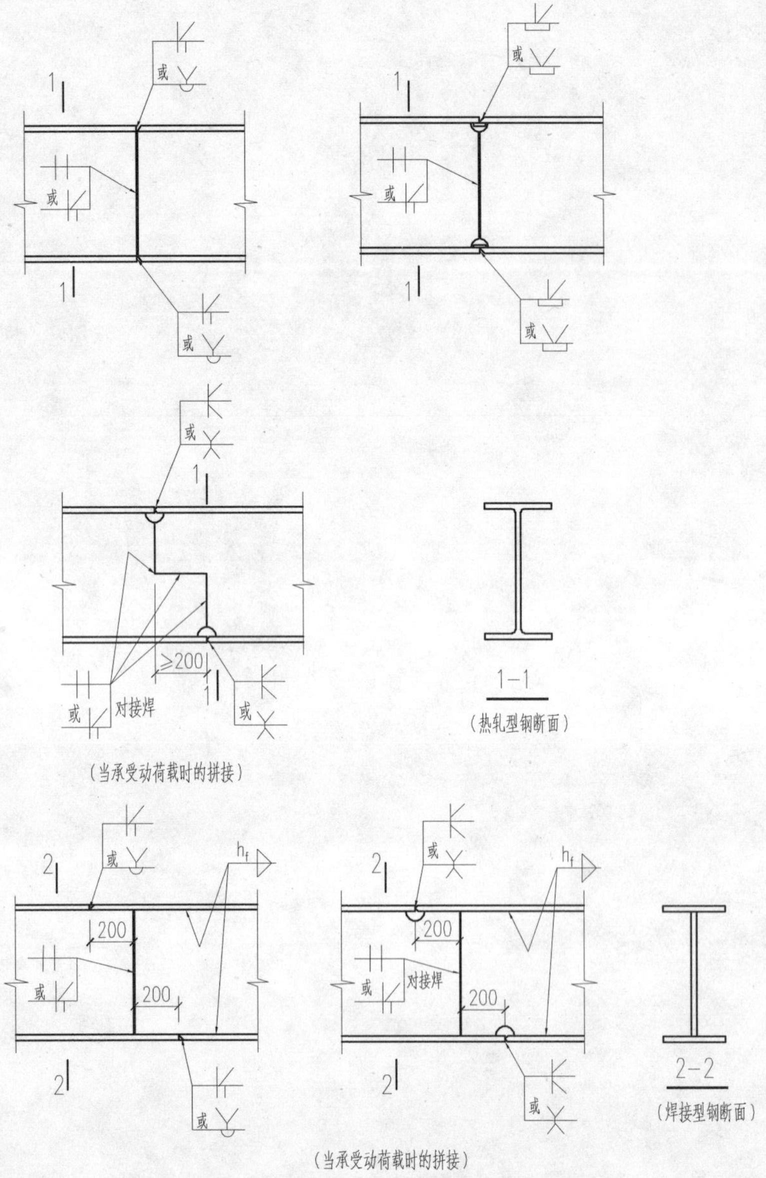

1 H形或工字形钢梁的全焊拼接

以上拼接均在工厂完成 S2.6.2-001

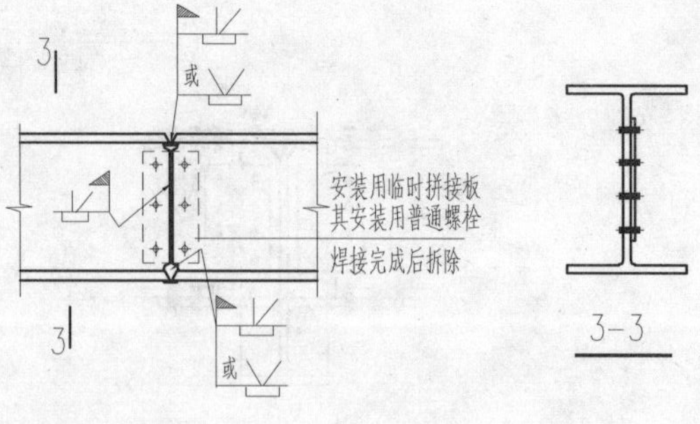

2 H形或工字形钢梁的现场全焊拼接

S2.6.2-002

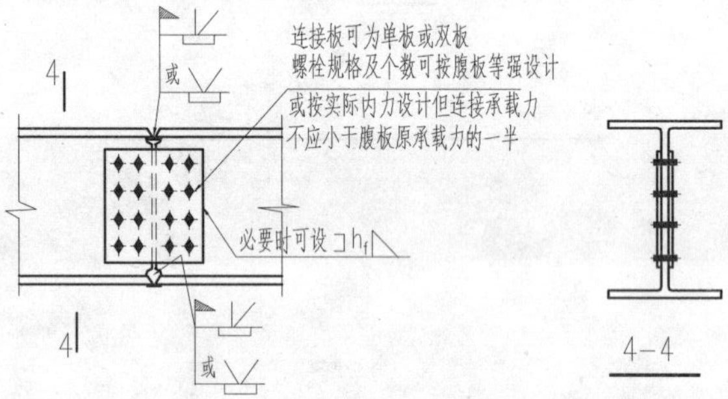

3 H形或工字形钢梁的栓焊拼接

S2.6.2-003

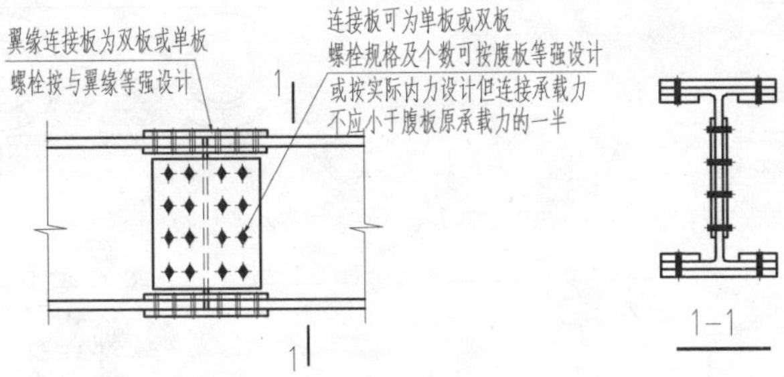

① H形或工字形钢梁的螺栓拼接

S2.6.2-004

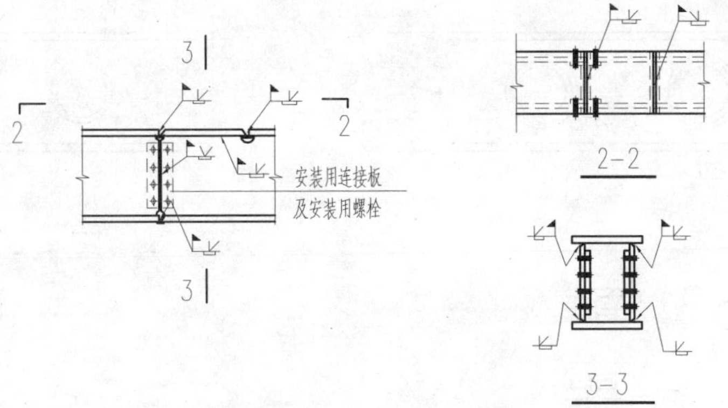

② 箱形梁的拼接连接

S2.6.2-005

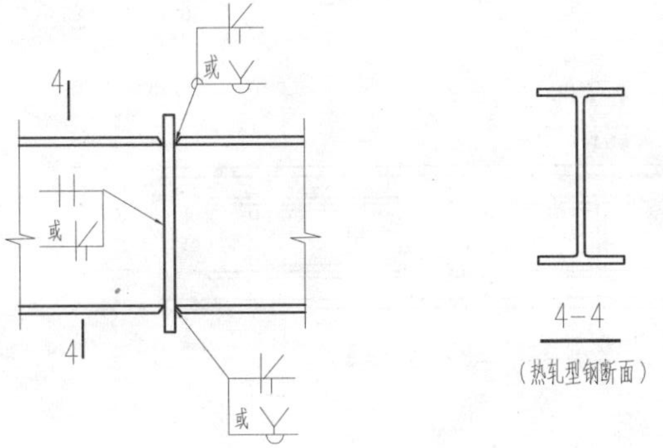

③ H形或工字形钢梁的端板拼接

S2.6.2-006

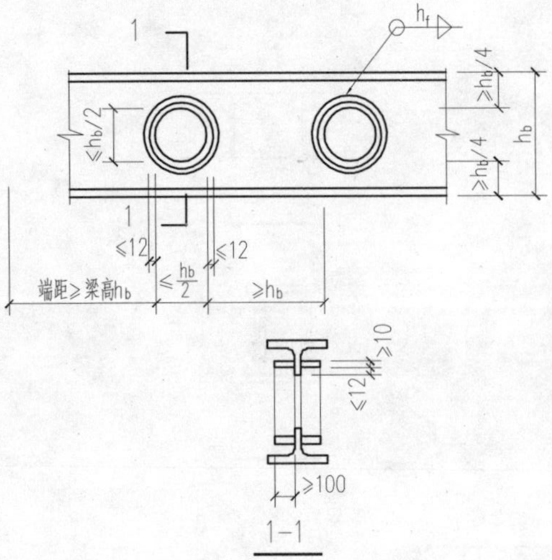

① 梁腹板圆形孔口的补强措施（一）

（用环形加劲肋补强）

S2.6.3-001

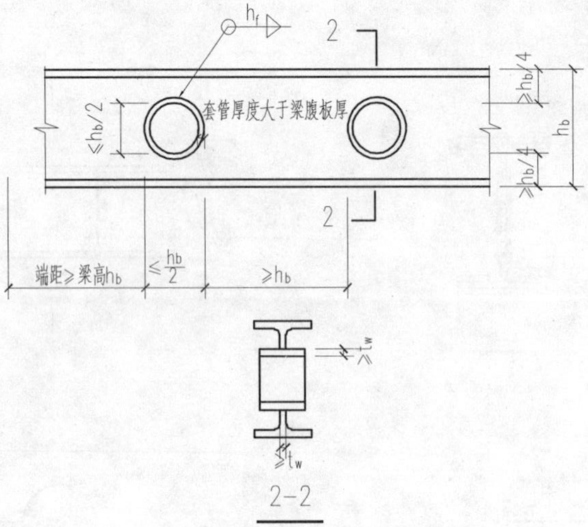

② 梁腹板圆形孔口的补强措施（二）

（用套管补强）

S2.6.3-002

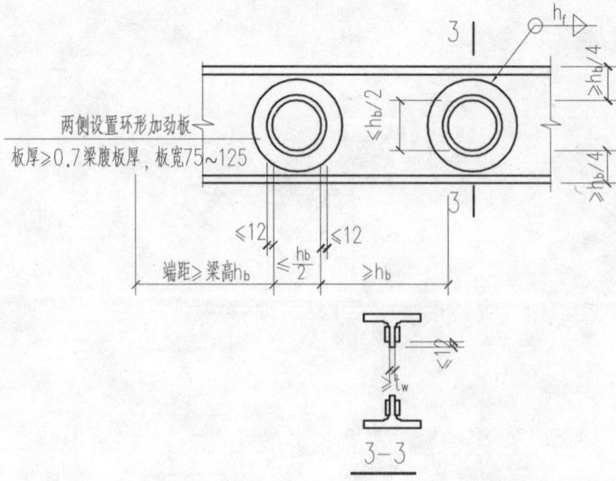

③ 梁腹板圆形孔口的补强措施（三）

（用环形板补强）

S2.6.3-003

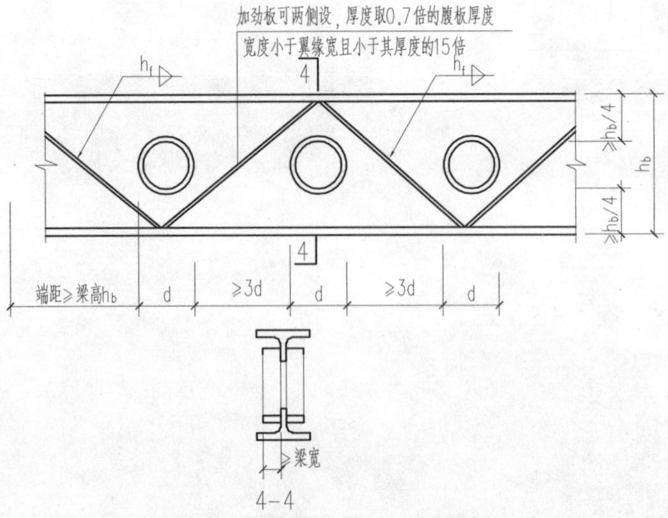

④ 梁腹板圆形孔口的补强措施（四）

（设斜向加劲肋）

S2.6.3-004

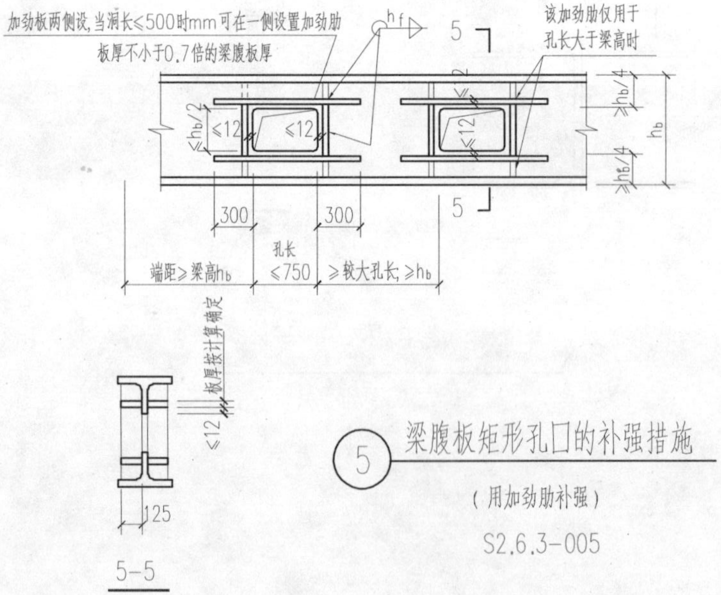

⑤ 梁腹板矩形孔口的补强措施

（用加劲肋补强）

S2.6.3-005

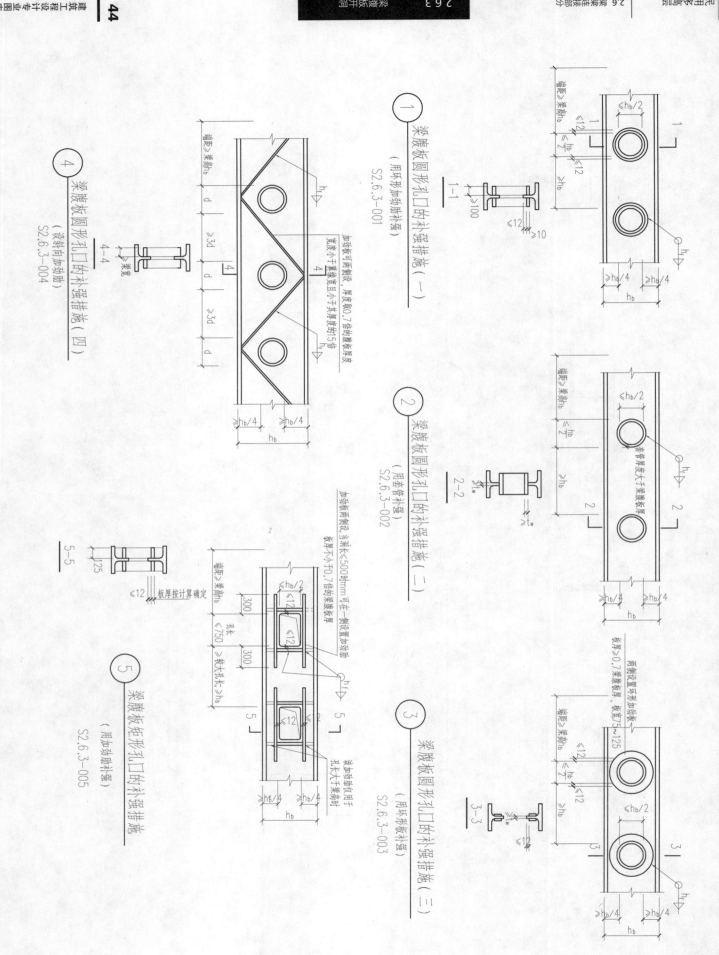

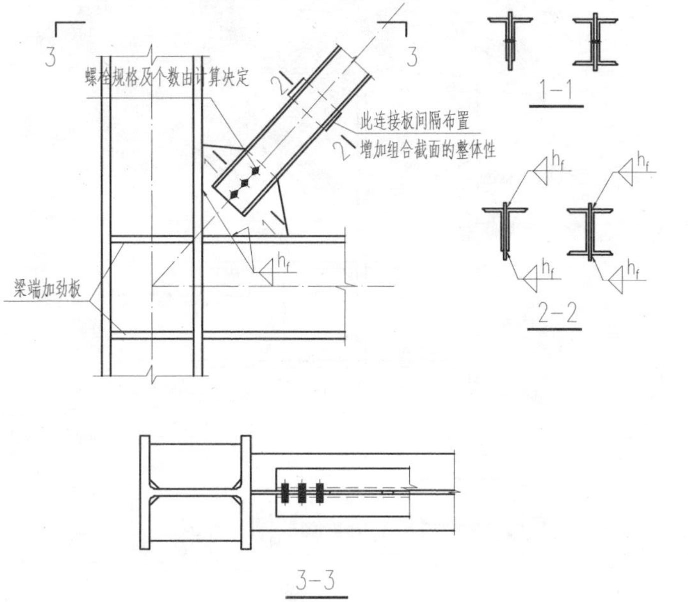
3
3
螺栓规格及个数由计算决定
2
2
此连接板间隔布置
增加组合截面的整体性
梁端加劲板
h_f
1-1
2-2
3-3

① 双槽钢或双角钢组合截面支撑与工字形或H形柱翼缘连接
S2.7.1.1-001

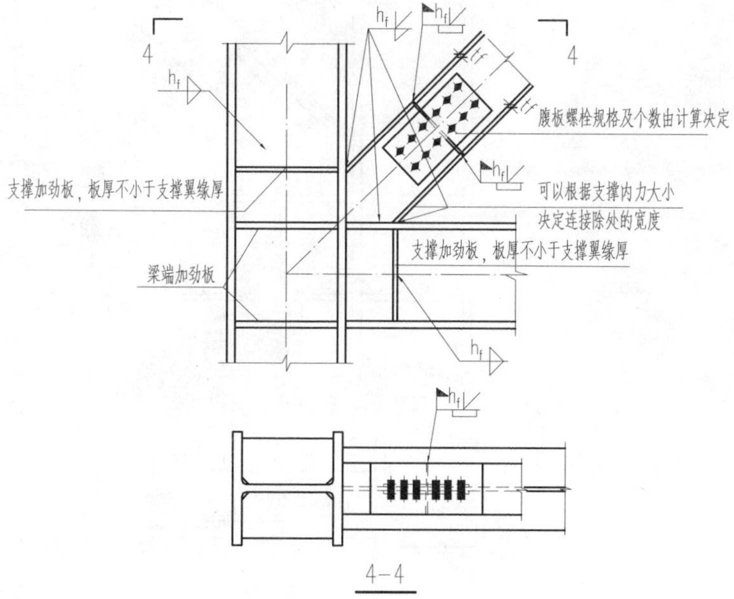
4
4
h_f
腹板螺栓规格及个数由计算决定
支撑加劲板，板厚不小于支撑翼缘厚
可以根据支撑内力大小
决定连接除处的宽度
支撑加劲板，板厚不小于支撑翼缘厚
梁端加劲板
4-4

② H型钢支撑与工字形或H形柱的翼缘连接（一）
S2.7.1.1-002

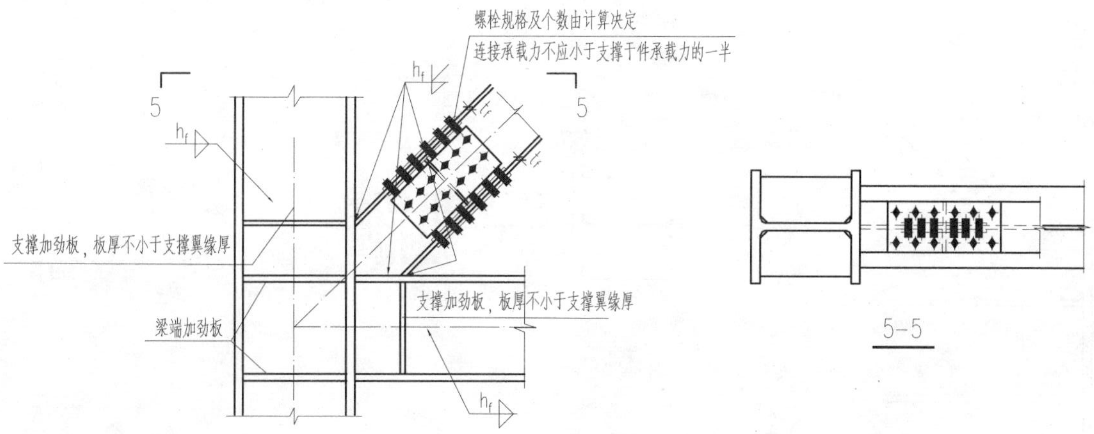
螺栓规格及个数由计算决定
连接承载力不应小于支撑干件承载力的一半
5
5
h_f
支撑加劲板，板厚不小于支撑翼缘厚
支撑加劲板，板厚不小于支撑翼缘厚
梁端加劲板
5-5

③ H型钢支撑与工字形或H形柱的翼缘连接（二）
S2.7.1.1-003

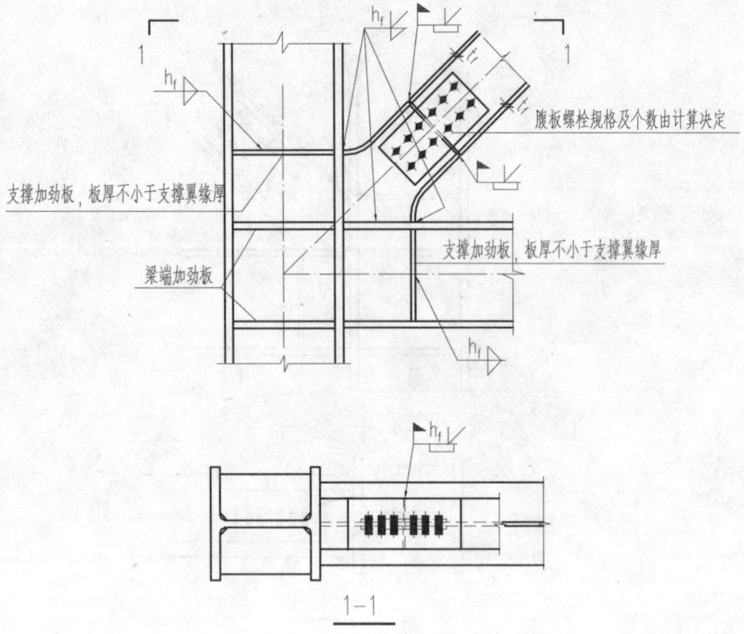

① H型钢支撑与工字形或H形柱的翼缘连接（三）

斜杆中的圆弧半径不得小于100　　S2.7.1.1-004

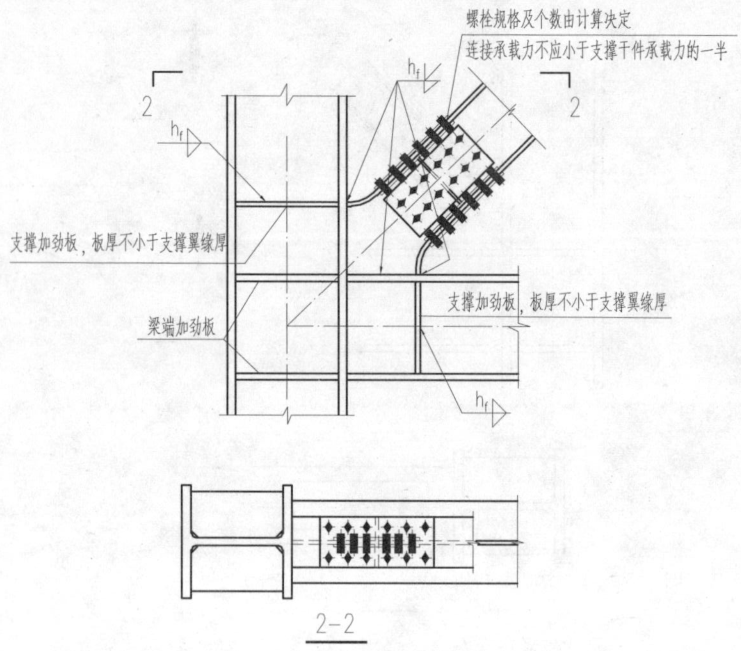

② H型钢支撑与工字形或H形柱的翼缘连接（四）

斜杆中的圆弧半径不得小于100　　S2.7.1.1-005

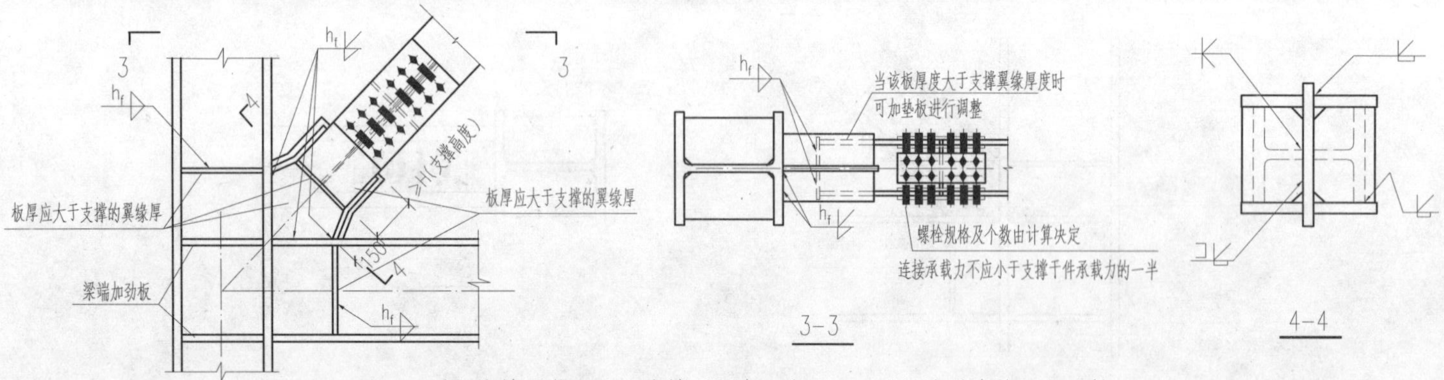

③ H型钢支撑弱轴垂直于支撑平面与工字形或H形柱的翼缘的螺栓连接

斜杆中的圆弧半径不得小于100　　S2.7.1.1-006

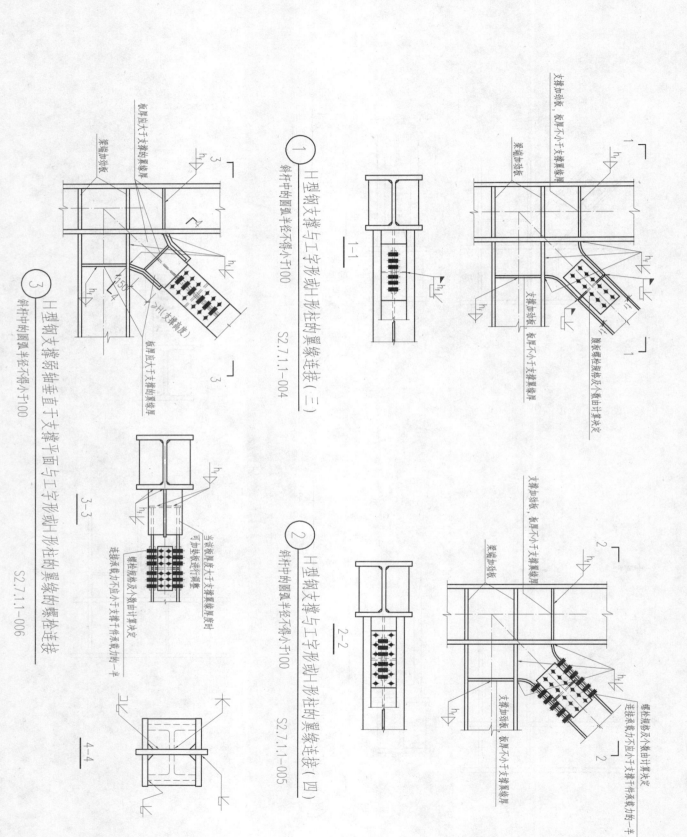

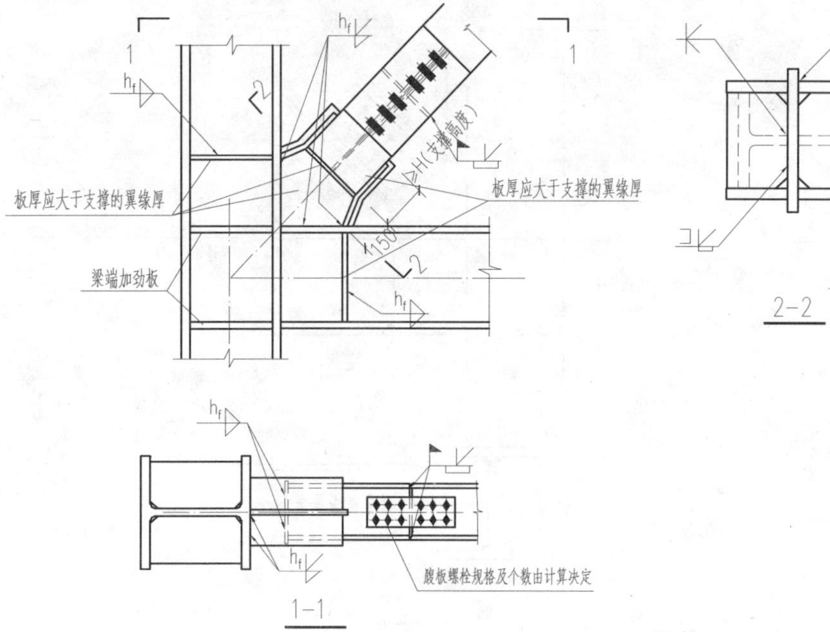

① H型钢支撑弱轴垂直于支撑平面与工字形或H形柱的翼缘的栓焊连接

斜杆中的圆弧半径不得小于100

S2.7.1.2-001

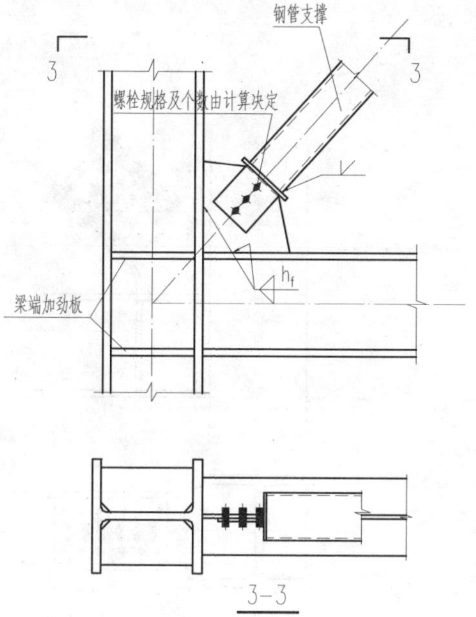

② 圆钢管断面支撑与工字形或H形柱的翼缘连接

S2.7.1.2-002

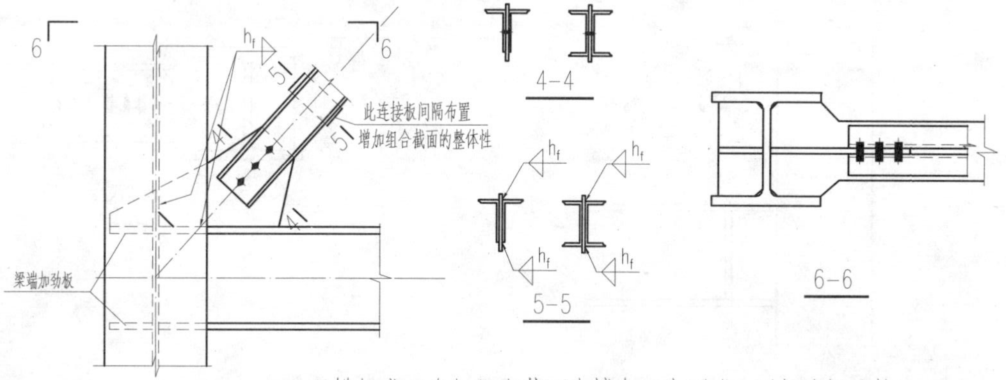

③ 双槽钢或双角钢组合截面支撑与工字形或H形柱腹板连接

S2.7.1.2-003

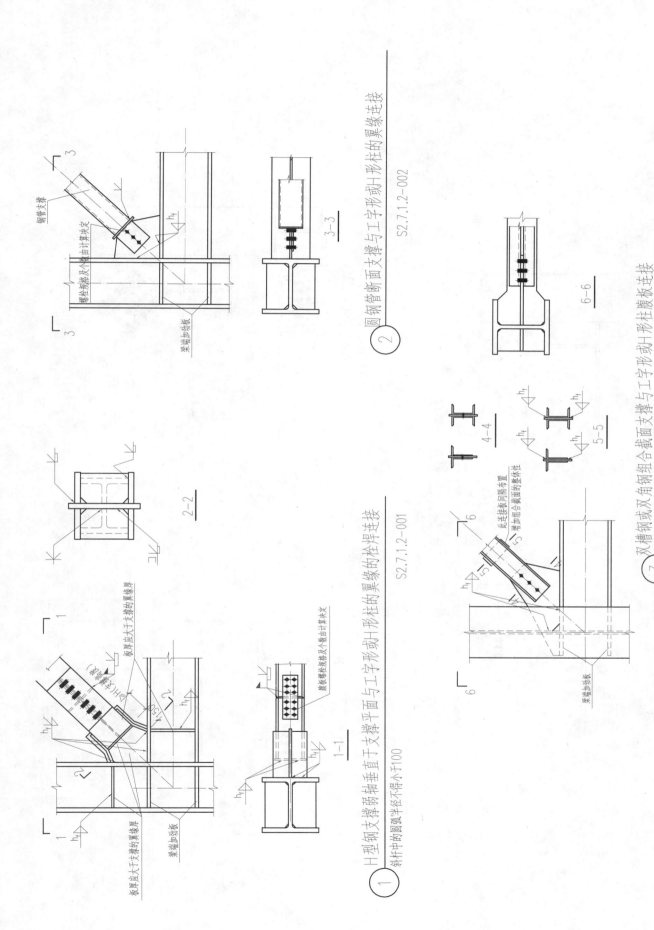

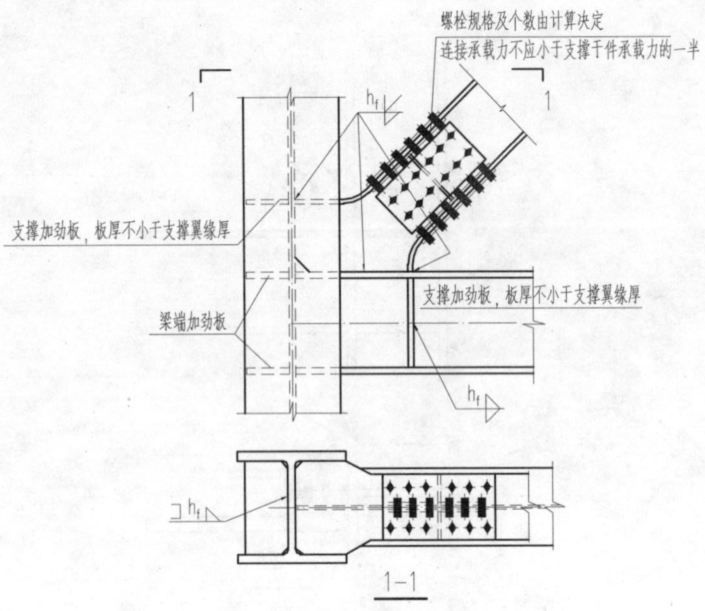

① H型钢支撑与工字形或H形柱的腹板连接（一）

S2.7.1.2-004

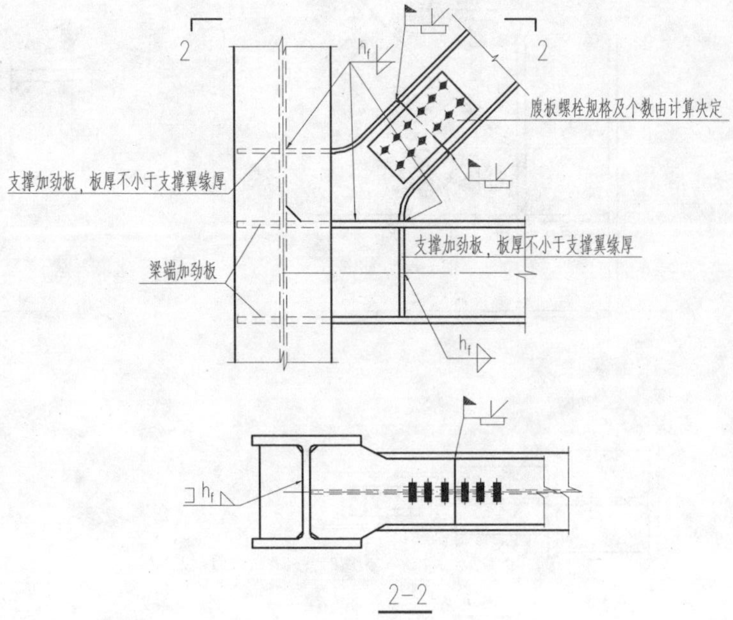

② H型钢支撑与工字形或H形柱的腹板连接（二）

S2.7.1.2-005

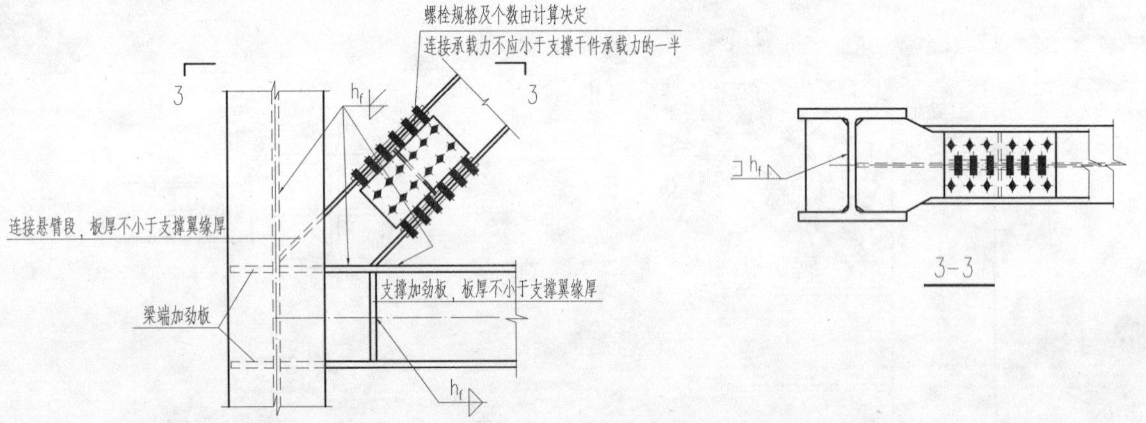

③ H型钢支撑与工字形或H形柱的腹板连接（三）

S2.7.1.3-001

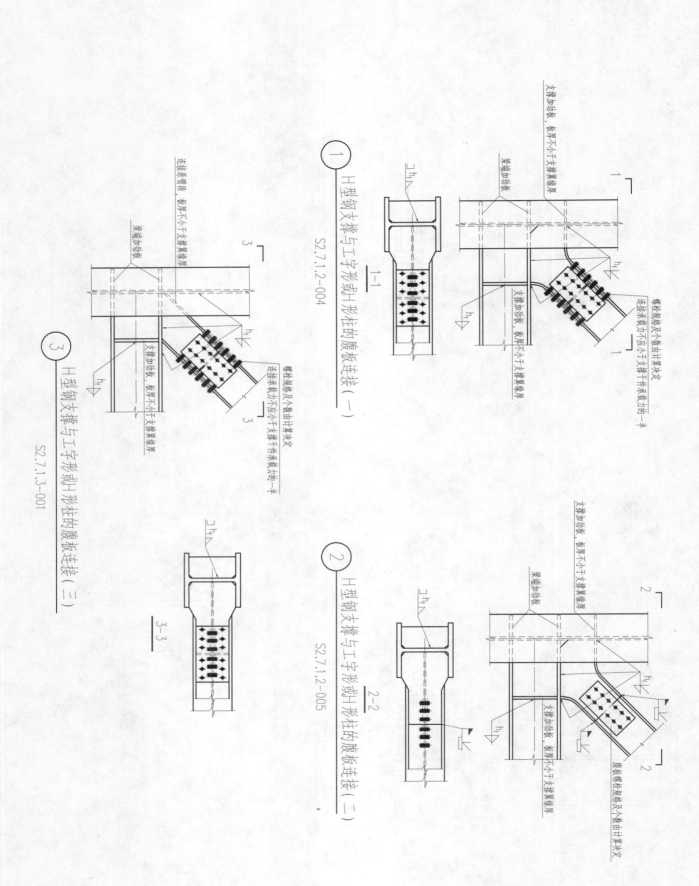

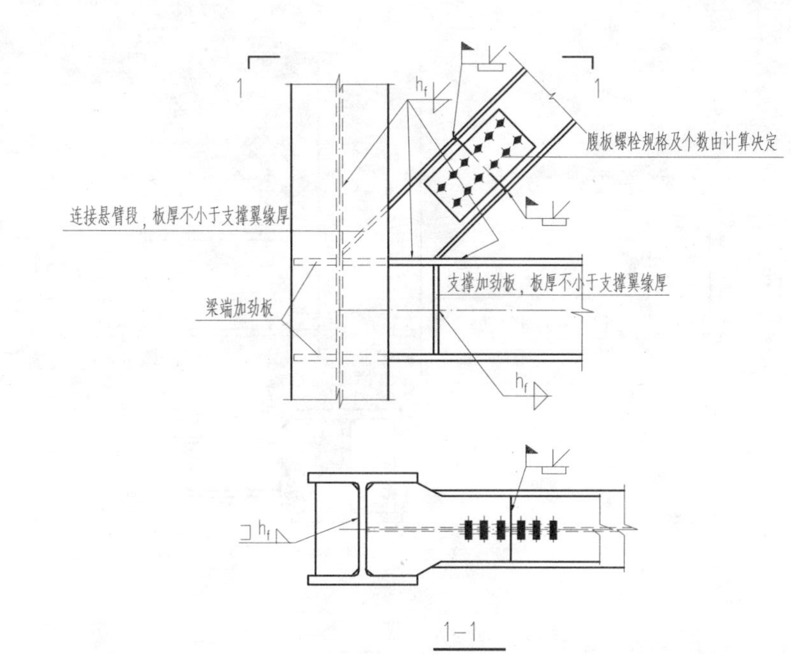

① H型钢支撑与工字形或H形柱的腹板连接（四）

S2.7.1.3-002

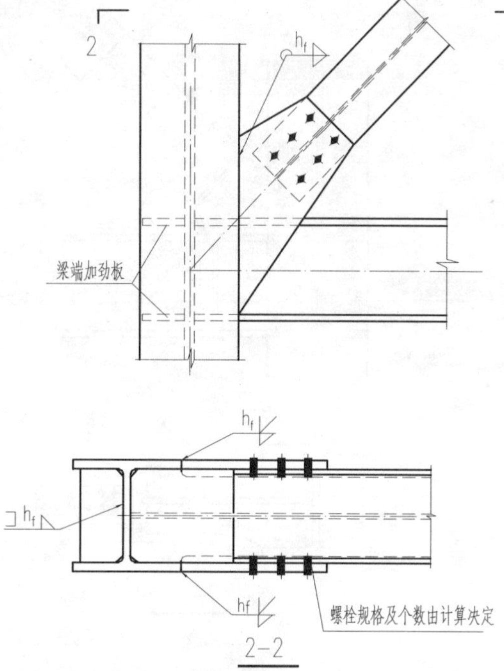

② H型钢支撑与柱弱轴的双节点板连接

S2.7.1.3-003

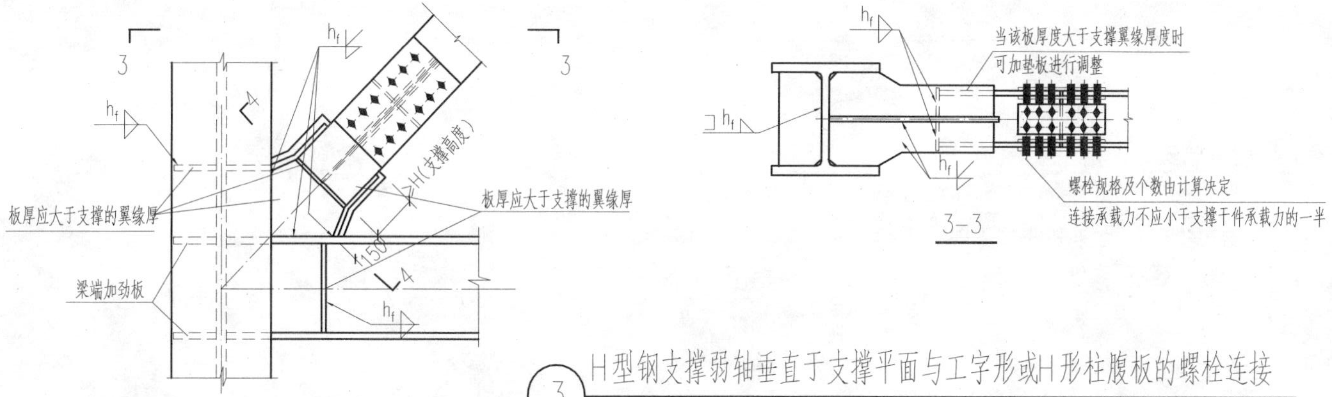

③ H型钢支撑弱轴垂直于支撑平面与工字形或H形柱腹板的螺栓连接

S2.7.1.3-004

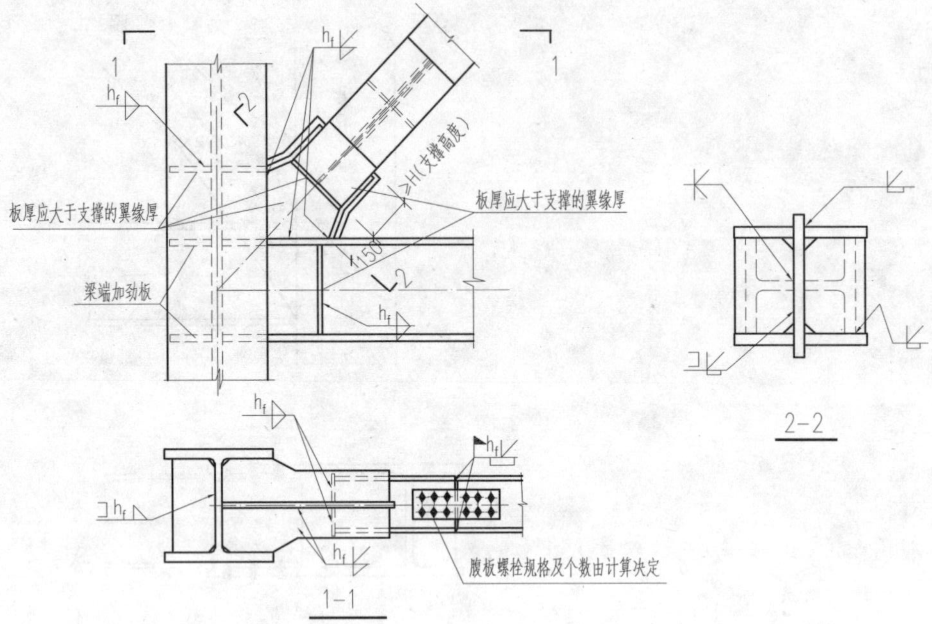

① H型钢支撑弱轴垂直于支撑平面与工字形或H形柱腹板的栓焊连接

S2.7.1.3-005

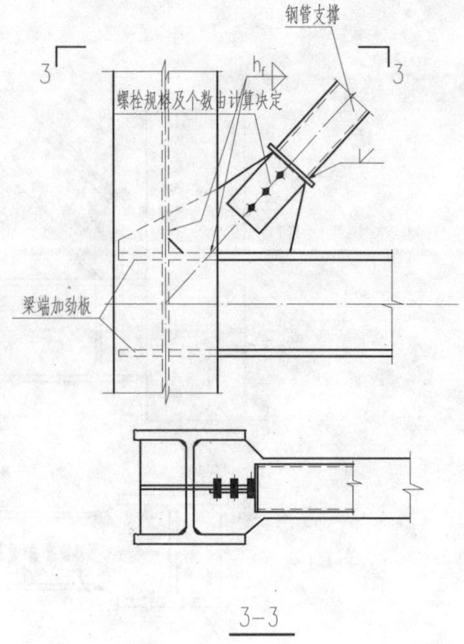

② 圆钢管断面支撑与工字形或H形柱的腹板连接

S2.7.1.3-006

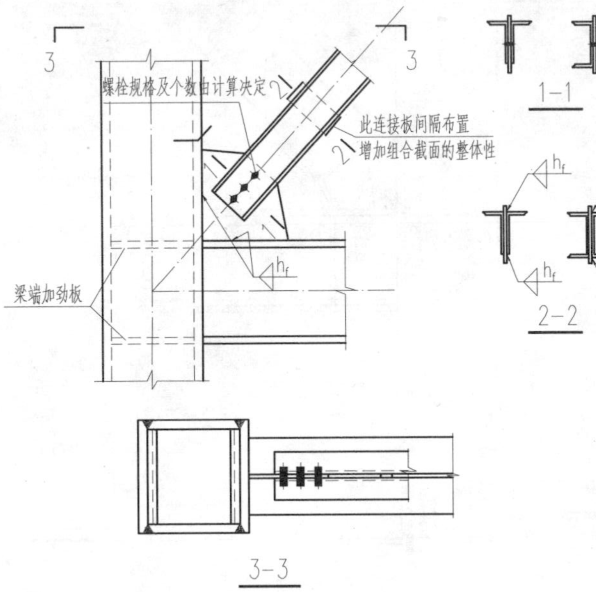

① 双槽钢或双角钢组合截面支撑与箱形梁柱连接

S2.7.2-001

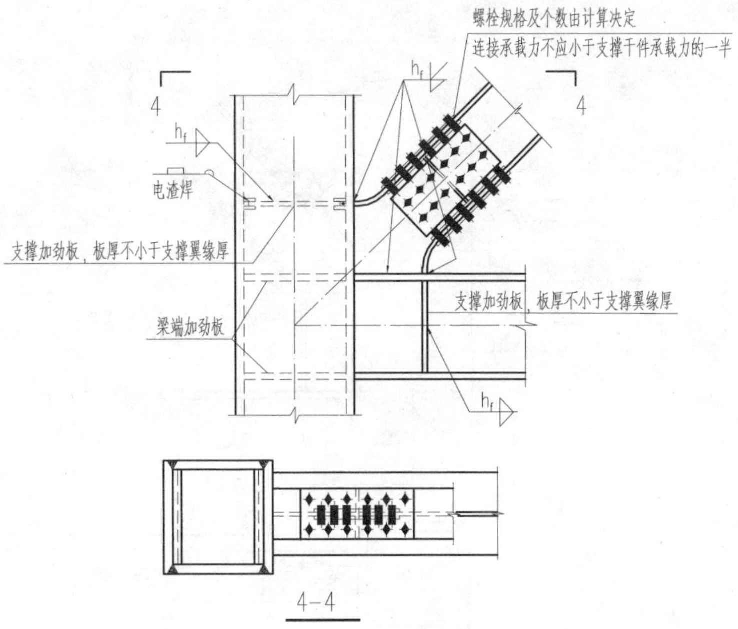

② H型钢支撑与箱柱的连接(一)

(注：斜杆中的圆弧半径不得小于100mm)

S2.7.2-002

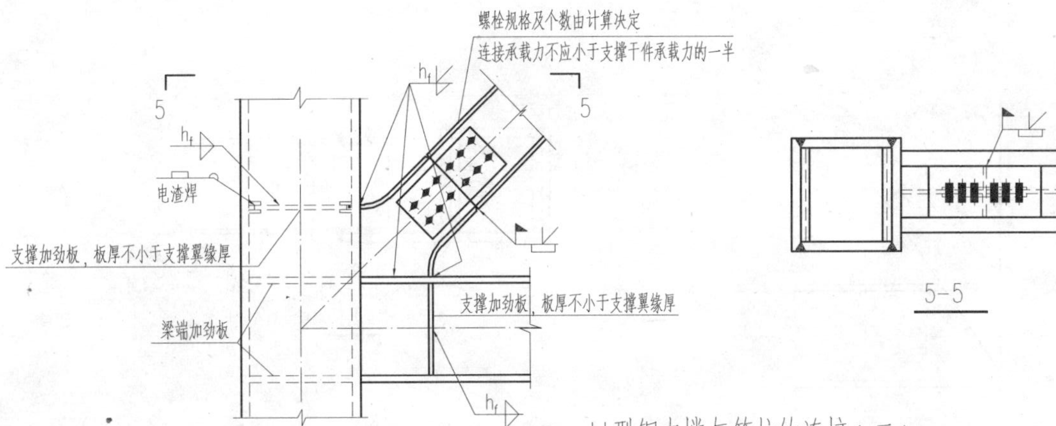

③ H型钢支撑与箱柱的连接(二)

(注：斜杆中的圆弧半径不得小于100mm)

S2.7.2-003

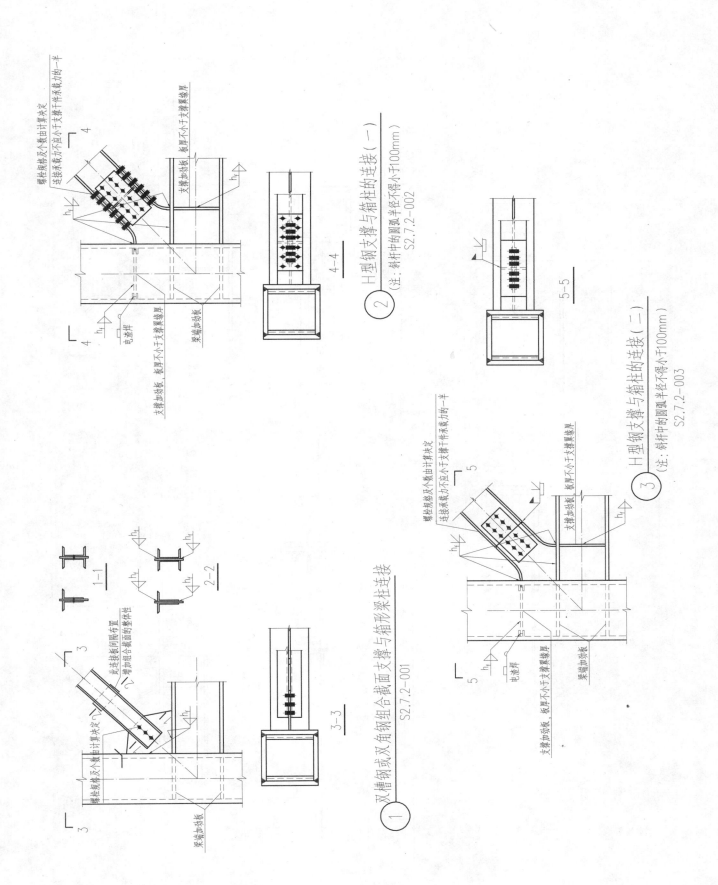

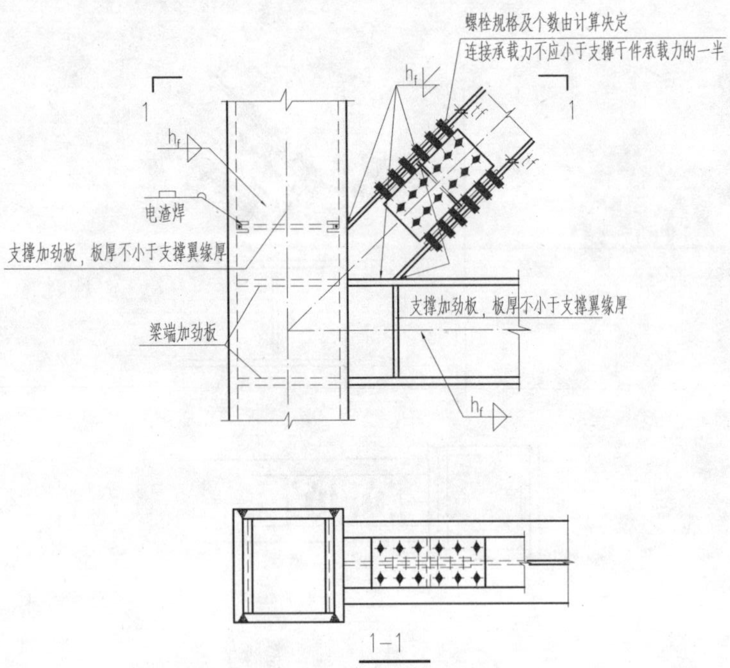
螺栓规格及个数由计算决定
连接承载力不应小于支撑干件承载力的一半
电渣焊
支撑加劲板，板厚不小于支撑翼缘厚
支撑加劲板，板厚不小于支撑翼缘厚
梁端加劲板
1-1

① H形钢支撑与箱柱的连接(三)
S2.7.2-004

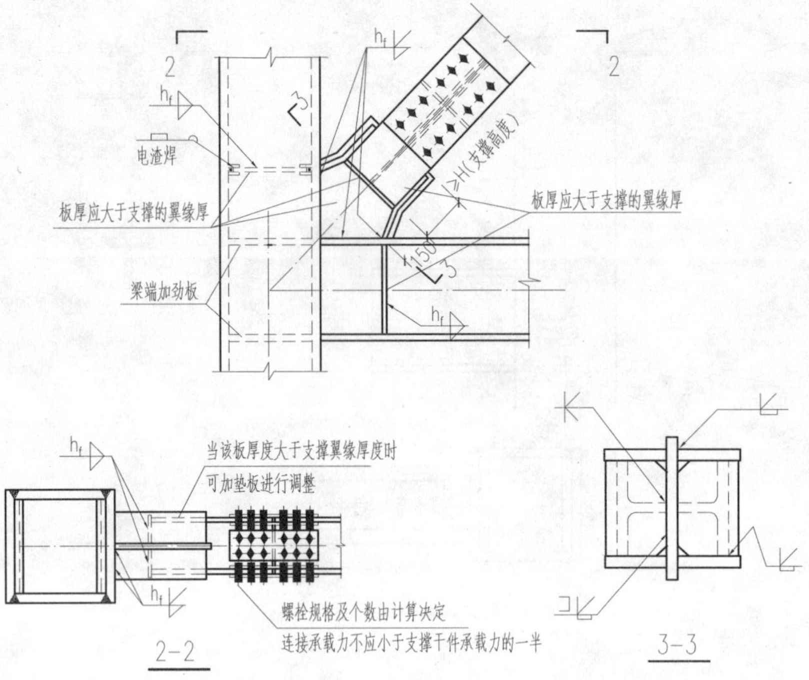
电渣焊
板厚应大于支撑的翼缘厚
板厚应大于支撑的翼缘厚
≥H(支撑高度)
150
梁端加劲板
当该板厚度大于支撑翼缘厚度时
可加垫板进行调整
螺栓规格及个数由计算决定
连接承载力不应小于支撑干件承载力的一半
2-2
3-3

② H形钢支撑弱轴垂直于支撑平面与箱形柱的螺栓连接
S2.7.2-005

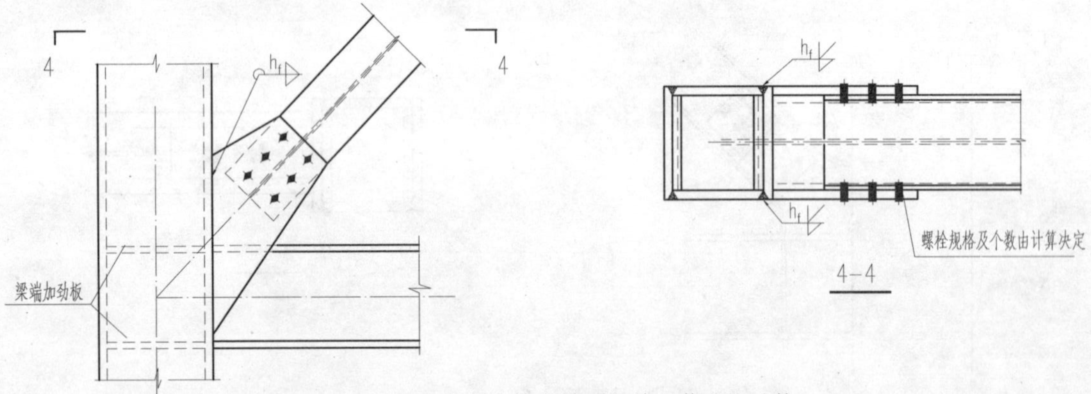
梁端加劲板
螺栓规格及个数由计算决定
4-4

③ H形钢支撑与箱形柱的双节点板连接
S2.7.2-006

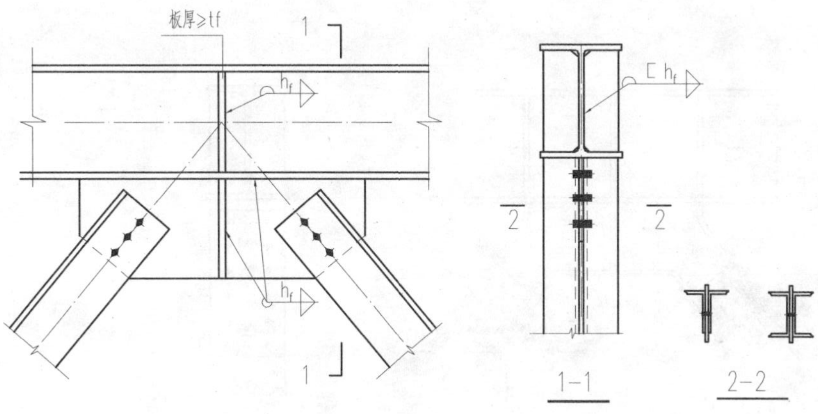

① 双角钢或双槽钢组合的人字形支撑与梁的节点板连接

S2.7.3-001

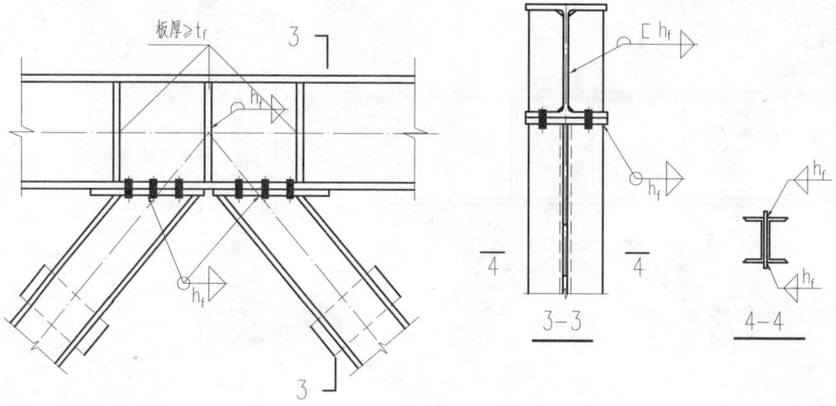

② 双槽钢组合的人字形支撑与梁的端封板连接

S2.7.3-002

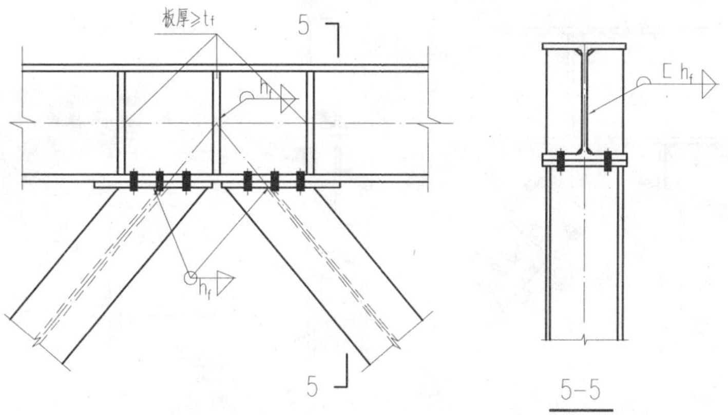

③ H形钢支撑弱轴垂直于支撑平面与梁的端封板连接

S2.7.3-003

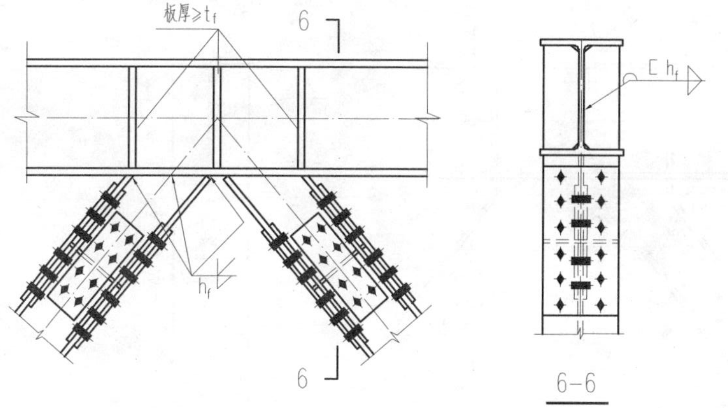

④ H形钢支撑与梁的伸臂连接(一)

S2.7.3-004

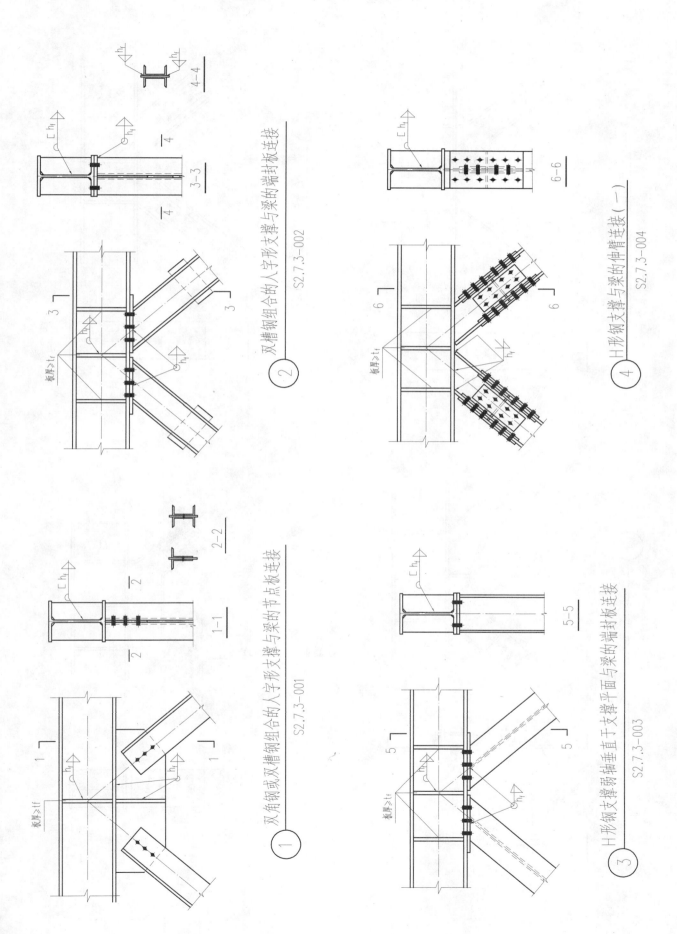

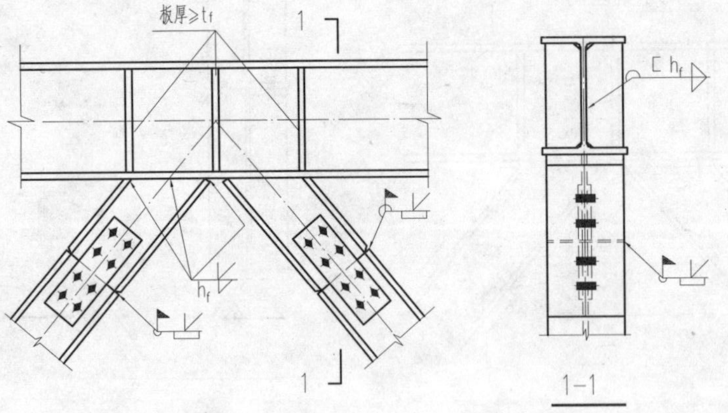

① H形钢支撑与梁的伸臂连接（二）

S2.7.3-005

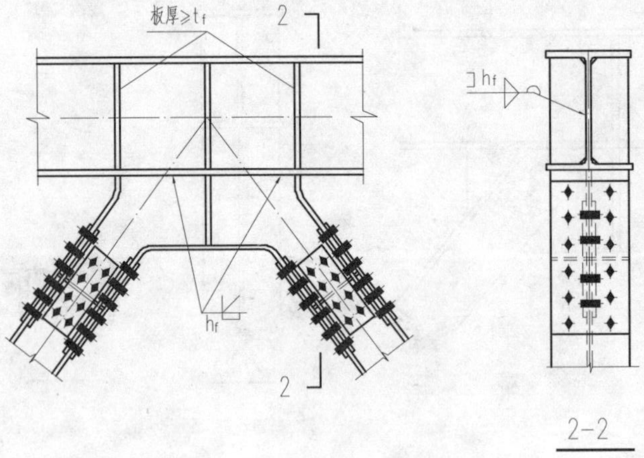

② H形钢支撑与梁的伸臂连接（三）

（注：斜杆中的圆弧半径不得小于200mm）

S2.7.3-006

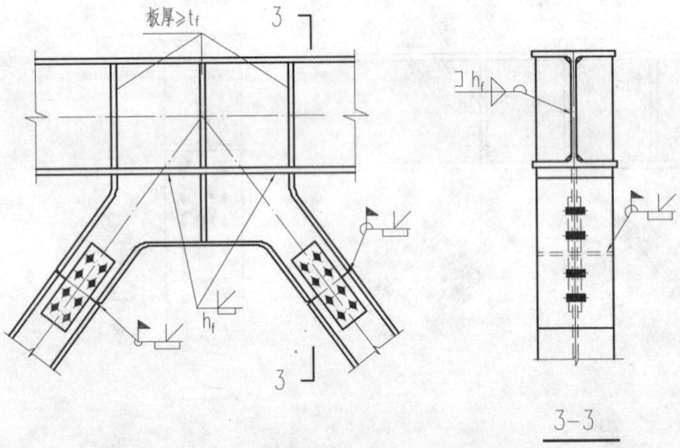

③ H形钢支撑与梁的伸臂连接（四）

（注：斜杆中的圆弧半径不得小于200mm）

S2.7.3.2-001

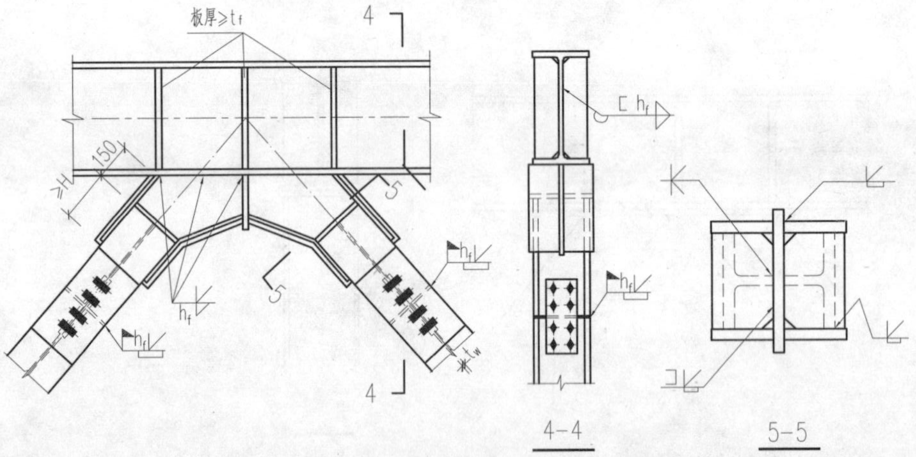

④ H形钢支撑弱轴垂直于支撑平面与梁的栓焊连接

可以采用全螺栓连接 S2.7.3.2-002

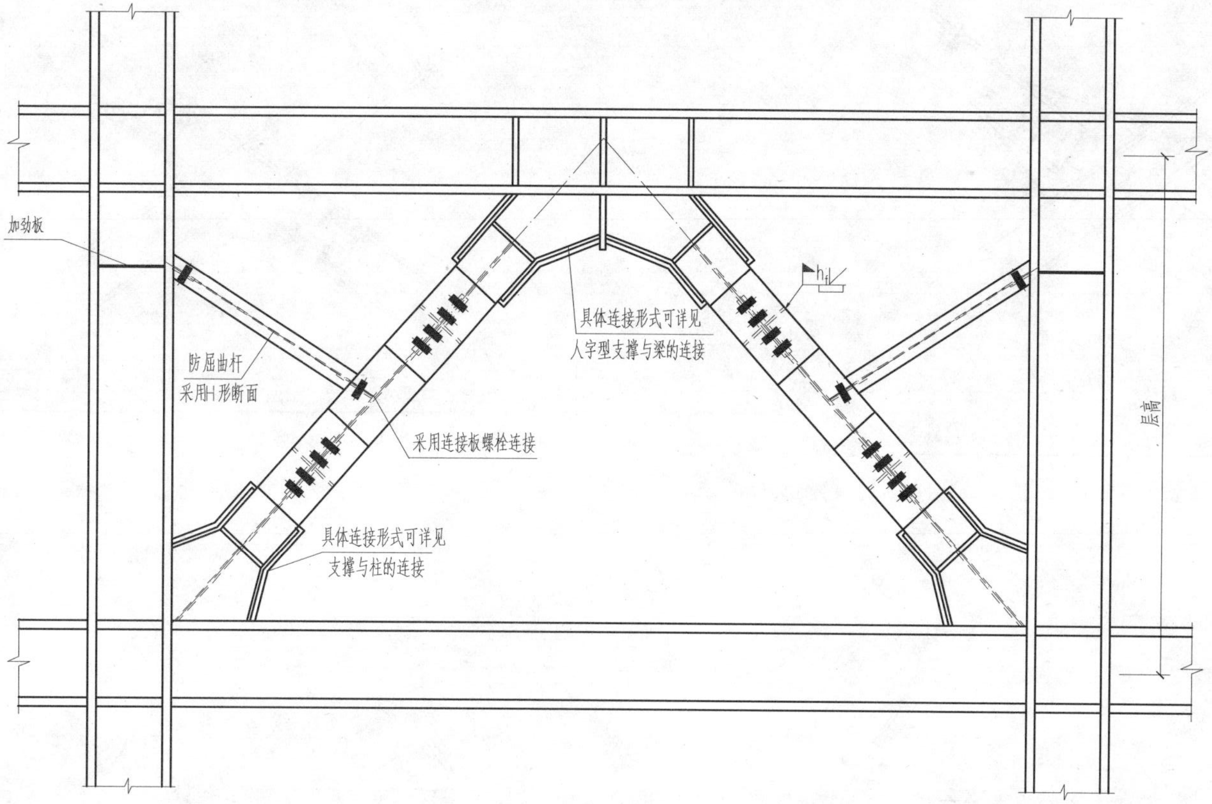

① 带防屈曲杆的人字形支撑

可以采用全螺栓连接 S2.7.3.2-003

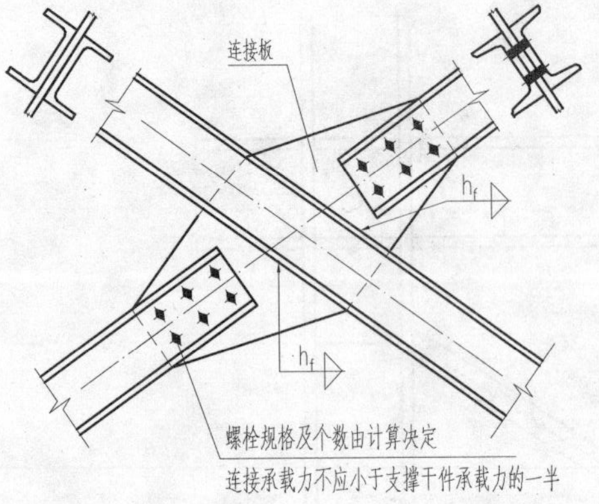

① 双槽钢组合截面交叉支撑单节点板的连接

S2.7.4-001

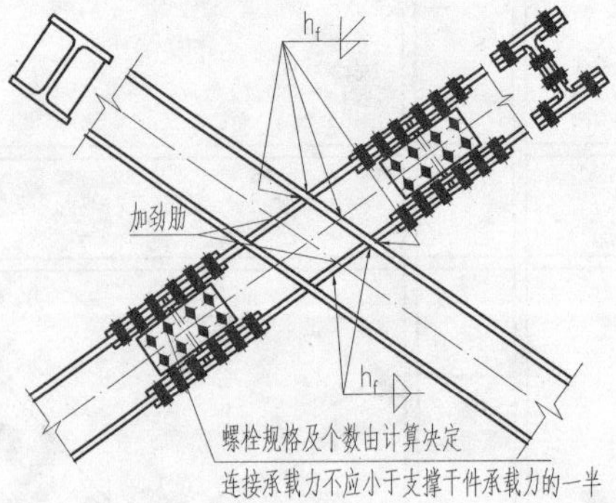

② H形钢支撑与相同截面伸臂杆的连接(一)

S2.7.4-002

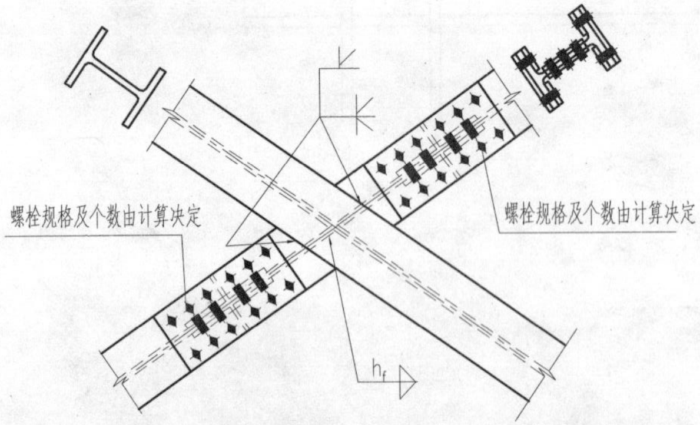

③ H形钢支撑与相同截面伸臂杆的连接(二)

S2.7.4-003

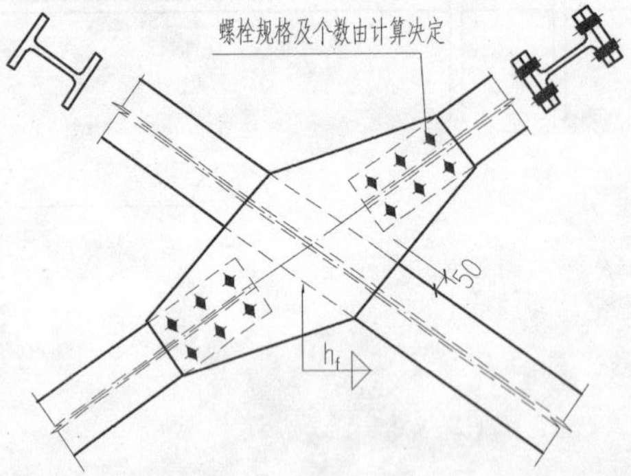

④ 支撑斜杆为H形钢与双节点板的连接

S2.7.4-004

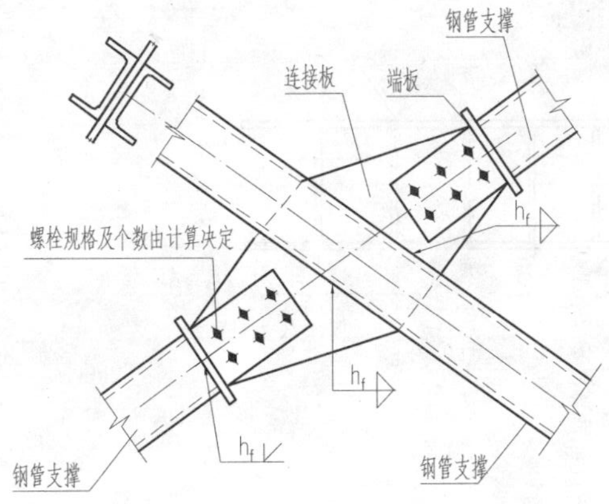

① 圆钢管截面支撑与单节点板的连接

S2.7.4-005

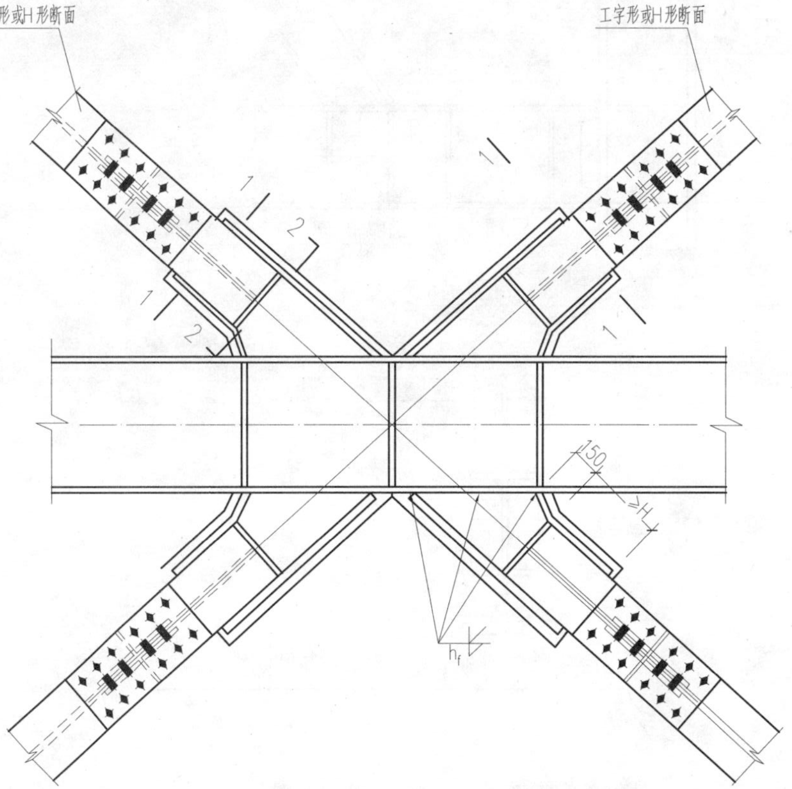

② 交叉支撑在横梁交叉点处的连接

S2.7.4-006

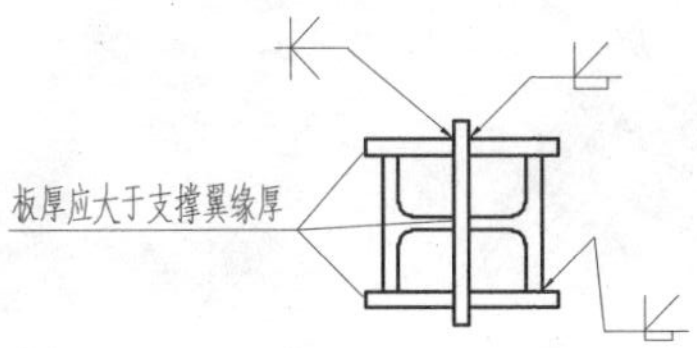

1-1

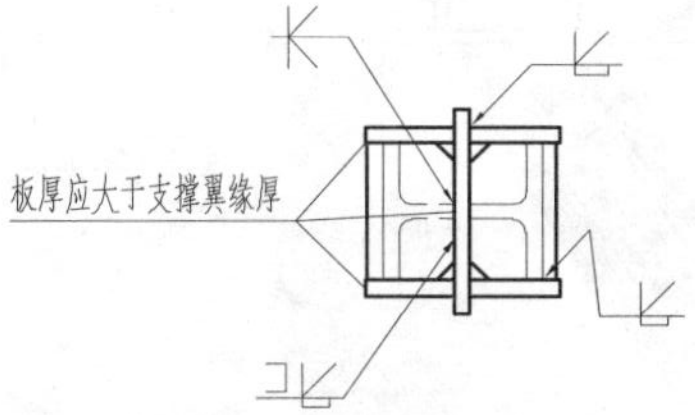

2-2

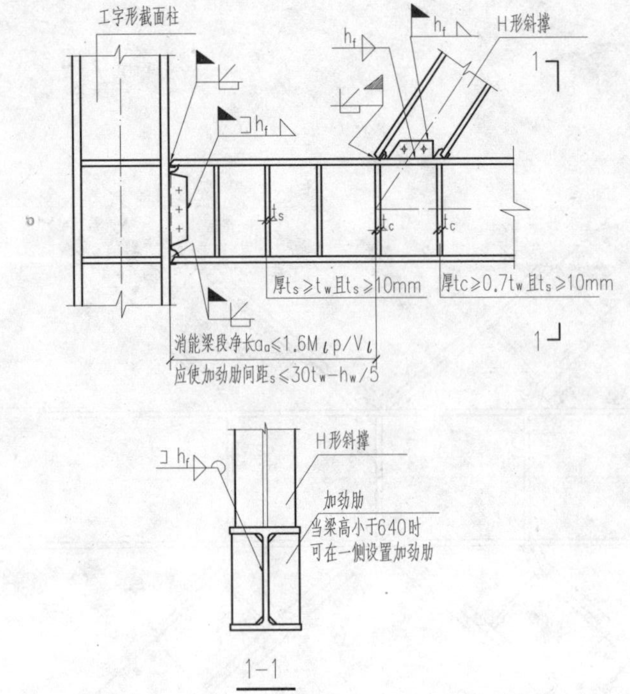

① 偏心支撑中消能梁段与柱连接时的构造(一)

S2.7.5-001

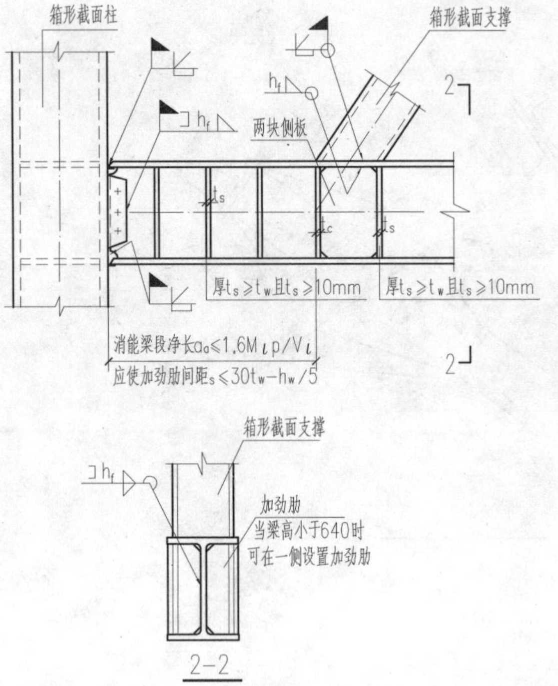

② 偏心支撑中消能梁段与柱连接时的构造(二)

S2.7.5-002

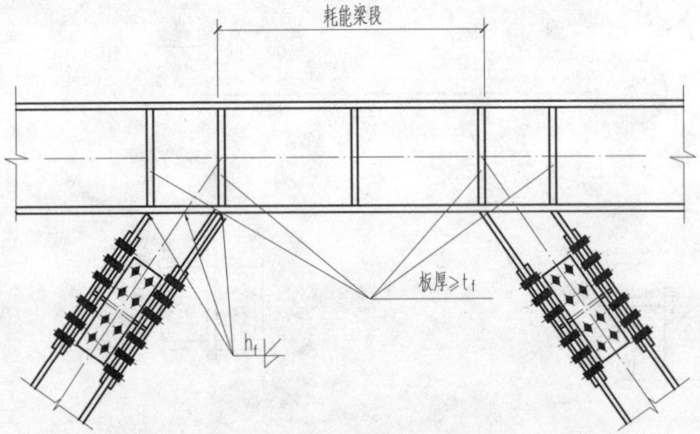

③ 消能梁段位于支撑与支撑之间的构造要求

S2.7.5-003

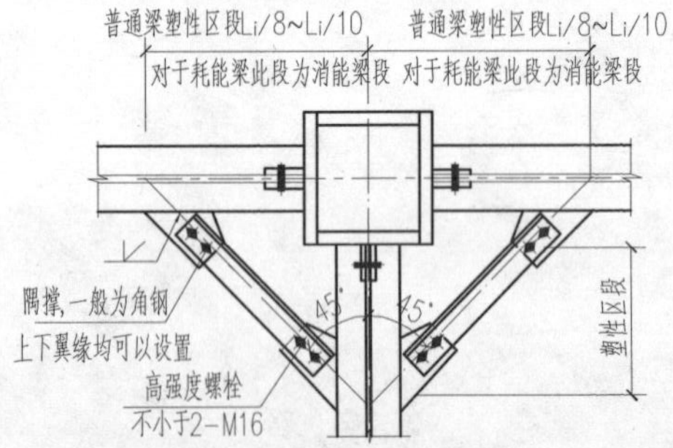

④ 主梁或耗能梁的侧向隅撑设置

当主梁上铺混凝土楼板时可以只设下翼缘隅撑

S2.7.5-004

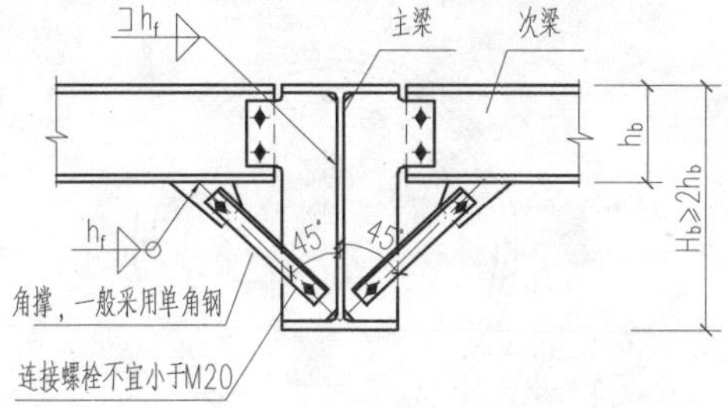

① 为限制主梁受压翼缘的侧移，在主次梁连接处设置角撑(一)

主梁高度大于次梁高度的2倍时，可采用本节点的作法

S2.7.5-005

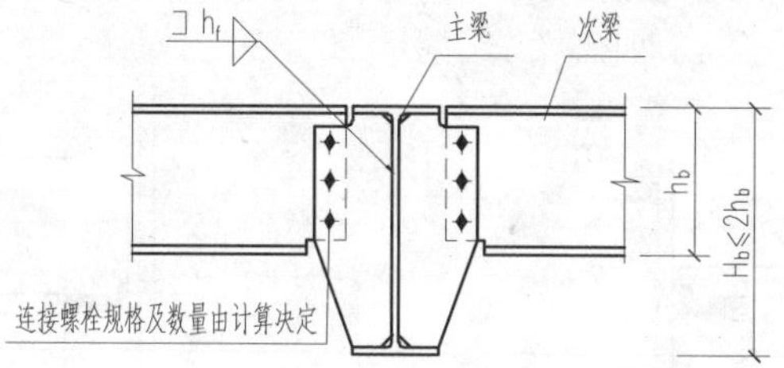

② 为限制主梁受压翼缘的侧移，在主次梁连接处设置角撑(二)

主梁高度小于次梁高度的2倍时，可采用本节点的作法

S2.7.5-006

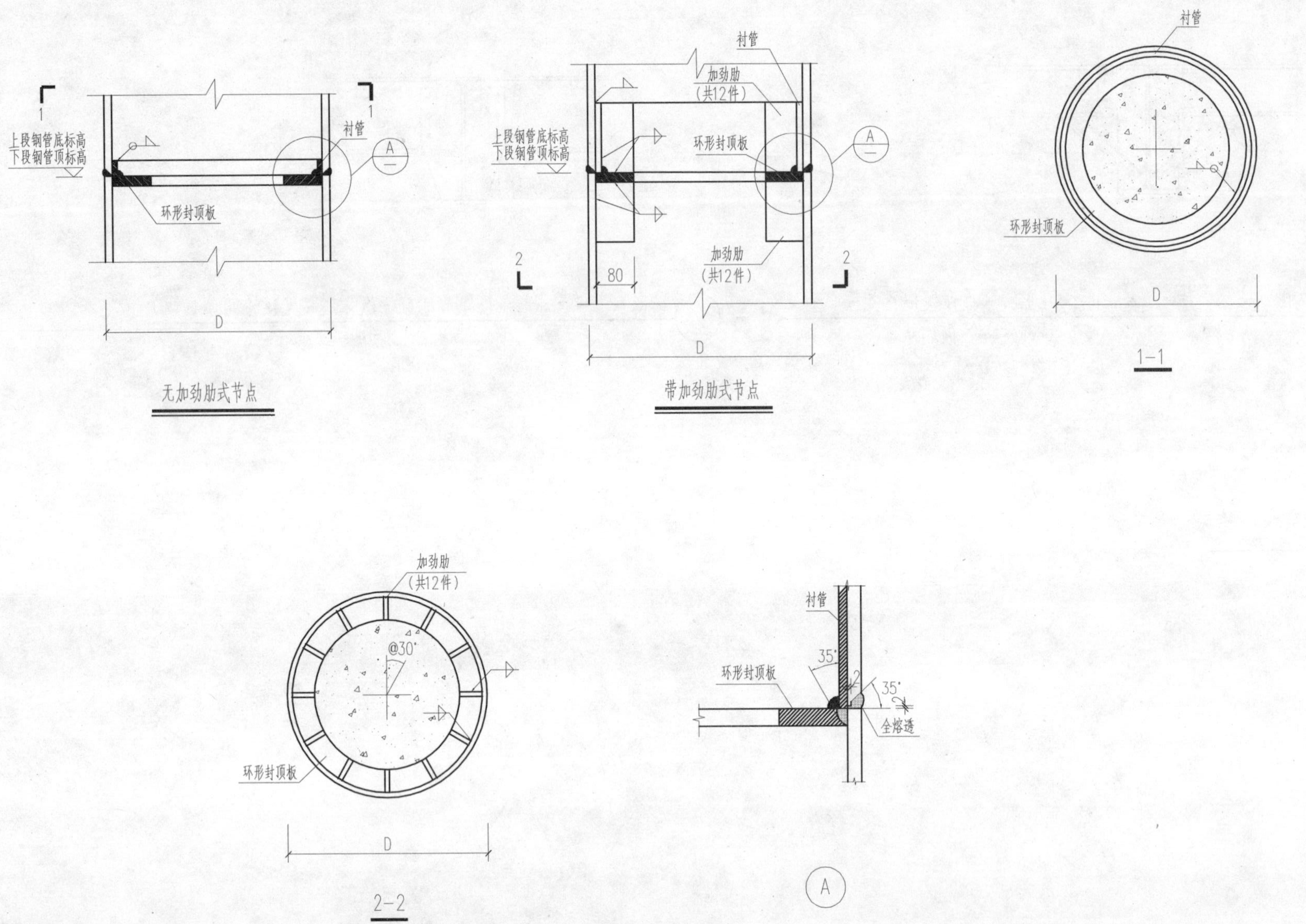

1 管径不变的钢管对接节点
S3.1-001

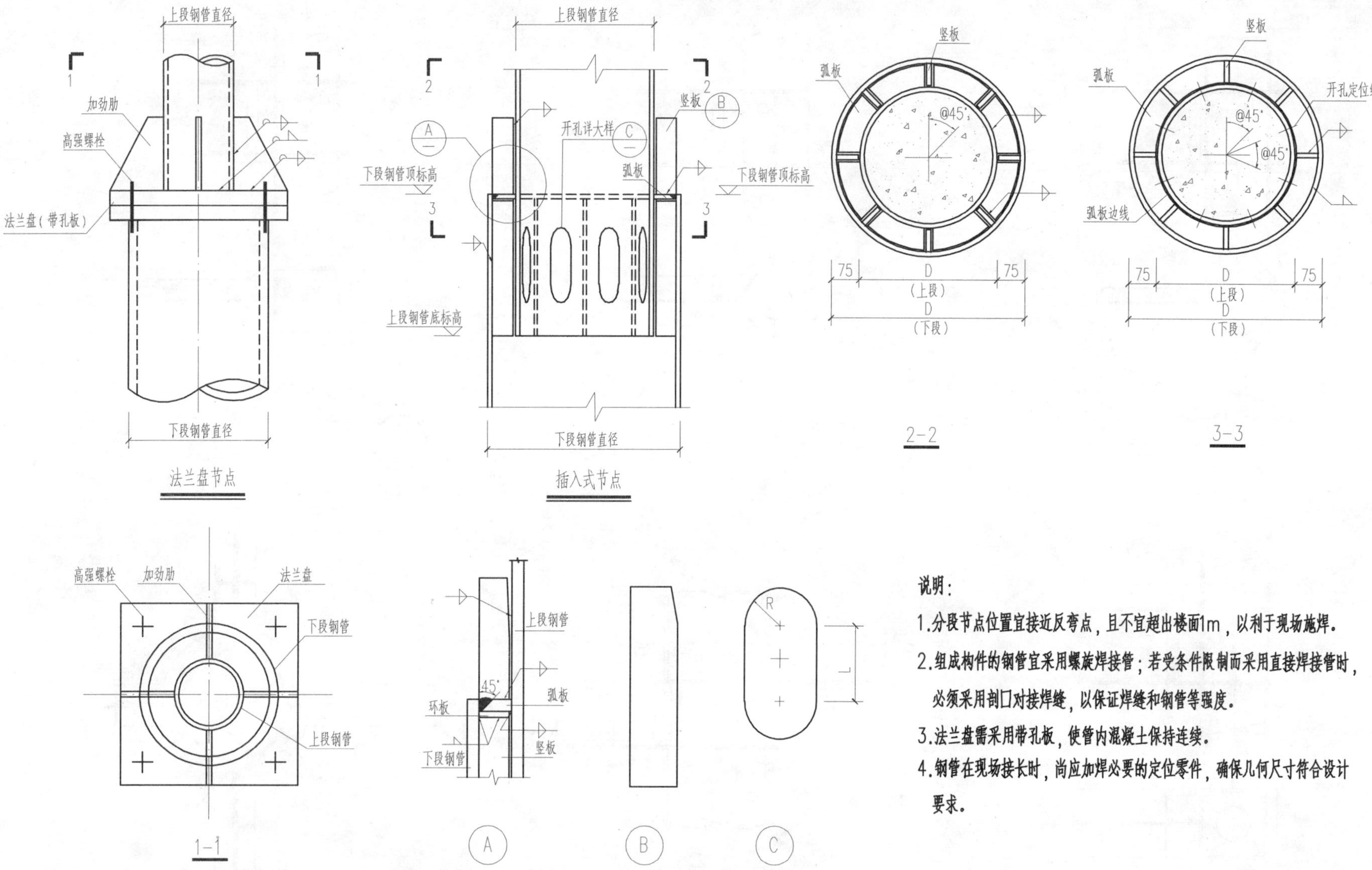

说明:

1. 分段节点位置宜接近反弯点,且不宜超出楼面1m,以利于现场施焊。
2. 组成构件的钢管宜采用螺旋焊接管;若受条件限制而采用直接焊接管时,必须采用剖口对接焊缝,以保证焊缝和钢管等强度。
3. 法兰盘需采用带孔板,使管内混凝土保持连续。
4. 钢管在现场接长时,尚应加焊必要的定位零件,确保几何尺寸符合设计要求。

1 管径改变的钢管对接节点 S3.1-002

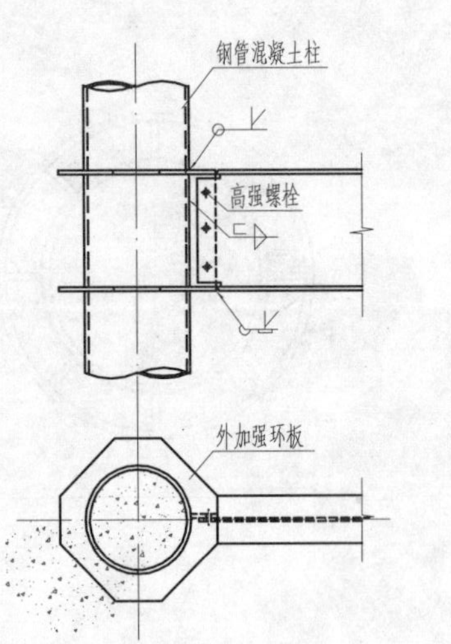

1 圆钢管外加强环板式边柱节点
S3.2.1.1-001

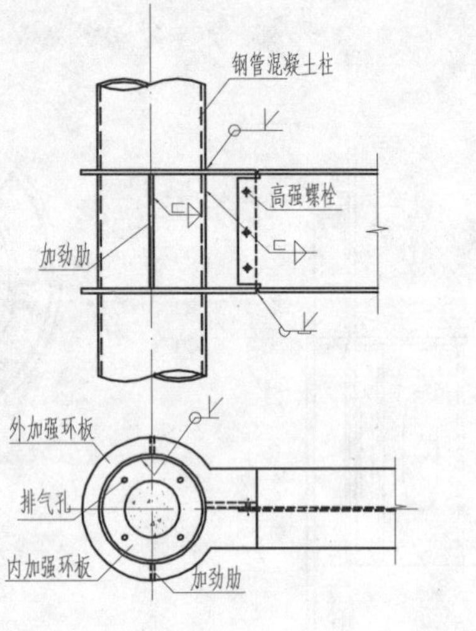

2 圆钢管内外环板加肋式边柱节点
S3.2.1.1-002

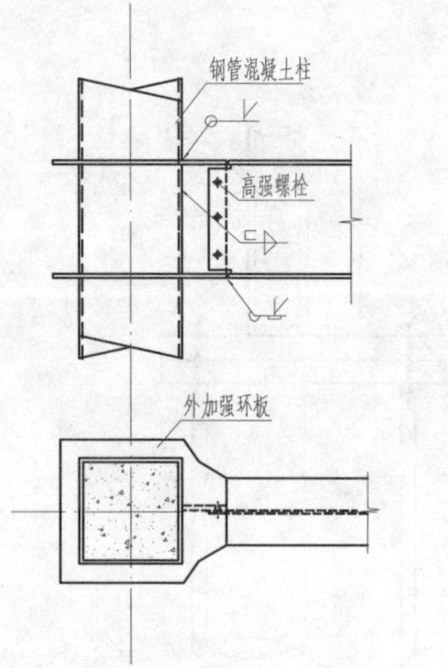

3 方钢管外加强环板式边柱节点
S3.2.1.1-003

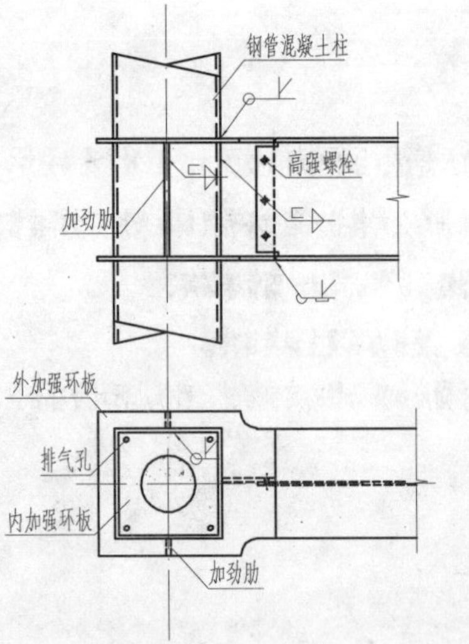

4 方钢管内外环板加肋式边柱节点
S3.2.1.1-004

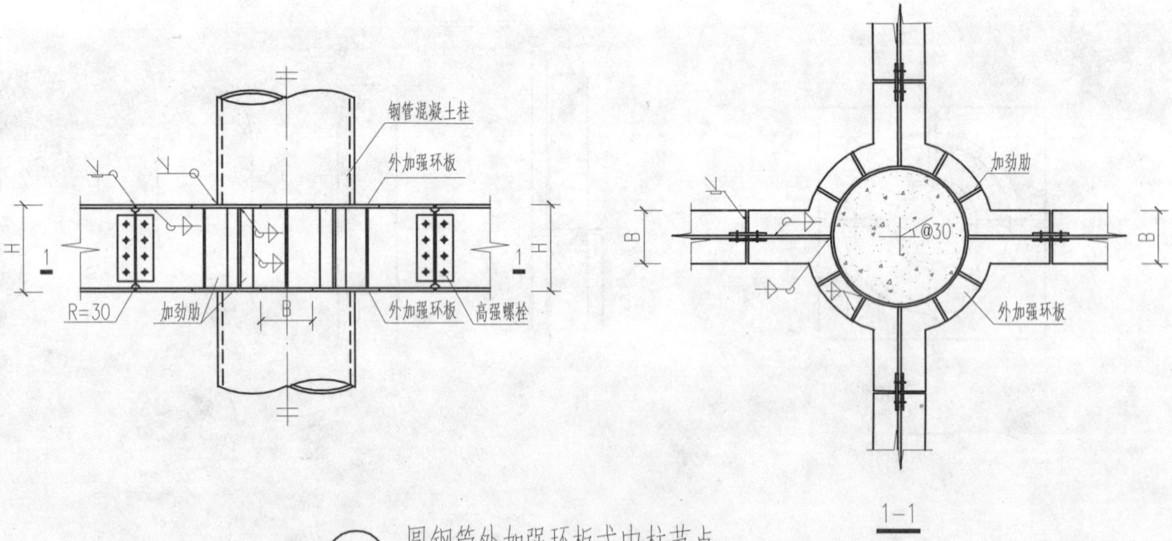

5 圆钢管外加强环板式中柱节点
S3.2.1.1-005

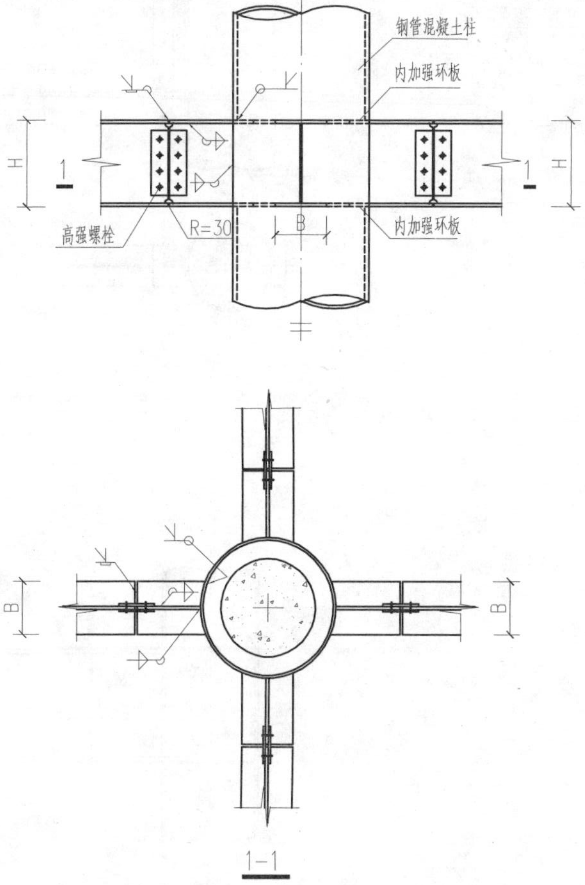

1 圆钢管内加强环板式中柱节点
S3.2.1.1-006

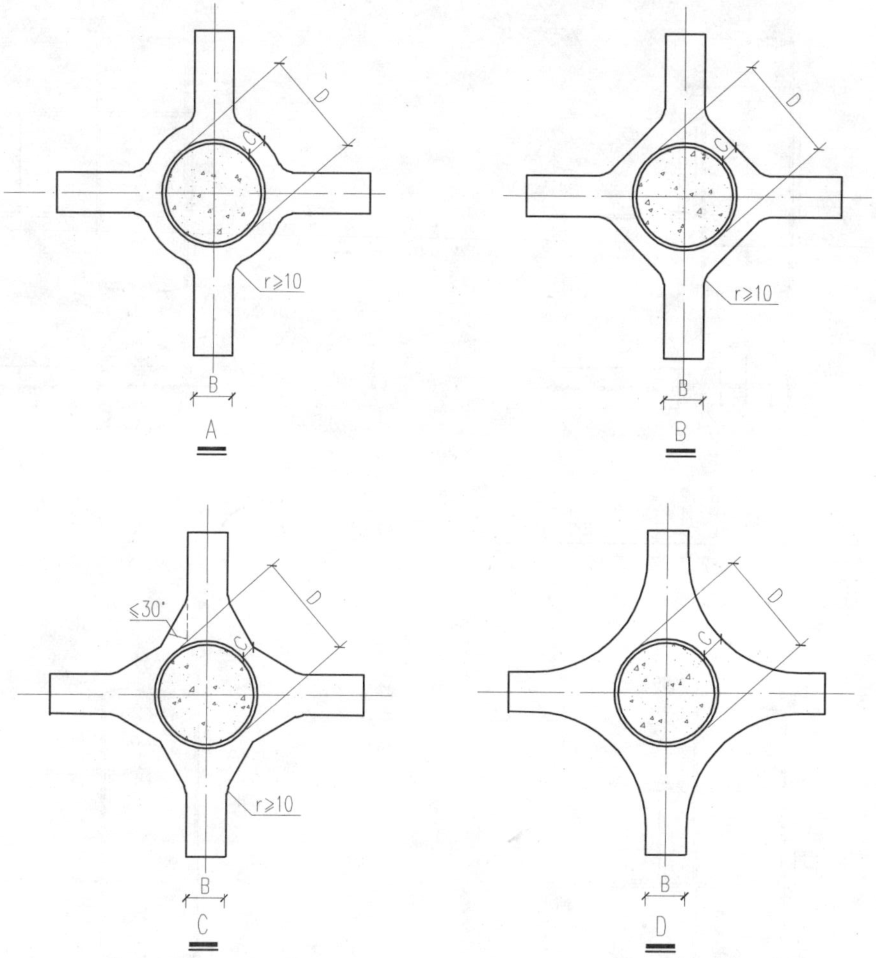

2 圆钢管混凝土外加强环板的形式
S3.2.1.1-007

说明：

1. 加强环的板厚及连接宽度B，根据与钢梁翼缘板等强来确定。
2. 环带的最小宽度C不小于0.7B.
3. 对于有抗震要求的框架结构，在梁的上、下均需设置加强环。
4. 加强环与梁焊接的位置，应离开柱边至少1倍梁高的距离。

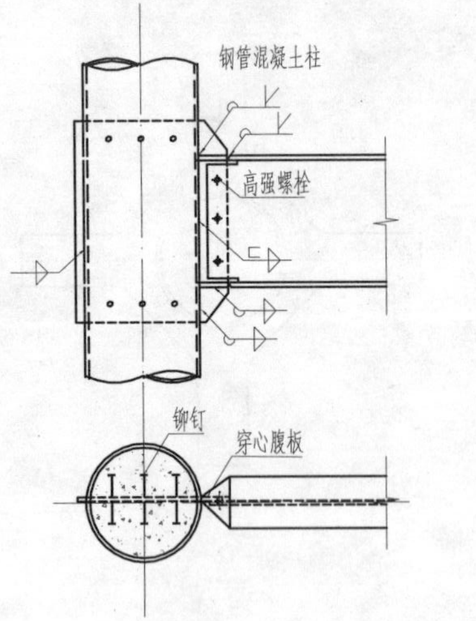

① 穿心腹板加内埋铆钉式边柱节点
S3.2.1.2-001

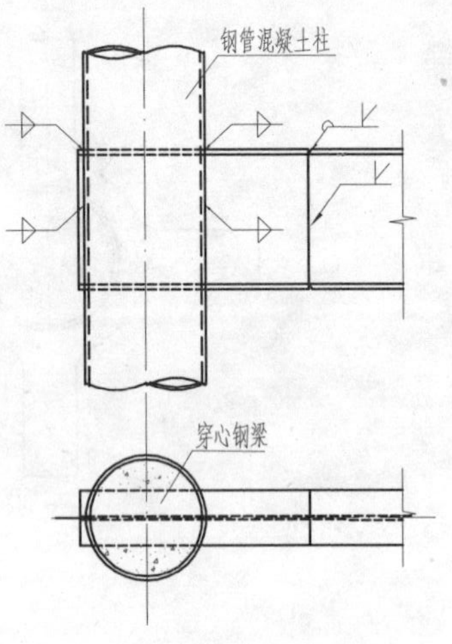

② 穿心钢梁式边柱节点
S3.2.1.2-002

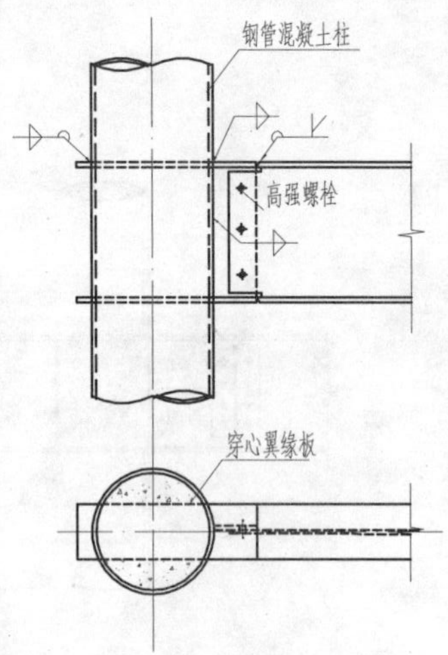

③ 穿心翼缘板式边柱节点
S3.2.1.2-003

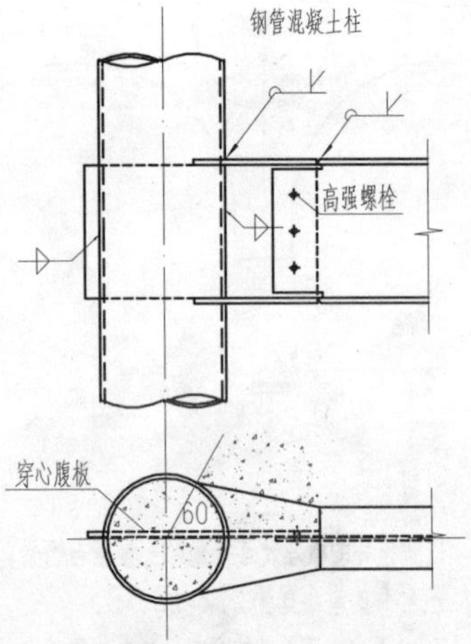

④ 穿心腹板式边柱节点
S3.2.1.2-004

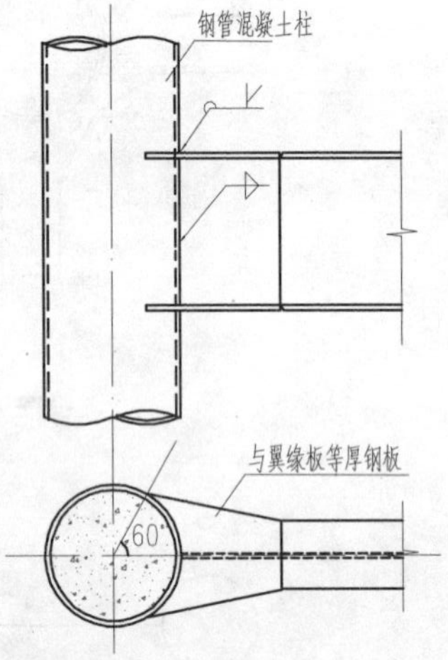

⑤ 简单焊接式边柱节点
S3.2.1.2-005

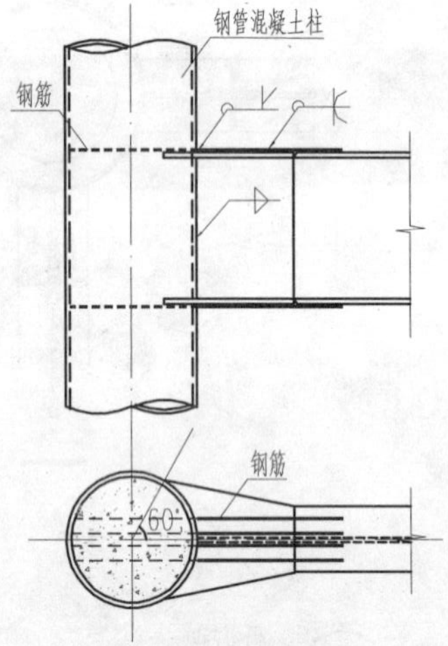

⑥ 预埋焊接变形钢筋式边柱节点
S3.2.1.2-006

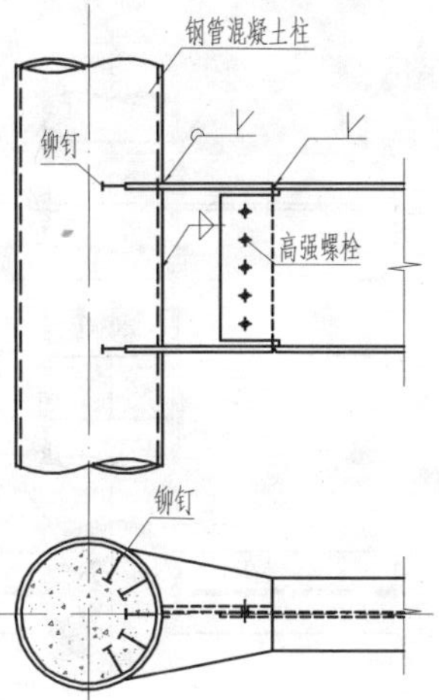

1 内置铆钉式边柱节点
S3.2.1.2-007

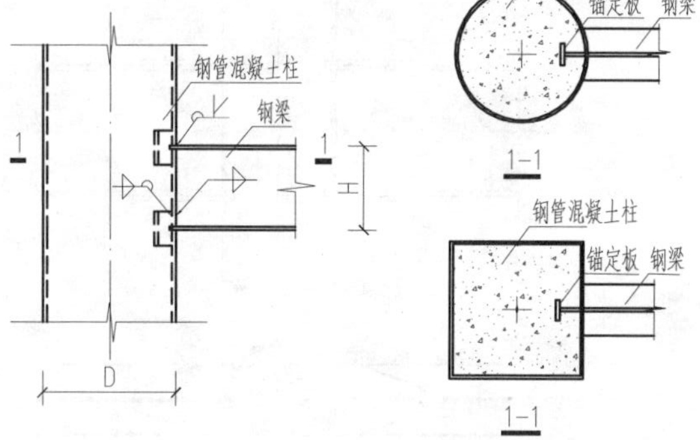

2 锚定式边柱节点
S3.2.1.2-008

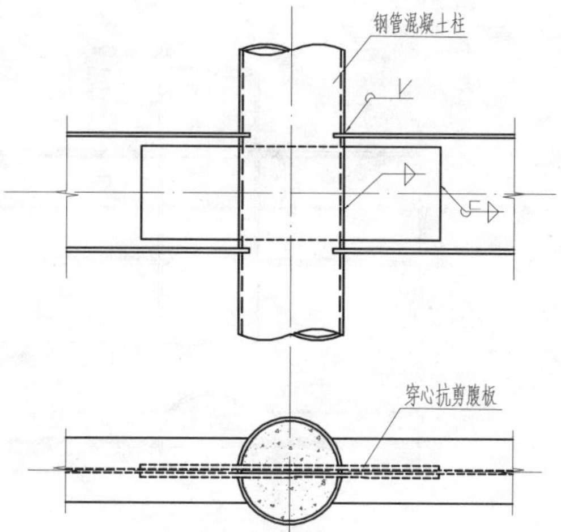

3 穿心抗剪腹板式中柱节点
S3.2.1.2-009

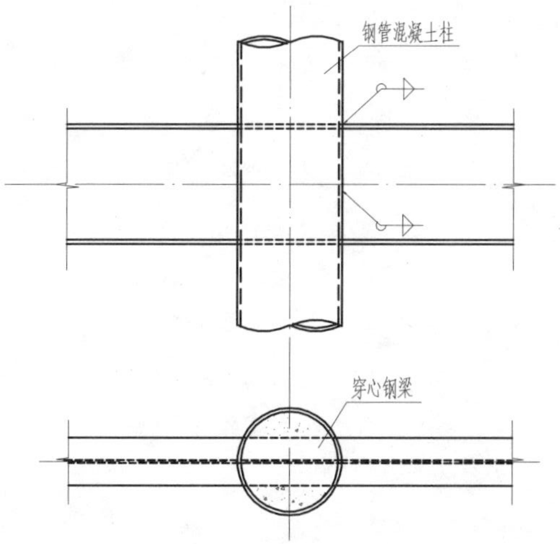

4 穿心钢梁式中柱节点
S3.2.1.2-010

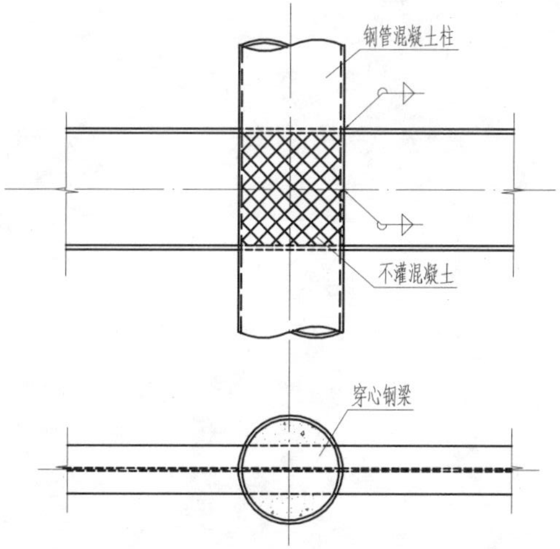

5 核心区无混凝土的穿心钢梁式中柱节点
S3.2.1.2-011

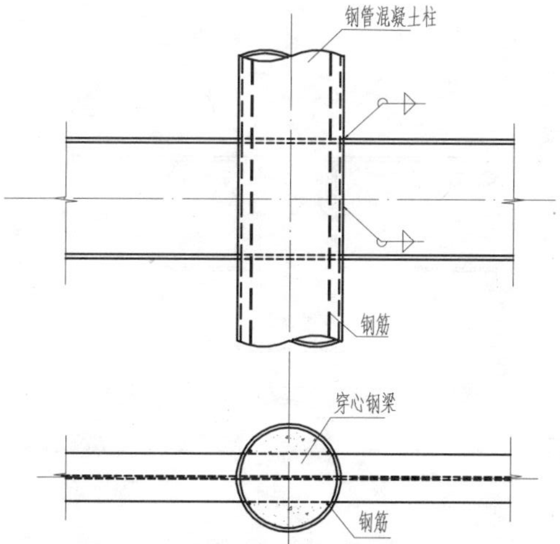

6 核心区钢管内穿筋的穿心钢梁式中柱节点
S3.2.1.2-012

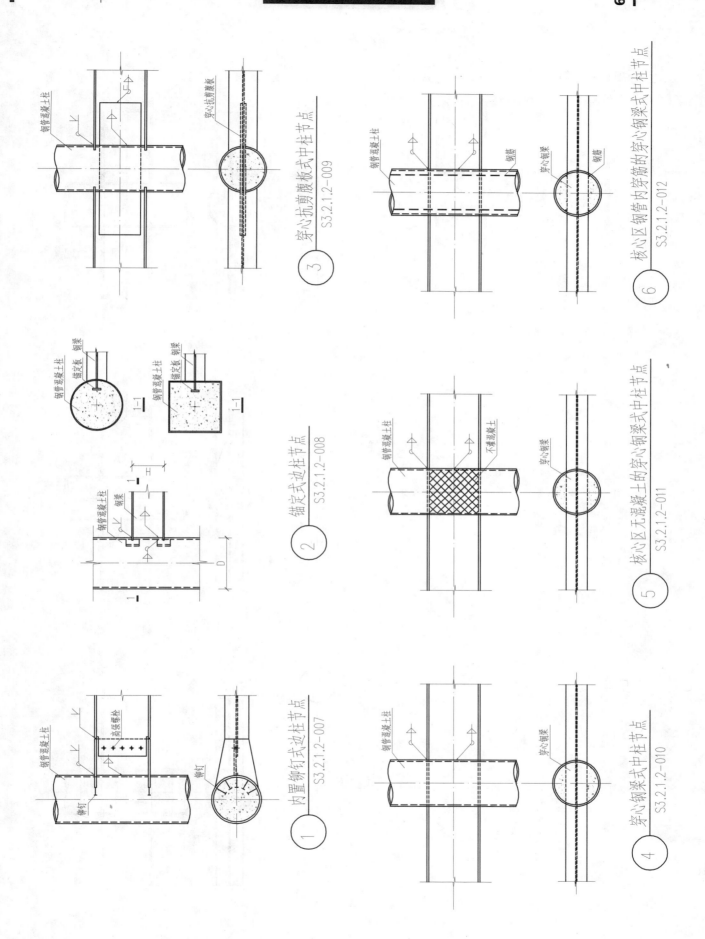

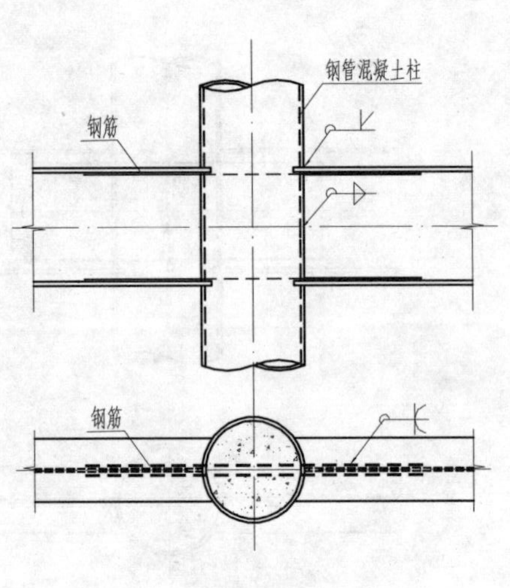

① 钢筋贯通焊接翼缘式中柱节点
S3.2.1.3-001

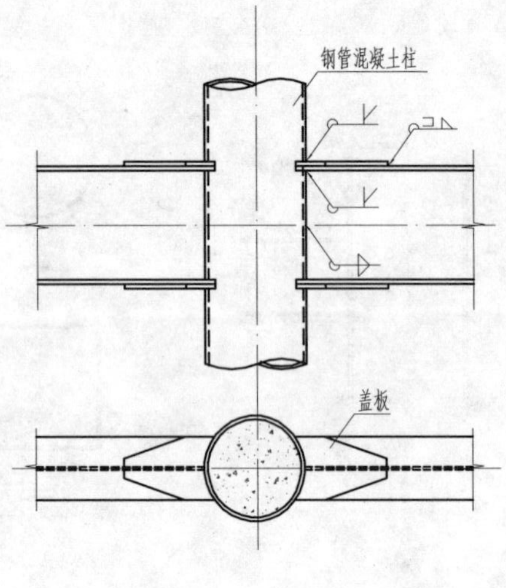

② 翼缘焊接盖板式中柱节点
S3.2.1.3-002

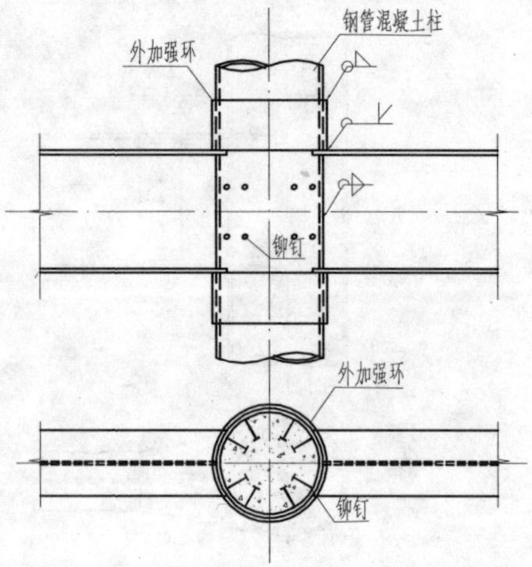

③ 翼缘焊接盖板式中柱节点
S3.2.1.3-003

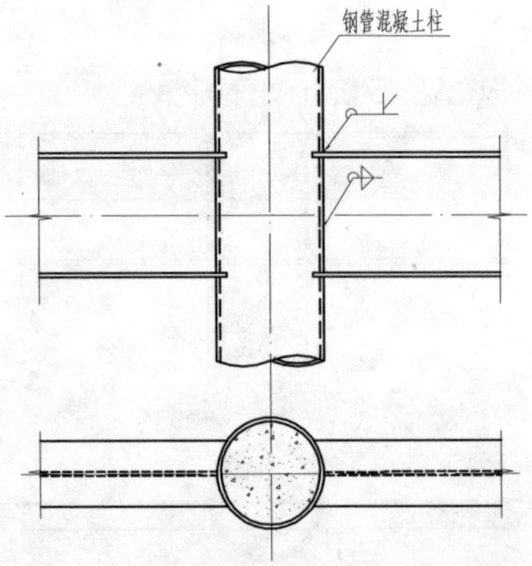

④ 直接焊接式中柱节点
S3.2.1.3-004

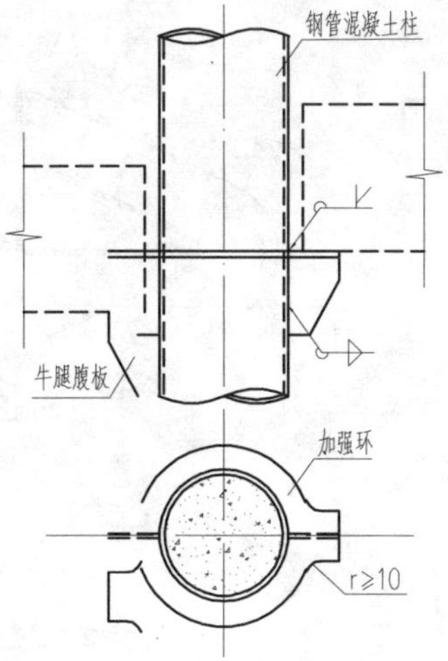

① T形牛腿铰接节点
S3.2.2.2-001

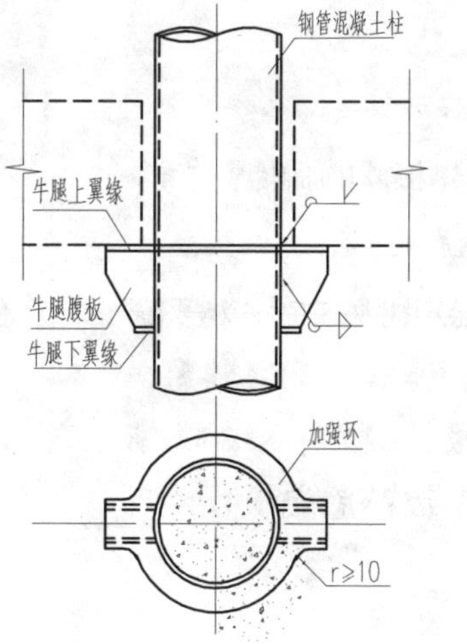

② Ⅱ形牛腿铰接节点
S3.2.2.2-002

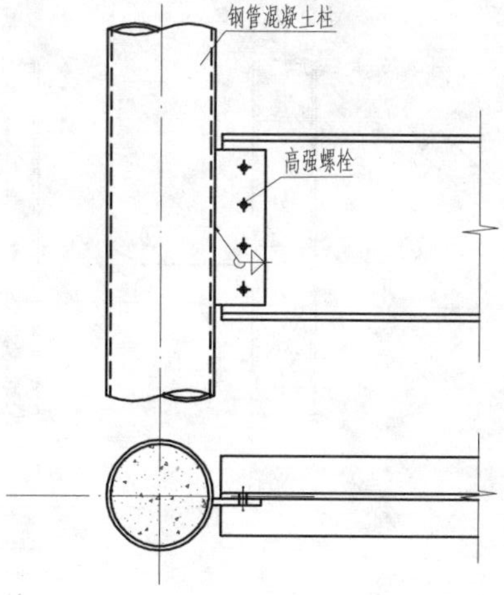

③ 圆管螺栓铰接节点(1)
S3.2.2.2-003

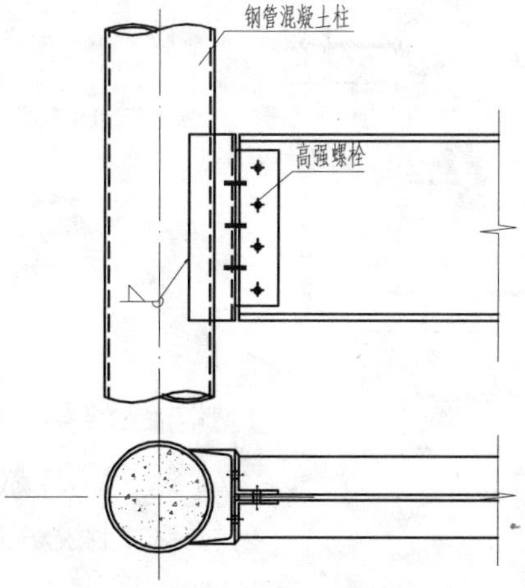

④ 圆管螺栓铰接节点(2)
S3.2.2.2-004

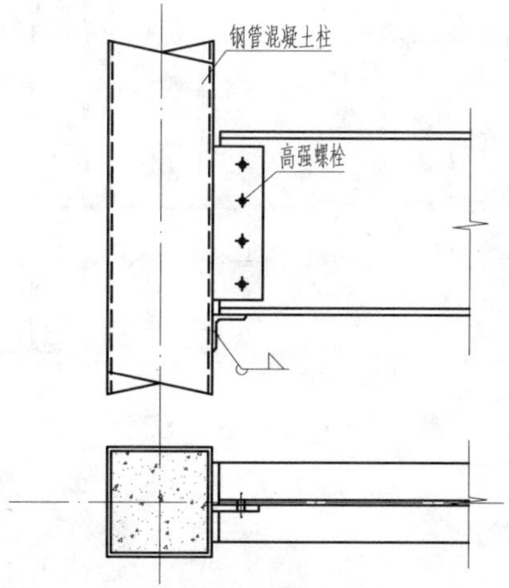

⑤ 方管螺栓铰接节点(1)
S3.2.2.2-005

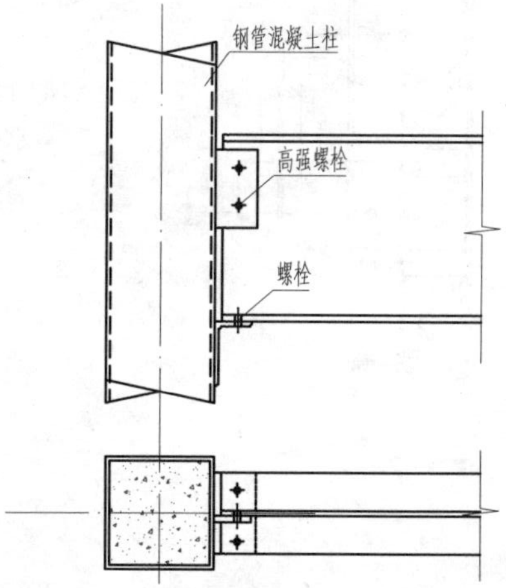

⑥ 方管螺栓铰接节点(2)
S3.2.2.2-006

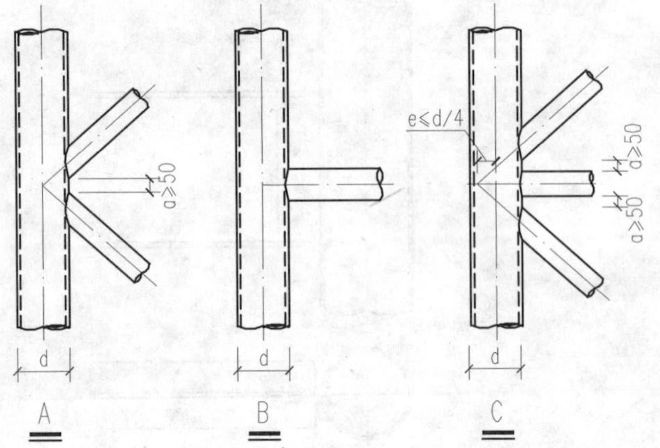

说明：
1. 格构柱的缀材宜用圆钢管，直接和柱肢钢管焊接。
2. 除双肢柱和三肢柱的内双肢可采用缀板体系外，宜采用缀条体系。
3. 缀材与柱肢的连接参照本图集《桁架与屋架节点》进行设计。

1 缀材与柱肢的连接 S3.3-001

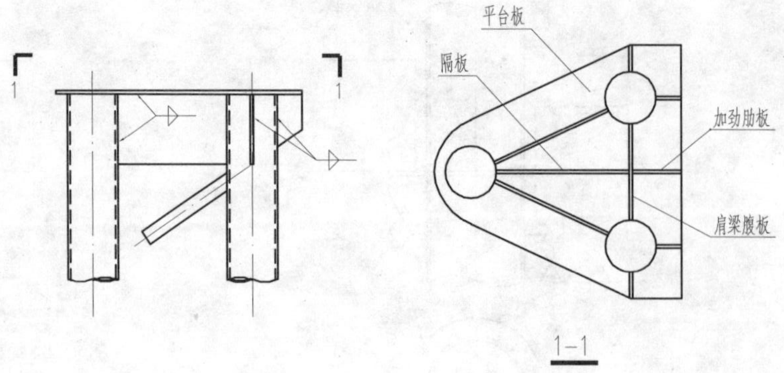

说明：
平台板上应设灌浆孔或排气孔。

2 边列柱柱端构造 S3.3-002

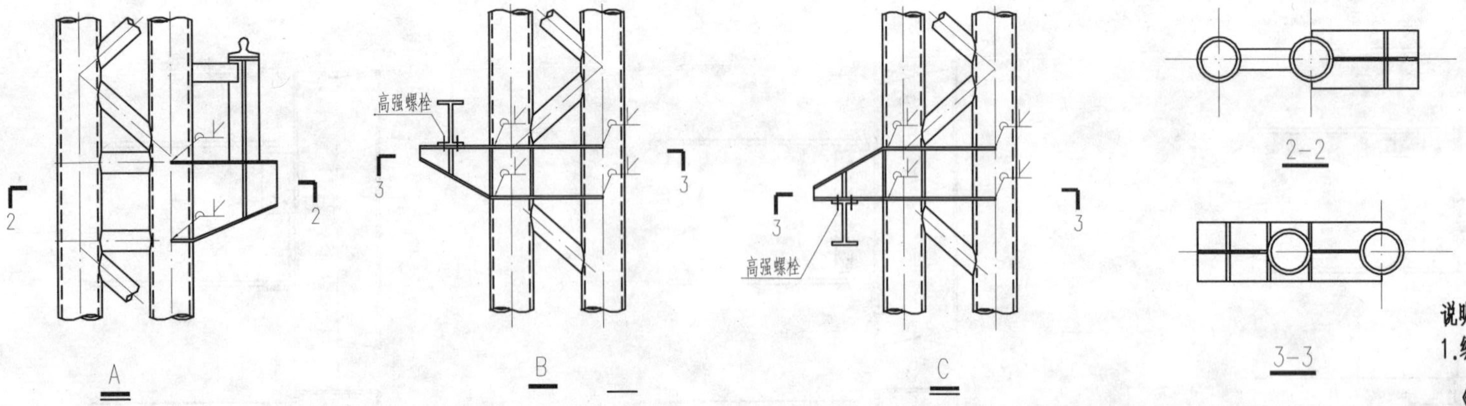

说明：
1. 缀材与柱肢的连接参照本图集《桁架与屋架节点》进行设计。
2. 牛腿部分未注明处均采用双面角焊缝。

3 等截面格构柱牛腿 S3.3-003

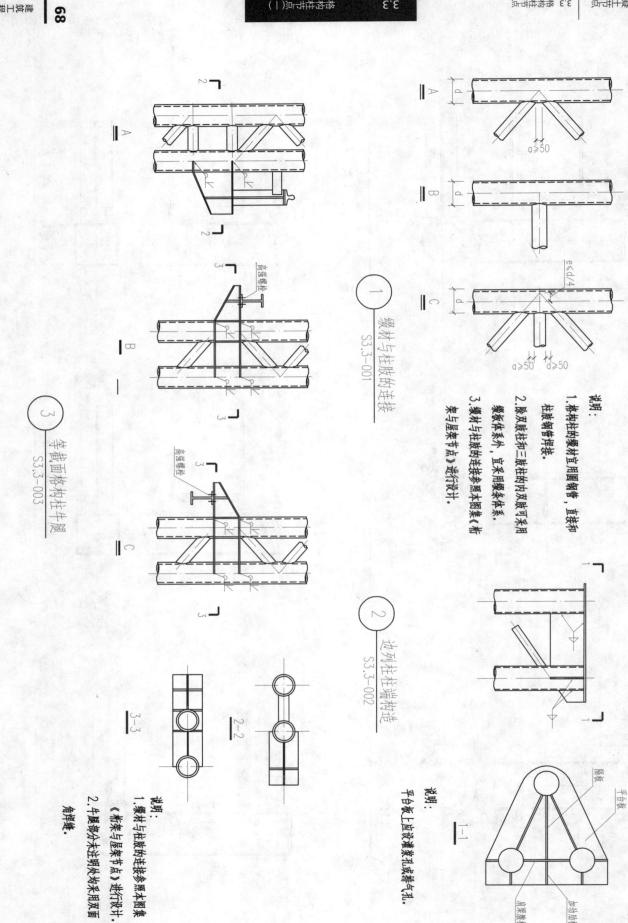

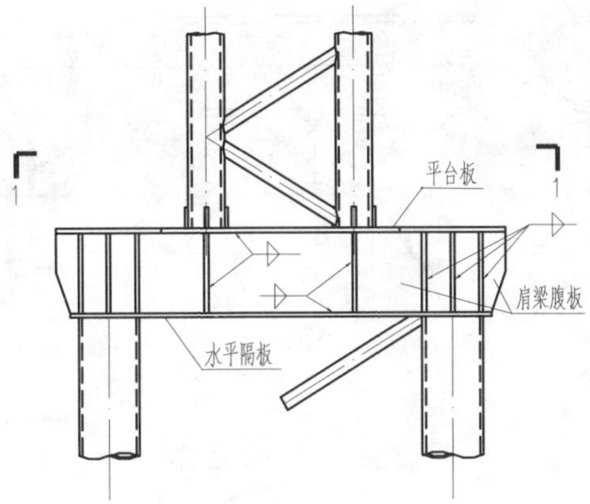

A

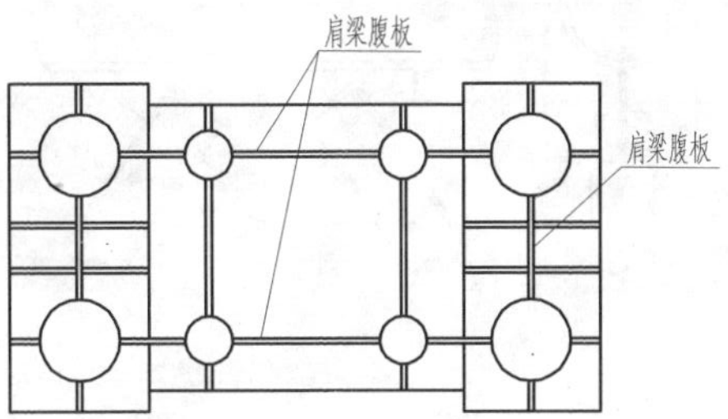

1-1

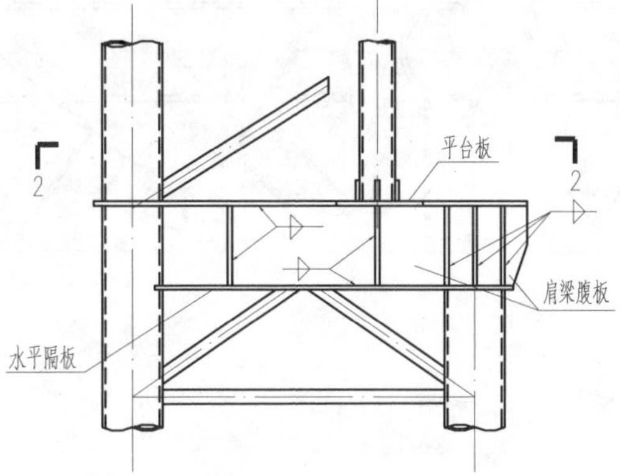

B

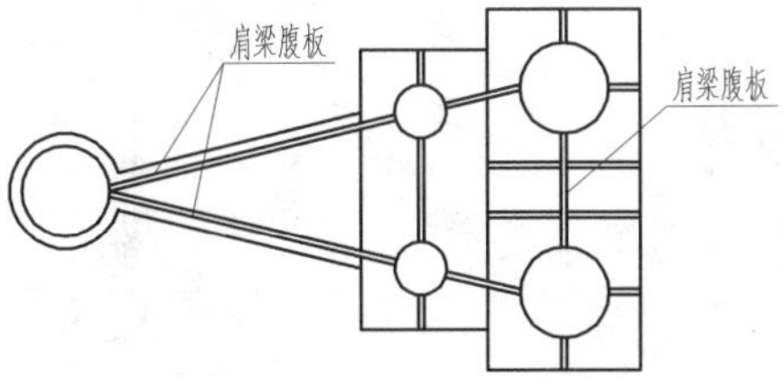

2-2

说明：

1.肩梁腹板可采取穿过柱肢钢管和不穿过柱肢钢管两种形式。当吊车梁梁端压力较大时，肩梁腹板宜采用穿过柱肢钢管的形式。

2.穿过钢管的腹板应以双面角焊缝与钢管相连接。不穿过钢管的腹板，应以剖口焊缝与钢管全熔透焊接。

3.腹板顶面应刨平，并和平台顶紧，依靠端面承压传力。

1 阶形格构柱变截面处构造

S3.3-004

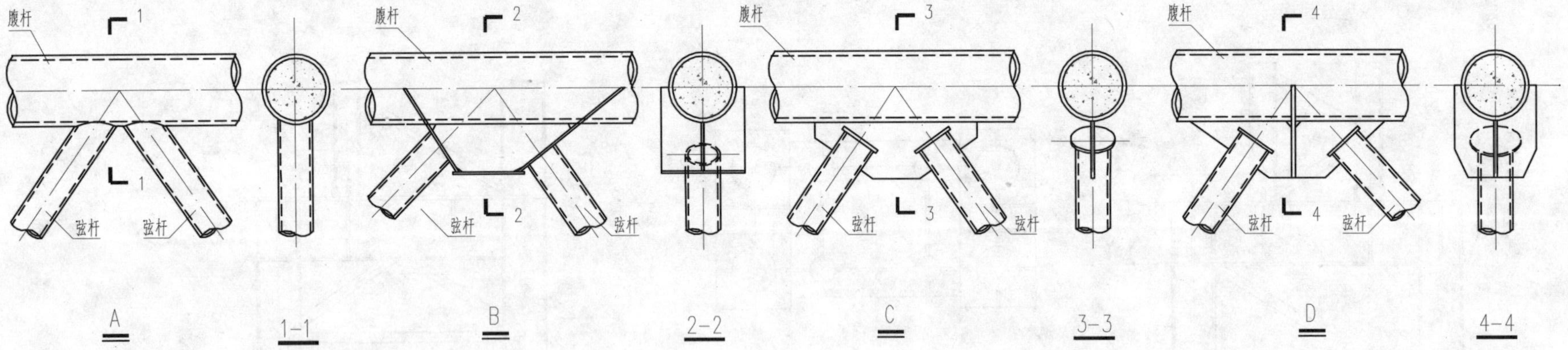

① 杆件节点连接形式 S3.4-001

说明：

1.受压弦杆与受压力较大的腹杆可采用钢管混凝土构件，其它构件可采用空钢管或型钢。

2.腹杆与弦杆的连接参照本图集《桁架与屋架节点》进行设计。

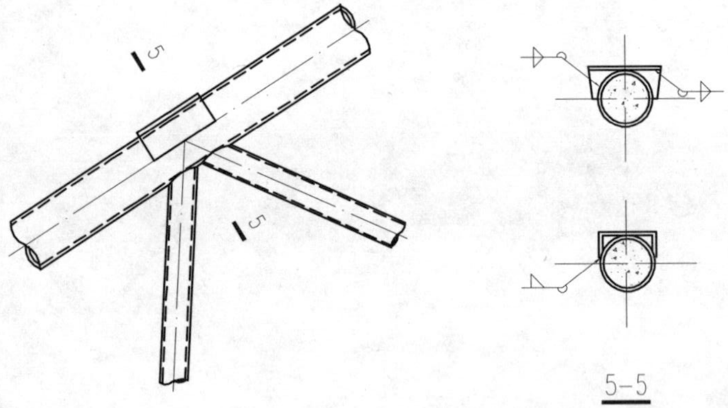

说明：

上弦节点处应做成平台，以便安放屋面构件。

② 上弦节点 S3.4-002

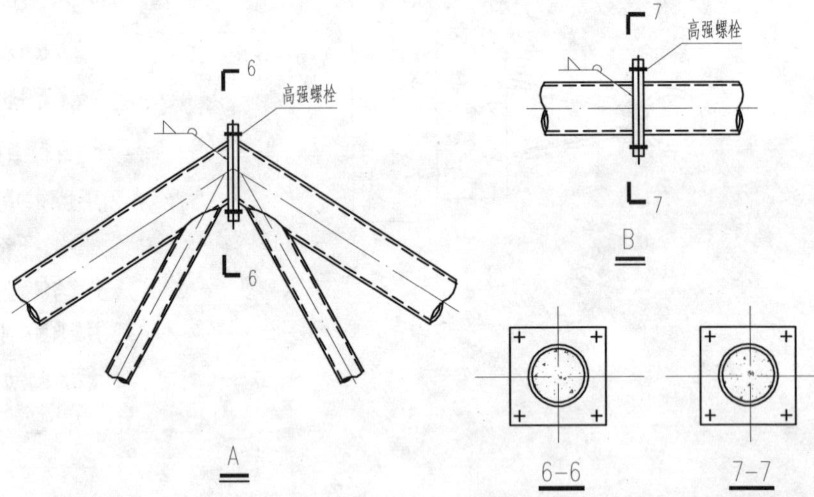

说明：

当桁架跨度超过30m时，可在跨中设置安装节点。

③ 跨中安装节点 S3.4-003

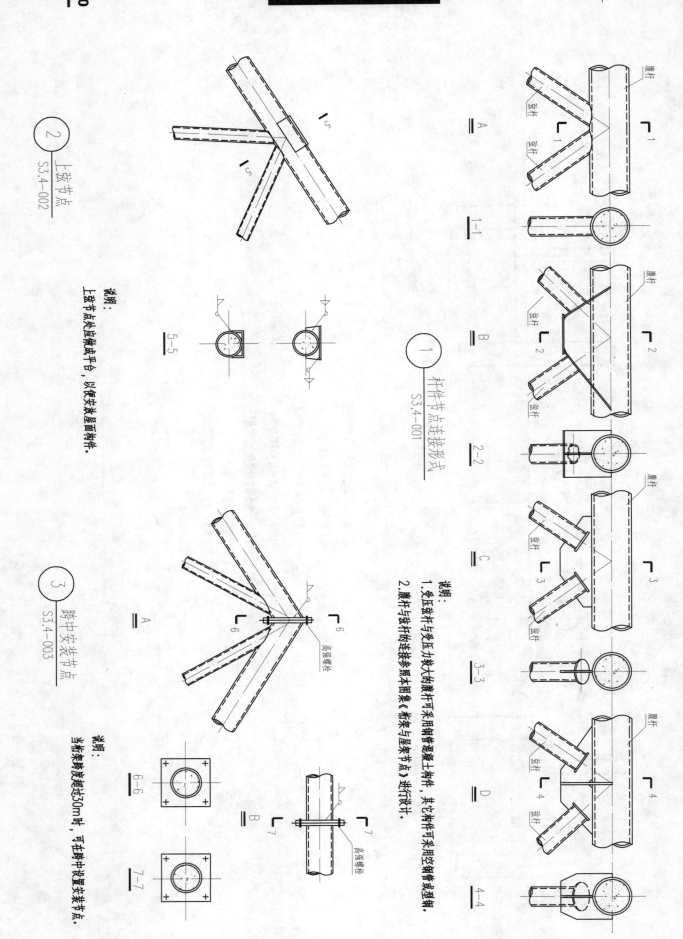

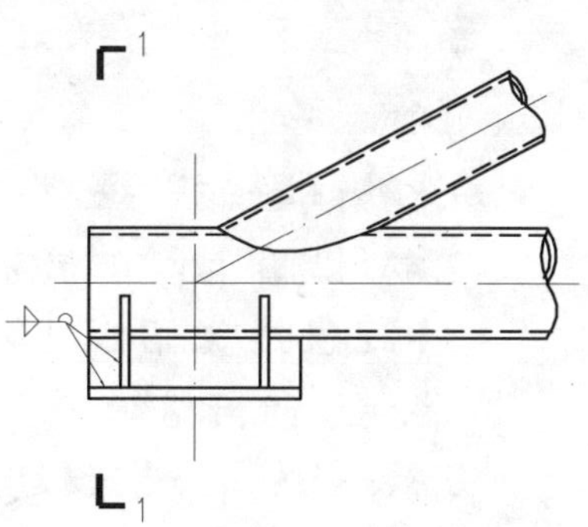

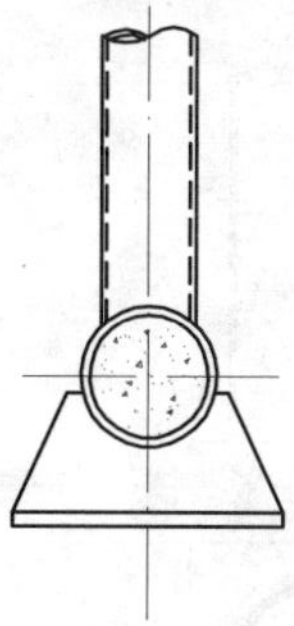

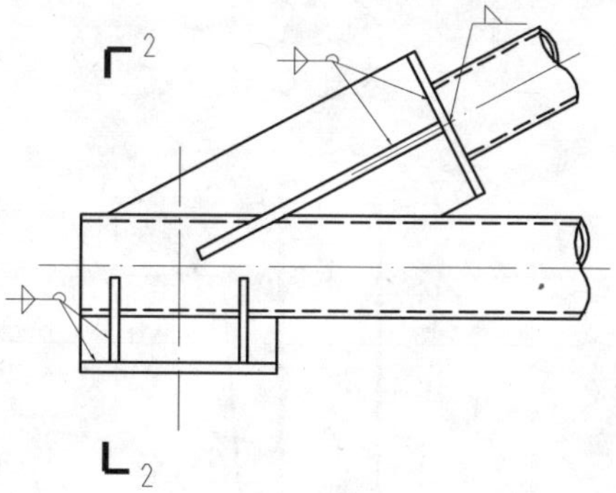

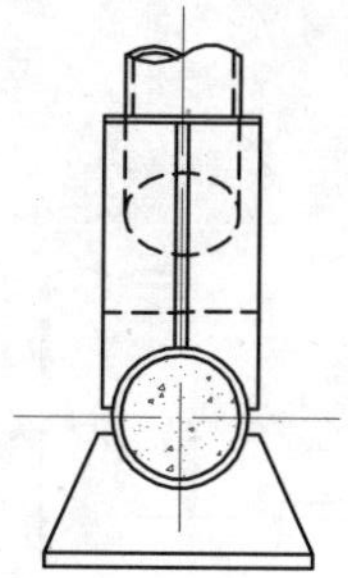

① 屋架支座节点
S3.4-004

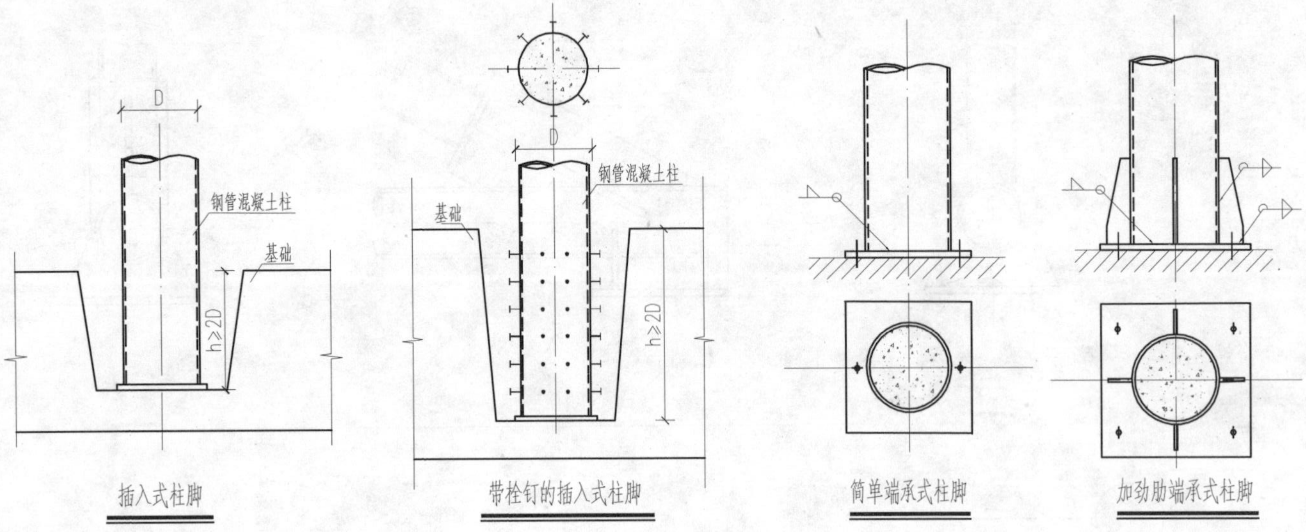

1 柱脚构造
S3.5-001

说明：

1. 柱脚钢管的端头必须用封头板封固。
2. 插入式柱脚的杯口设计和构造与预制钢筋混凝土柱的基础杯口相同。柱脚插入深度h不宜小于2倍钢管直径。
3. 端承式柱脚的设计和构造与普通钢结构相同。

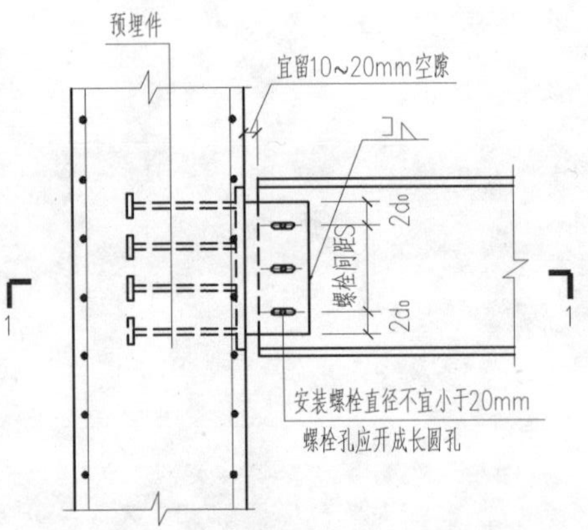

2 钢梁与混凝土墙的铰接连接(一)
S3.6-001

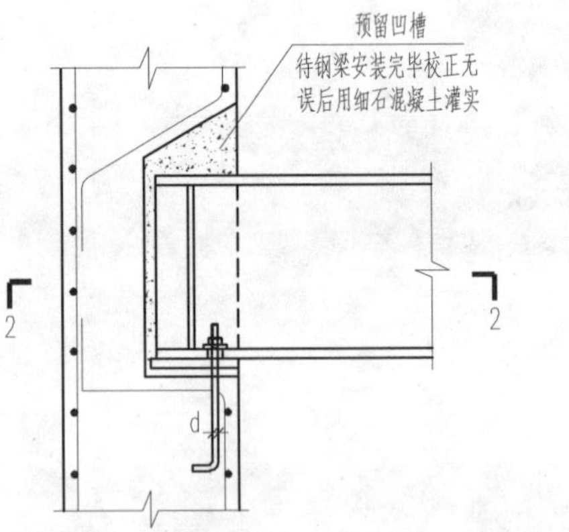

3 钢梁与混凝土墙的铰接连接(二)
S3.6-002

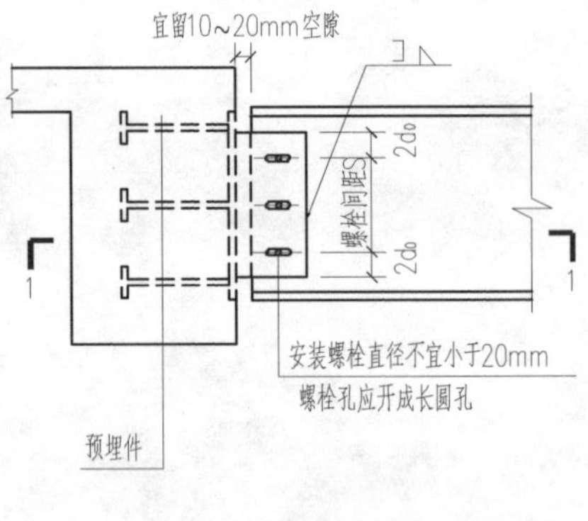

4 钢梁与混凝土梁的铰接连接
S3.6-003

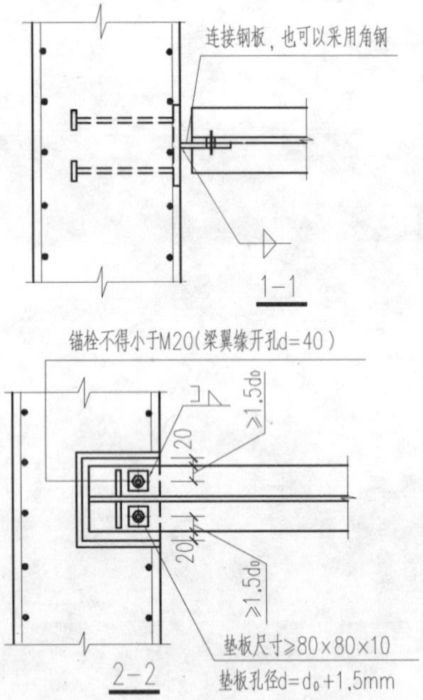

说明：

螺栓间距S应大于$3d_0$，小于$12d_0$且小于18t，d_0为螺栓孔径，t为较小板厚。

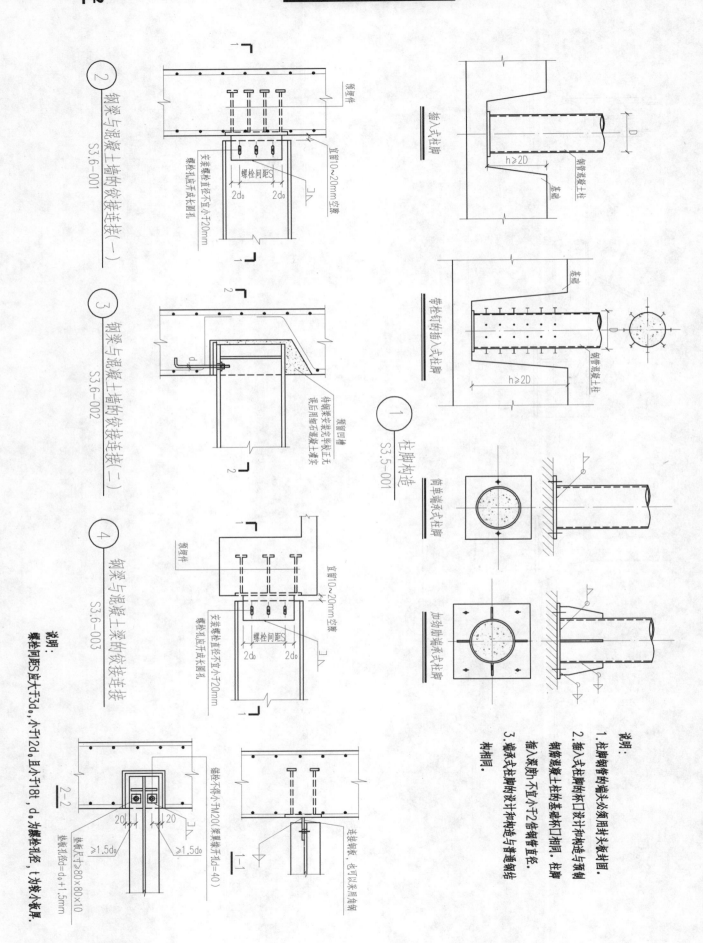

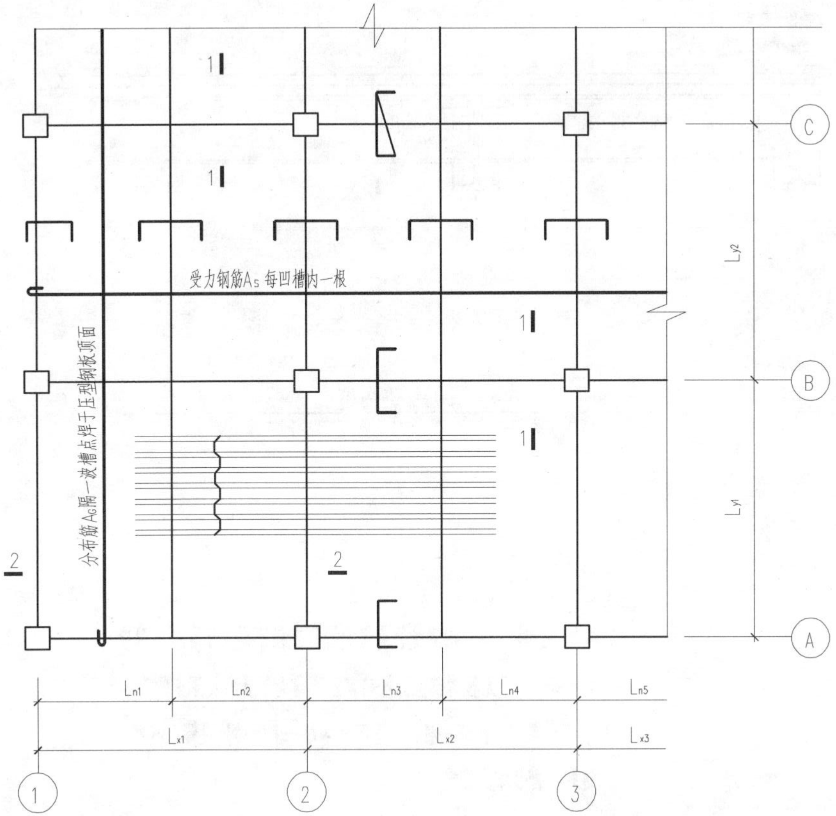

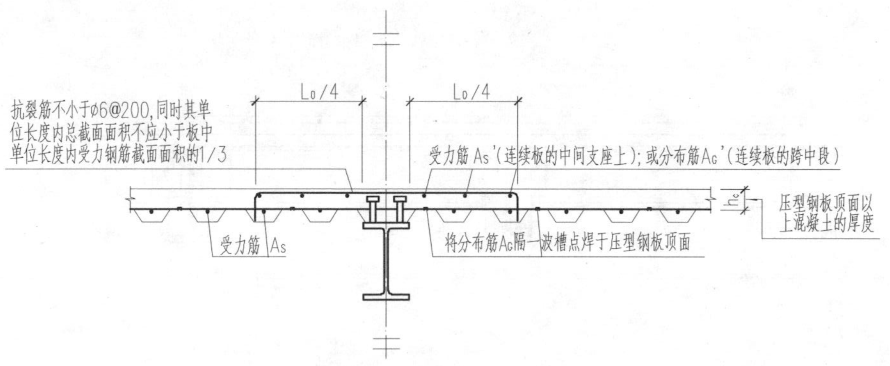

1-1(L_0为板的计算跨度)

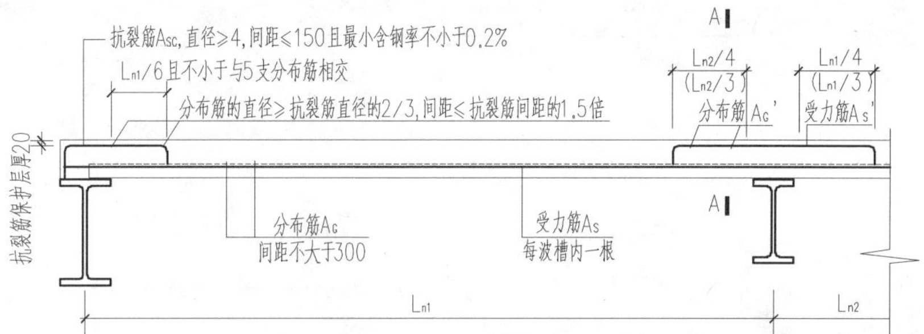

2-2(按连续板设计,但跨度相差不大于20%)

(当均布活荷载设计值大于3倍均布恒荷载设计值时,应采用括号内的数字)

表3.1 栓钉直径与板跨关系表

板跨(m)	<3.0	3.0~6.0	>6.0
栓钉直径(mm)	13~16	16~19	19

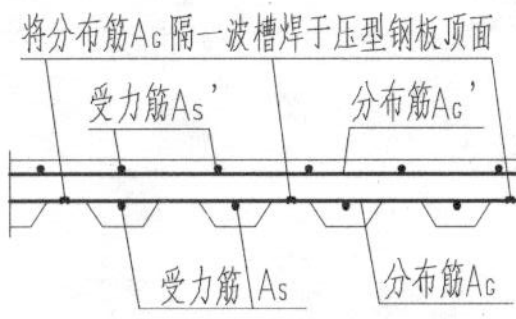

A-A

① 梁、板平面布置及板的配筋示意图

S3.7.1-001

说明:

1. 本图集的压型钢板仅作模板用,可不作防火保护层。
2. 钢板厚度不得小于0.5mm,并应采用镀锌钢板,其镀锌厚度应能满足在使用期间不致锈蚀的要求。
3. 当不考虑次梁与框架梁为组合梁时,在楼板的端部(包括连续板的各跨端部),应设置构造栓钉,其 直径可根据板跨按表3.1选用,但其间距不宜大于8h。
4. 栓钉应设置在端支座压型钢板的凹肋处,穿透压型钢板,并将栓钉和压型钢板焊牢在钢梁上,焊后 栓钉高度应大于压型钢板波高加30mm。
5. 栓钉顶面的混凝土保护层厚度不应小于15mm。
6. 压型钢板在钢梁上的支承长度不得小于50mm。
7. 当跨度相差大于20%时,上部受力钢筋伸过支座边缘的长度应根据弯矩图形确定,并应满足延伸长度的要求。
8. 单向板中单位长度上的分布钢筋,其截面面积A_G与A_G'分别不应小于单位长度上受力钢筋截面面积A_s和A_s'的10%。
9. 板的下部钢筋(As)在支座处应连续配置不得中断。
10. 板中钢筋尚应符合现行的混凝土结构设计规范中有关板的设计规定。

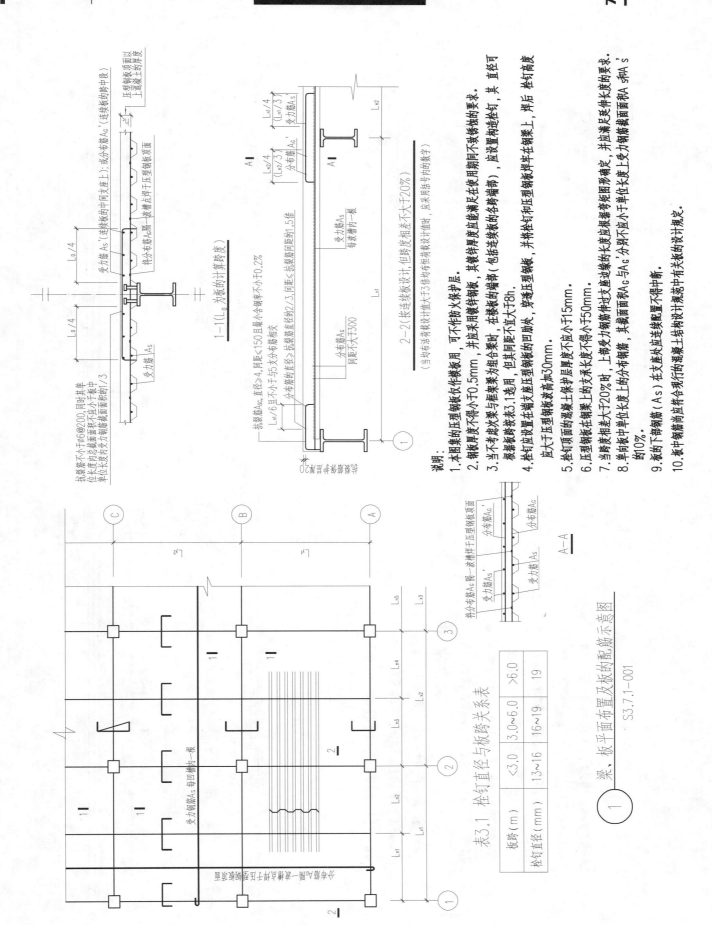

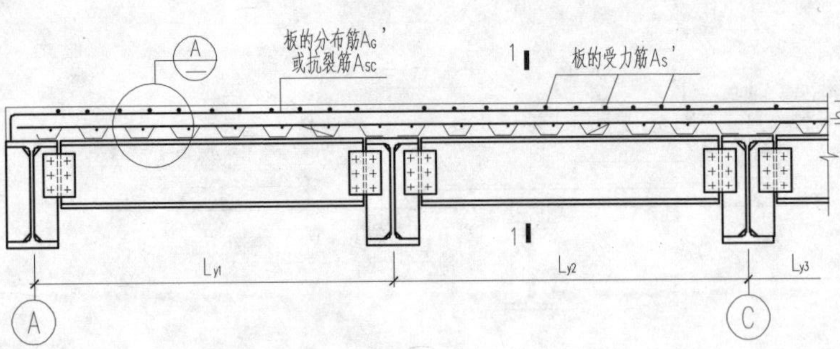

1 简支组合次梁的配筋构造图
（次梁在各跨支座处均为铰接连接）
S3.7.2-001

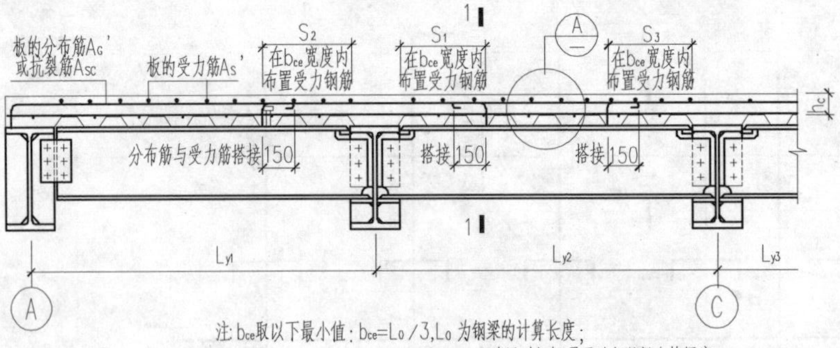

注：b_{ce}取以下最小值：$b_{ce}=L_0/3$，L_0为钢梁的计算长度；
$b_{ce}=b_0+12h_c$，h_c为压型钢板顶面以上混凝土的厚度；
$b_{ce}=b_0+b_{c1}+b_{c2}$，b_{c1}、b_{c2}为相邻钢梁净间距的1/2.

2 连续组合次梁的配筋构造图
（次梁在端跨端支座处为铰接连接，在各中间支座处为连续连接）
S3.7.2-002

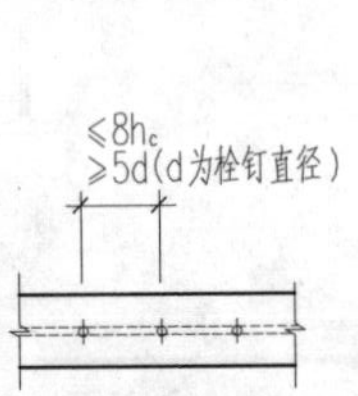

3 梁翼缘上单排栓钉排列
S3.7.2-003

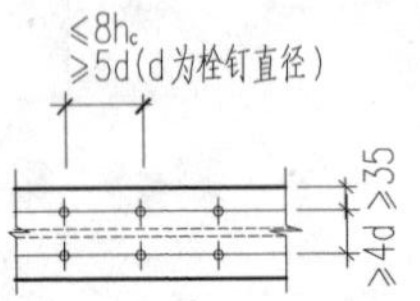

4 梁翼缘上双排栓钉排列
S3.7.2-004

说明：

1. 在组合梁中，焊于钢梁受拉翼缘的栓钉直径不得大于翼缘板厚度的1.5倍，焊于无拉力部位的栓钉直径不得大于翼缘板厚度的2.5倍。
2. 在组合梁中，栓钉一般在压型钢板端每一个凹肋处设置，其间距和边距应符合本图要求。
3. 在连续组合次梁的配筋构造图中，中间支座负弯矩区上部纵向钢筋伸过支座边缘的长度S_i应伸过反弯点，并留有足够的锚固长度和弯钩。下部纵向钢筋在支座处应连续配置，不得中断。
4. 组合梁的塑性中和轴通过钢梁截面时，钢梁翼缘和腹板的板件宽厚比不应超过相关规定的限值。
5. 组合梁负弯矩区段钢梁的受压翼缘在弯矩作用平面外的长细比不应超过相关规定的限值。

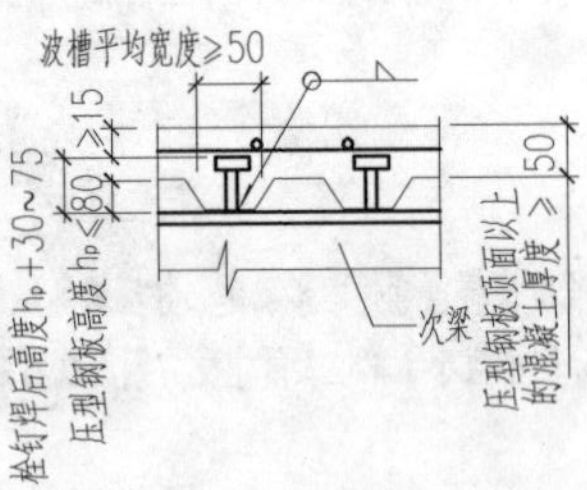

A

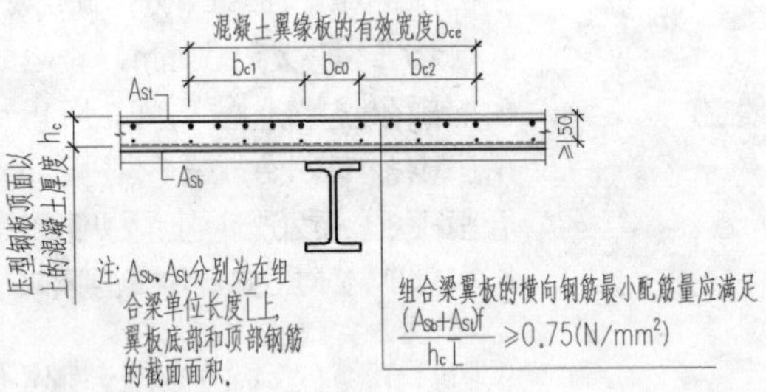

1-1

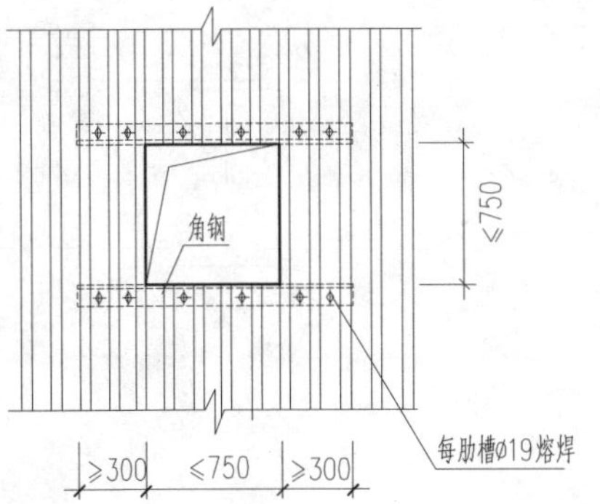

① 压型钢板开孔300~750时的加强措施
S3.7.3-001

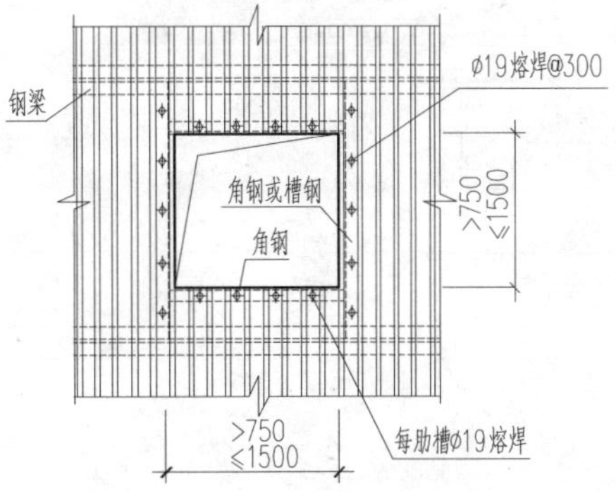

② 压型钢板开孔750~1500时的加强措施
S3.7.3-002

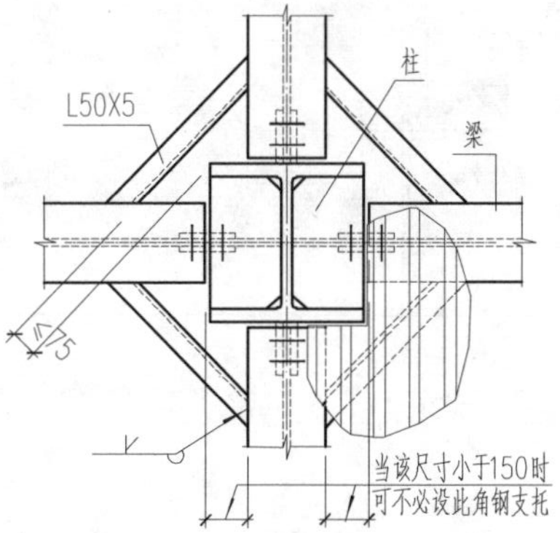

③ 柱与梁交接处的压型钢板支托
S3.7.3-003

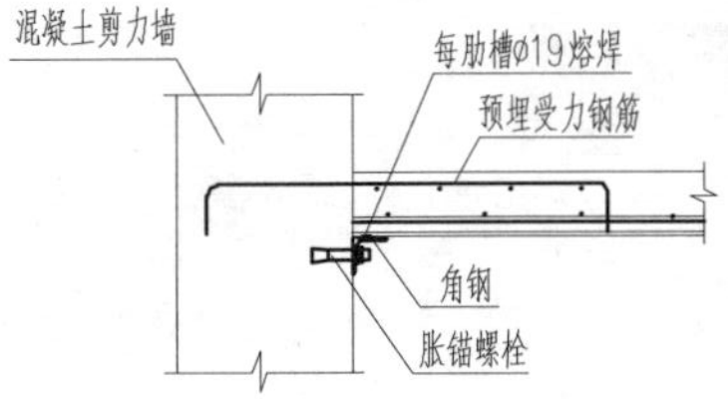

④ 楼板与剪力墙连接
S3.7.3-004

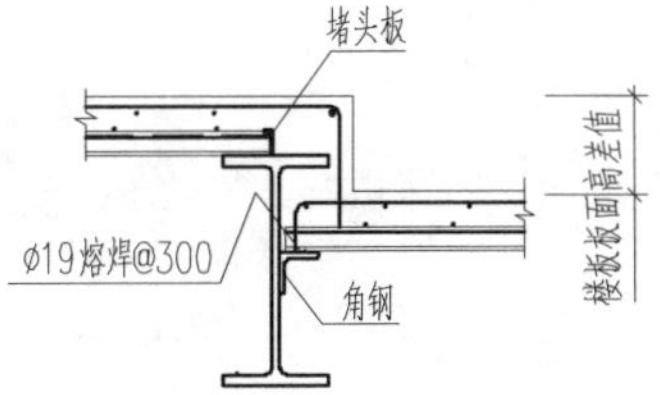

⑤ 一般楼面降低标高作法
S3.7.3-005

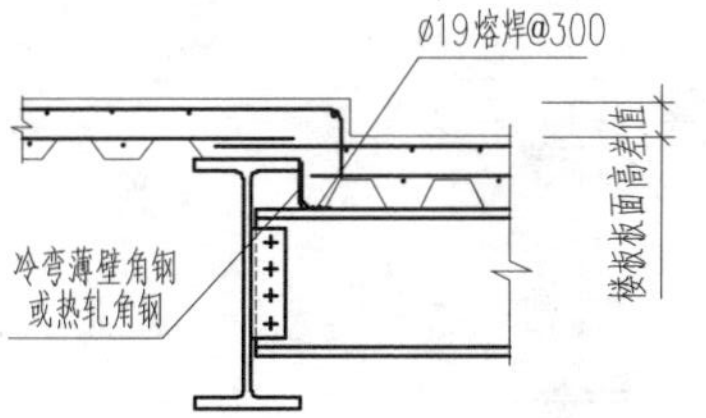

⑥ 一般楼面降低标高作法
S3.7.3-006

说明：

压型钢板的波高不宜小于50mm，洞口小于300mm者可不加强。

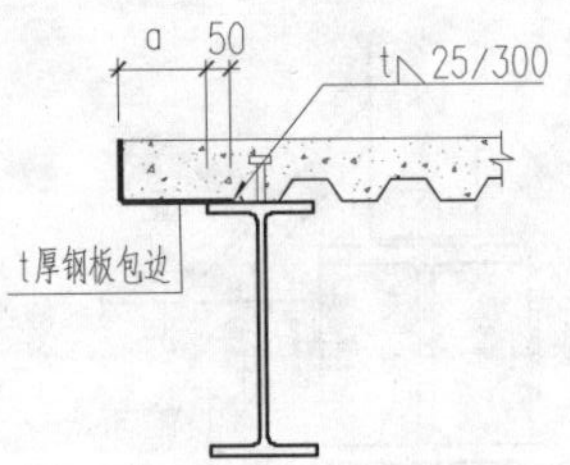

1 板肋与梁平行且悬挑较短时
S3.7.4-001

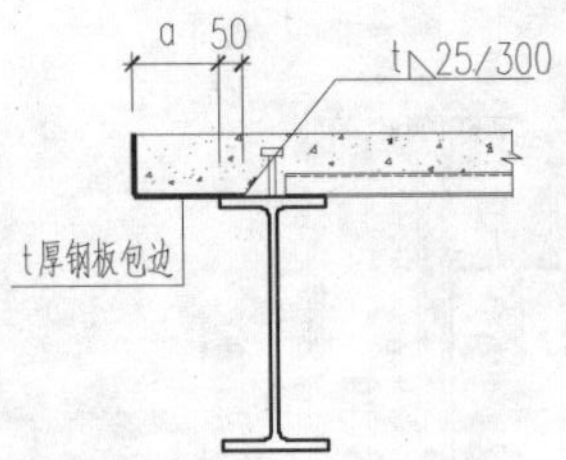

2 板肋与梁垂直且悬挑较短时
S3.7.4-002

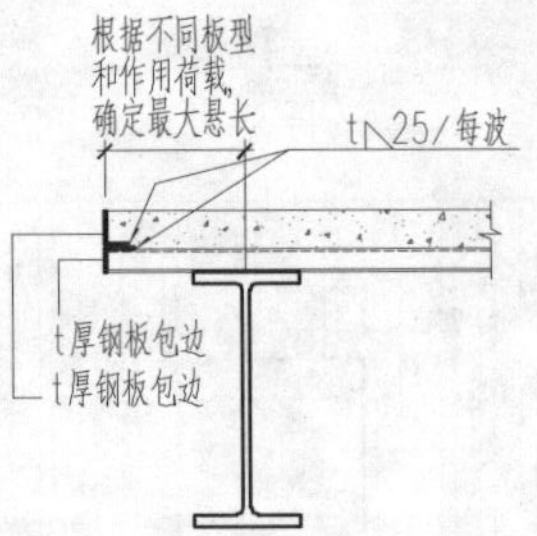

3 板肋与梁垂直且悬挑较长时
S3.7.4-003

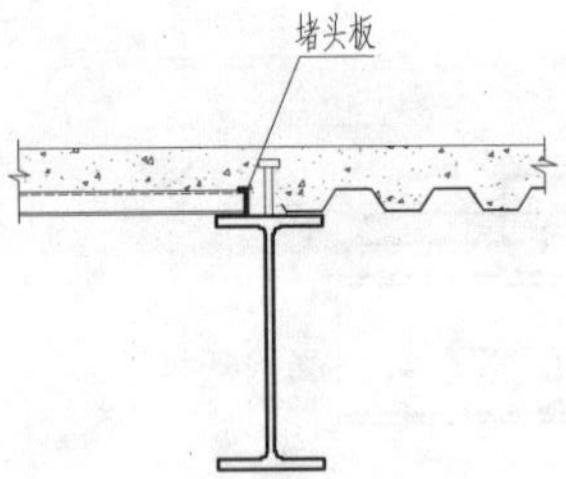

4 在同一根梁上既有板肋与梁垂直又有板肋与梁平行时
S3.7.4-004

表3.2 悬挑长度与板厚的要求

悬挑长度a(mm)	0~75	75~125	125~180	180~250
包边板厚t(mm)	1.2	1.5	2.0	2.6

说明:

1.不同悬挑长度与板厚的要求详见表3.2.

2.图中未示出混凝土板中的钢筋构造,为此本图应与相应的板配筋构造图配合使用.

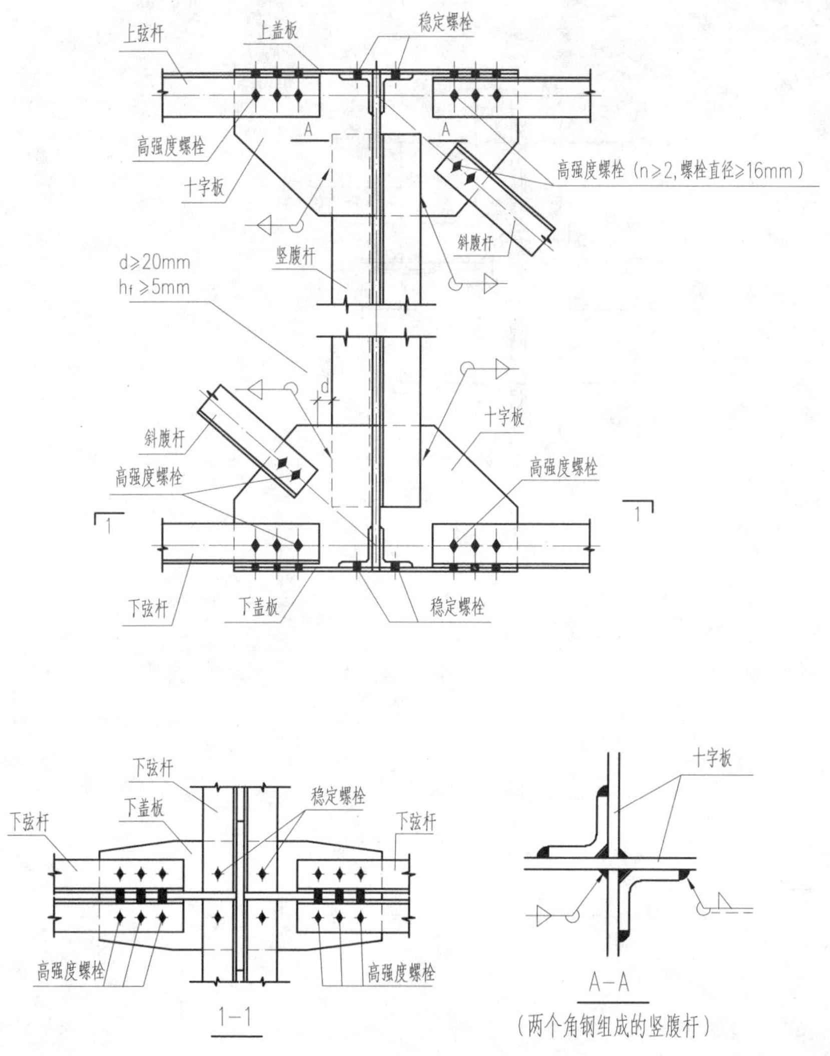

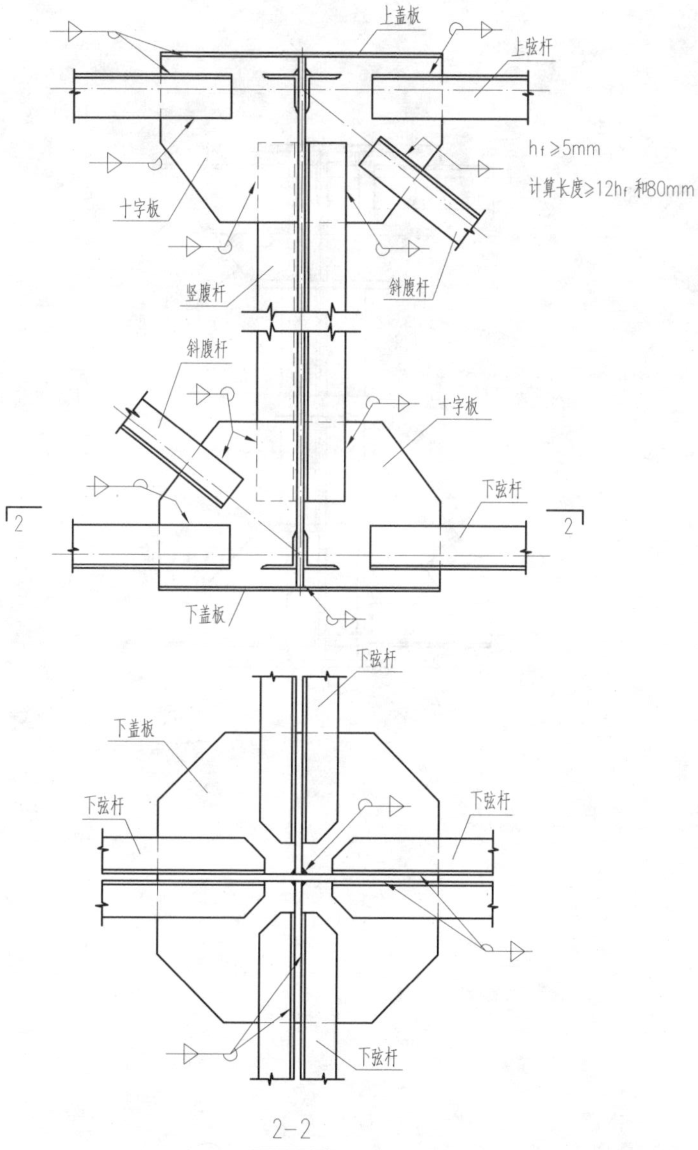

① 焊接和高强度螺栓混合连接 S4.01-001

② 全焊接连接 S4.01-002

说明：角钢网架节点适用于两向正交网架。

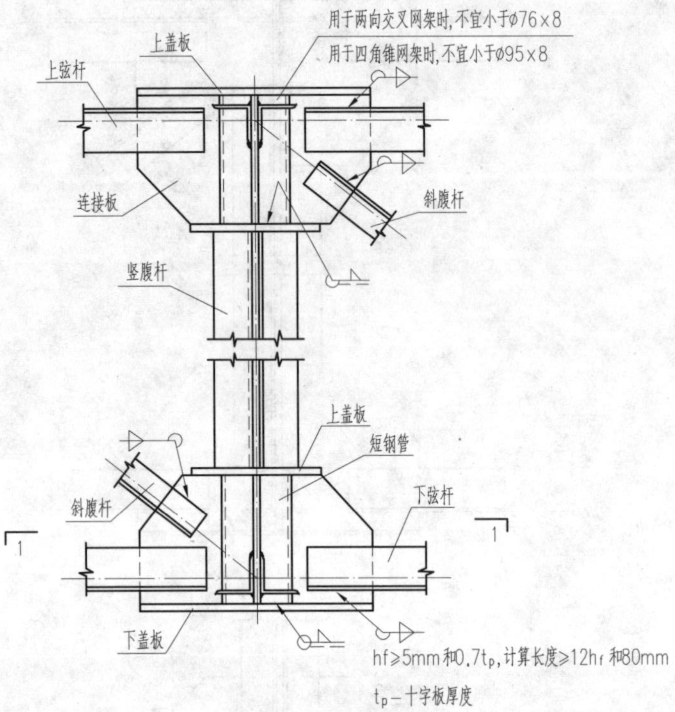

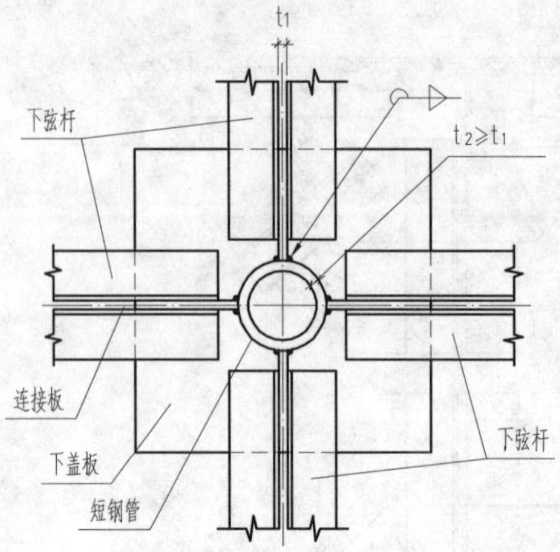

1-1

说明：角钢网架节点适用于两向正交网架。

1 管筒型板节点
S4.01-003

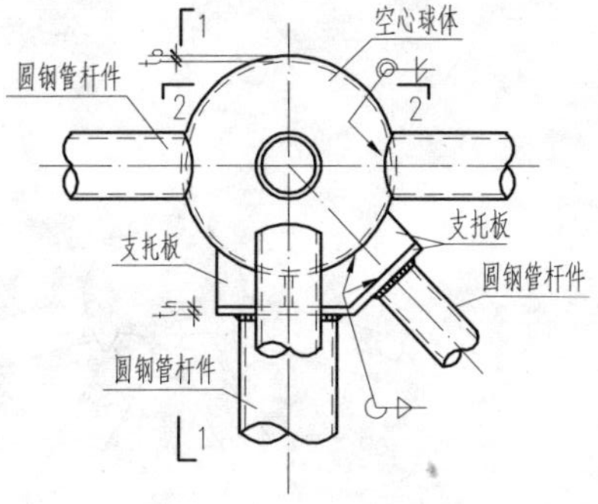

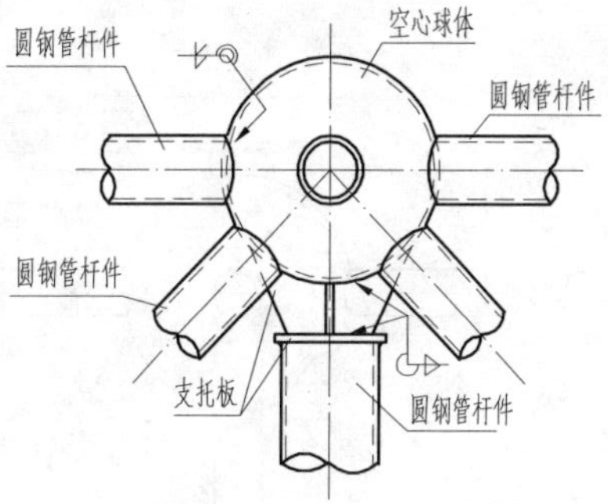

1-1

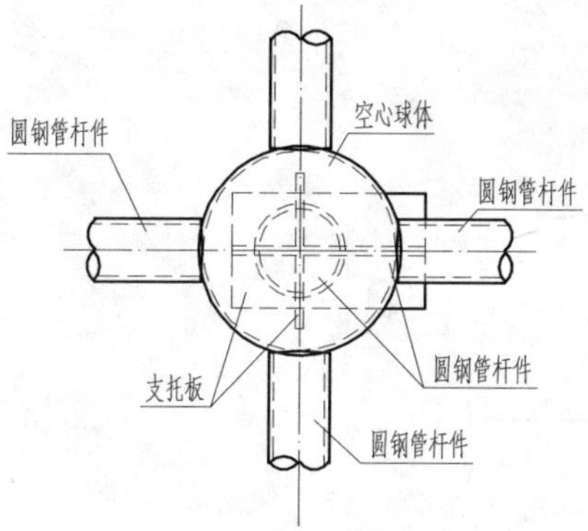

2-2

① 增设支托板的节点

S4.02.1-001

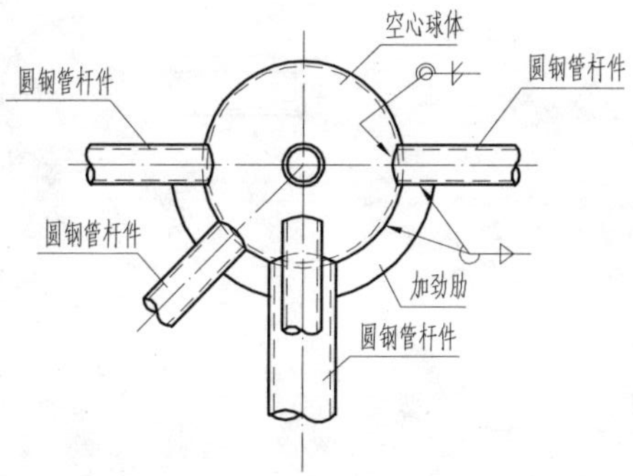

② 局部增设加劲肋的连接节点

（圆管受力较大且净距较小时）

S4.02.1-002

说明：

1、空心球最小外径按照下式计算：

$D_{min}=180\times(d_1+2a+d_2)/\pi\theta$(mm)。

2、$t_h\approx t_b+(2\sim4)$mm(公式中各符号定义参见本图各结点图)。

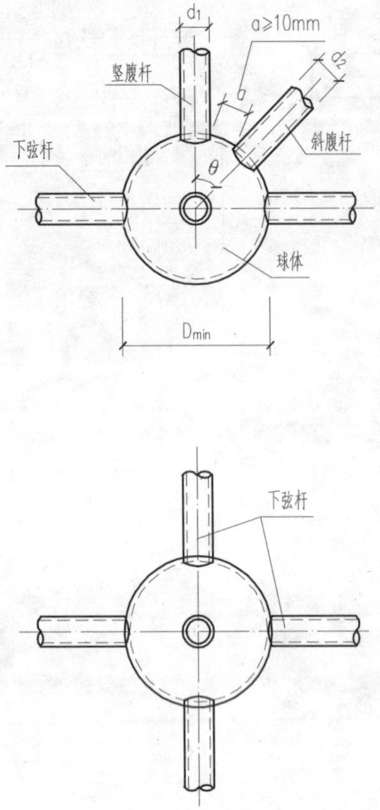

焊接空心球节点(一)

(适用于两向正交下弦节点)

S4.02.1-003

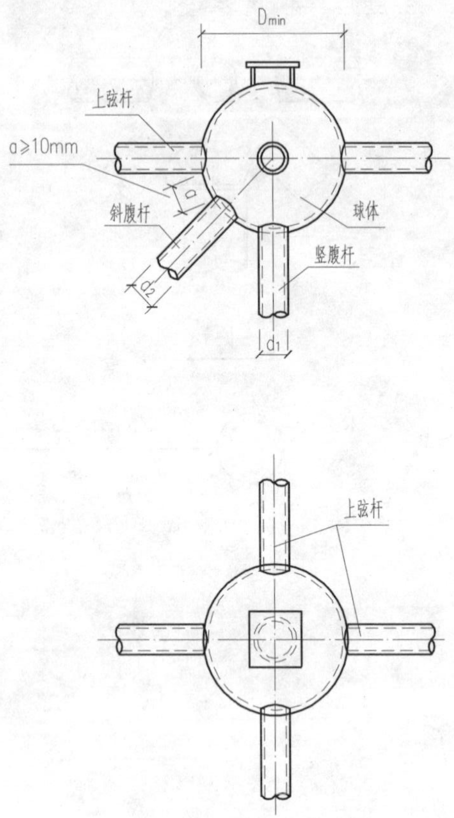

焊接空心球节点(二)

(适用于两向正交上弦节点)

S4.02.1-004

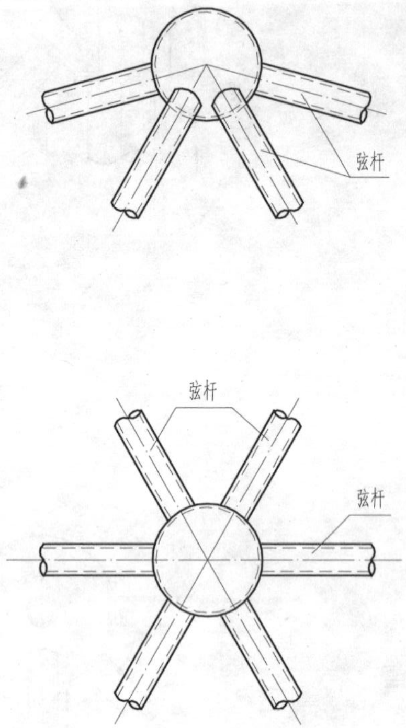

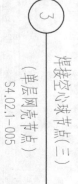

焊接空心球节点(三)

(单层网壳节点)

S4.02.1-005

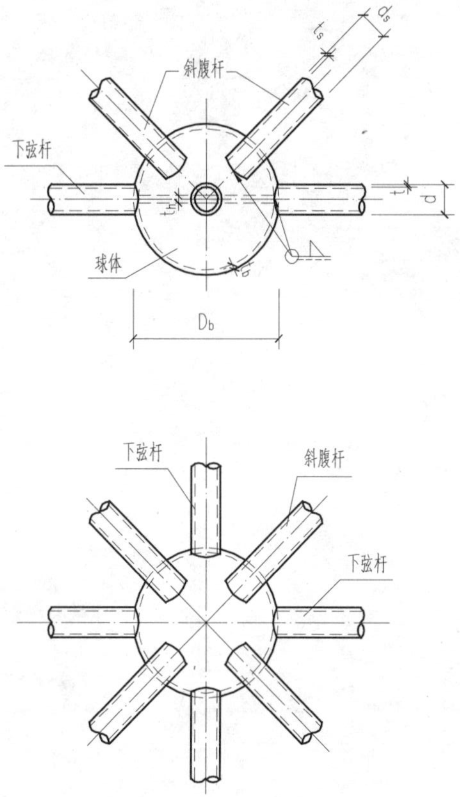

① 焊接空心球节点(四)
(适用于四角锥下弦节点)
S4.02.2-001

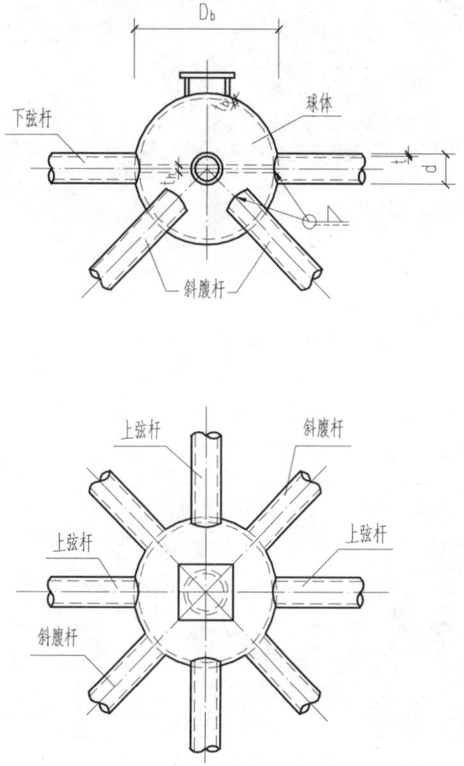

② 焊接空心球节点(五)
(适用于四角锥上弦节点)
S4.02.2-002

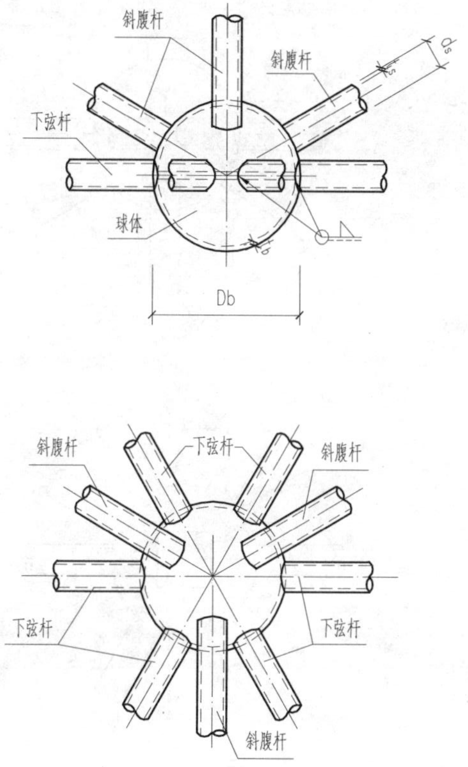

③ 焊接空心球节点(六)
(适用于三角锥下弦节点)
S4.02.2-003

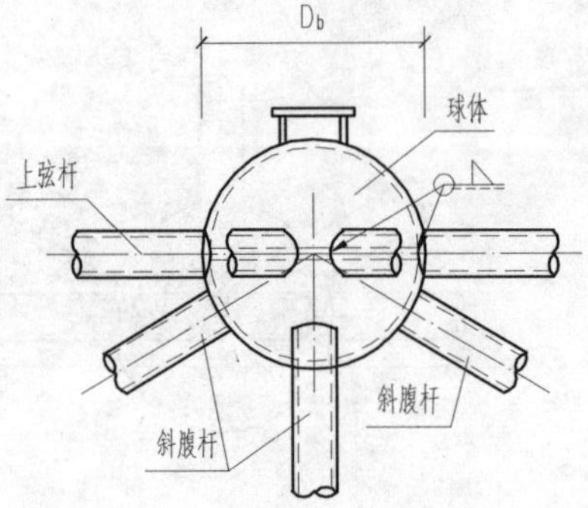

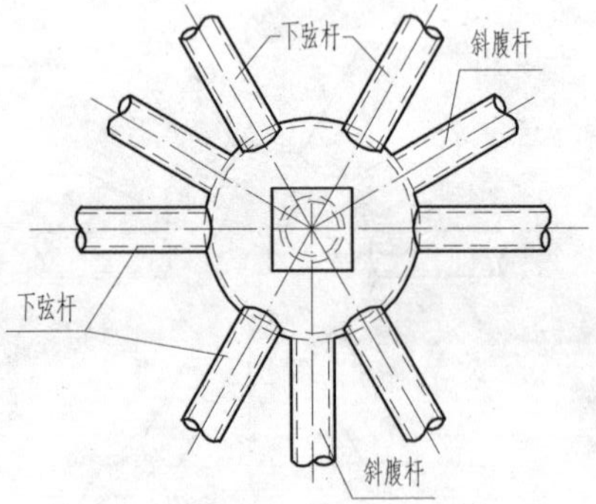

① 焊接空心球节点(七)
(适用于三角锥上弦节点)
S4.02.2-004

说明:

1. $t_b \geqslant 4mm$ 且 $t_b \approx (1/45 \sim 1/25)D_b$.

2. $t_s \approx (1/2 \sim 1/1.2)t_b$ 且 $t > t_s$.

3. 当 $D_b \geqslant 300mm$ 或 $t_b < 2t_s$, $D_b > 3d_s$ 时,应增设环形加劲肋板($t_h \geqslant t_b$)(公式中各符号定义参见本图各结点图)。

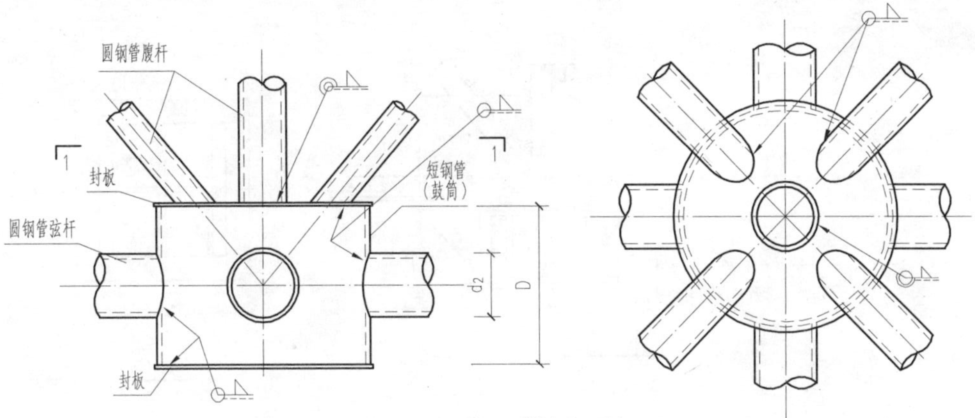

D≈(2~3)d，通常为15cm左右

1-1

① 钢管鼓筒节点
S4.03-001

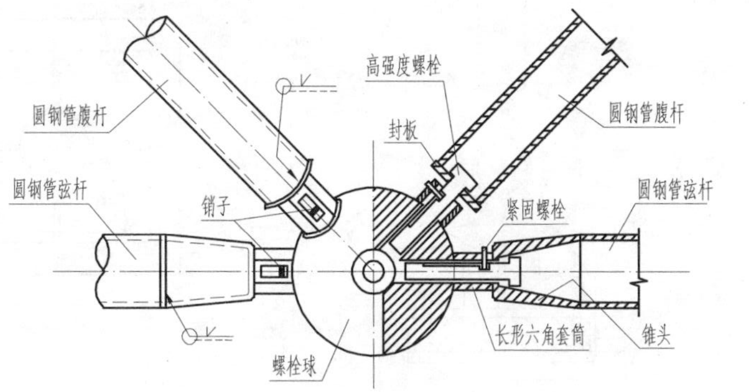

③ 螺栓球连接节点
S4.03-003

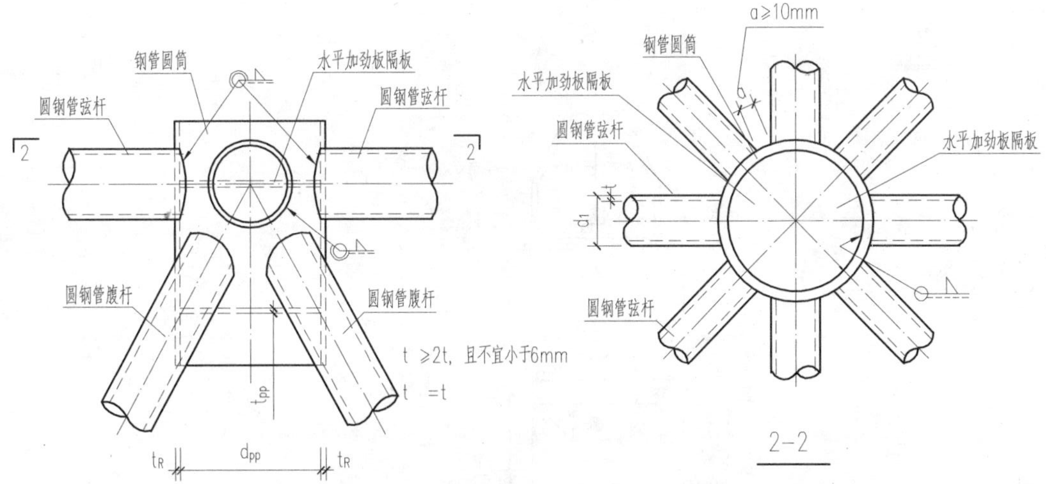

2-2

② 钢管圆筒节点
S4.03-002

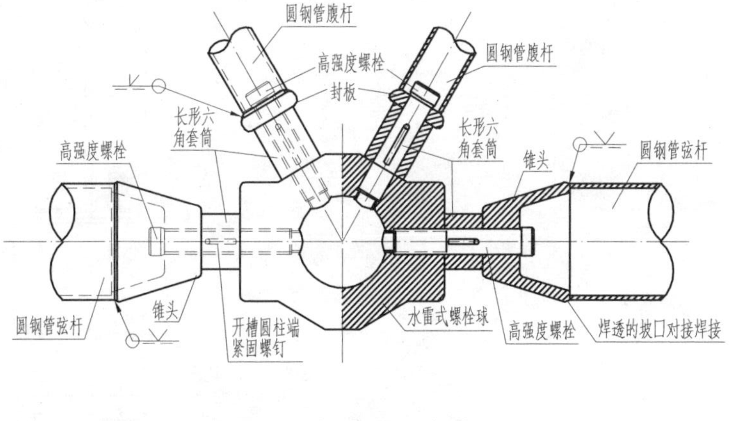

④ 水雷式螺栓球连接节点
S4.03-004

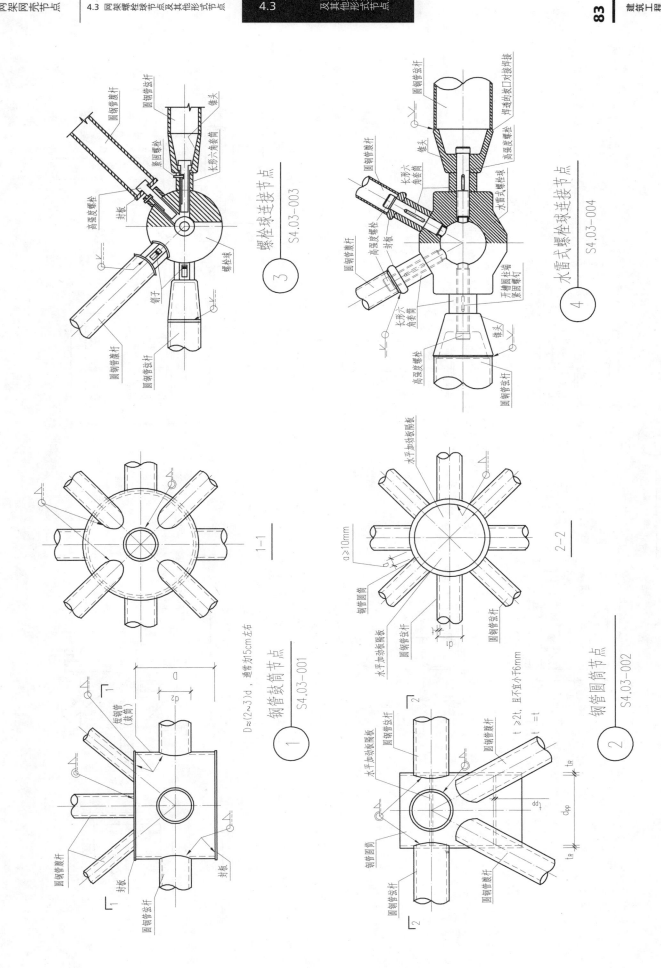

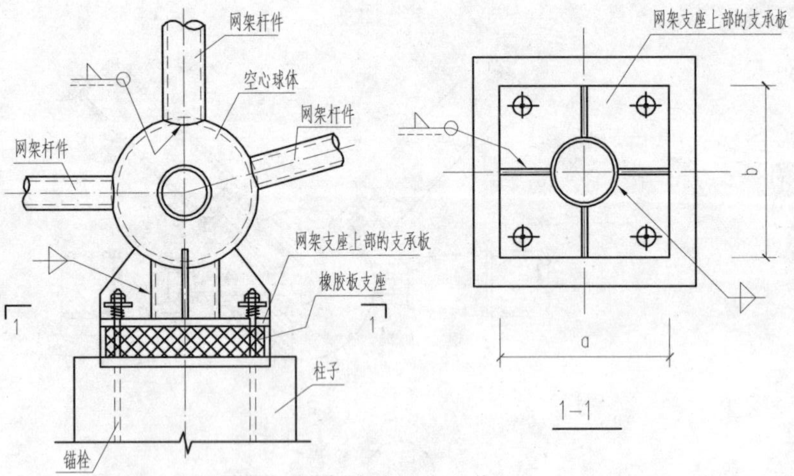

① 板式橡胶支座节点
S4.04-001

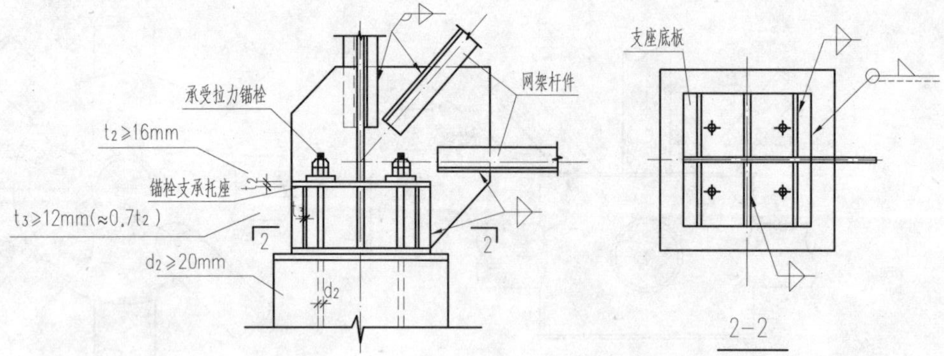

② 平板拉力支座节点
S4.04-002

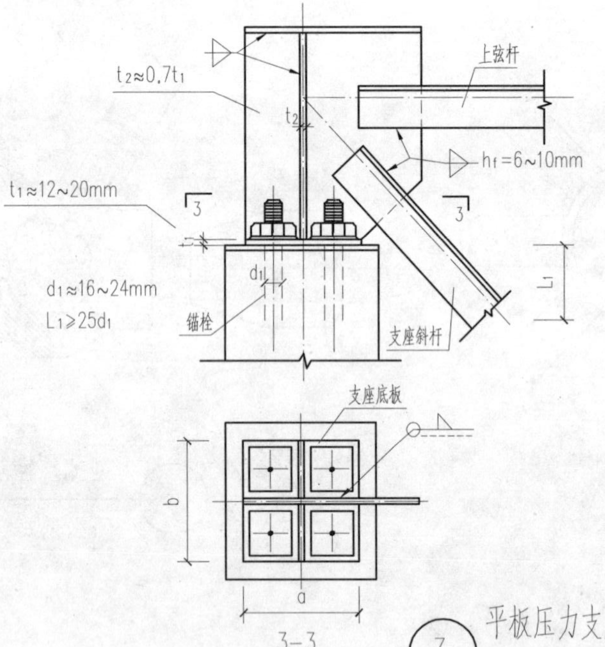

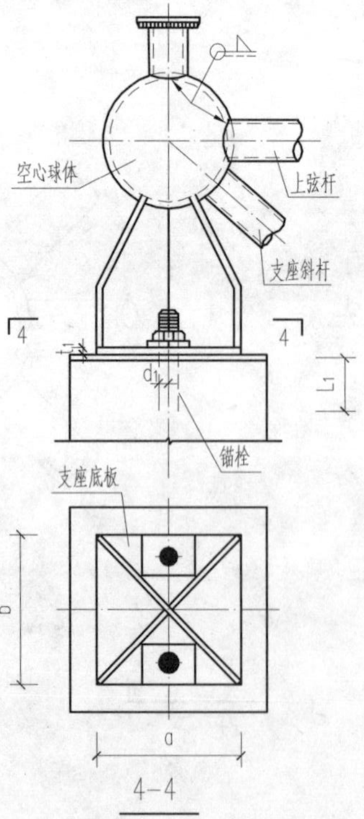

③ 平板压力支座节点
S4.04-003

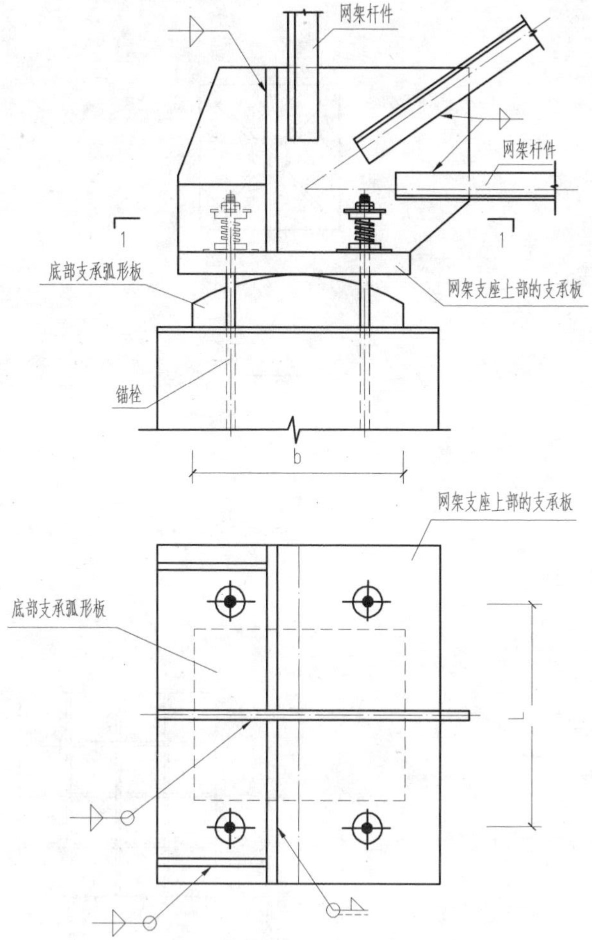

1-1

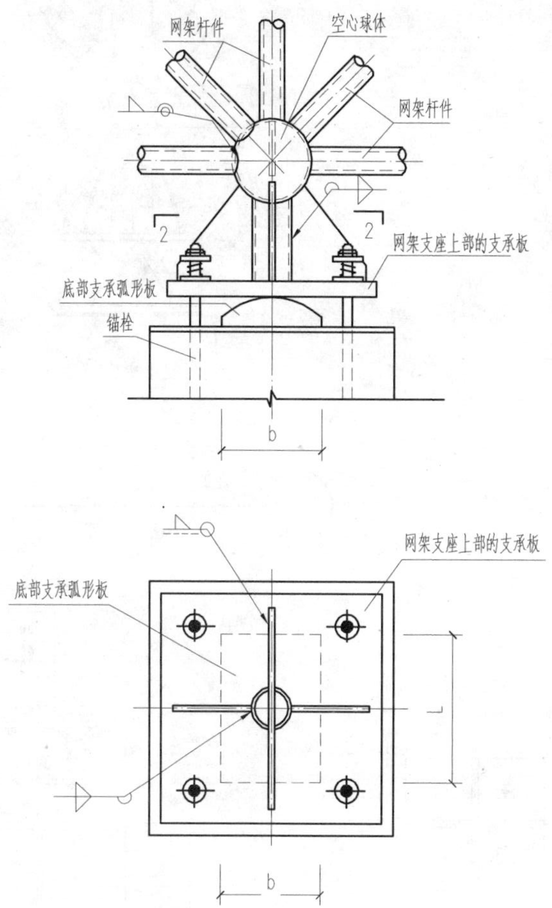

2-2

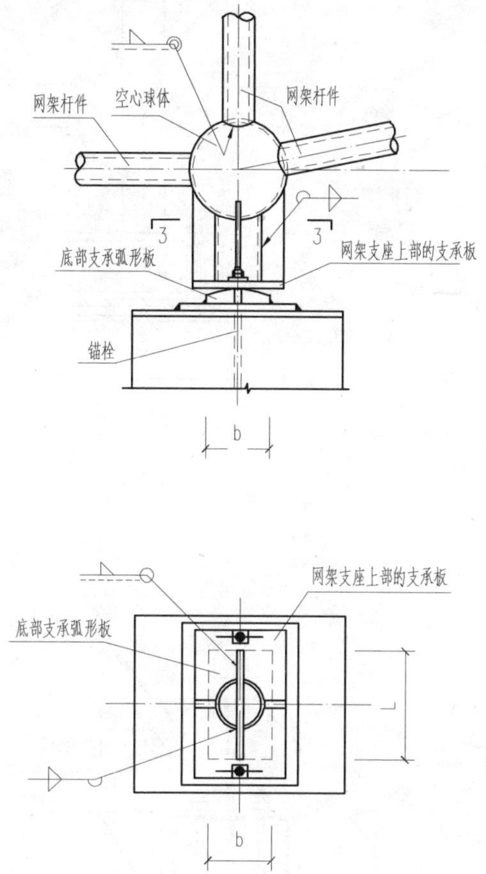

3-3

1 单面弧形压力支座节点

S4.05.1-001

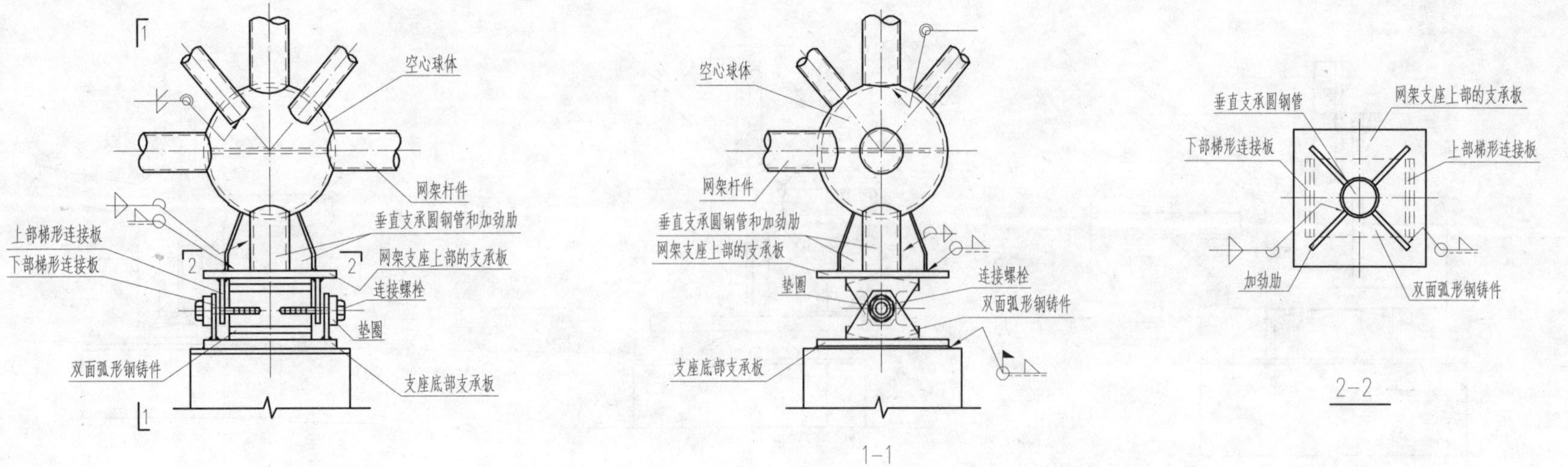

① 双面弧形压力支座节点

S4.05.1-002

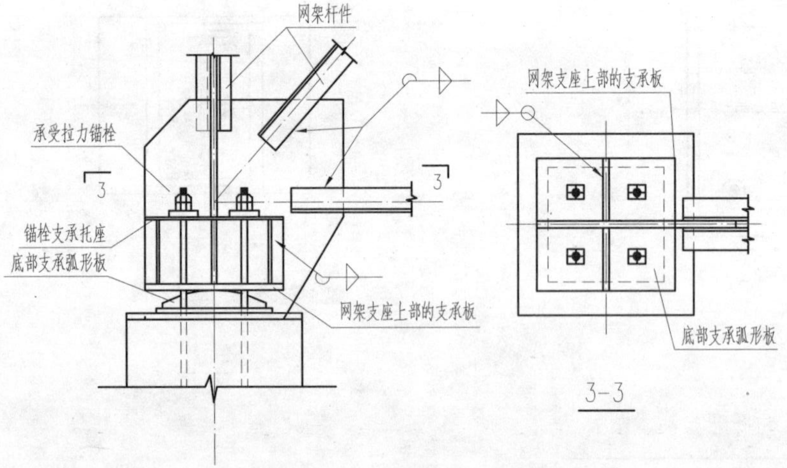

② 单面弧形拉力支座节点

S4.05.2-001

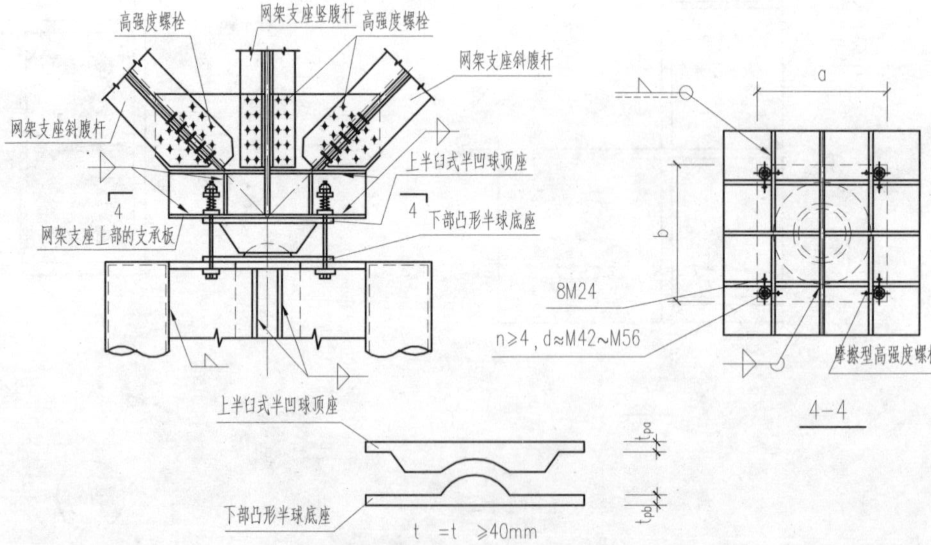

③ 球铰压力支座节点

S4.05.2-002

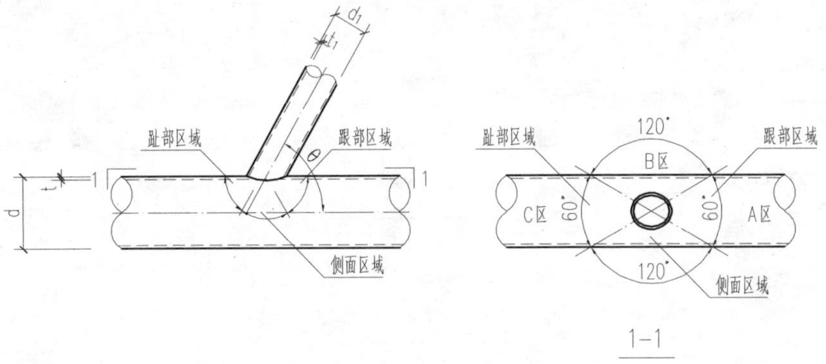

① 圆管相贯区域划分 S5.1.1-001

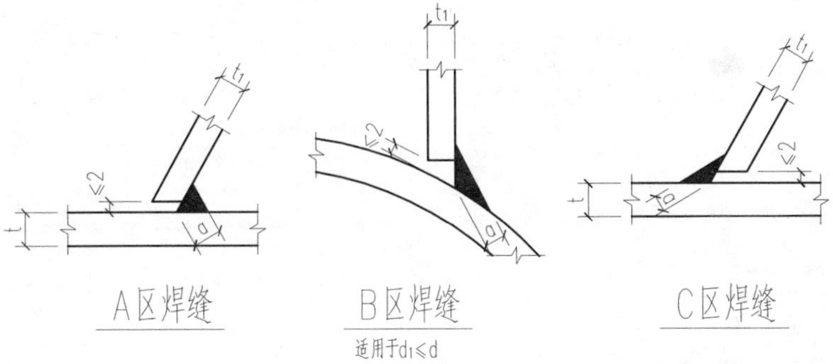

$t_1 < 8mm$

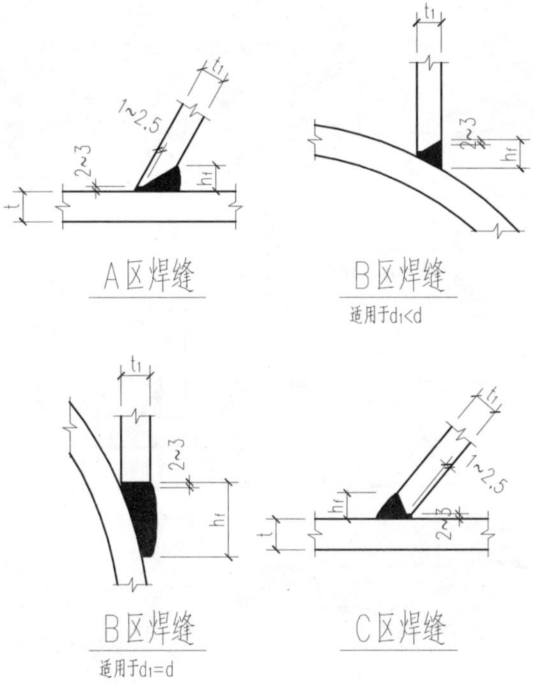

$t_1 \geq 8mm$

说明：

1. 支管与主管的连接可沿全周用角焊缝或部分采用对接焊缝、部分采用角焊缝。支管管壁与主管管壁之间的夹角大于或等于120°的区域宜用对接焊缝或带坡口的角焊缝。
2. 角焊缝的焊脚尺寸h_f不宜大于支管壁厚t_i的2倍。
3. 连接焊缝应沿全周连续焊接且平滑过渡。

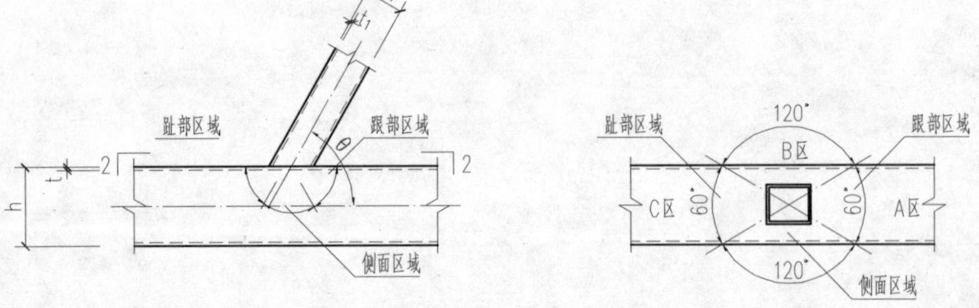

2-2

② 方管相贯区域划分
S5.1.1-002

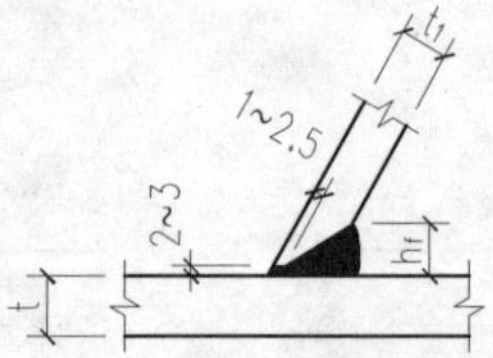

A区焊缝

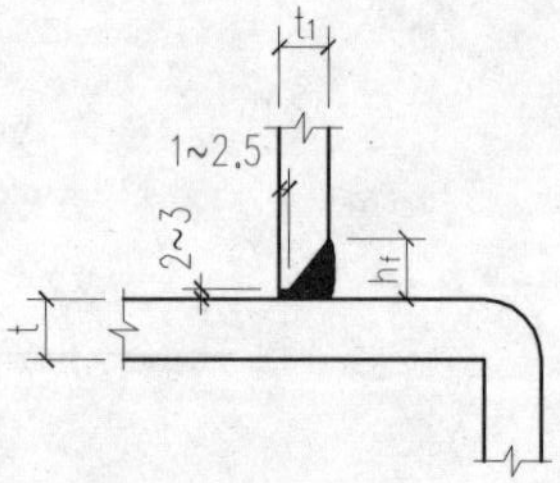

B区焊缝
适用于h1<h

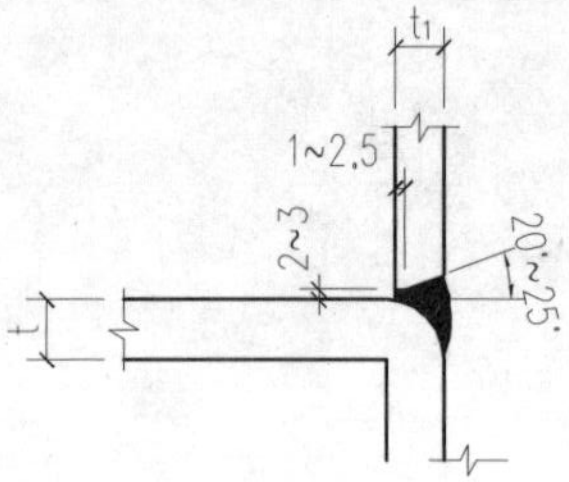

B区焊缝
适用于h1=h

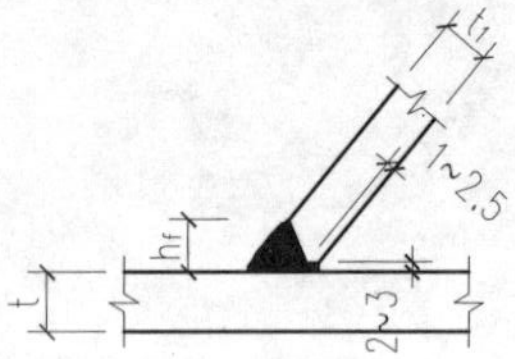

C区焊缝

t1≥8mm

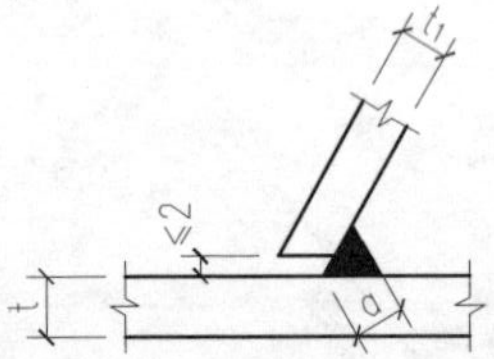

A区焊缝

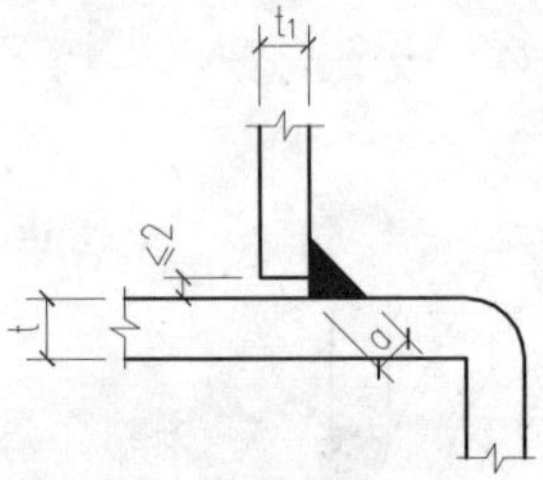

B区焊缝
适用于h1<h

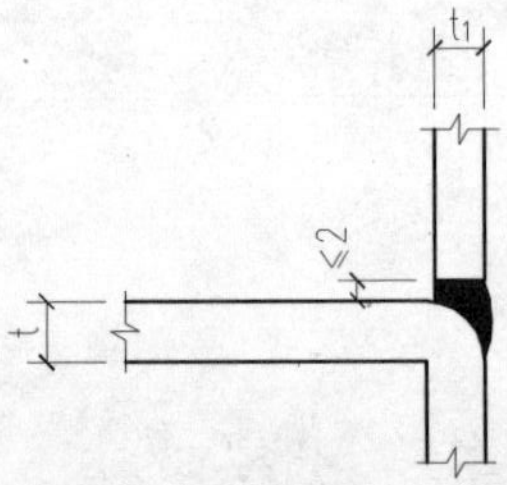

B区焊缝
适用于h1=h

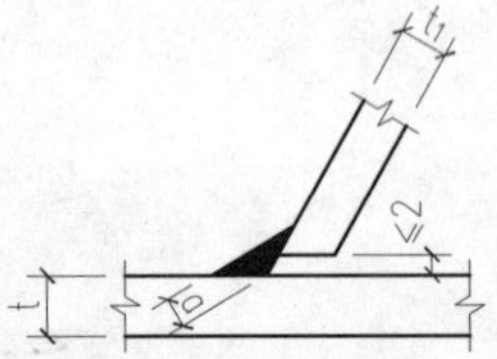

C区焊缝
适用于30°≤θ<60°

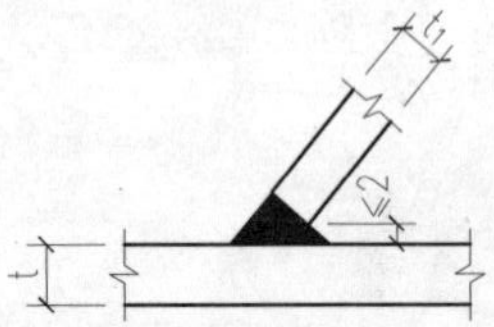

C区焊缝
适用于60°≤θ≤90°

t1<8mm

说明：

1、支管与主管的连接可沿全周用角焊缝或部分采用对接焊缝、部分采用角焊缝。
   支管管壁与主管管壁之间的夹角大于或等于120°的区域宜用对接焊缝或带坡口的角焊缝。
2、角焊缝的焊脚尺寸h_f不宜大于支管壁厚t_1的2倍。
3、连接焊缝应沿全周连续焊接且平滑过渡。

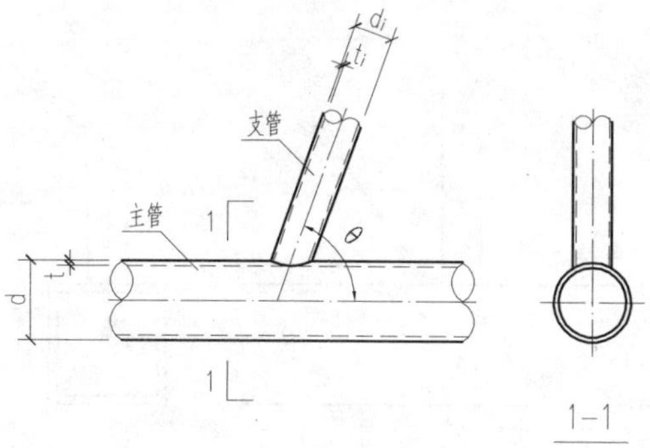

① 圆管平面T形节点 S5.1.2-001

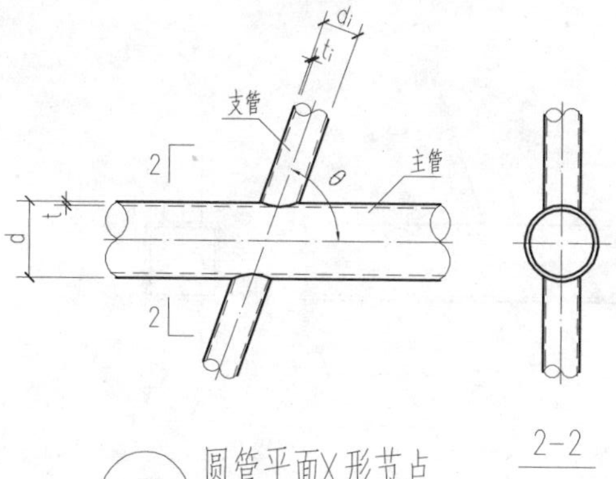

② 圆管平面X形节点 S5.1.2-002

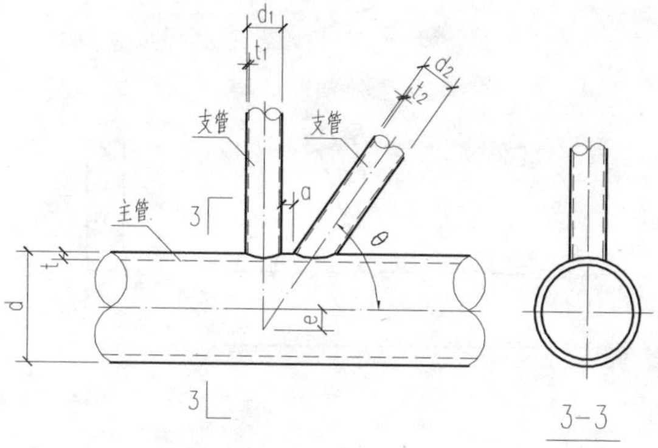

③ 圆管无搭接平面N形节点 S5.1.2-003

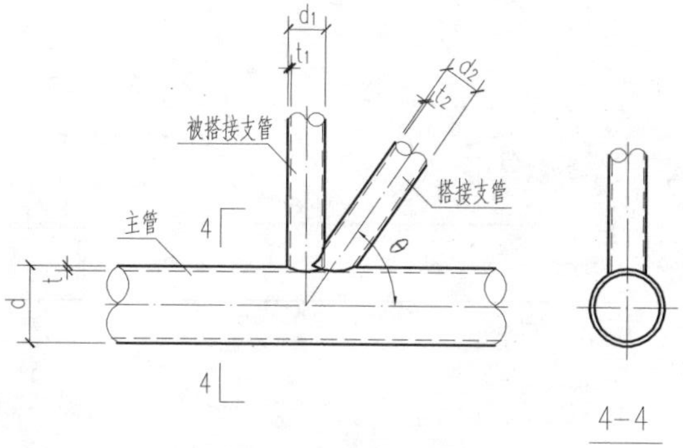

④ 圆管有搭接平面N形节点 S5.1.2-004

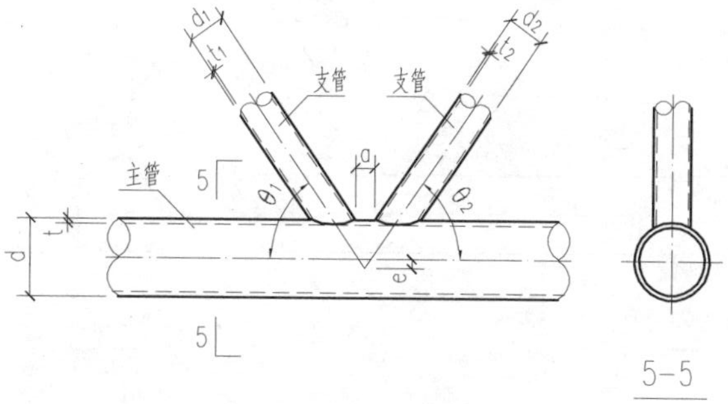

⑤ 圆管无搭接平面K形节点 S5.1.2-005

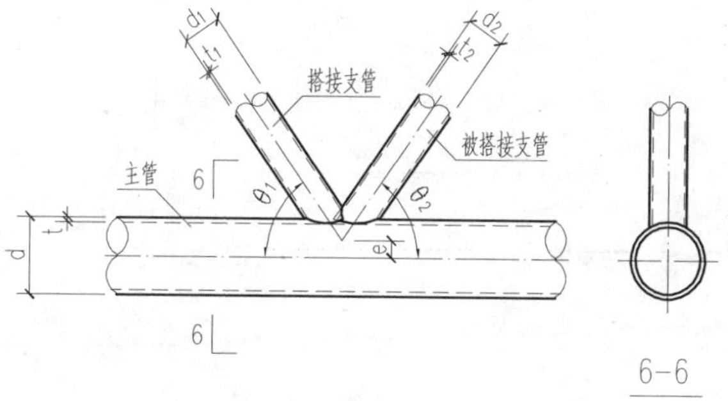

⑥ 圆管有搭接平面K形节点 S5.1.2-006

说明:

1. 主管外部尺寸不应小于支管的外部尺寸，主管与支管轴线的夹角不得小于30°。
2. 主管与支管连接节点处，除搭接型节点外，应尽可能避免偏心。向上偏心记为$e<0$，向下偏心记为$e>0$，取值范围为$-0.55\leq e/d$(或e/h)≤ 0.25。
3. 在有间隙的K形或N形节点中，支管间距a应不小于两支管壁厚之和。在搭接的K形或N形节点中，搭接率$25\%\leq O_v\leq 100\%$。
4. 在搭接节点中，当支管厚度不同时，薄壁管应搭在厚壁管上；当支管钢材强度等级不同时，低强度管应搭在高强度管上。

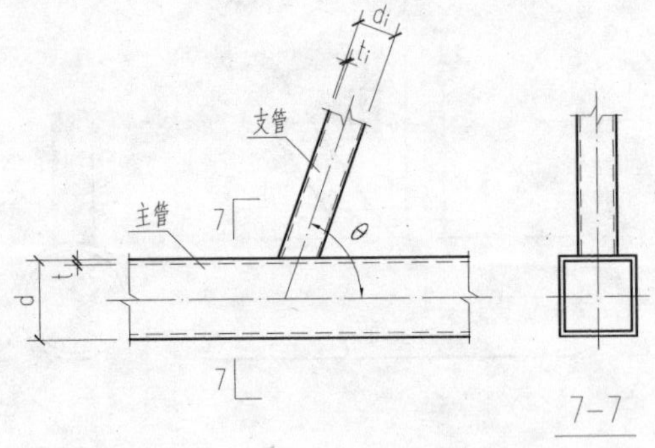

⑦ 方管平面T形节点
S5.1.2-007

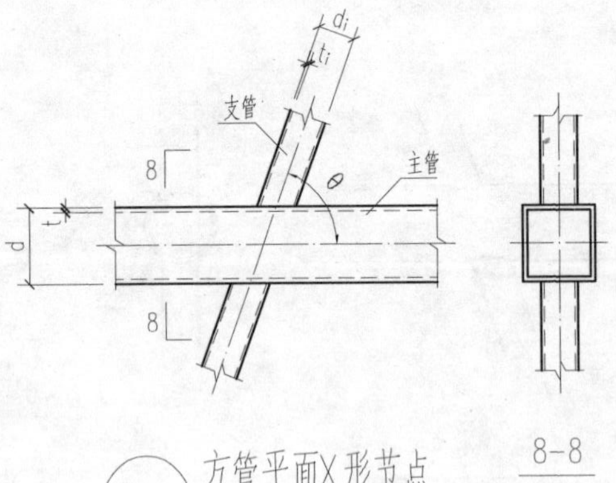

⑧ 方管平面X形节点
S5.1.2-008

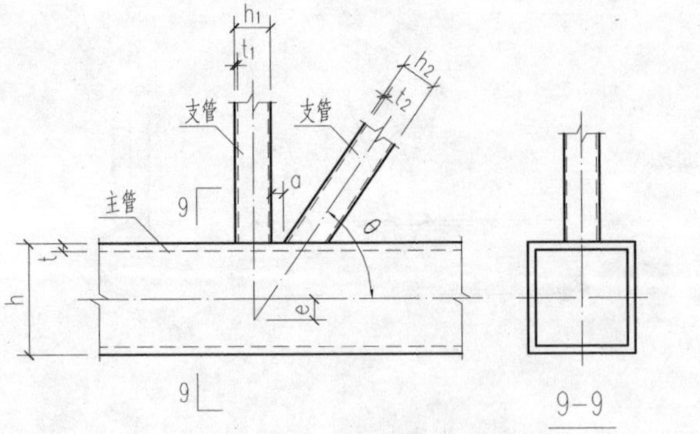

⑨ 方管无搭接平面N形节点
S5.1.2-009

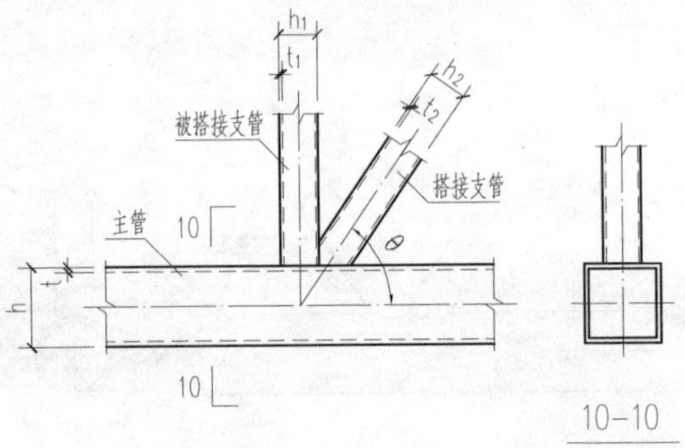

⑩ 方管有搭接平面N形节点
S5.1.2-010

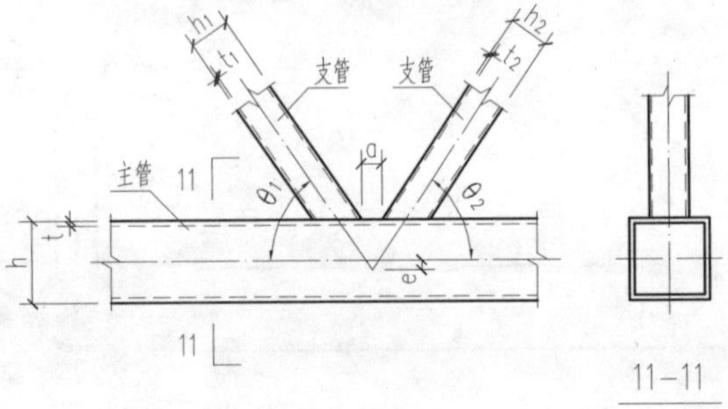

⑪ 方管无搭接平面K形节点
S5.1.2-011

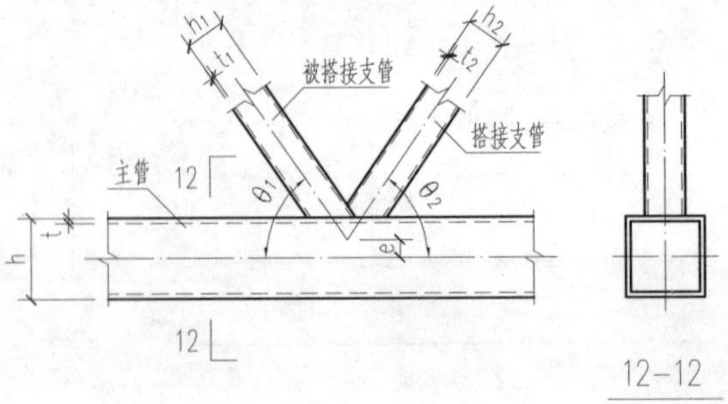

⑫ 方管有搭接平面K形节点
规定向上偏心记为$e<0$
S5.1.2-012

说明：

1. 主管外部尺寸不应小于支管的外部尺寸，主管与支管轴线的夹角不得小于30°。
2. 主管与支管连接节点处，除搭接型节点外，应尽可能避免偏心。向上偏心记为$e<0$，向下偏心记为$e>0$，取值范围为$-0.55\leqslant e/d$(或e/h)$\leqslant 0.25$。
3. 在有间隙的K形或N形节点中，支管间距a应不小于两支管壁厚之和。在搭接的K形或N形节点中，搭接率$25\%\leqslant O_v\leqslant 100\%$。
4. 在搭接节点中，当支管厚度不同时，薄壁管应搭在厚壁管上；当支管钢材强度等级不同时，低强度管应搭在高强度管上。

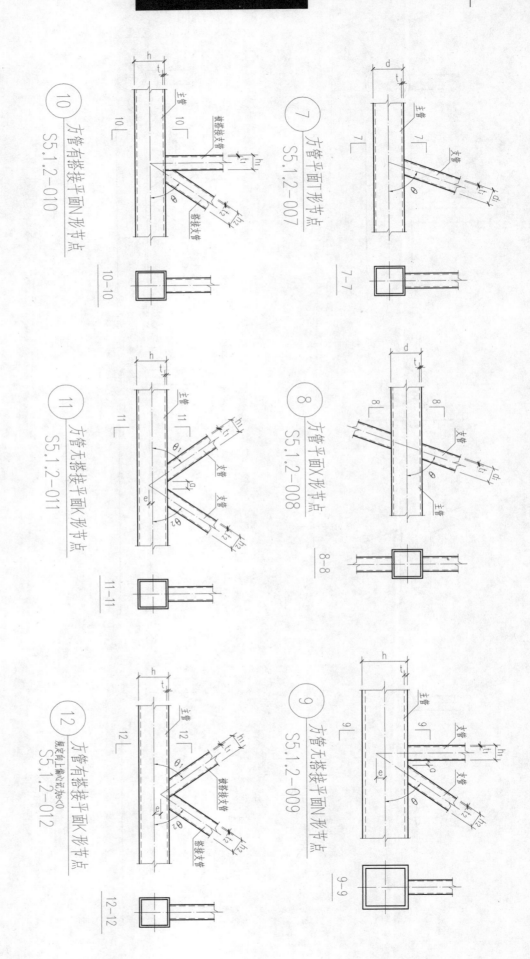

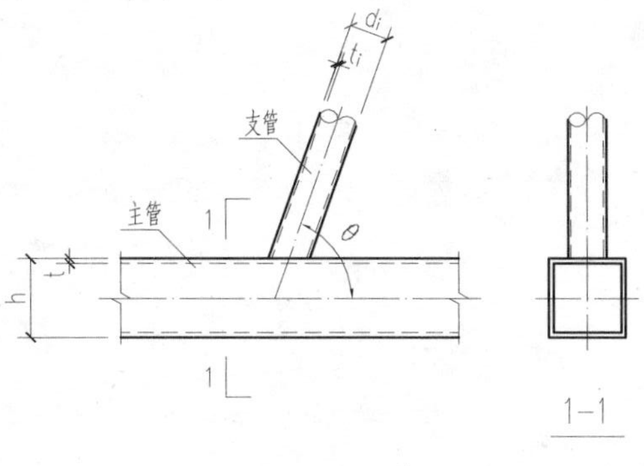

1 平面T形节点
S5.1.2-013

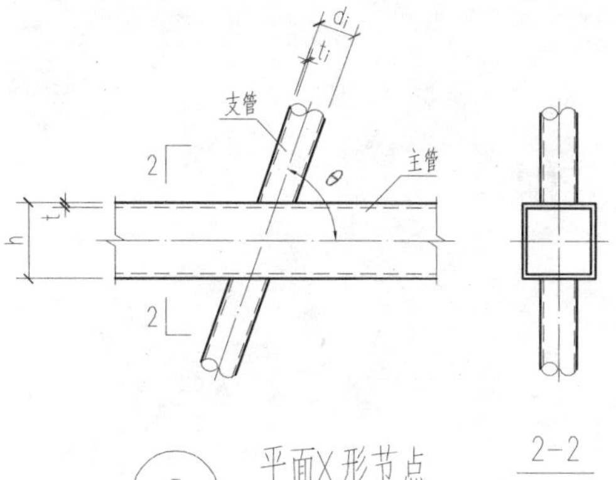

2 平面X形节点
S5.1.2-014

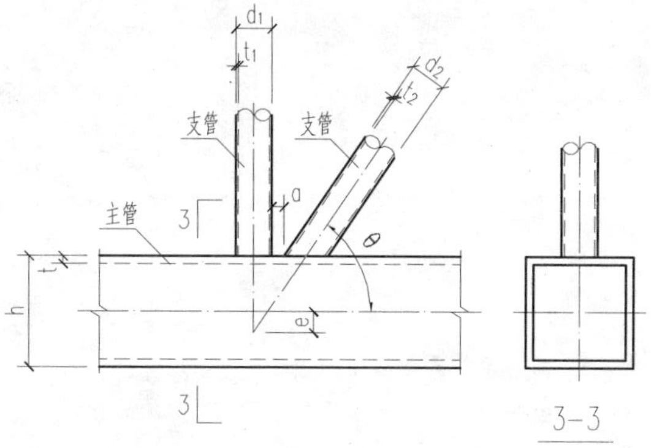

3 无搭接平面N形节点
S5.1.2-015

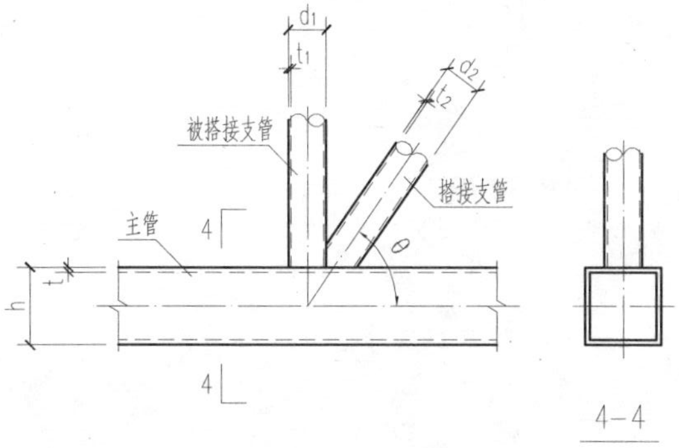

4 有搭接平面N形节点
S5.1.2-016

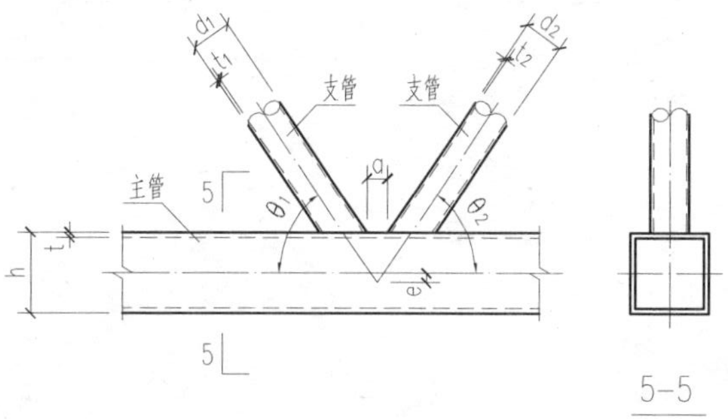

5 无搭接平面K形节点
S5.1.2-017

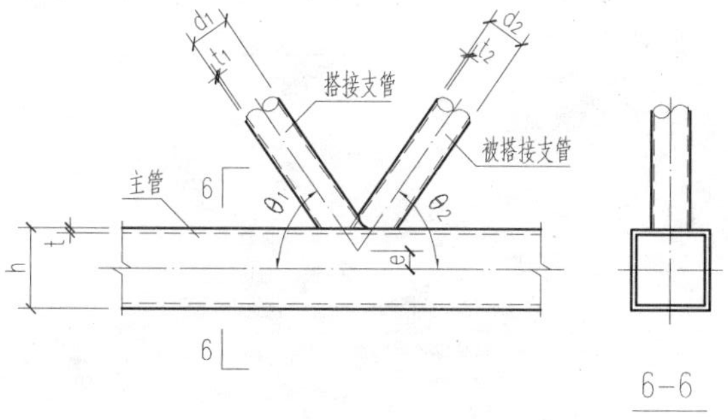

6 有搭接平面K形节点
S5.1.2-018

说明：

1. 主管外部尺寸不应小于支管的外部尺寸，主管与支管轴线的夹角不得小于30°。
2. 主管与支管连接节点处，除搭接型节点外，应尽可能避免偏心。向上偏心记为$e<0$，向下偏心记为$e>0$，取值范围为$-0.55\leqslant e/d$(或e/h)$\leqslant 0.25$。
3. 在有间隙的K形或N形节点中，支管间距a应不小于两支管壁厚之和。在搭接的K形或N形节点中，搭接率$25\%\leqslant O_v\leqslant 100\%$。
4. 在搭接节点中，当支管厚度不同时，薄壁管应搭在厚壁管上；当支管钢材强度等级不同时，低强度管应搭在高强度管上。

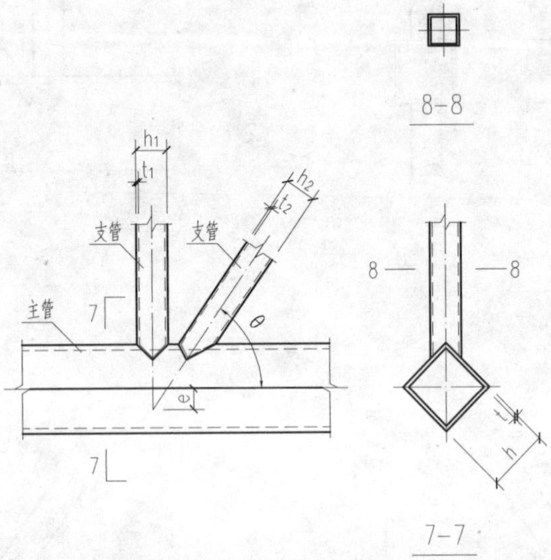

⑦ 平面“鸟嘴”形节点(一)
S5.1.2-019

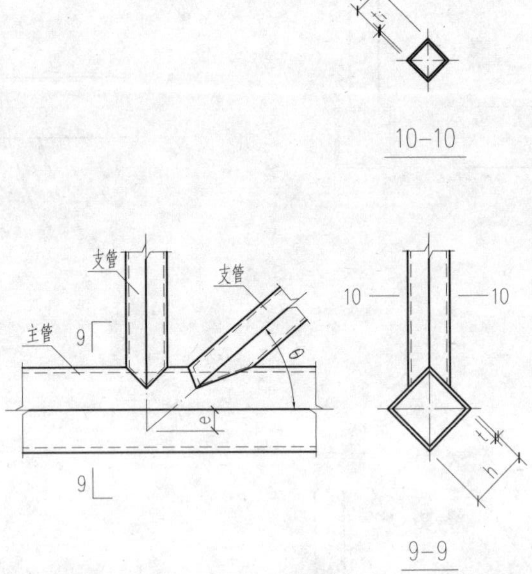

⑧ 平面“鸟嘴”形节点(二)
S5.1.2-020

说明:

1、主管外部尺寸不应小于支管的外部尺寸，主管与支管轴线的夹角不得小于30°。

2、主管与支管连接节点处，除搭接型节点外，应尽可能避免偏心。向上偏心记为e<0，向下偏心记为e>0，取值范围为-0.55≤e/d(或e/h)≤0.25。

3、在有间隙的K形或N形节点中，支管间距a应不小于两支管壁厚之和。在搭接的K形或N形节点中，搭接率25%≤Ov≤100%。

4、在搭接节点中，当支管厚度不同时，薄壁管应搭在厚壁管上；当支管钢材强度等级不同时，低强度管应搭在高强度管上。

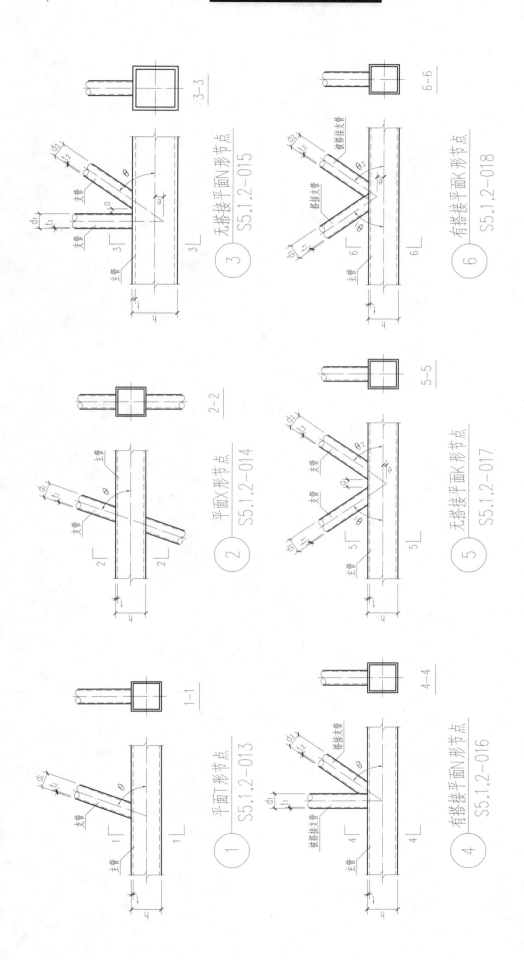

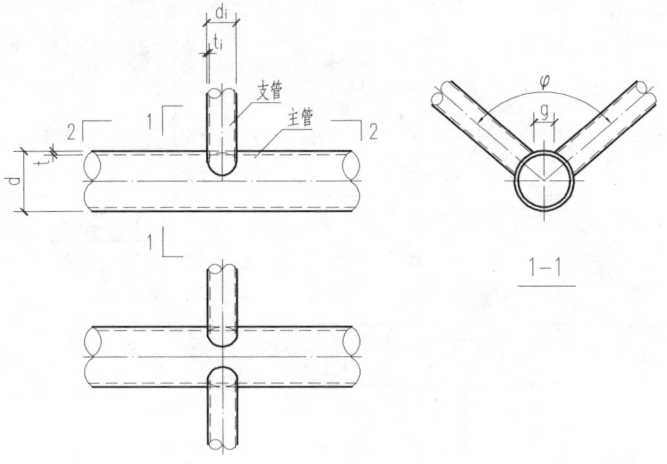

空间TT形节点 S5.1.3-001

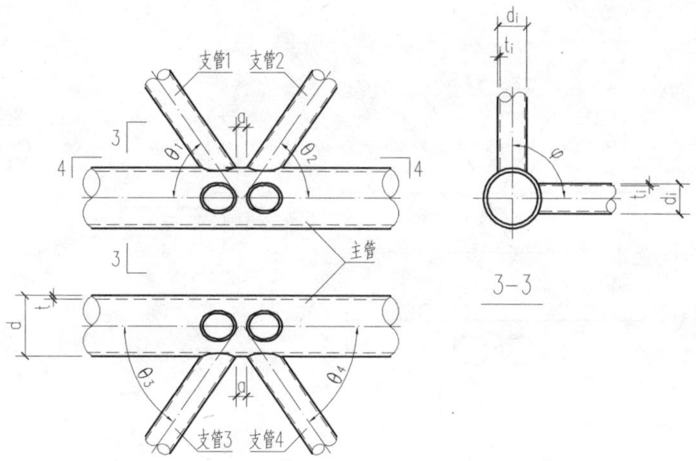

无搭接空间KK形节点 S5.1.3-002

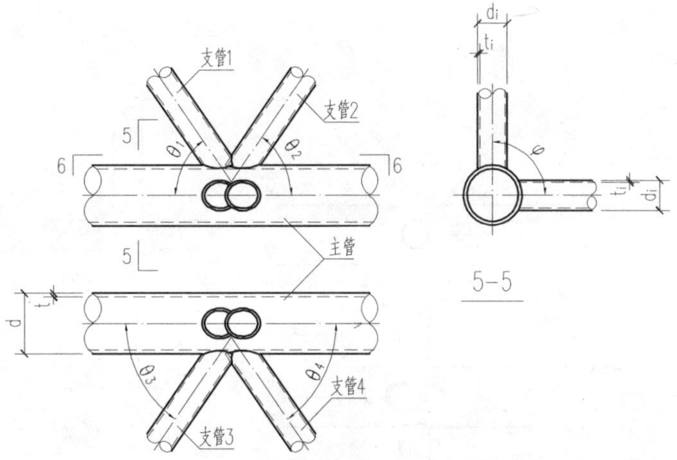

有搭接空间KK形节点 S5.1.3-003

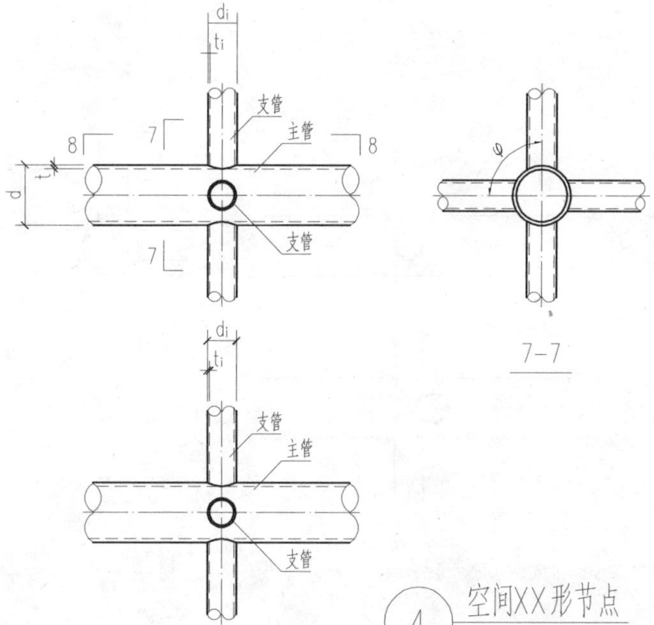

空间XX形节点 S5.1.3-004

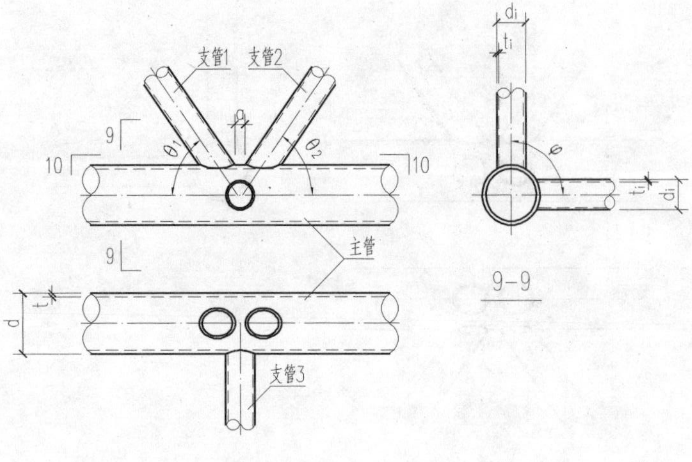

10-10

⑤ 无搭接空间KT形节点
S5.1.3-005

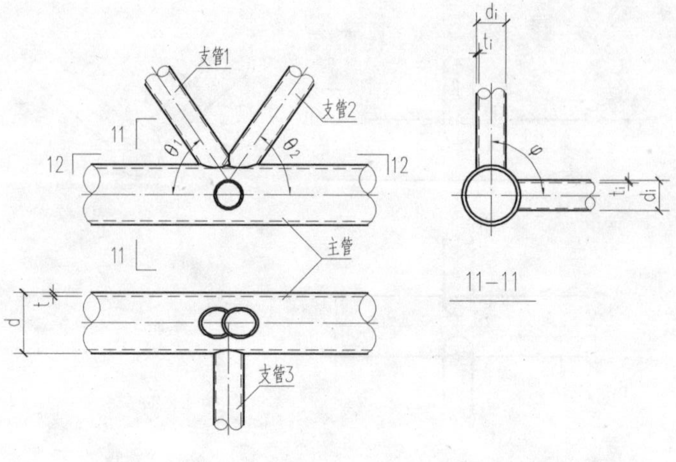

12-12

⑥ 有搭接空间KT形节点
S5.1.3-006

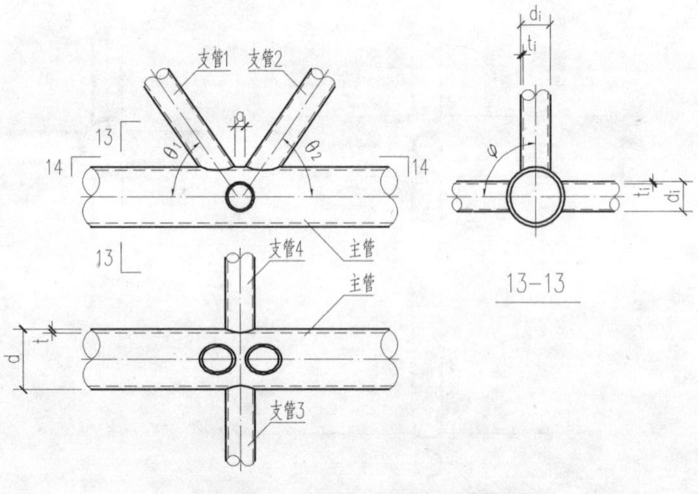

14-14

⑦ 无搭接空间KX形节点
S5.1.3-007

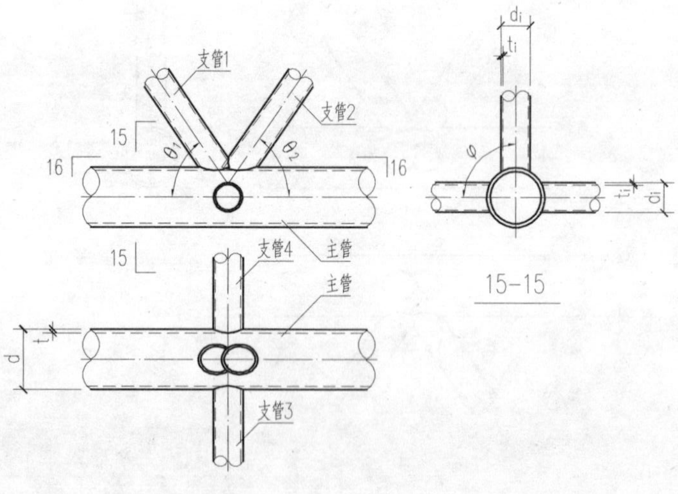

16-16

⑧ 有搭接空间KX形节点
S5.1.3-008

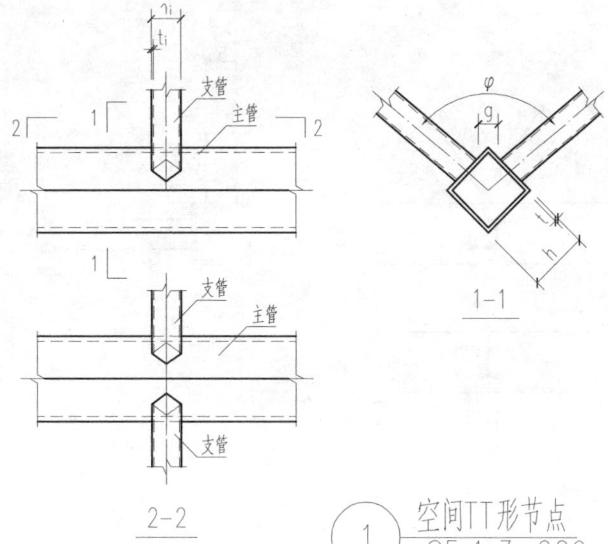

① 空间TT形节点
S5.1.3-009

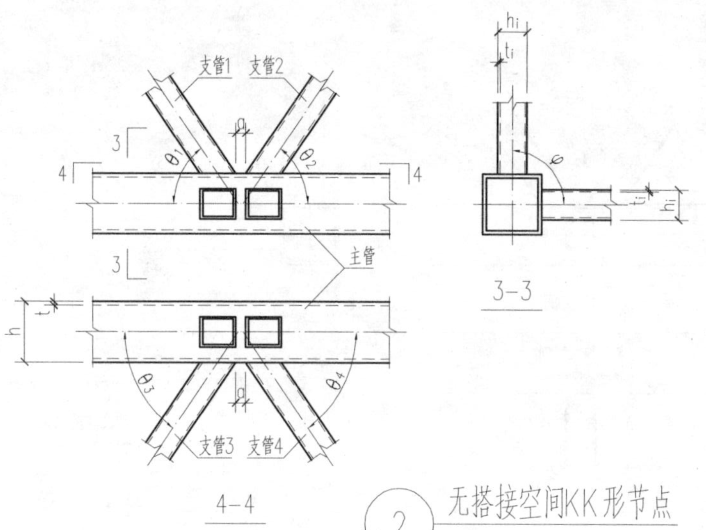

② 无搭接空间KK形节点
S5.1.3-010

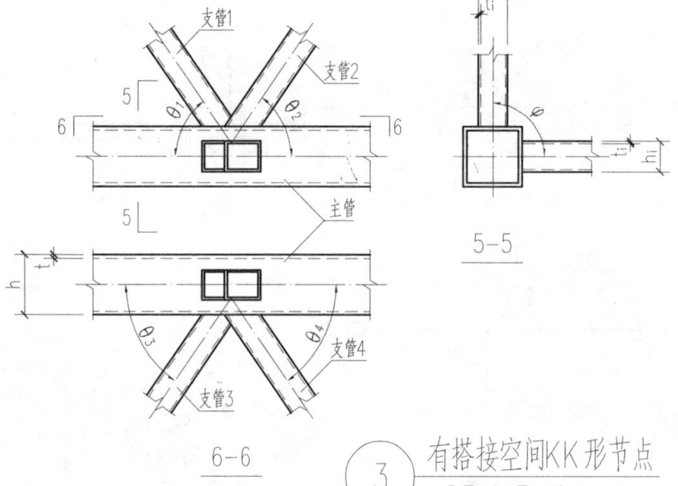

③ 有搭接空间KK形节点
S5.1.3-011

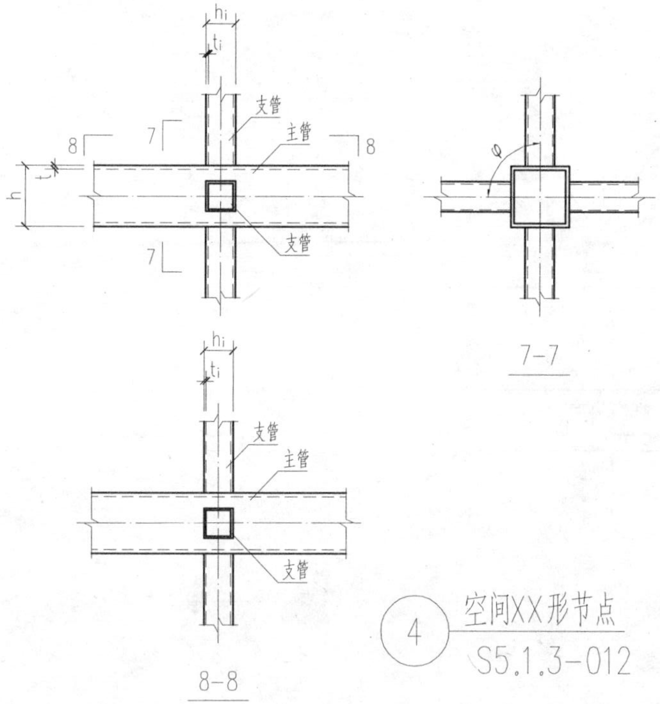

④ 空间XX形节点
S5.1.3-012

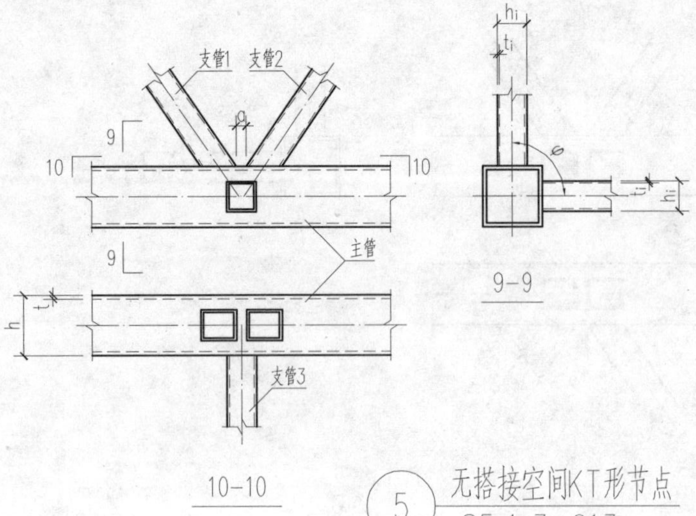

5 无搭接空间KT形节点 S5.1.3-013

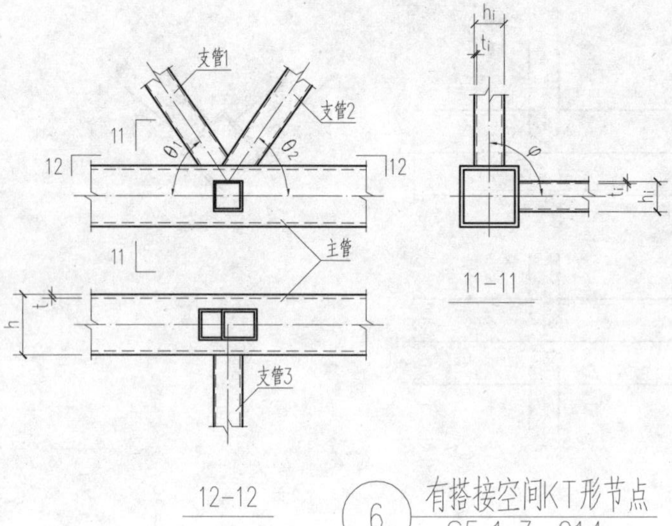

6 有搭接空间KT形节点 S5.1.3-014

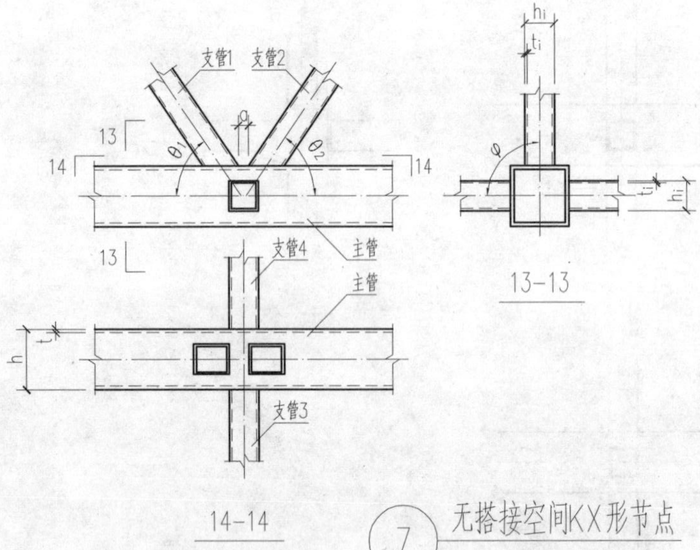

7 无搭接空间KX形节点 S5.1.3-015

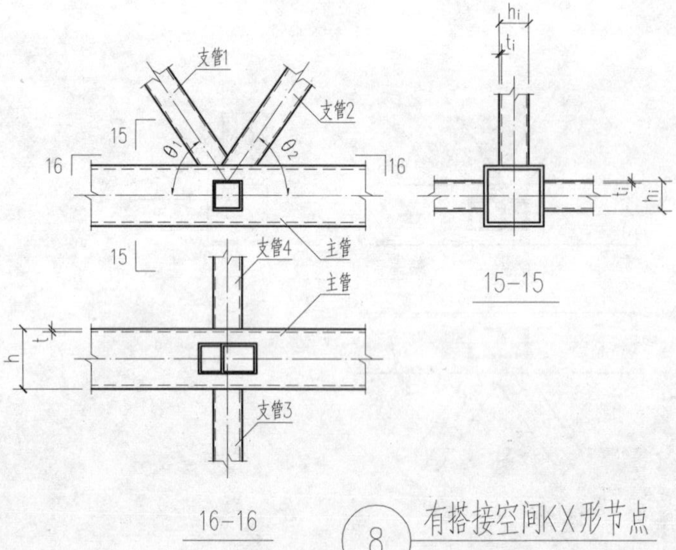

8 有搭接空间KX形节点 S5.1.3-016

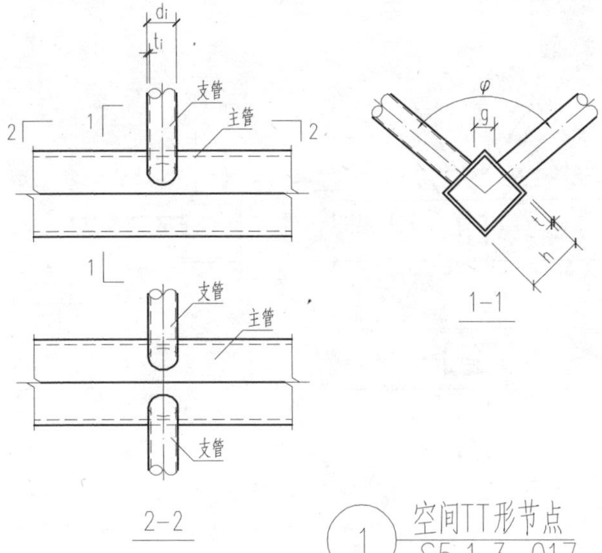

① 空间TT形节点
S5.1.3-017

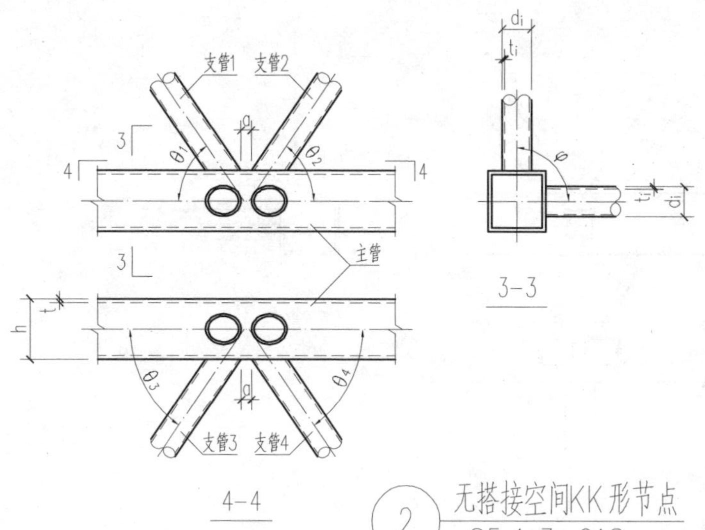

② 无搭接空间KK形节点
S5.1.3-018

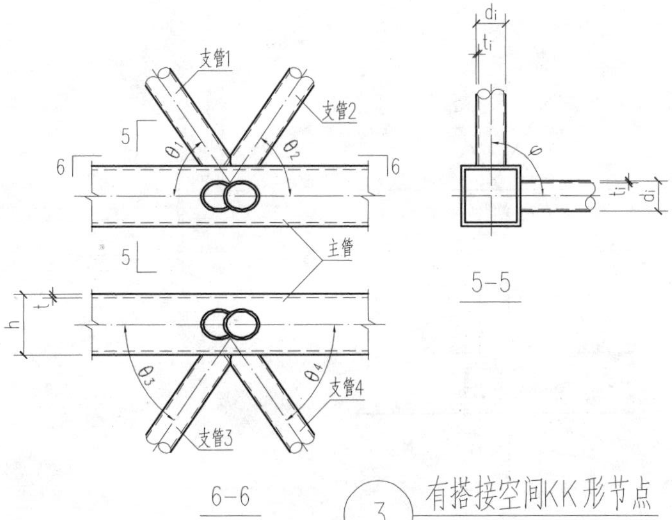

③ 有搭接空间KK形节点
S5.1.3-019

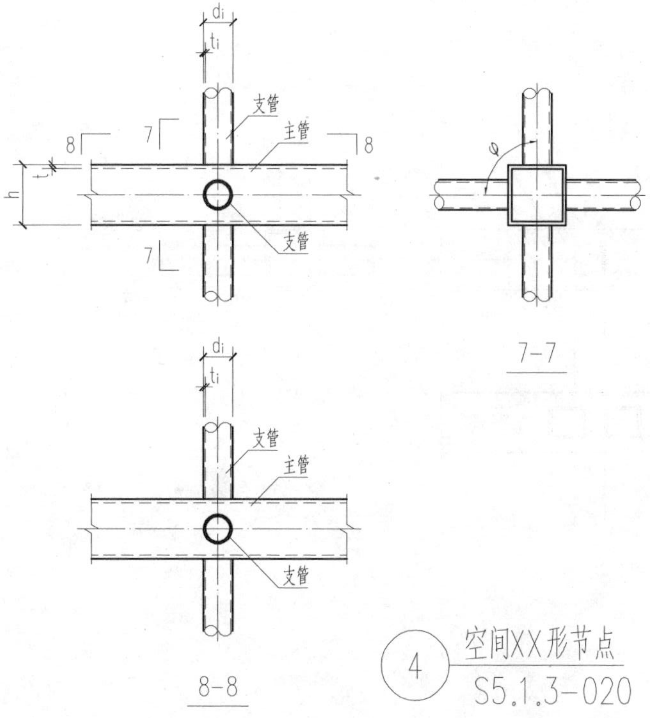

④ 空间XX形节点
S5.1.3-020

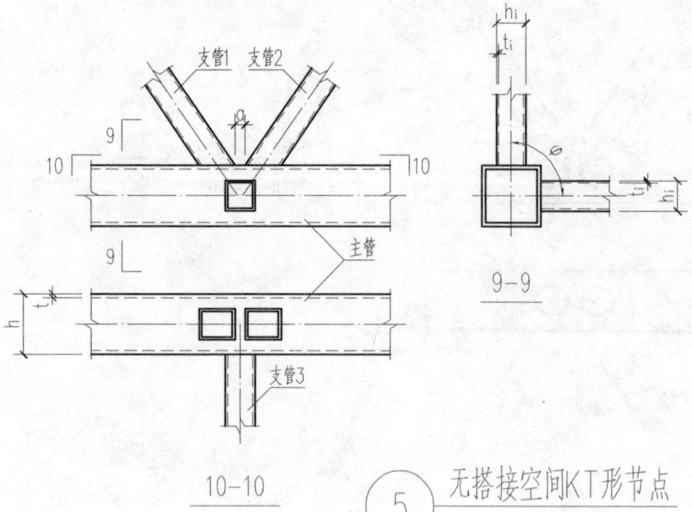

⑤ 无搭接空间KT形节点
S5.1.3-013

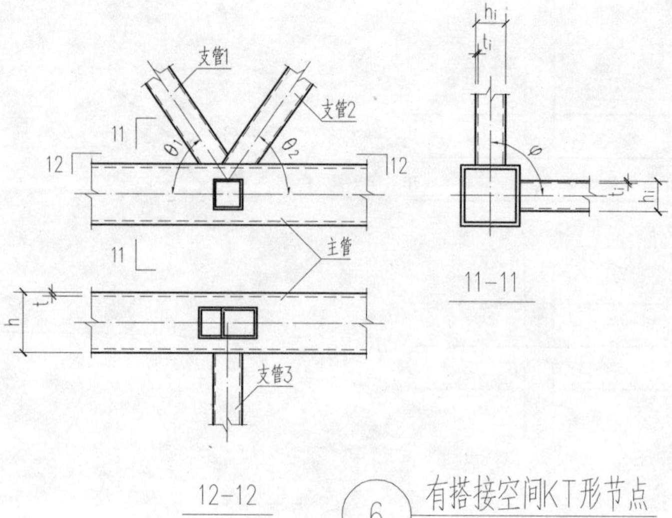

⑥ 有搭接空间KT形节点
S5.1.3-014

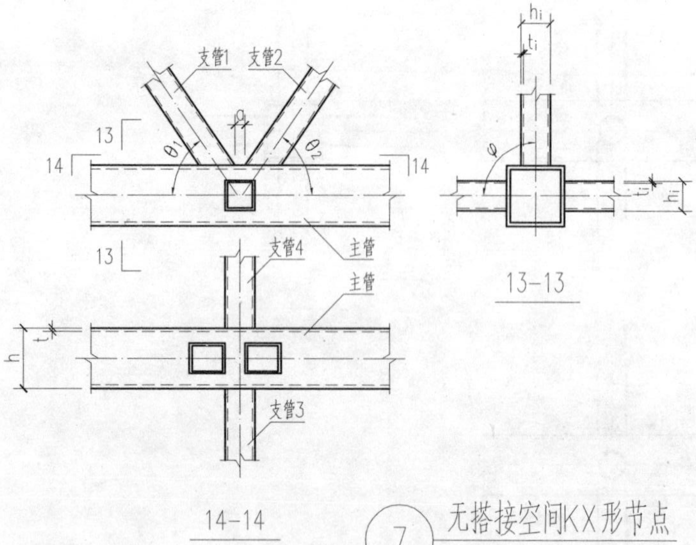

⑦ 无搭接空间KX形节点
S5.1.3-015

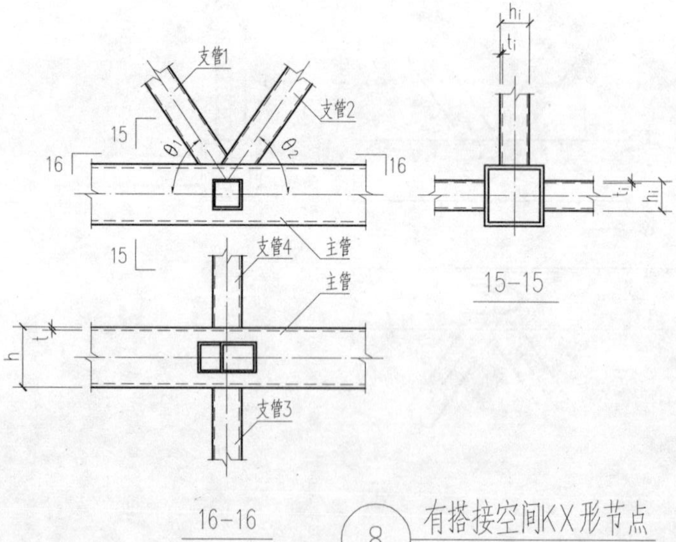

⑧ 有搭接空间KX形节点
S5.1.3-016

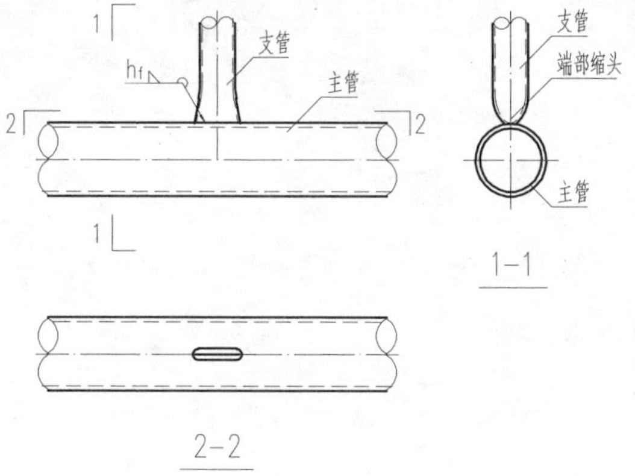

① 端部缩头连接(一)
S5.1.4-001

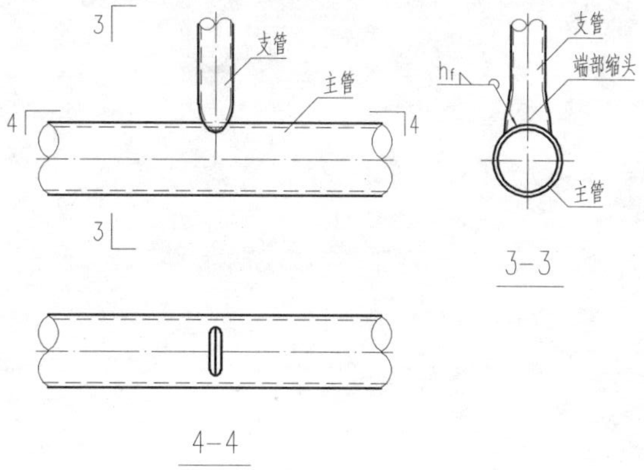

② 端部缩头连接(二)
S5.1.4-002

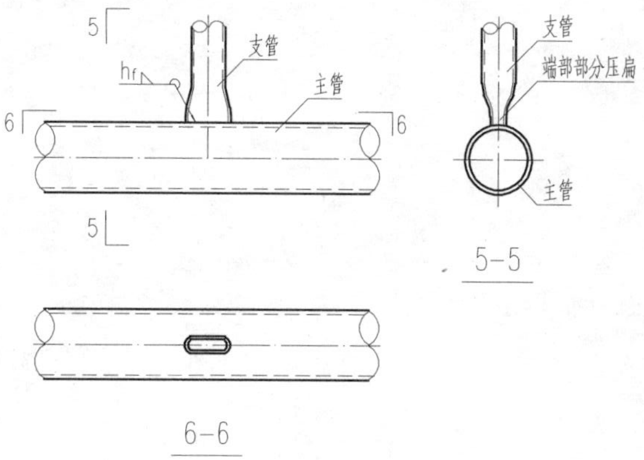

③ 端部部分压扁连接
S5.1.4-003

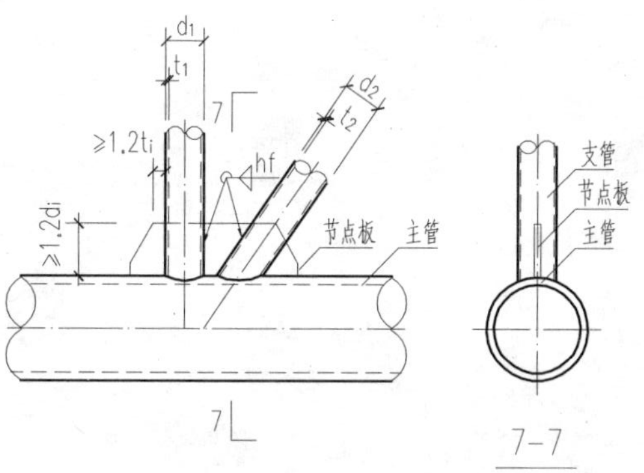

④ 与节点板焊接(一)
注：ti=max(t1,t2)，di=max(d1,d2)
S5.1.4-004

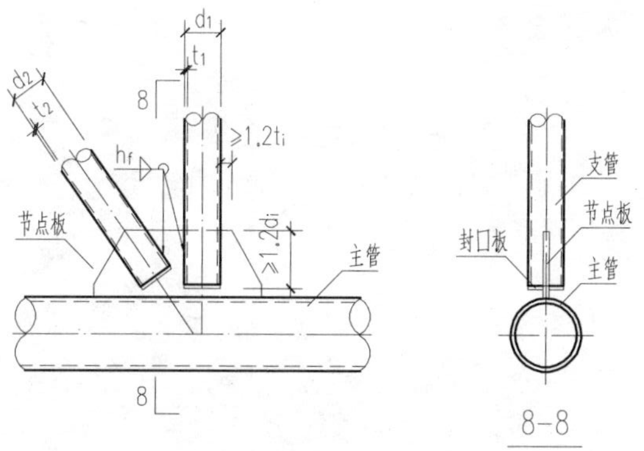

⑤ 与节点板焊接(二)
注：ti=max(t1,t2)，di=max(d1,d2)
S5.1.4-005

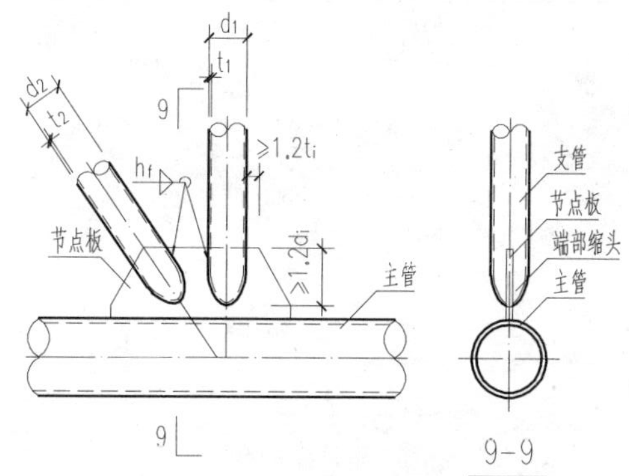

⑥ 与节点板焊接(三)
注：ti=max(t1,t2)，di=max(d1,d2)
S5.1.4-006

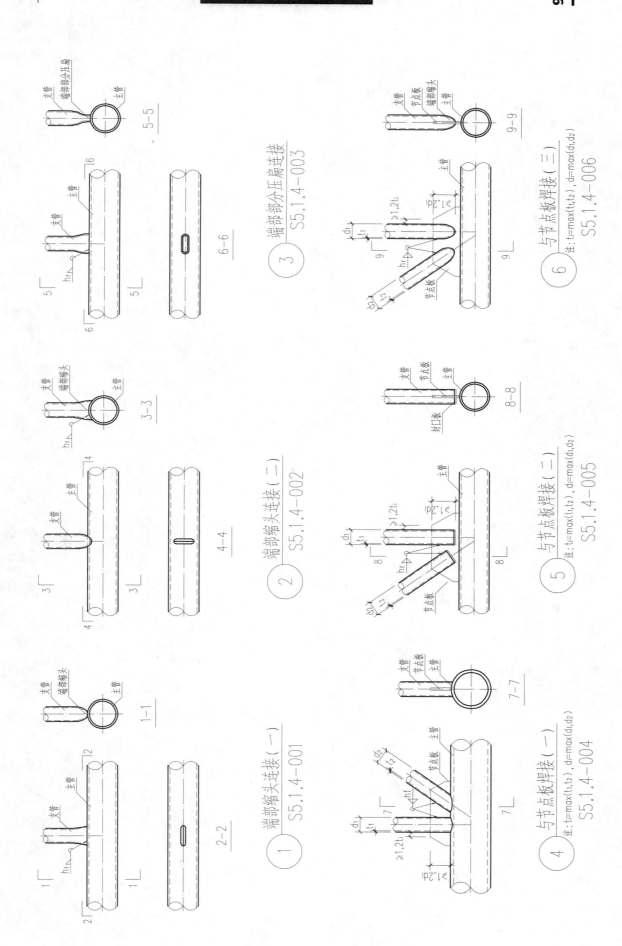

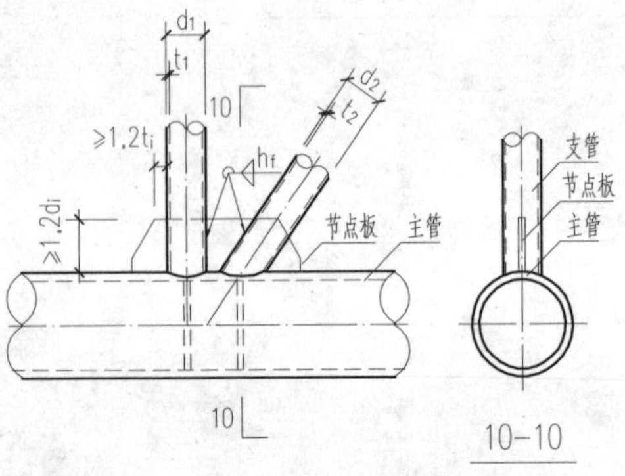

7 与节点板焊接（四）

注：$t_i=max(t_1,t_2)$，$d_i=max(d_1,d_2)$

S5.1.4-007

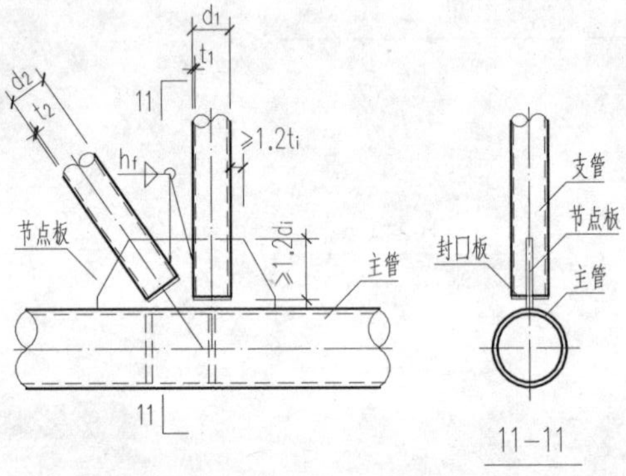

8 与节点板焊接（五）

注：$t_i=max(t_1,t_2)$，$d_i=max(d_1,d_2)$

S5.1.4-008

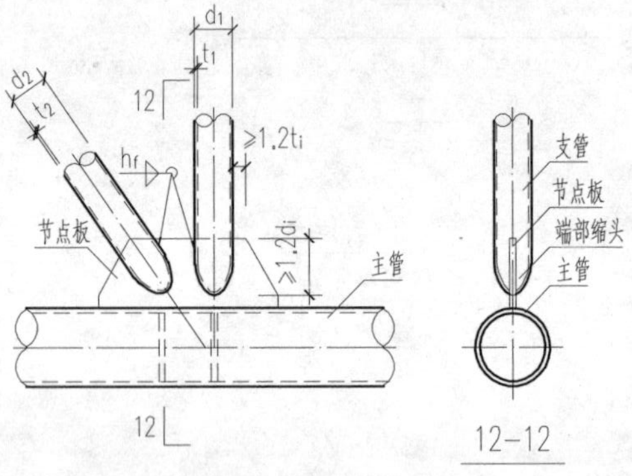

9 与节点板焊接（六）

注：$t_i=max(t_1,t_2)$，$d_i=max(d_1,d_2)$

S5.1.4-009

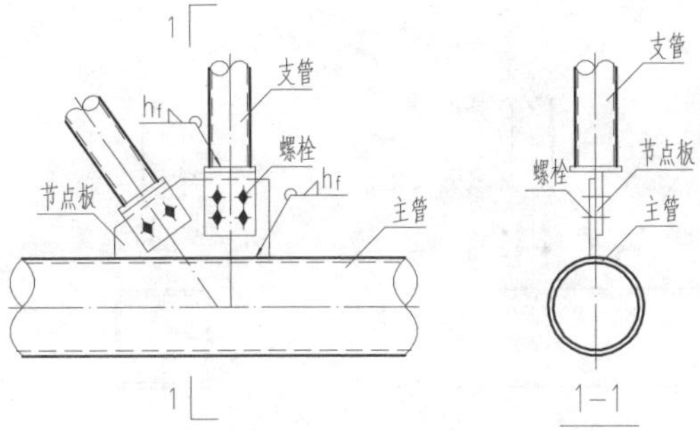

1 圆管与节点板螺栓连接(一)
S5.1.4-010

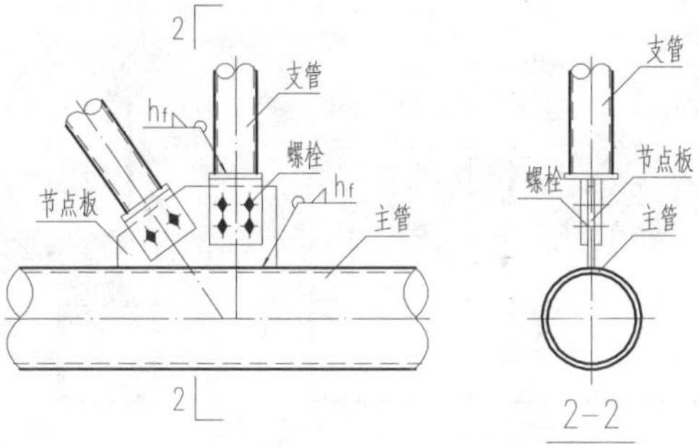

2 圆管与节点板螺栓连接(二)
S5.1.4-011

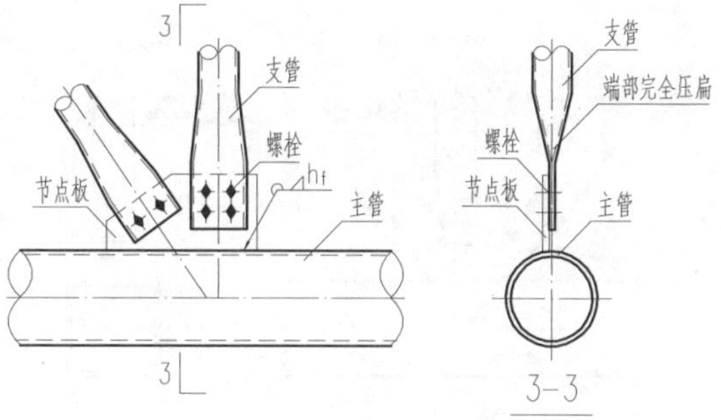

3 圆管与节点板螺栓连接(三)
S5.1.4-012

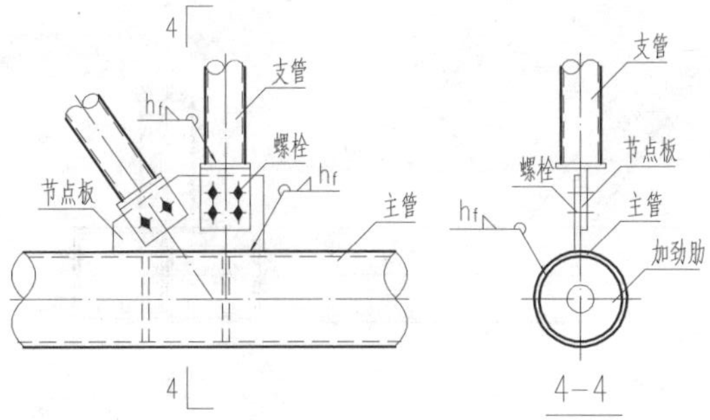

4 圆管与节点板螺栓连接(四)
S5.1.4-013

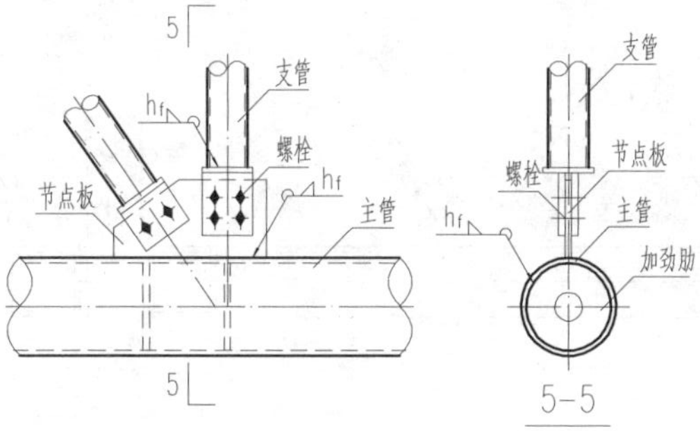

5 圆管与节点板螺栓连接(五)
S5.1.4-014

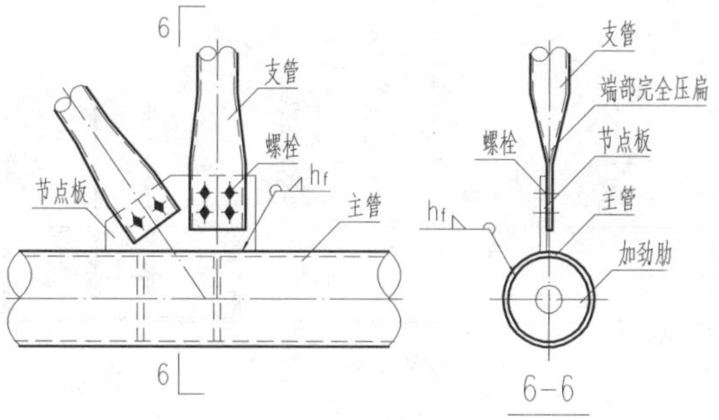

6 圆管与节点板螺栓连接(六)
S5.1.4-015

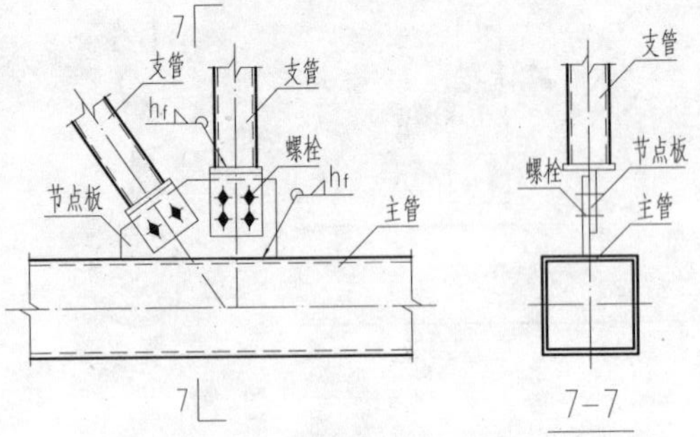

⑦ 方管与节点板螺栓连接(一)
S5.1.4-016

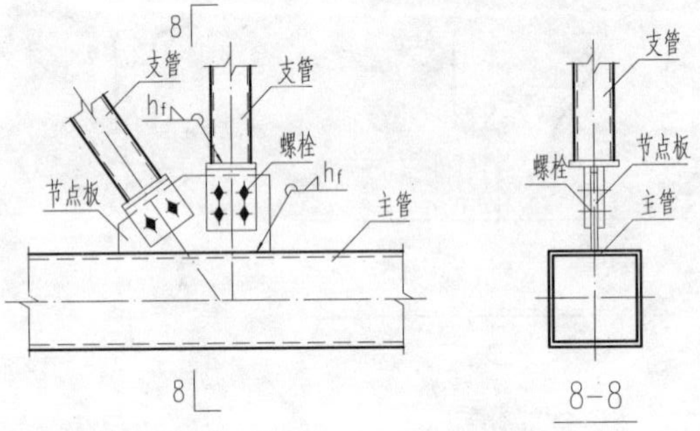

⑧ 方管与节点板螺栓连接(二)
S5.1.4-017

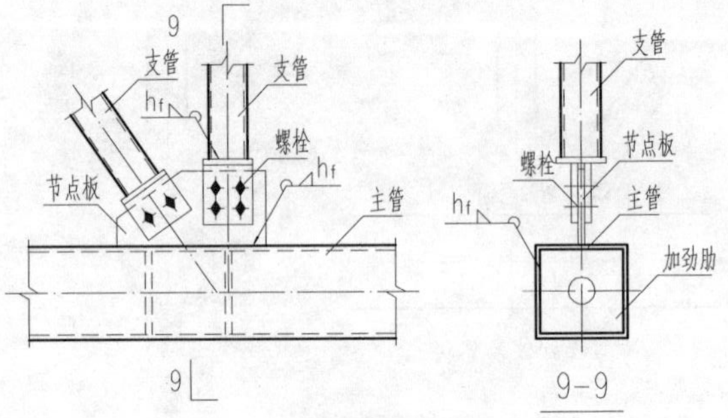

⑨ 方管与节点板螺栓连接(三)
S5.1.4-018

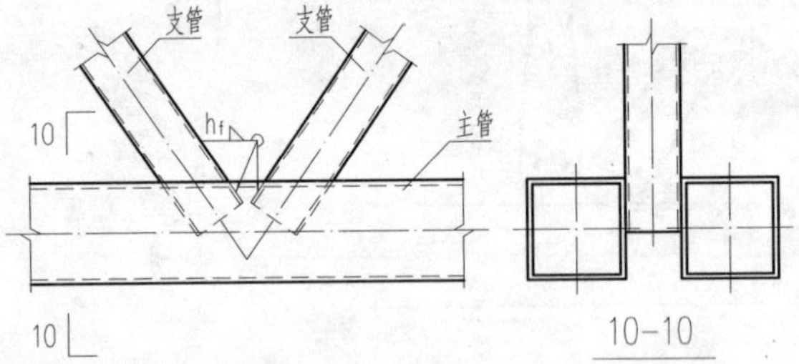

⑩ 方管双弦杆分离式焊接
S5.1.4-019

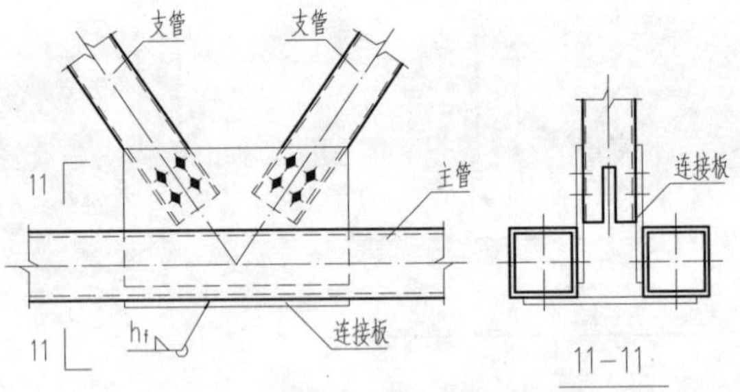

⑪ 方管双弦杆分离式螺栓连接
S5.1.4-020

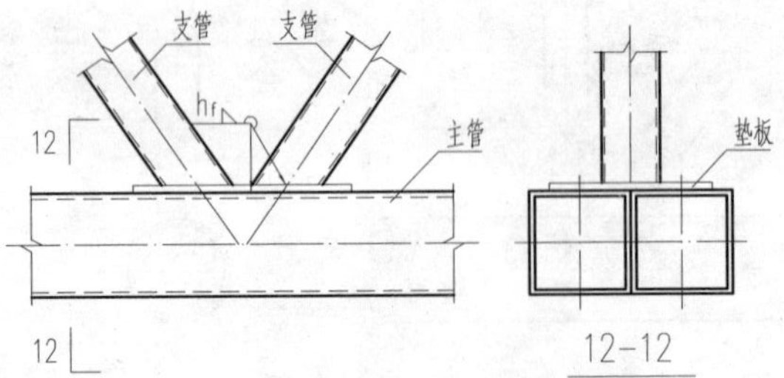

⑫ 方管双弦杆背靠式连接
注：仅用于有间隙的相贯节点
S5.1.4-021

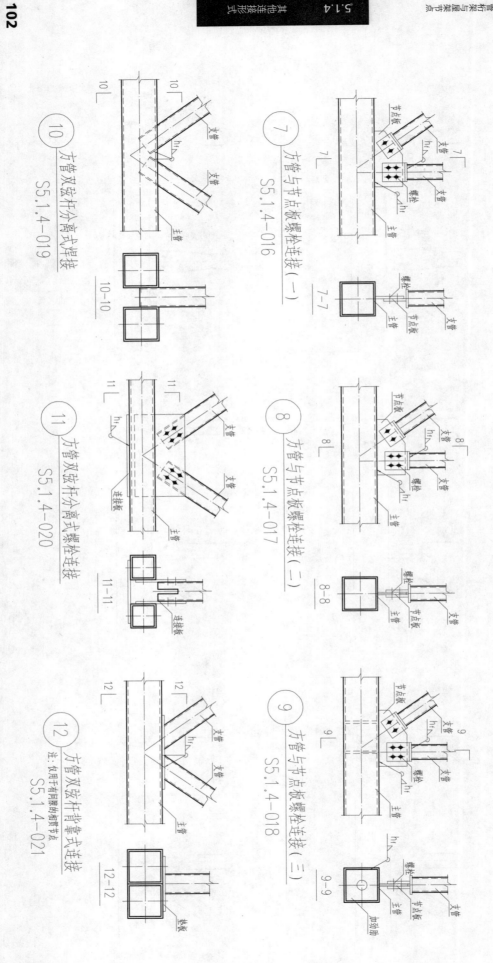

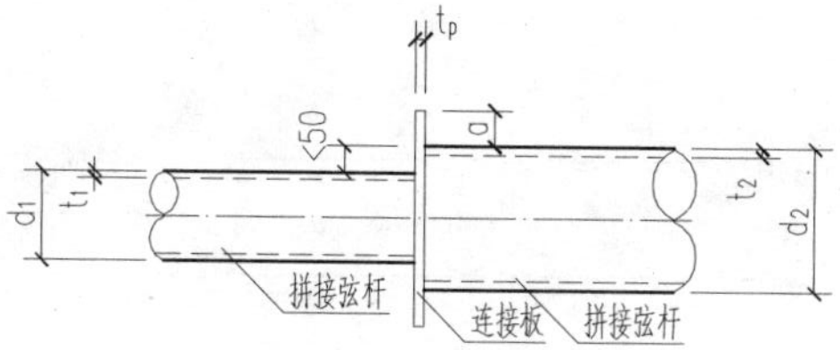

① 圆管顶板拼接 S5.1.5-001

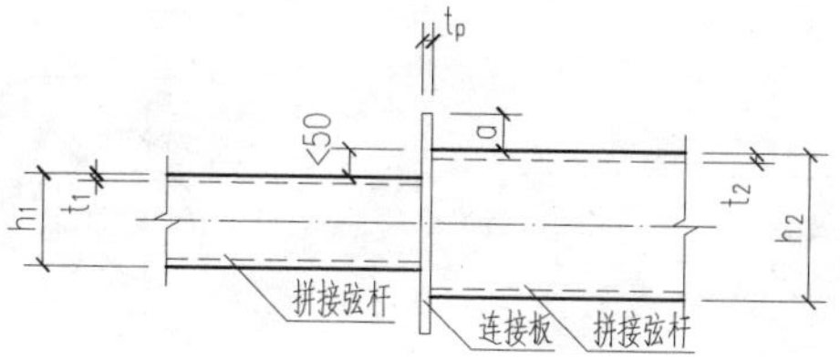

② 方管顶板拼接 S5.1.5-002

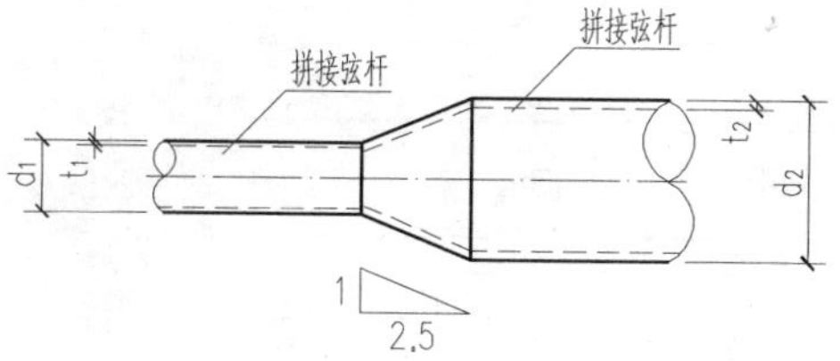

③ 圆管锥头拼接 S5.1.5-003

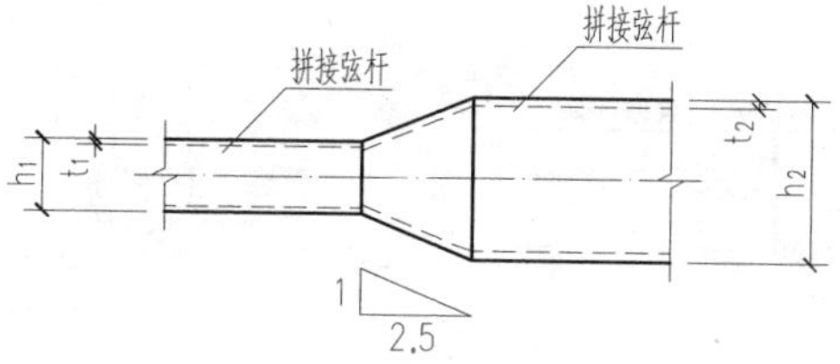

④ 方管锥头拼接 S5.1.5-004

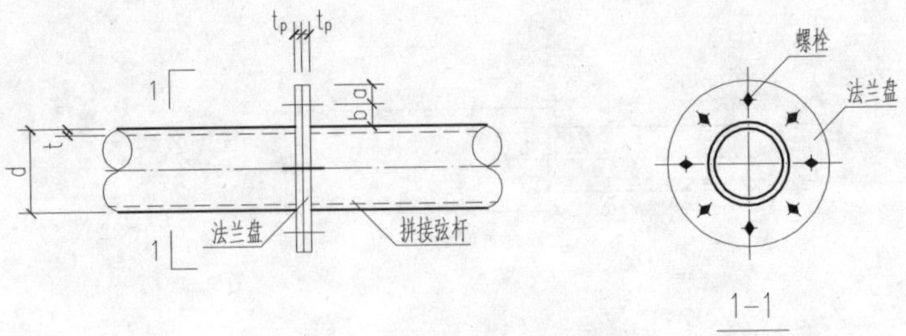

5 圆管法兰接头
S5.1.5-005

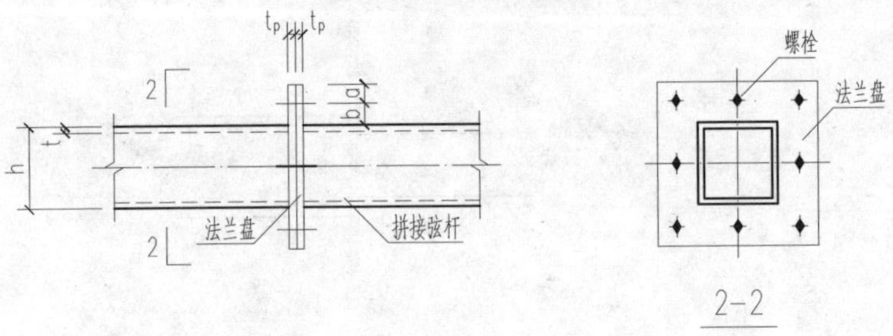

6 方管法兰接头
S5.1.5-006

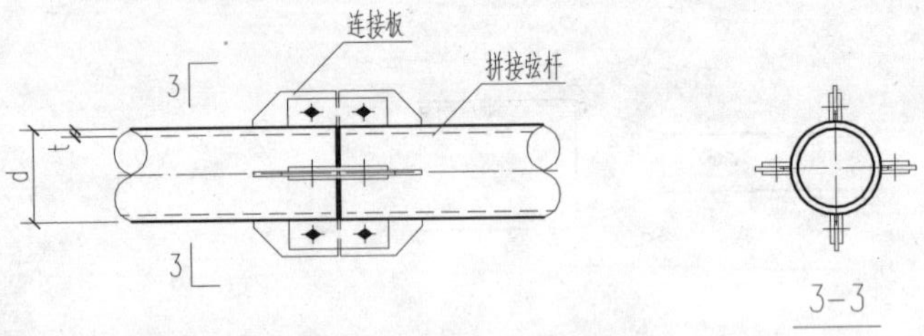

7 圆管连接板拼接接头
S5.1.5-007

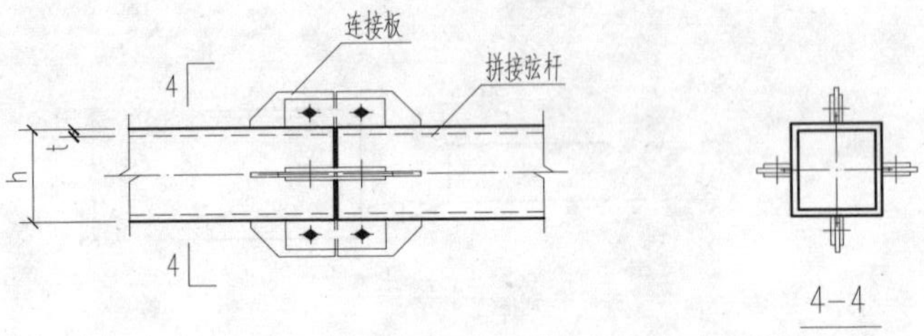

8 圆管连接板拼接接头
S5.1.5-008

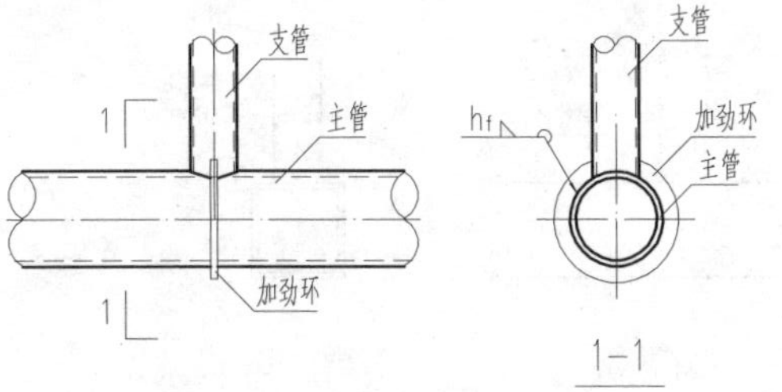

① 圆管外置加劲环(一)
S5.1.6-001

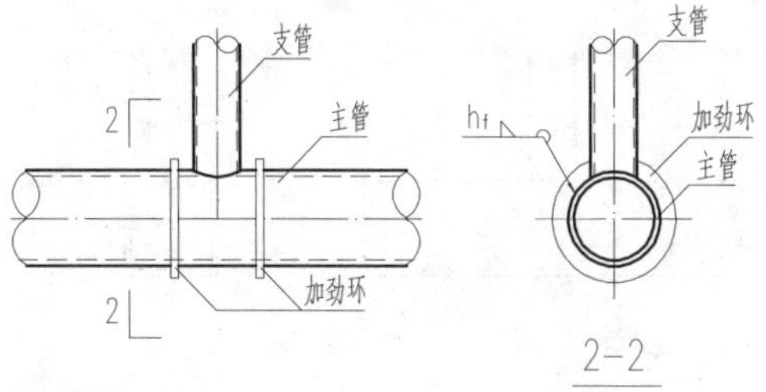

② 圆管外置加劲环(二)
S5.1.6-002

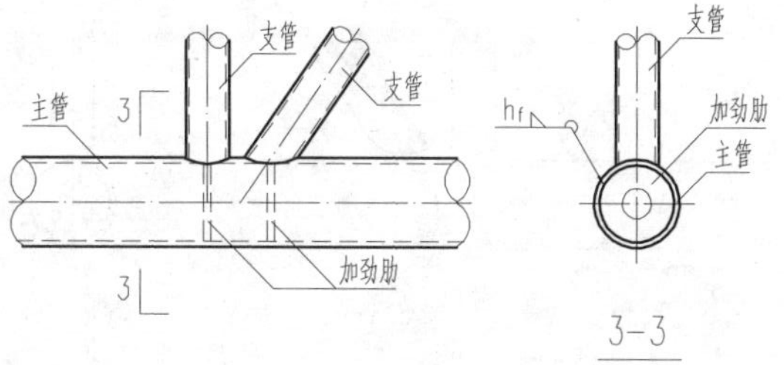

③ 圆管内置加劲肋(一)
S5.1.6-003

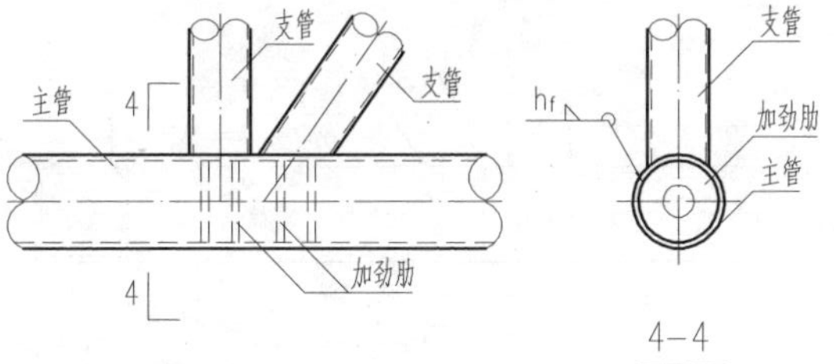

④ 圆管内置加劲肋(二)
适用于弯矩较大的节点
S5.1.6-004

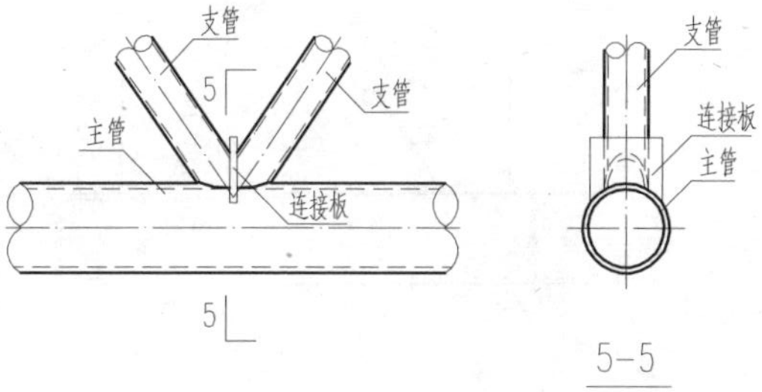

⑤ 圆管设置连接板
S5.1.6-005

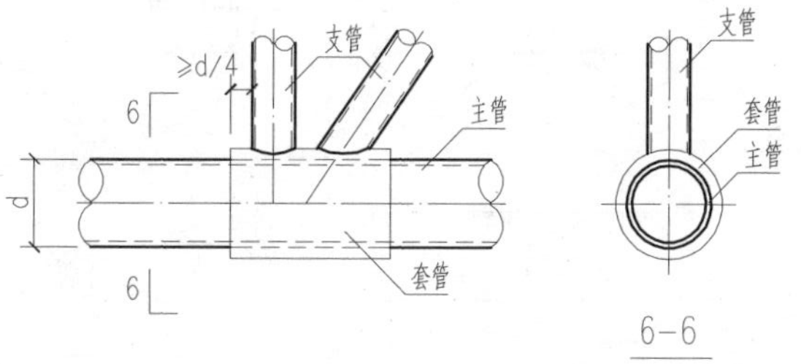

⑥ 圆管加套管
S5.1.6-006

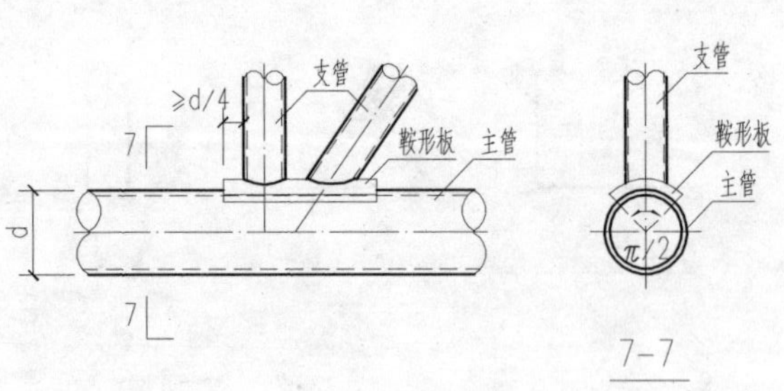

7 圆管加鞍形板
S5.1.6-007

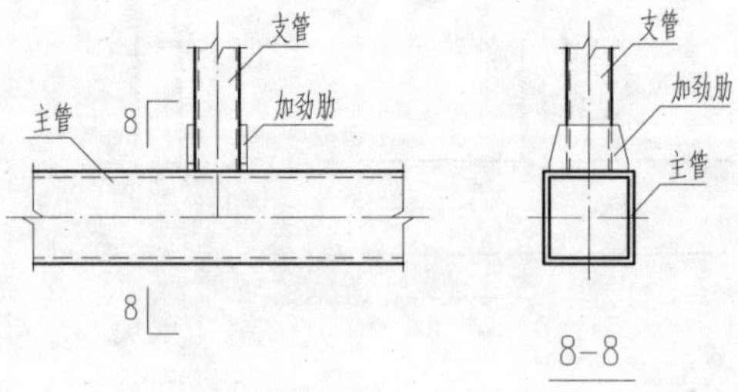

8 方管外置加劲肋(一)
S5.1.6-008

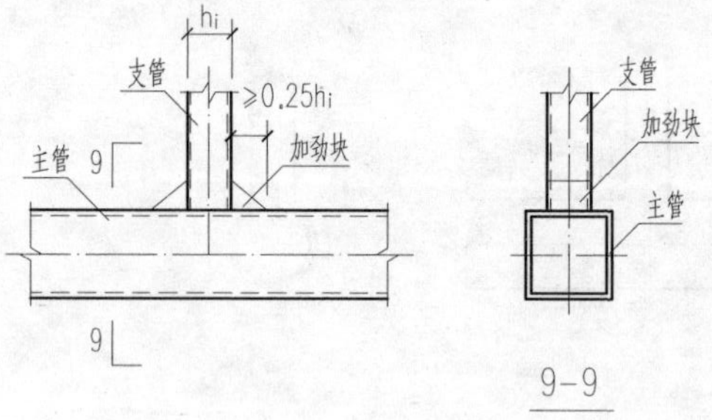

9 方管外置加劲肋(二)
S5.1.6-009

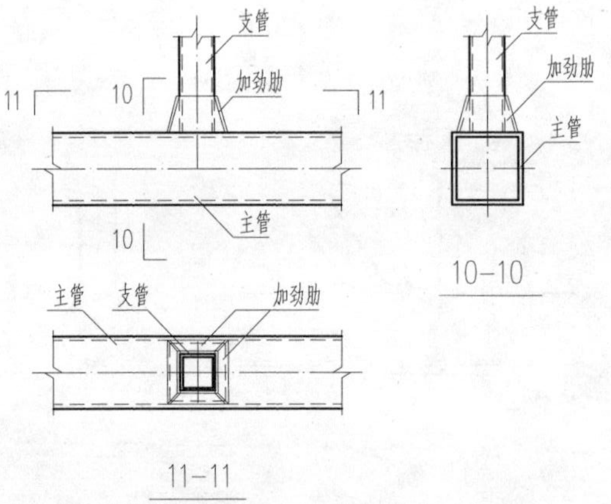

10 方管外置加劲肋(三)
S5.1.6-010

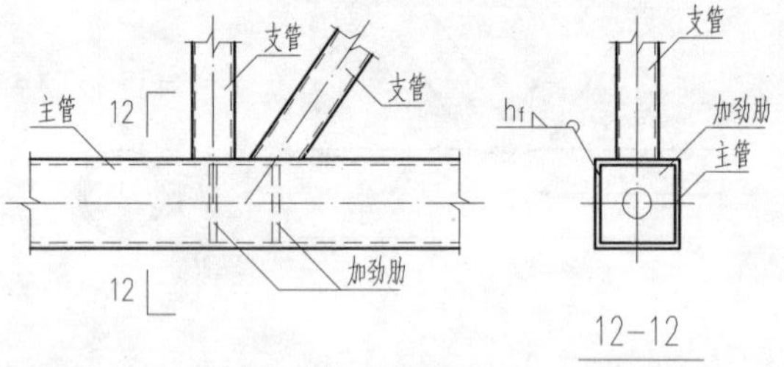

11 方管内置加劲肋(一)
S5.1.6-011

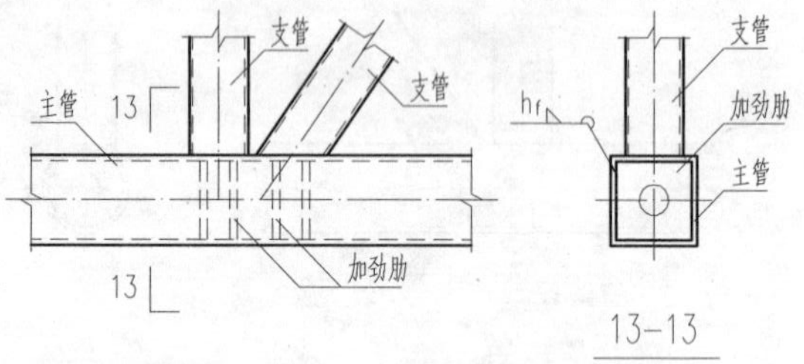

12 方管内置加劲肋(二)
适用于弯矩较大的节点
S5.1.6-012

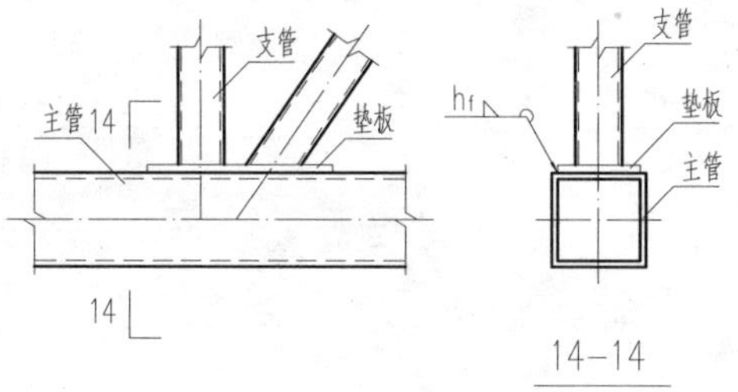

13 方管设置垫板 S5.1.6-013

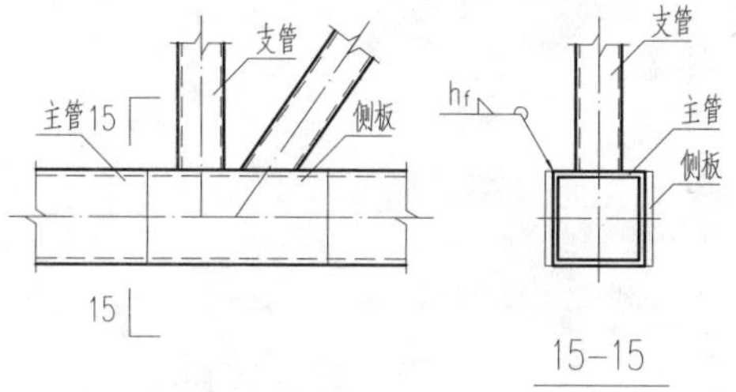

14 方管设置侧板 S5.1.6-014

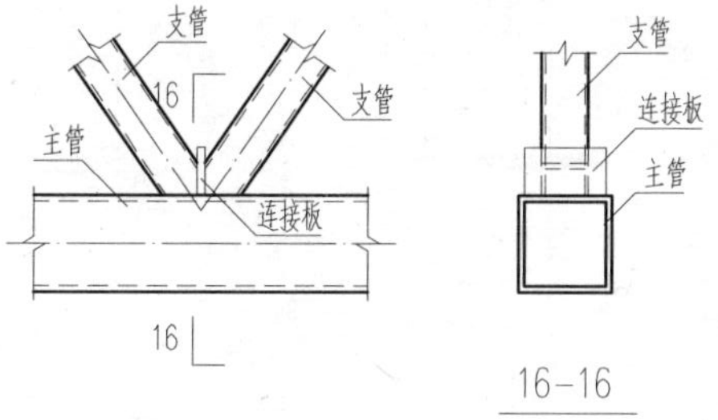

15 方管设置连接板(一) S5.1.6-015

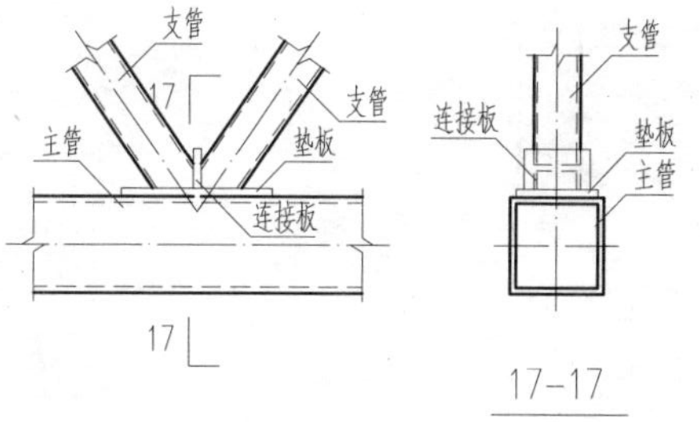

16 方管设置连接板(二) S5.1.6-016

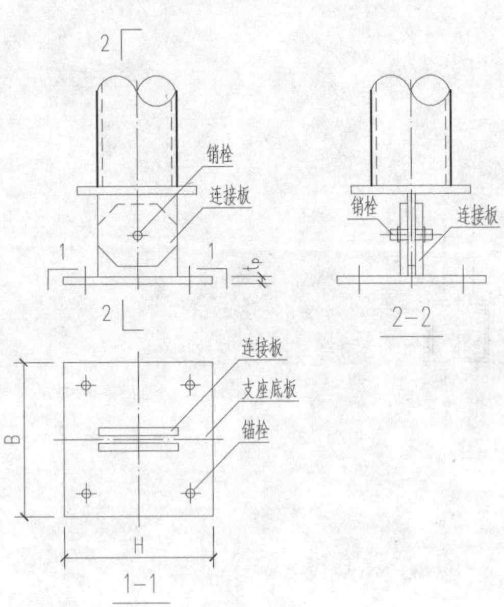

1 圆管平面铰接支座节点（一）
S5.1.7-001

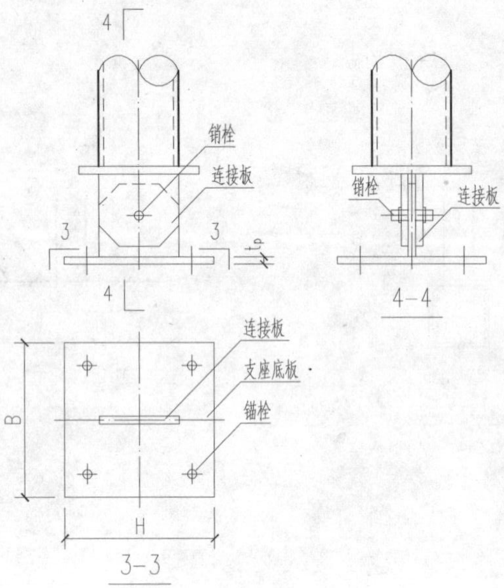

2 圆管平面铰接支座节点（二）
S5.1.7-002

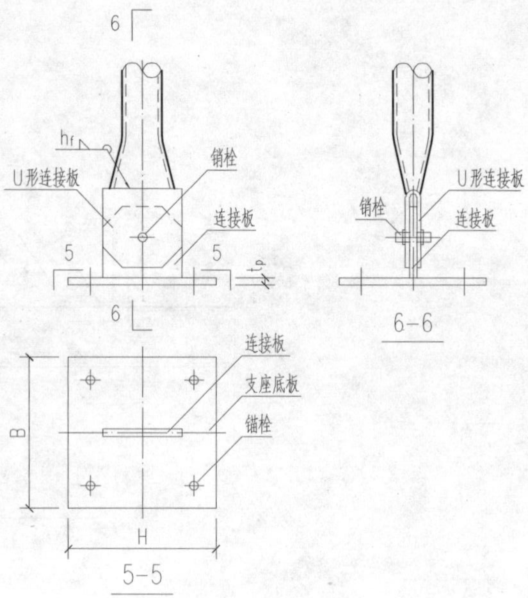

3 圆管平面铰接支座节点（三）
S5.1.7-003

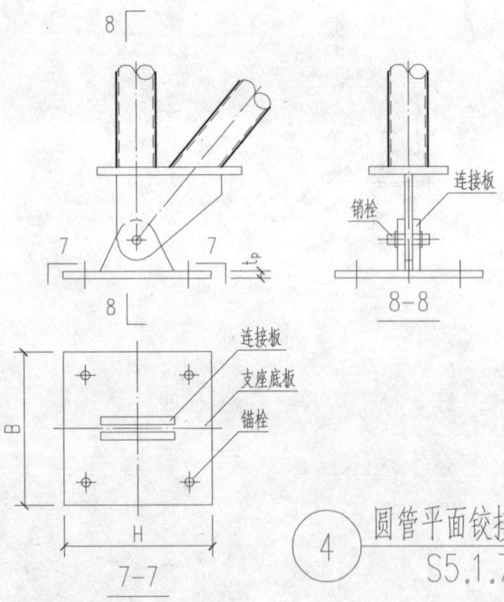

4 圆管平面铰接支座节点（四）
S5.1.7-004

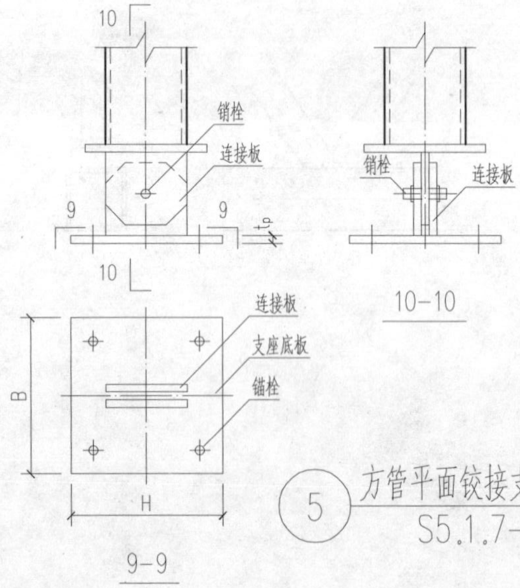

5 方管平面铰接支座节点（一）
S5.1.7-005

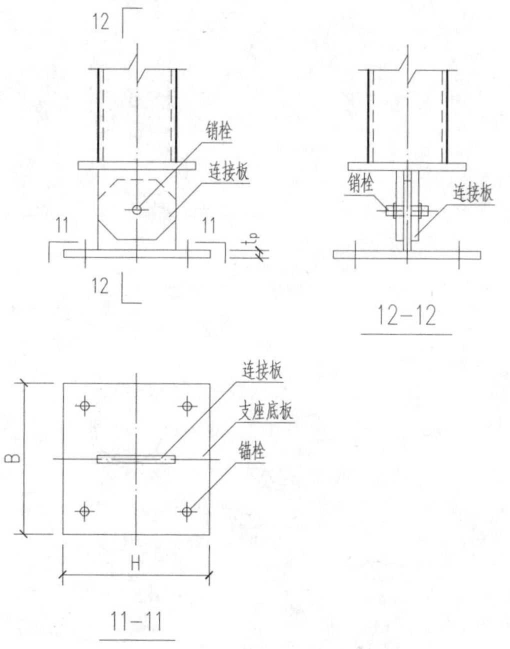

⑥ 方管平面铰接支座节点（二）
S5.1.7-006

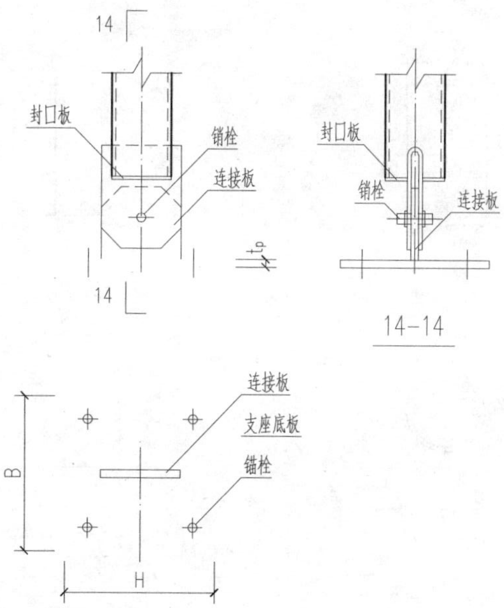

⑦ 方管平面铰接支座节点（三）
S5.1.7-007

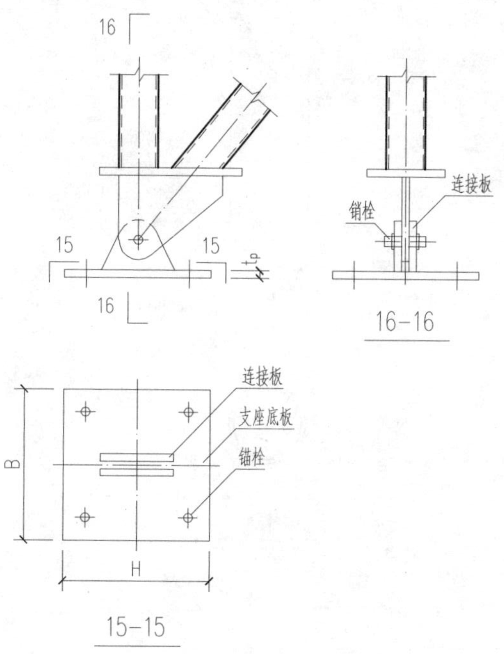

⑧ 方管平面铰接支座节点（四）
S5.1.7-008

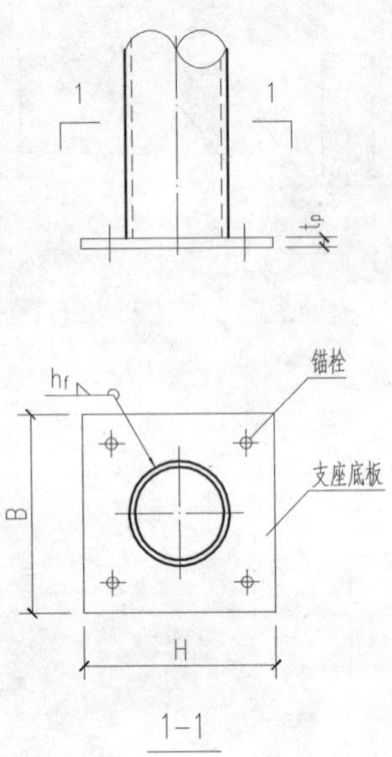

1 圆管空间支座节点（一）
S5.1.8-001

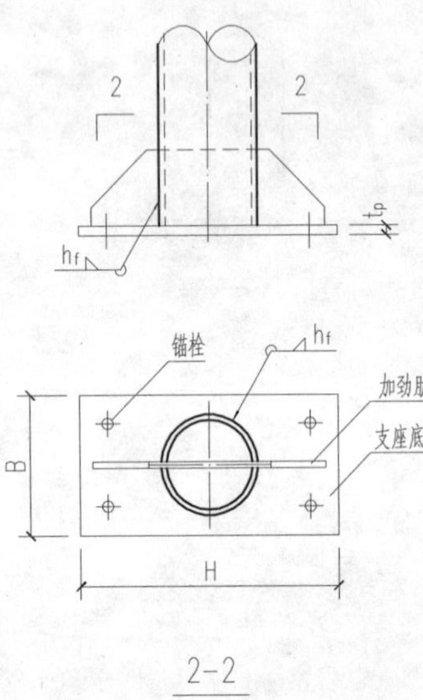

2 圆管空间支座节点（二）
S5.1.8-002

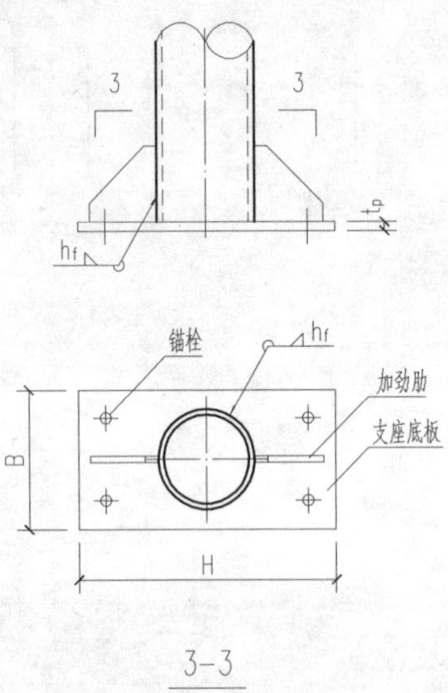

3 圆管空间支座节点（三）
S5.1.8-003

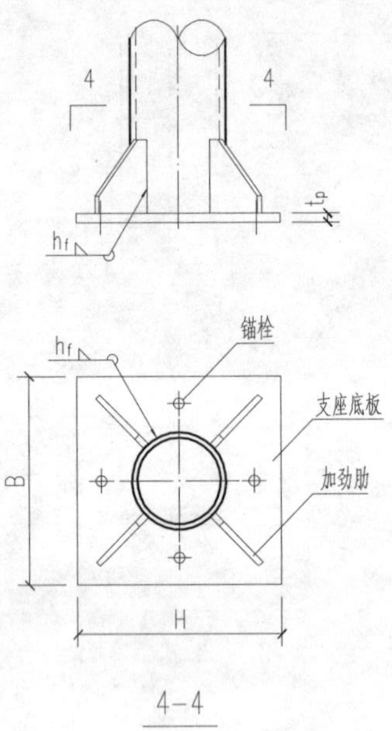

4 圆管空间支座节点（四）
S5.1.8-004

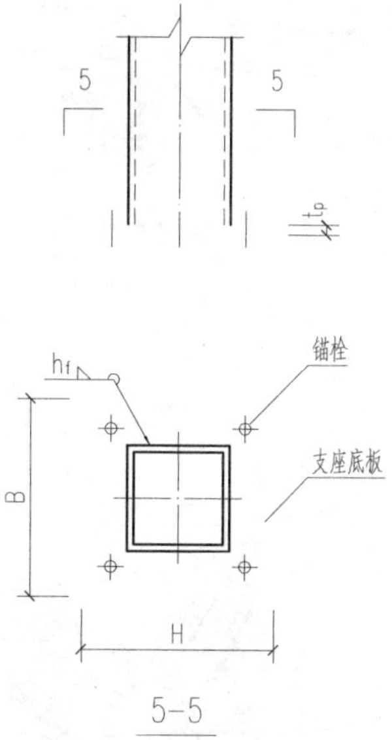

5 方管空间支座节点（一）
S5.1.8-005

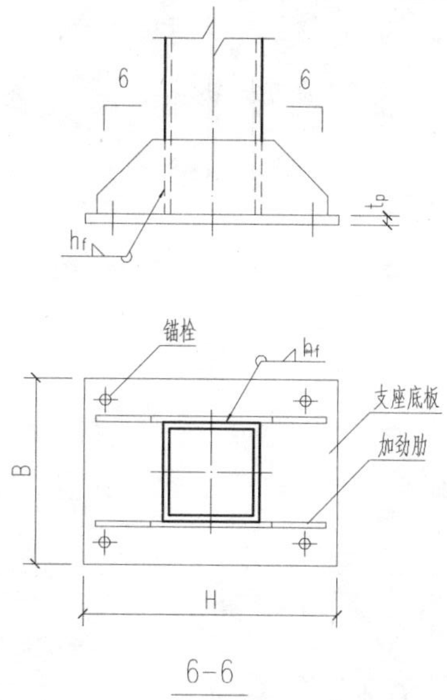

6 方管空间支座节点（二）
S5.1.8-006

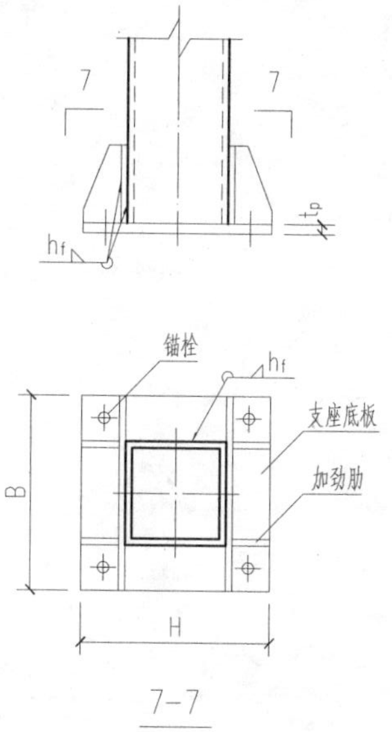

7 方管空间支座节点（三）
S5.1.8-007

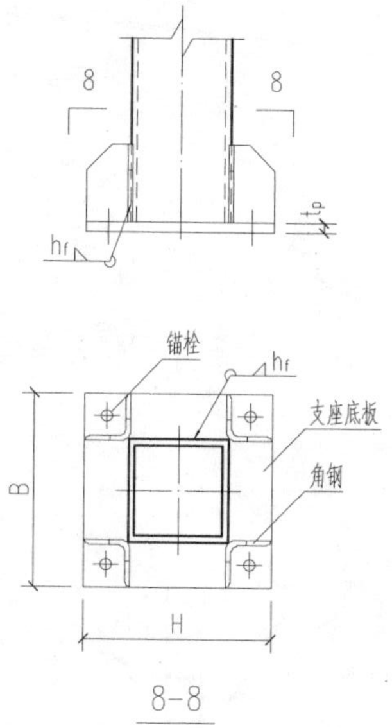

8 方管空间支座节点（四）
S5.1.8-008

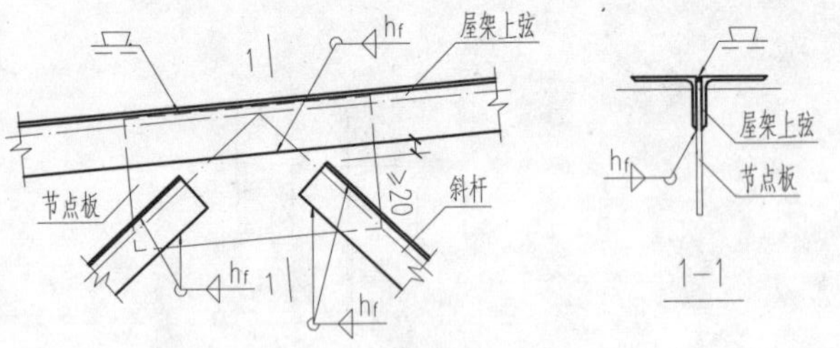

1 屋架上弦节点（一）
S5.2.1-001

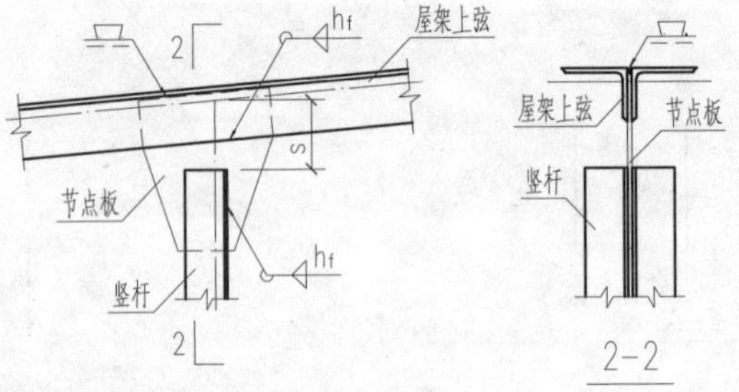

2 屋架上弦节点（二）
S5.2.1-002

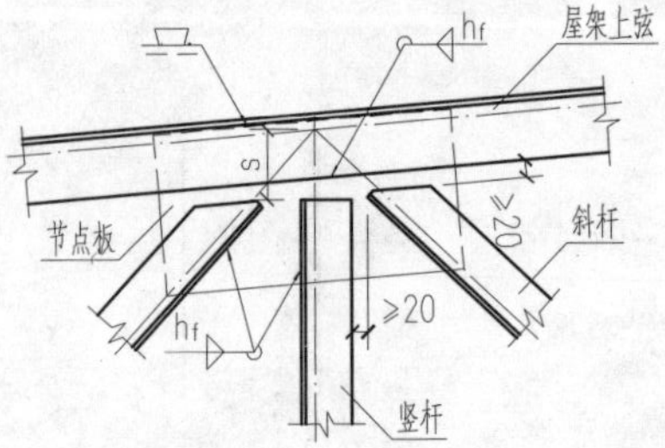

3 屋架上弦节点（三）
S5.2.1-003

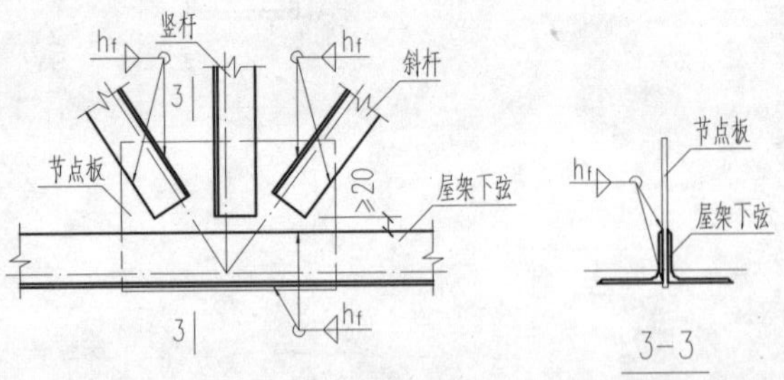

4 屋架下弦节点（一）
S5.2.1-004

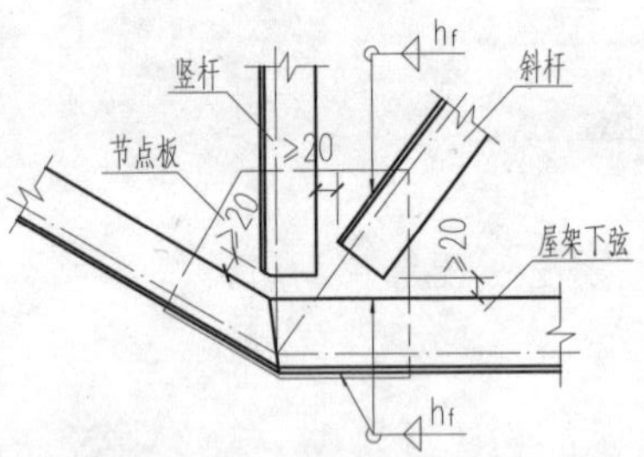

5 屋架下弦节点（二）
S5.2.1-005

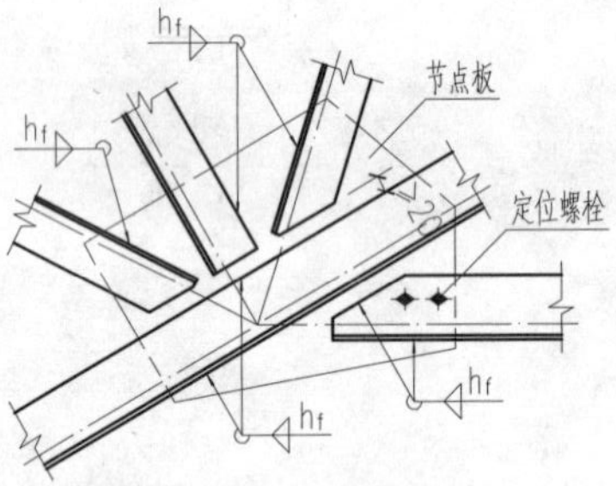

6 屋架下弦节点（三）
S5.2.1-006

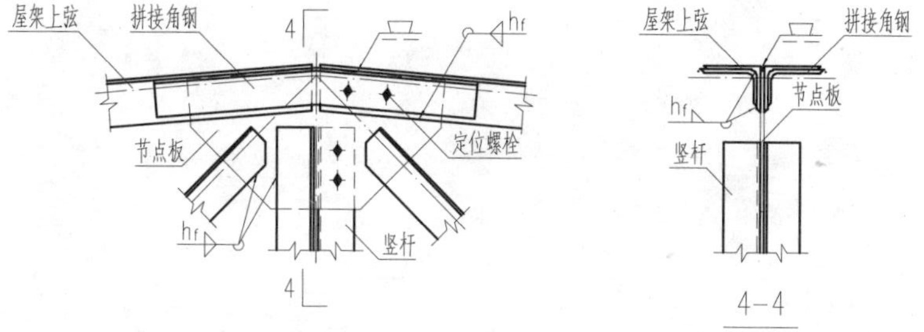

⑦ 上弦拼接节点(一)
S5.2.1-007

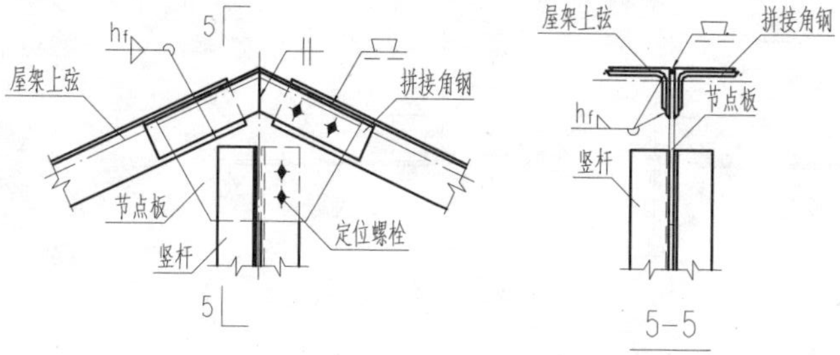

⑧ 上弦拼接节点(二)
S5.2.1-008

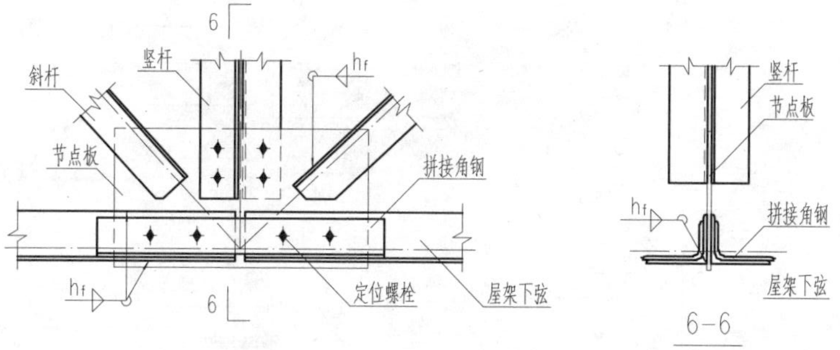

⑨ 下弦拼接节点(一)
S5.2.1-009

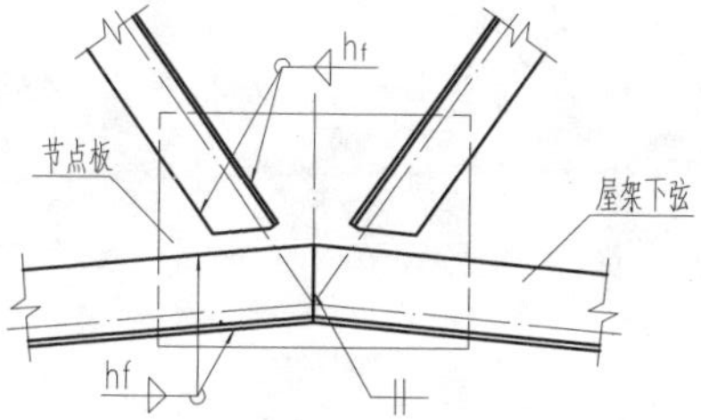

⑩ 下弦拼接节点(二)
S5.2.1-010

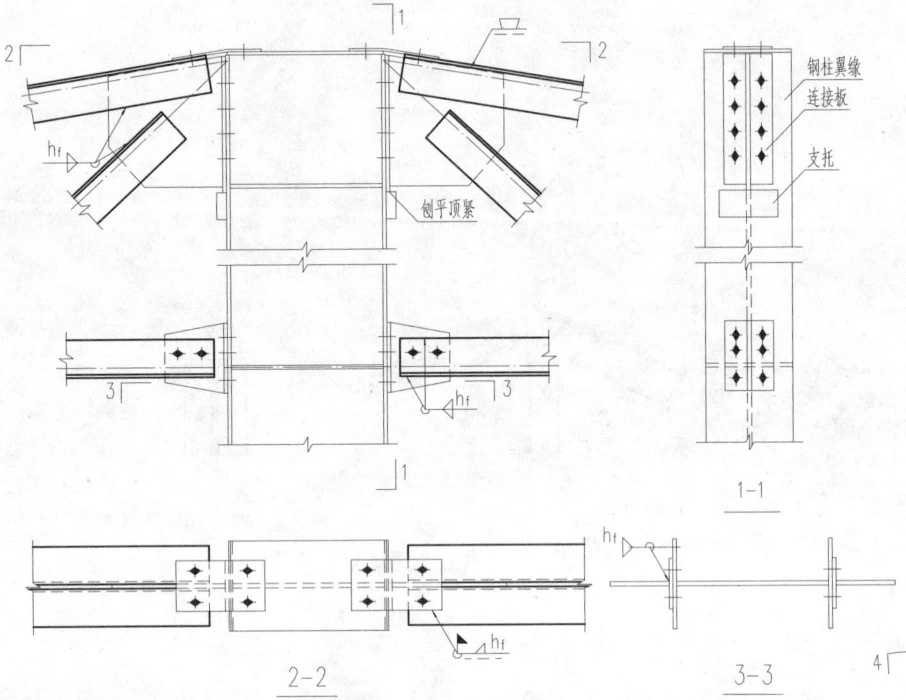

C级螺栓和支托连接(一)
S5.2.2-001

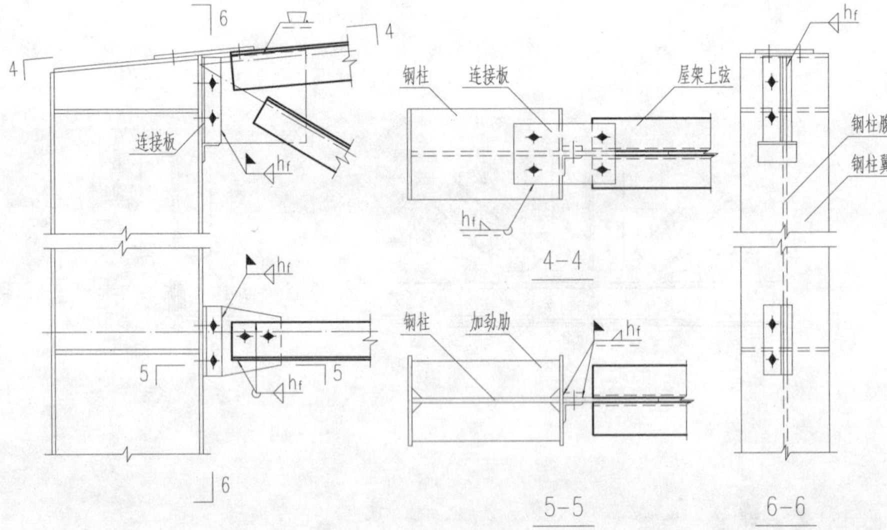

C级螺栓和支托连接(二)
S5.2.2-002

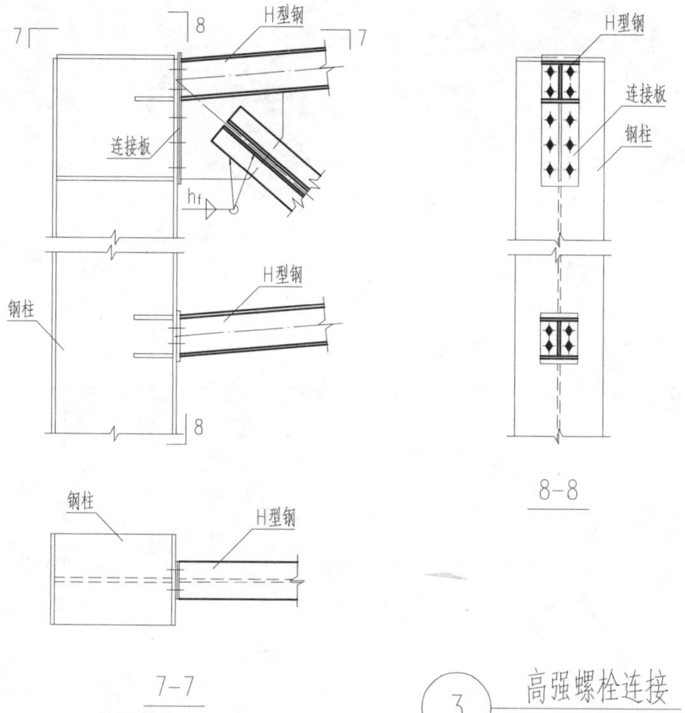

3 高强螺栓连接
S5.2.2-003

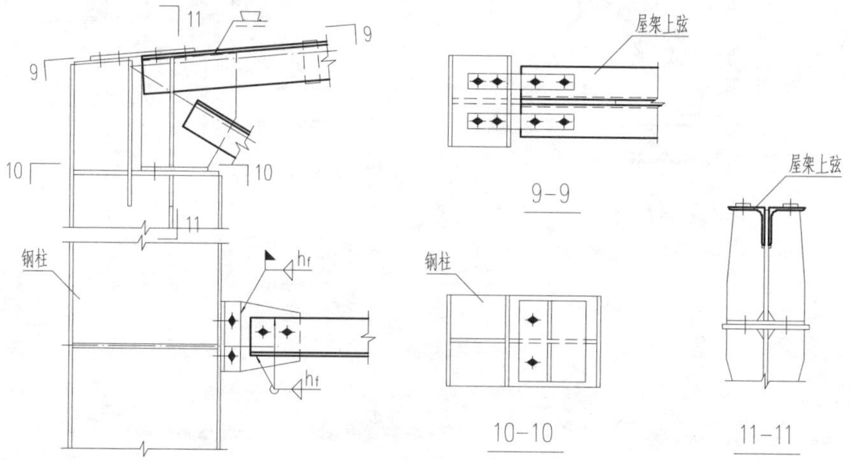

4 支承于柱头上的连接
S5.2.2-004

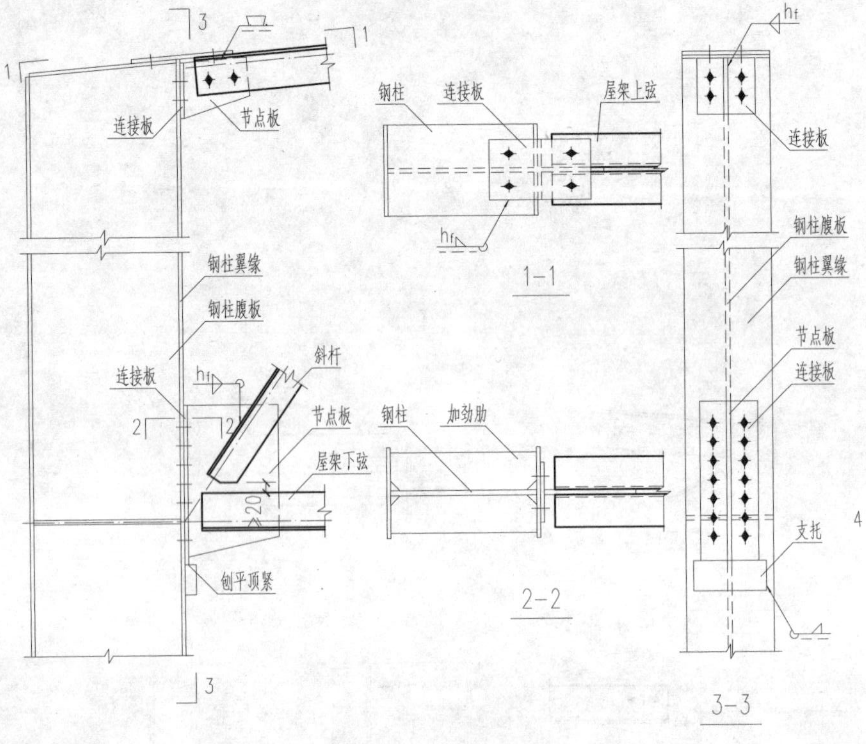

① C级螺栓和支托连接(一)
S5.2.2-005

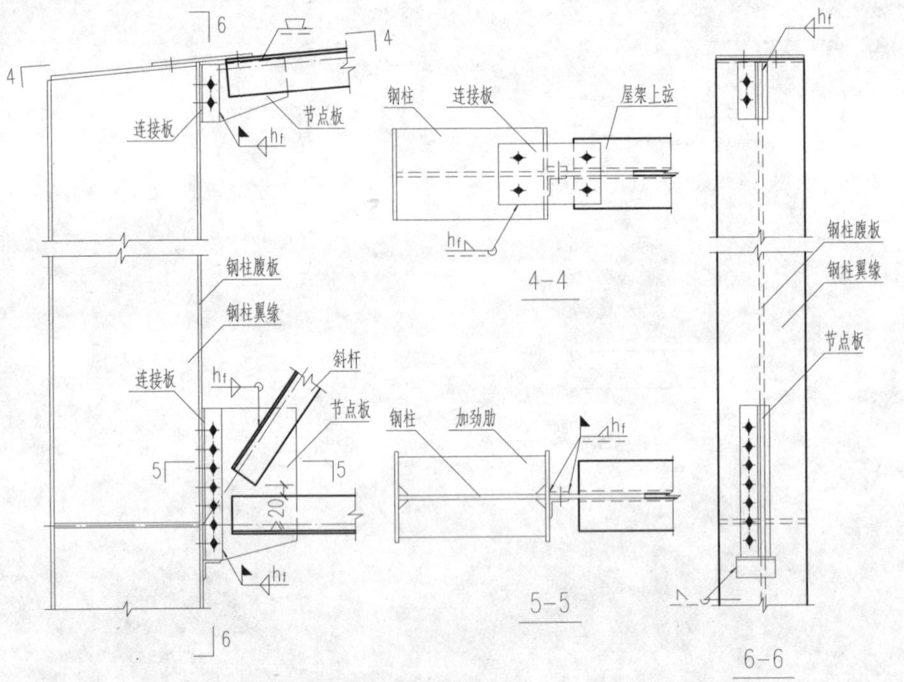

② C级螺栓和支托连接(二)
S5.2.2-006

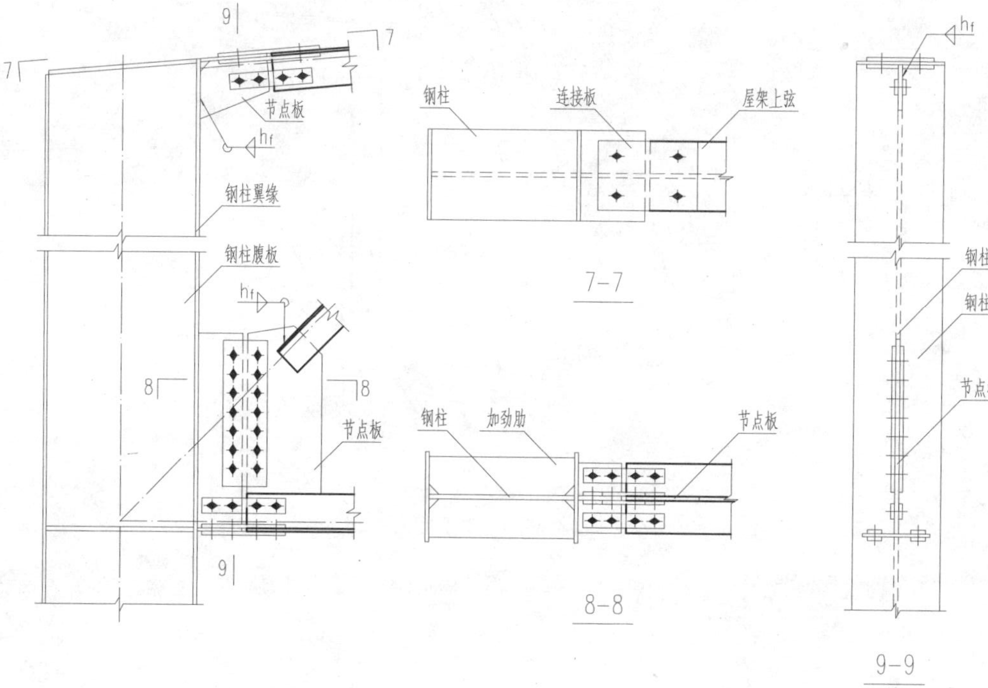

3 下承式高强螺栓连接 S5.2.2-007

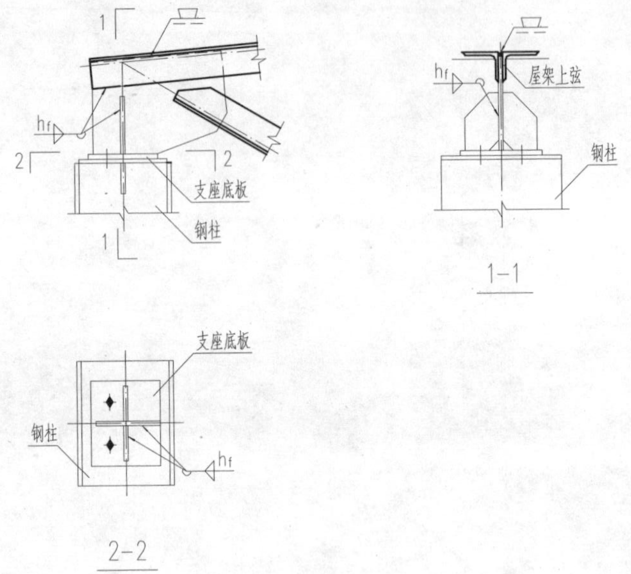

① 铰接节点（一）
S5.2.3-001

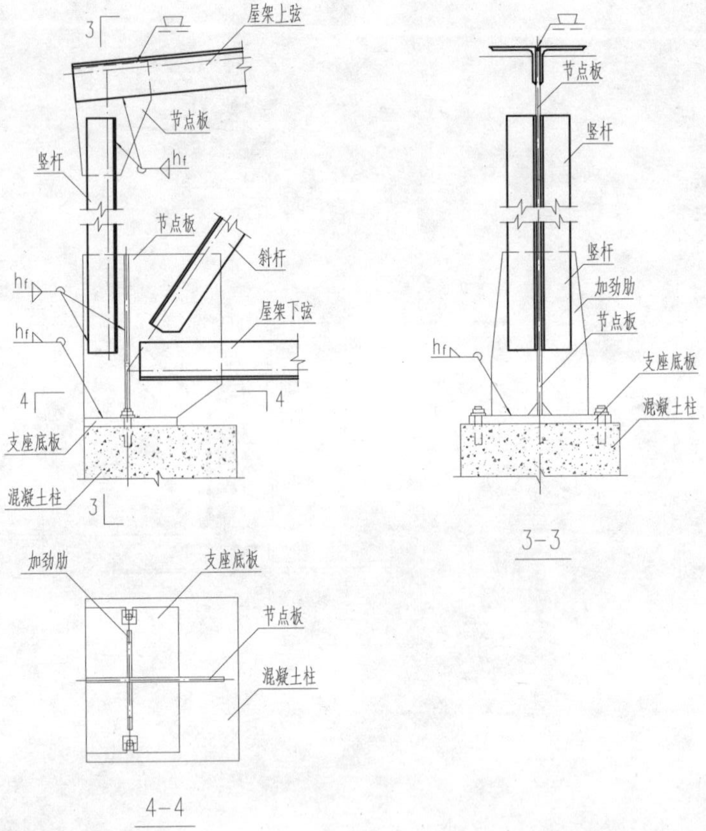

② 铰接节点（二）
S5.2.3-002

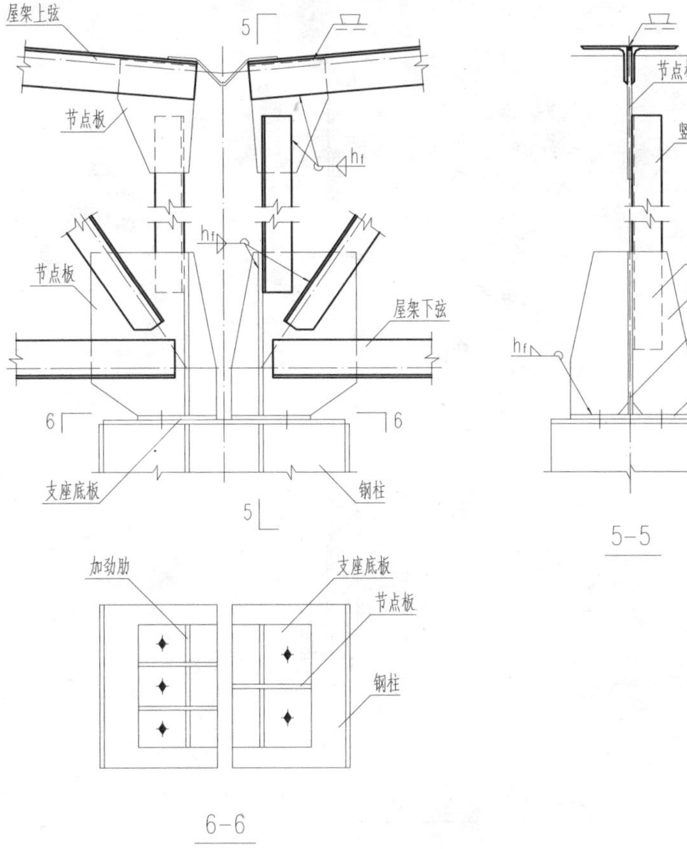

3 铰接节点(三) S5.2.3-003

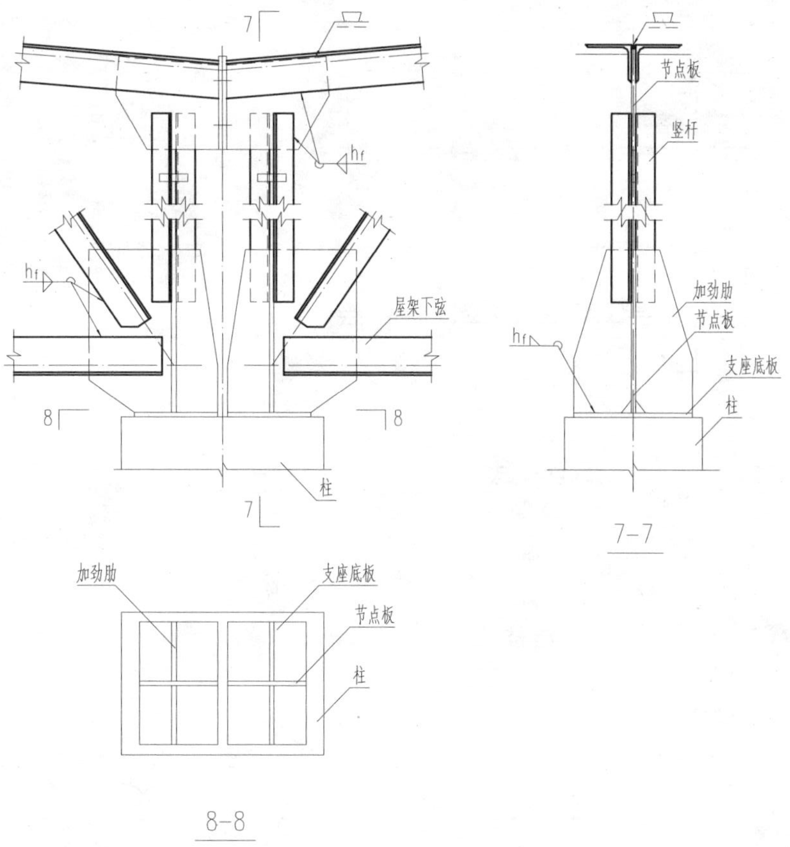

4 铰接节点(四) S5.2.3-004

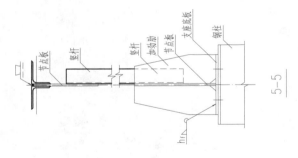

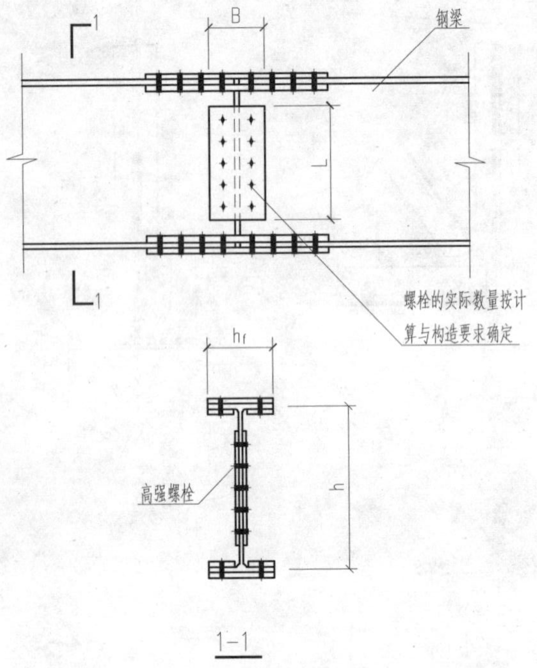

梁梁拼接节点详图一
S6.1-001

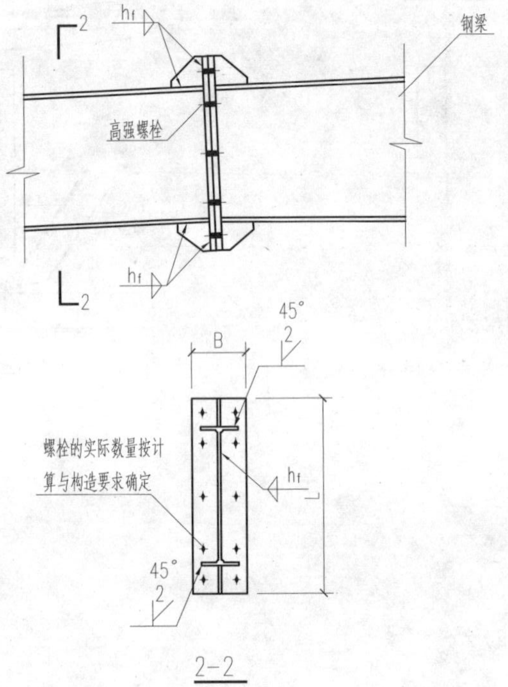

梁梁拼接节点详图二
S6.1-002

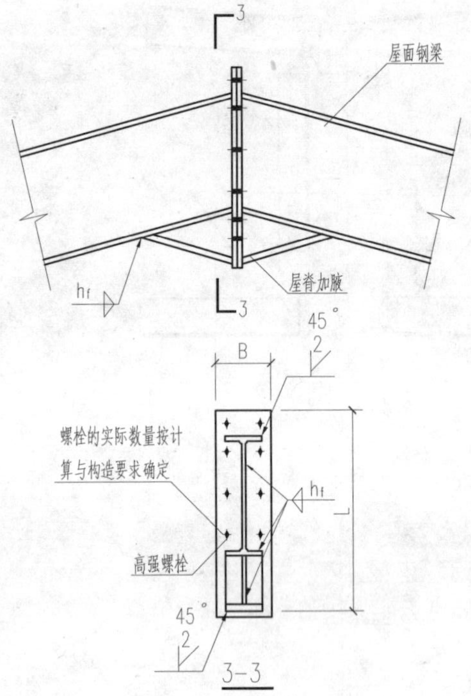

屋脊处梁梁节点加腋构造详图
S6.1-003

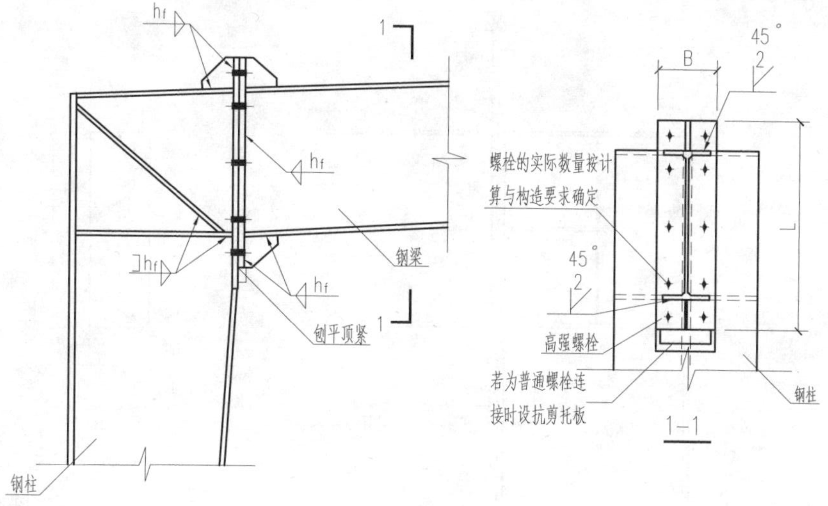

1 边跨梁柱连接节点详图一
S6.2.1-001

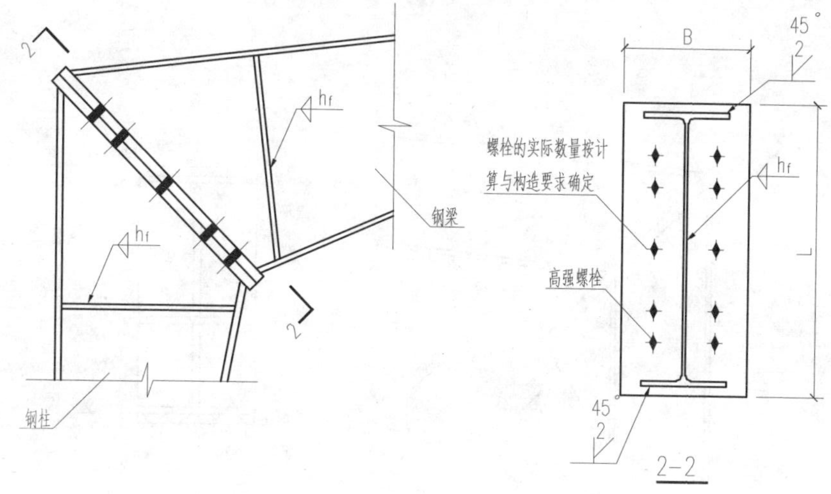

2 边跨梁柱连接节点详图二
S6.2.1-002

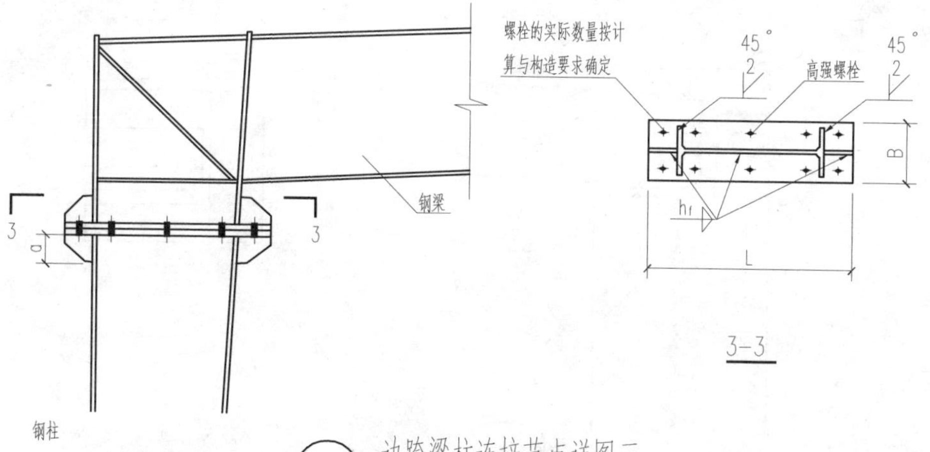

3 边跨梁柱连接节点详图三
S6.2.1-003

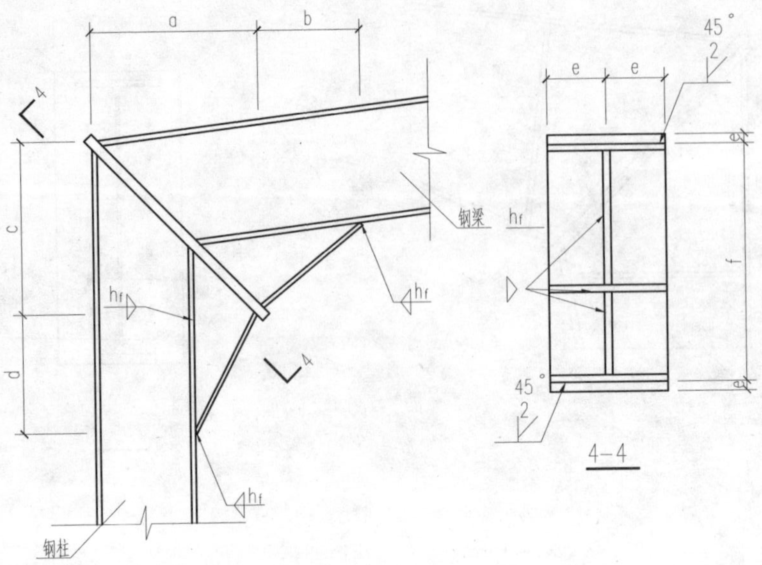

④ 边跨梁柱连接节点详图四
S6.2.1-004

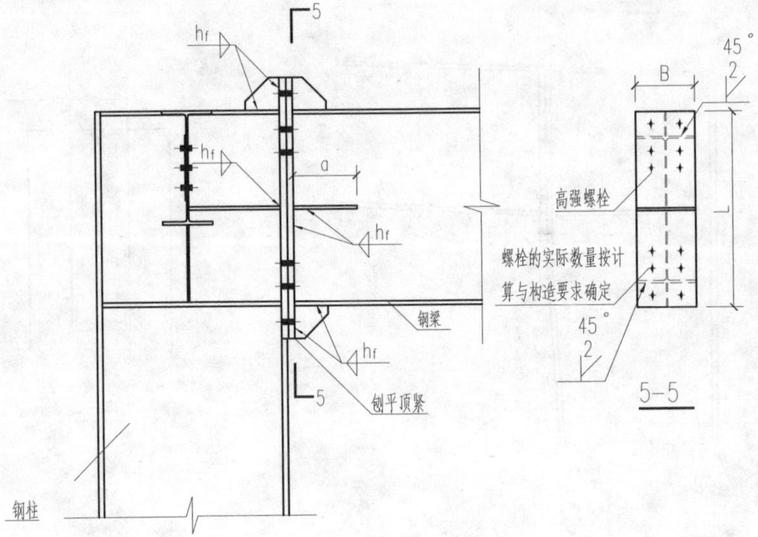

⑤ 边跨梁柱连接节点详图五
S6.2.1-005

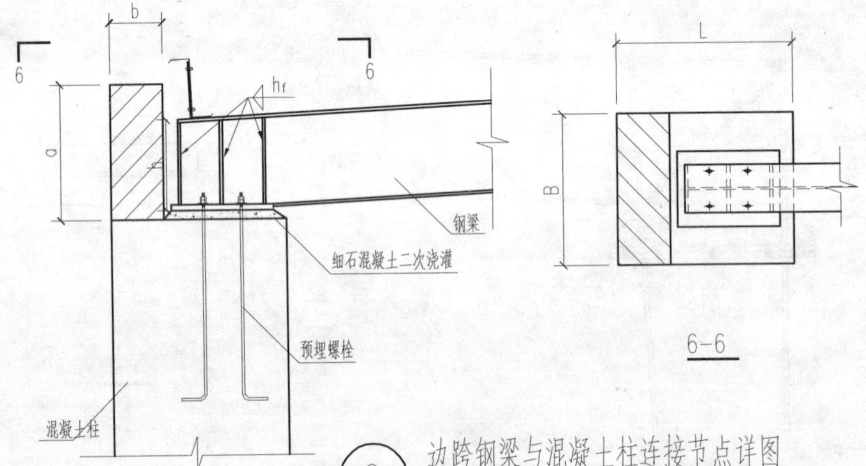

⑥ 边跨钢梁与混凝土柱连接节点详图
S6.2.1-006

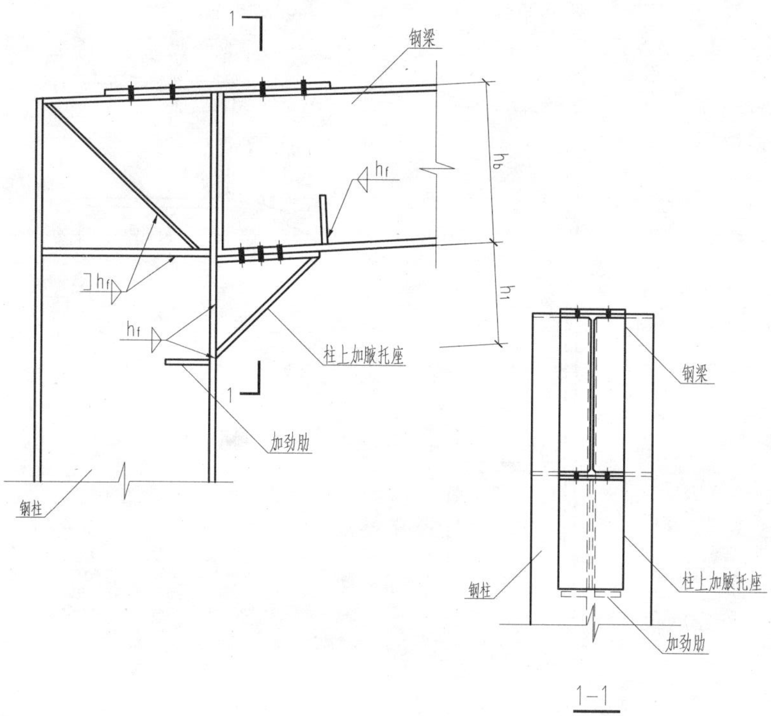

① 边跨梁柱节点加腋构造详图一
S6.2.2-001

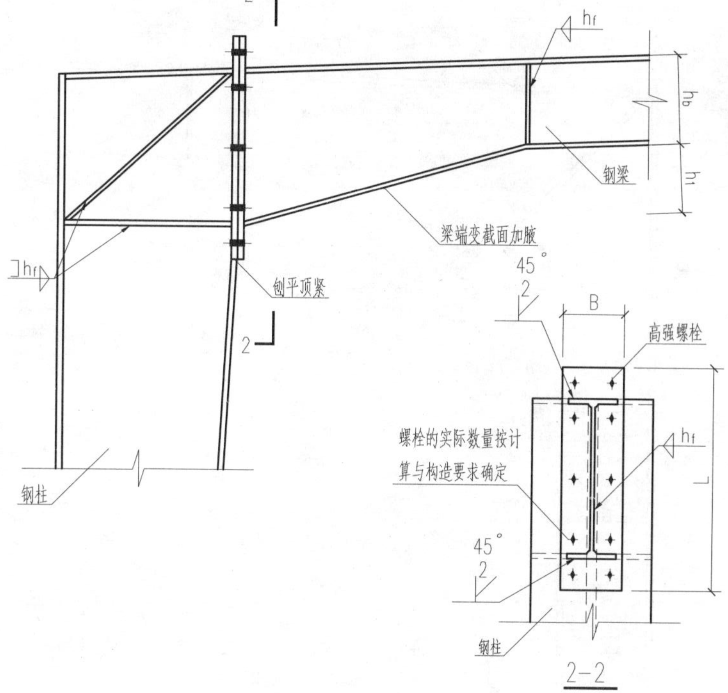

② 边跨梁柱节点加腋构造详图二
S6.2.2-002

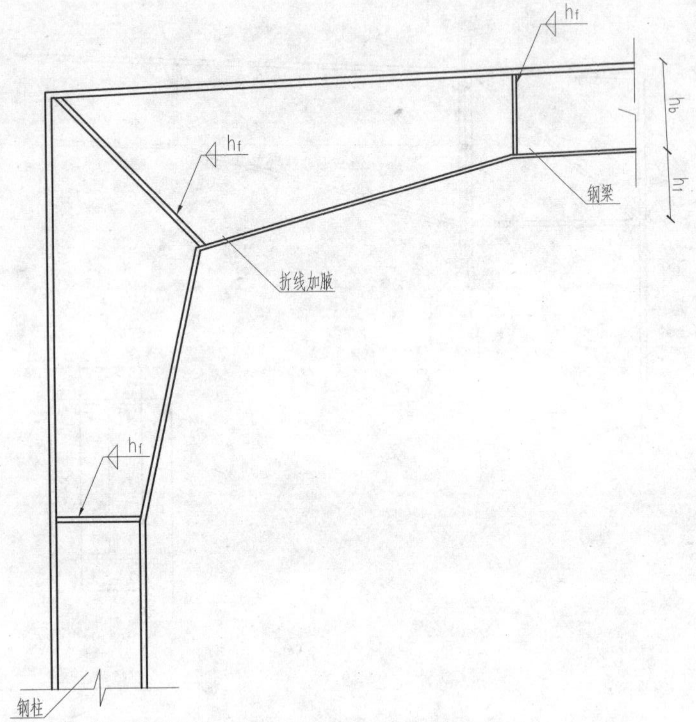

3 边跨梁柱节点加腋构造详图三
S6.2.2-003

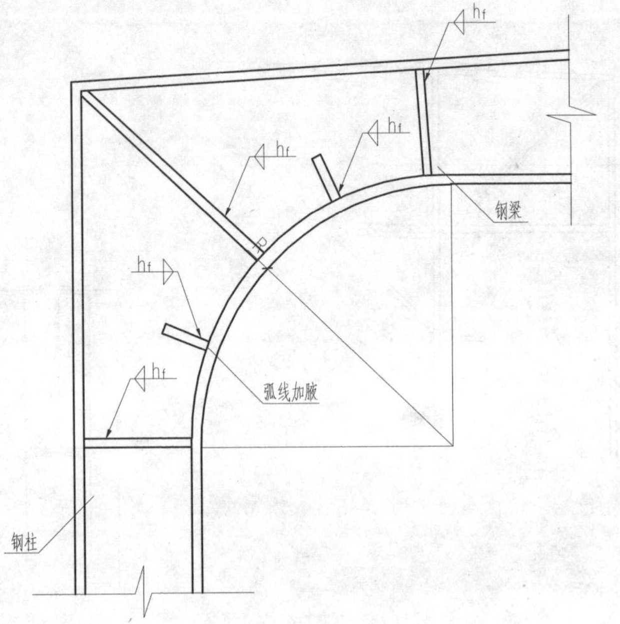

4 边跨梁柱节点加腋构造详图四
S6.2.2-004

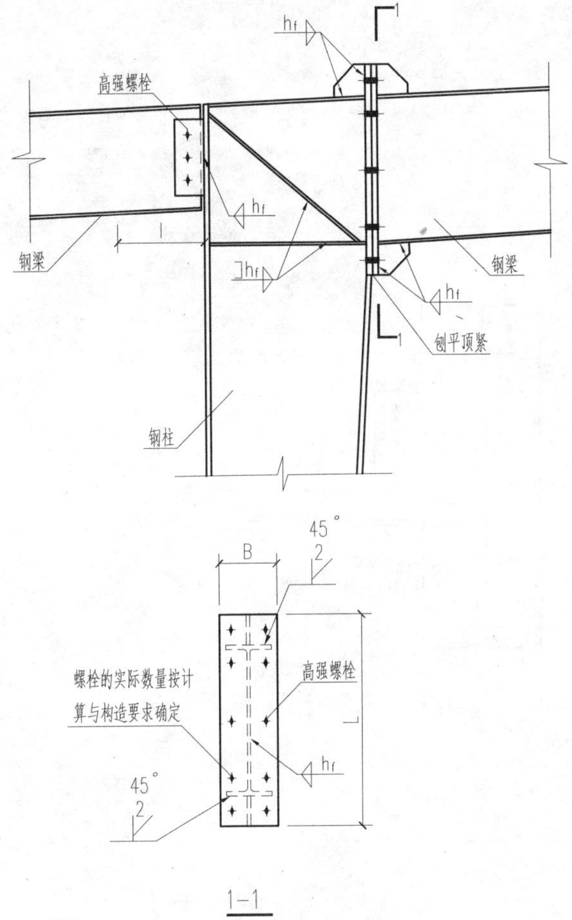

① 中跨梁柱连接节点详图一 S6.2.3-001

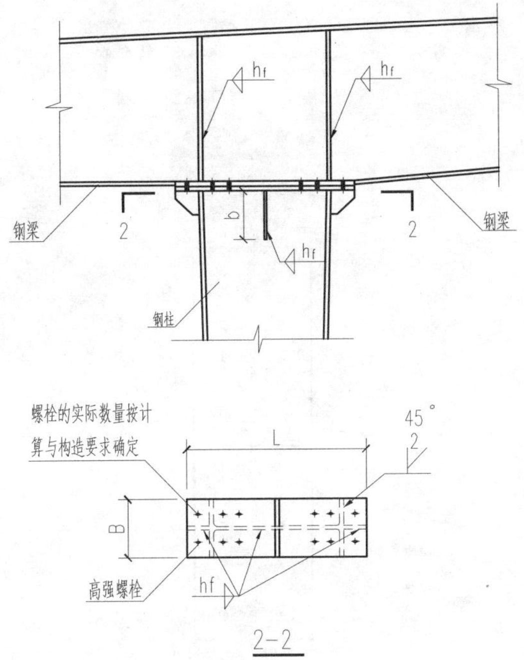

② 中跨梁柱连接节点详图二 S6.2.3-002

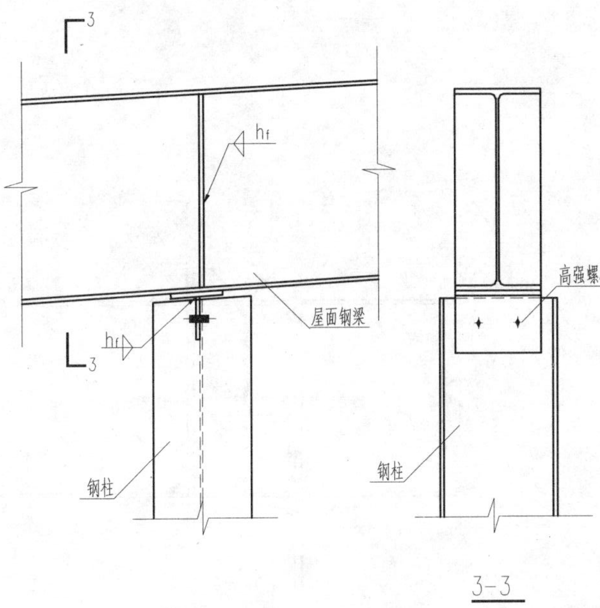

③ 中跨梁柱连接节点详图三 S6.2.3-003

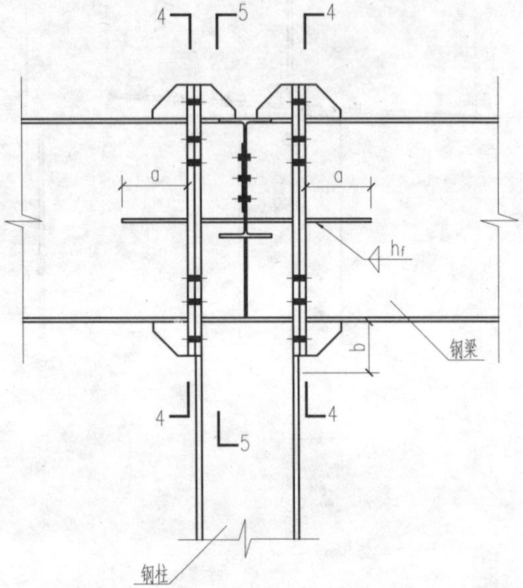

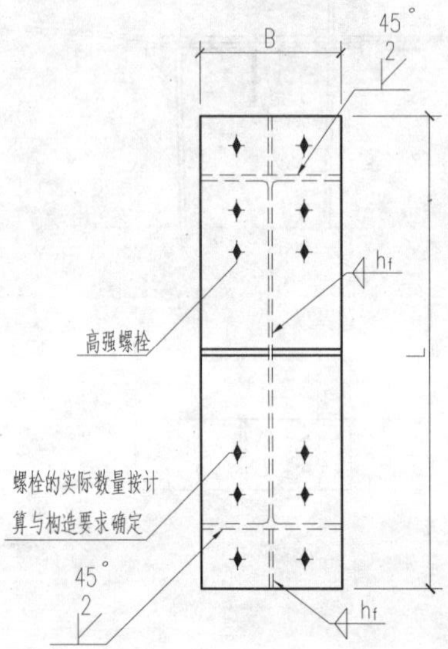

4-4

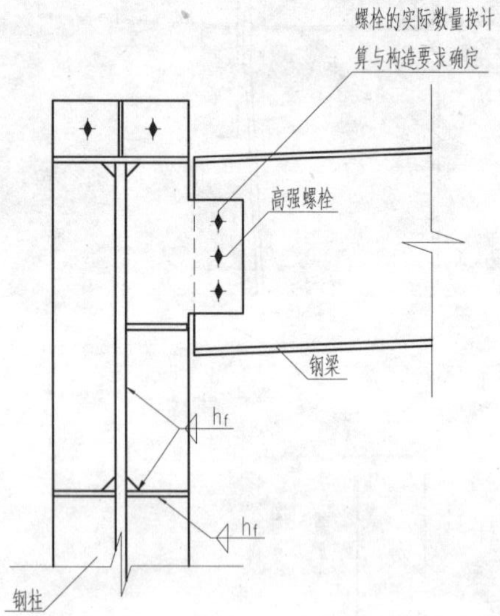

5-5

④ 中跨梁柱连接节点详图四
S6.2.3-004

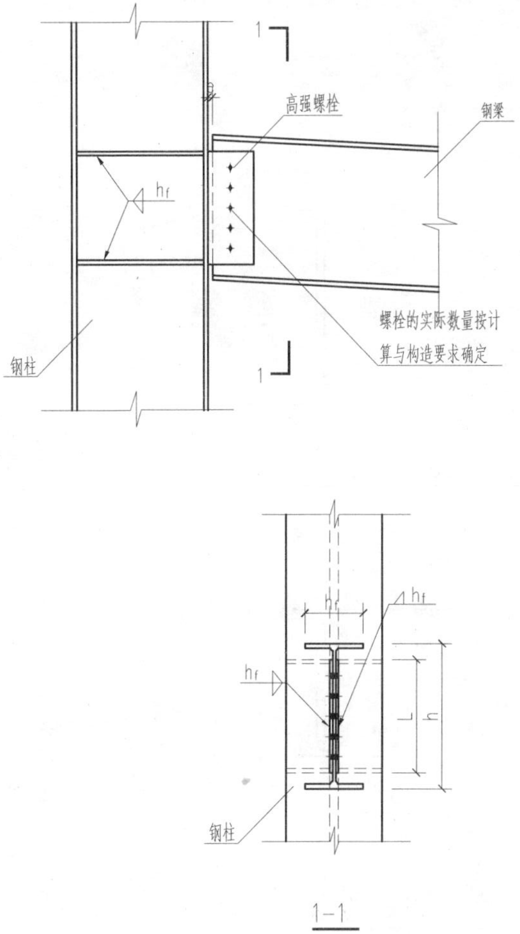

① 高低跨中跨梁柱节点详图一
S6.2.4-001

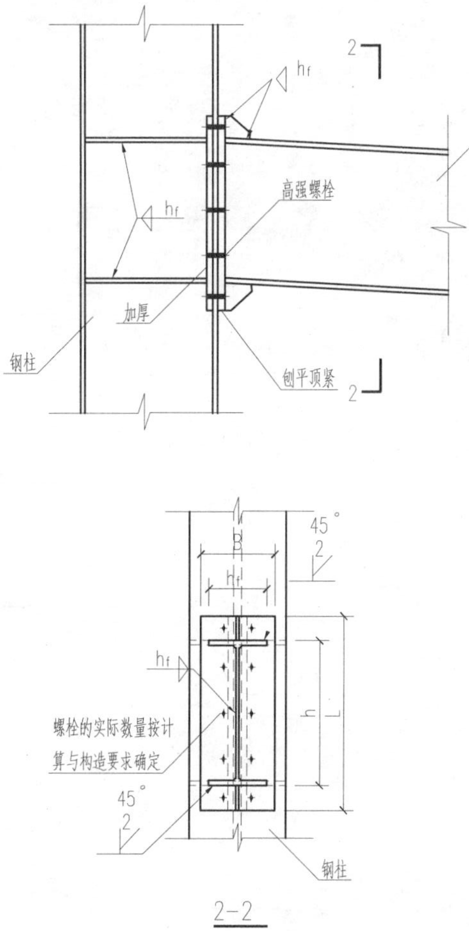

② 高低跨中跨梁柱节点详图二
S6.2.4-002

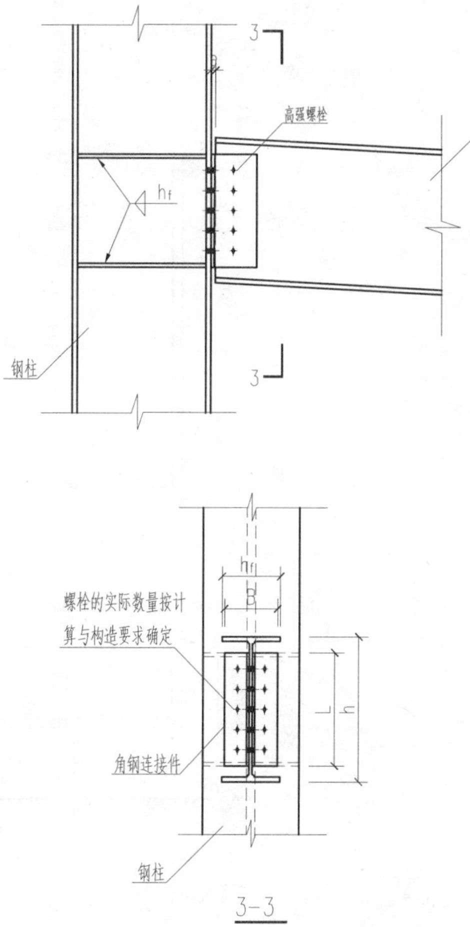

③ 高低跨中跨梁柱节点详图三
S6.2.4-003

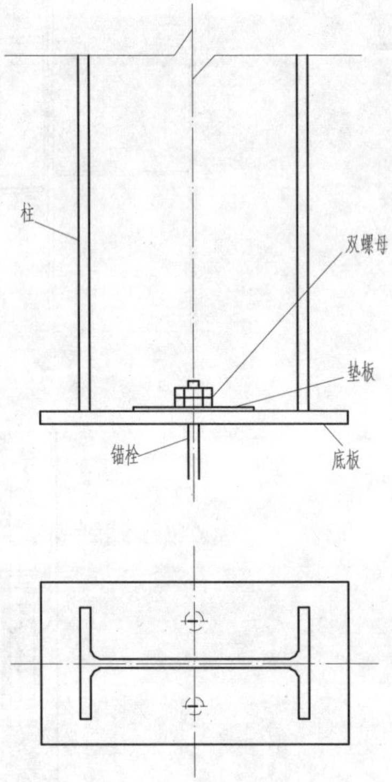

① 铰接柱脚节点构造详图一
S6.3.1-001

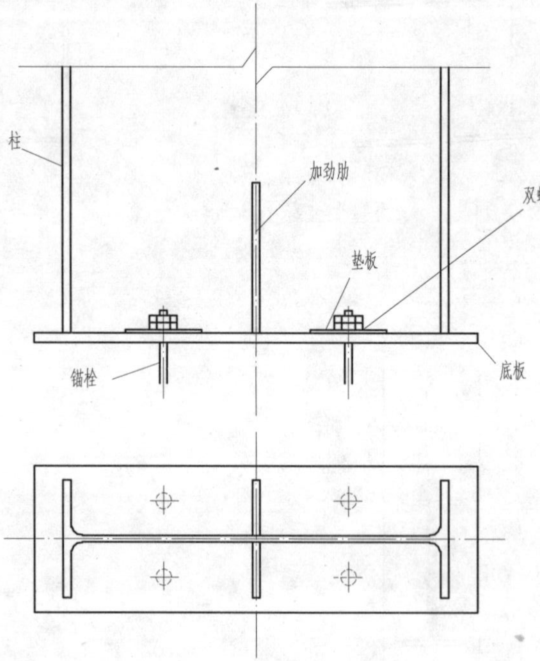

② 铰接柱脚节点构造详图二
S6.3.1-002

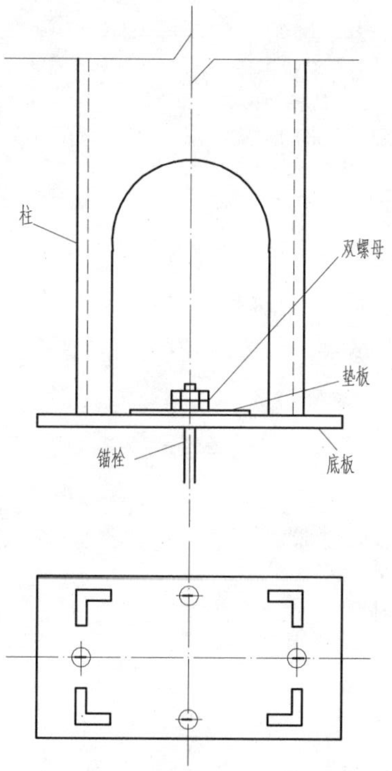

③ 铰接柱脚节点构造详图三
S6.3.1-003

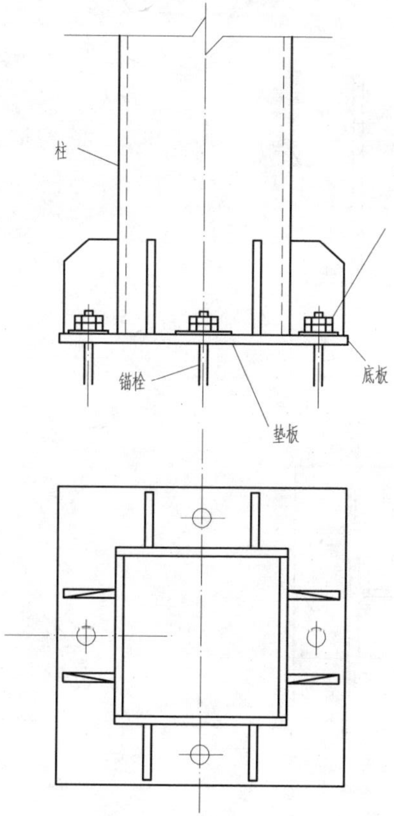

④ 铰接柱脚节点构造详图四
S6.3.1-004

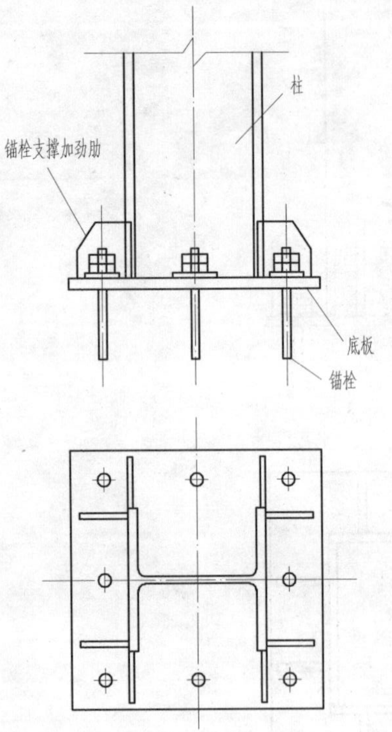

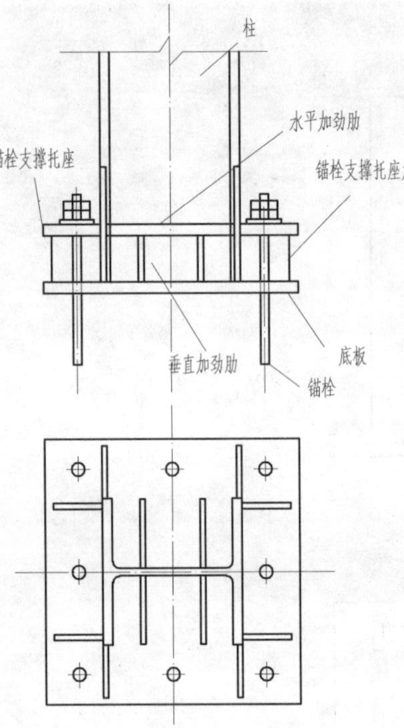

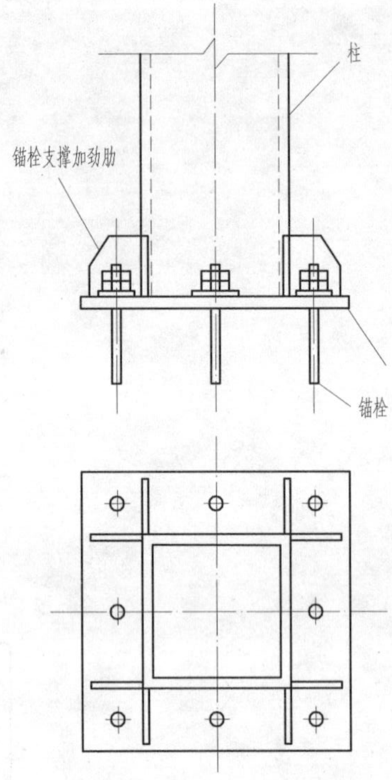

① 刚接柱脚节点构造详图一 S6.3.2-001

② 刚接柱脚节点构造详图二 S6.3.2-002

③ 刚接柱脚节点构造详图三 S6.3.2-003

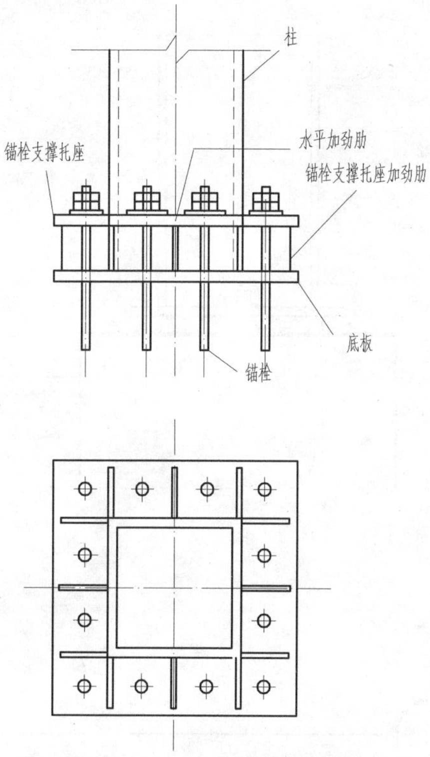

4 刚接柱脚节点构造详图四
S6.3.2-004

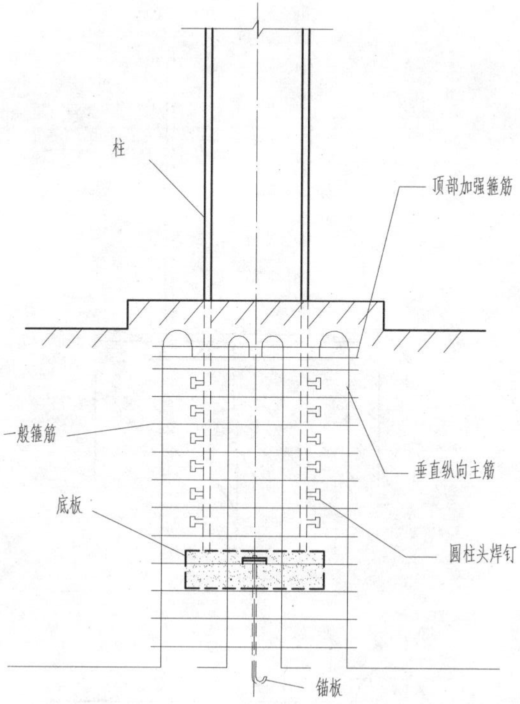

5 刚接柱脚节点构造详图五
S6.3.2-005

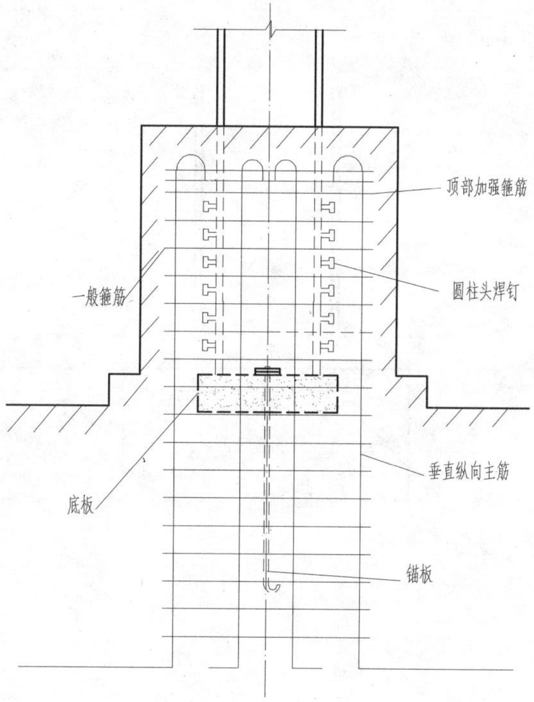

6 刚接柱脚节点构造详图六
S6.3.2-006

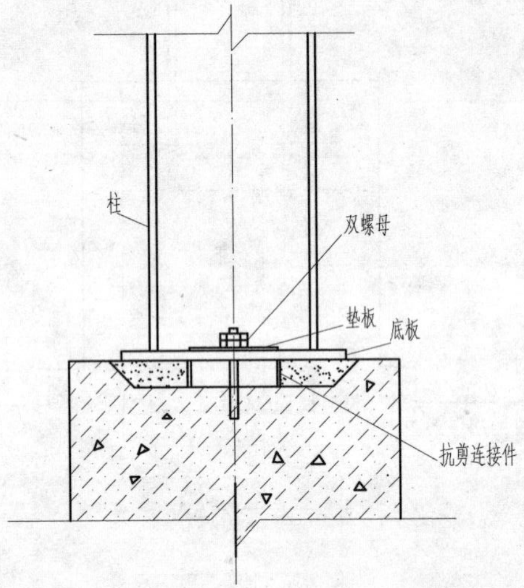

1 柱脚抗剪键节点构造详图一
S6.3.3-001

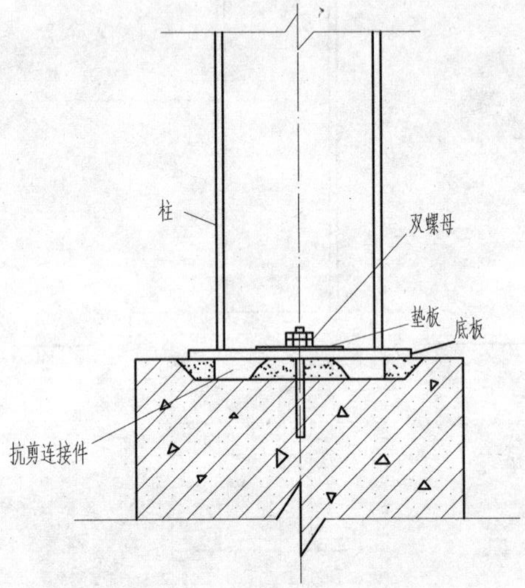

2 柱脚抗剪键节点构造详图二
S6.3.3-002

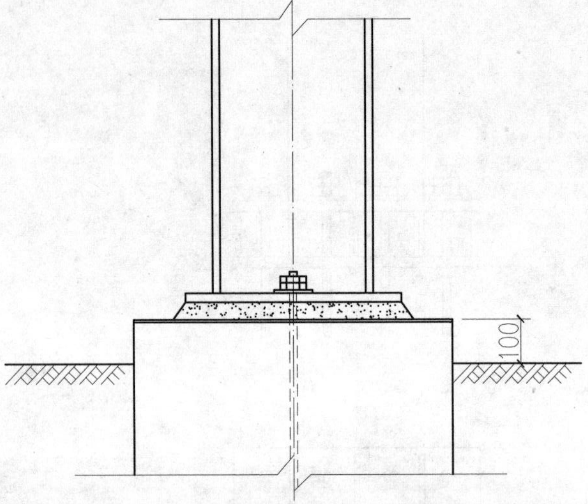

5 外露式柱脚在地面以上时的防护措施
柱脚高出地面不小于100mm
S6.3.3-005

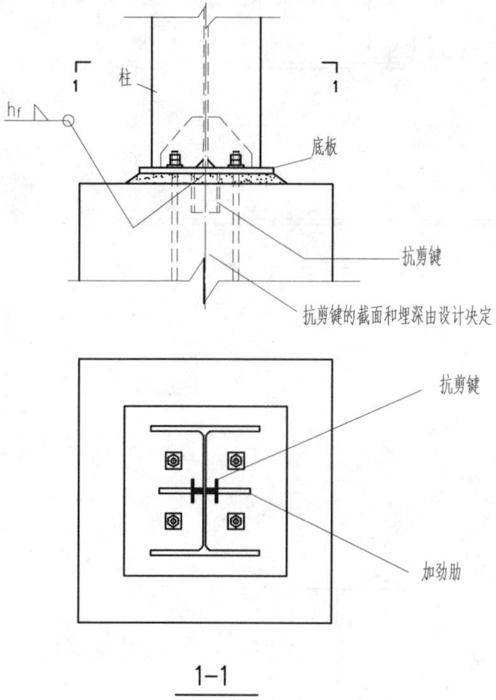

柱脚抗剪键节点构造详图三

外露式柱脚抗剪键的设置
可用工字形截面或方钢

3 S6.3.3-003

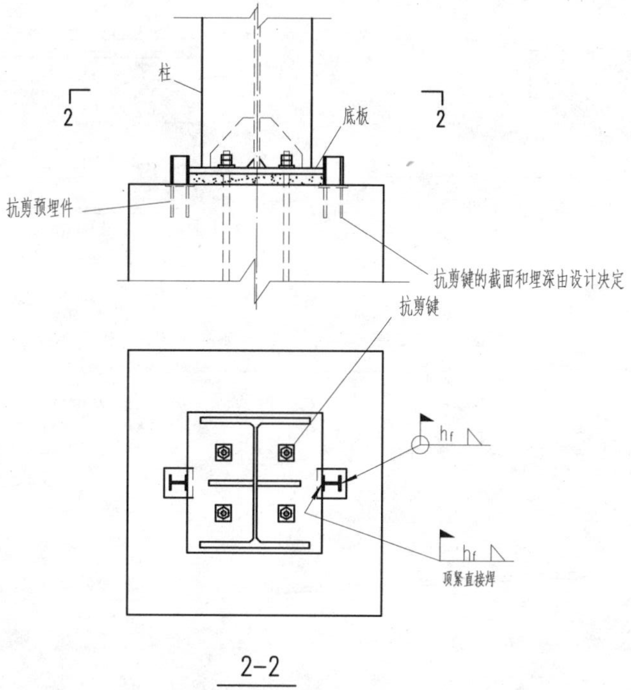

柱脚抗剪键节点构造详图四

外露式柱脚抗剪键的设置
可用工字形、槽形截面或角钢

4 S6.3.3-004

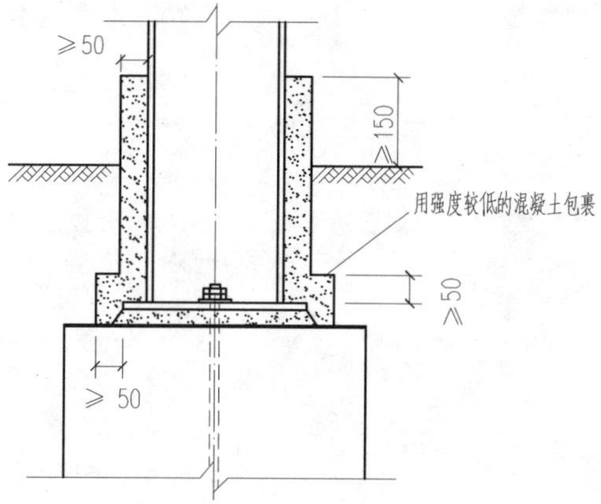

外露式柱脚在地面以下时的防护措施

包裹的混凝土高出地面150mm

6 S6.3.3-006

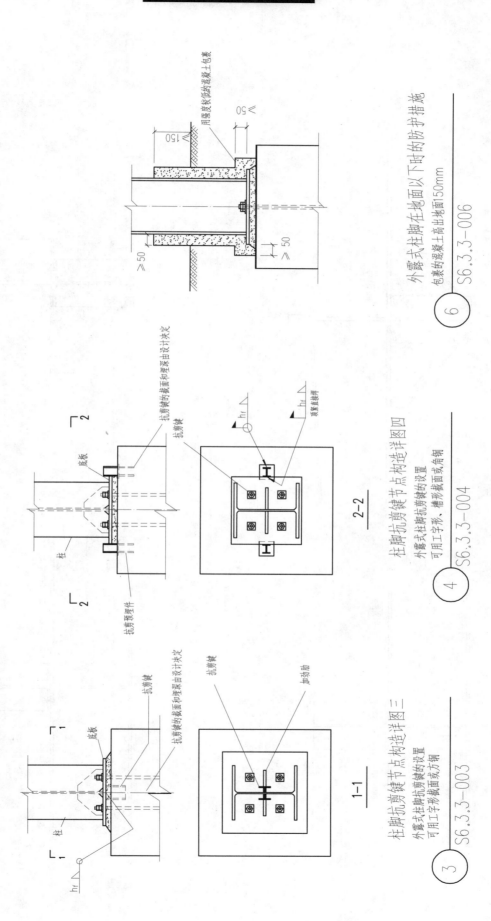

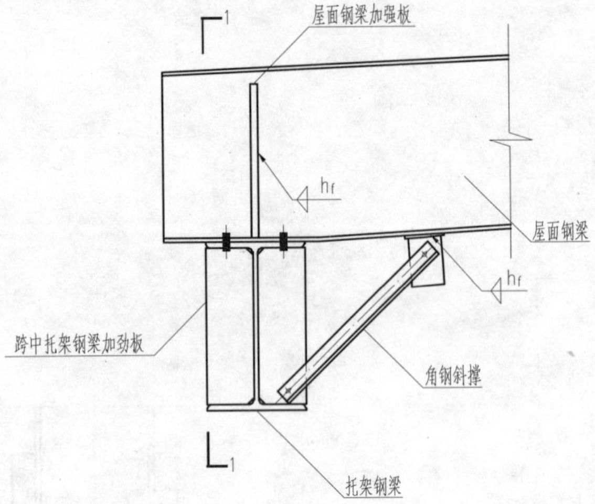

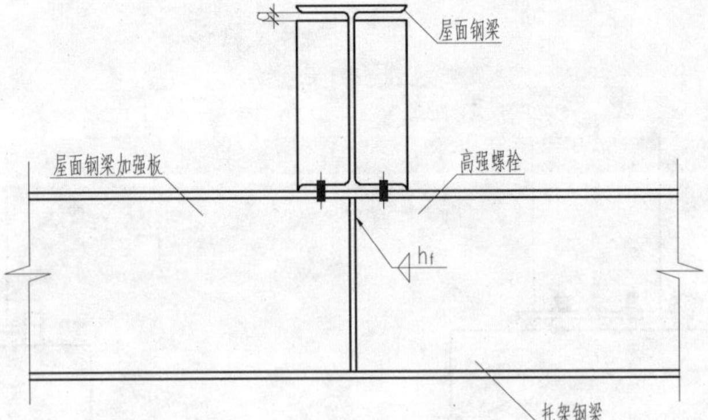

1-1

① 外纵墙托架节点详图
S6.4-001

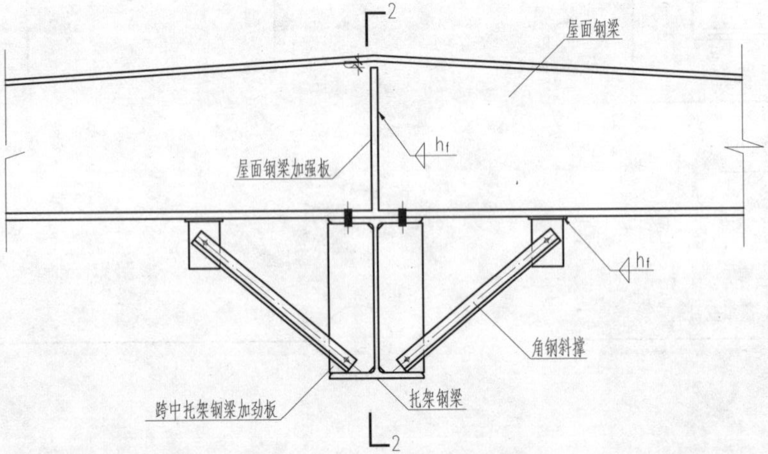

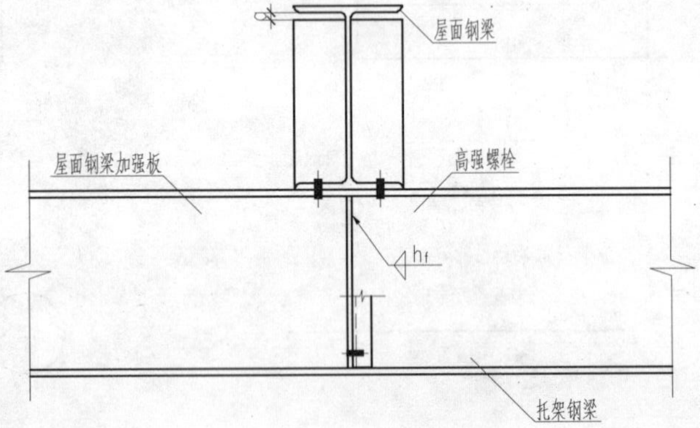

2-2

② 内部托架梁节点详图
S6.4-002

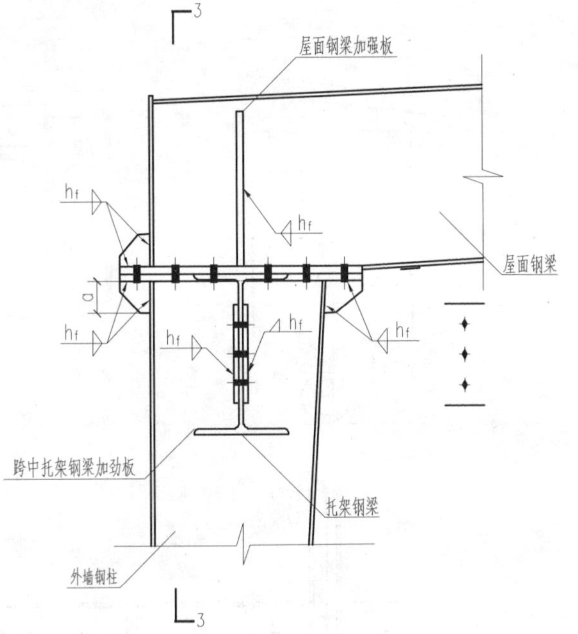

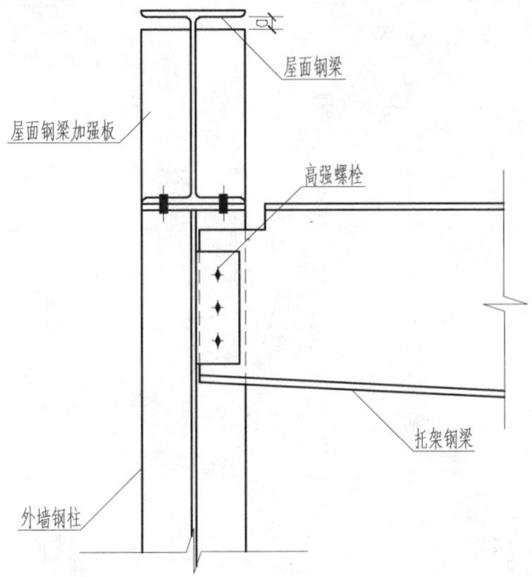

3-3

3 托架梁与柱连接节点详图
S6.4-003

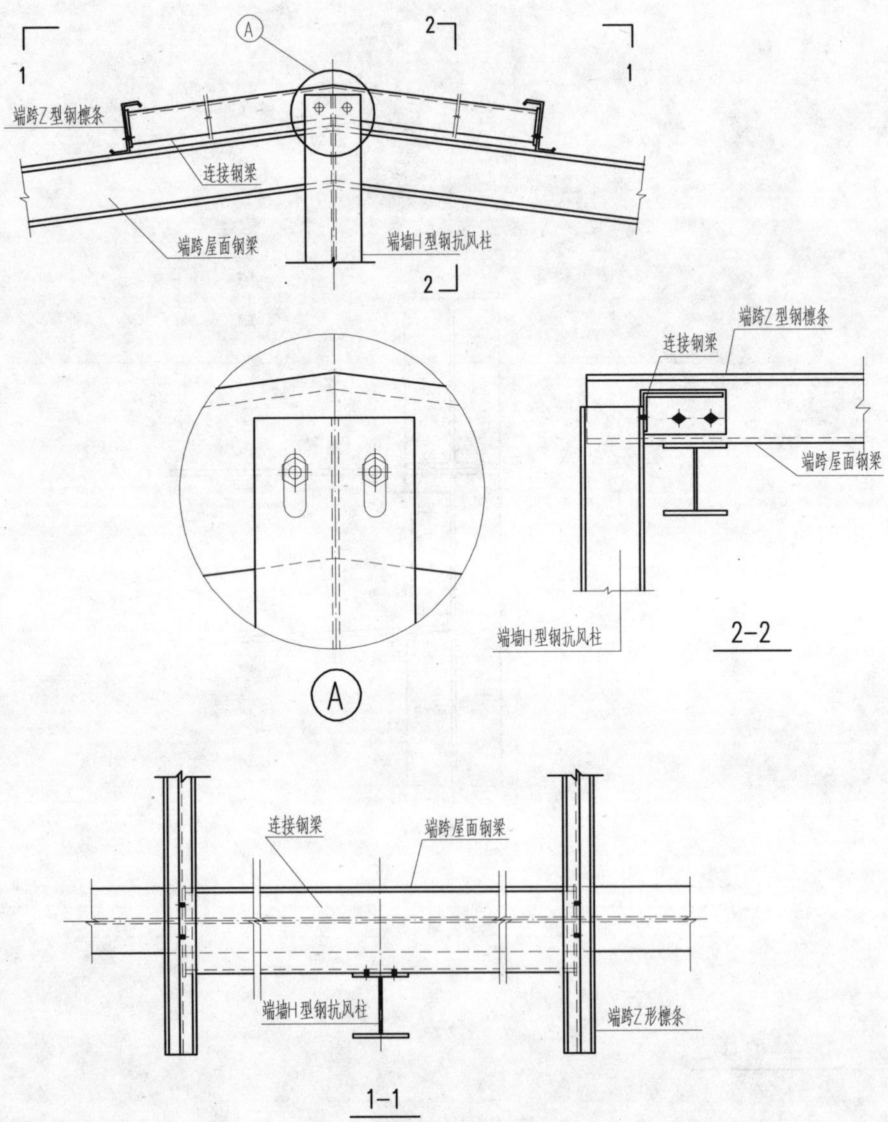

端墙抗风柱节点详图一

S6.5-001

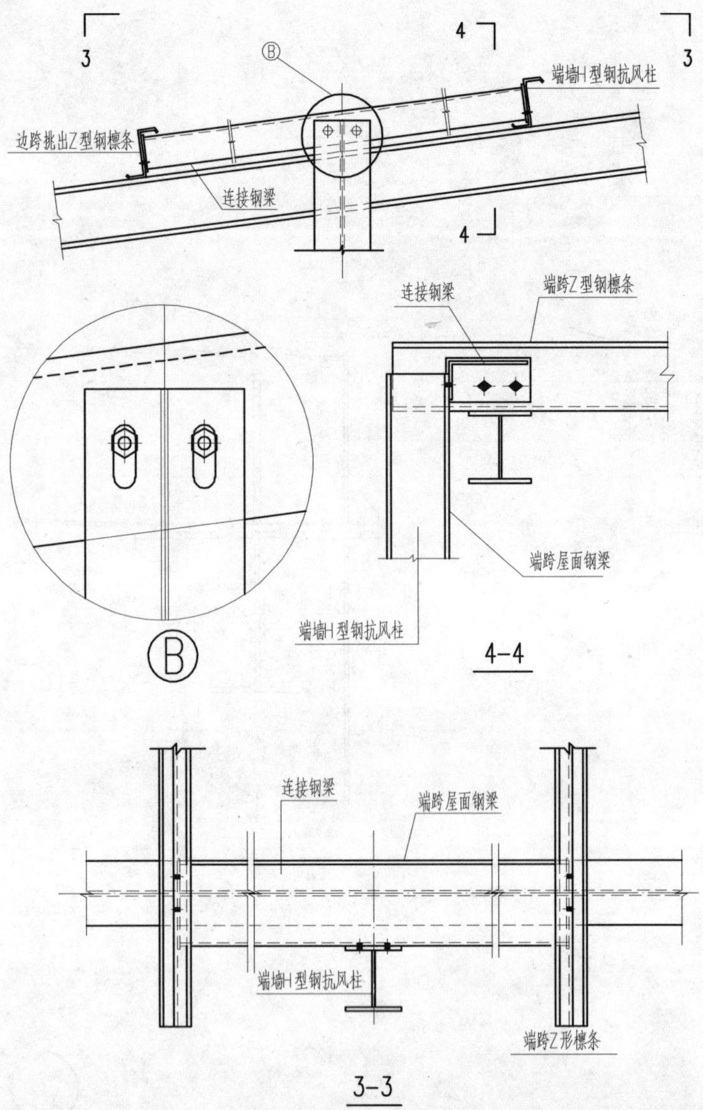

端墙抗风柱节点详图二

S6.5-002

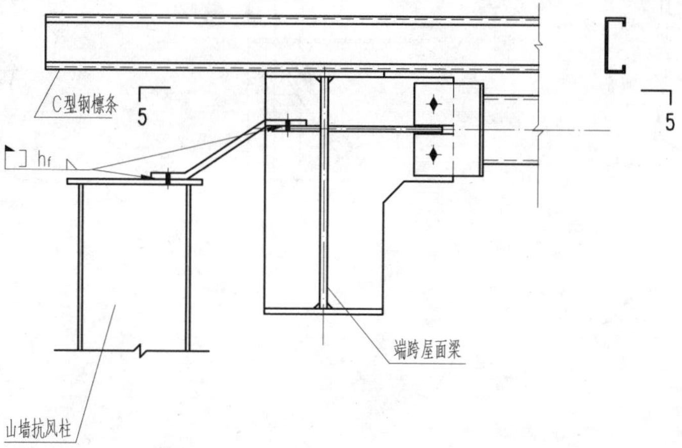

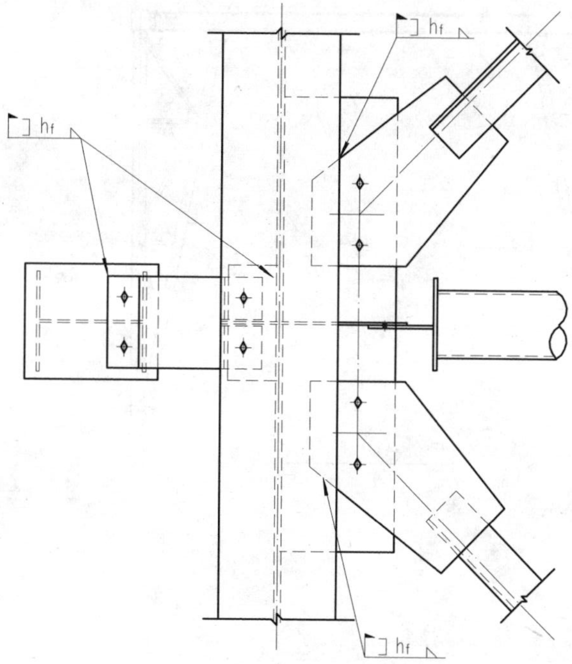

5—5

3 端墙抗风柱节点详图三
S6.5-003

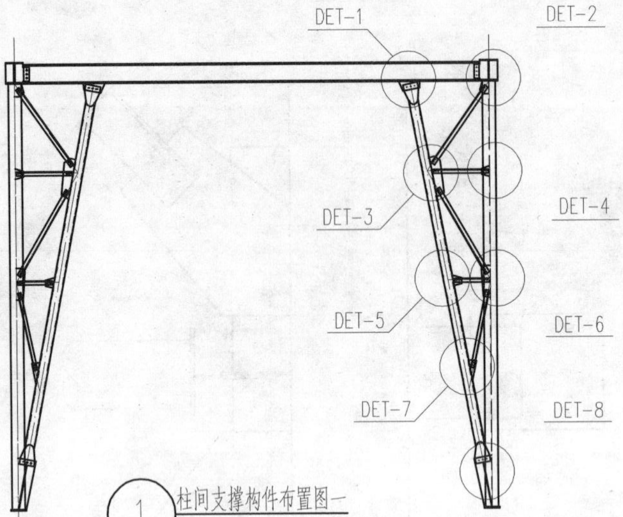

1 柱间支撑构件布置图一
S6.6.1-001

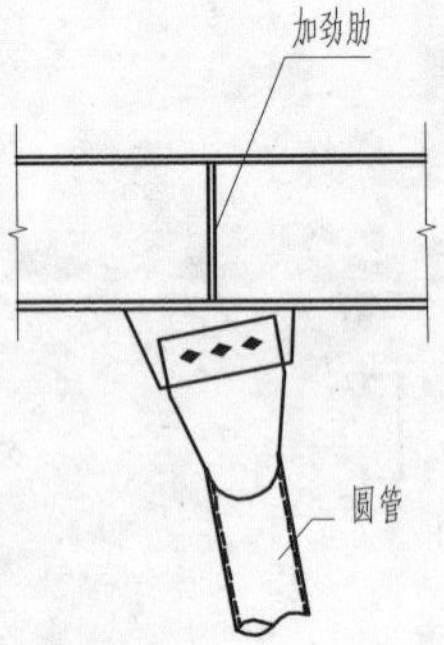

DET-1

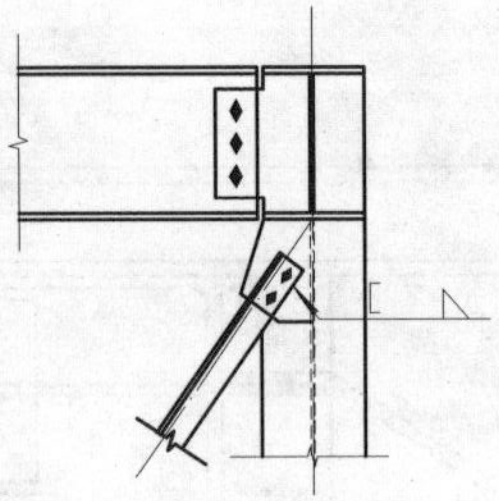

DET-2

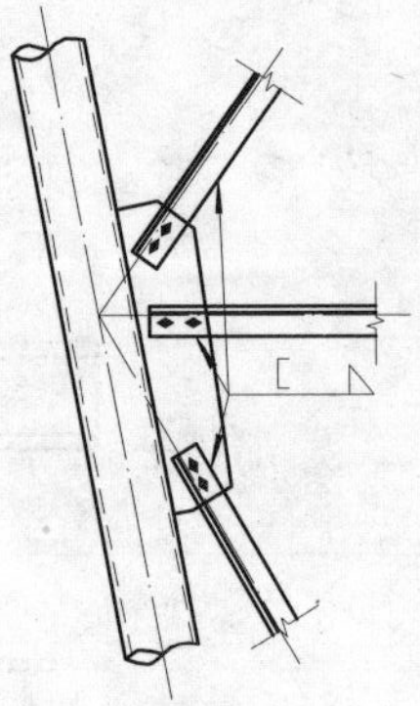

DET-3

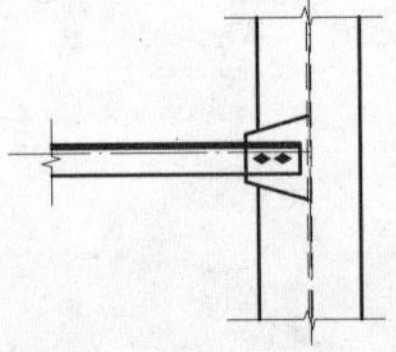

DET-4

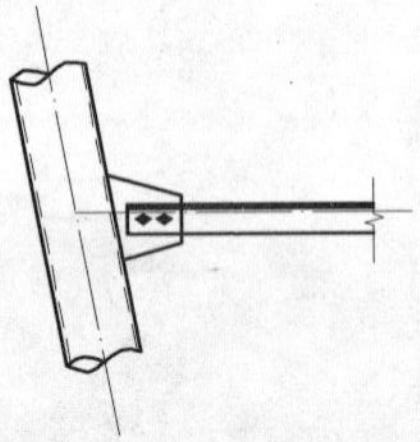

DET-5

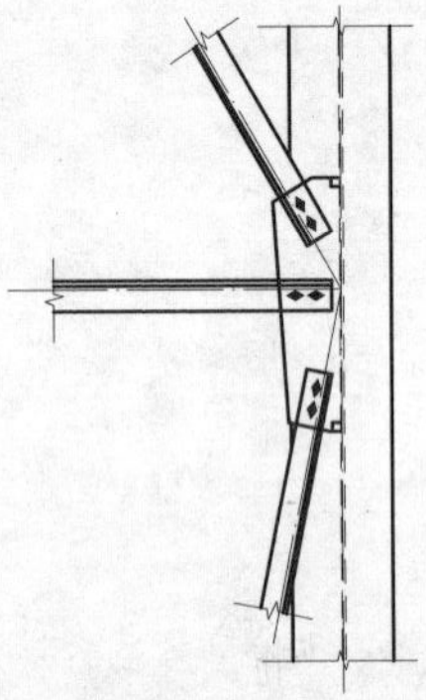

DET-6

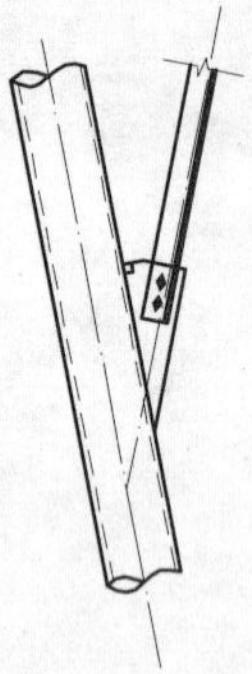

DET-7

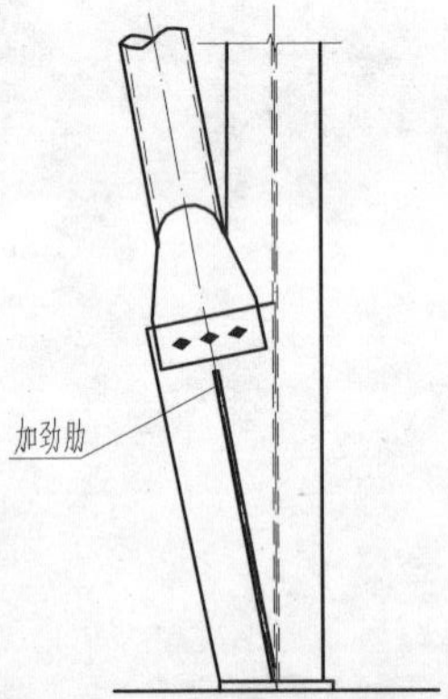

DET-8

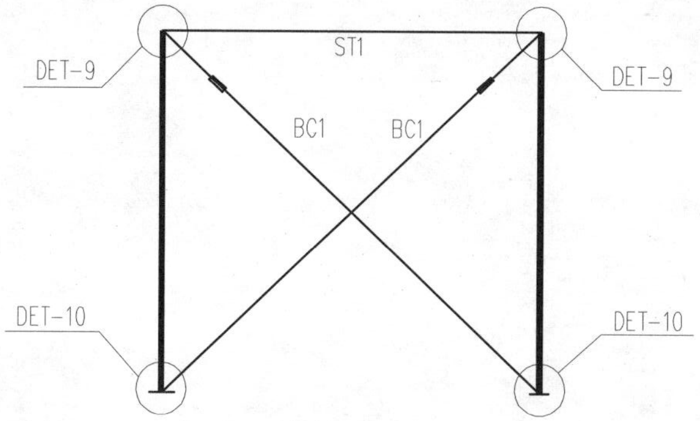

2 柱间支撑构件布置图二
S6.6.1-002

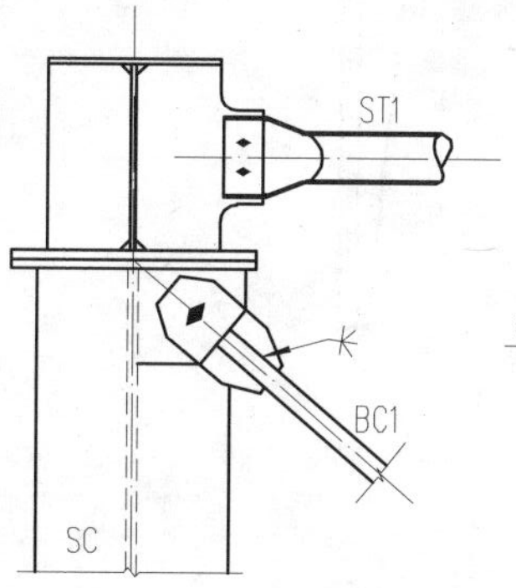

DET-9

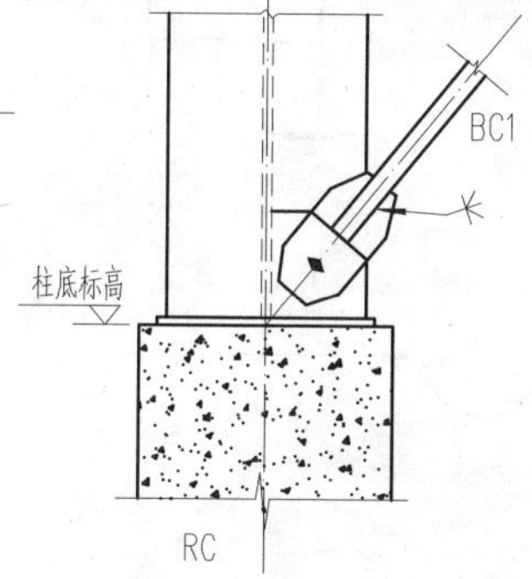

DET-10

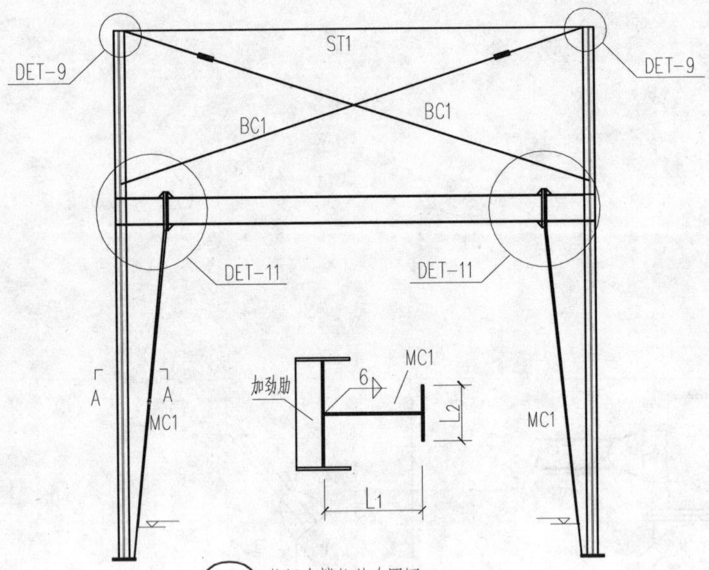

3 柱间支撑构件布置图三 S6.6.1-003

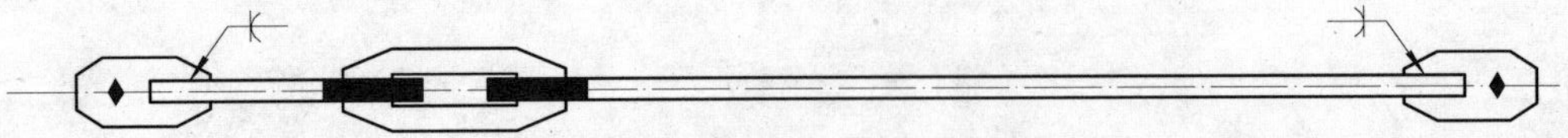

BC1

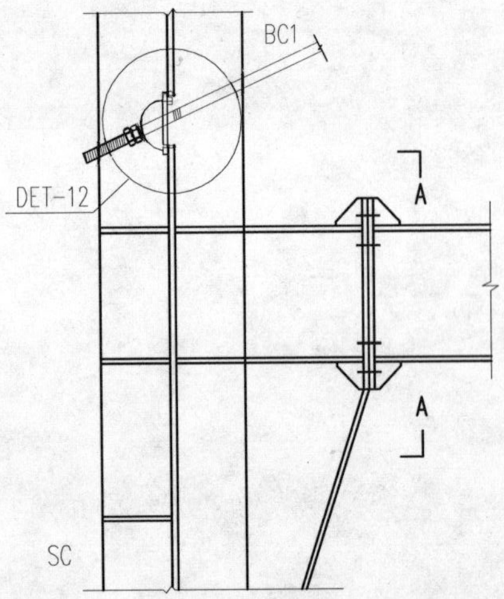

DET-11

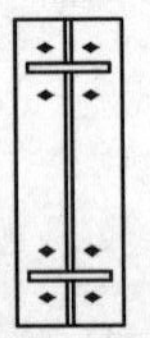

A–A

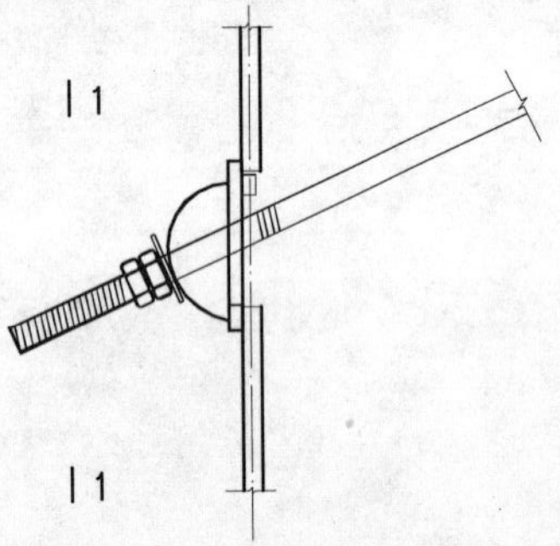

DET-12

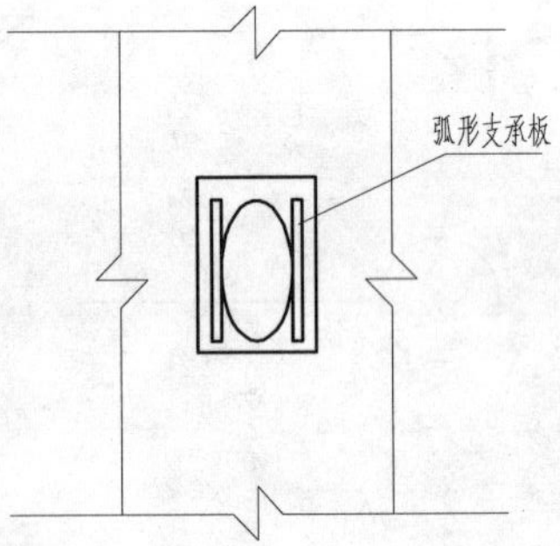

1-1

注:

1.当圆钢直径大于25mm或腹板厚度不大于5mm时，应对支撑孔周围进行加强.

2.圆钢端部应设丝扣，并用花篮螺丝张紧.

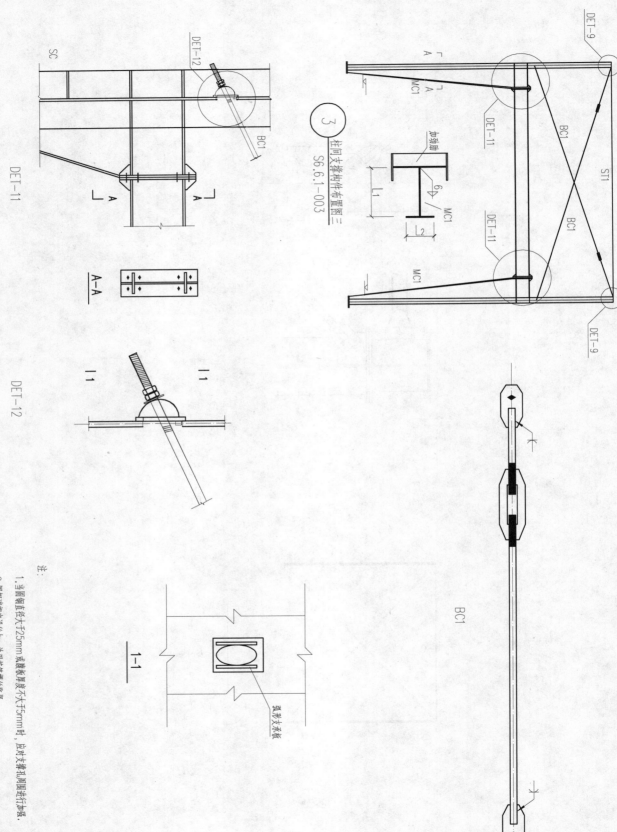

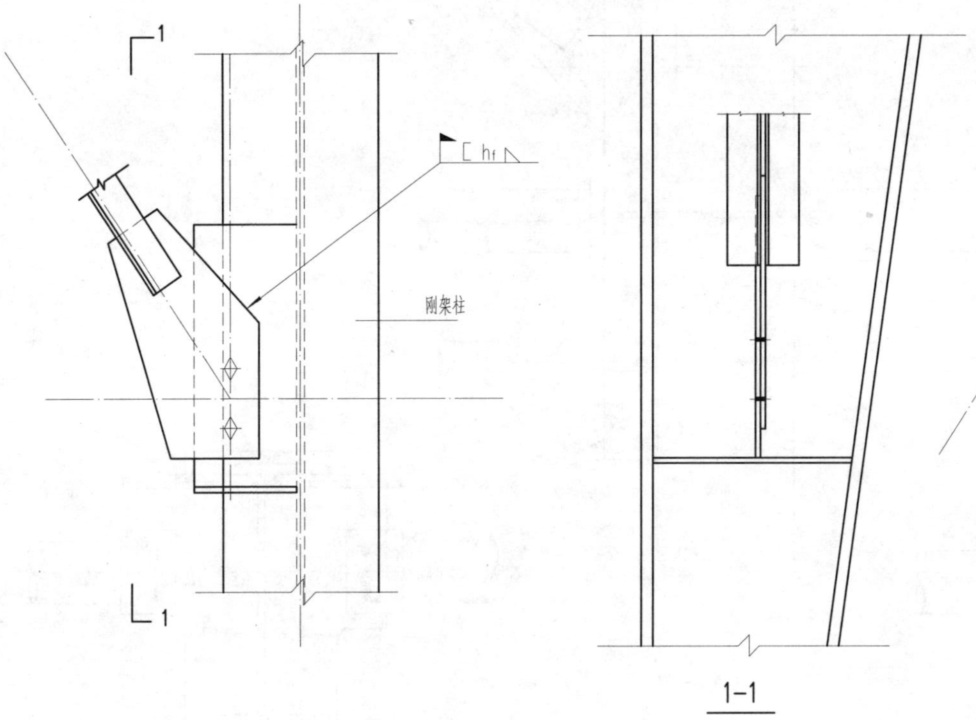

① 柱间支撑下端与柱的连接节点
S6.6.2-001

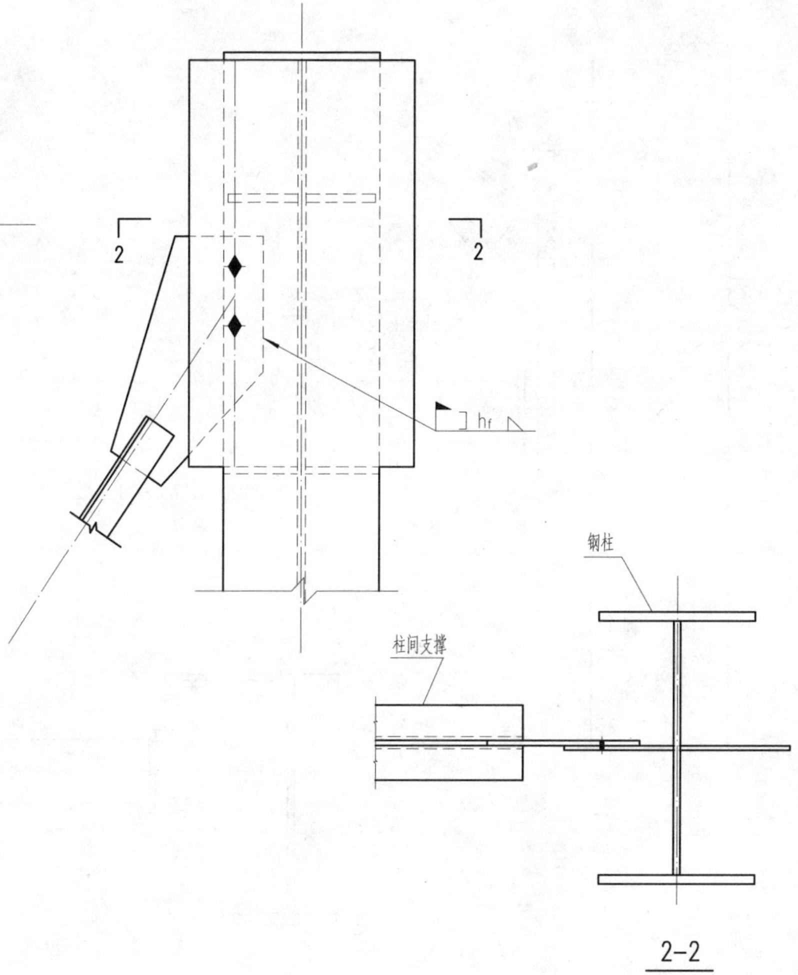

② 柱间支撑上端与柱的连接节点
S6.6.2-002

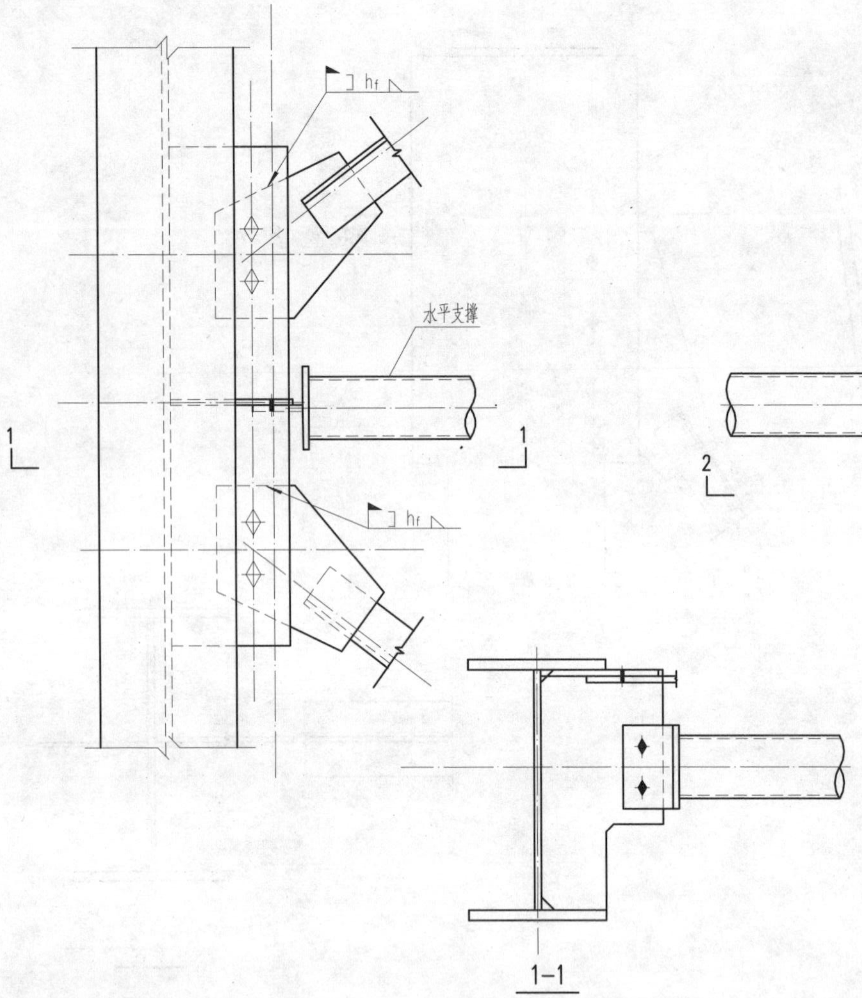

非跨中节点水平支撑及刚性系杆安装节点

单角钢水平支撑

① S6.6.3-001

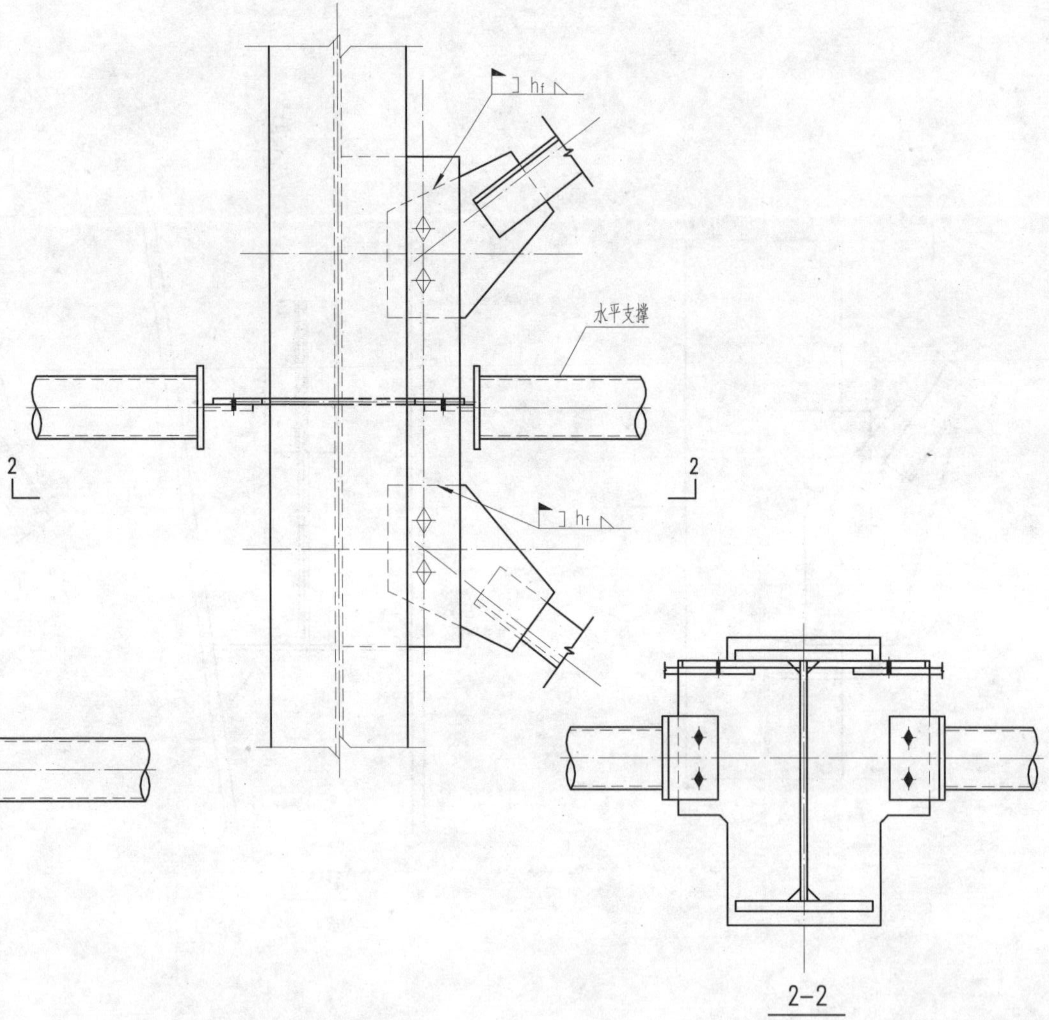

跨中节点水平支撑及刚性系杆连接节点

单角钢水平支撑

② S6.6.3-002

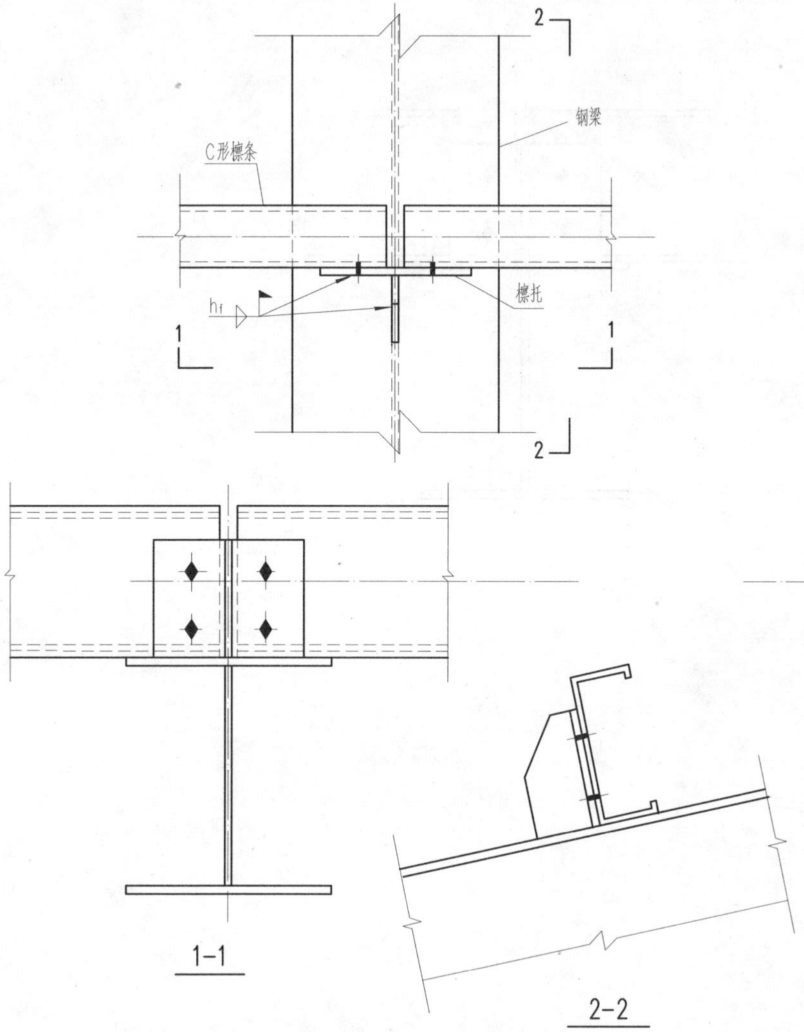

1 C形檩条与钢梁的连接节点
S6.7.1-001

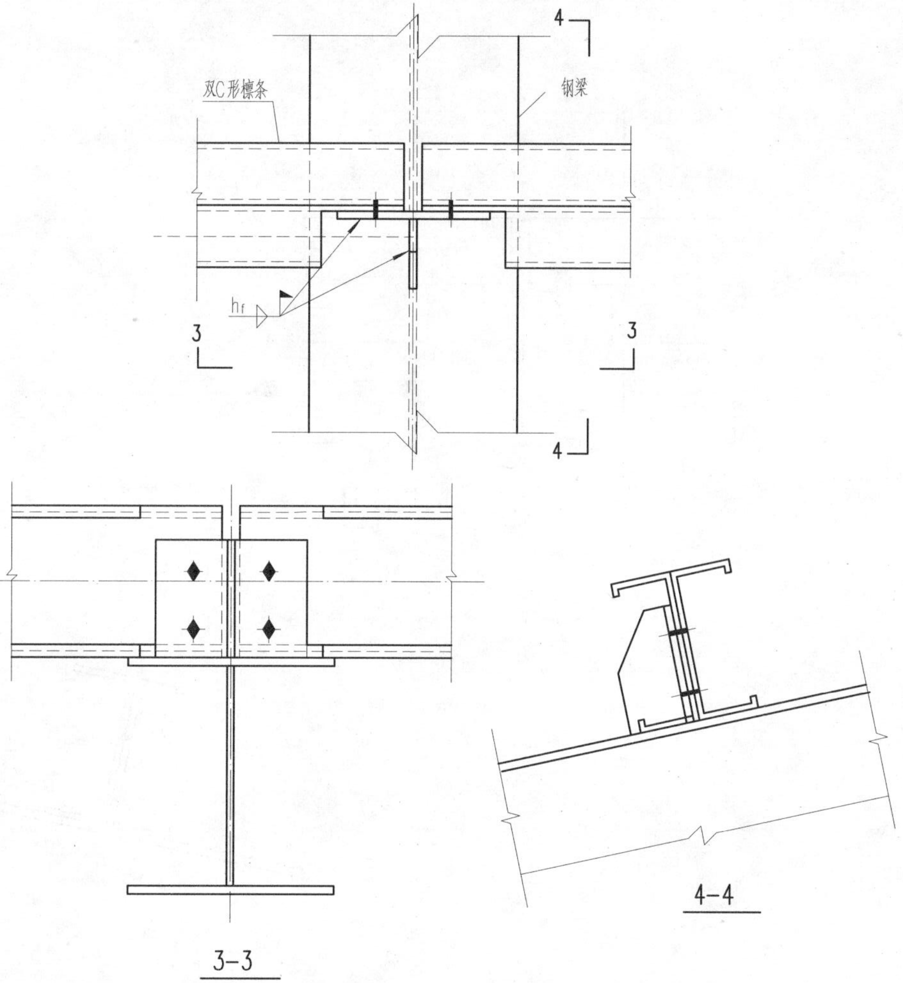

2 双C形檩条与钢梁的连接节点
S6.7.1-002

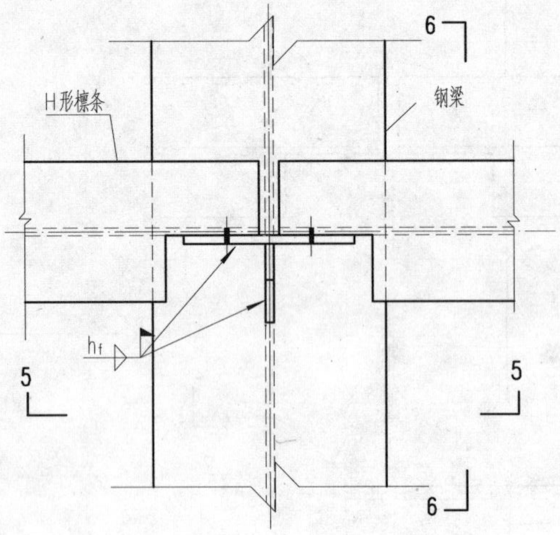

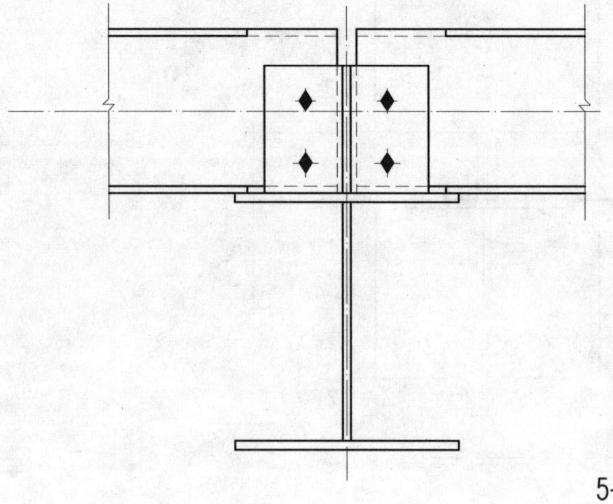

5-5

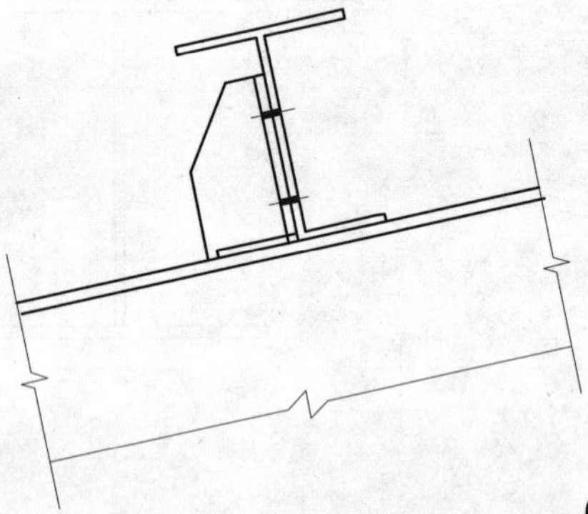

6-6

3 H形檩条与钢梁的连接节点
S6.7.1-003

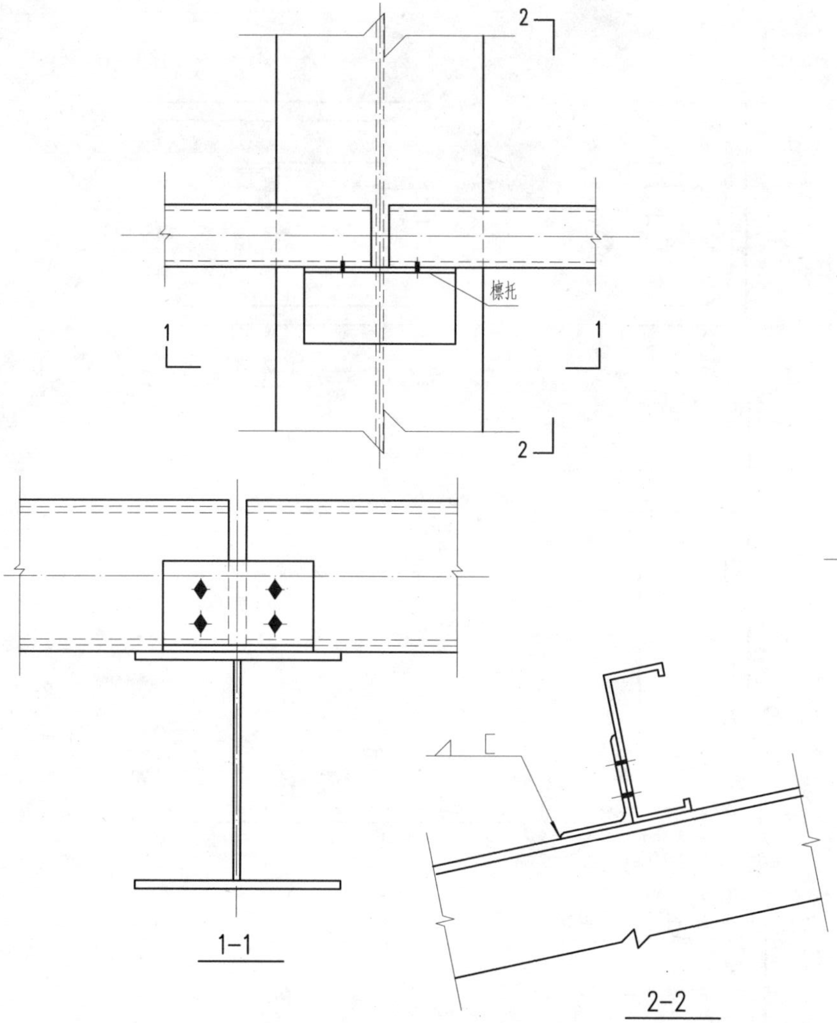

① C形檩条与钢梁的连接节点(二)
S6.7.2-001

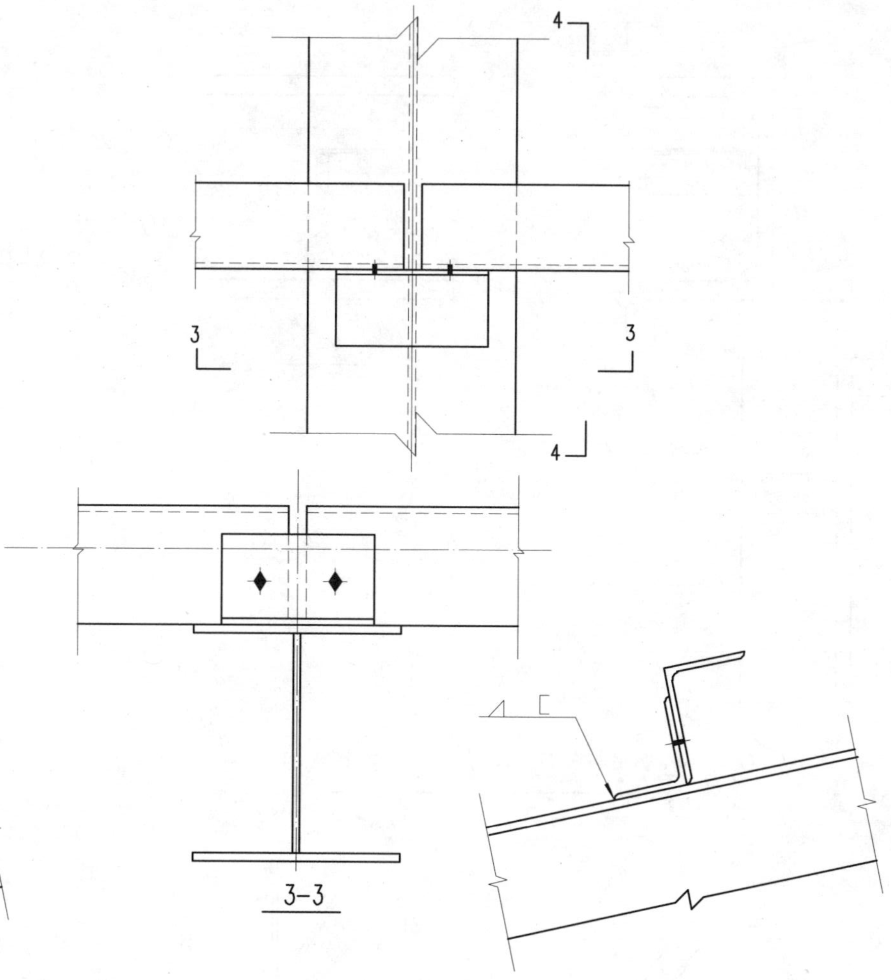

② 角钢檩条与钢梁的连接节点
S6.7.2-002

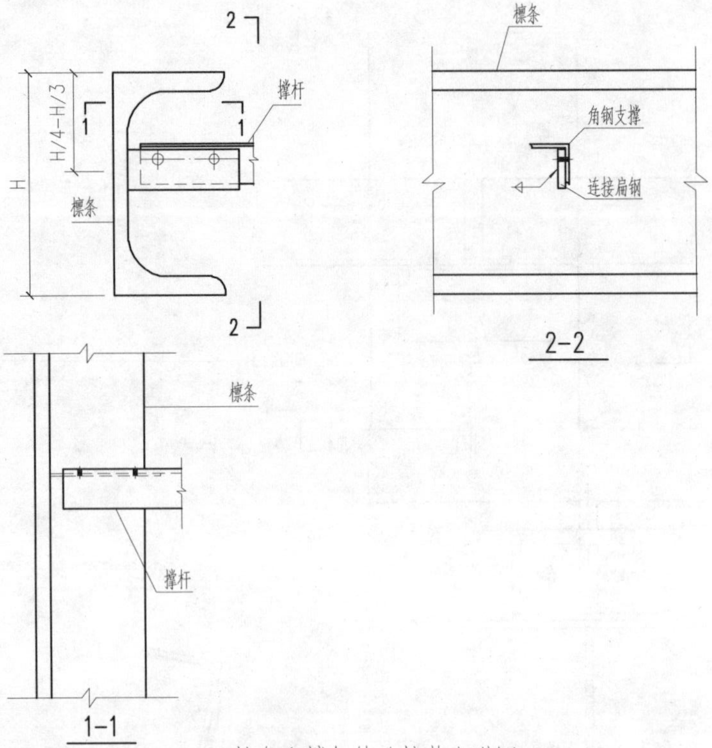

① 檩条和撑杆的连接节点详图一
S6.7.3-001

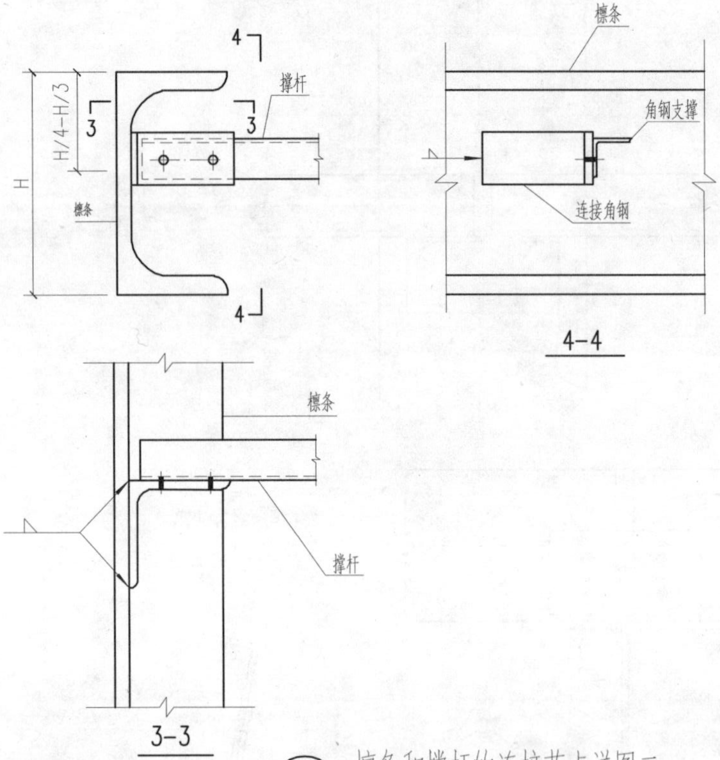

② 檩条和撑杆的连接节点详图二
S6.7.3-002

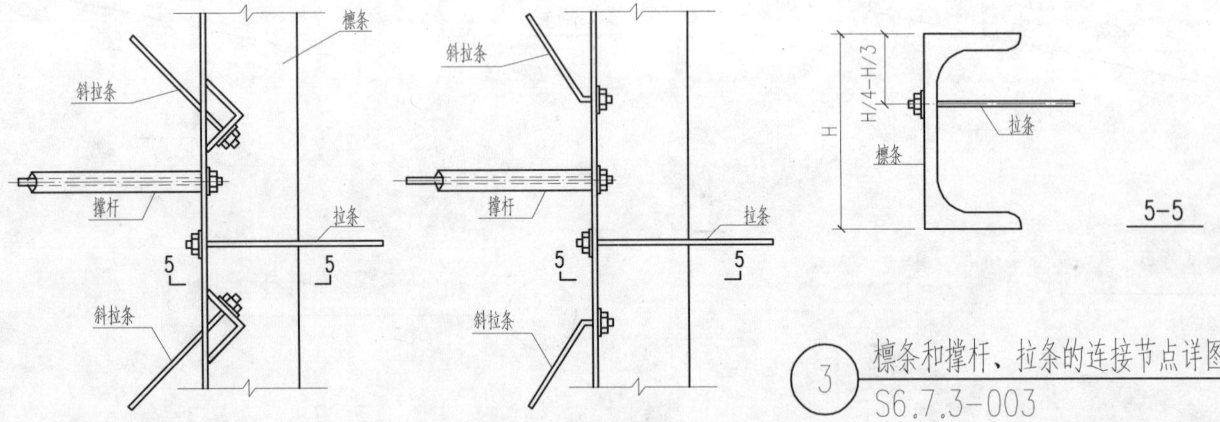

③ 檩条和撑杆、拉条的连接节点详图
S6.7.3-003

曲杆4个螺母

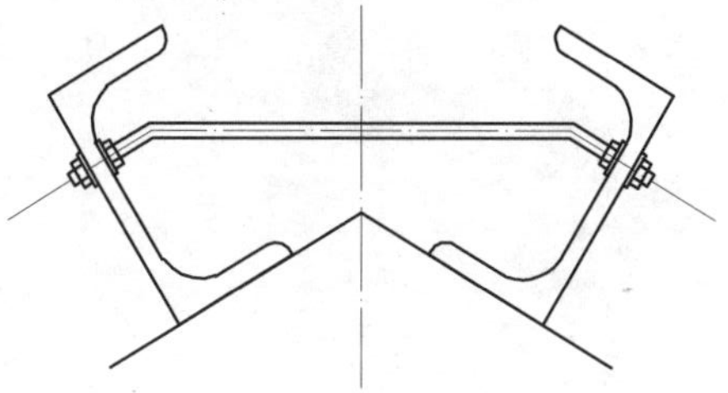

1块扁钢
2根角钢
8个螺栓

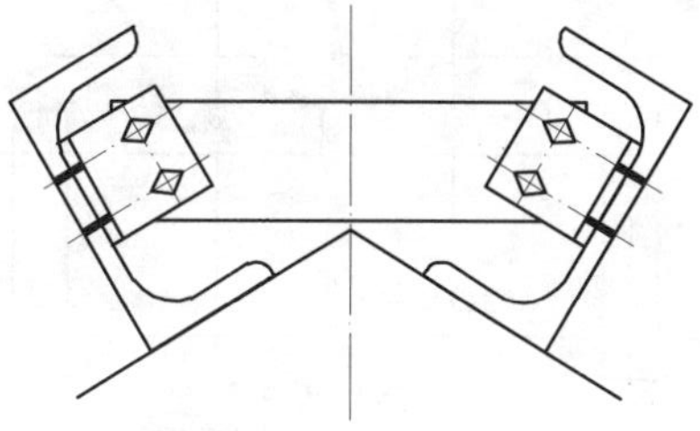

2根角钢
6个螺栓

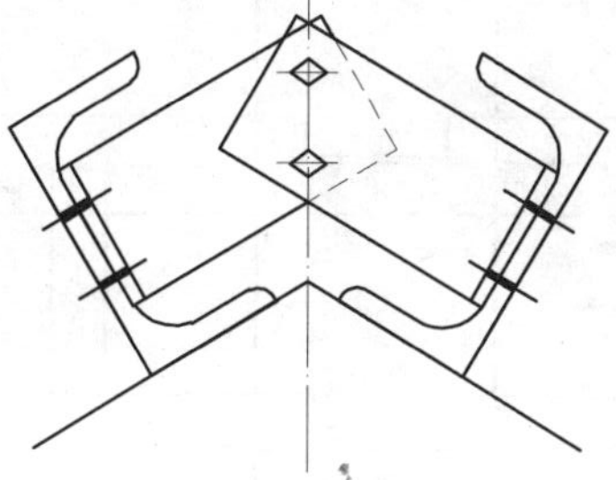

1块扁钢

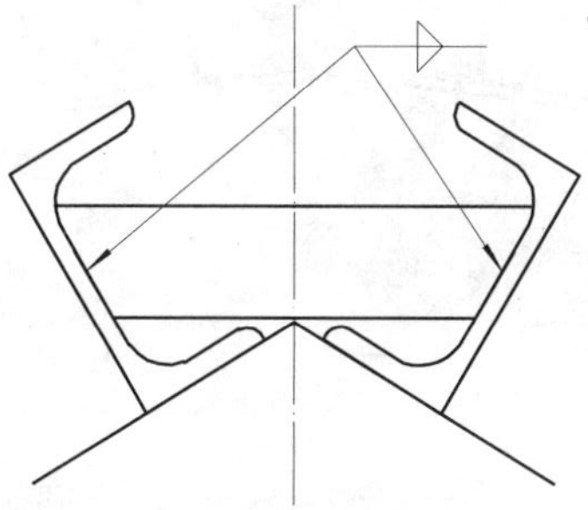

④ 屋脊处撑杆和檩条的连接节点
S6.7.3-004

说明：
1. 撑杆可用角钢或者圆钢制作，长细比不能大于200。
2. 拉条一般采用圆钢制作，直径取8~12mm.
3. 直拉条和斜拉条螺母下均设有 -50×50×5的垫板.

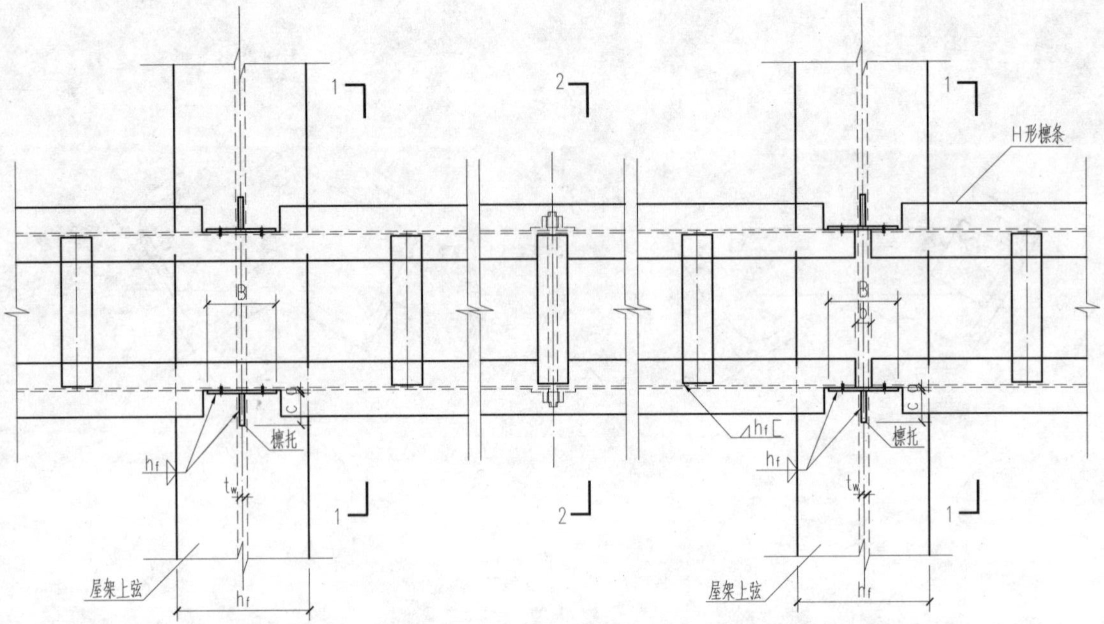

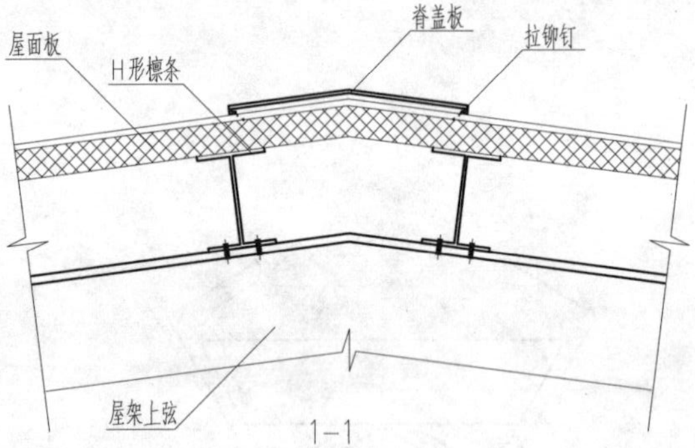

1-1

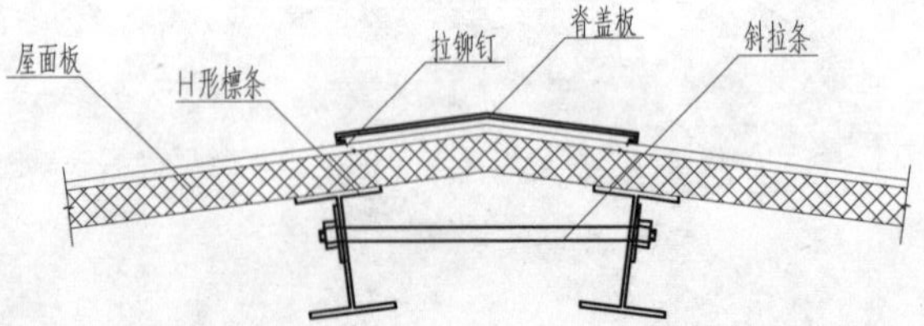

2-2

1 双坡屋脊双H檩条节点详图

S6.7.4-001

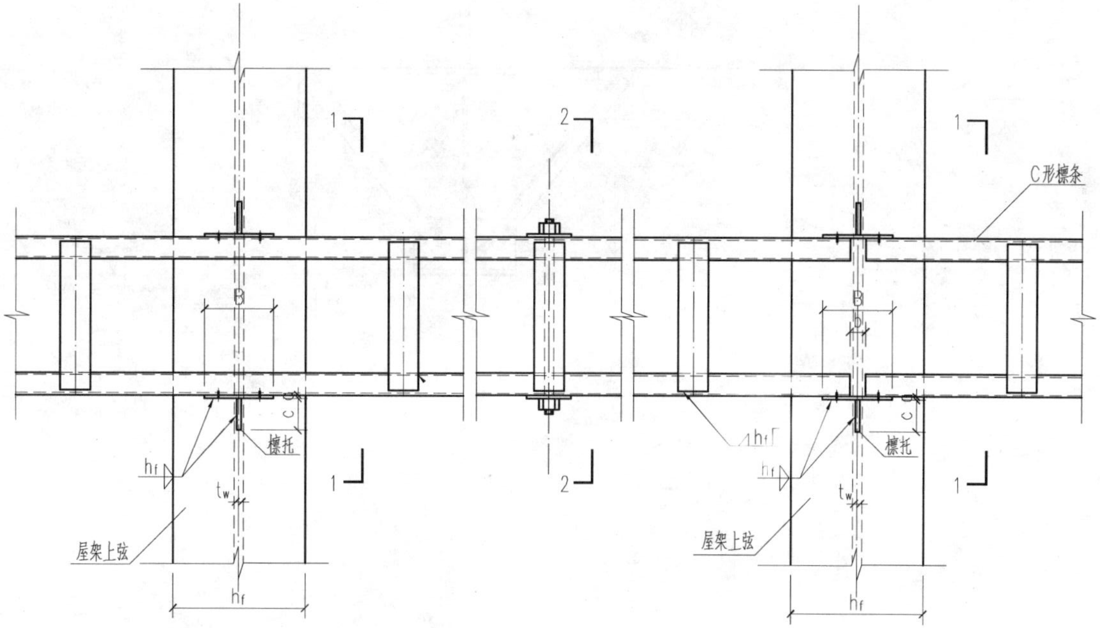

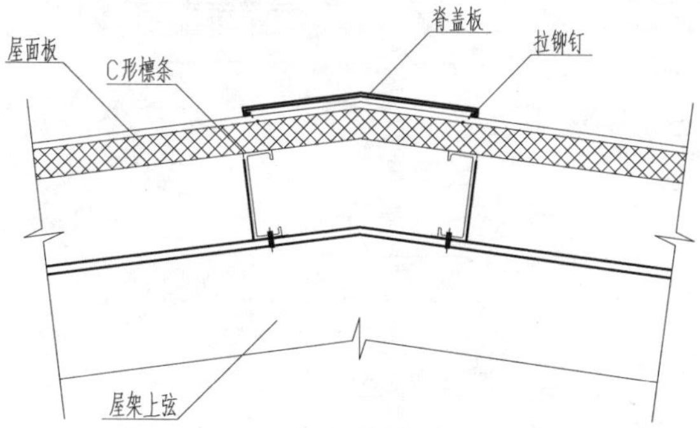

1-1

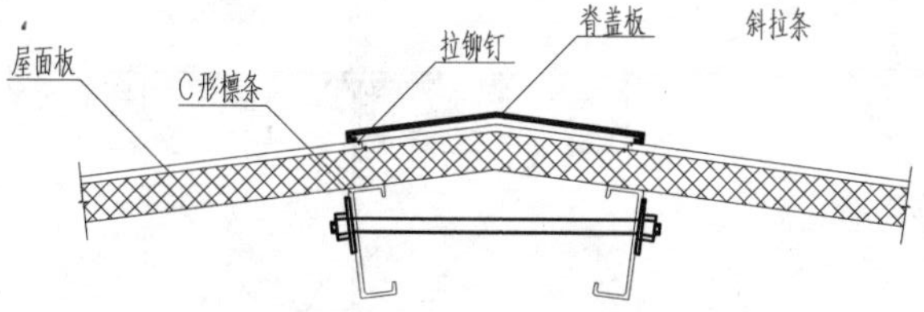

2-2

② 双坡屋脊双C檩条节点详图 S6.7.4-002

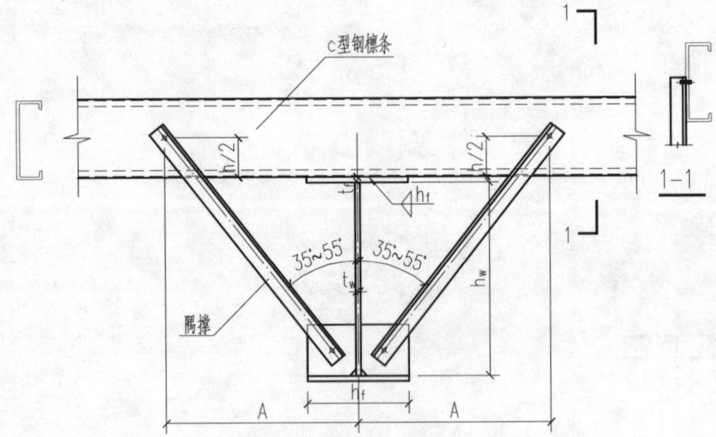

1 檩条隅撑节点详图一
S6.7.5-001

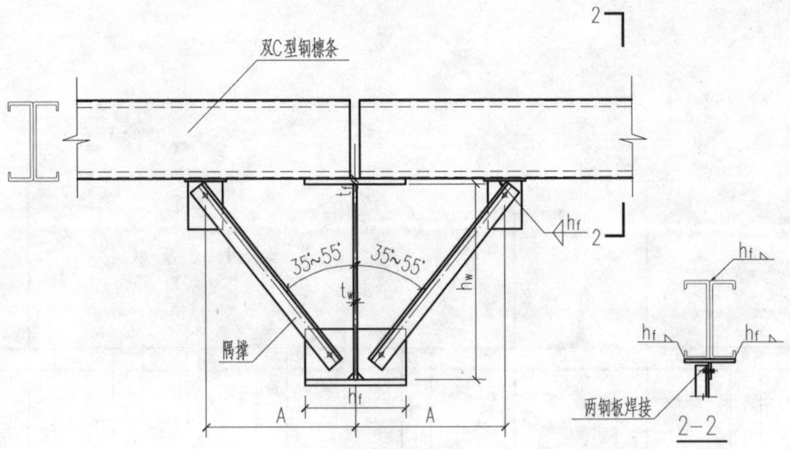

2 檩条隅撑节点详图二
S6.7.5-002

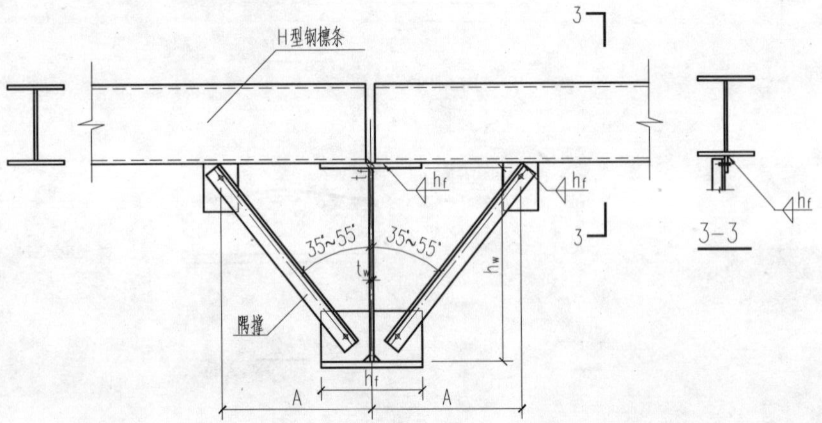

3 檩条隅撑节点详图三
S6.7.5-003

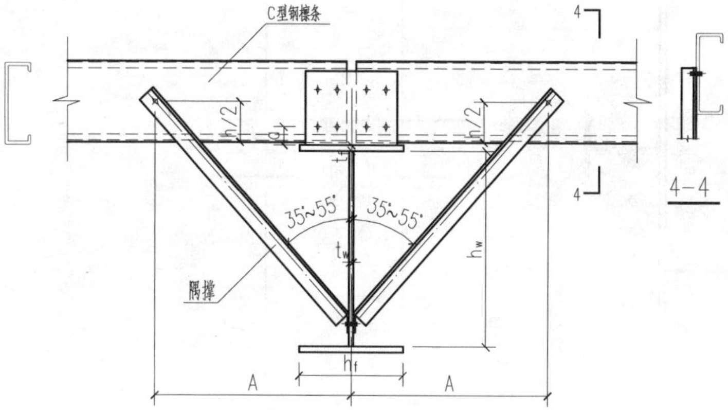

4 檩条隅撑节点详图四
S6.7.5-004

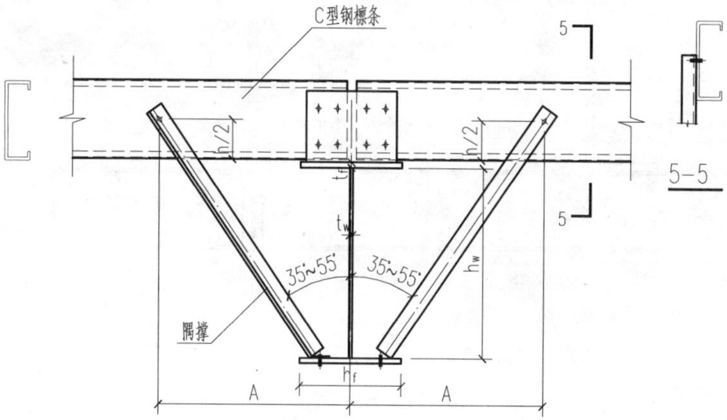

5 檩条隅撑节点详图五
S6.7.5-005

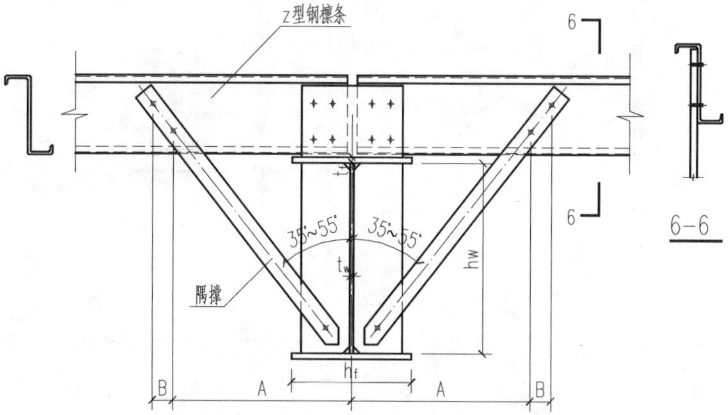

6 檩条隅撑节点详图六
S6.7.5-006

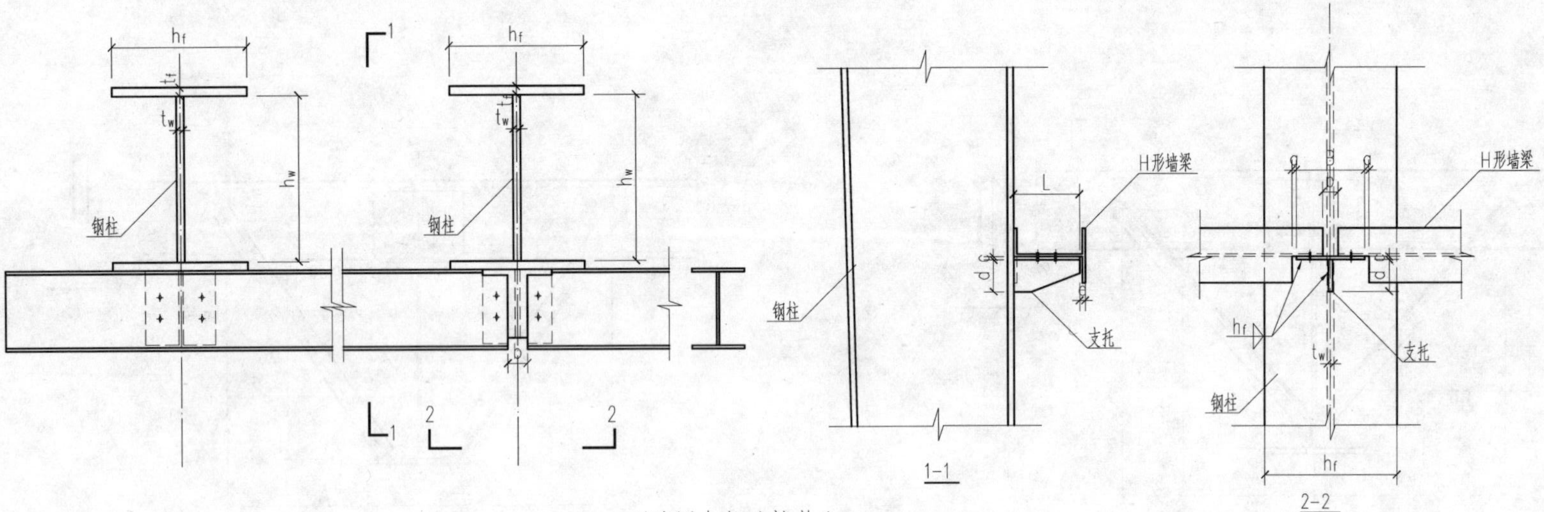

① H形墙梁与柱连接节点
S6.8.1-001

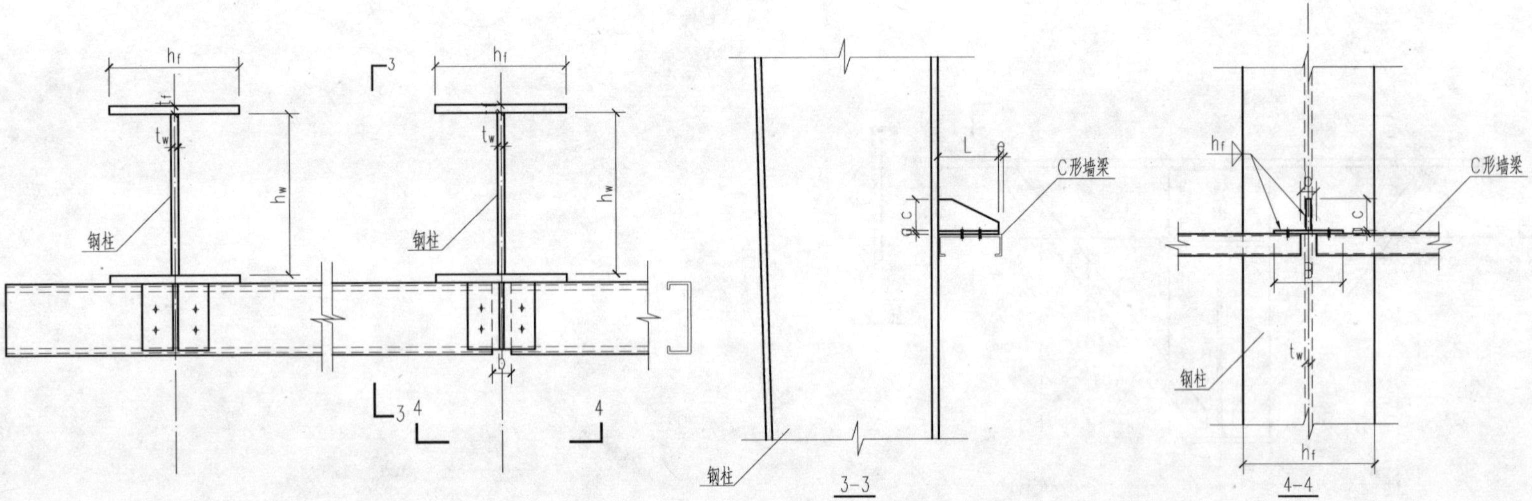

② C形墙梁与柱连接节点
S6.8.1-002

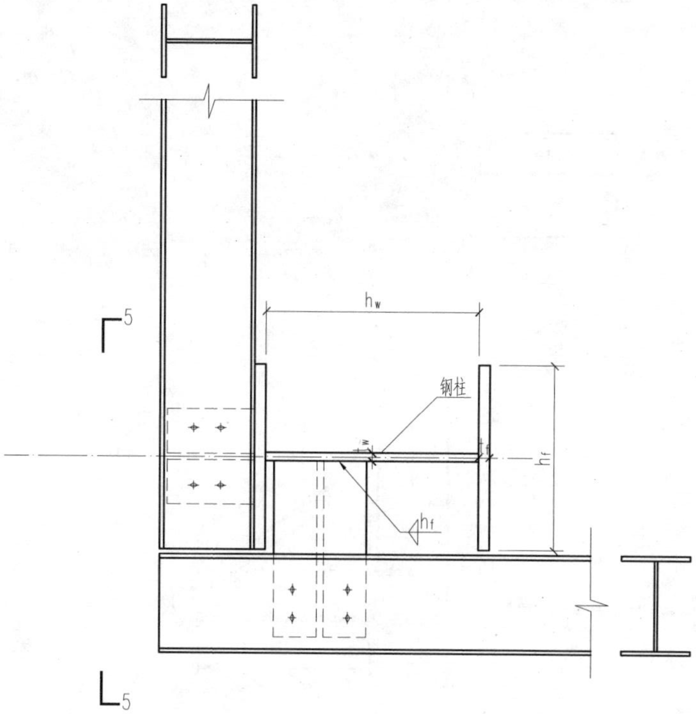

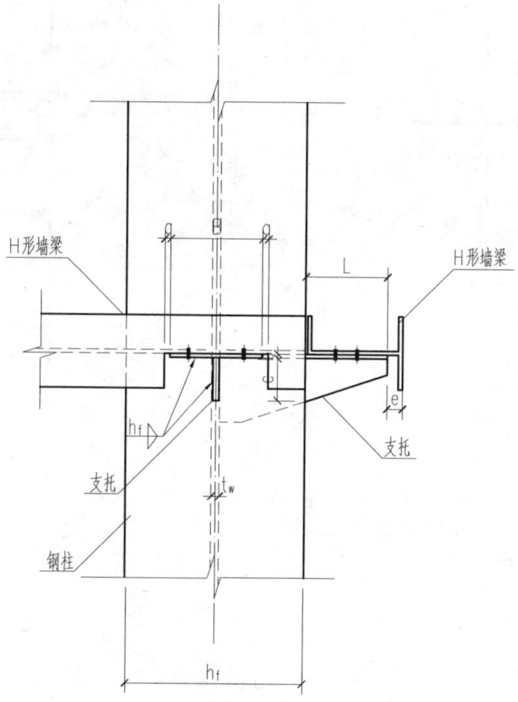

5–5

H形墙梁与柱连接节点详图
转角处作法

3 S6.8.1-003

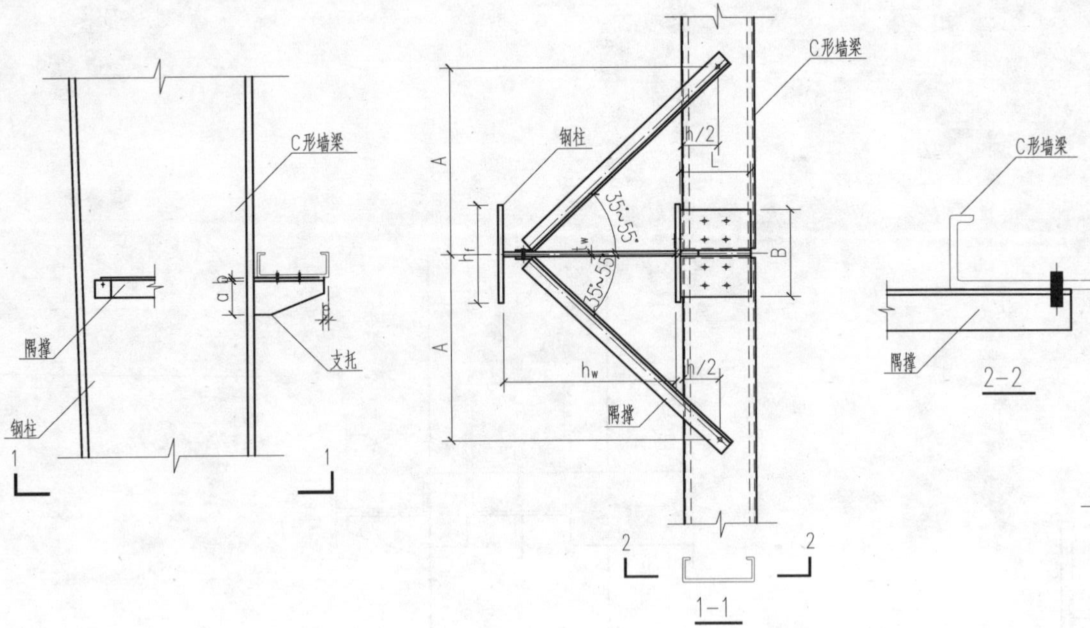

1 墙梁隅撑节点详图 S6.8.2-001

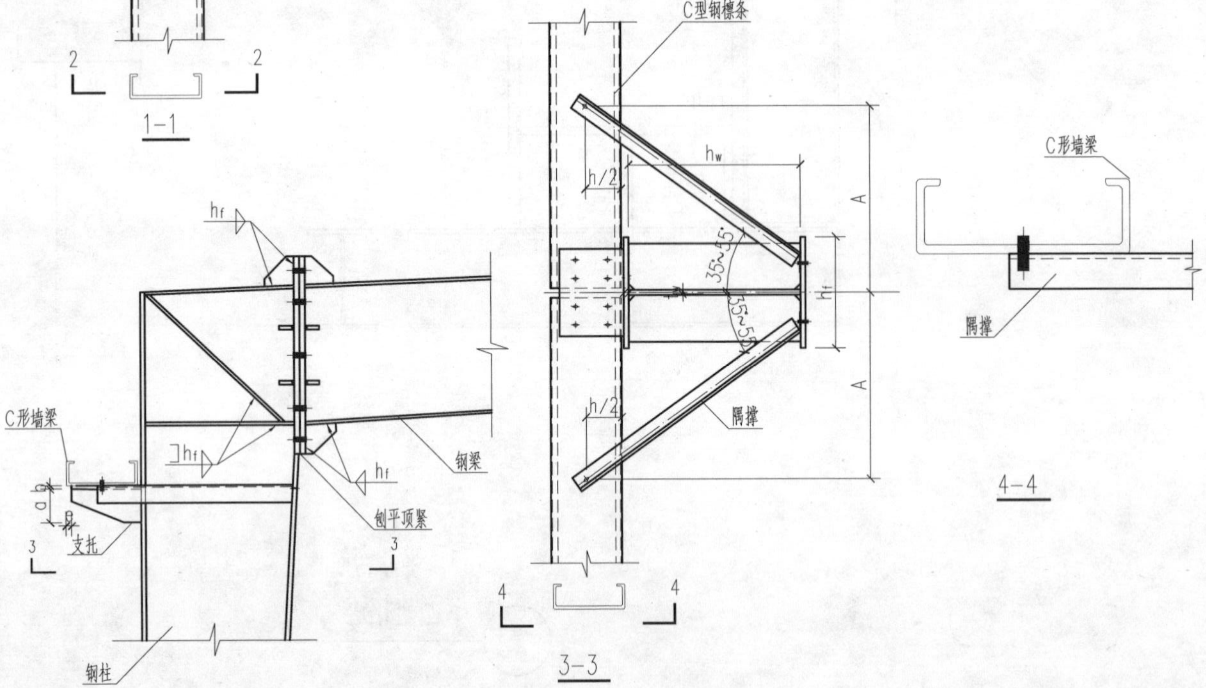

2 刚架柱顶墙梁隅撑节点详图 S6.8.2-002

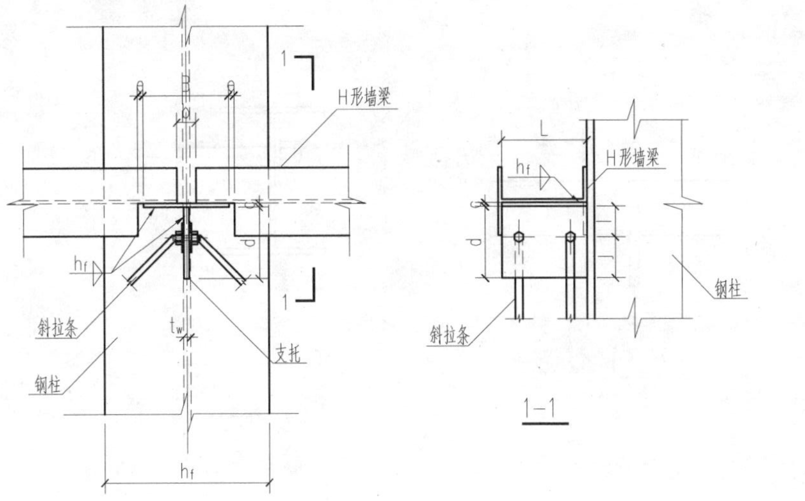

H形墙梁斜拉条节点详图一
S6.8.3-001

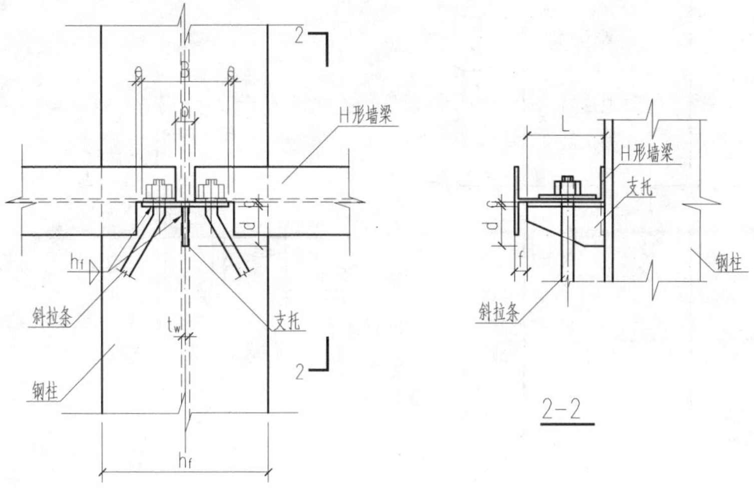

H形墙梁斜拉条节点详图二
S6.8.3-002

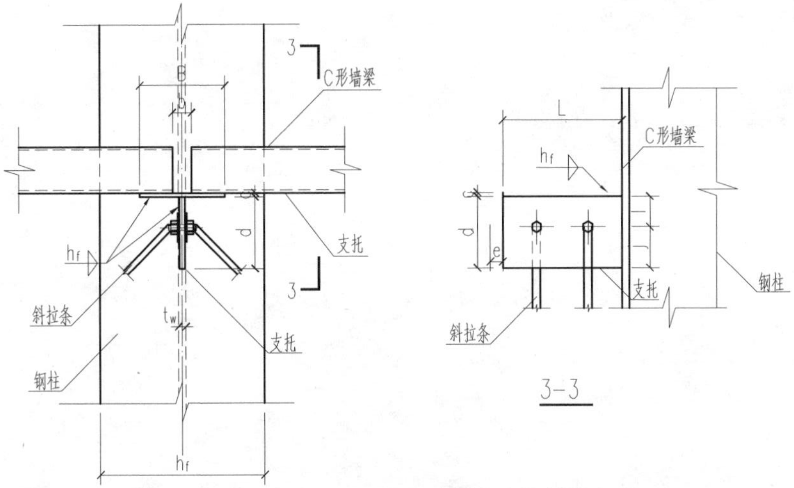

C形墙梁斜拉条节点详图一
S6.8.3-003

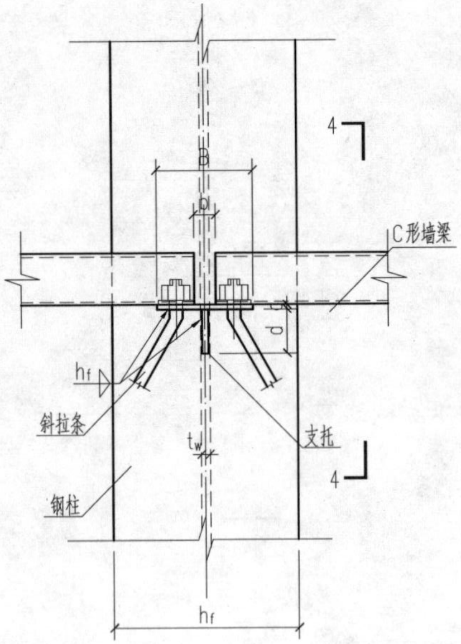

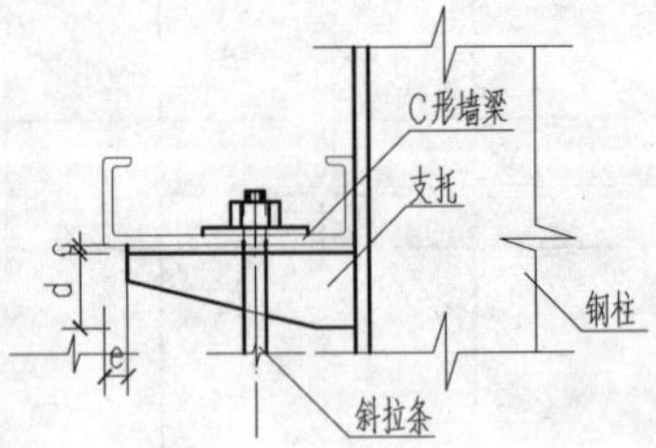

4-4

4 C形墙梁斜拉条节点详图二
S6.8.3-004

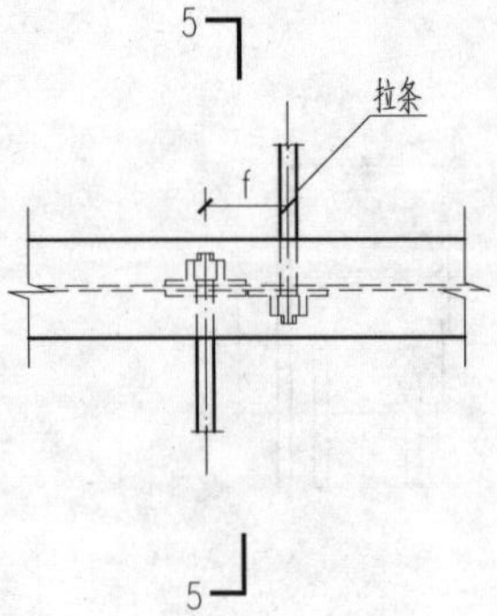

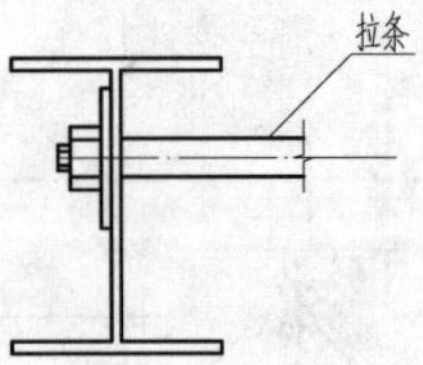

5-5

5 H形墙梁拉条节点详图
S6.8.3-005

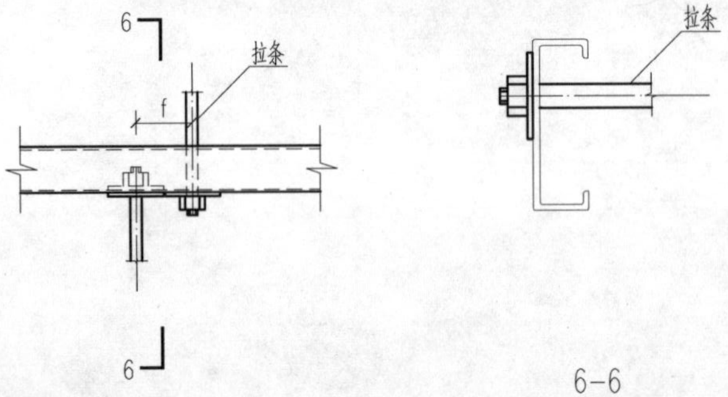

6-6

6 C形墙梁拉条节点详图
S6.8.3-006

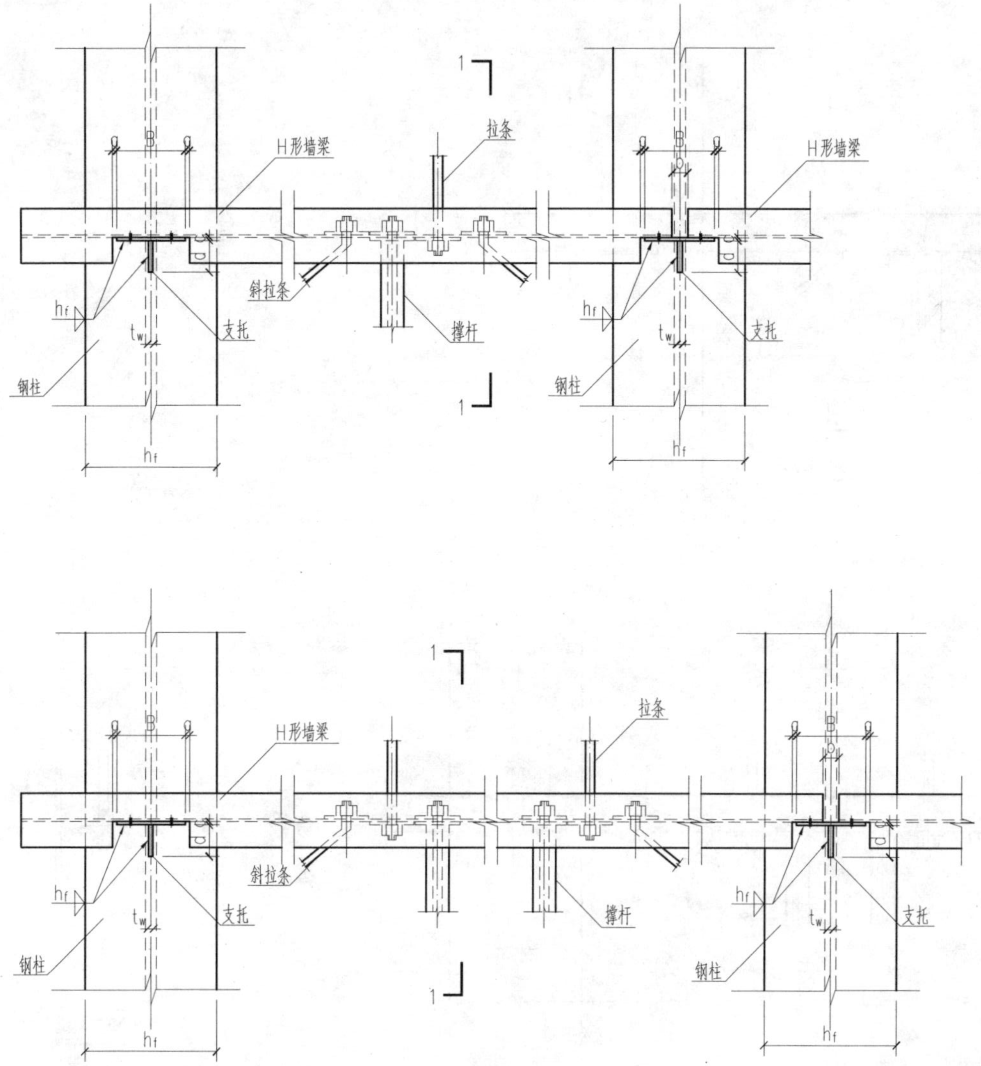

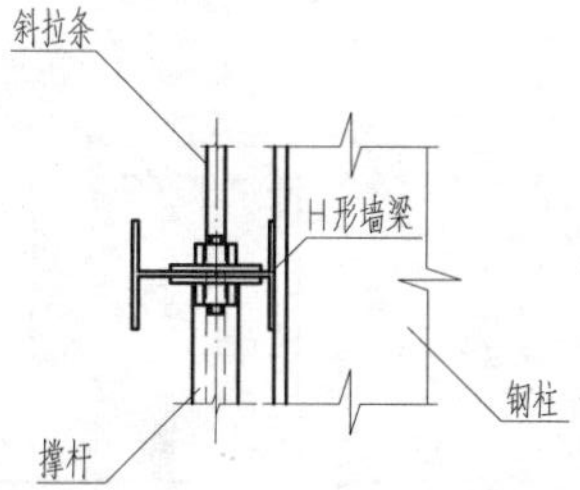

1-1

1 H形墙梁斜拉条、撑杆节点详图
S6.8.4-001

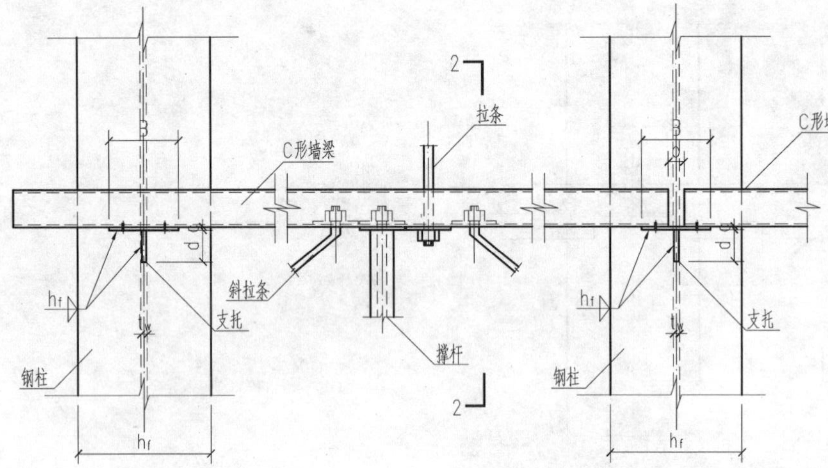

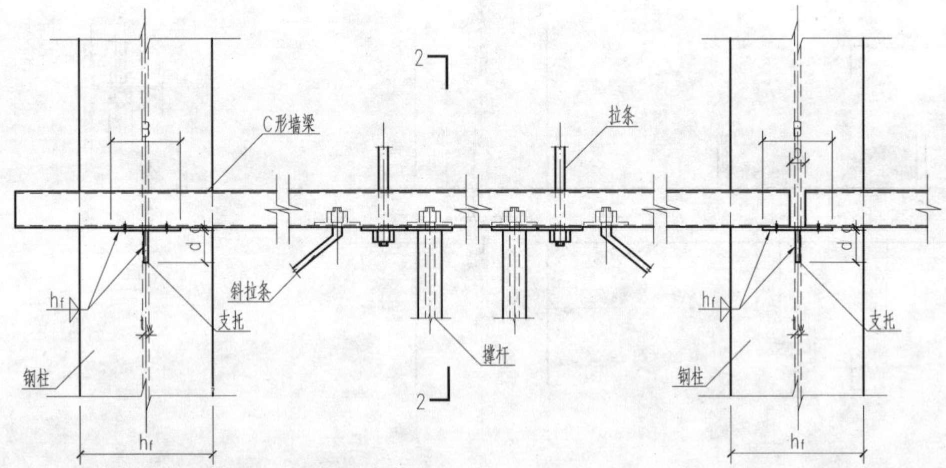

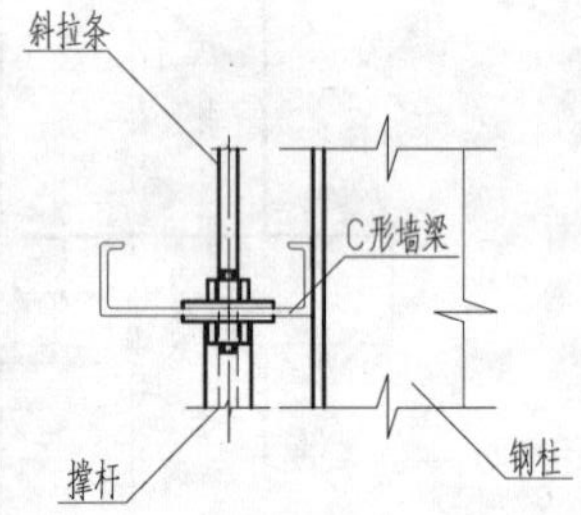

2-2

2 C形墙梁斜拉条、撑杆节点详图
S6.8.4-002

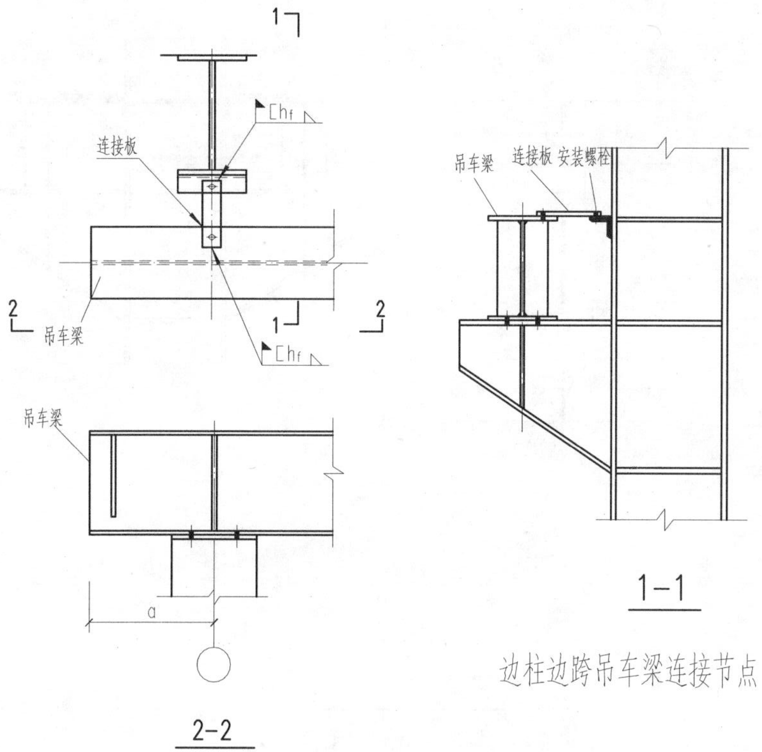

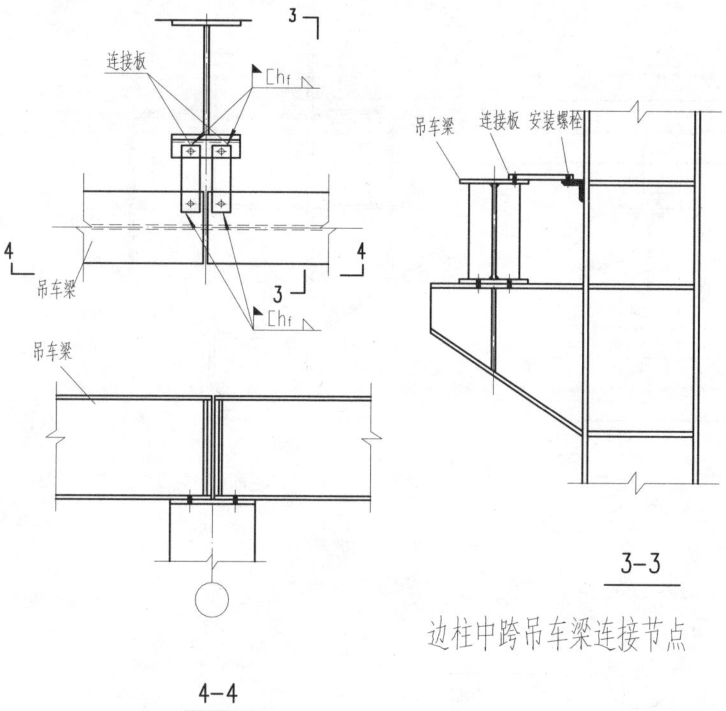

① 平板式 S6.9.1-001

② 平板式 S6.9.1-002

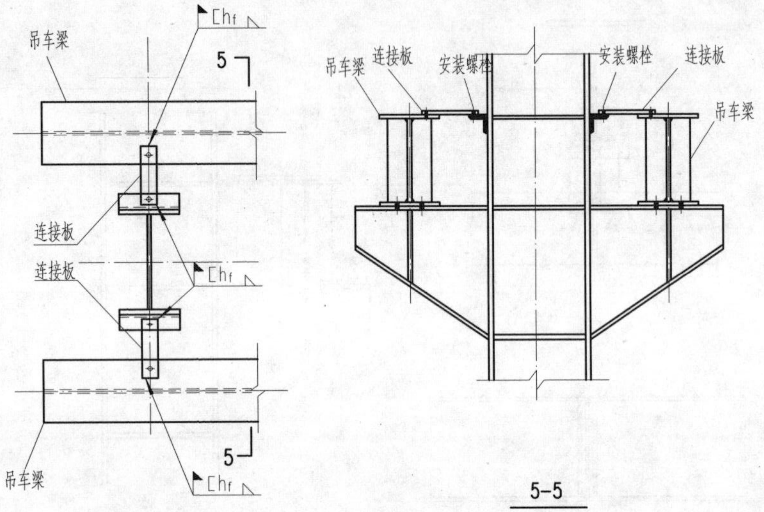

中柱边跨吊车梁连接节点

平板式

3 S6.9.1-003

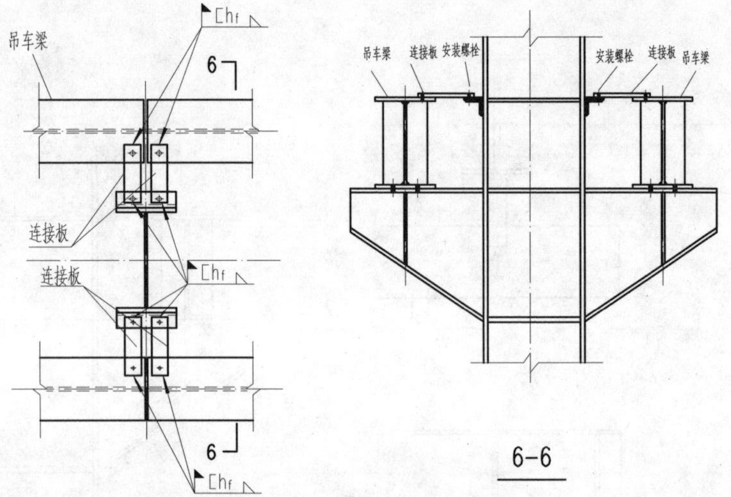

中柱中跨吊车梁连接节点

平板式

4 S6.9.1-004

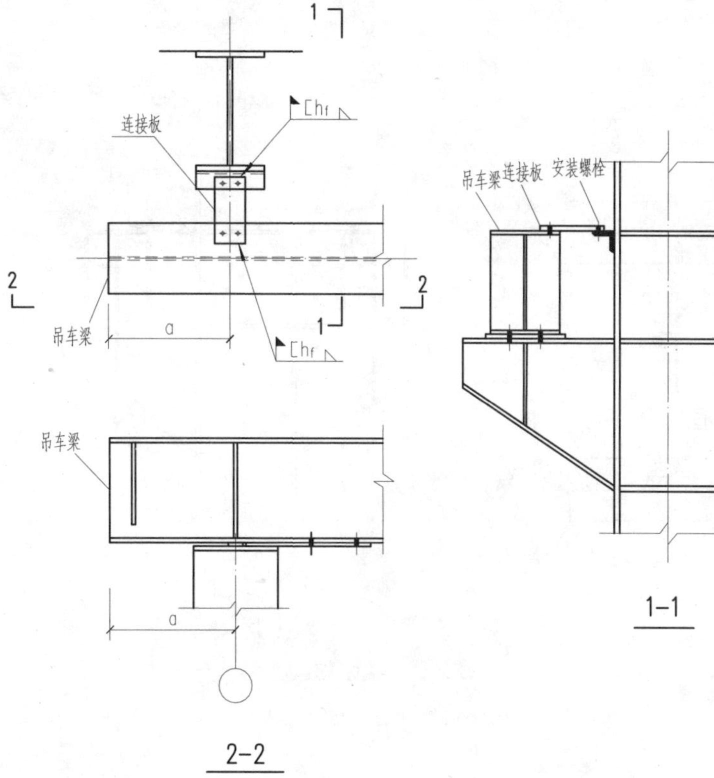

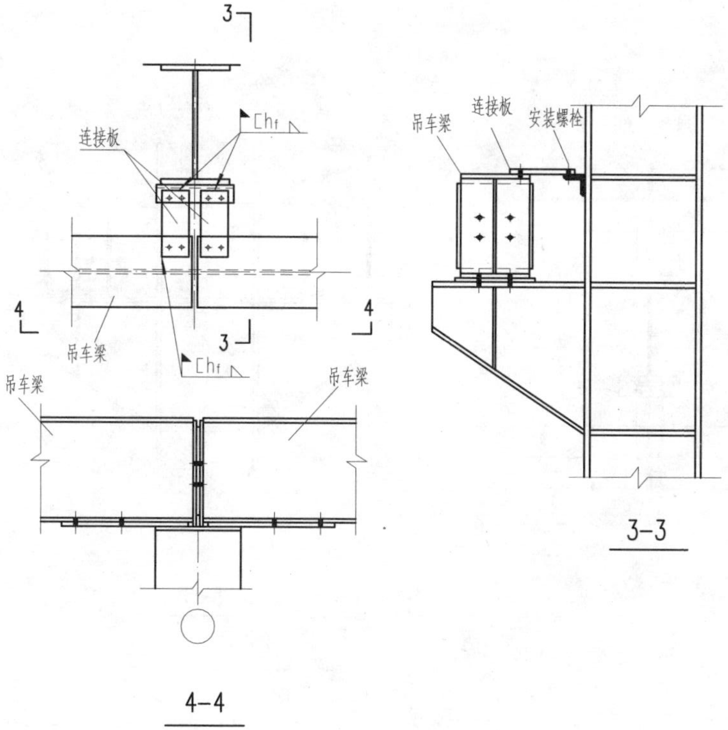

① 边柱边跨吊车梁连接节点 突缘式 S6.9.2-001

② 边柱中跨吊车梁连接节点 突缘式 S6.9.2-002

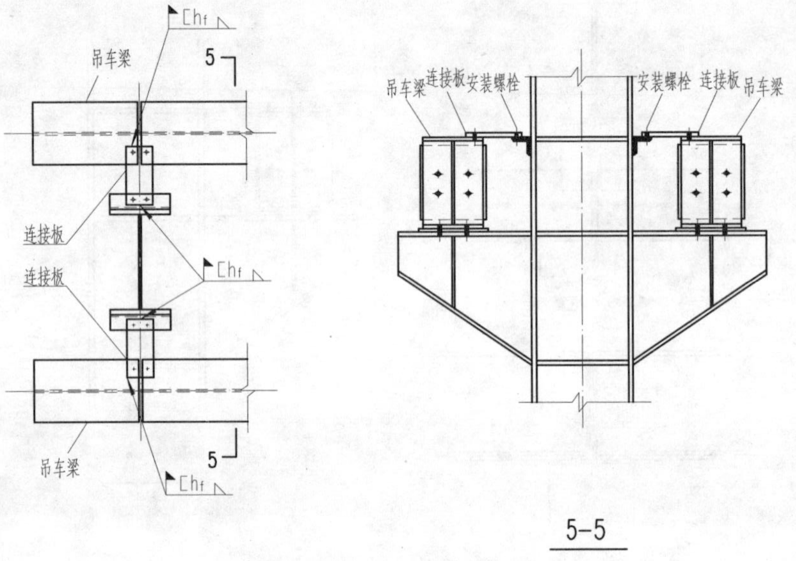

中柱边跨吊车梁连接节点
突缘式

3 S6.9.2-003

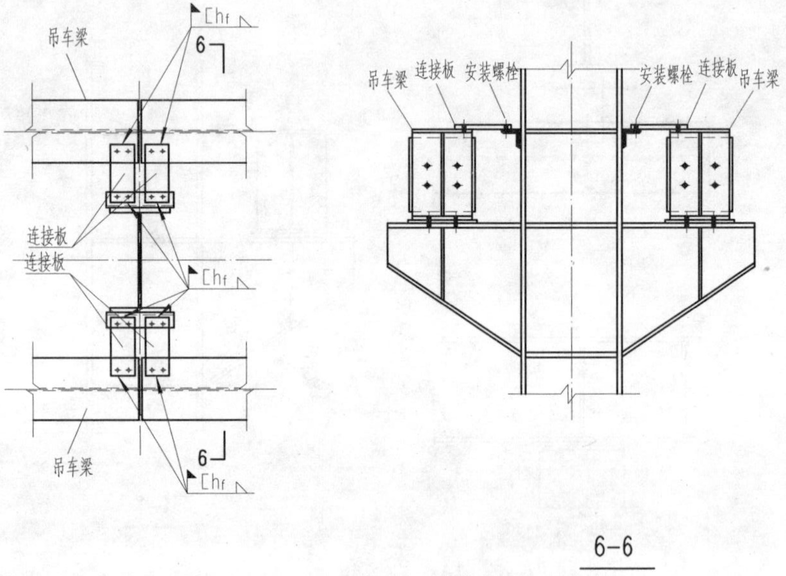

中柱中跨吊车梁连接节点
突缘式

4 S6.9.2-004

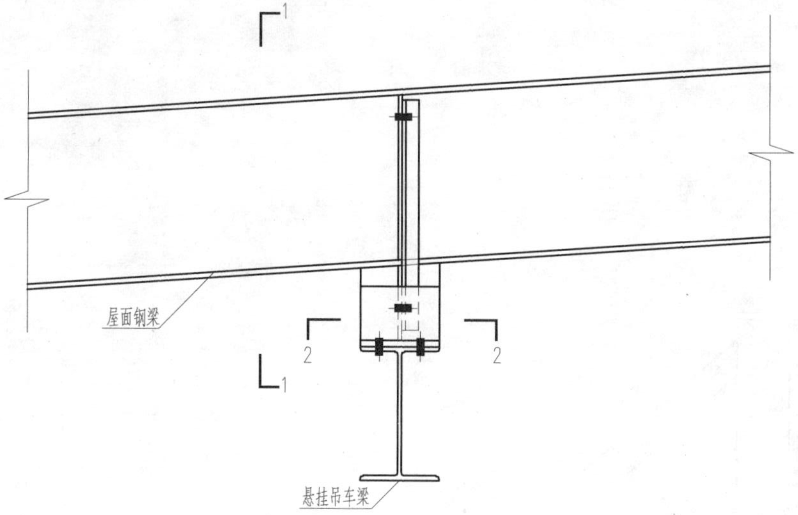

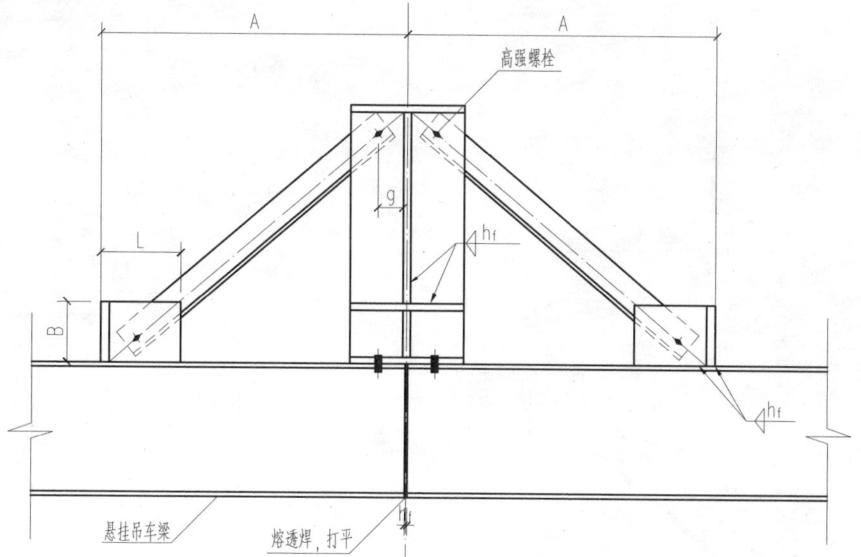

1-1

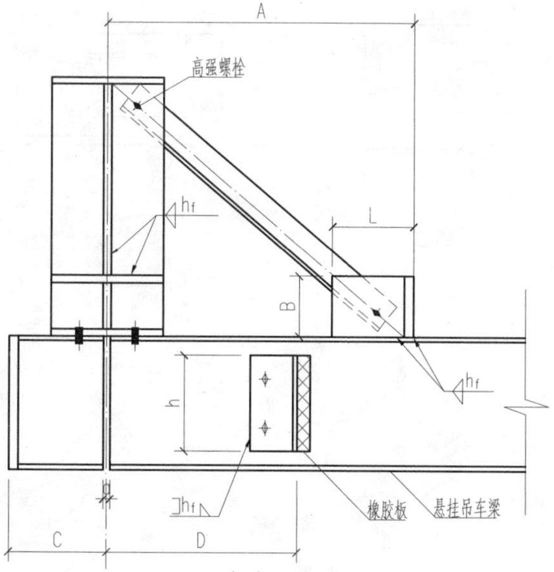

1-1
（用于悬挂吊车梁边跨）

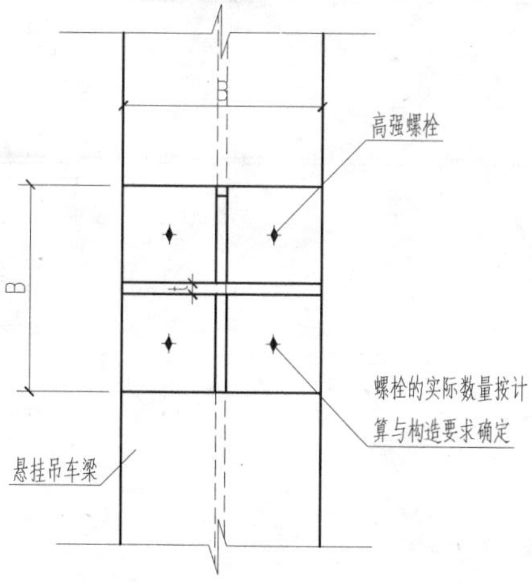

2-2

悬挂吊车节点详图
S6.9.3-001

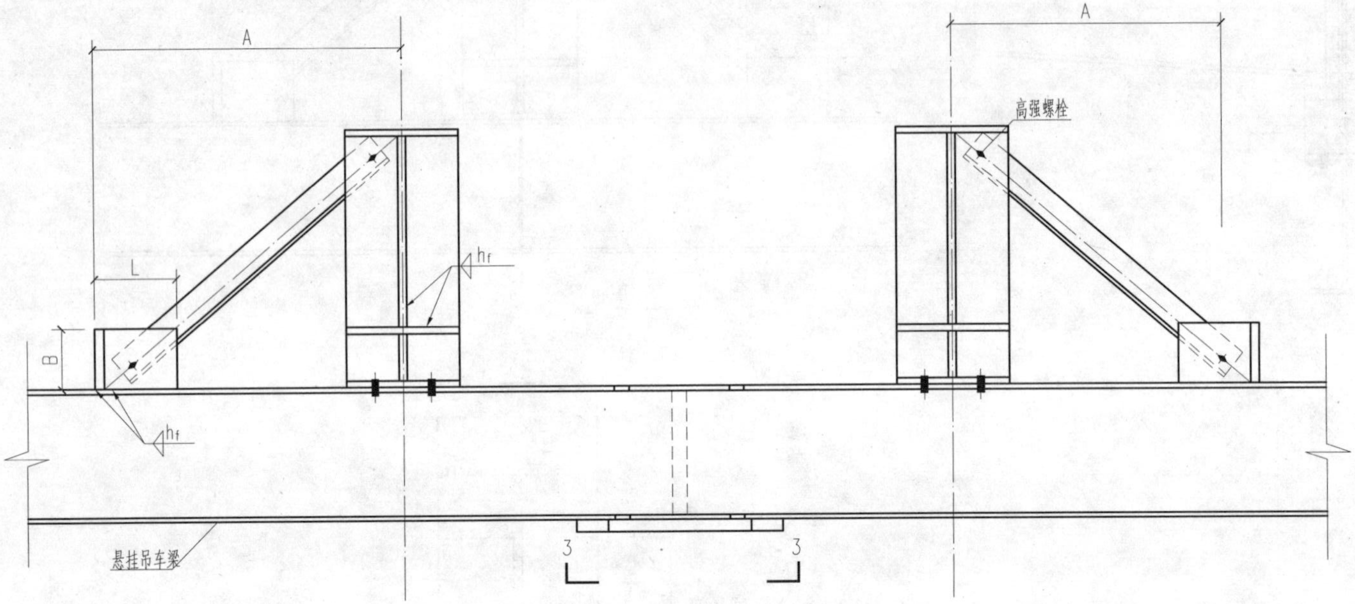

1-1
用于温度伸缩缝处

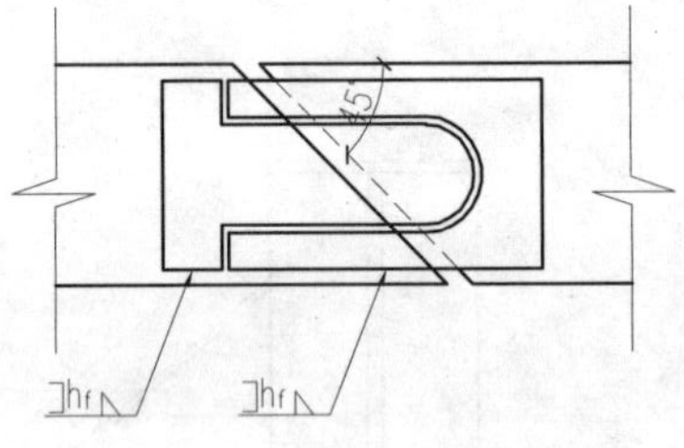

3-3

悬挂吊车节点详图
S6.9.3-001

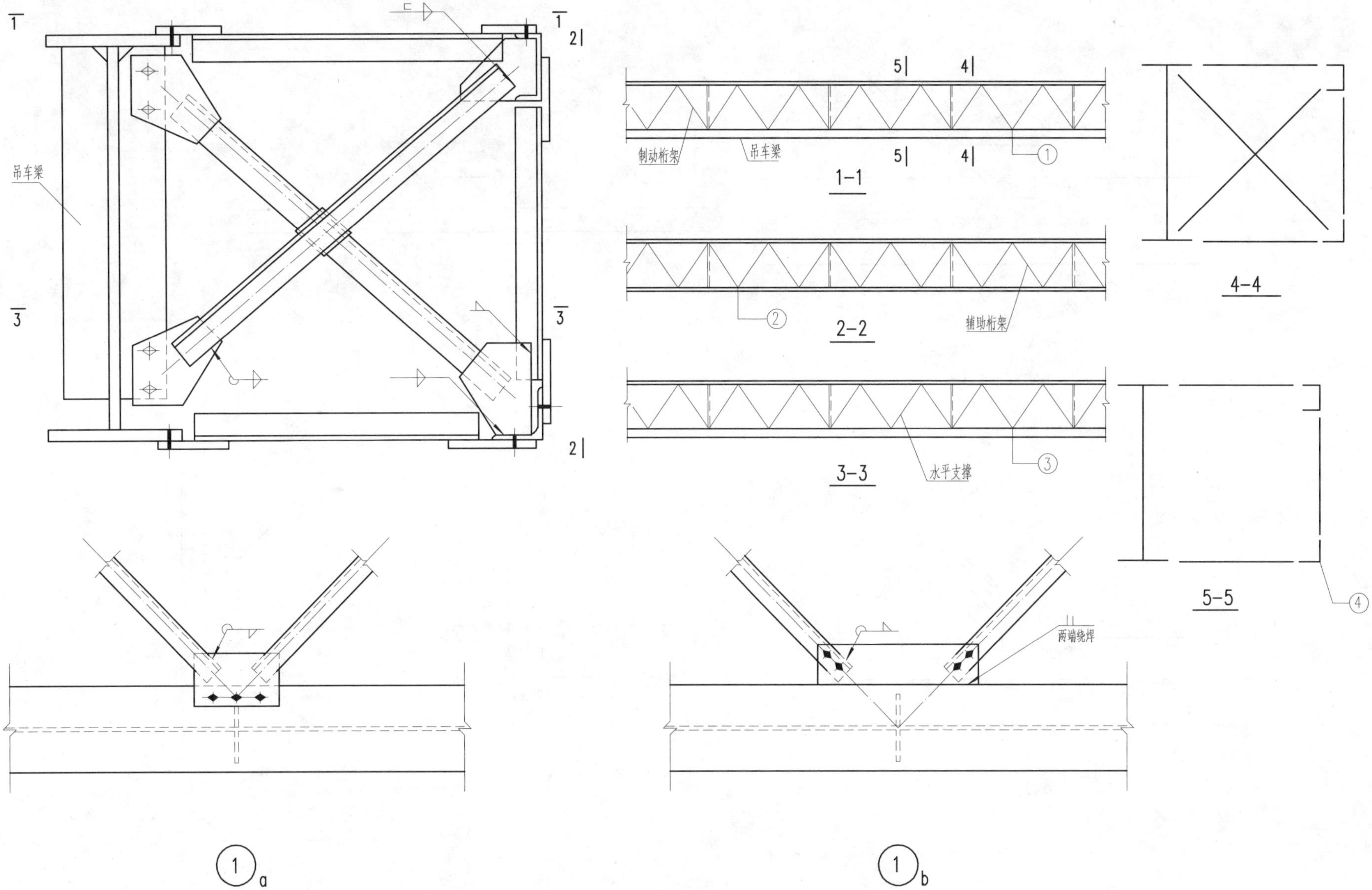

吊车梁支撑体系节点详图
S6.9.4-001

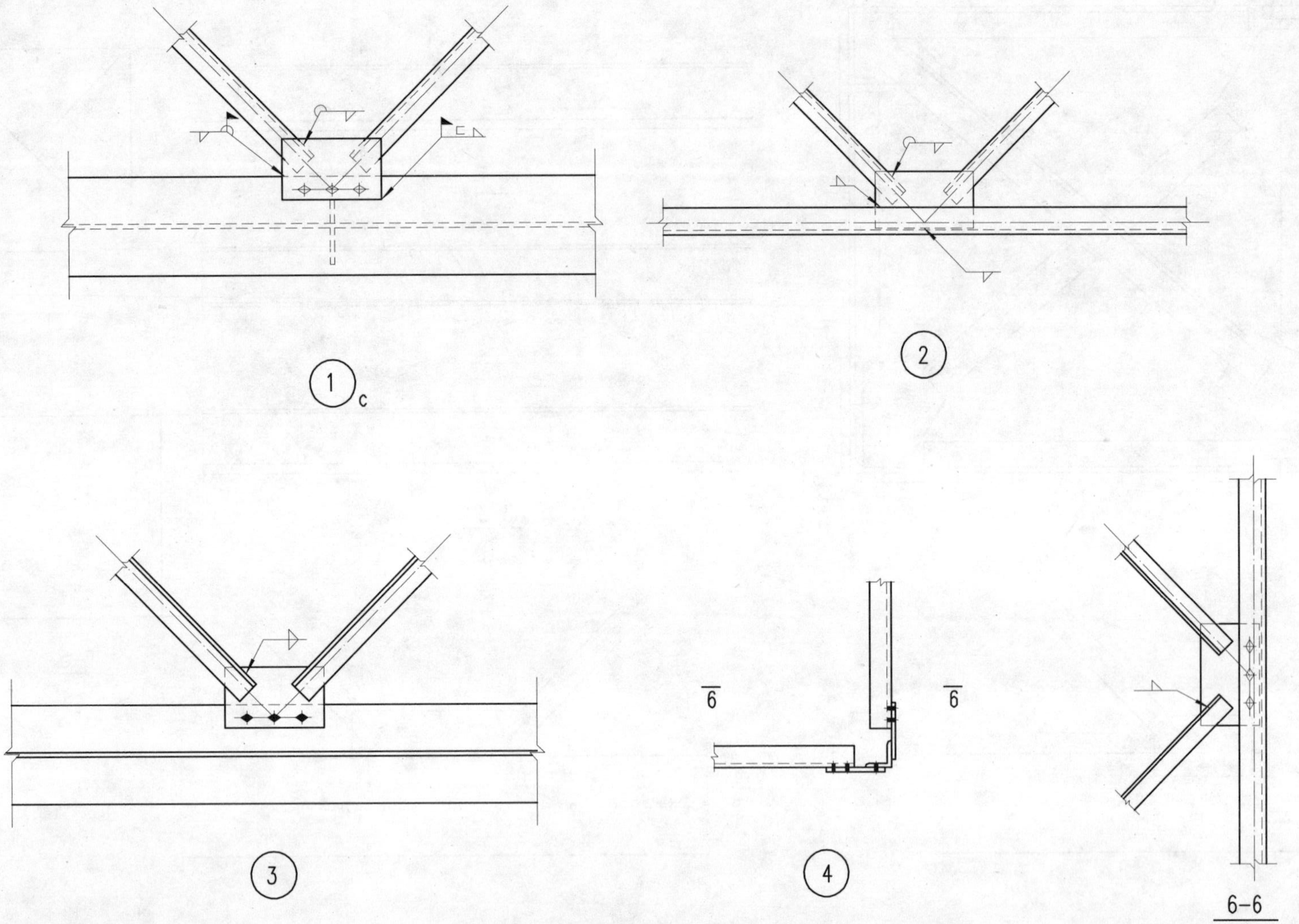

吊车梁支撑体系节点详图
S6.9.4-001

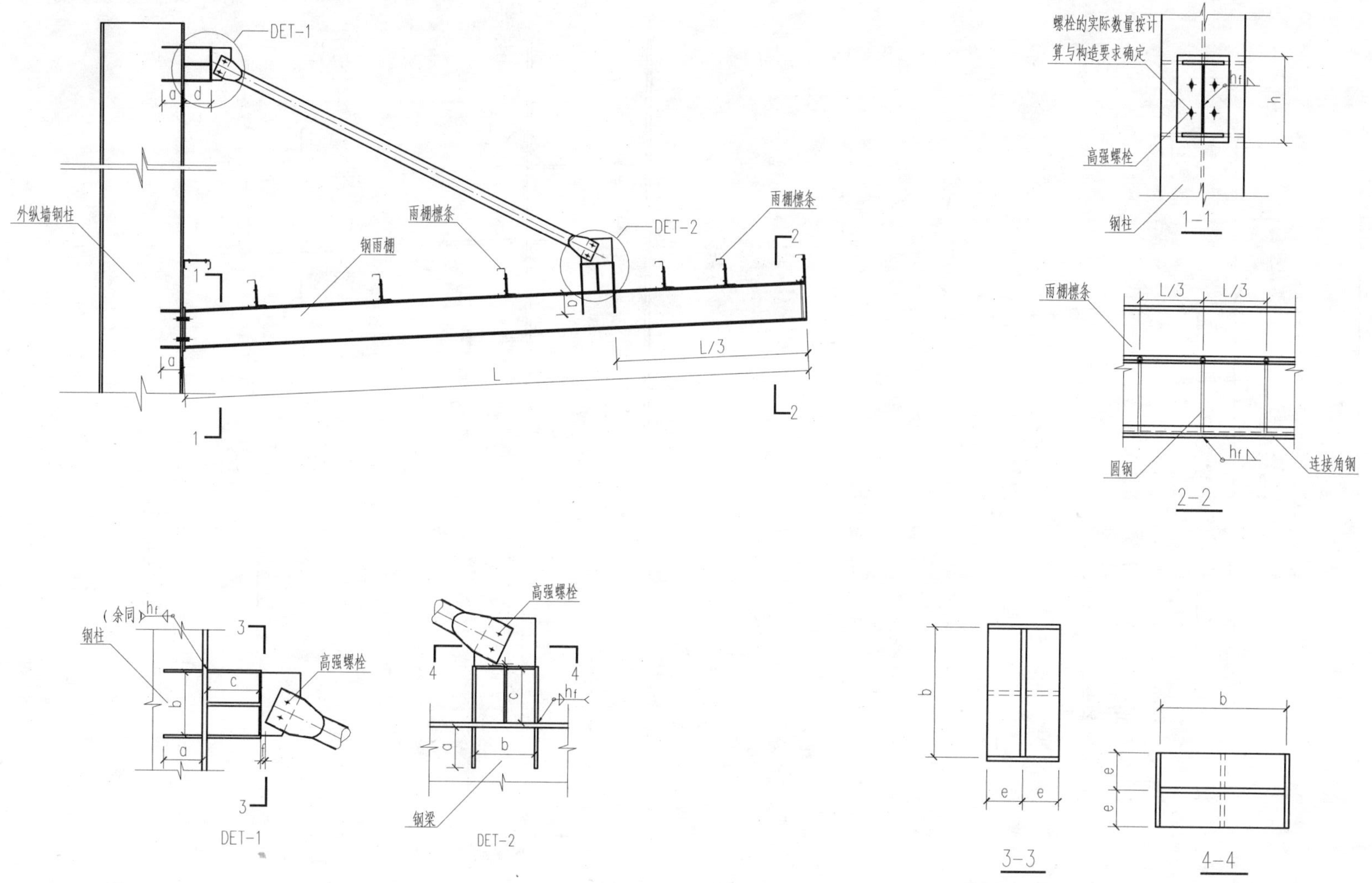

1 雨篷节点连接详图一
S6.10.1-001

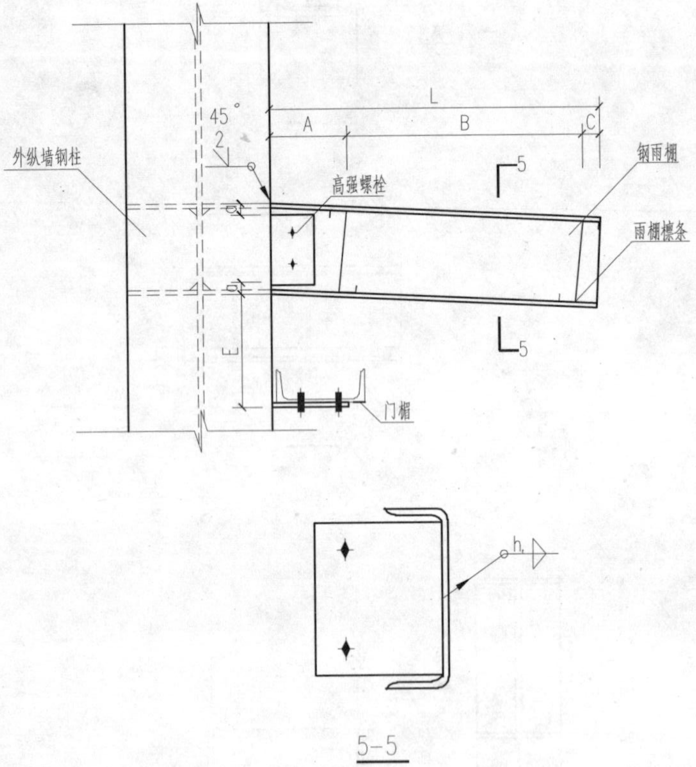

② 雨篷节点连接详图二
S6.10.1-002

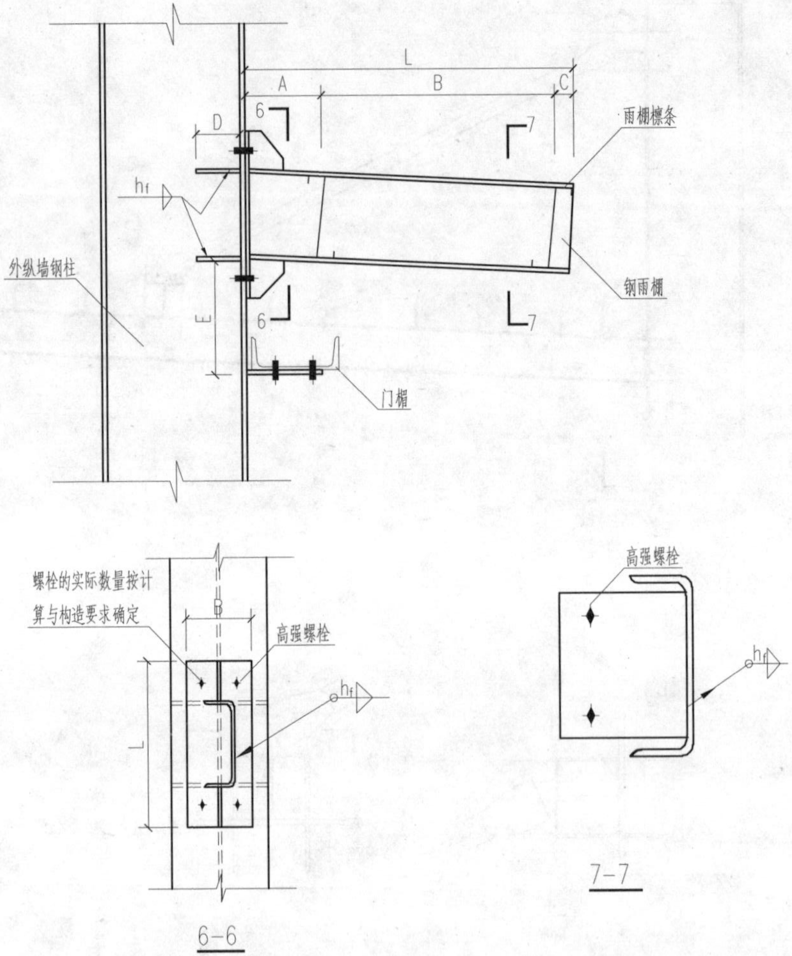

③ 雨篷节点连接详图三
S6.10.1-003

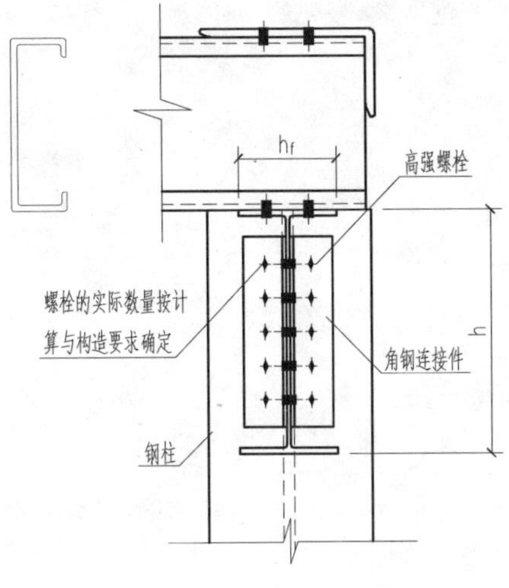

1-1

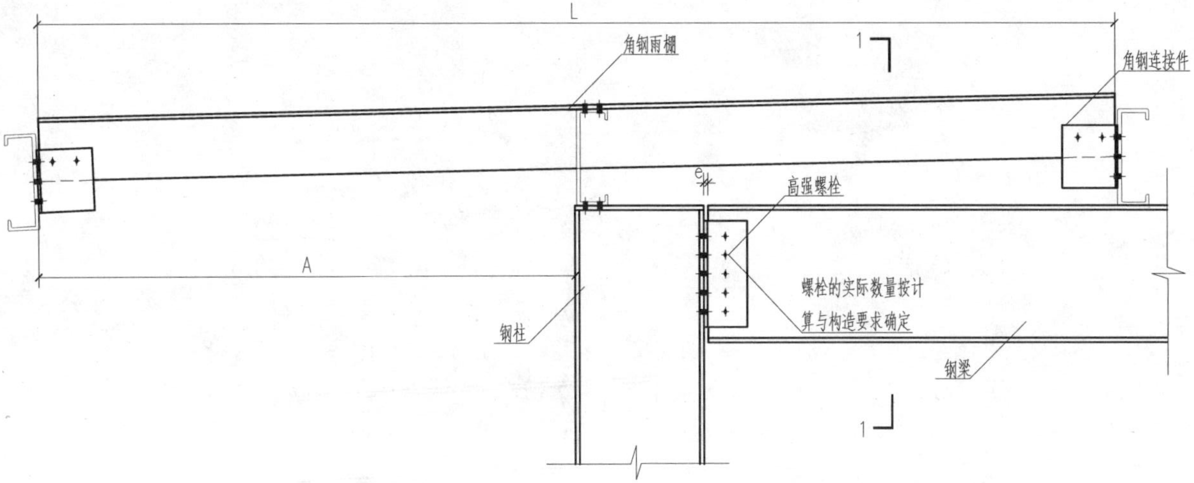

① 雨篷节点连接详图四 S6.10.2-001

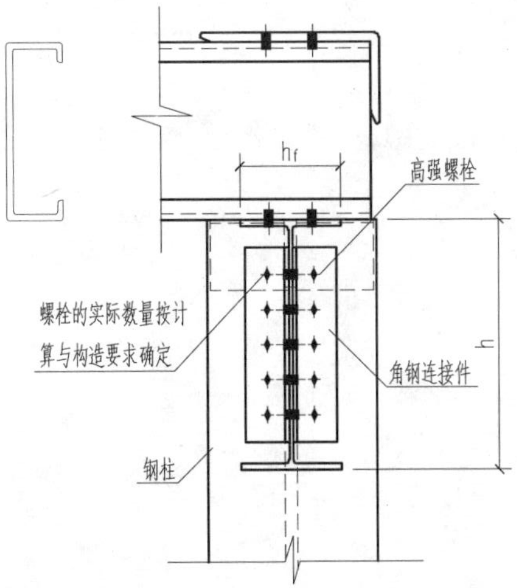

3-3

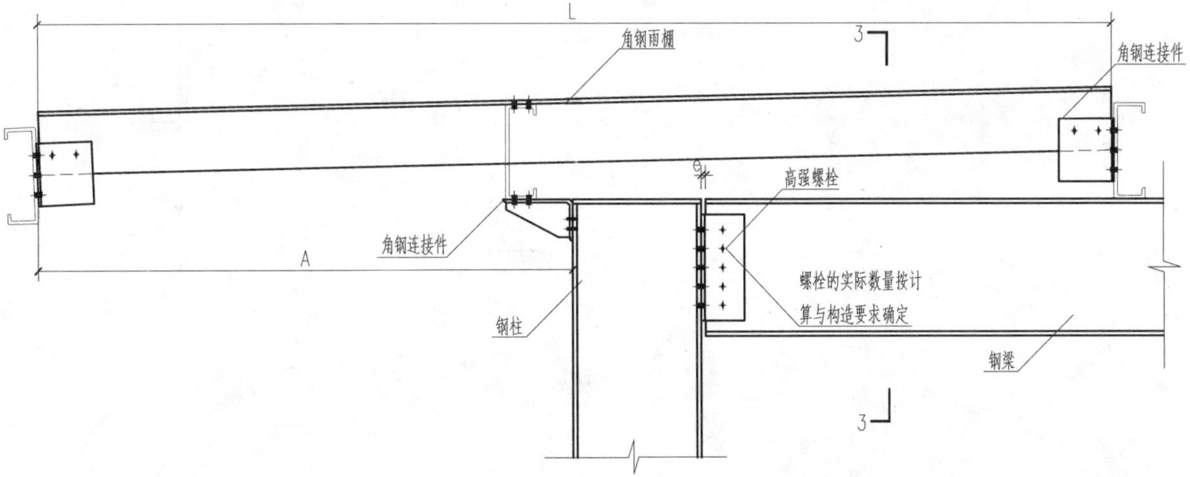

② 雨篷节点连接详图六 S6.10.2-002

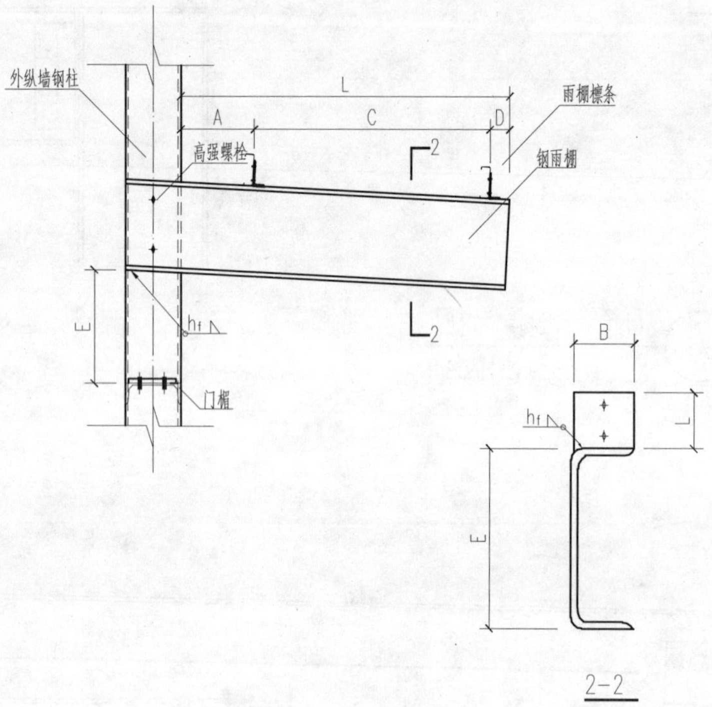

3 雨篷节点连接详图五
S6.10.2-003

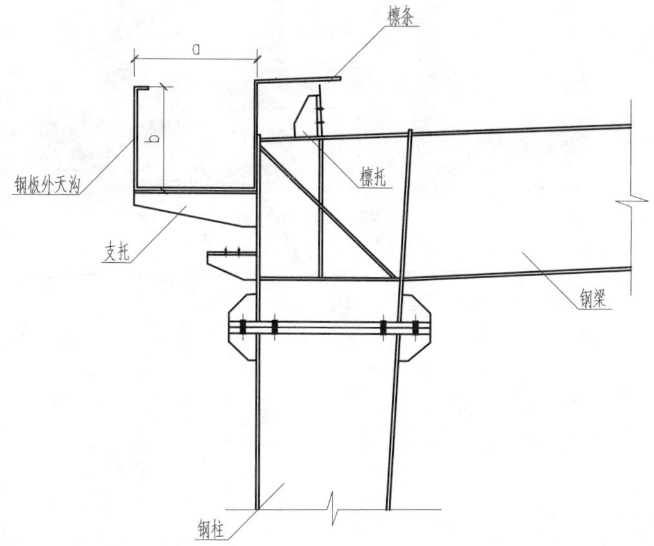

1 天沟节点详图一
S6.10.4-001

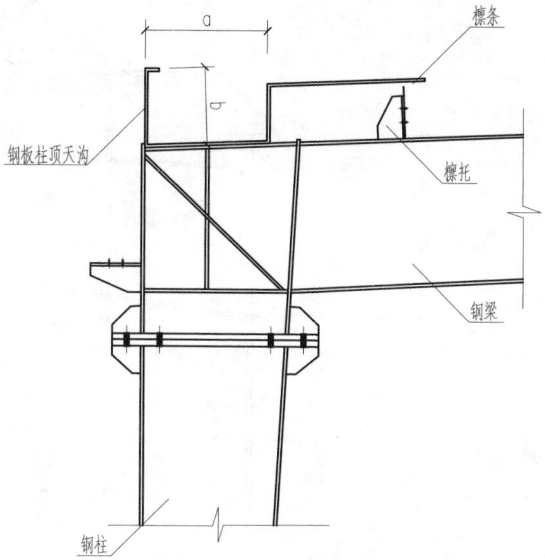

2 天沟节点详图二
S6.10.4-002

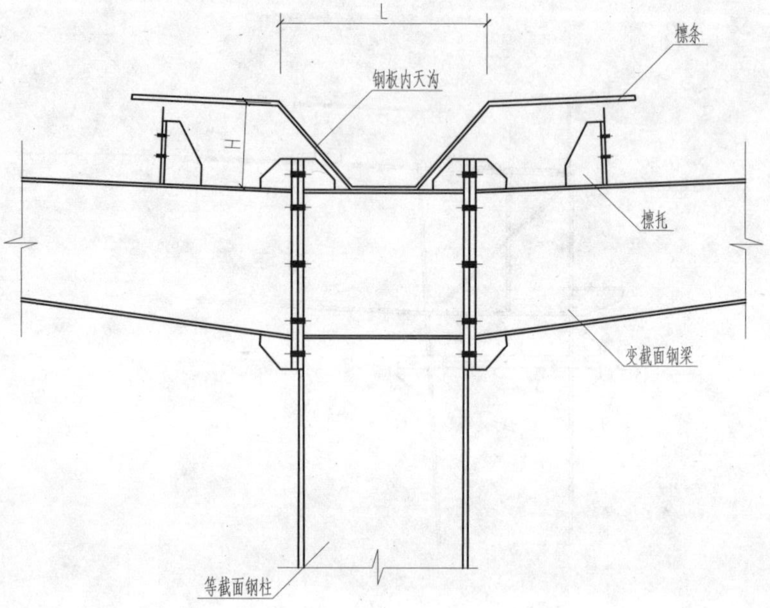

3 天沟节点详图三
S6.10.4-003

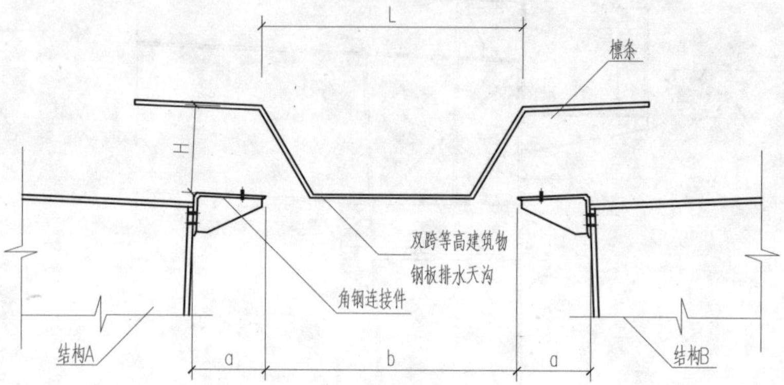

4 天沟节点详图四
S6.10.4-004

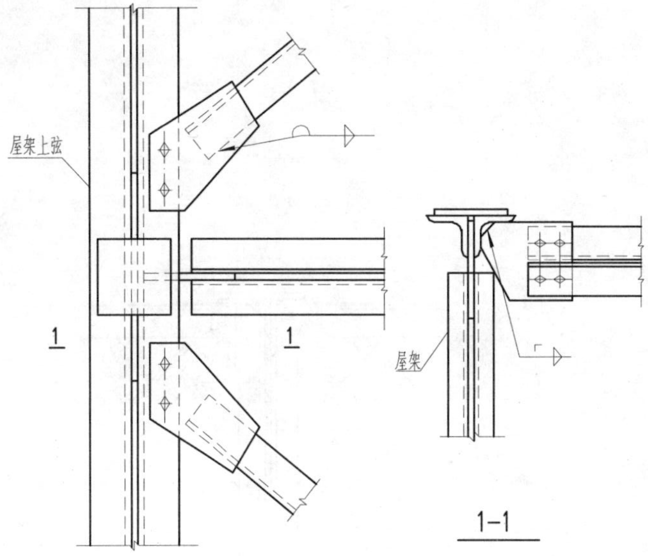

① 无檩屋盖屋架上弦横向支撑节点
S6.11.1-001

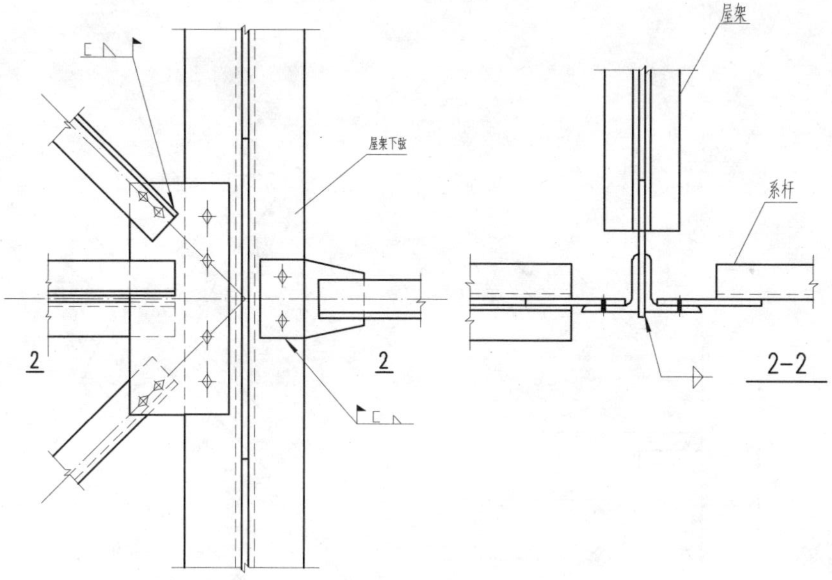

② 无檩屋盖屋架下弦横向支撑节点
S6.11.1-002

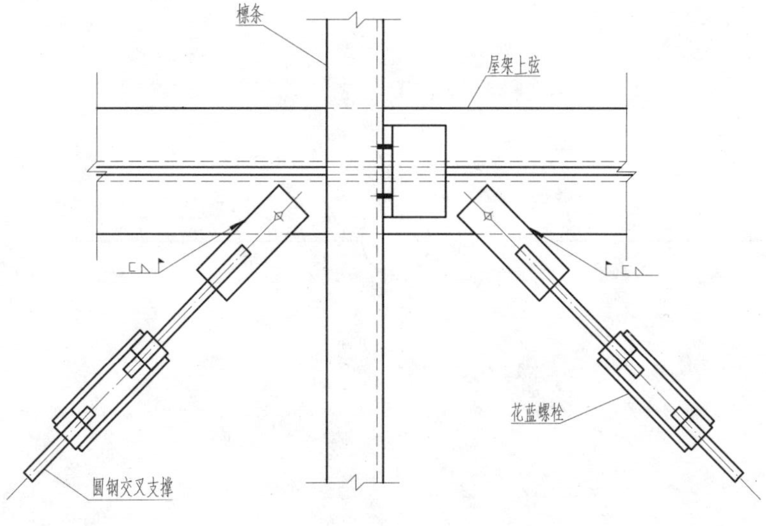

③ 圆钢交叉支撑连接节点详图一
S6.11.1-003

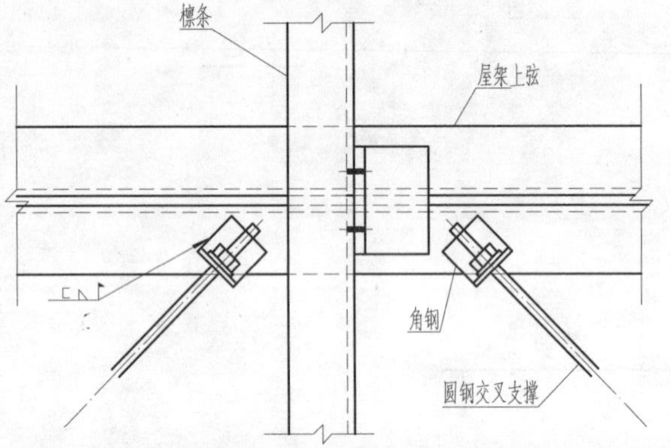

④ 圆钢交叉支撑连接节点详图二
S6.11.1-004

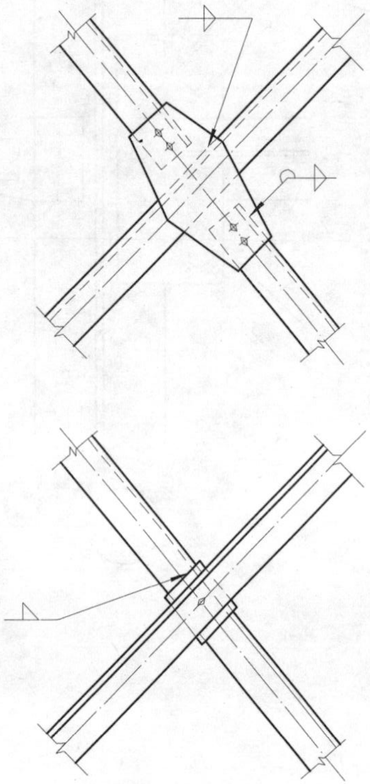

⑤ 十字形交叉支撑的中间连接节点
S6.11.1-005

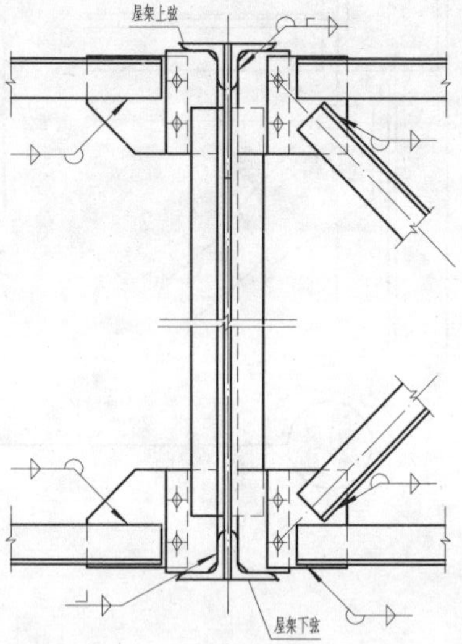

⑥ 屋盖垂直支撑连接节点
S6.11.1-006

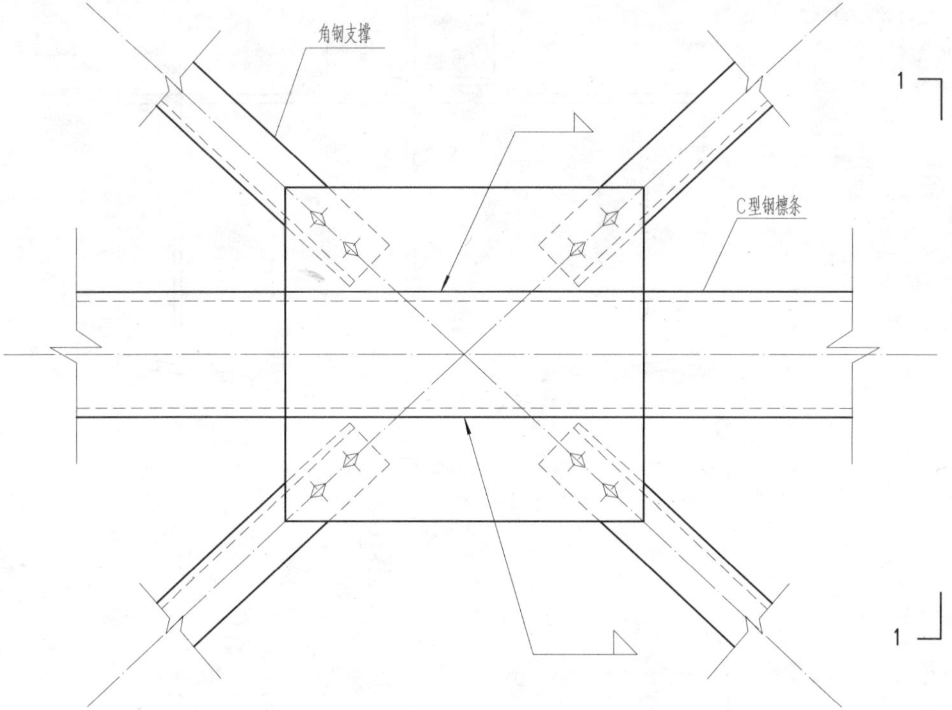

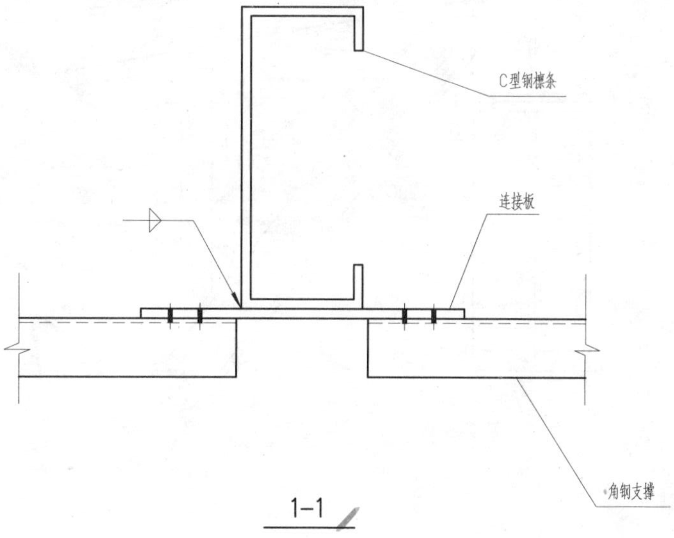

① C形墙钢檩条与角钢上弦横向水平支撑的连接节点
S6.11.2-001

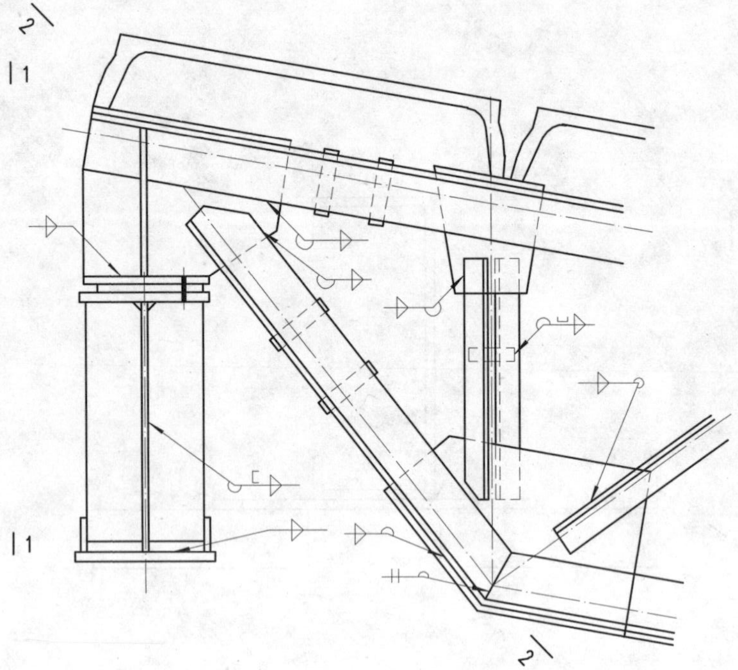

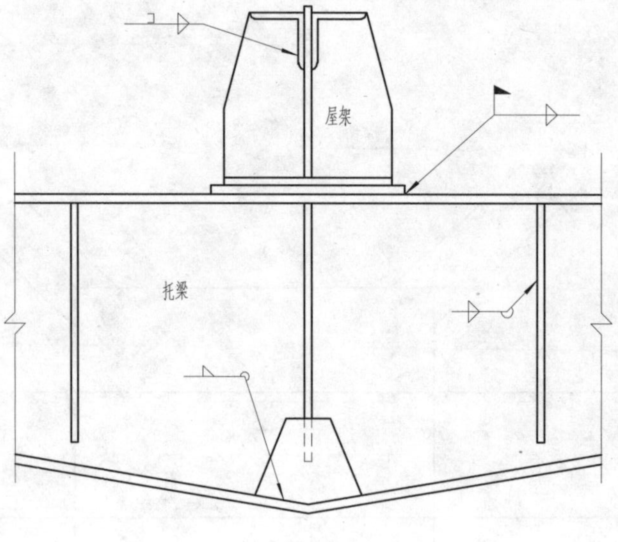

1-1

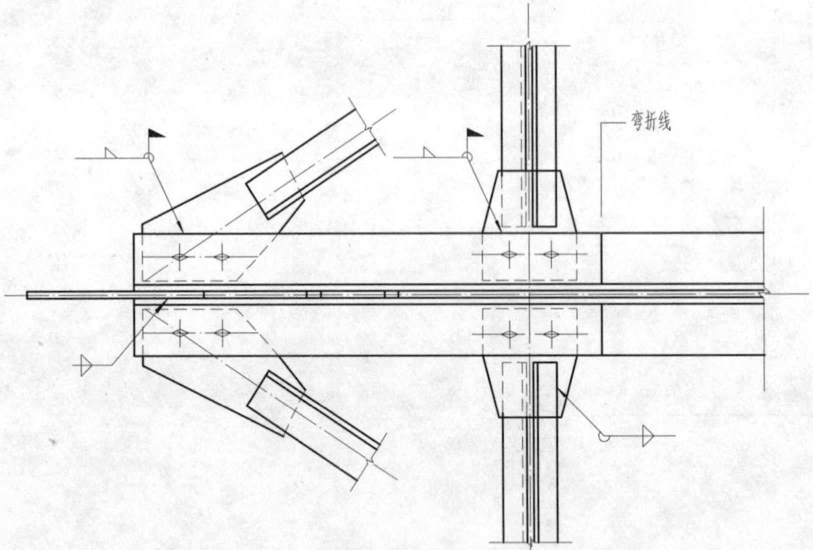

2-2

屋架与托梁的连接节点详图一
平接

1
S6.11.3-001

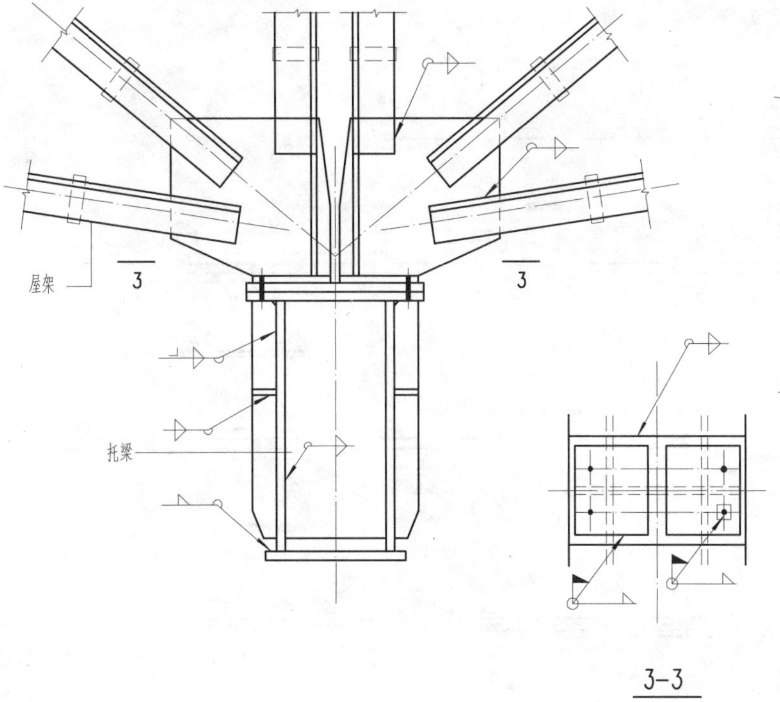

屋架与托梁的连接节点详图二
叠接
② S6.11.3-002

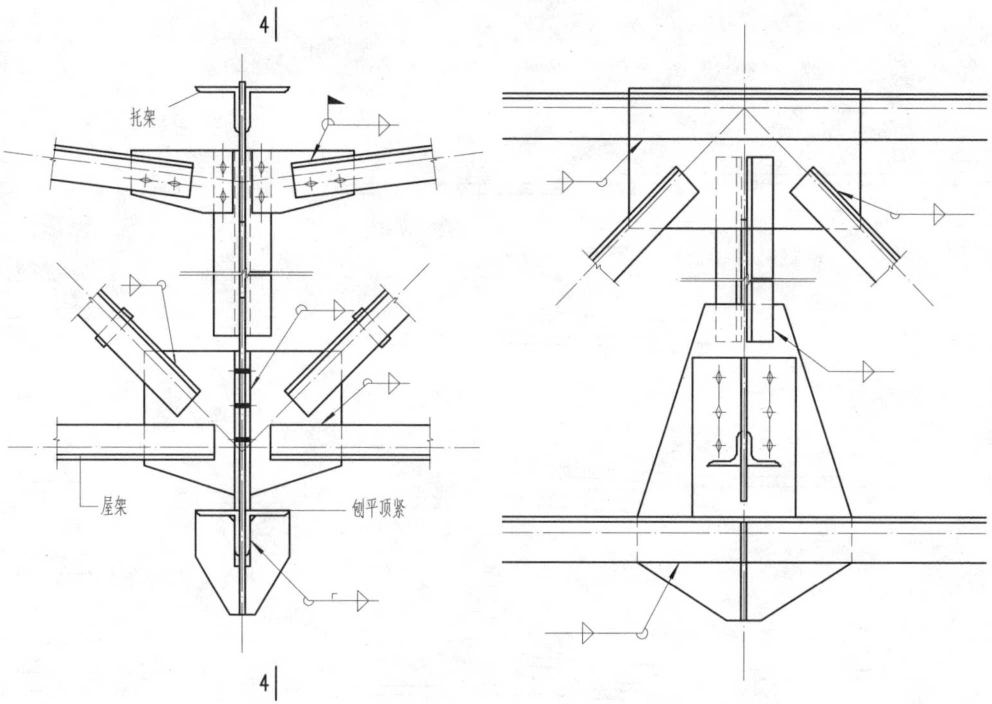

屋架与托架的连接节点详图
平接
③ S6.11.3-003

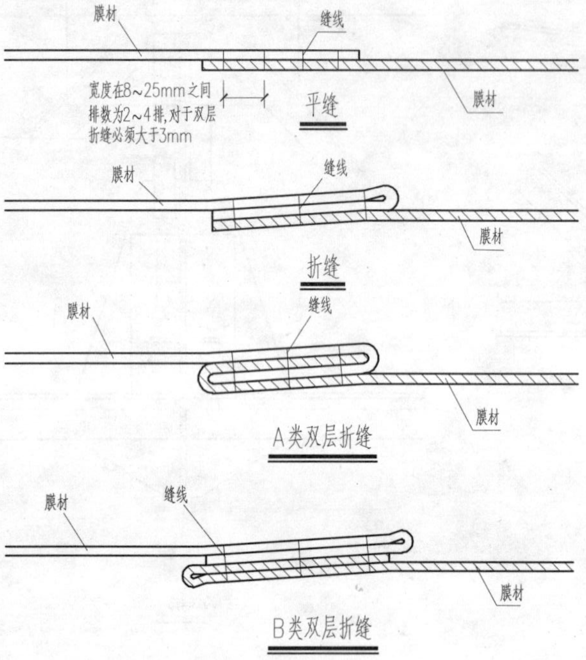

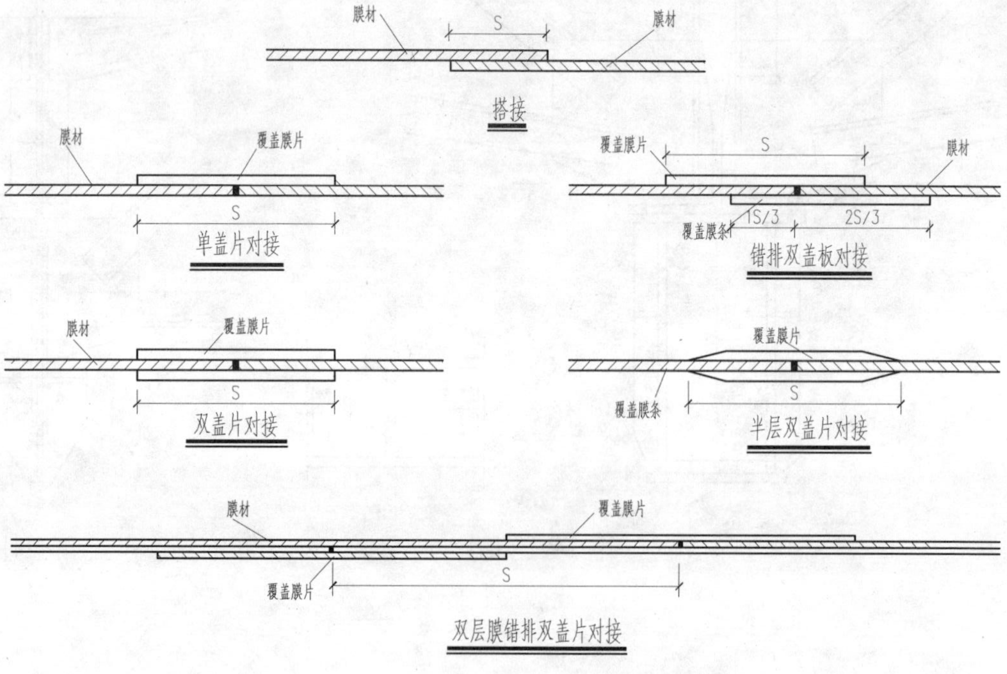

1 缝合膜节点构造

用于膜内应力较小以及非受力构造连接处

S7.01-001

2 焊接膜节点构造

节点的宽度s可以根据实际应力情况予以调整

S7.01-002

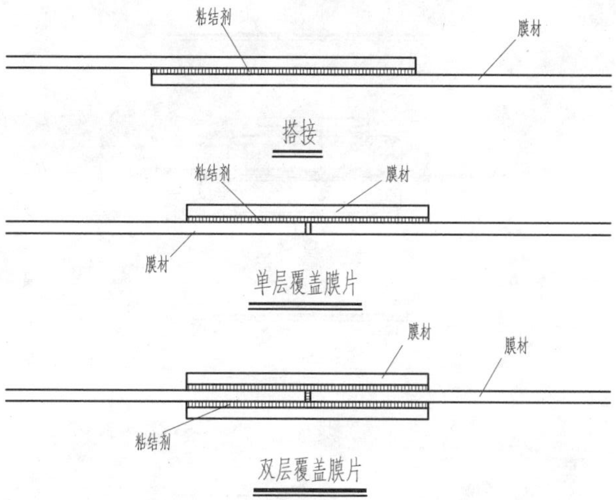

③ 粘结膜节点

用于强度要求不高，现场临时修补或无法采用其它连接方式的地方

S7.01-003

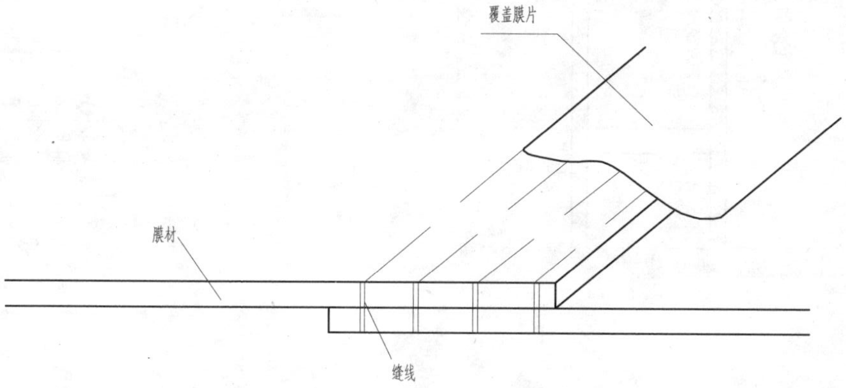

④ 缝合—焊接组合膜节点构造

可使结合更安全，适用于炎热地区

S7.01-004

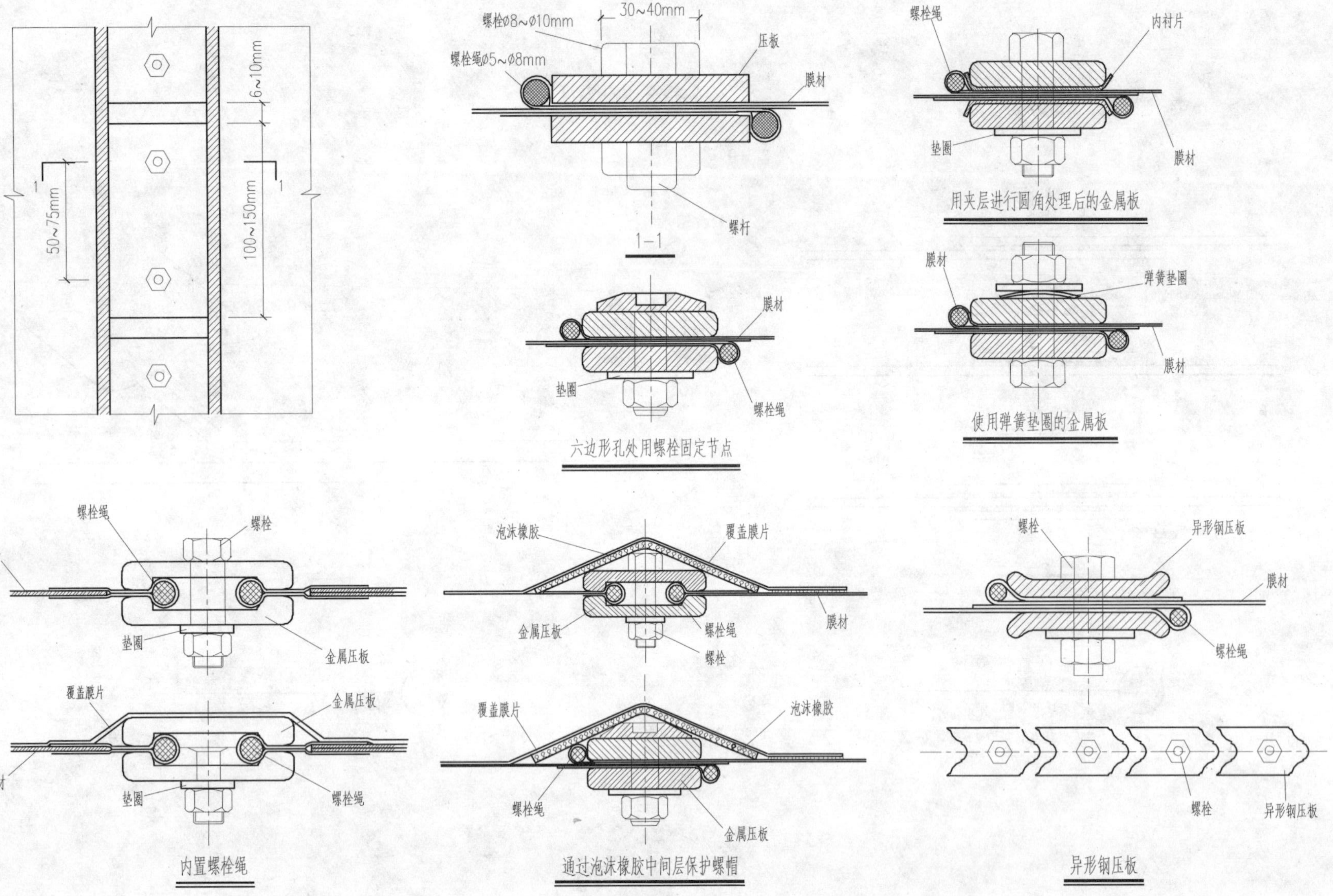

1 螺栓膜节点

连接处的一般尺寸

S7.01-005

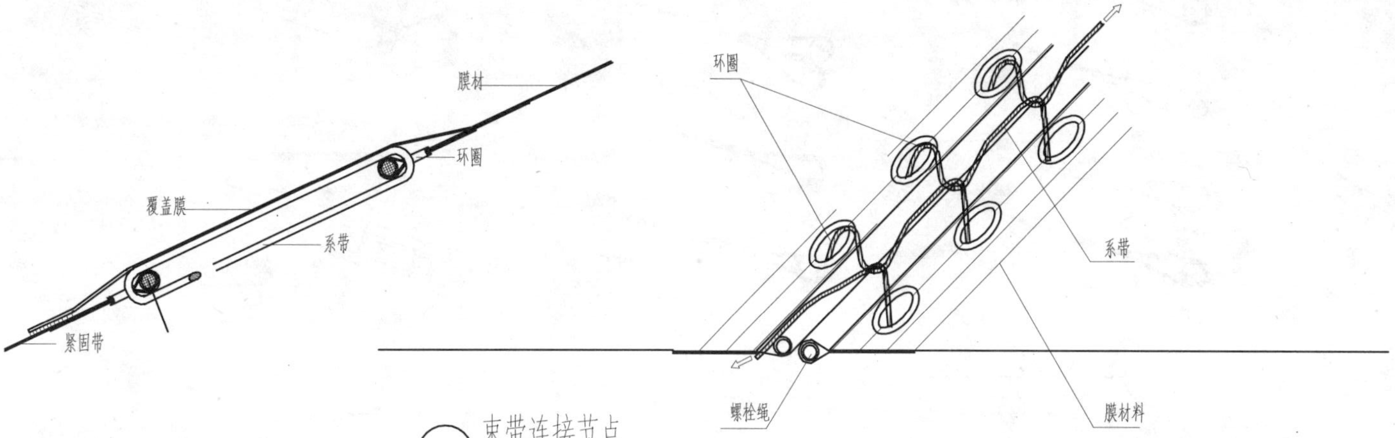

② 束带连接节点
S7.01-006

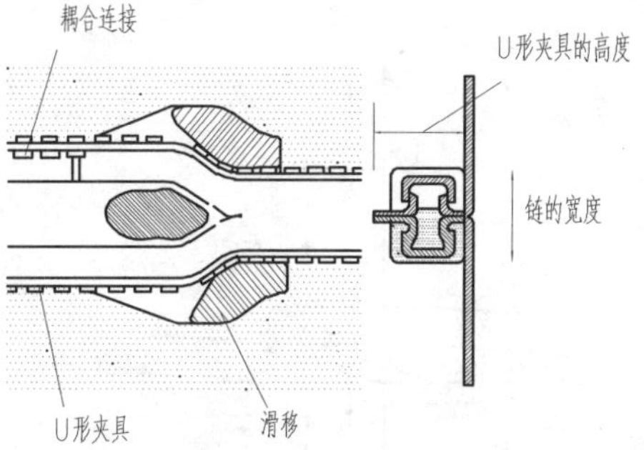

③ 拉链膜节点
用于小形临时性膜结构
S7.01-007

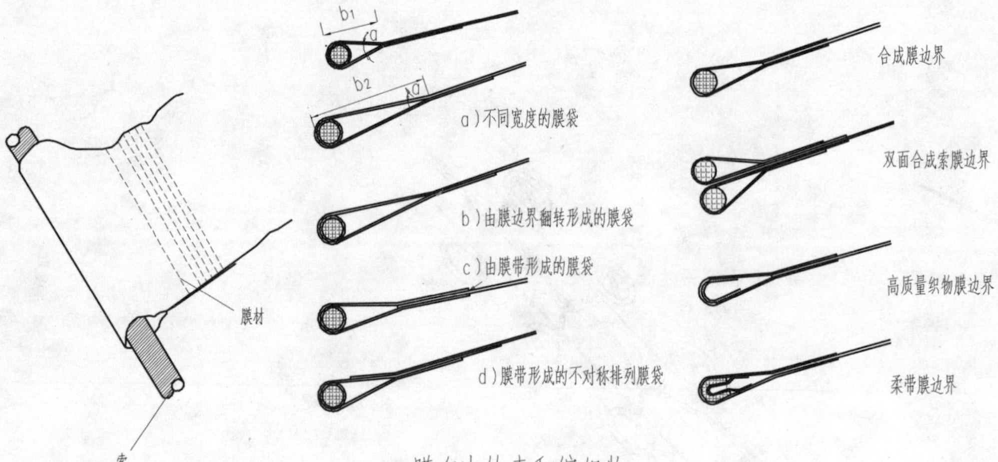

① 膜套中的索和编织物
S7.02-001

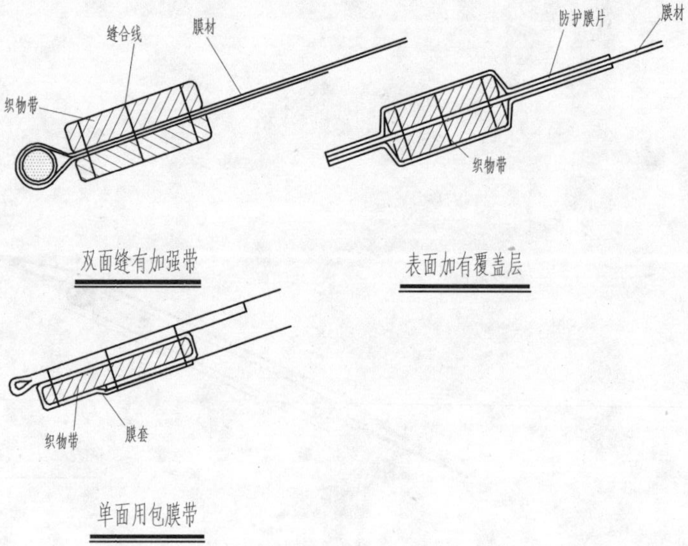

② 膜套中的索和编织物
S7.02-002

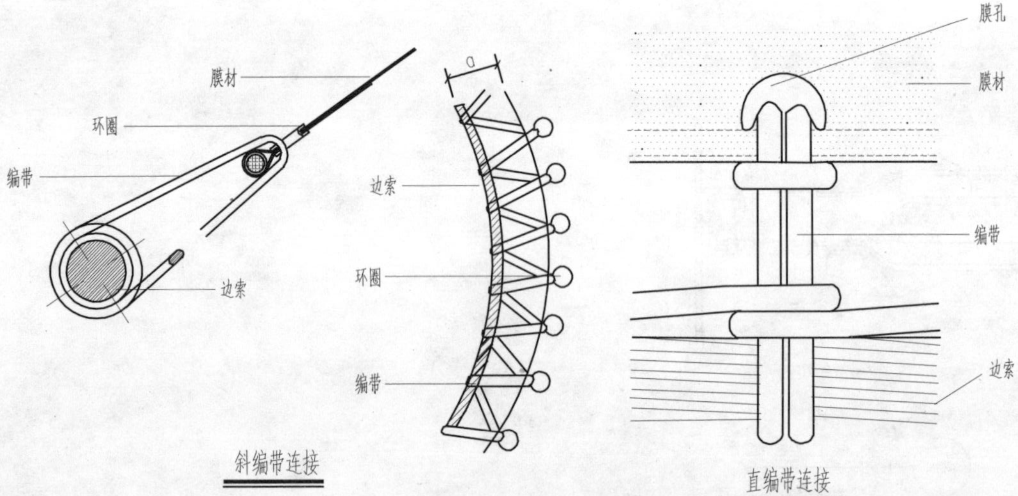

③ 钢索和编带
S7.02-003

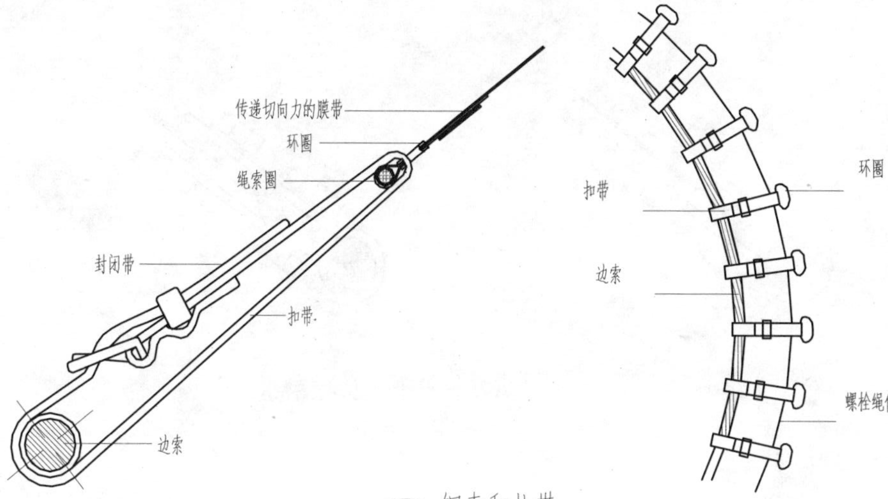

④ 钢索和扎带
S7.02-004

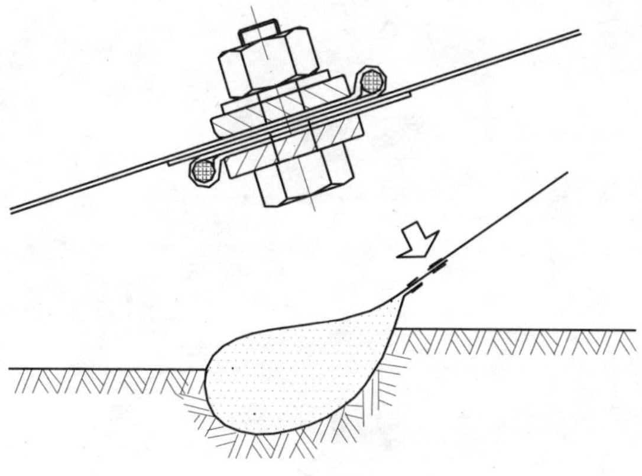

直接用脊膜和基膜连接的夹板平面来紧固的边界

⑤ 夹板节点
S7.02-005

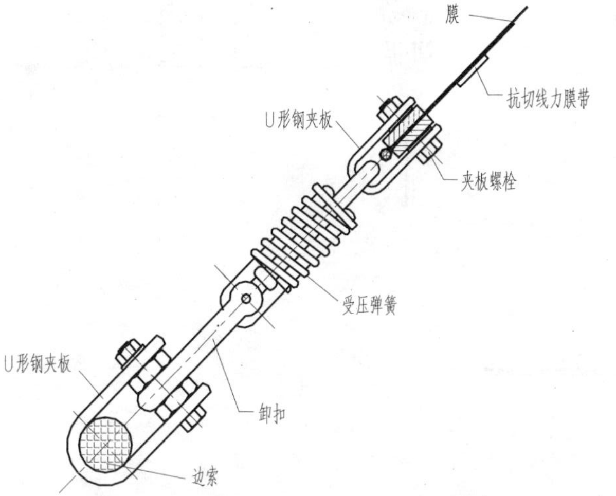

⑥ 钢索和受压弹簧
S7.02-006

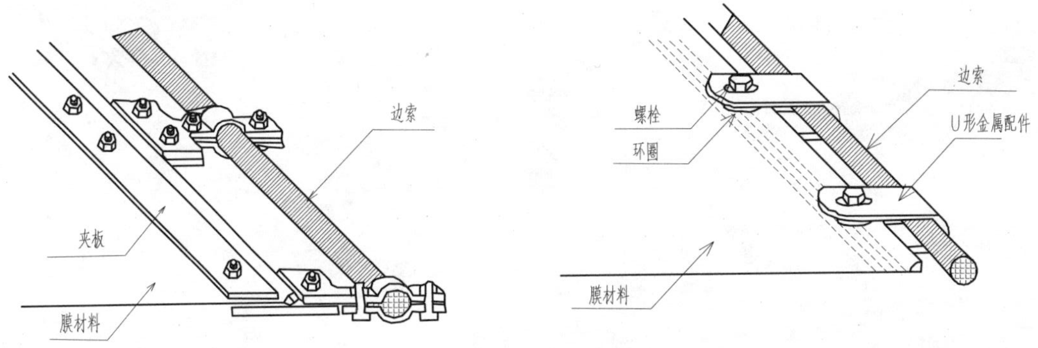

⑦ 金属紧固件和钢索(一)
S7.02-007

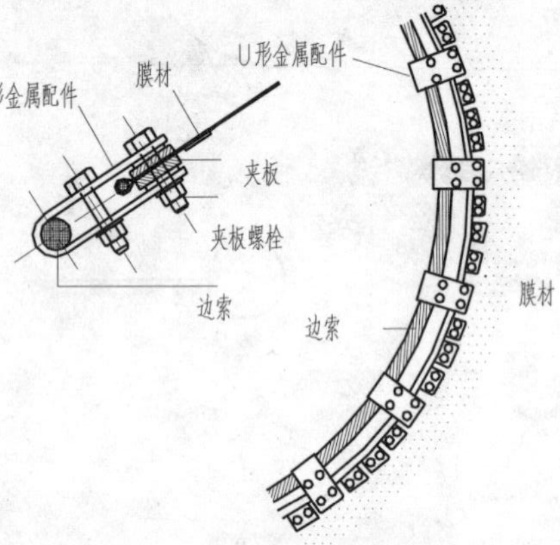

直U形夹板边界

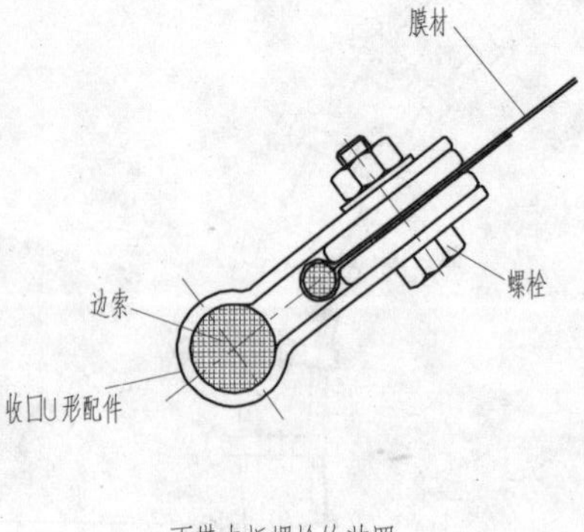

不带夹板螺栓的装置

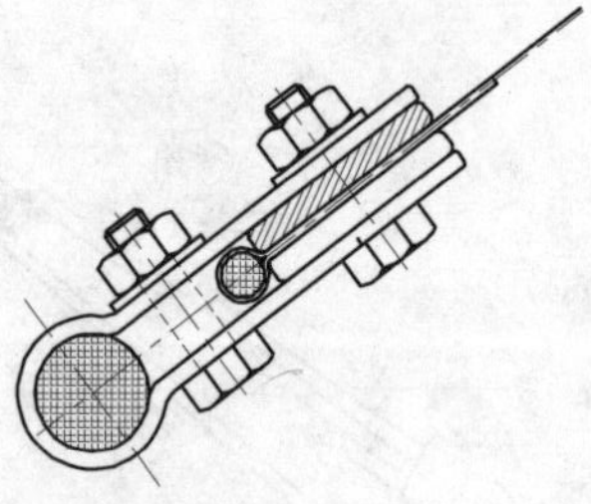

带有夹板螺栓的装置

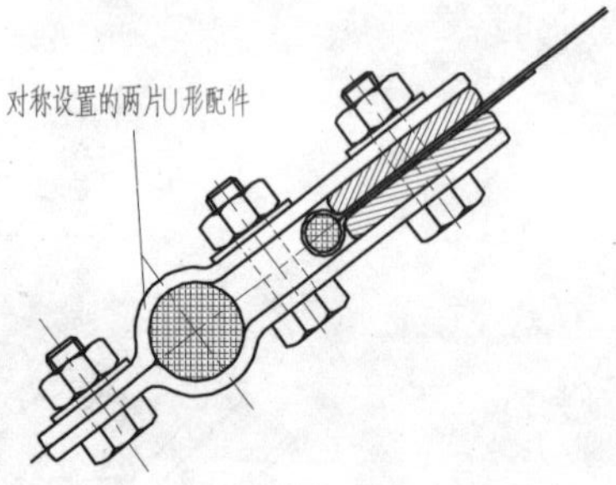

带有夹板螺栓的两个装置

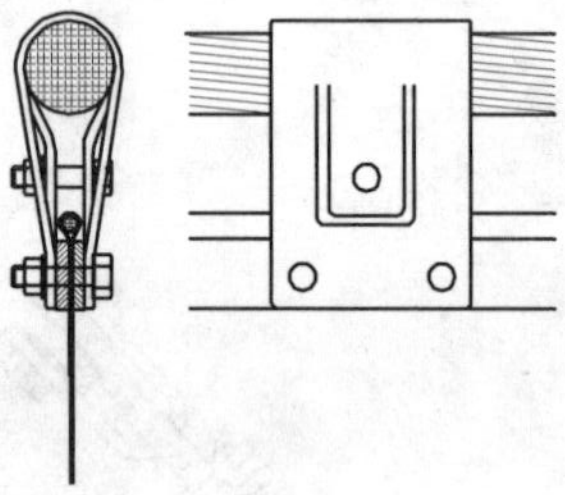

可调金属装置

收口U形配件边界

① 金属紧固件和钢索（二）
软边界
S7.02-008

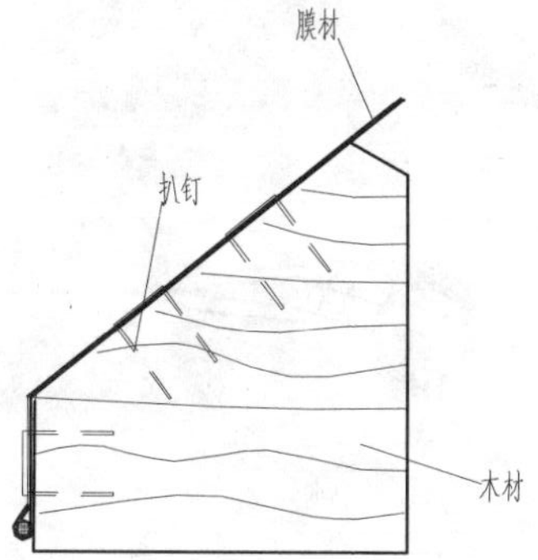

用扒钉固定

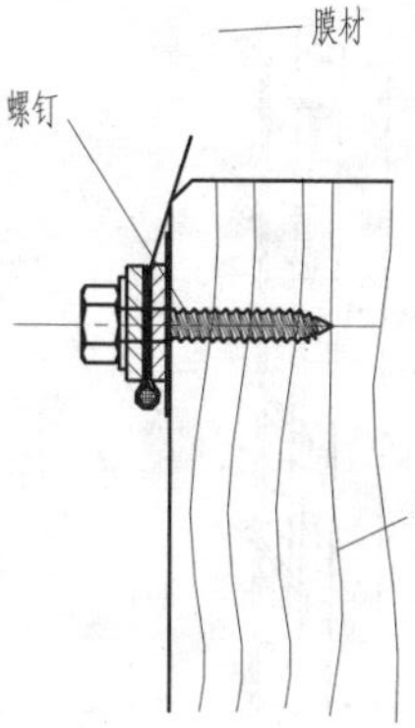

用螺钉垂直固定

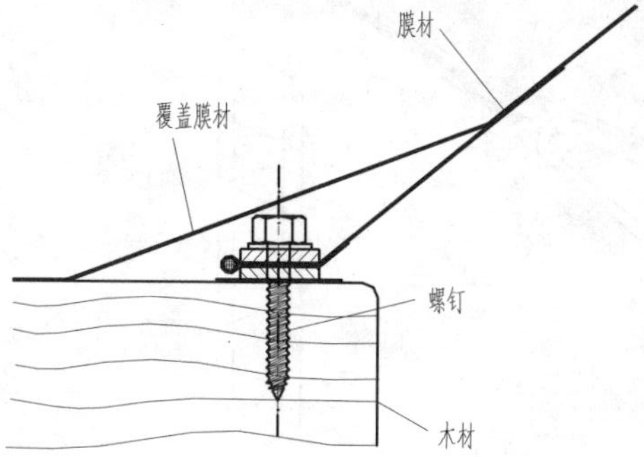

用螺钉水平固定

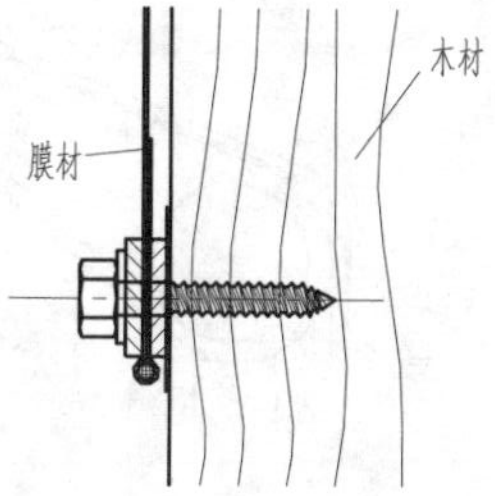

用两个夹板的连接

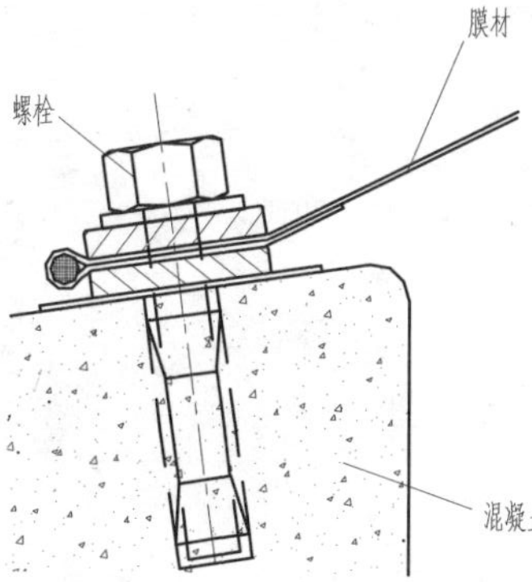

在混凝土上用销钉固定

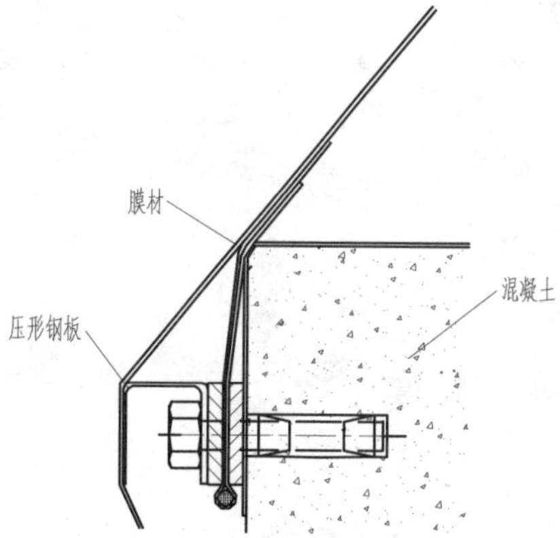

用夹板和压形钢板固定

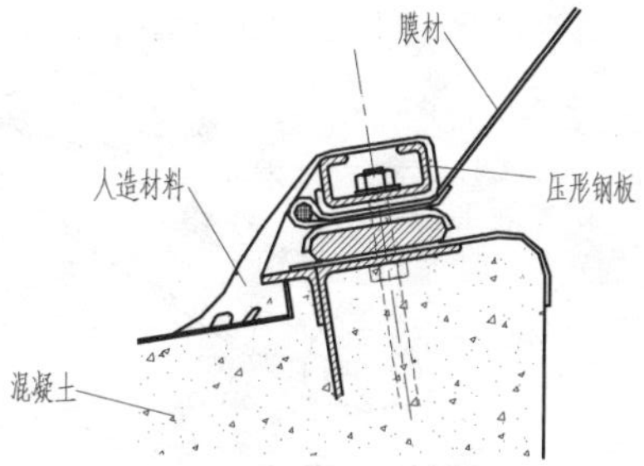

用压形夹板固定，并用特形人造材料覆盖

② 不可调节的标准配件
硬边界
S7.02-009

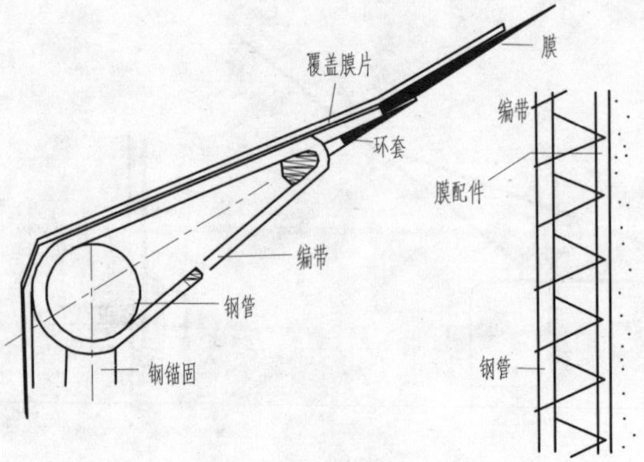

3 钢管和编带节点(一)
直接固定于钢管
S7.02-010

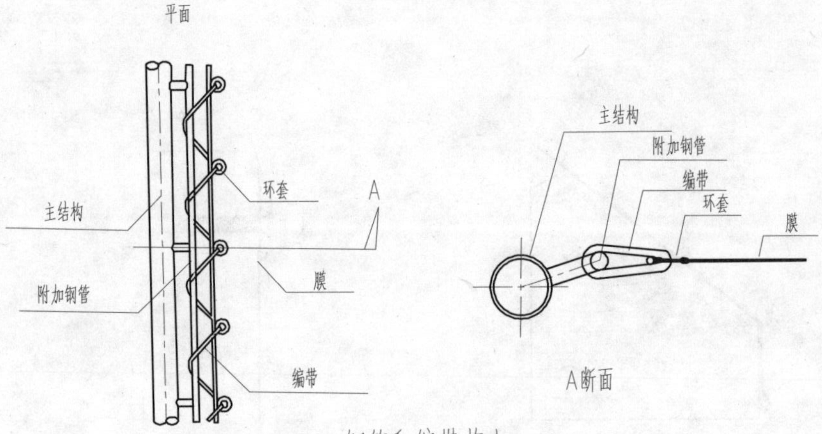

4 钢管和编带节点(二)
附加钢管
S7.02-011

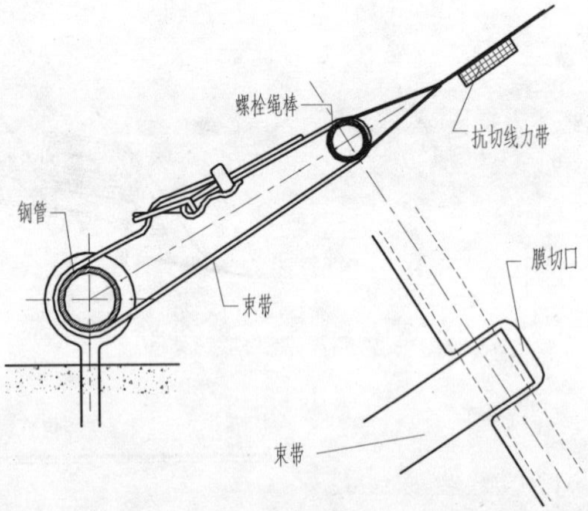

5 钢管和扎带节点
S7.02-012

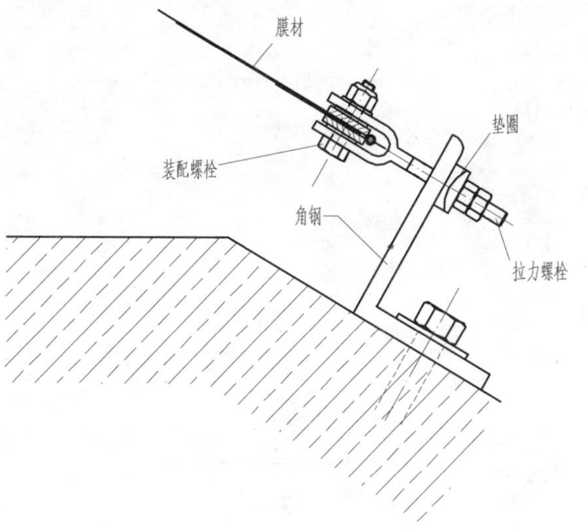

① 角钢和受力螺栓
S7.02-013

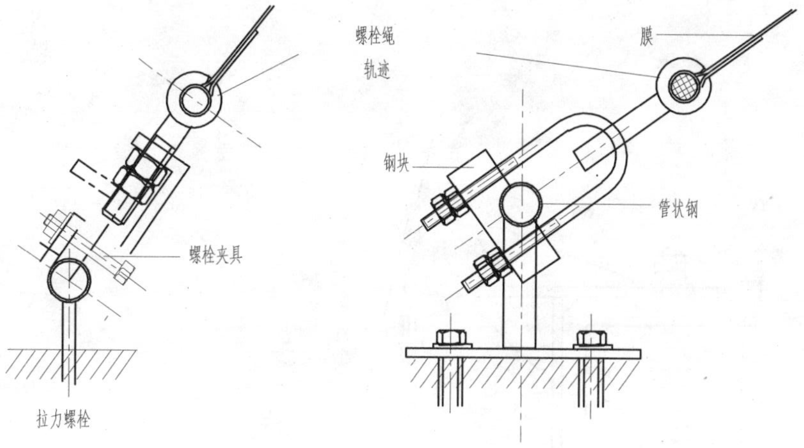

② 带可调节配件的钢管和拉力螺栓
S7.02-014

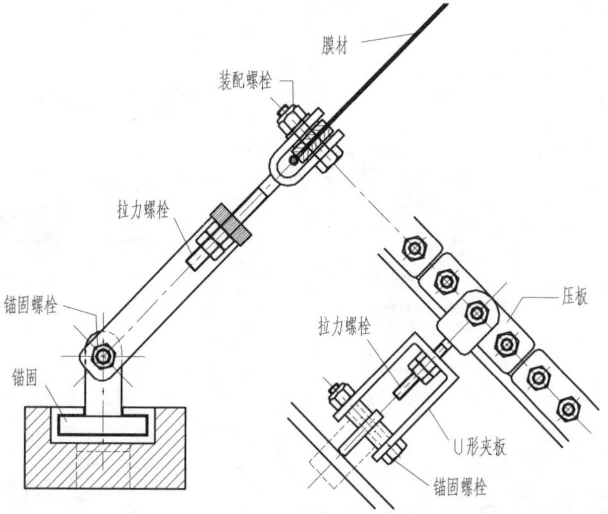

③ 可转动的金属配件和拉力螺栓
S7.02-015

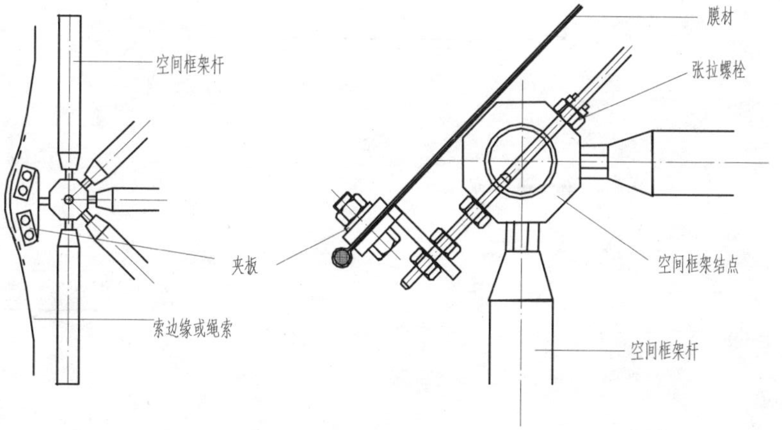

④ 带拉力螺栓的网架节点
S7.02-016

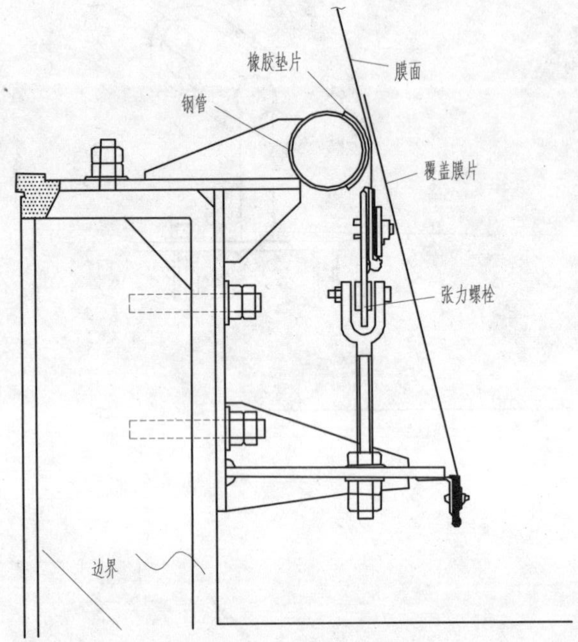

带可调节式

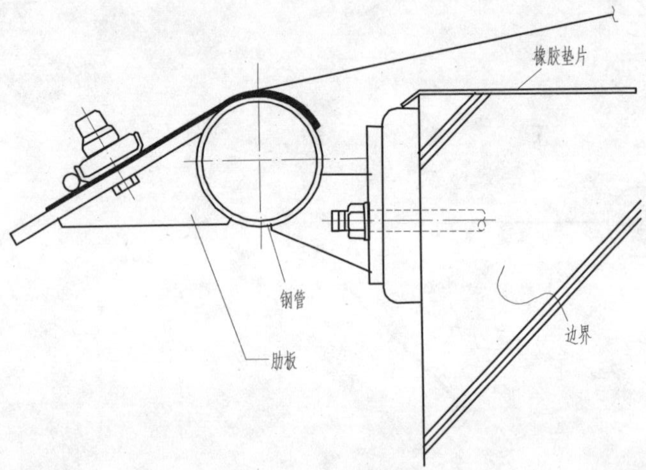

固定式

5 钢管和金属配件
S7.02-017

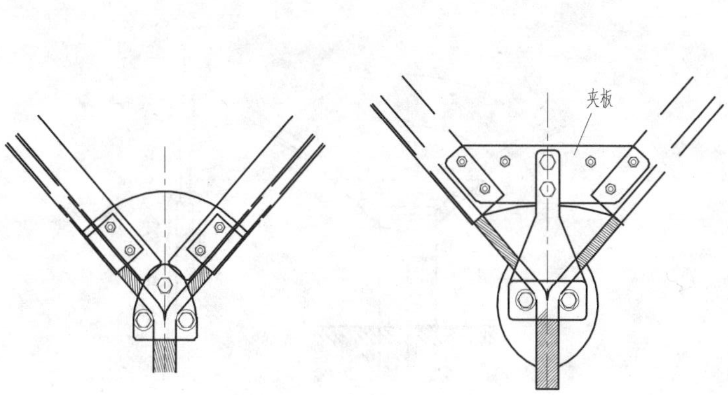

① 软边界角点（一）
螺栓膜角配件
S7.03-001

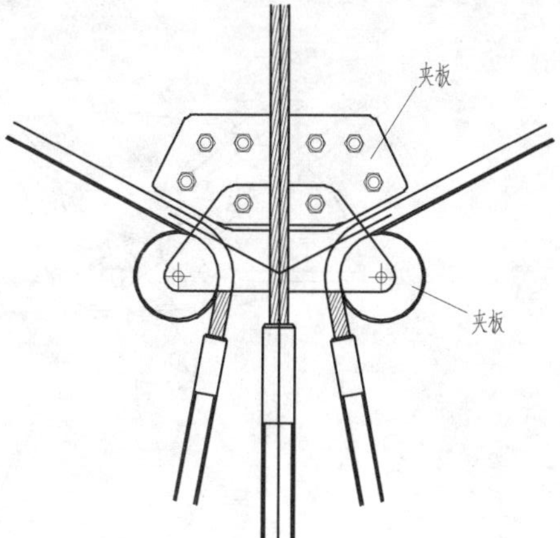

② 软边界角点（二）
滑轮配件
S7.03-002

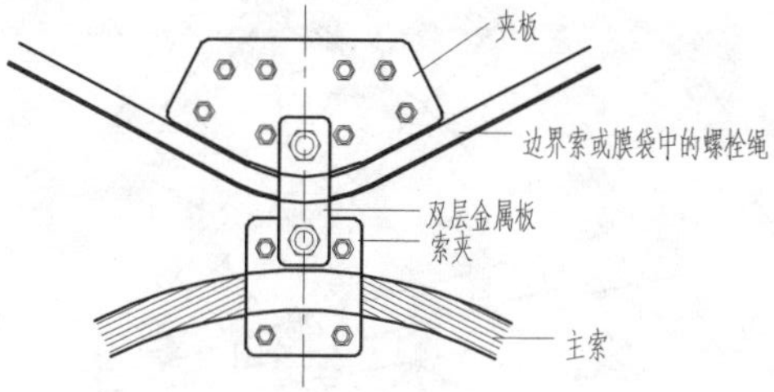

③ 软边界角点（四）
连续边索连接于主索的膜角
S7.03-003

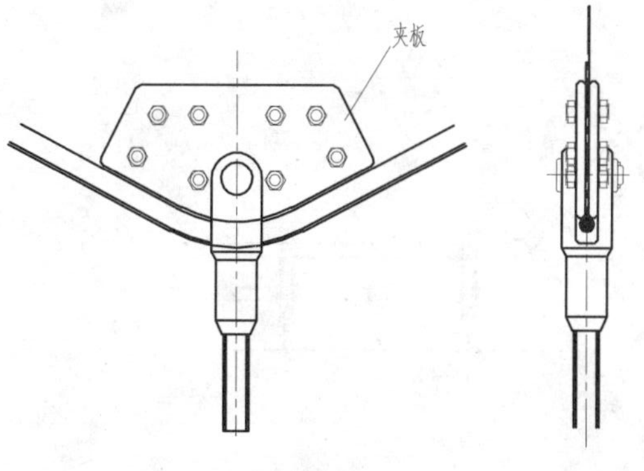

④ 软边界角点（三）
带受拉螺栓的连接边索膜角
S7.03-004

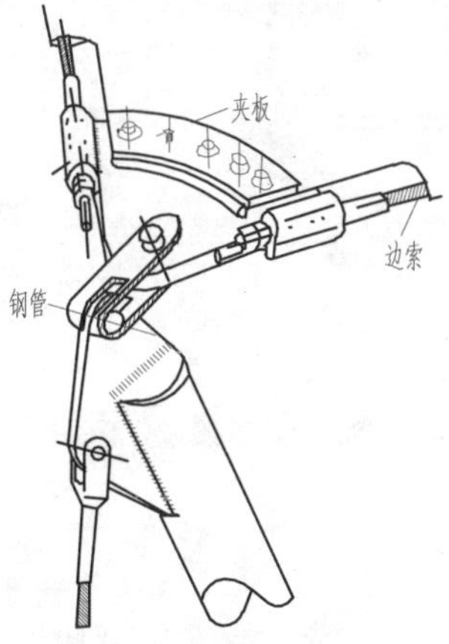

⑤ 软边界角点（六）
边索张力可调的膜角
S7.03-005

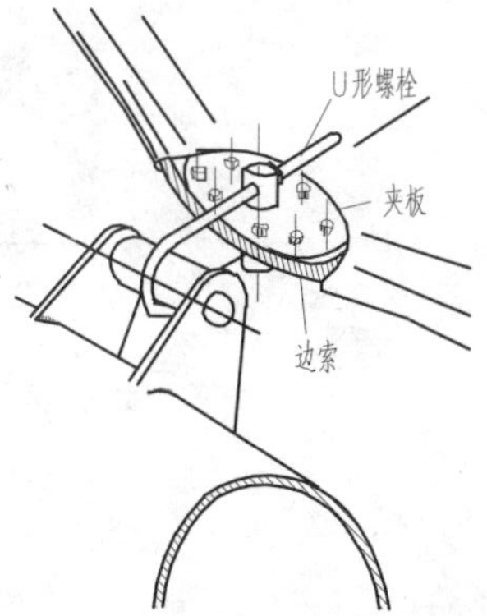

⑥ 软边界角点（七）
带有可调整的U形螺栓膜角
S7.03-006

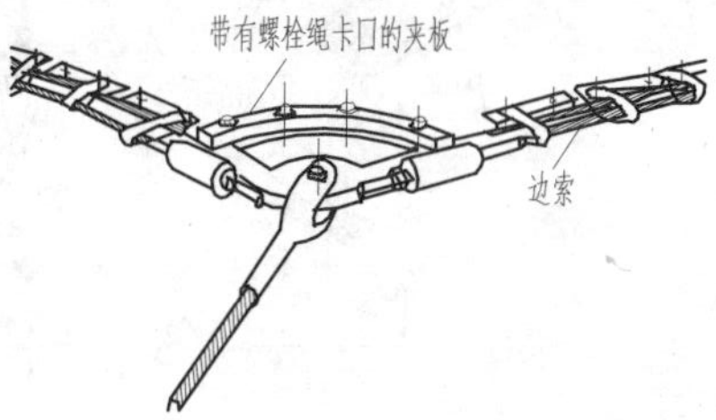

⑦ 软边界角点（八）
有螺栓卡口夹板的膜角
S7.03-007

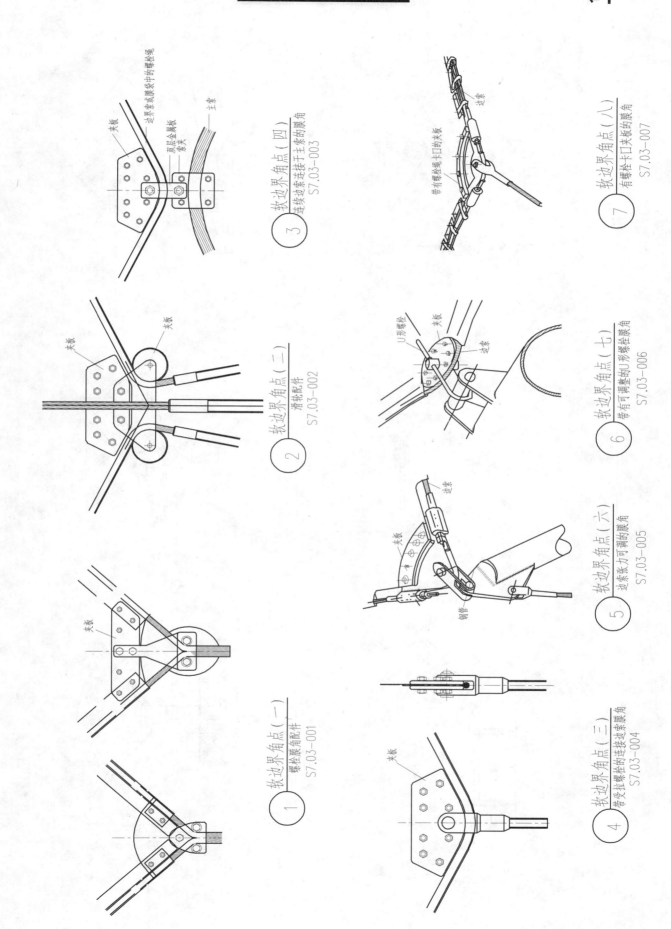

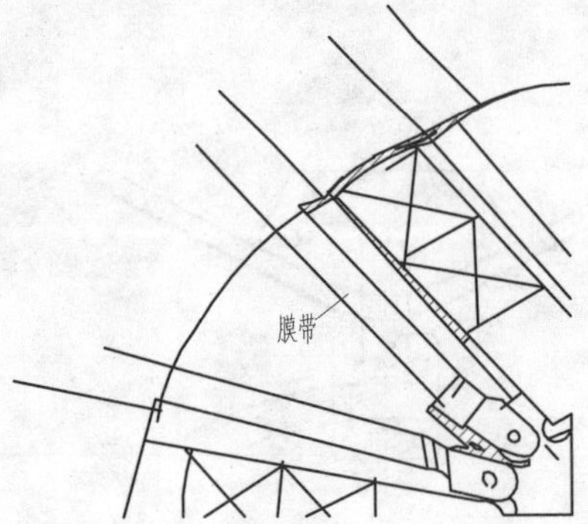

8 软边界角点（九）
以膜带连接的膜角
S7.03-008

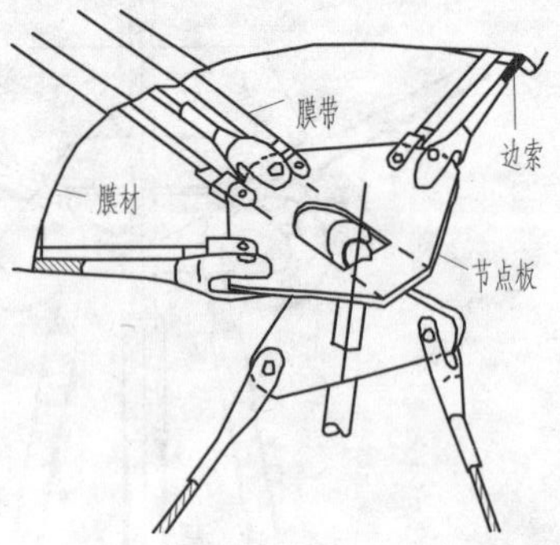

9 软边界角点（十）
用膜带固定的膜角
S7.03-009

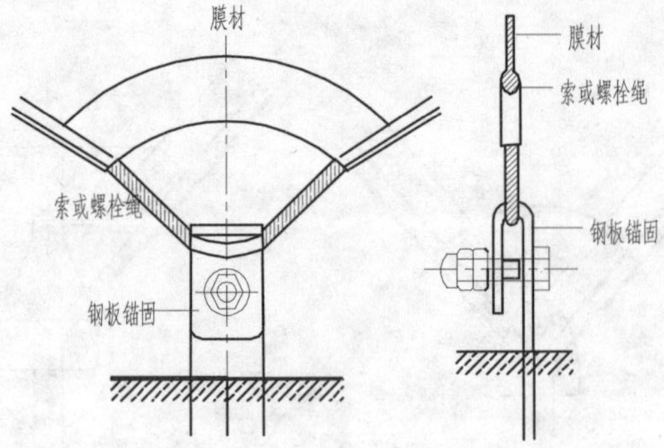

10 软边界角点（十一）
直接连接与基础的膜角
S7.03-010

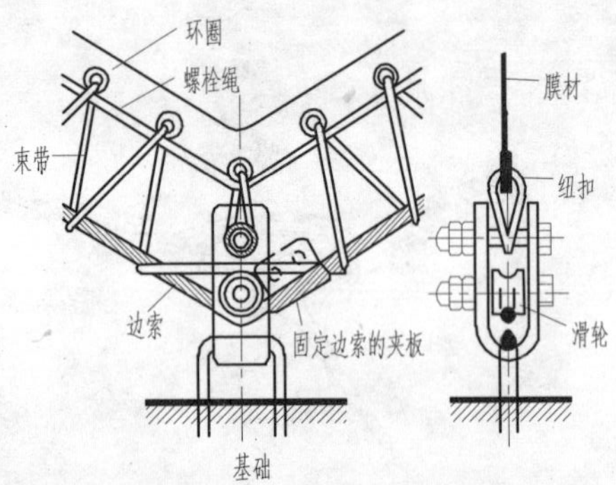

11 软边界角点（十二）
编带节点的膜角
S7.03-011

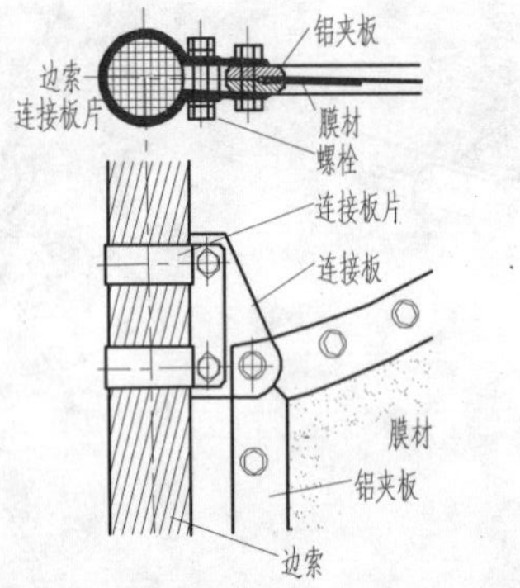

12 软边界角点（十三）
通过夹板与外边索相连的边缘加劲膜
S7.03-012

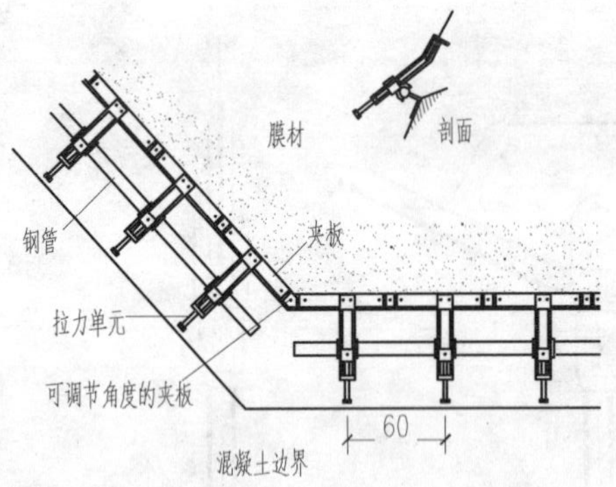

13 硬边界角点
采用受拉单元的钝角膜角
S7.03-013

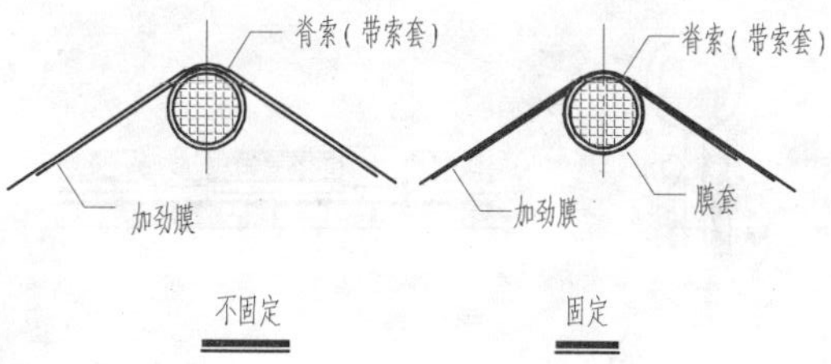

1 脊索与膜面
螺栓膜角配件
S7.04-001

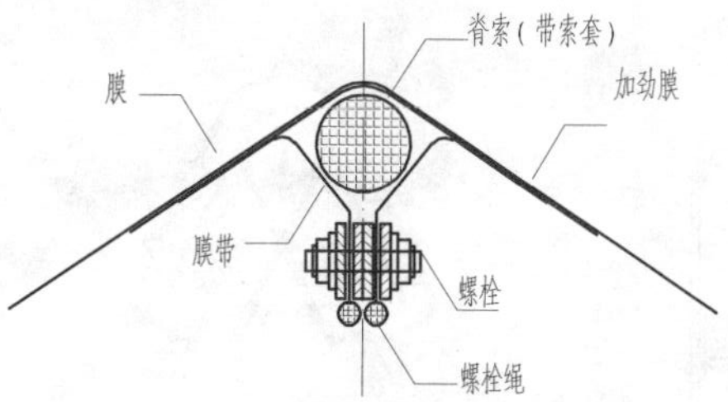

2 膜带和螺栓固定的脊索
S7.04-002

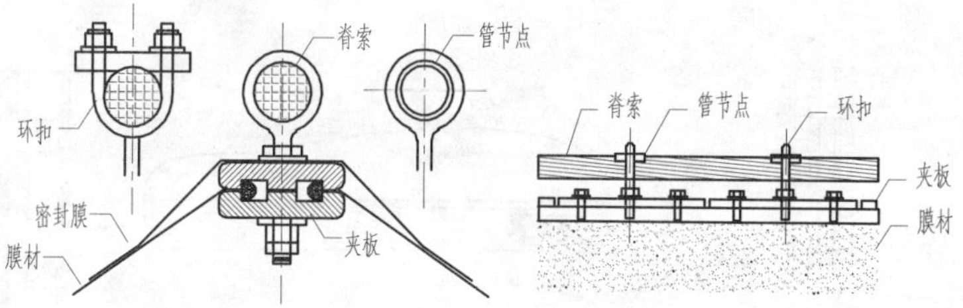

3 带圆环螺栓的脊索
S7.04-003

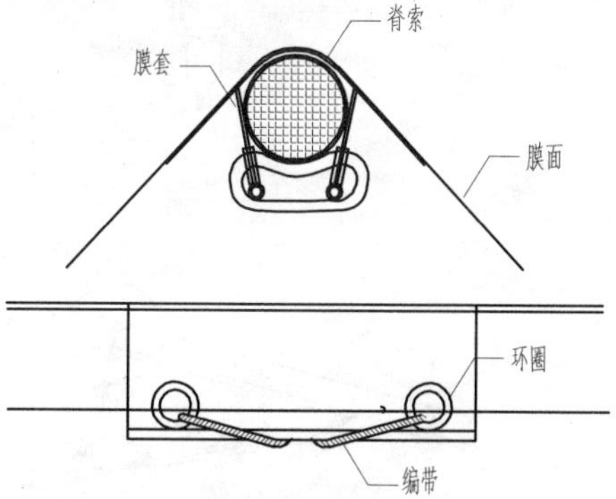

4 置于编带膜套内的脊索
S7.04-004

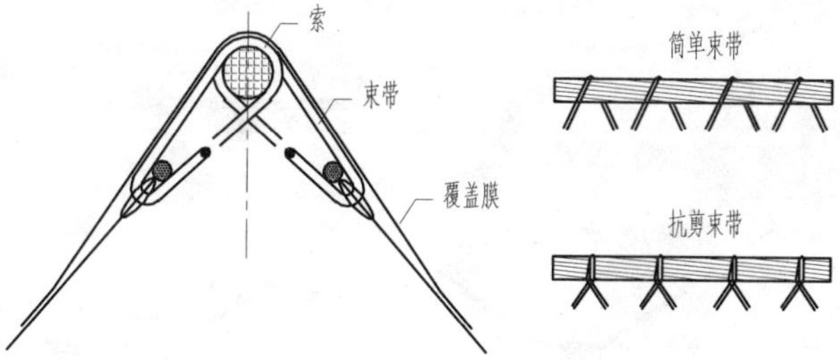

5 带编带节点的脊索
S7.04-005

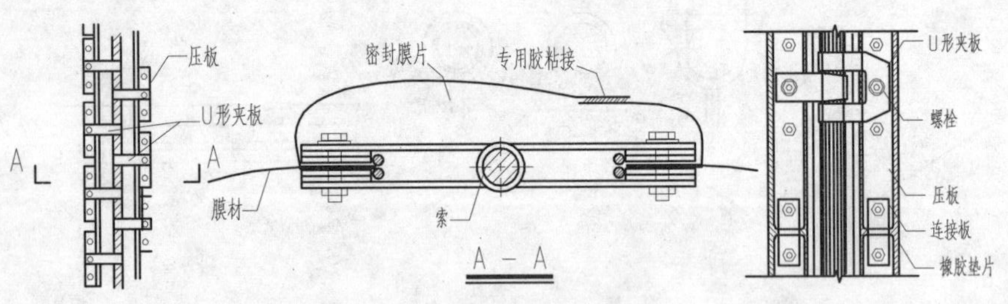

U形夹板均匀配置

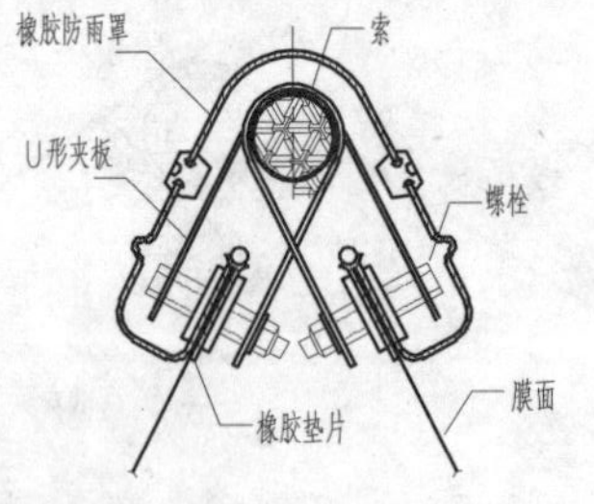

U形夹板交叉配置

6 带U形钢夹板的脊索
S7.04-006

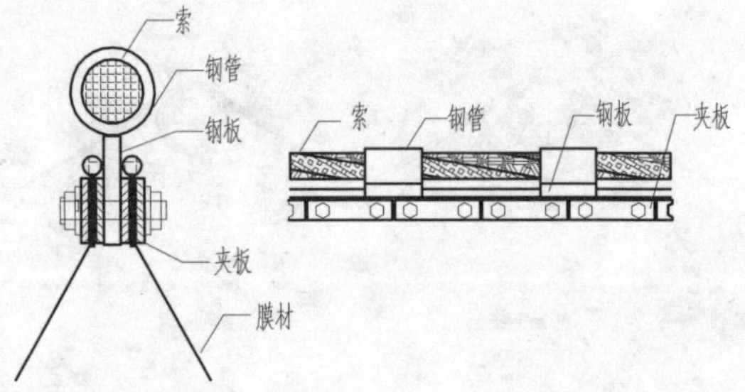

7 带管截面和钢板的脊索
S7.04-007

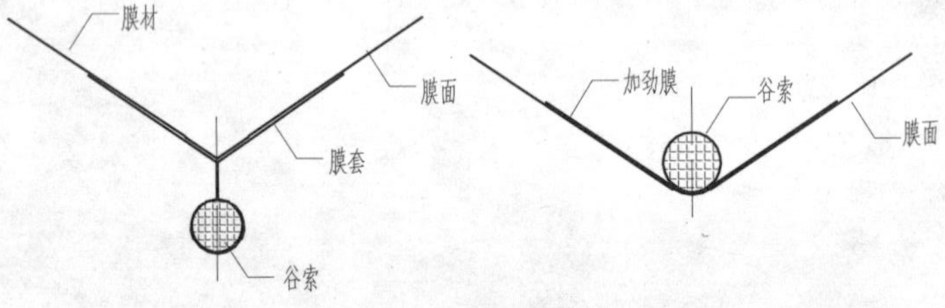

索与膜面不固定

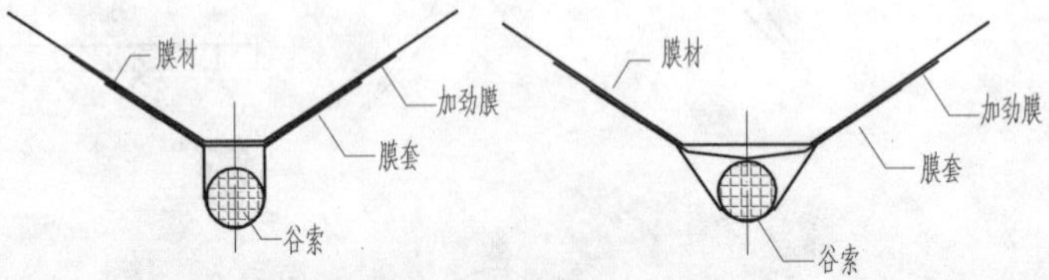

索与膜面固定

8 带编带节点的脊索
S7.04-008

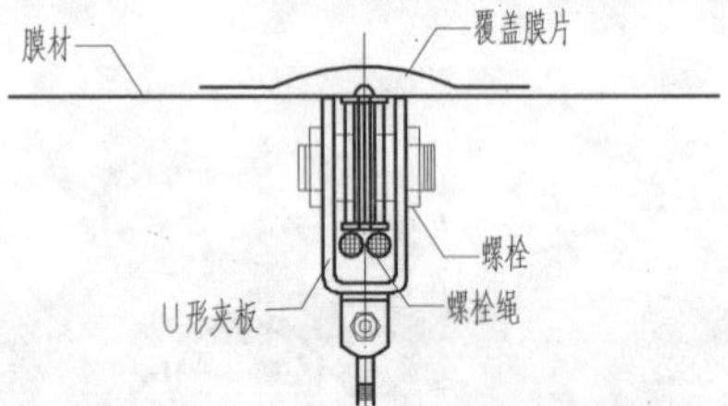

A部分

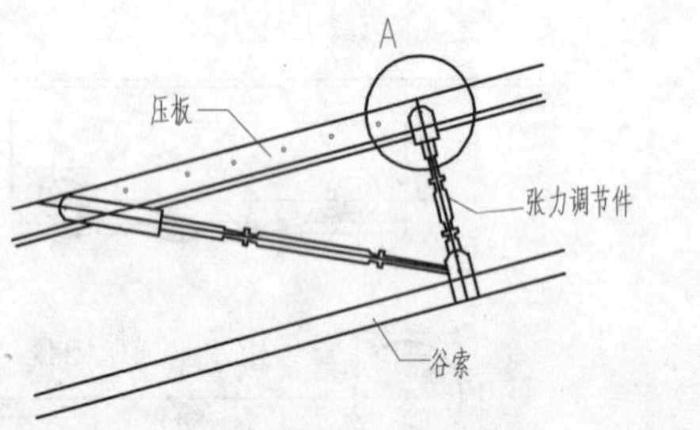

9 有可调节件的谷索与膜面的连接
S7.04-009

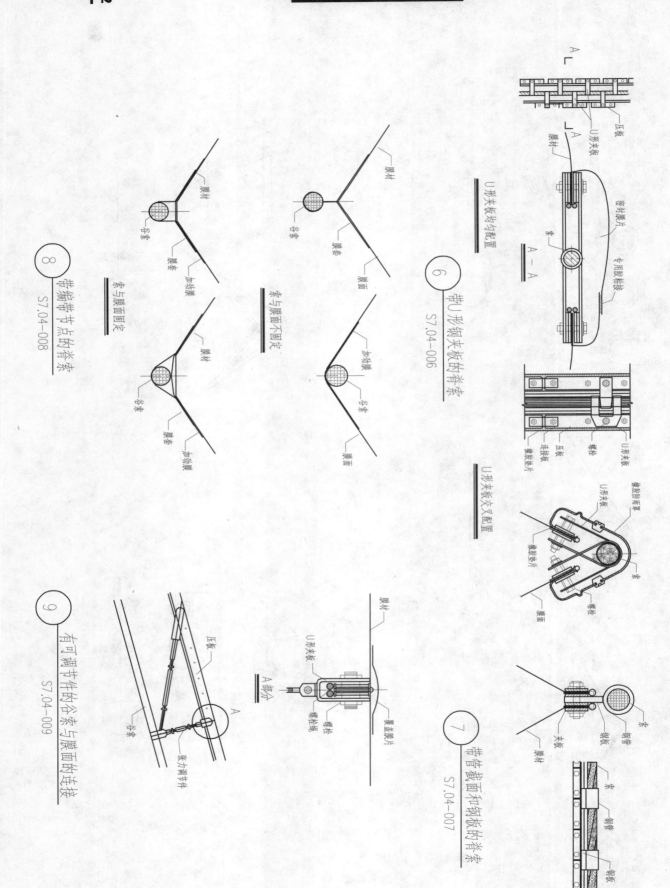

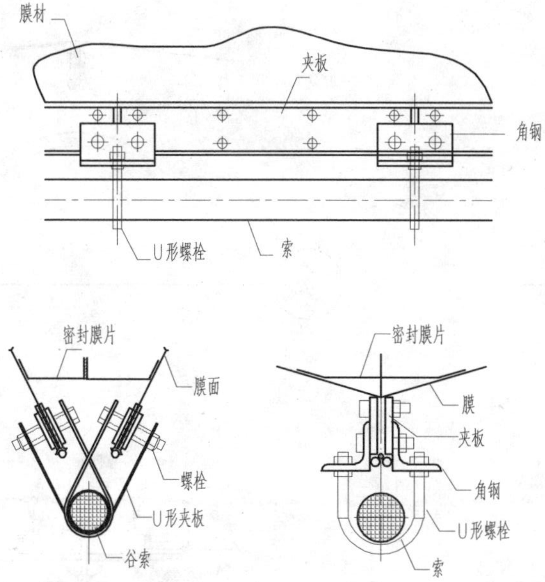

10 带U形螺栓U形钢夹板的谷索
S7.04-010

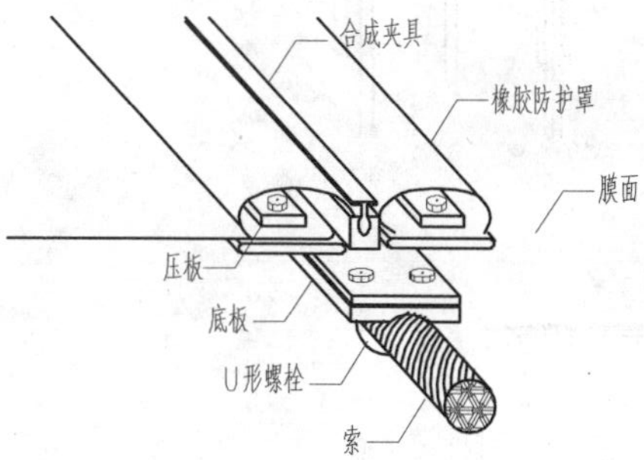

11 带钢板紧固件的谷索
S7.04-011

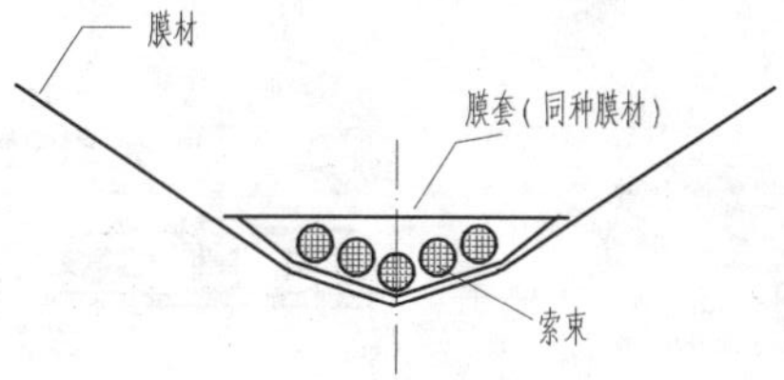

12 作为骨索的索束
S7.04-012

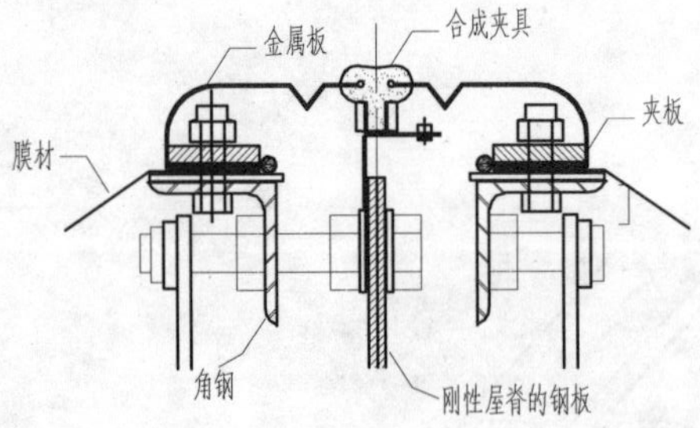

带可调节螺栓

① 带可调边界的刚性连接(一)
S7.04-013

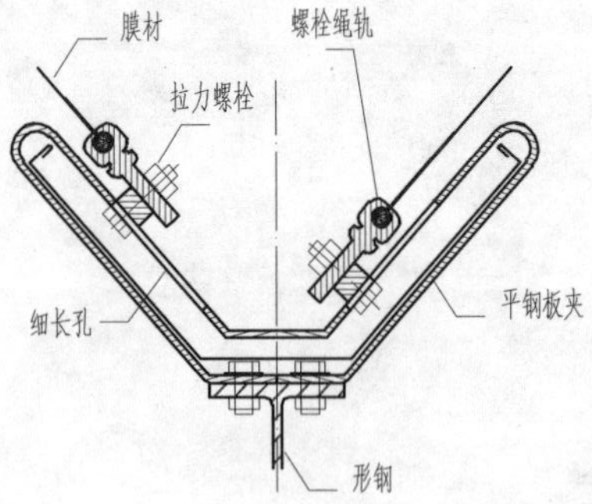

带细长孔

② 带可调边界的刚性连接(二)
S7.04-014

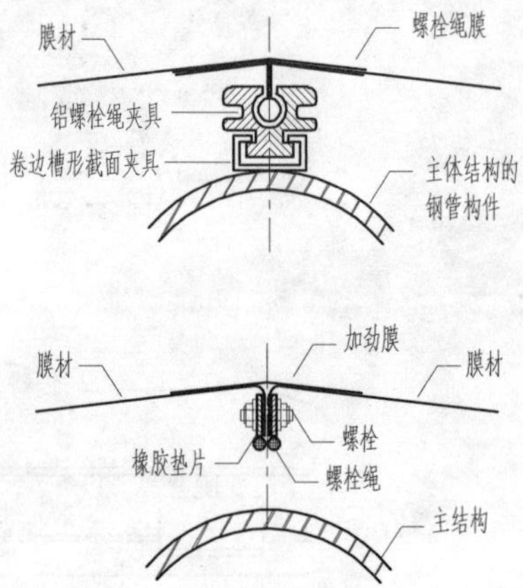

③ 作为连接单元的螺栓绳卡口和钢板件紧固件
S7.04-015

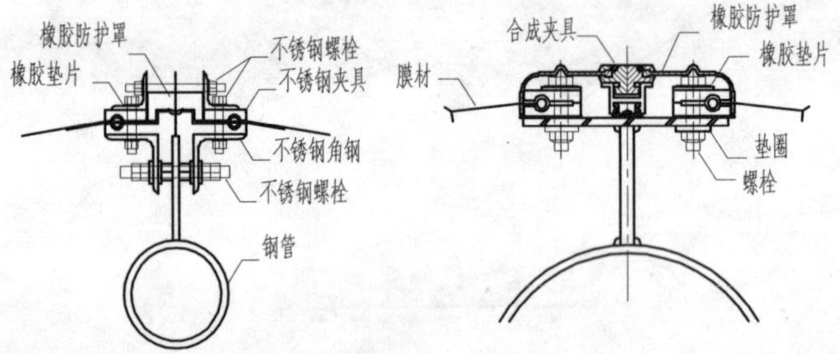

膜面与钢管固定

④ 钢管上的连接(一)
S7.04-016

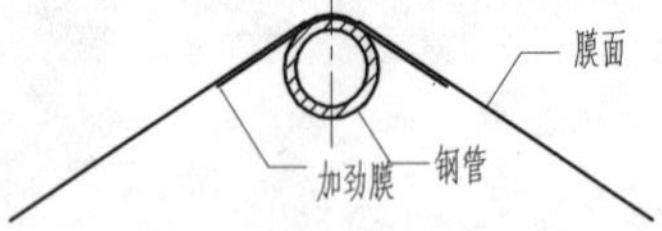

膜面与钢管未固定

⑤ 钢管上的连接(二)
S7.04-017

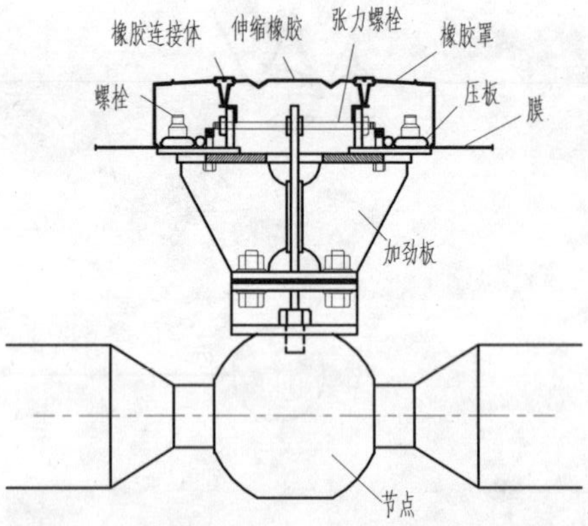

⑥ 网架节点上的连接(一)
S7.04-018

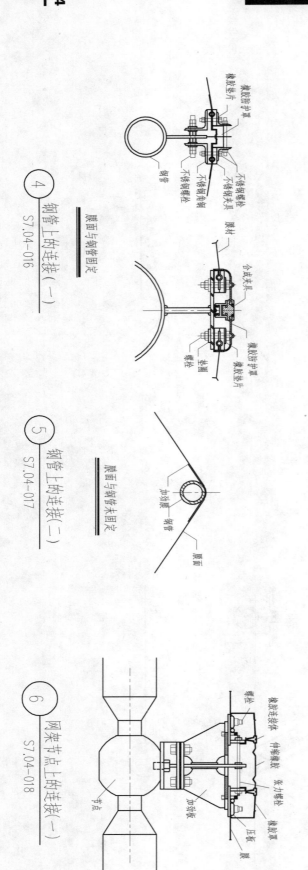

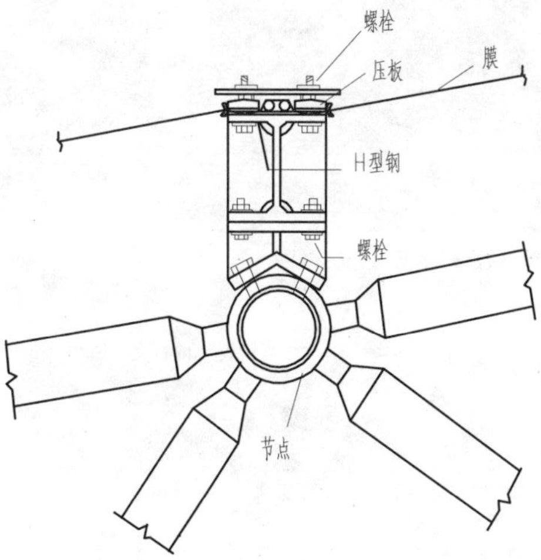

7 网架节点上的连接(二)
S7.04-019

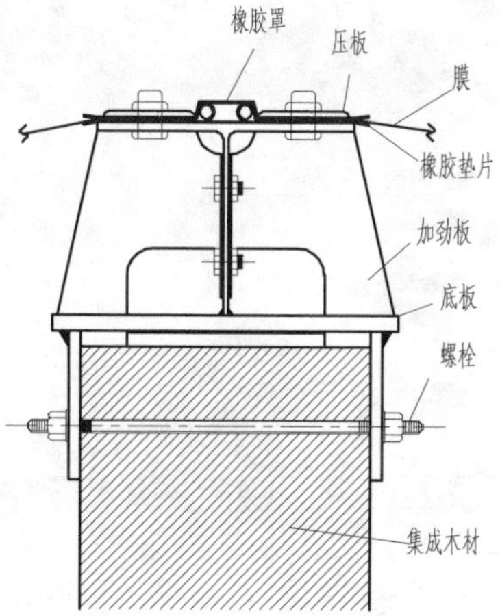

8 木材上的连接(一)
S7.04-020

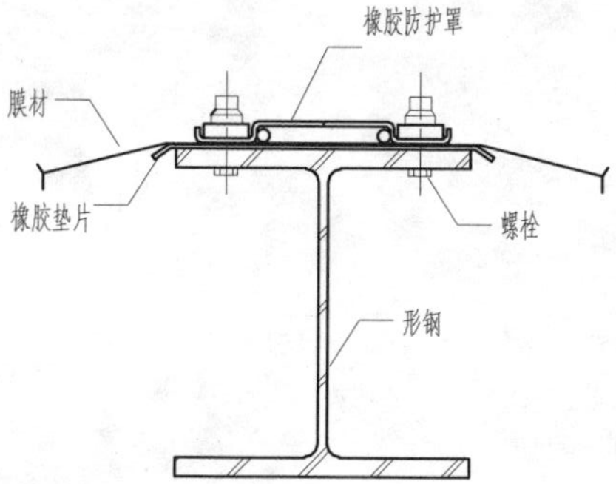

9 形钢上的连接
S7.04-021

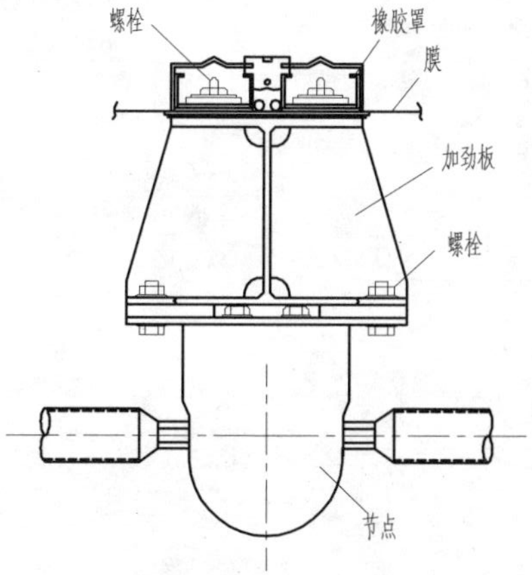

10 网架节点上的连接(三)
S7.04-022

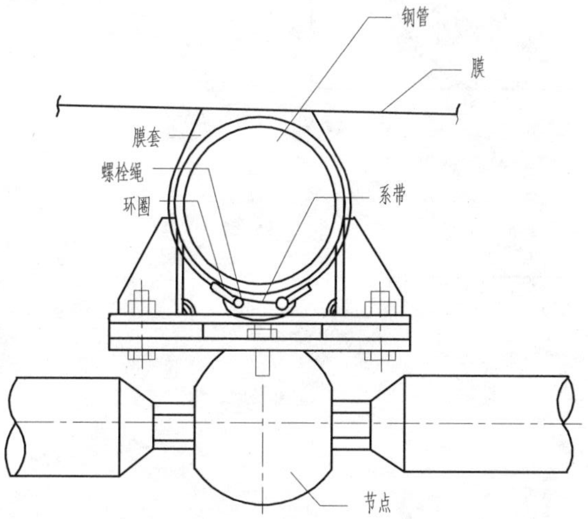

11 网架节点上的连接(四)
S7.04-023

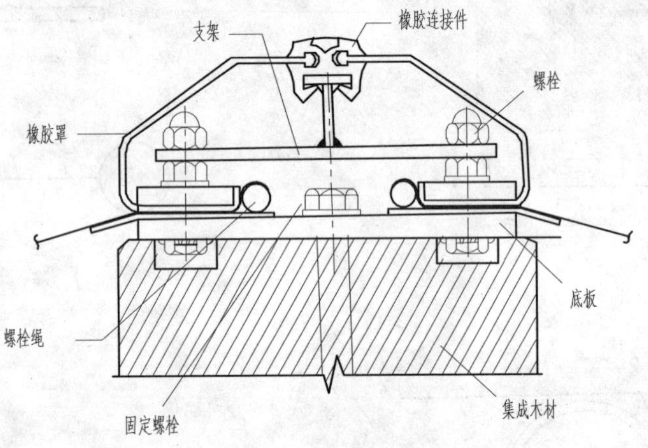

12 木材上的连接(二)
S7.04-024

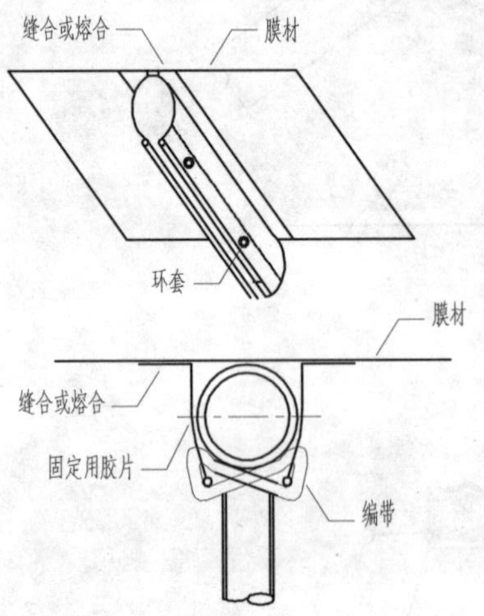

13 利用编带和固定的膜片
S7.04-025

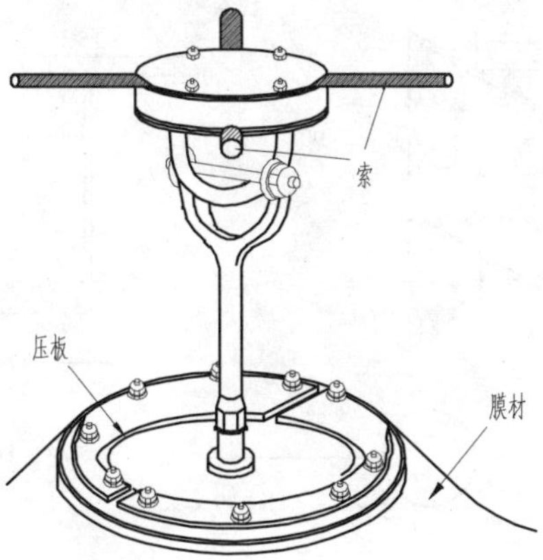

① 索网中的膜高点
S7.05-001

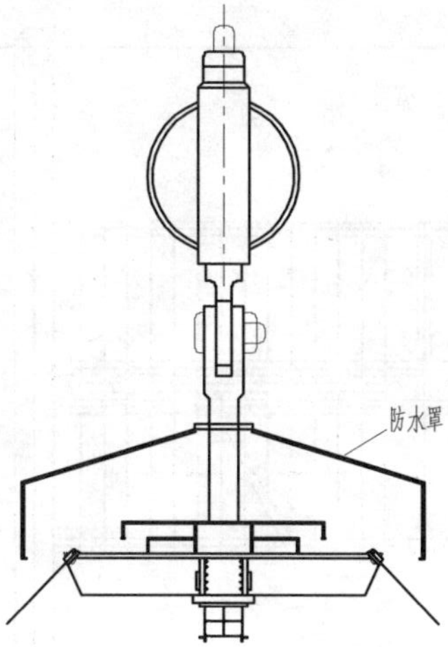

② 带防水罩的膜高点
S7.05-002

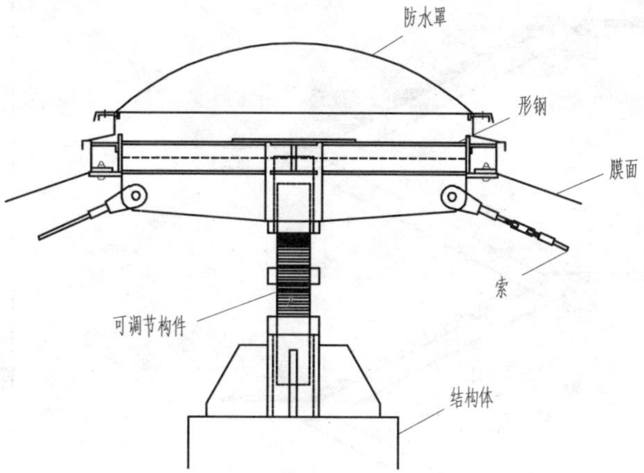

③ 可调节撑杆膜高点
S7.05-003

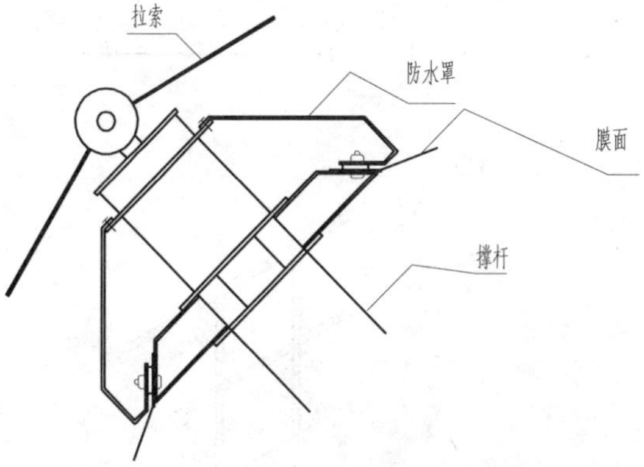

④ 顶部有拉索的斜向膜高点
S7.05-004

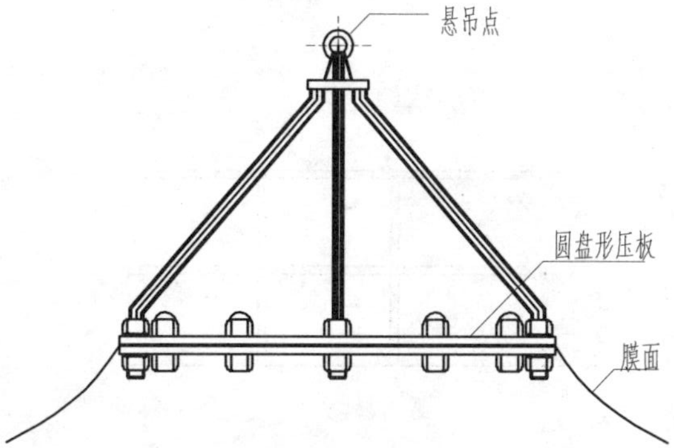

⑤ 悬吊式膜高点
S7.05-005

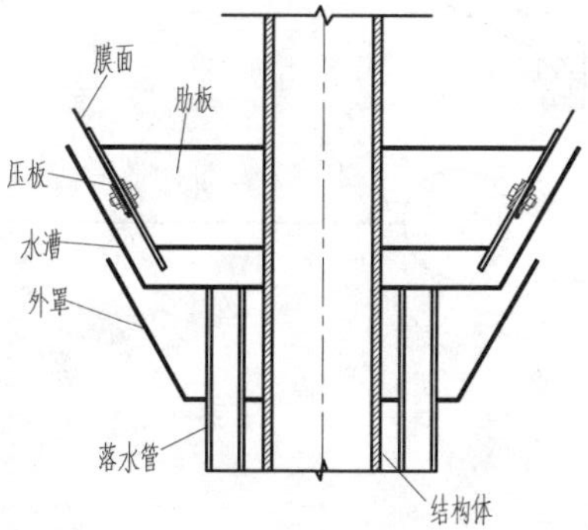

⑥ 带外接落水管的膜低点
S7.05-006

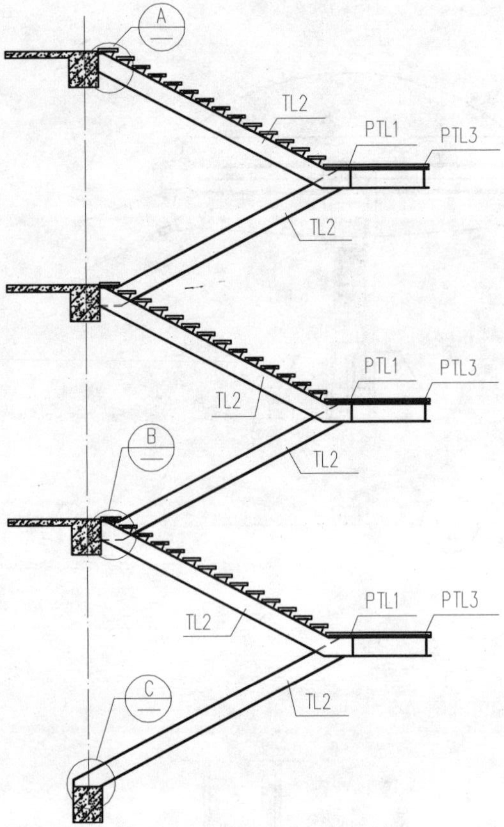

1 钢梯A-A剖面图 S8.1-001

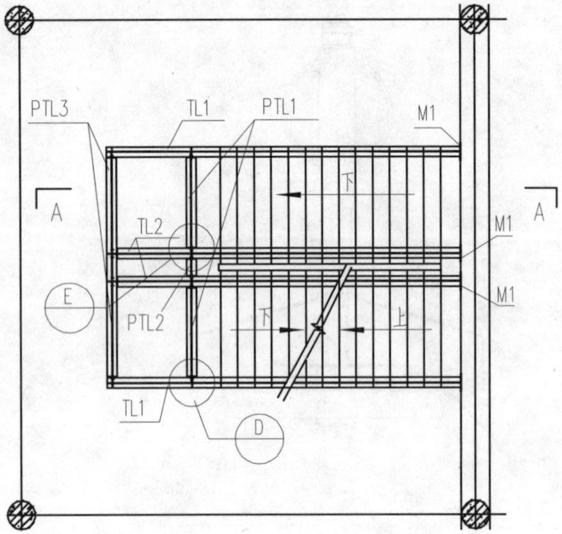

2 钢梯平面图 S8.1-002

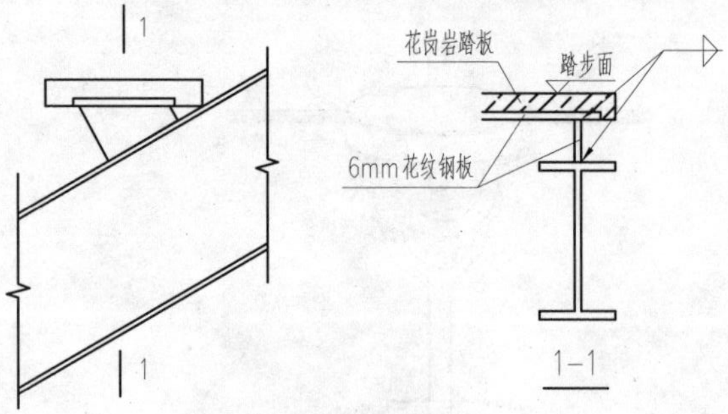

3 踏步详图 S8.1-003

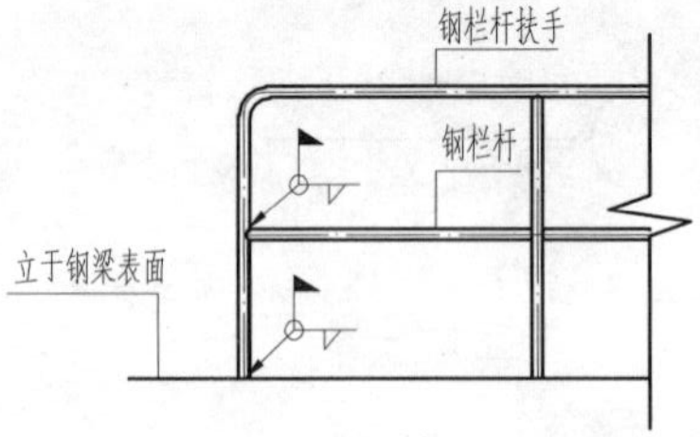

4 栏杆节点图（一） S8.1-004

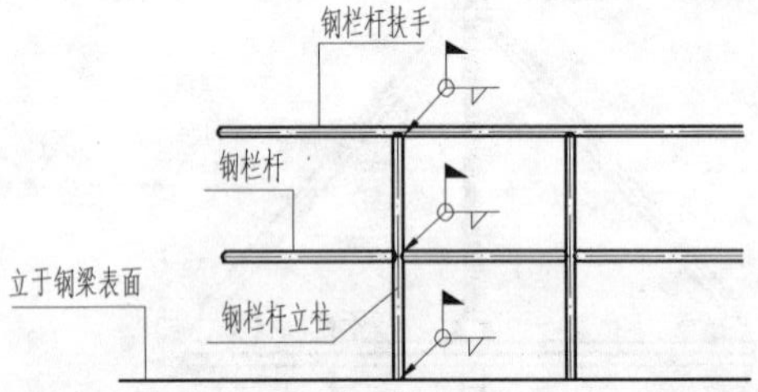

5 栏杆节点图（二） S8.1-005

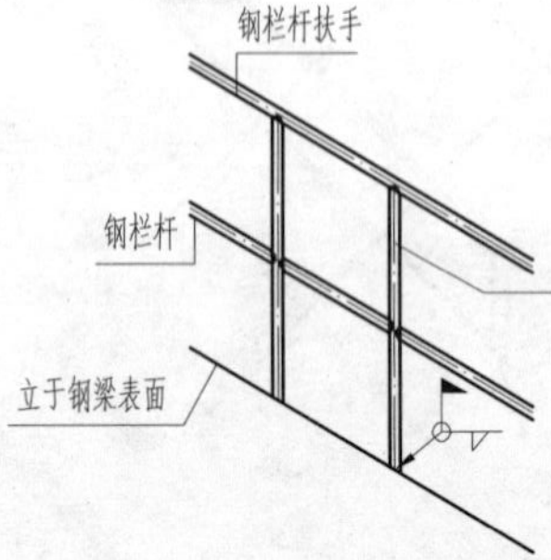

6 栏杆节点图（三） S8.1-006

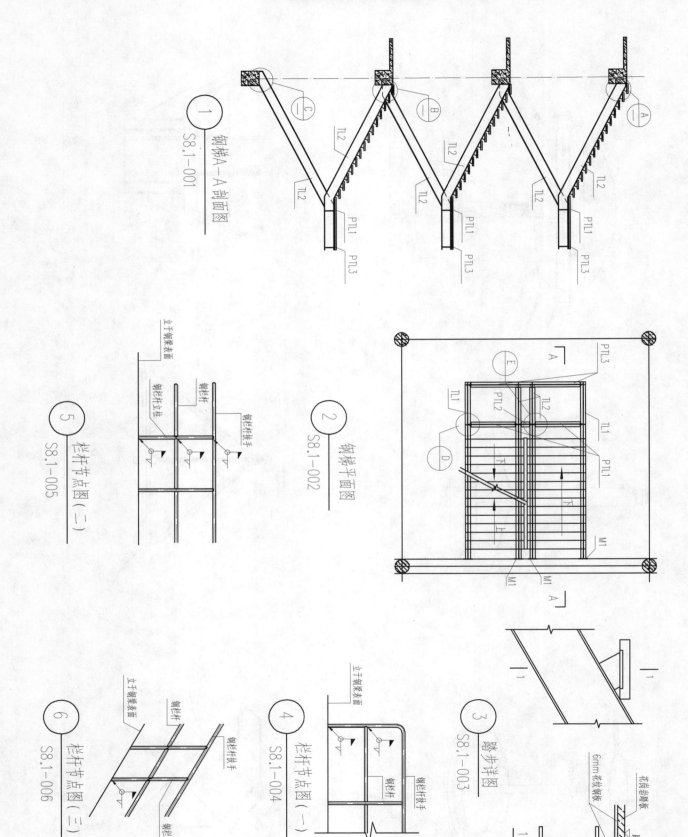

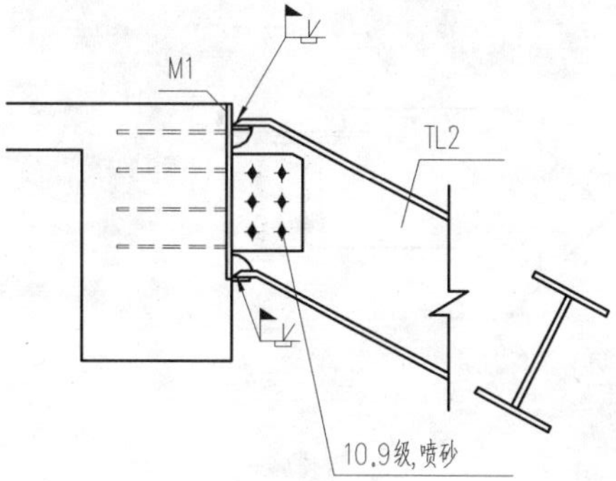

(A) S8.1-007

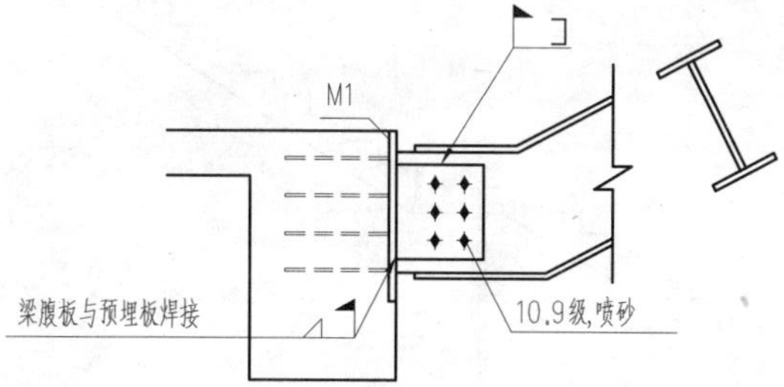

(B) S8.1-008

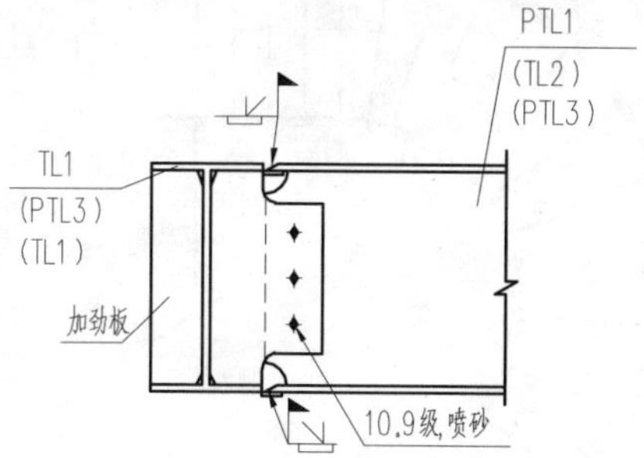

(D) S8.1-010

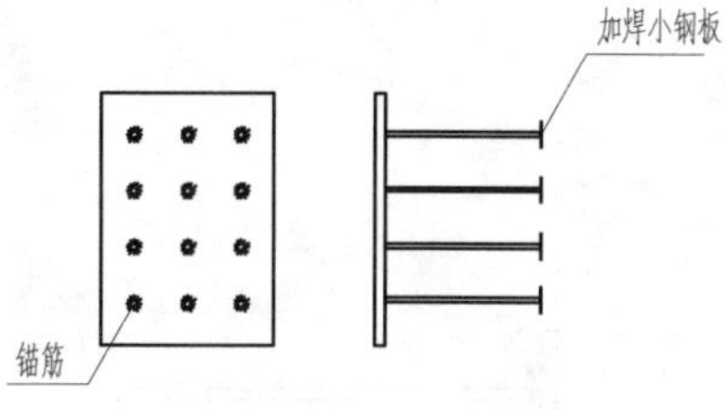

M1
S8.1-012

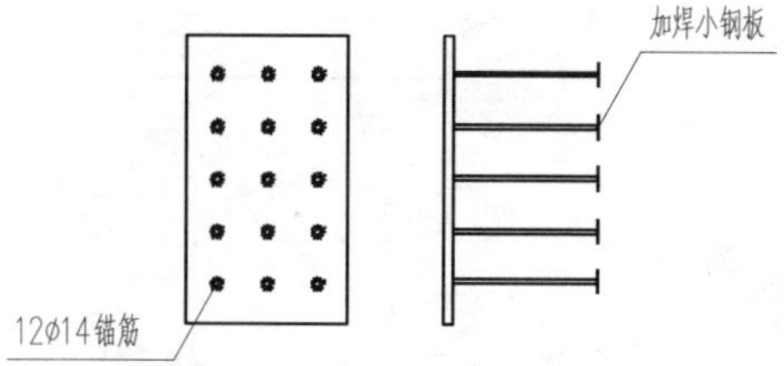

M2
S8.1-013

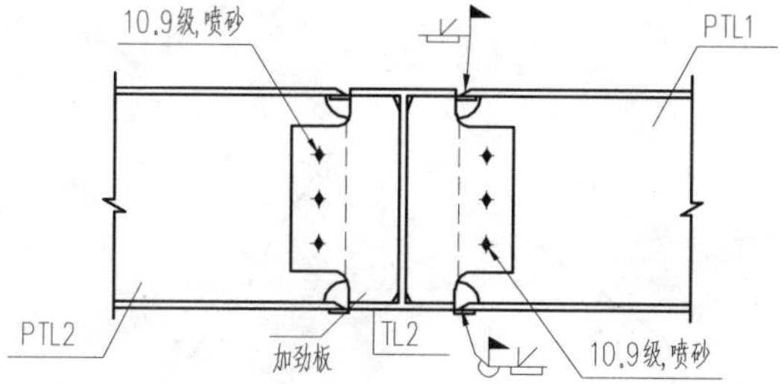

(E) S8.1-011

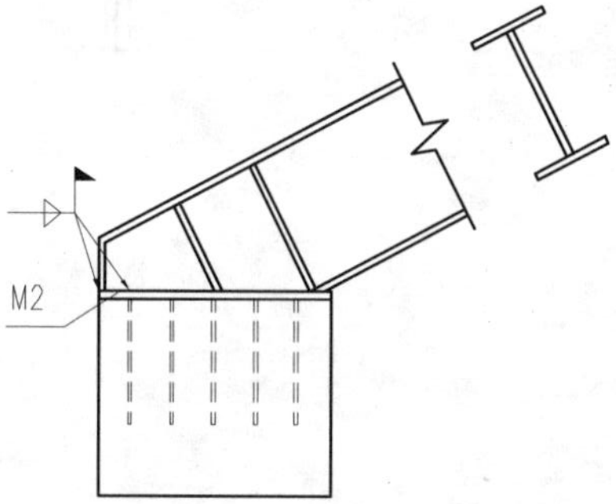

(C) S8.1-009

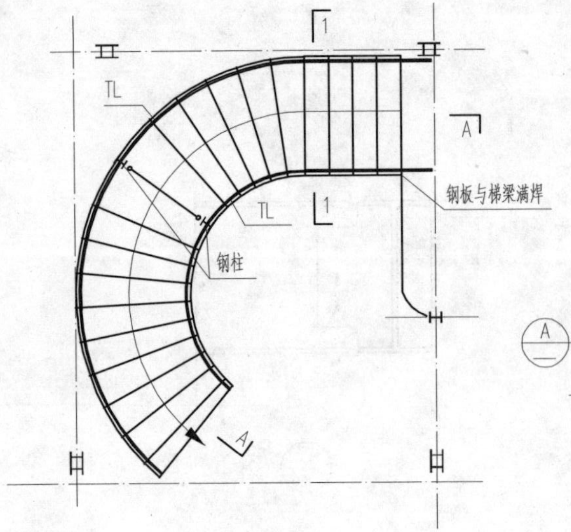

1 楼梯平面图
S8.2-001

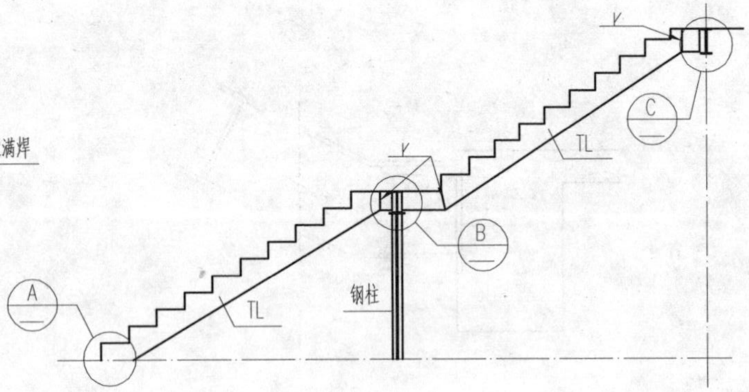

2 楼梯A－A剖面图
S8.2-002

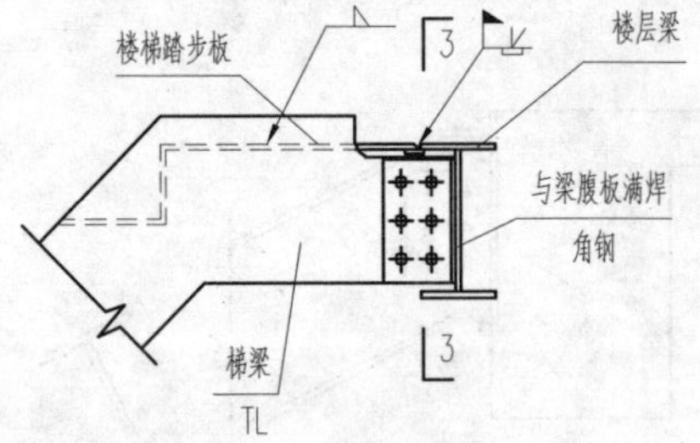

C S8.2-005
（形式一）

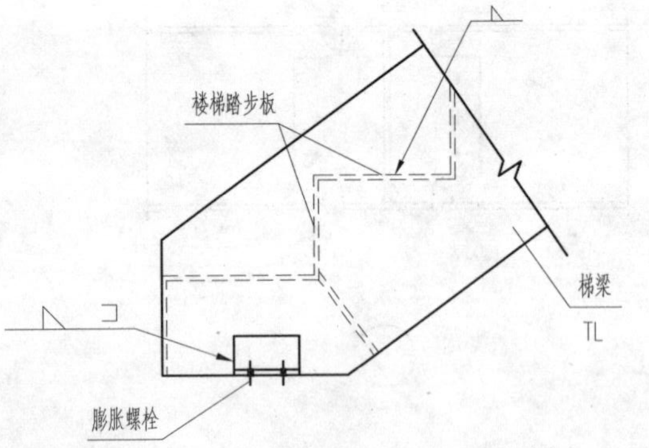

A S8.2-003
（形式一）

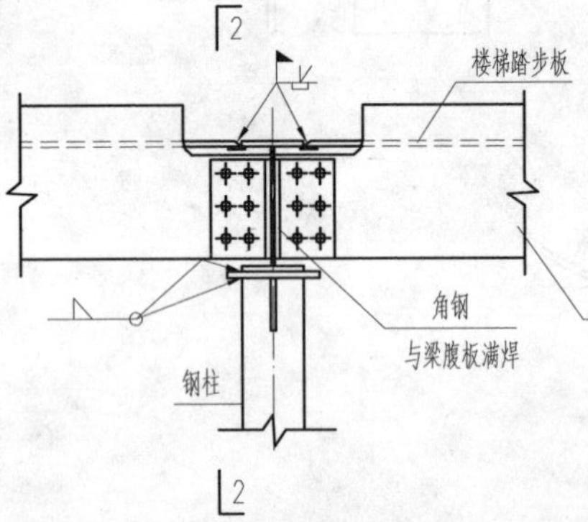

B S8.2-004
（形式一）

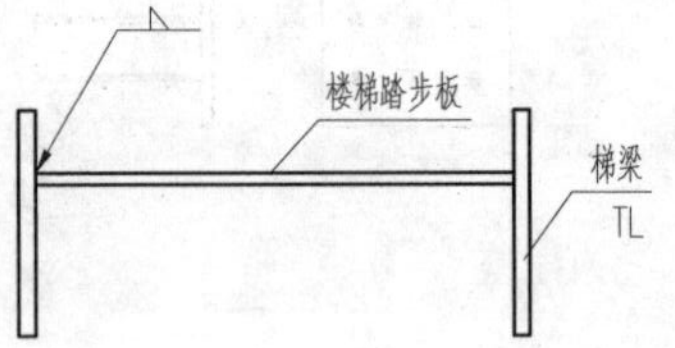

1-1
S8.2-006
（形式一）

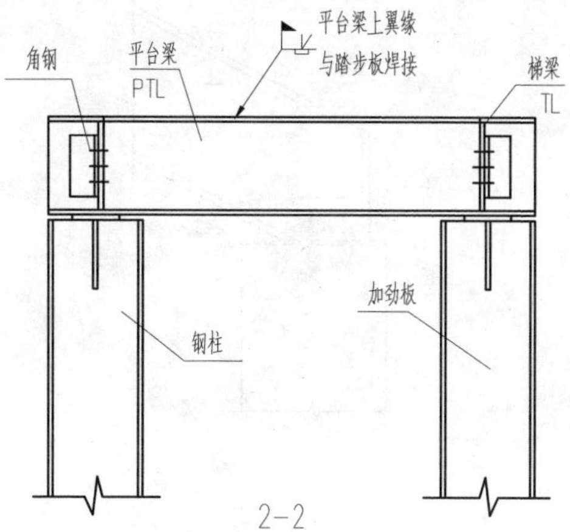

2-2
S8.2-007

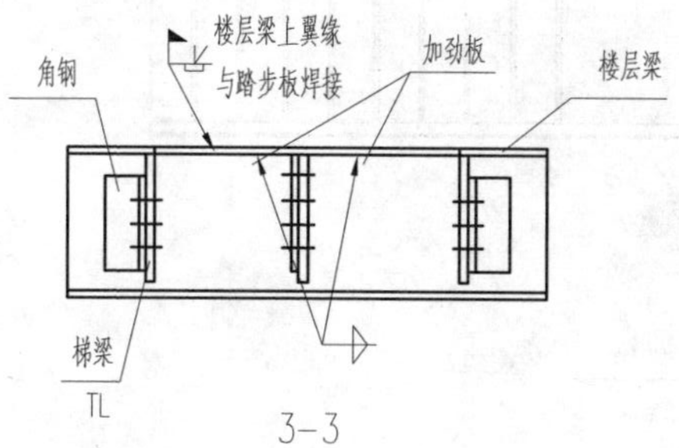

3-3
S8.2-008

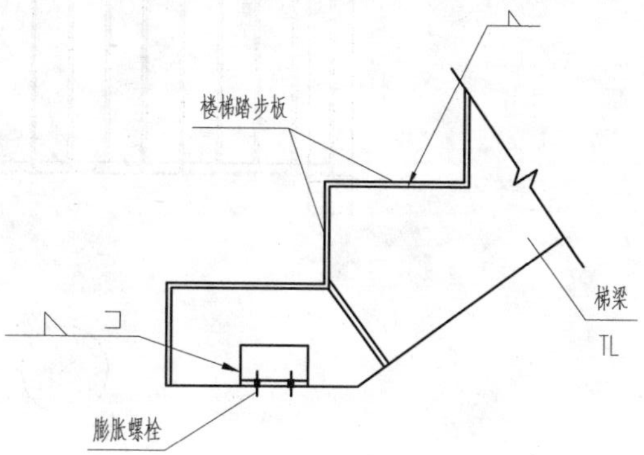

A S8.2-009

(形式二)

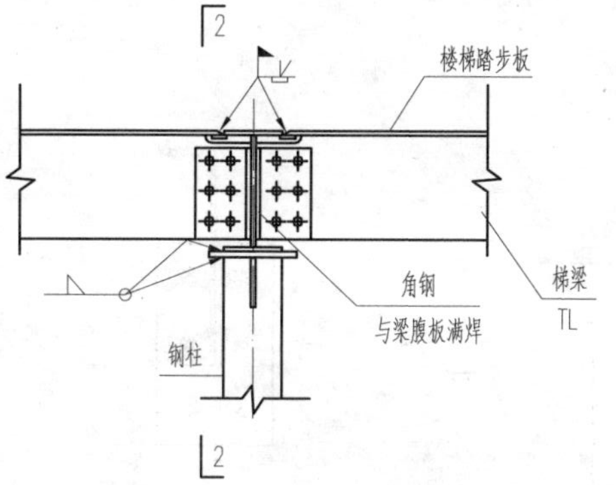

B S8.2-010

(形式二)

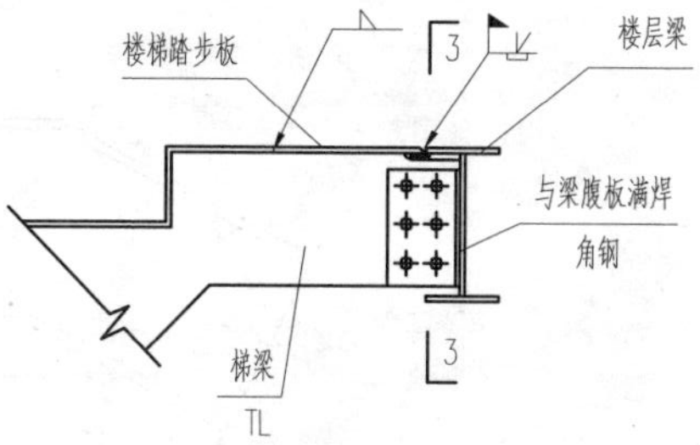

C S8.2-011

(形式二)

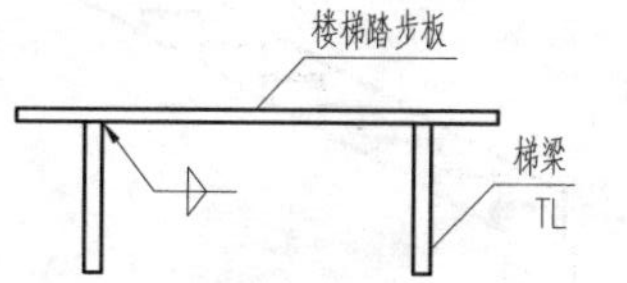

1-1
S8.2-012
(形式二)

说明： 该旋转楼梯适用于小跨度，
楼梯宽度不超过1000mm。

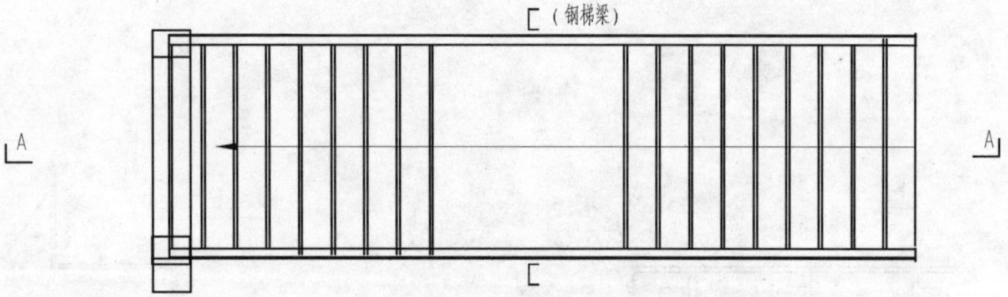

1 钢梯平面图
S8.3-001

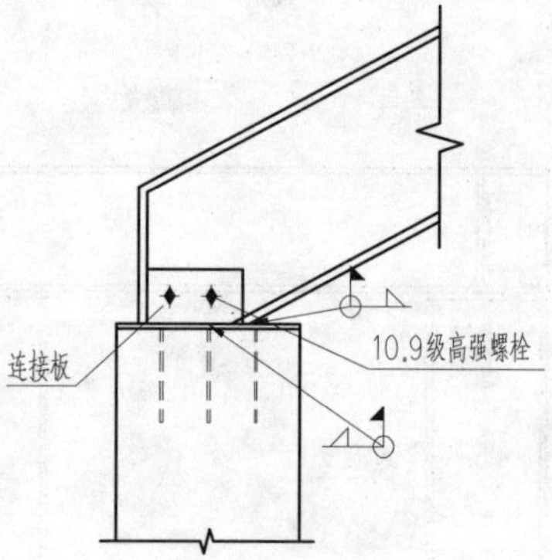

B S8.3-008

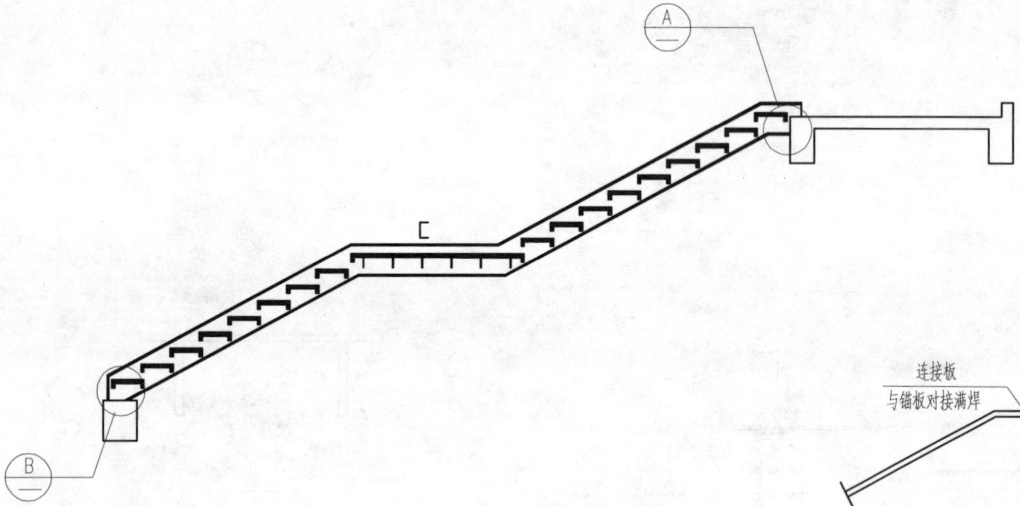

A-A
S8.3-005

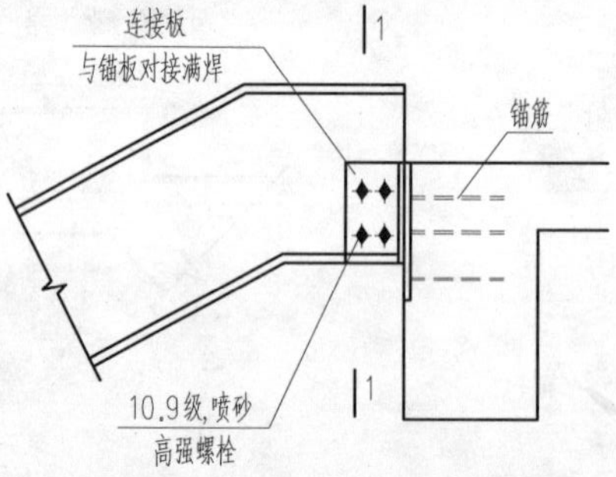

A S8.3-007

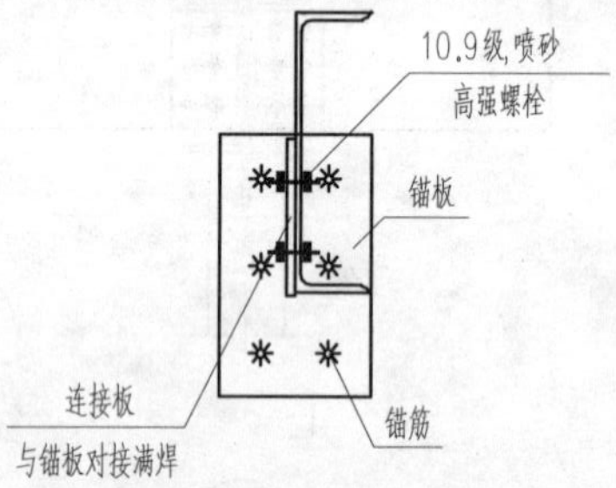

1-1
S8.3-009

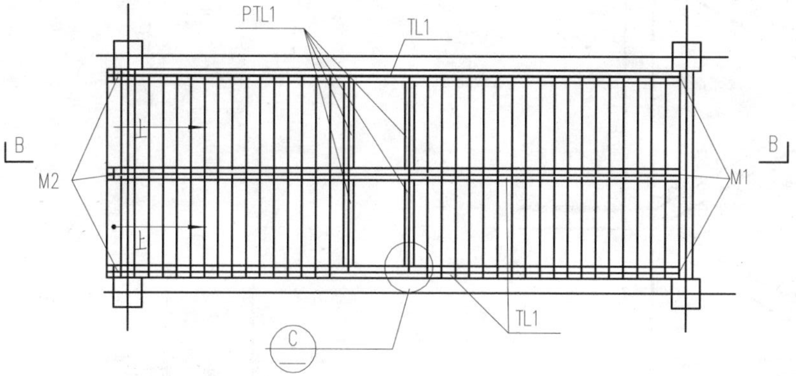

② 钢梯B-B平面图
S8.3-002

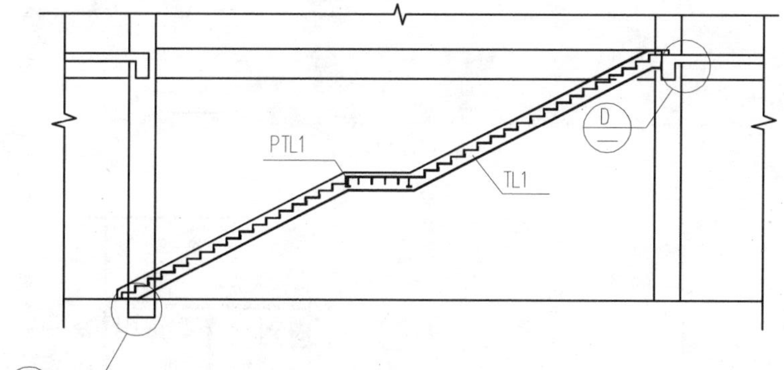

B-B S8.3-006

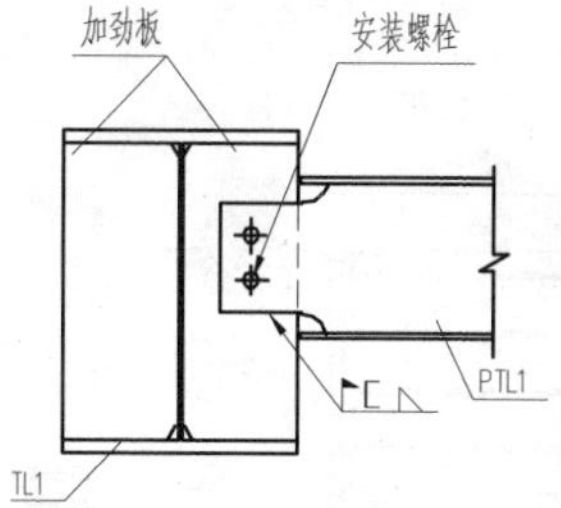

Ⓒ S8.3-010

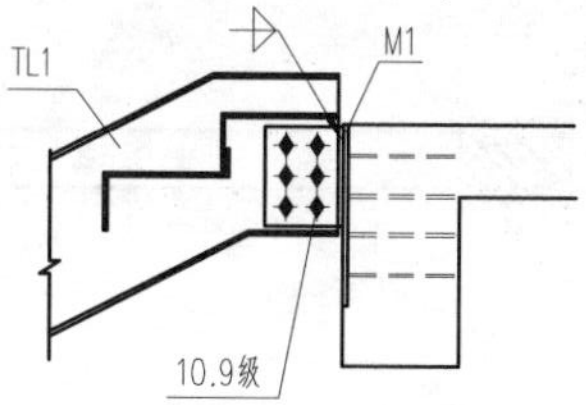

Ⓓ S8.3-011

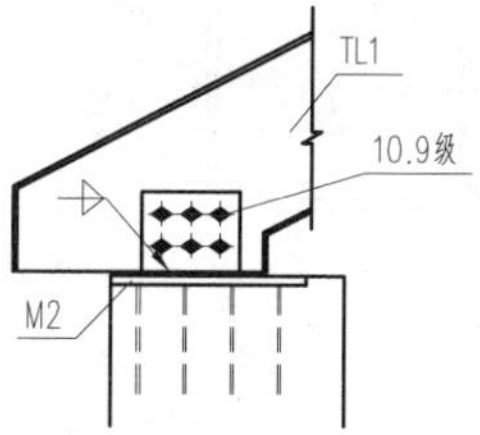

Ⓔ S8.3-012

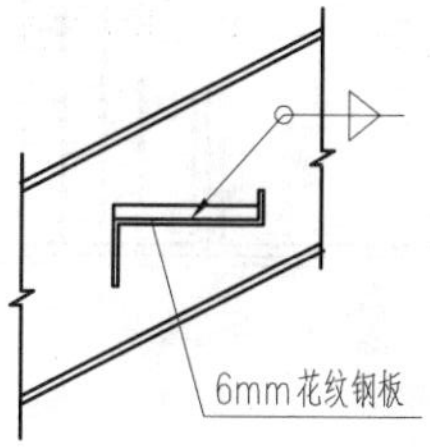

③ 踏步做法
S8.3-003

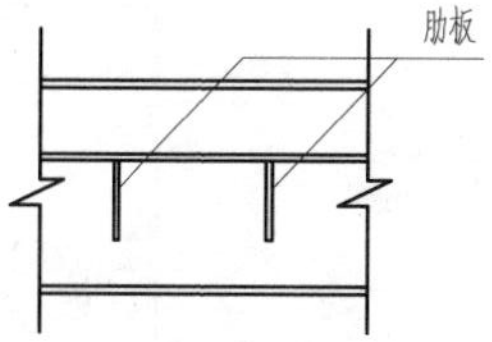

④ 休息平台做法
S8.3-004

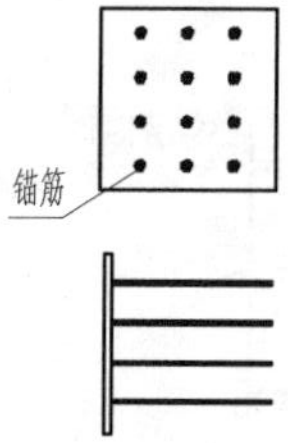

M1
S8.3-013

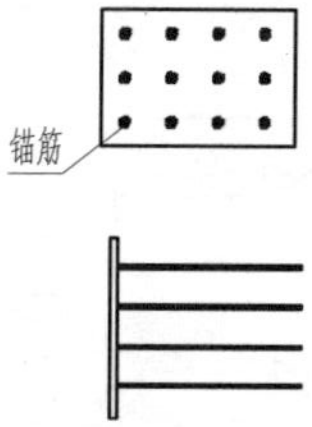

M2
S8.3-014

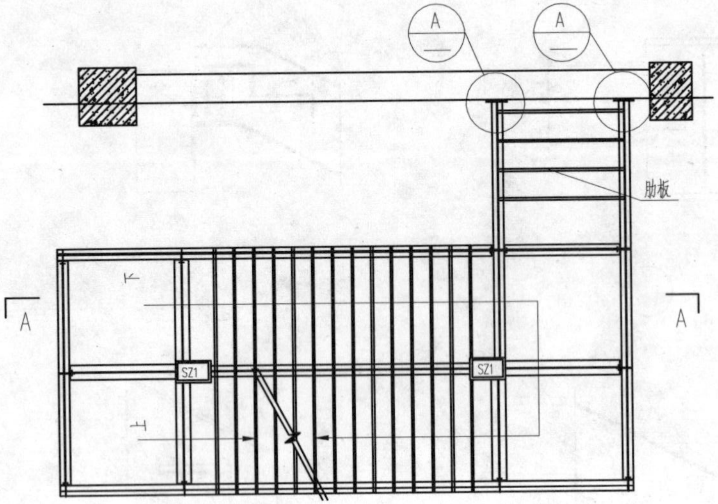

① 钢梯平面图
S8.4-001

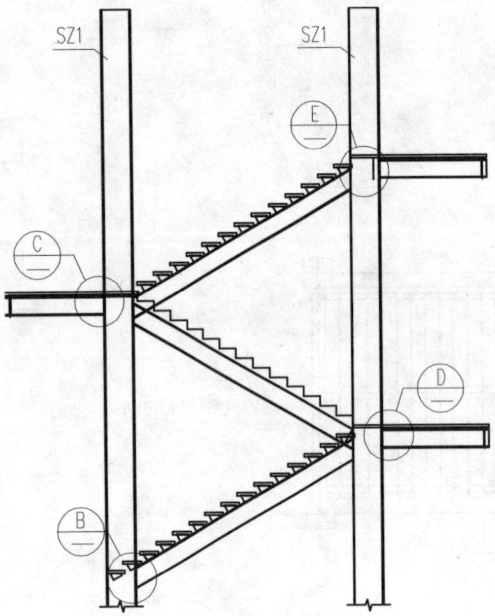

② 钢梯A－A剖面图
S8.4-002

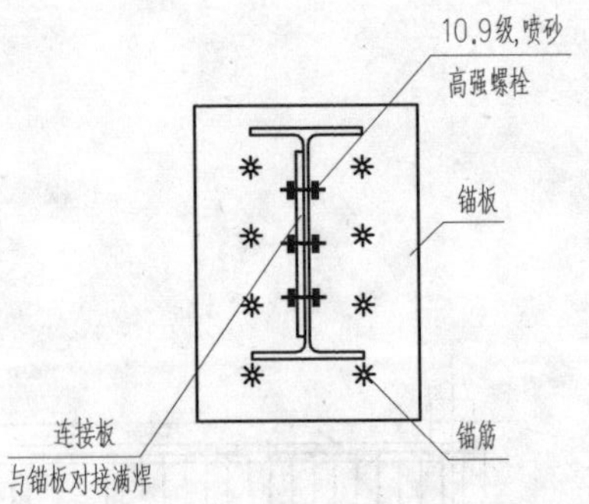

1-1
S8.4-011

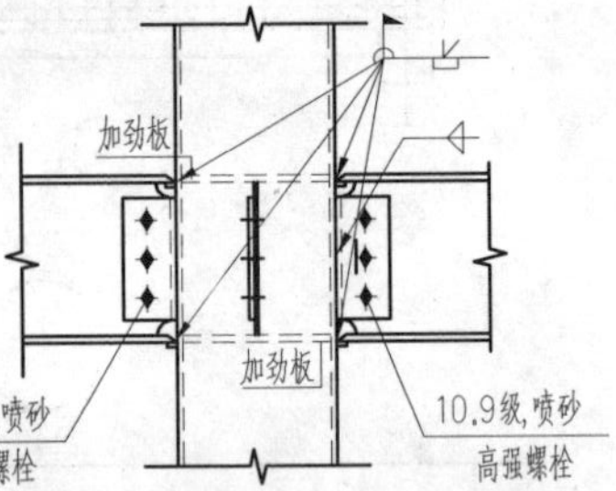

2-2
S8.4-012

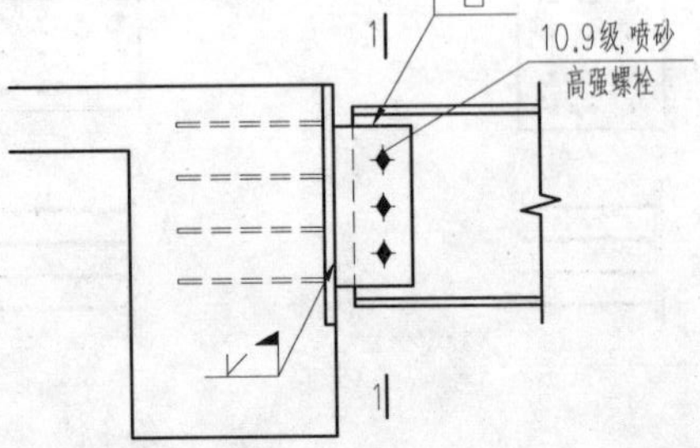

Ⓐ S8.4-006

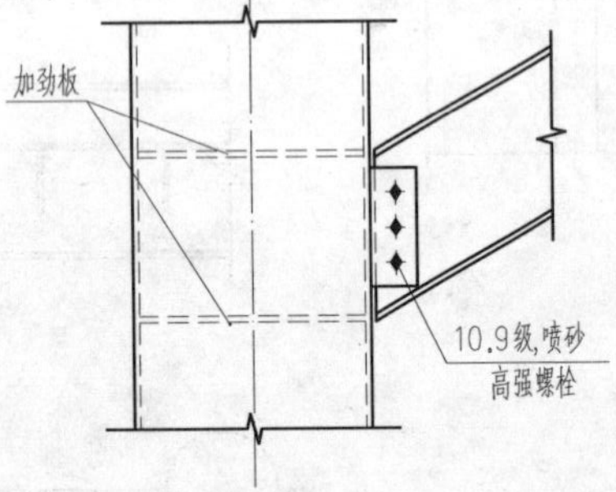

Ⓑ S8.4-007

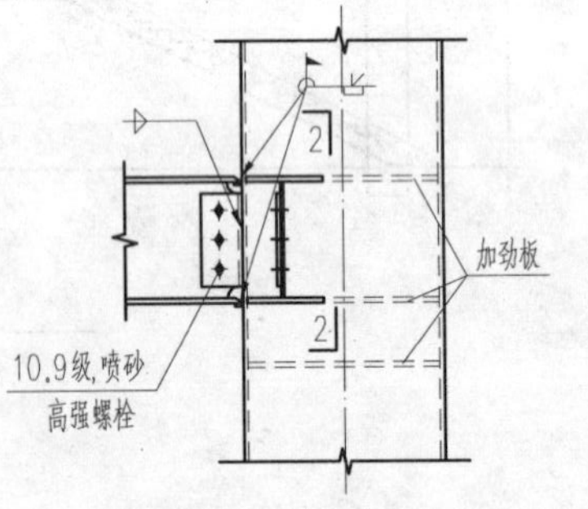

Ⓒ S8.4-008

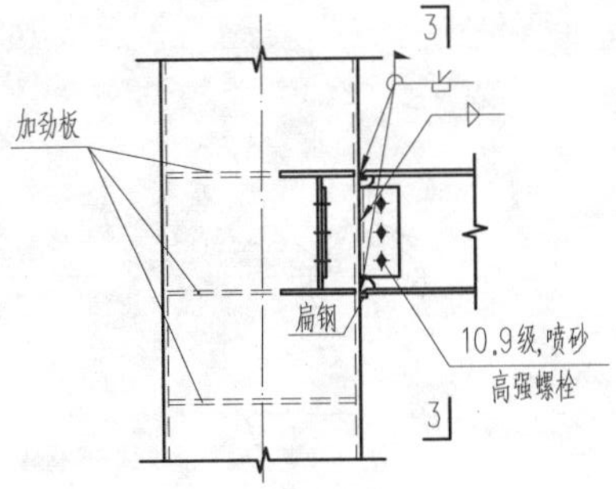

D S8.4-009

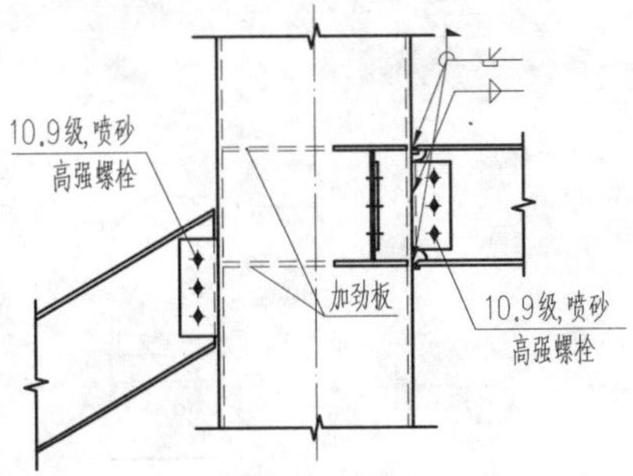

E S8.4-010

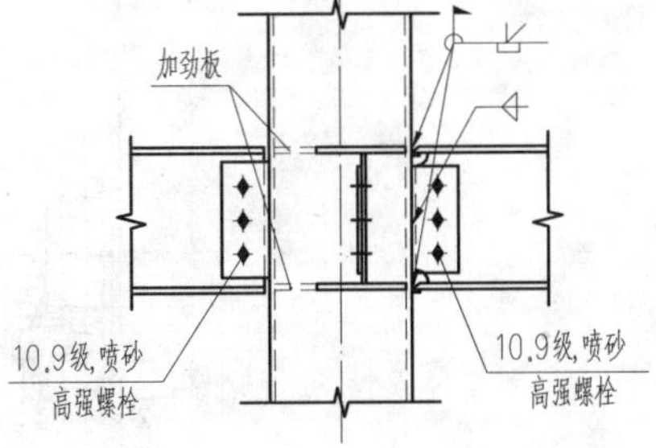

3-3
S8.4-013

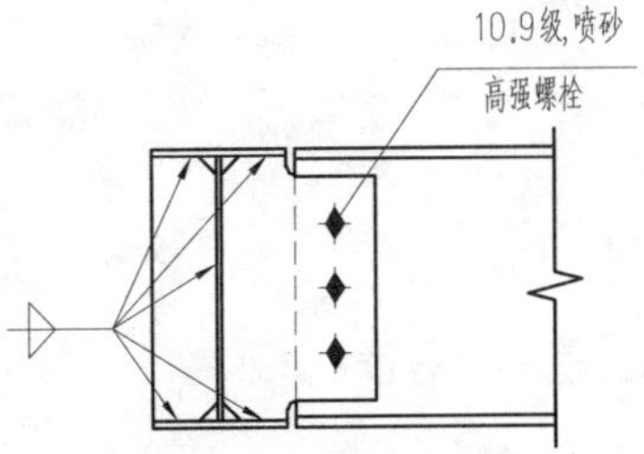

3 钢梁与钢梁连接节点(一)
S8.4-003

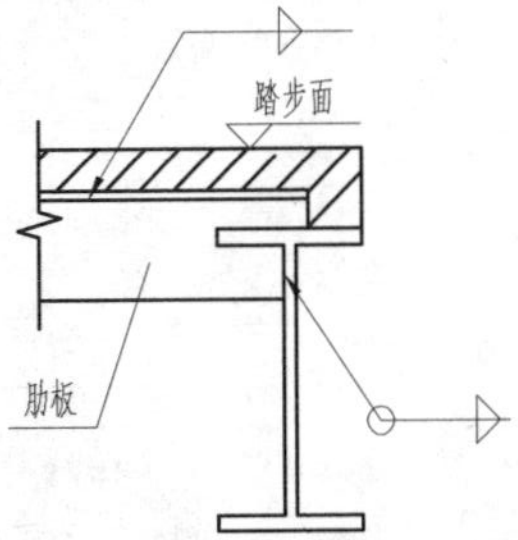

4 休息平台做法
S8.4-004

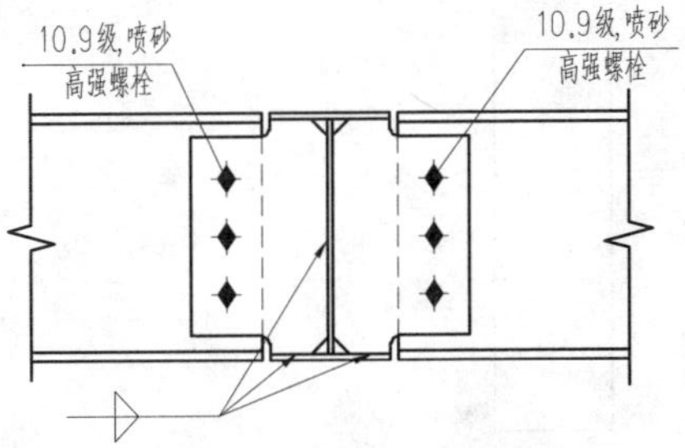

5 钢梁与钢梁连接节点(二)
S8.4-005

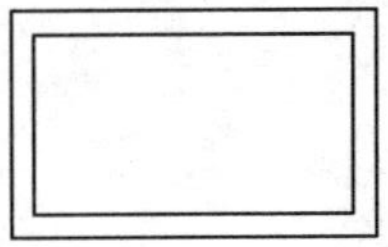
SZ1
S8.4-014

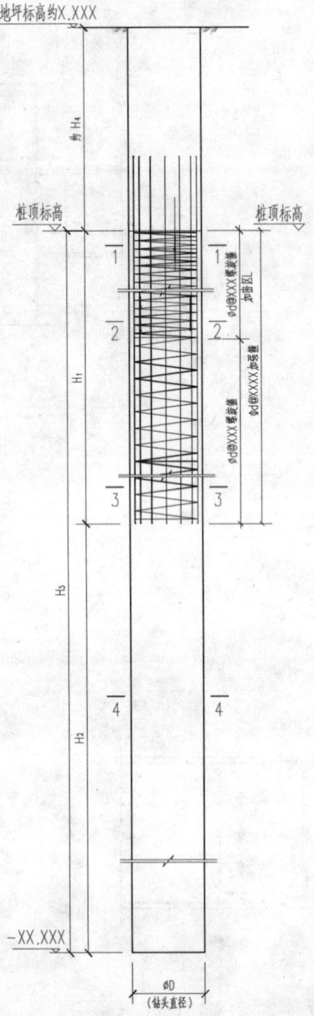

JZ1

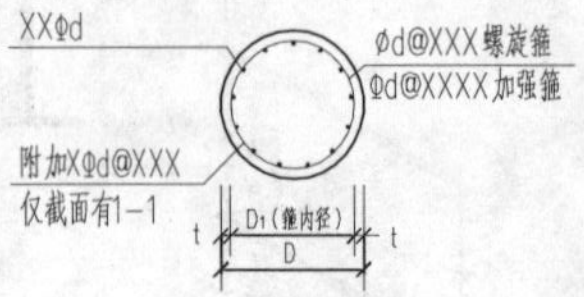

1-1,2-2

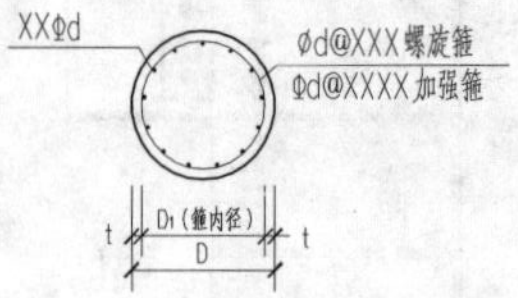

3-3

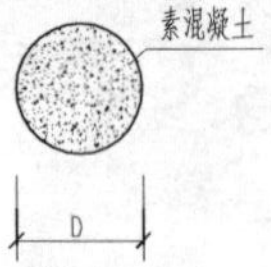

4-4

工程桩详图

C1.01-001

说明:

1. H_1 除$>\frac{1}{3}H_3$外，还应穿过淤泥质土或液化土层(使用上海规范)。
   $H_1>\frac{2}{3}H_3$(使用全国规范)。
2. 除按计算外，合适配筋率0.2%~0.65%(大桩径~小桩径)。
3. 加密区L=3~5D。
4. 箍筋Φ6~10@200~300，加密区L内@100~150。
5. 焊接加劲箍筋Φ12~Φ16@2000。
6. 保护层厚度50mm。
7. 桩身混凝土强度等级：水下混凝土CXX。
8. 进入持力层L_2最小长度XXm。
9. 其他说明详见施工图总说明。

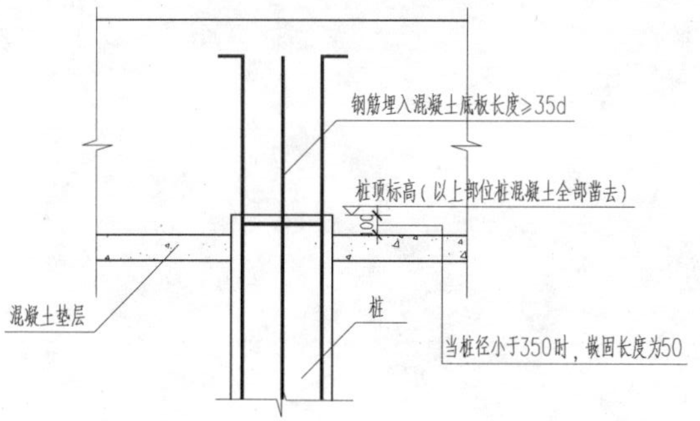

灌注桩桩顶锚入基础底板详图
C1.02-001

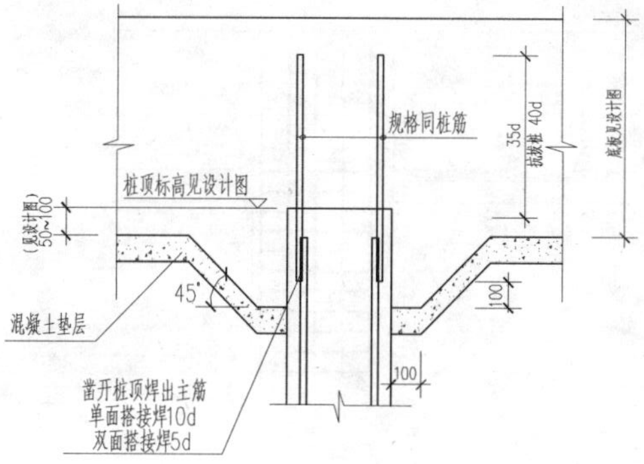

预制桩桩顶锚固详图
C1.02-002

说明:
1. 高层建筑、抗拔桩、单桩、双桩、单排桩基，要求焊出全部钢筋.
2. 多层住宅采用复合桩基桩顶可不作处理，其他情况焊出桩四角钢筋.
3. 当底板厚度较小时，锚固钢筋顶端可以弯折.

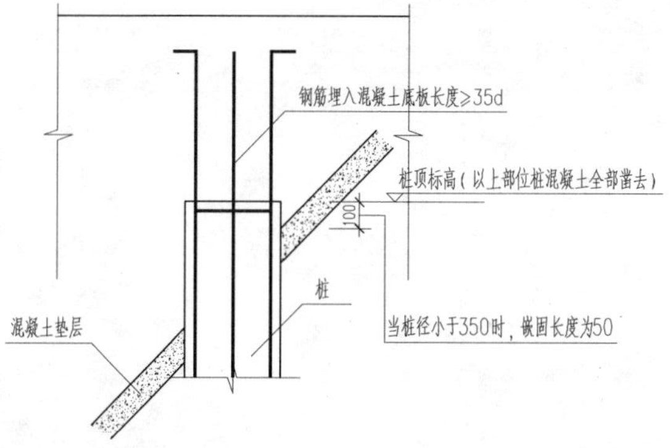

灌注桩桩顶锚入基础底板(斜面)详图
C1.02-003

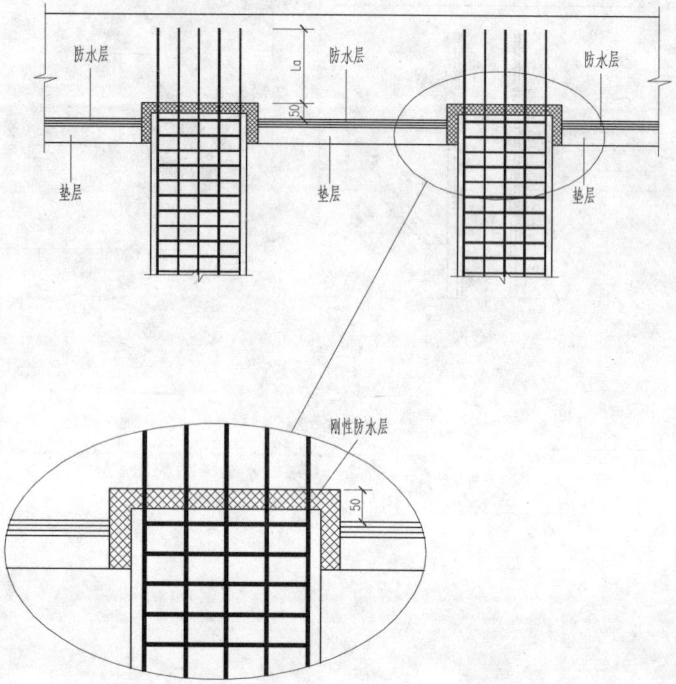

桩顶部钢筋在筏形基础内的锚固构造

C1.02-004

说明:

1. 桩顶部采用刚性防水层，不可采用有机材料的柔性防水层，以保证桩身混凝土遇刚性防水层之间、刚性防水层与筏形基础混凝土的亲和性，在保证达到其设计承载力的同时，又能满足防水的要求.
2. 当基础平板厚度不能满足桩纵筋直锚长度要求时，桩纵筋可伸至基础平板顶部纵筋内侧后再弯直钩，其锚固长度应≥La.
3. 此连接详图一般用在地下水有腐蚀性的情况和北方地区，上海一般不用.

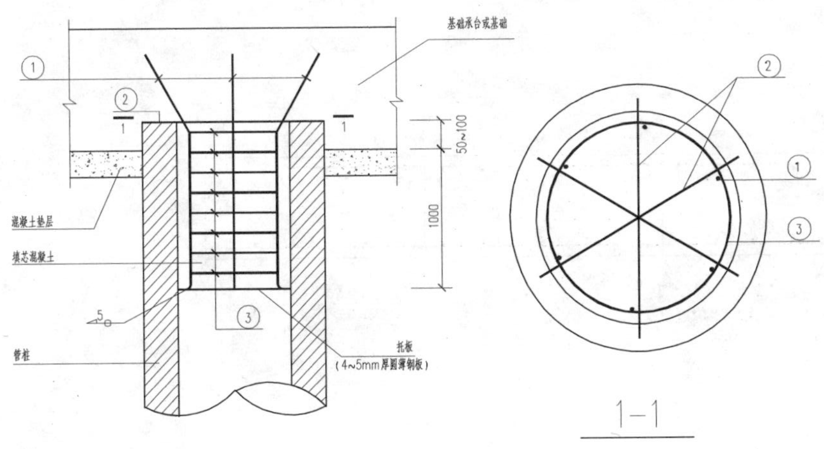

预应力管桩截桩桩顶与承台连接详图
C1.02-005

说明:
1. 桩顶内应设置托板及放入钢筋骨架，浇灌桩顶设计标高以下的填芯混凝土，其强度等级同承台或基础梁。
2. 浇灌填芯混凝土前，应先将管桩内壁浮浆清除干净，可根据设计要求，采用内壁涂刷水泥净浆、混凝土界面剂或采用微膨胀混凝土等措施，以提高填芯混凝土与管桩桩身混凝土的整体性。
3. ②号筋应与①号筋焊牢。
4. 桩顶埋入承台内深度及①号筋锚固长度La按现行规范取值，托板尺寸略小于管桩内径。
5. ①号筋与②号筋应沿管桩圆周均匀布置。
6. 管桩顶填芯混凝土的高度可根据工程设计要求确定。
7. 当预应力管桩为抗拔桩时，另行设计。建议采用加长锚塞的方法来处理，再添加膨胀剂以满足抗拉要求。
8. ①号筋采用HRB335级钢筋，②号筋采用HPB235级钢筋。

配筋表

管桩类型	外径(mm)	配筋 ①	②	③
PHC桩及PC桩	Φ300	4Φ16	2Φ8	Φ6@200
	Φ400	4Φ20	2Φ8	Φ6@200
	Φ500	6Φ18	3Φ8	Φ8@200
	Φ550	6Φ18	3Φ8	Φ8@200
	Φ600	6Φ20	3Φ8	Φ8@200
	Φ800	6Φ20	3Φ10	Φ8@150
	Φ1000	8Φ20	4Φ10	Φ8@150
PTC桩	Φ300	4Φ16	2Φ8	Φ6@200
	Φ350	4Φ16	2Φ8	Φ6@200
	Φ400	4Φ18	2Φ8	Φ6@200
	Φ450	4Φ18	2Φ8	Φ6@200
	Φ500	6Φ18	3Φ8	Φ8@200
	Φ550	6Φ18	3Φ8	Φ8@200
	Φ600	6Φ18	3Φ8	Φ8@200

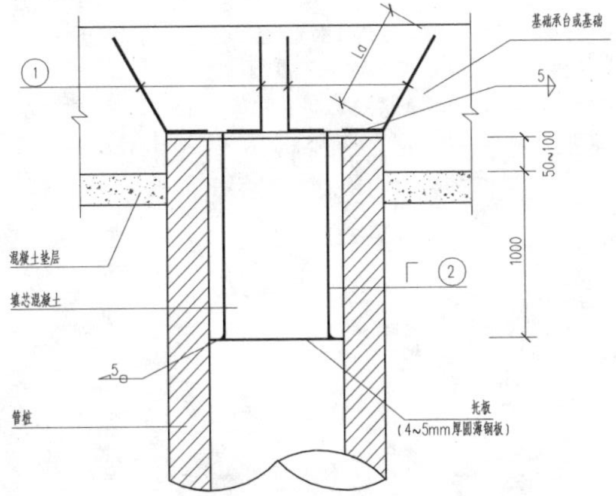

预应力管桩不截桩桩顶与承台连接详图
C1.02-006

说明:
1. 桩填芯混凝土强度等级同承台或基础梁，可以与承台或基础梁一起浇灌。
2. 浇灌填芯混凝土前，应先将管桩内壁浮浆清除干净；可根据设计要求，采用内壁涂刷水泥净浆、混凝土界面剂或采用微膨胀混凝土等措施，以提高填芯混凝土与管桩桩身混凝土的整体性。
3. 图中①号筋应与端板焊牢，双面焊，焊缝长度>5d；②号筋焊牢。
4. 桩顶埋入承台内深度及①号筋锚固长度La按现行规范取值，托板尺寸略小于管桩内径。
5. ①号筋与②号筋应沿管桩圆周均匀布置。
6. 管桩顶填芯混凝土的高度可根据工程设计要求确定。
7. 对抗拔桩，①号筋数量按设计确定。
8. ①号筋采用HRB335级钢筋，②号筋采用HPB235级钢筋。

配筋表

管桩类型	外径(mm)	配筋 ①	②
PHC桩及PC桩	Φ300	4Φ16	4Φ10
	Φ400	4Φ20	4Φ10
	Φ500	6Φ18	4Φ10
	Φ550	6Φ18	4Φ10
	Φ600	6Φ20	4Φ10
	Φ800	6Φ20	4Φ10
	Φ1000	8Φ20	6Φ10
PTC桩	Φ300	4Φ16	4Φ10
	Φ350	4Φ16	4Φ10
	Φ400	4Φ18	4Φ10
	Φ450	4Φ18	4Φ10
	Φ500	6Φ18	4Φ10
	Φ550	6Φ18	4Φ10
	Φ600	6Φ18	4Φ10

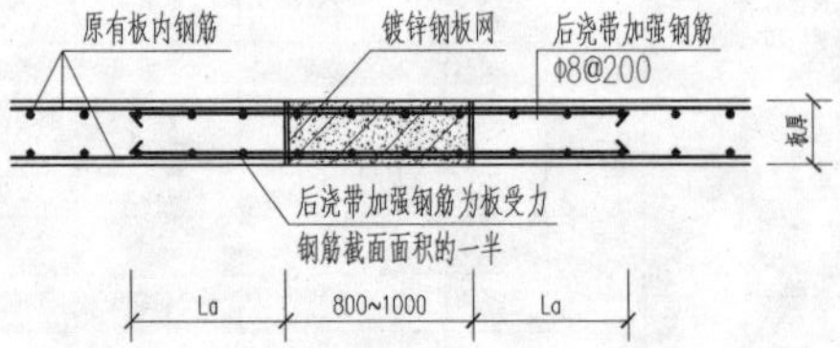

地下室顶板后浇带做法
C1.03-001

说明:
1.后浇带留筋采用贯通方式．后浇带混凝土强度等级等要求详见具体工程的设计说明．
2.后浇混凝土宜在两侧混凝土浇注两个月后再进行浇筑．后浇带两侧可采用钢筋支架单层钢丝网或单层钢板网隔断，后浇混凝土时必须将其表面浮浆剔除．

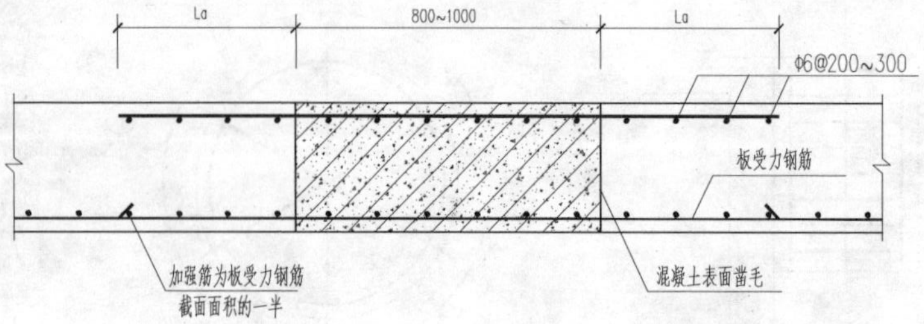

现浇板的后浇带构造
C1.03-002

说明:
1.后浇带留筋采用贯通方式．后浇带混凝土强度等级等要求详见具体工程的设计说明．
2.后浇混凝土宜在两侧混凝土浇注两个月后再进行浇筑．后浇带两侧可采用钢筋支架单层钢丝网或单层钢板网隔断，后浇混凝土时必须将其表面浮浆剔除．

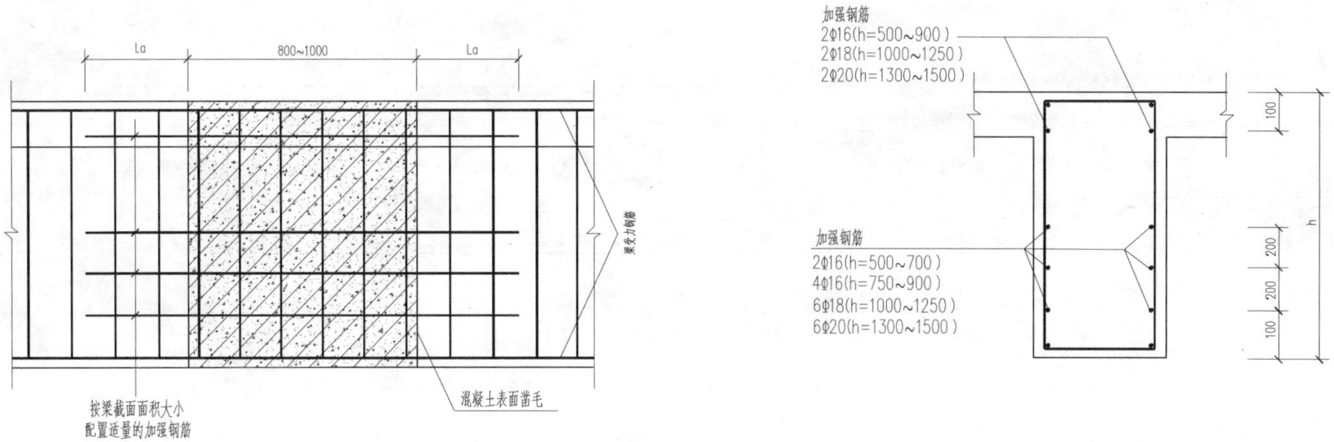

现浇梁后浇带构造
C1.03-003

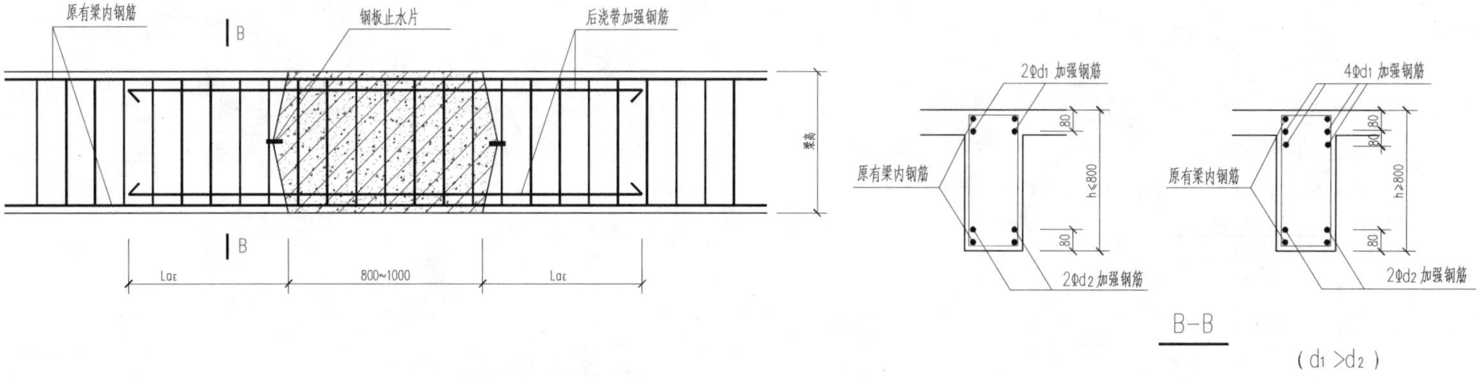

地下室基础梁施工后浇带做法
C1.03-004

说明：根据工程需要也可采用遇水膨胀止水条。

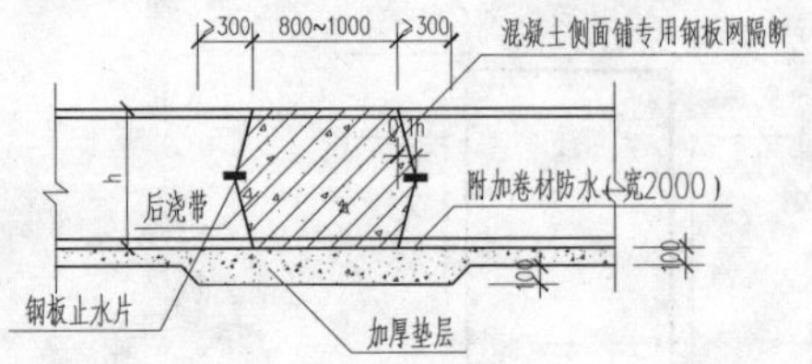

基础底板后浇带做法
C1.03-005

说明：根据工程需要也可采用遇水膨胀止水条。

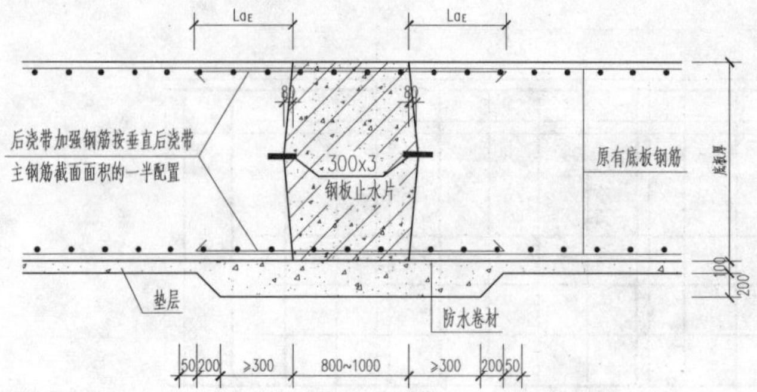

地下室底板后浇带做法
C1.03-006

说明：1. 用于底板较薄时。
2. 根据工程需要也可采用遇水膨胀止水条。

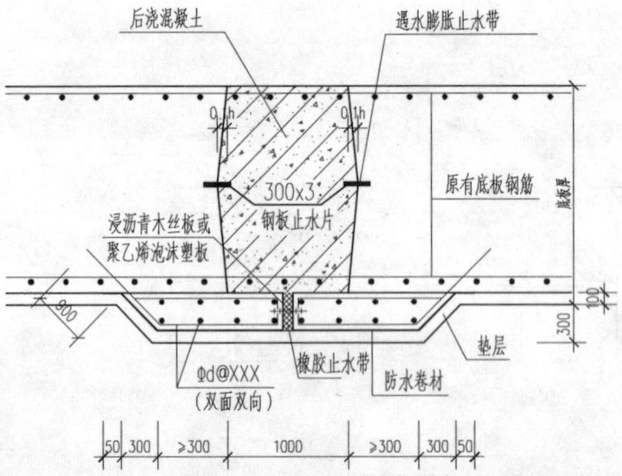

地下室底板后浇带做法
C1.03-007

说明：1. 此节点为控制沉降和深基坑后浇带。
2. 根据工程需要也可采用遇水膨胀止水条。

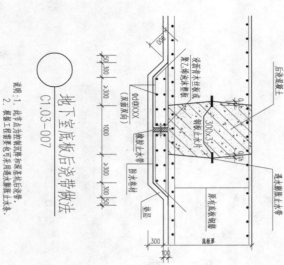

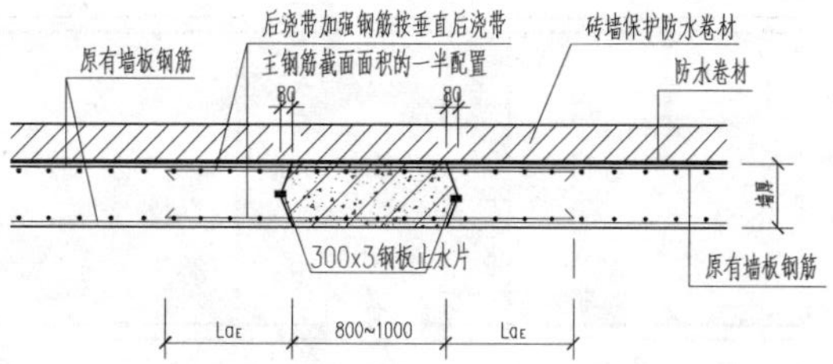

地下室外墙板后浇带做法

C1.03-008

说明：根据工程需要也可采用遇水膨胀止水条.

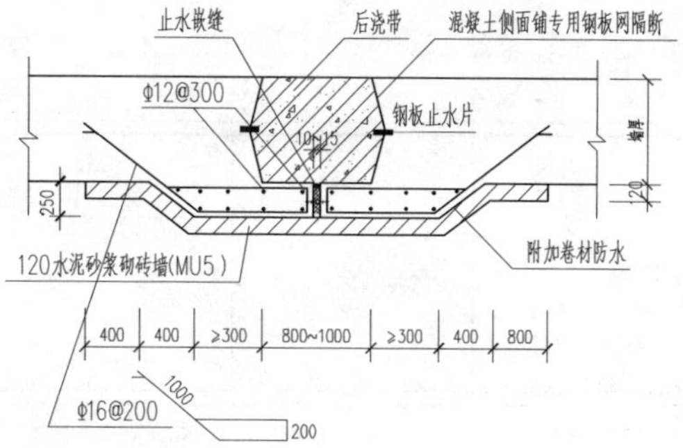

地下室外墙后浇带做法

C1.03-009

说明：根据工程需要也可采用遇水膨胀止水条.

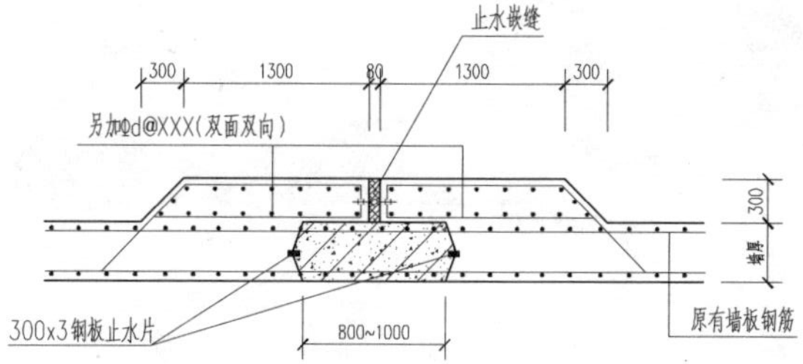

地下室外墙板后浇带做法

C1.03-010

说明：根据工程需要也可采用遇水膨胀止水条.

参考详图

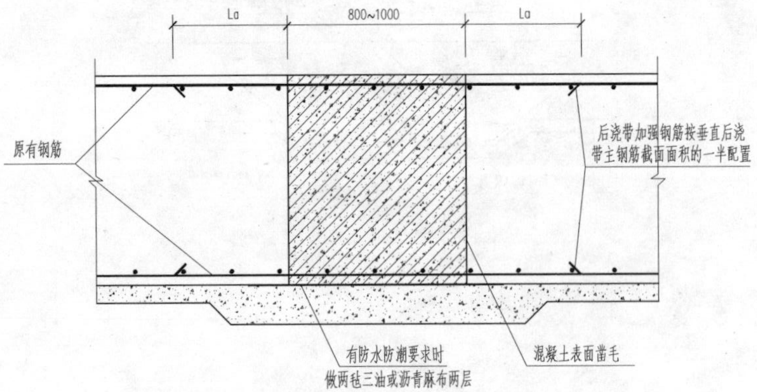

挡土墙、地下室墙壁、箱形基础及筏板基础后浇带
（底板有防水防潮要求时）
C1.03-011

参考详图

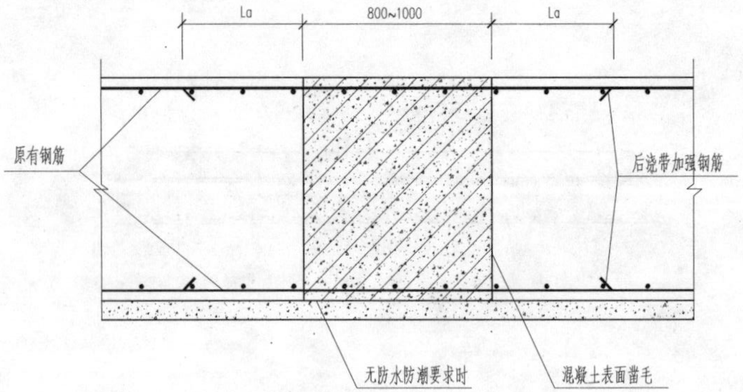

挡土墙、地下室墙壁、箱形基础及筏板基础后浇带
（底板无防水防潮要求时）
C1.03-012

参考详图

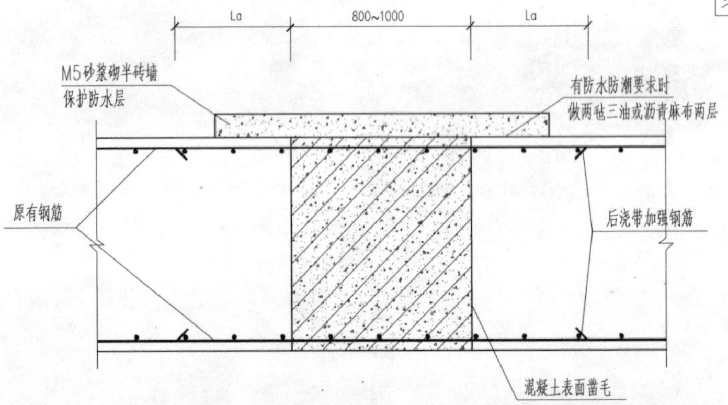

挡土墙、地下室墙壁、箱形基础及筏板基础后浇带
（侧壁及顶部）
C1.03-013

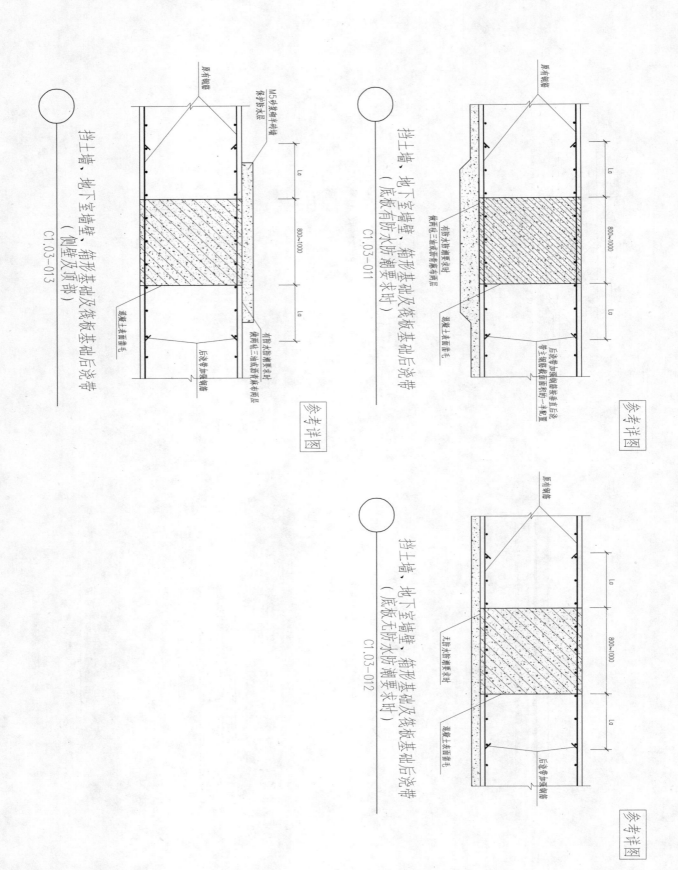

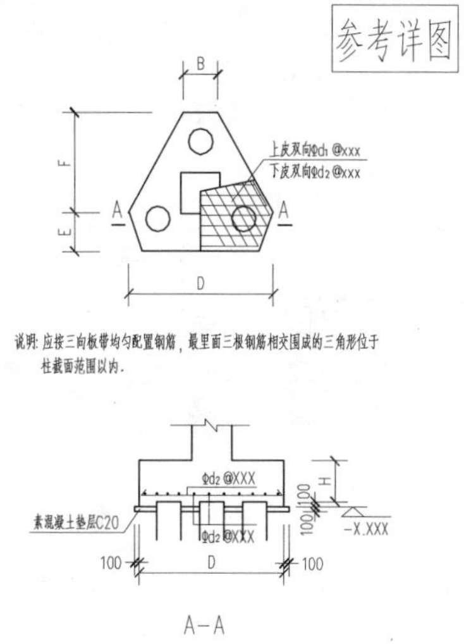

三桩承台配筋示意
C1.04-001 （无地下室底板）

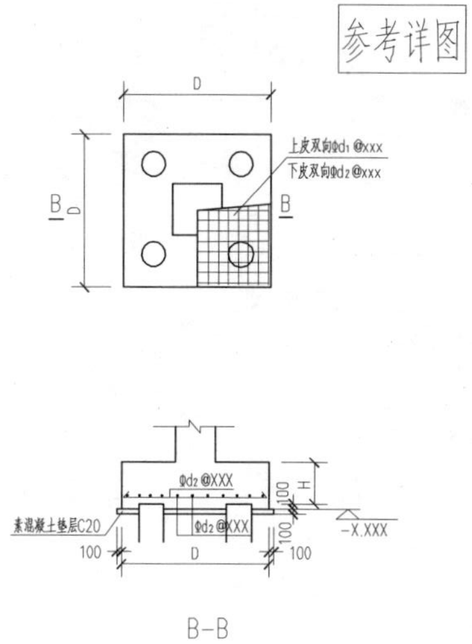

四桩承台配筋示意
C1.04-002 （无地下室底板）

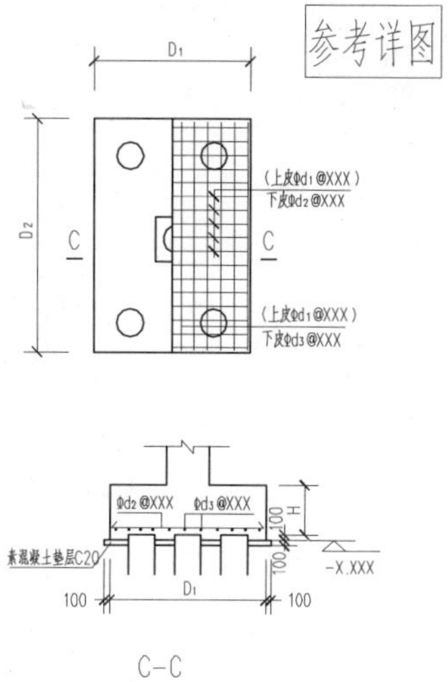

五桩承台配筋示意
C1.04-003（无地下室底板）

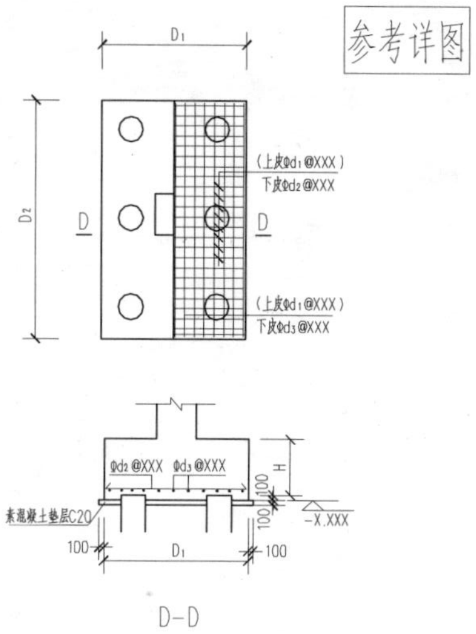

六桩承台配筋示意
C1.04-004 （无地下室底板）

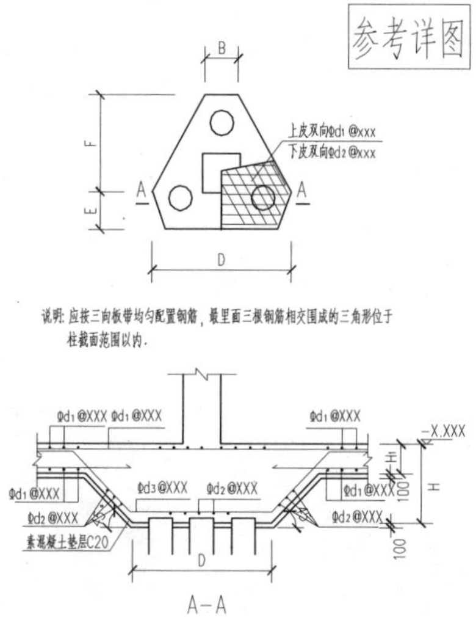

三桩承台配筋示意
C1.04-005 （有地下室底板）

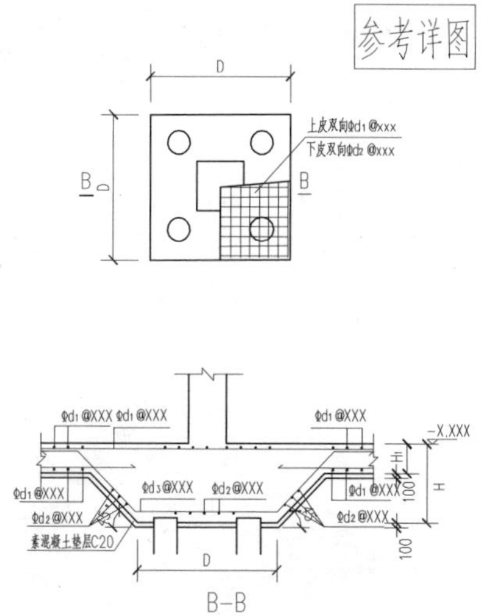

四桩承台配筋示意
C1.04-006 （有地下室底板）

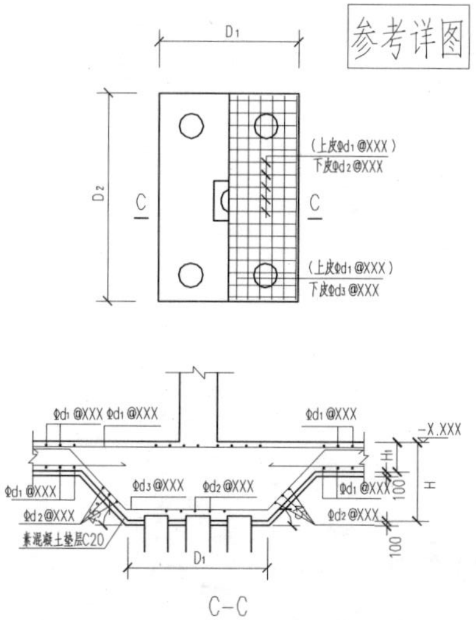

五桩承台配筋示意
C1.04-007 （有地下室底板）

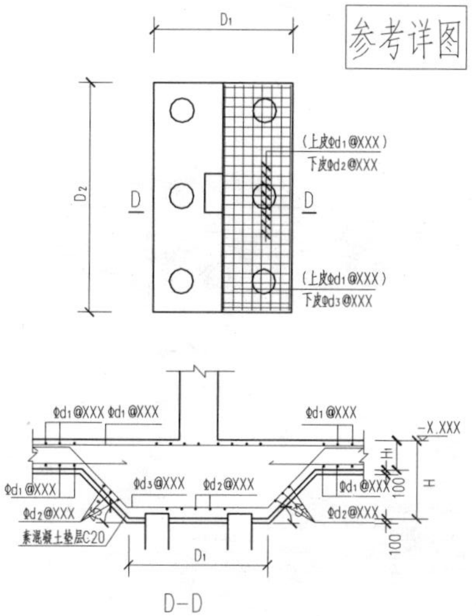

六桩承台配筋示意
C1.04-008 （有地下室底板）

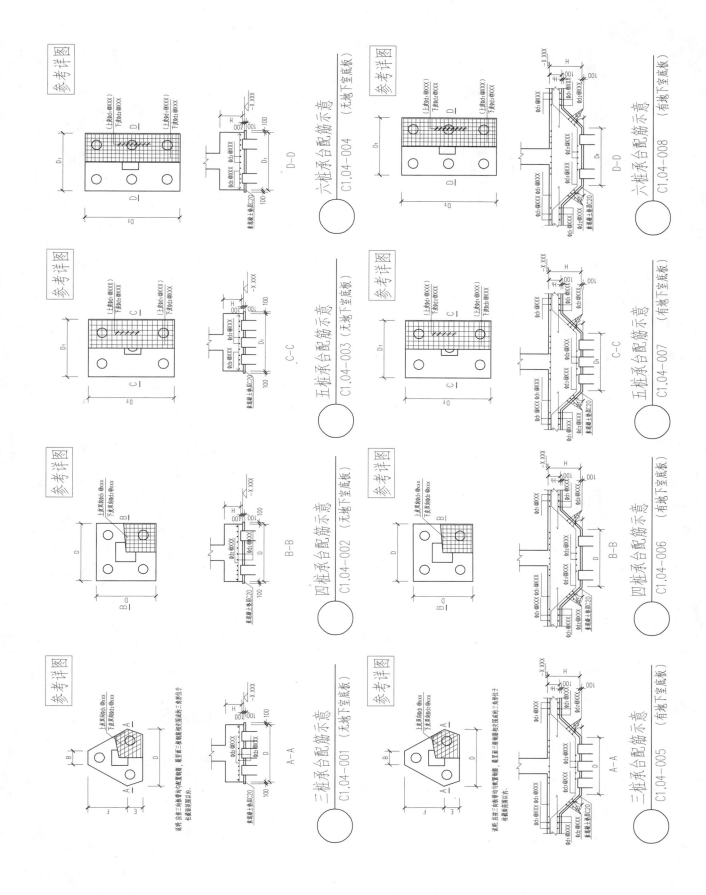

参考详图

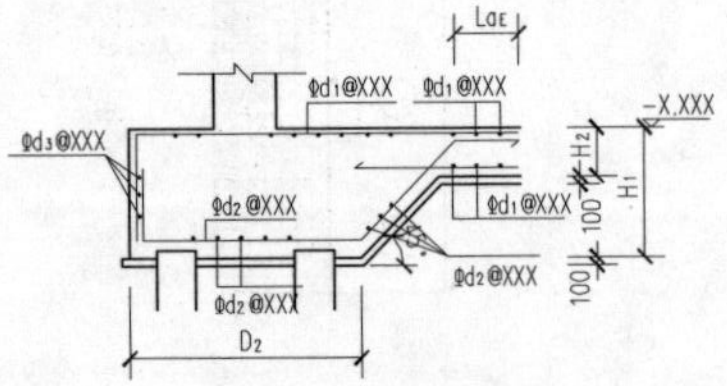

承台配筋示意

C1.04-009 （有地下室底板）

参考详图

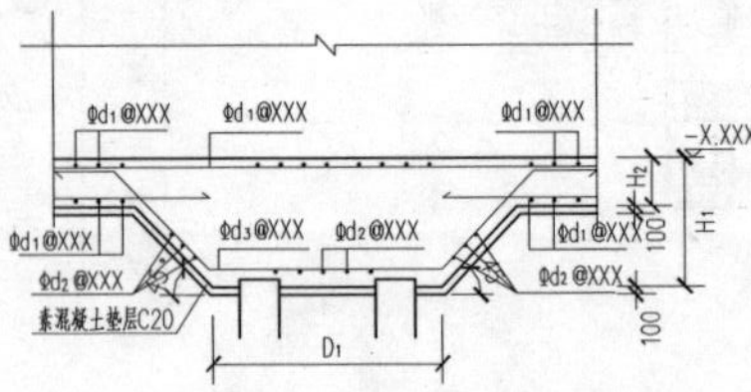

承台配筋示意

C1.04-010 （有地下室底板）

参考详图

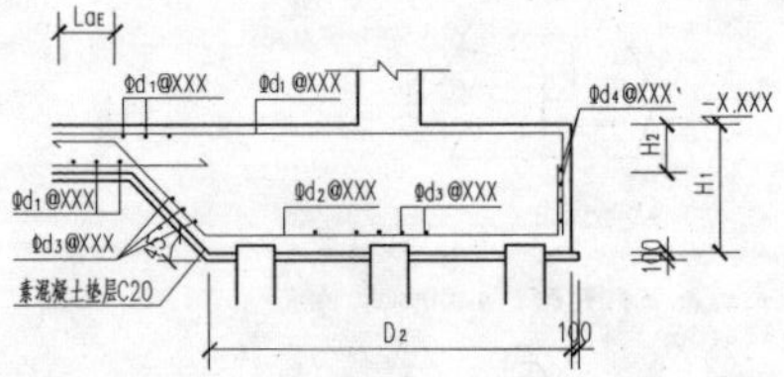

承台配筋示意

C1.04-011 （有地下室底板）

参考详图

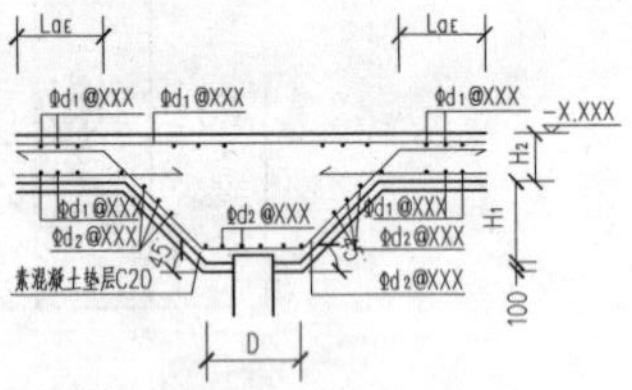

承台配筋示意

C1.04-012 （有地下室底板）

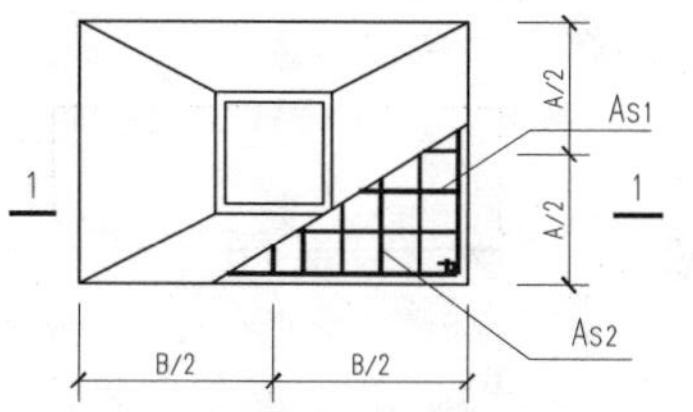

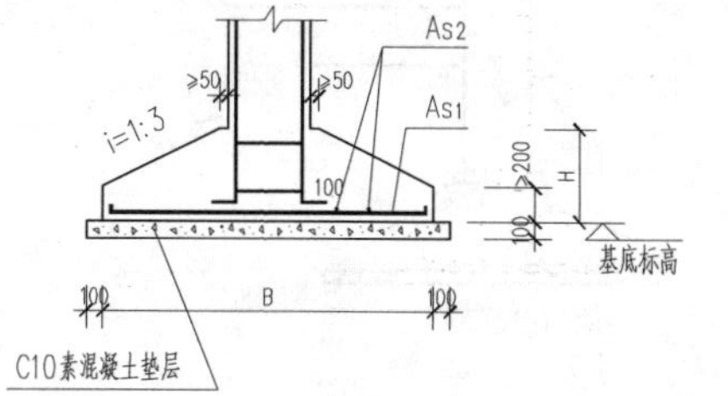

1-1

柱下独立基础详图
C1.05-001

说明：
1. 基础底标高必须在老土100mm以下.
2. 底板配筋沿长边和短边方向均匀布置，长边的钢筋设置在下排.
当基础边长≥2.5m时，钢筋长度可用0.9倍的基础边长，交错布置.

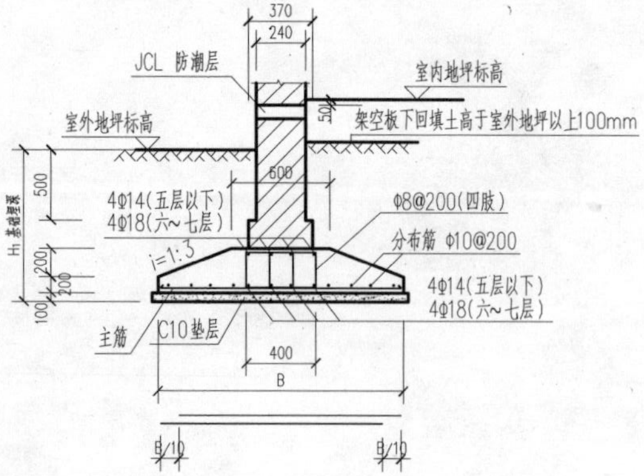

墙下条形基础构造详图(统地梁JL)

C1.06-001

说明：适用于多层砌体结构.

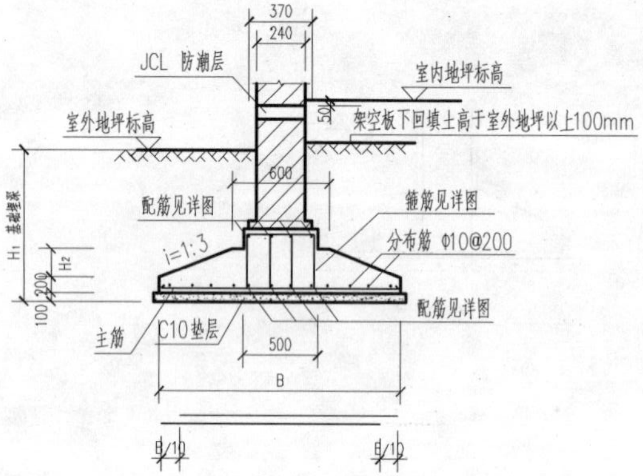

墙下条形基础构造详图(地梁JLX)

C1.06-002

说明：适用于多层砌体结构.

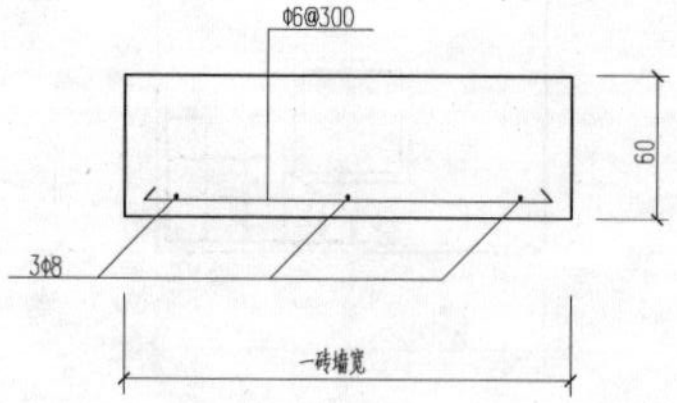

JCL防潮层

C1.06-003

说明：适用于多层砌体结构.

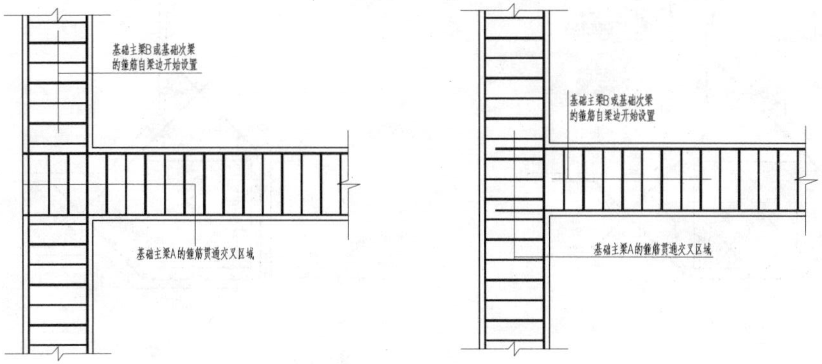

（一）丁字相交平面

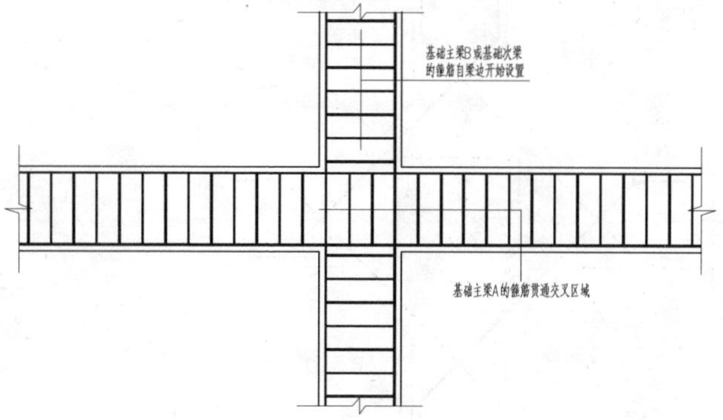

（二）十字相交平面

说明:
1. 当两向为等高基础主梁交叉时，基础主梁A的顶部与底部纵筋均在上交叉，基础主梁B均在下交叉。当设计另行标注时，应按具体设计要求施工。
2. 当两向不等高基础梁交叉时，截面较高者为基础主梁A，截面较低者为基础主梁B。

基础梁相交区域箍筋设置构造
C1.06-004

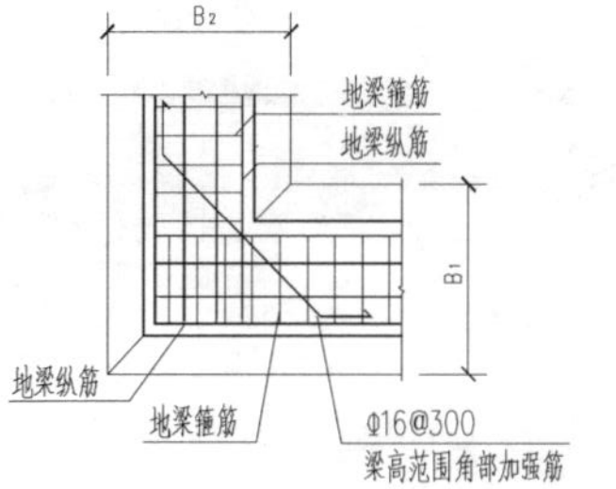

条形基础地梁
L字交接处钢筋配置示意
C1.06-005

说明：地梁等高时宽基础的地梁以及地梁不等高时高地梁箍筋拉通

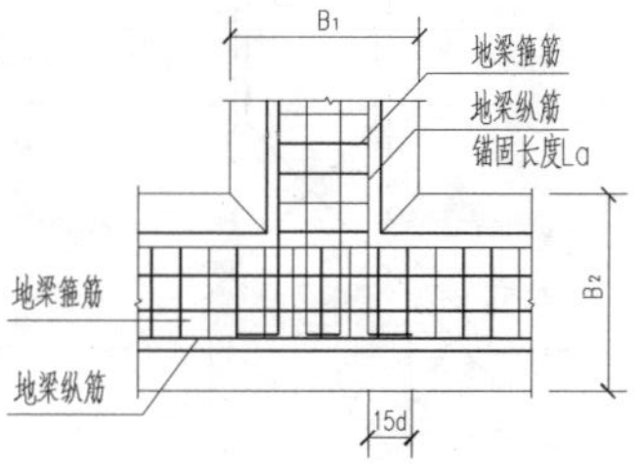

基础地梁T型交接处钢筋配置示意
C1.06-006

说明：地梁等高时宽基础的地梁以及地梁不等高时高地梁箍筋拉通

参考详图

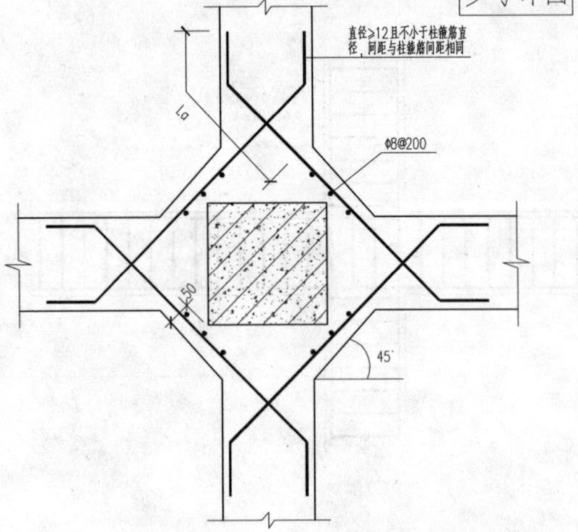

十字交叉基础主梁与柱结合部侧腋构造
C1.07-001

参考详图

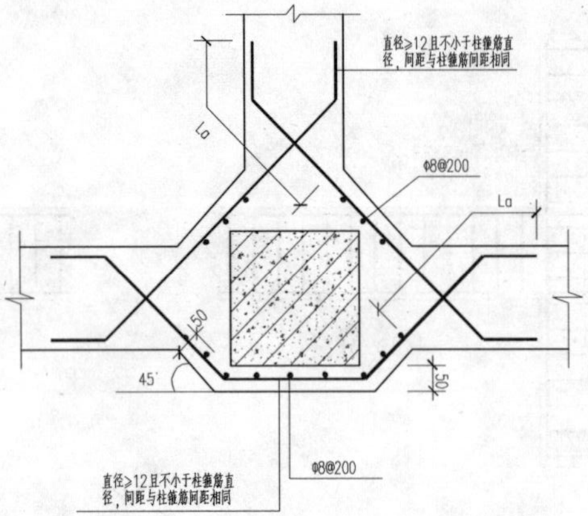

丁字交叉基础主梁与柱结合部侧腋构造
C1.07-002

参考详图

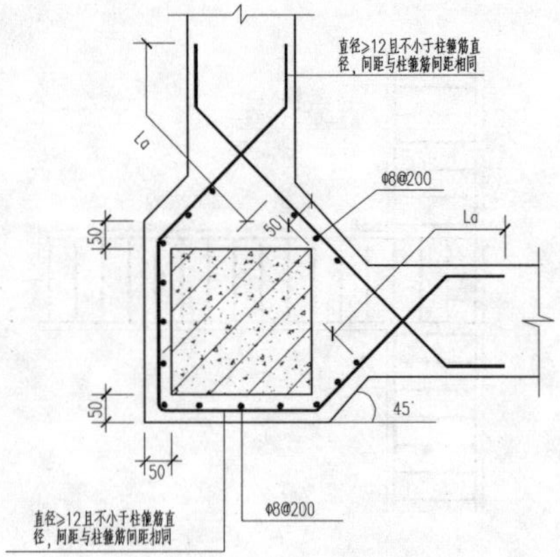

无外撑基础主梁与柱结合部侧腋构造
C1.07-003

参考详图

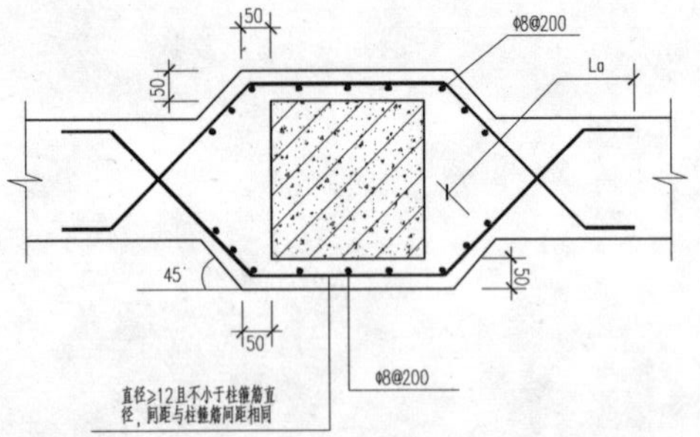

基础主梁中心穿柱侧腋构造
C1.07-004

参考详图

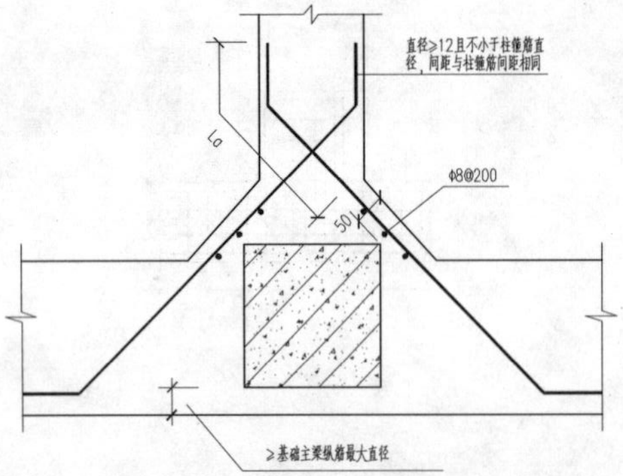

基础主梁偏心穿柱与柱结合部侧腋构造
C1.07-005

说明:

1. 除基础主梁比柱宽且完全形成梁包柱的情况外，所有基础主梁与柱结合部位均按本图加侧腋.
2. 当基础主梁与柱等宽，或柱与梁的某一侧面一平时，将发生主梁纵筋与柱纵筋同在一个平面内而不能相互直通交叉的情况. 此时应适当调整基础主梁的宽度，不应将梁纵筋弯折后穿入柱内.
3. 当基础主梁与柱连接方式与本图不同时，其构造应由设计者设计；若要求施工方面参照本图的构造方式，应提供相应改动的变更说明.

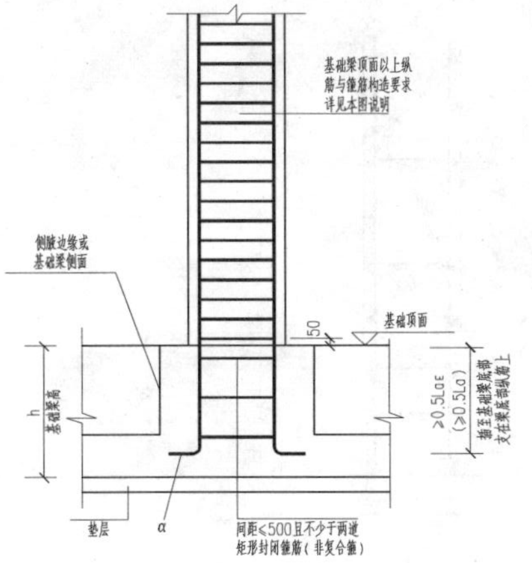

说明：基础梁底与基础板底平。

柱插筋构造(一)

C1.08-001

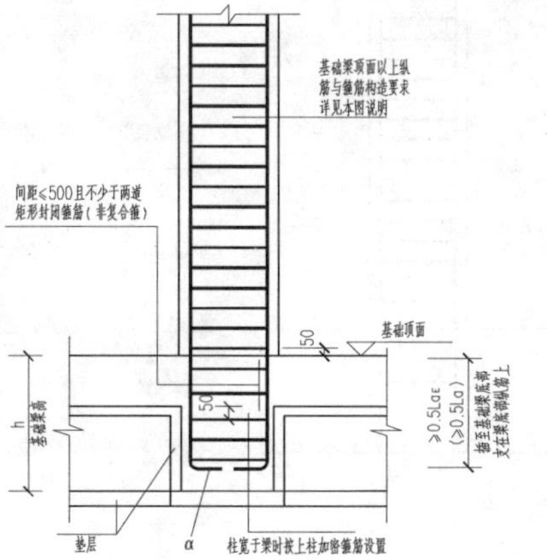

说明：基础梁底与基础板顶平。

柱插筋构造(二)

C1.08-002

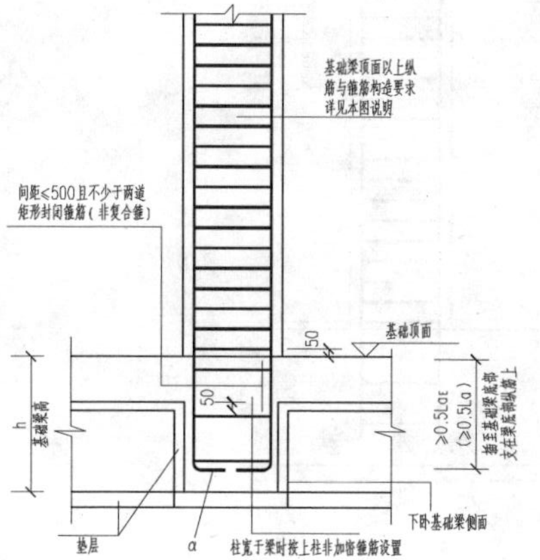

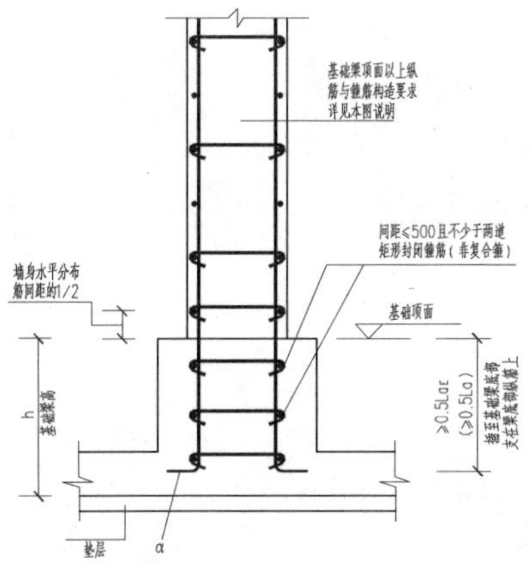

说明：基础梁底与基础板底平。

墙竖向钢筋插筋构造

C1.08-003

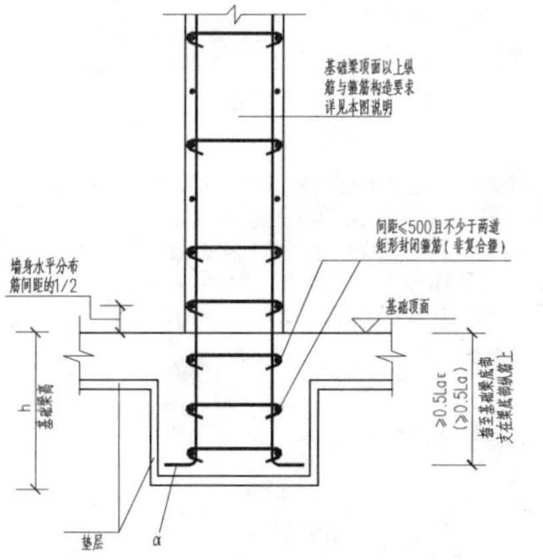

说明：基础梁顶与基础板顶平。

墙竖向钢筋插筋构造

C1.08-004

说明:

1.抗震柱和非抗震柱在基础梁顶面以上的纵筋连接构造，以及抗震柱箍筋加密区的要求，当设计未注明时按现行国家建筑标准设计中关于底层框架柱的相关规定。
2.抗震墙与非抗震墙在基础梁顶面以上的竖向筋，水平筋的连接构造及拉筋的设置要求，当设计未注明时按现行国家建筑标准设计中关于底层剪力墙的相关规定。
3.Laε为柱、墙纵筋抗震锚固长度，La为非抗震锚固长度。柱、墙插筋应伸至梁底部，其锚固竖直长度与弯钩长度见对照表。

柱墙插筋锚固竖直长度与弯钩长度对照表

竖直长度	弯钩长度α
≥0.5Laε(≥0.5La)	12d且≥150
≥0.6Laε(≥0.6La)	10d且≥150
≥0.7Laε(≥0.7La)	8d且≥150
≥0.8Laε(≥0.8La)	6d且≥150

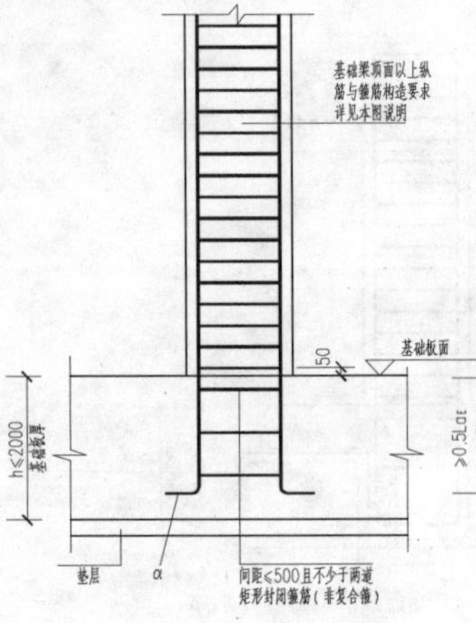

说明：基础板底部与顶部配置钢筋网。

柱插筋构造（一）
C1.09-001

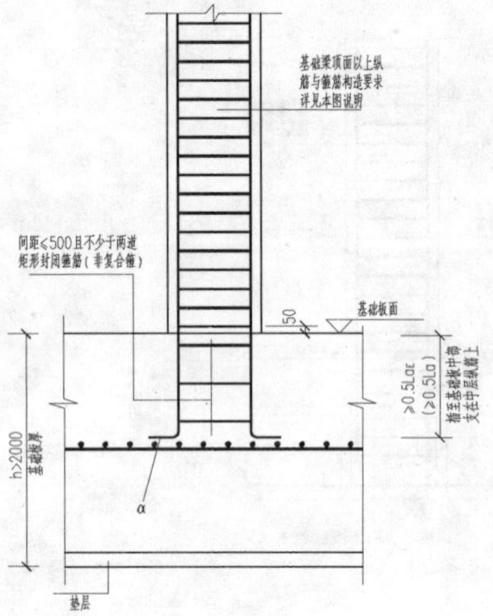

柱插筋构造（二）
C1.09-002

说明：基础板底部、顶部与中部配置钢筋网。

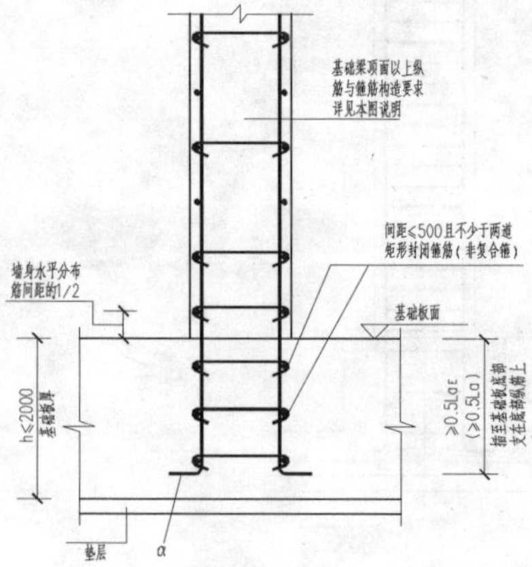

说明：基础平板底部与顶部配置钢筋网。

墙插筋构造（一）
C1.09-003

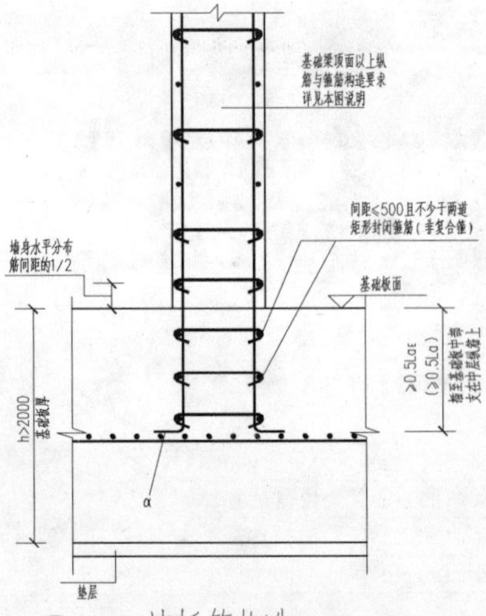

墙插筋构造（二）
C1.09-004

说明：基础平板底部、顶部与中部配置钢筋网。

说明:

1. 抗震柱和非抗震柱在基础梁顶面以上的纵筋连接构造，以及抗震柱箍筋加密区的要求，当设计未注明时按现行国家建筑标准设计中关于底层框架柱的相关规定。
2. 抗震墙与非抗震墙在基础梁顶面以上的竖向筋，水平筋的连接构造及拉筋的设置要求，当设计未注明时按现行国家建筑标准设计中关于底层剪力墙的相关规定。
3. Laε 为柱、墙纵筋抗震锚固长度，La 为非抗震锚固长度。柱、墙插筋应伸至梁底部，其锚固竖直长度与弯钩长度见对照表。

柱墙插筋锚固竖直长度与弯钩长度对照表

竖直长度	弯钩长度α
≥0.5Laε(≥0.5La)	12d且≥150
≥0.6Laε(≥0.6La)	10d且≥150
≥0.7Laε(≥0.7La)	8d且≥150
≥0.8Laε(≥0.8La)	6d且≥150

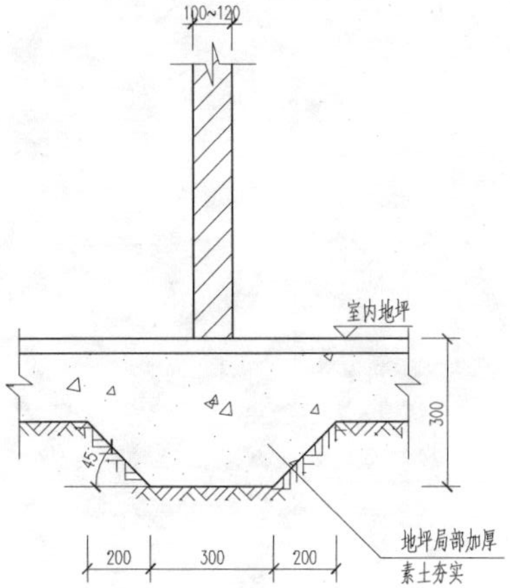

100~120厚墙基础
C1.10-001

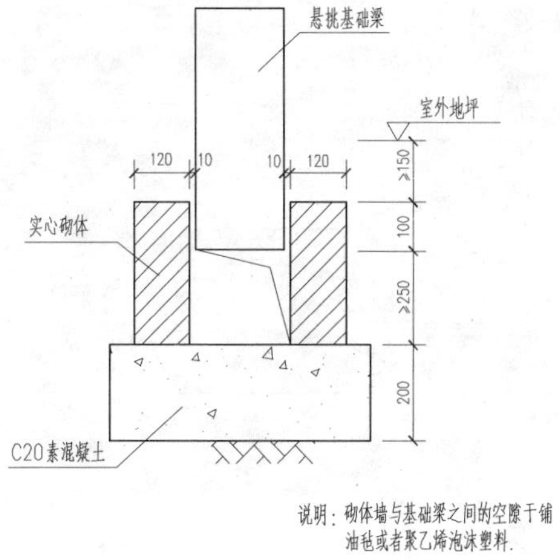

悬挑基础梁架空详图
C1.10-002

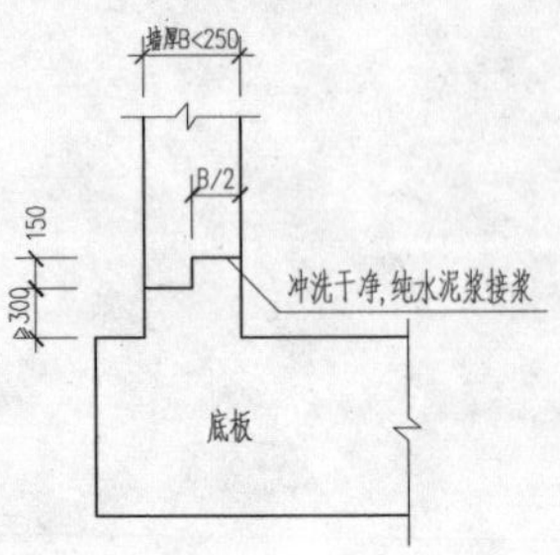

地下室底板与外墙板施工做法
C1.11-001

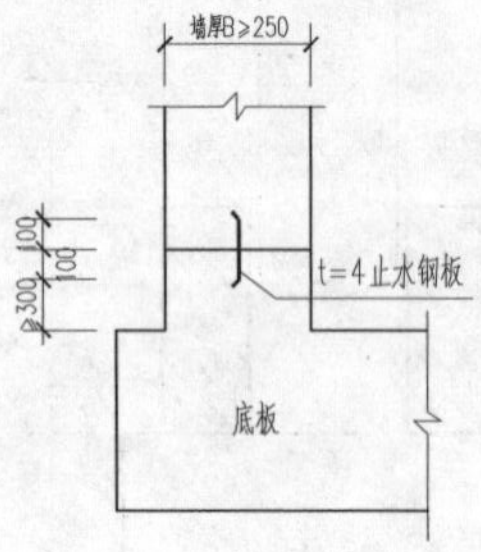

地下室底板与外墙板施工做法
C1.11-002

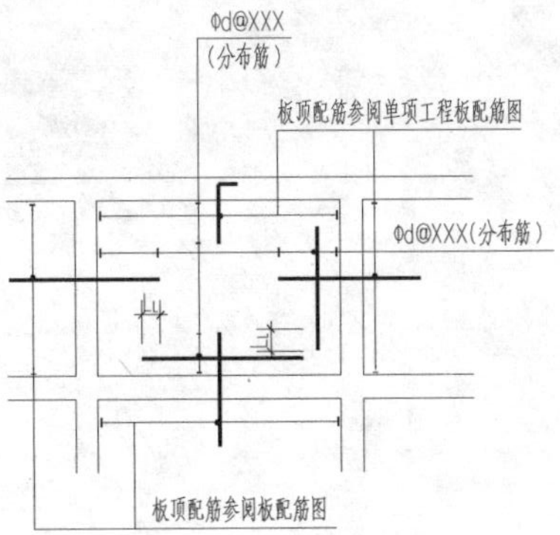

板顶分布筋
C2.01-001

说明：分布钢筋的间距不应大于250mm，直径不宜小于8mm.
在平面图中未表示的顶部分布筋须按此图加上，单向板时不小于0.15%.

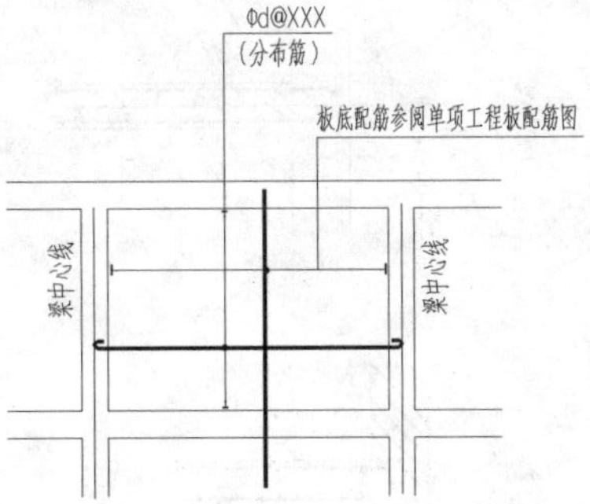

板底分布筋
C2.01-002

说明：在平面图中未表示的底部分布筋须按此图加上.

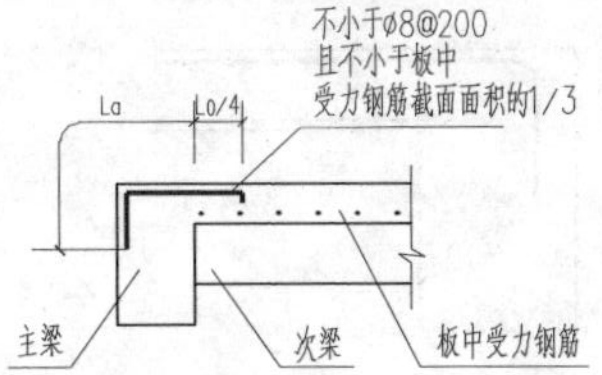

B-B

注：钢筋自梁边或墙边伸入板内的长度，
在单向板中不宜小于受力方向板计算跨度的1/5lo，
在双向板中不宜小于板短跨方向计算跨度的1/4lo.

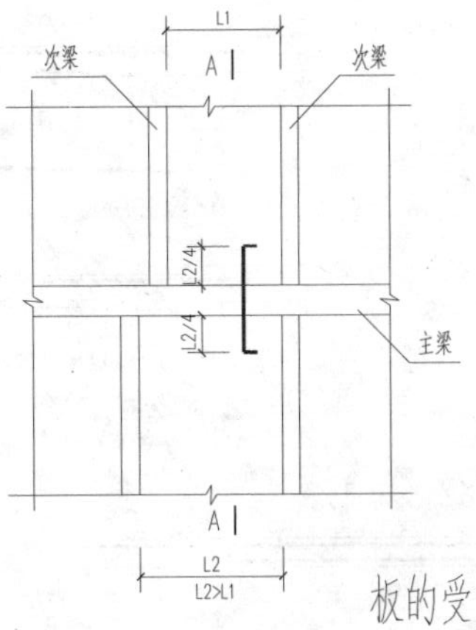

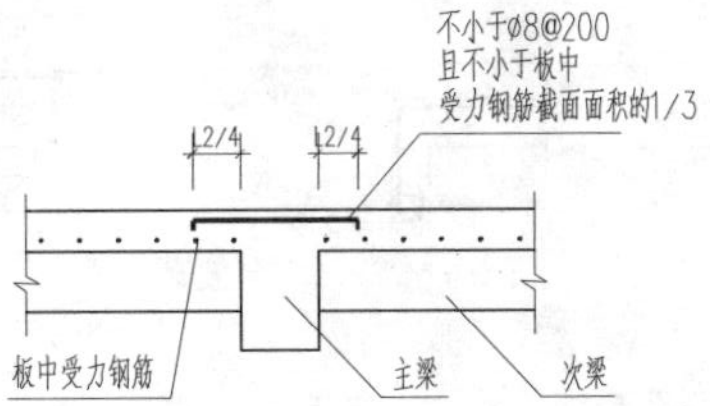

A-A

板的受力钢筋与梁肋部平行时附加钢筋示意图
C2.01-003

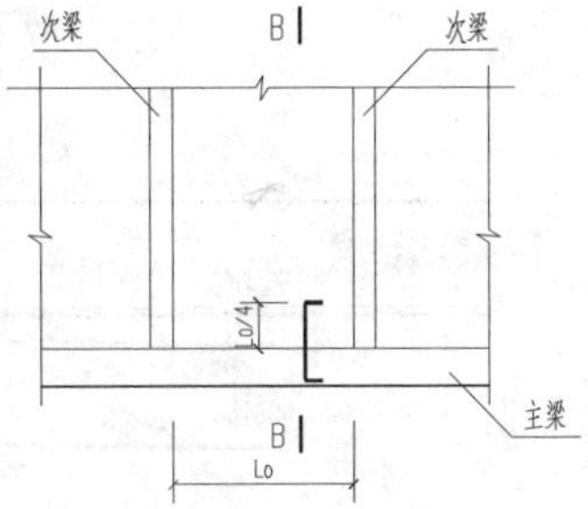

板的受力钢筋与边梁平行时附加钢筋示意图
C2.01-004

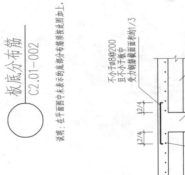

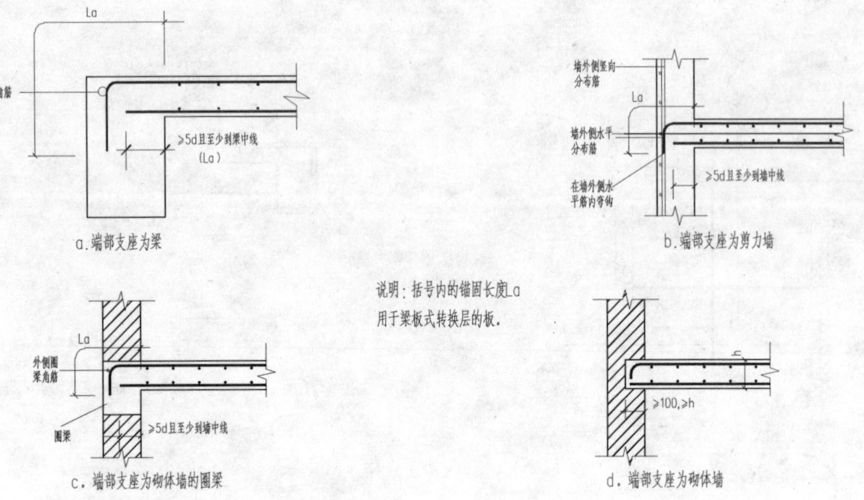

说明：括号内的锚固长度La用于梁板式转换层的板.

板在端部支座的锚固构造

C2.01-005

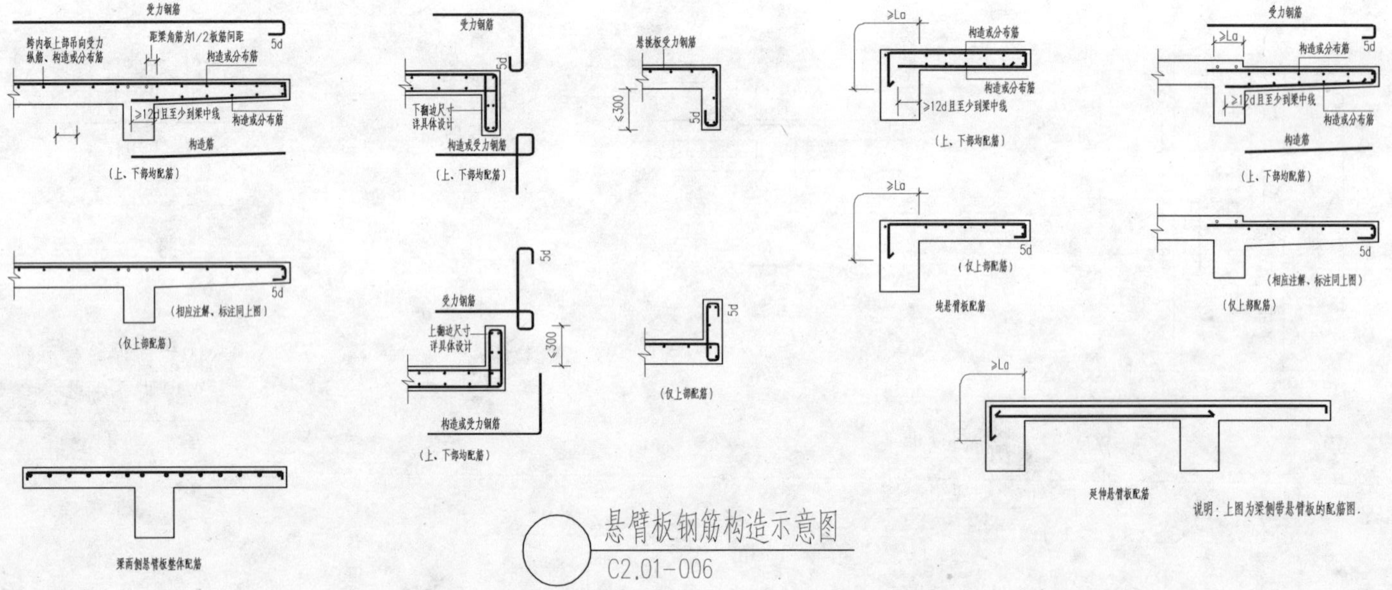

说明：上图为梁侧带悬臂板的配筋图.

悬臂板钢筋构造示意图

C2.01-006

参考详图

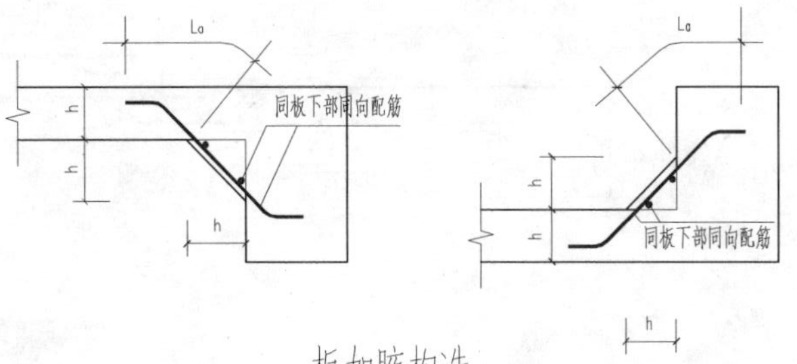

板加腋构造

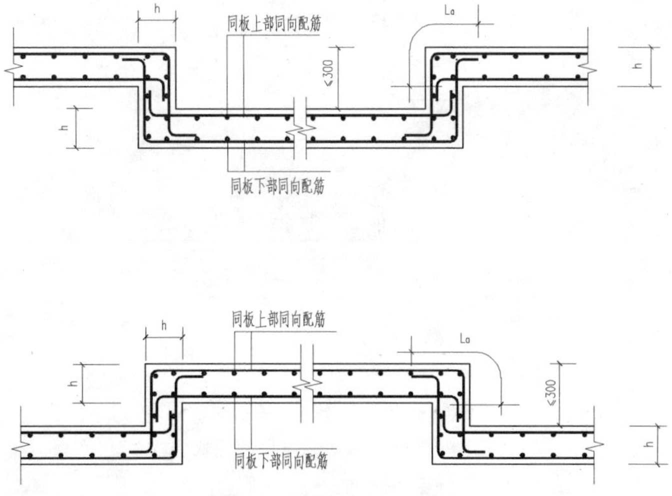

局部升降板构造一（板中升降）

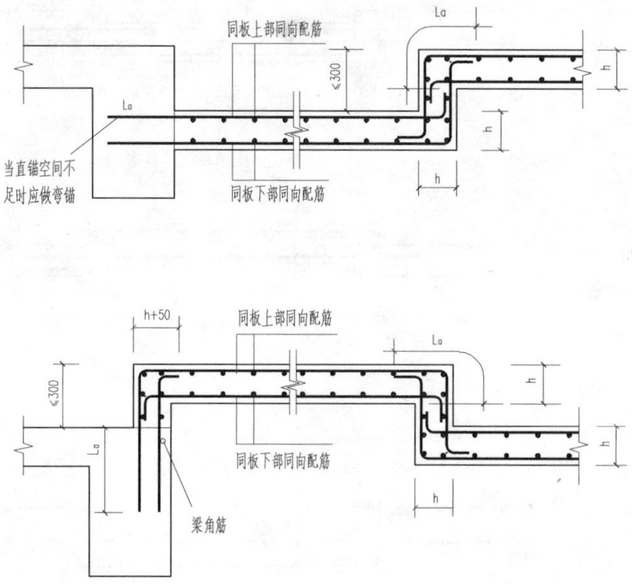

局部升降板构造一（侧边为梁）

注：1．局部升降板升高与降低的高度限定为≤300mm时，当高度>300mm时，
设计应补充截面配筋图（或采用标准构造详图变更表）进行变更．
2．局部升降板的下部与上部配筋宜为双向贯通筋．
3．本图构造同样适用于狭长沟状降板．

局部升降板构造－板加腋构造

C2.01-007

说明：配置箍筋提高受冲切承载力。

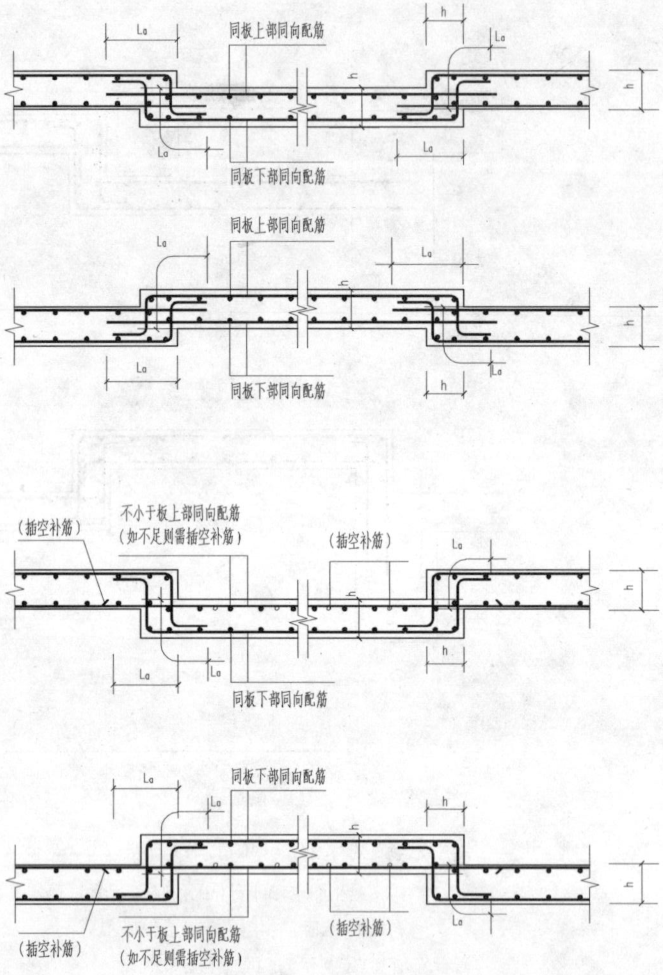

局部升降板构造二 (板中升降)

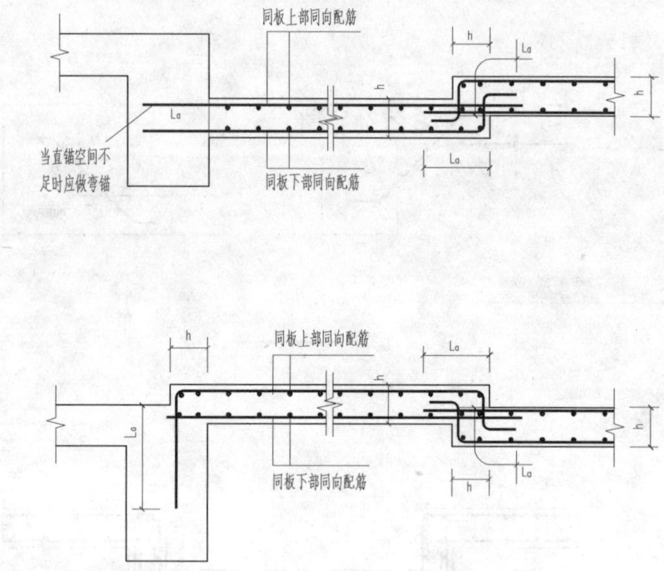

局部升降板构造二(侧边为梁)

注:1. 局部升降板升高与降低的高度限定为≤300mm时,当高度>300mm时,设计应补充截面配筋图(或采用标准构造详图变更表)进行变更.
2. 局部升降板的下部与上部配筋宜为双向贯通筋.
3. 本图构造同样适用于狭长沟状降板。

局部升降板构造(升降高度小于板厚)

C2.01-008

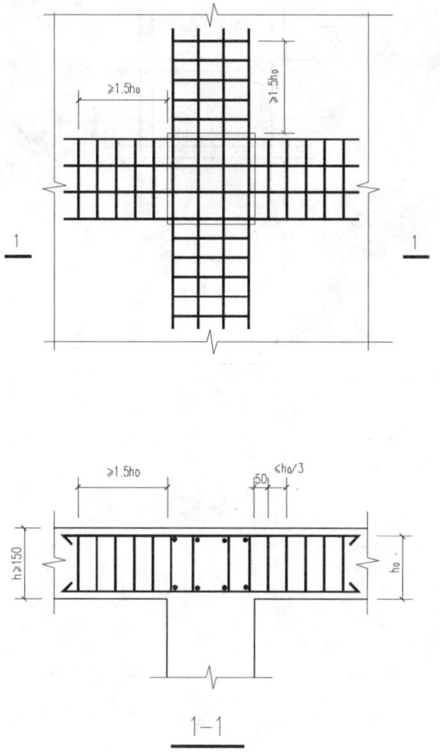

板冲切箍筋

C2.02-001

说明：1.配置箍筋提高受冲切承载力。
2.冲切箍筋为封闭箍，最小箍筋直径≥8mm，并由计算确定。

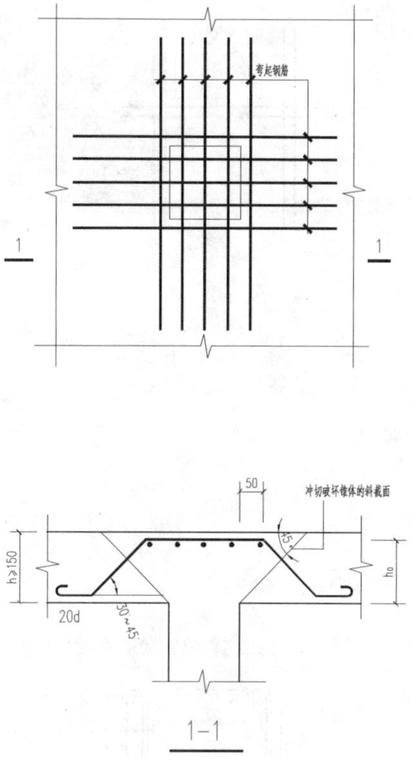

一排弯起钢筋

C2.02-002

说明：1.配置弯起钢筋提高受冲切承载力.
2.弯起钢筋与冲切面交点，与柱面距离应在1/2h~1/3h范围内，弯起钢筋有计算确定。
3.弯起钢筋最小直径≥12mm。

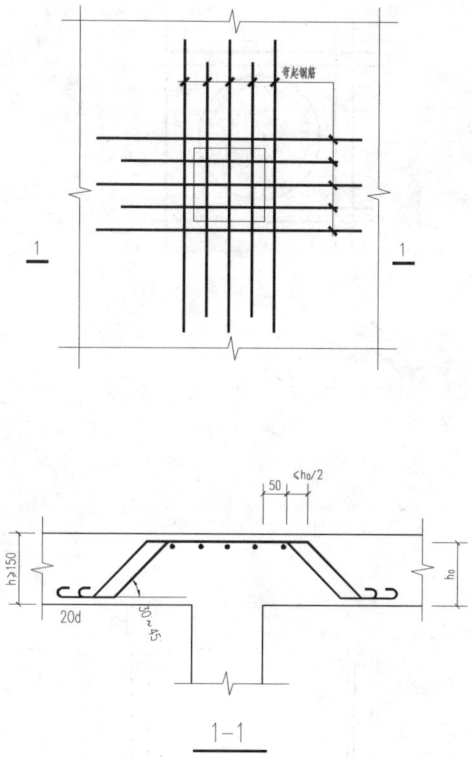

二排弯起钢筋

C2.02-003

说明：1.配置弯起钢筋提高受冲切承载力.
2.弯起钢筋与冲切面交点，与柱面距离应在1/2h~1/3h范围内，弯起钢筋有计算确定。
3.弯起钢筋最小直径≥12mm。

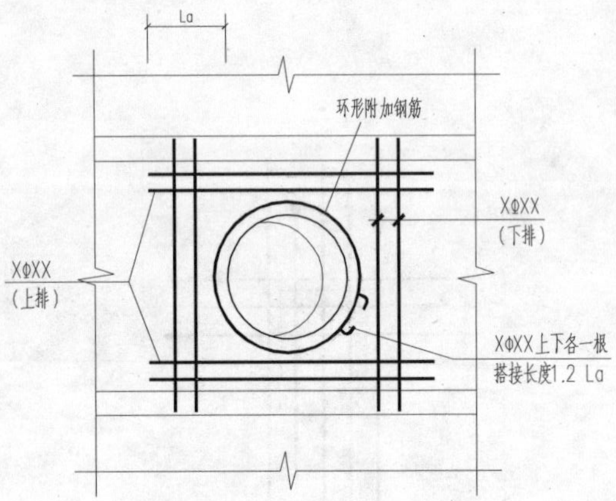

板洞口加固
C2.03-001

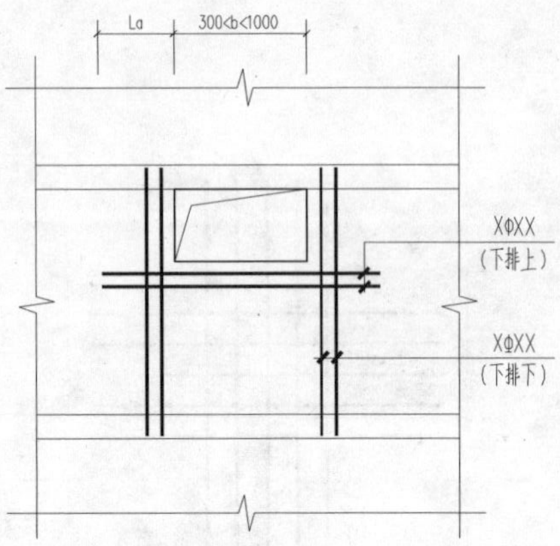

板洞口加固
C2.03-002

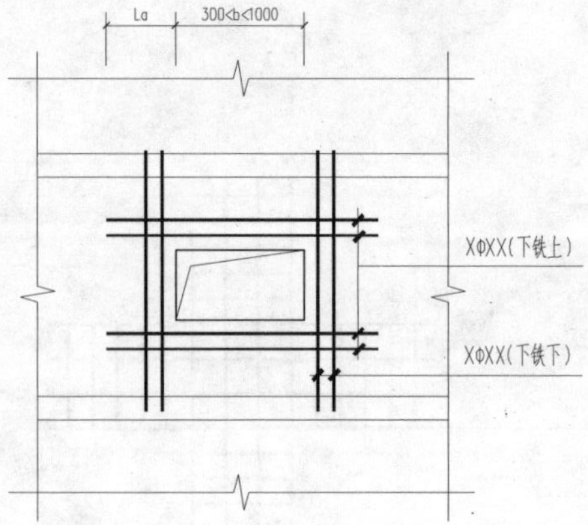

板洞口加固
C2.03-003

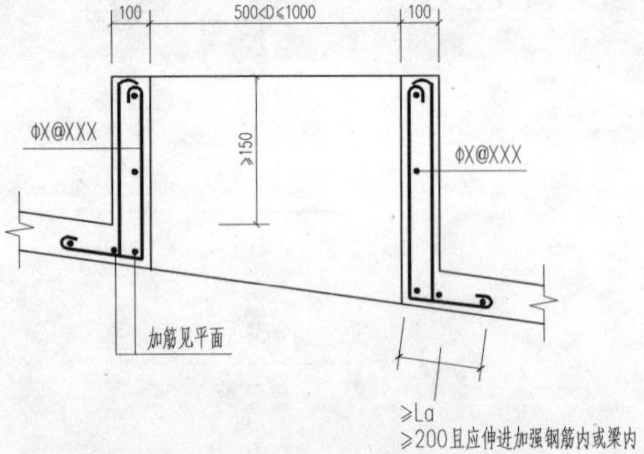

屋面洞口配筋图
C2.03-004

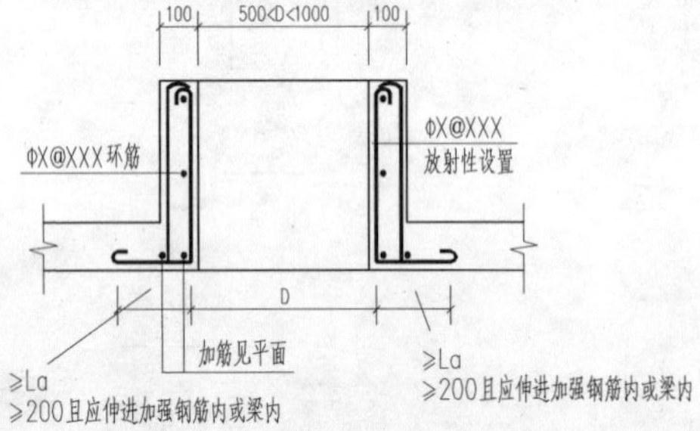

楼面洞口配筋图
C2.03-005

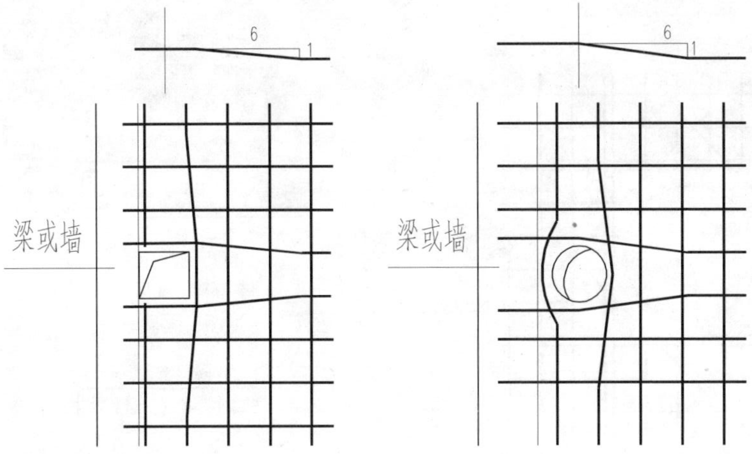

（梁边或墙边开洞）

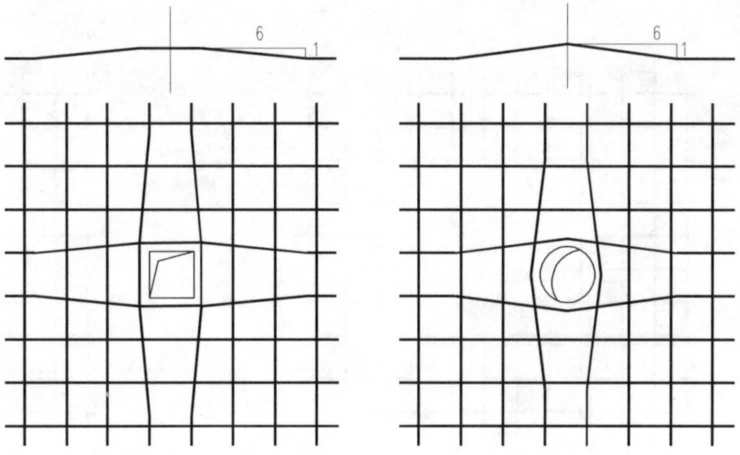

（板中开洞）

矩形洞边长和圆形洞直径不大于300mm时的钢筋构造

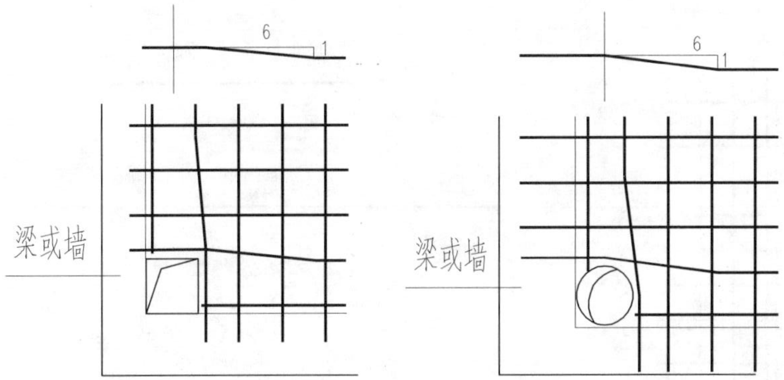

（梁交角或墙角开洞）

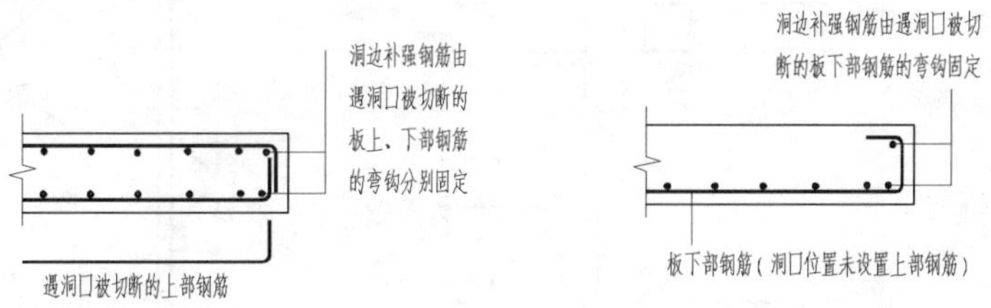

洞边被切断钢筋弯钩固定加强钢筋构造

楼板开洞与洞边加强钢筋构造一（洞边无集中荷载）
C2.03-006

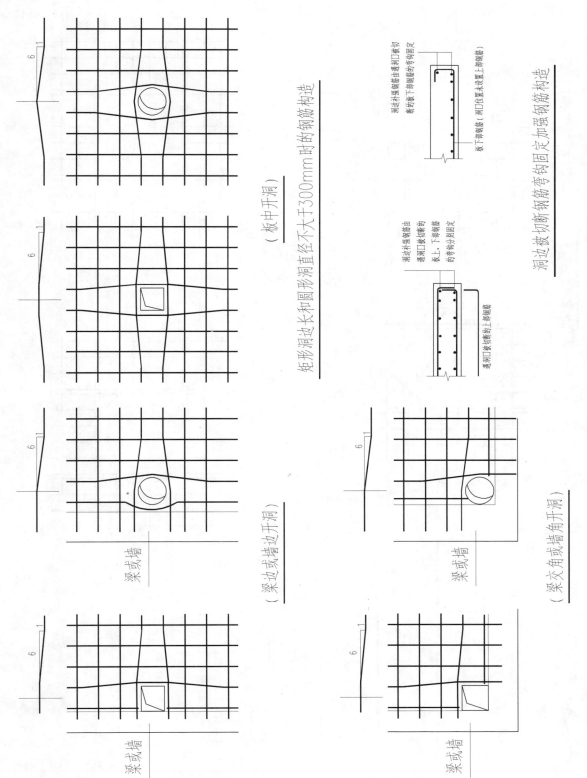

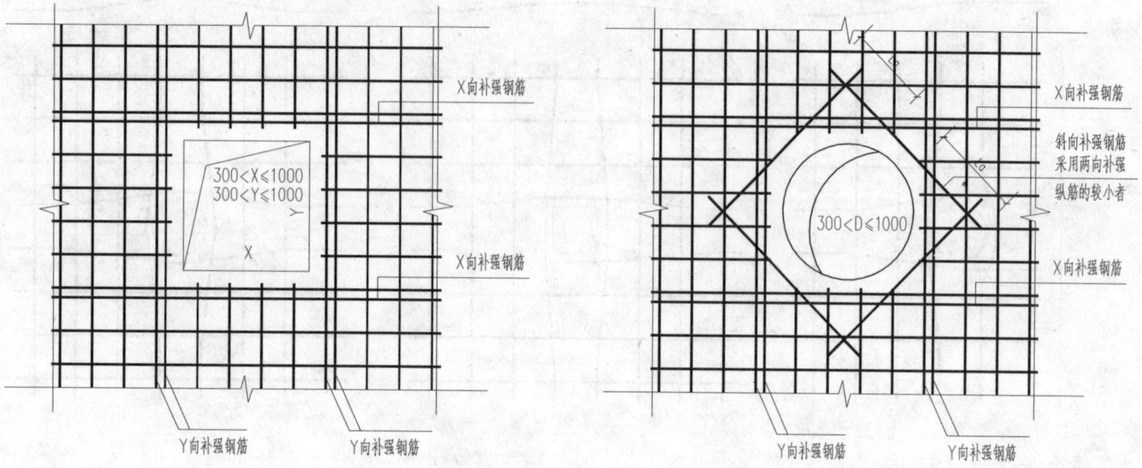

（板中开洞）

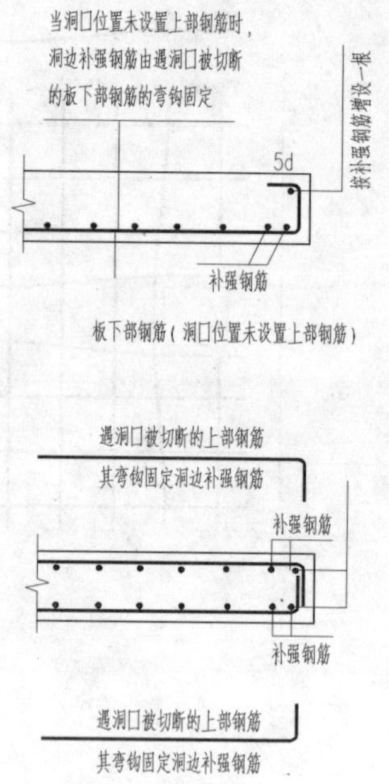

洞边被切断钢筋端部构造

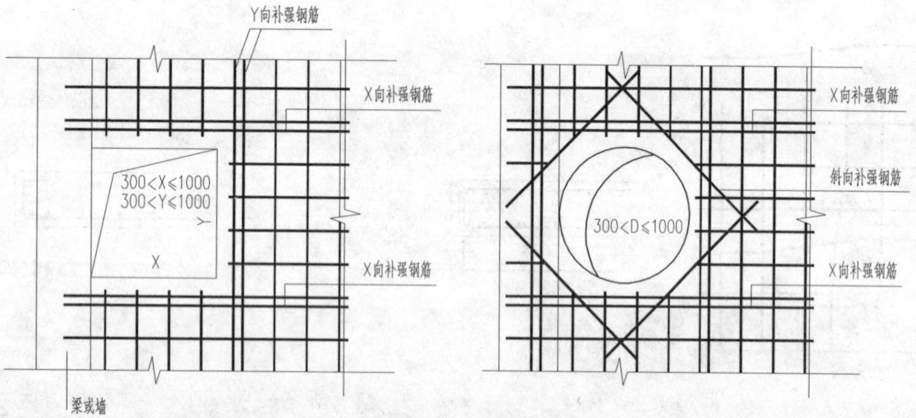

（梁边或墙边开洞）

矩形洞边长和圆形洞直径大于300mm
但不大于1000mm时的补强钢筋构造

说明：

当设计注写补强纵筋时，应按注写的规格、数量与长度值补强；当设计未注写时，按每边配置两根直径不小于12mm且不小于同向被切断纵向钢筋总面积的50%补强；补强钢筋的强度等级与被切断钢筋相同并布置在同一层面，两根补强钢筋之间的净距为30mm。

楼板开洞与洞边加强钢筋构造二（洞边无集中荷载）

C2.03-007

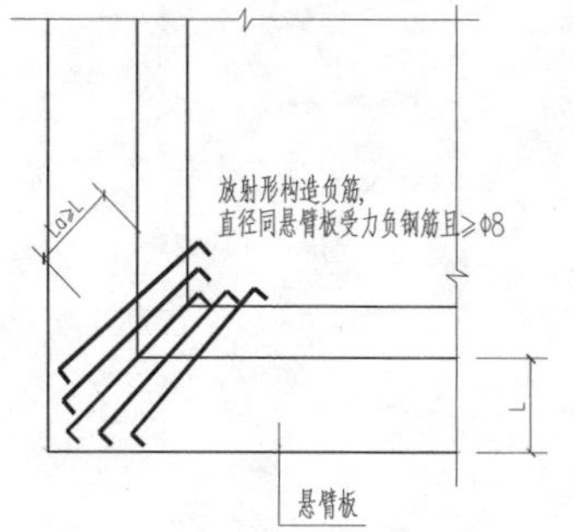

说明：放射形钢筋为另加的钢筋，可以放在钢筋的最上层.

C2.04-001 悬臂板转角处附加钢筋示意图

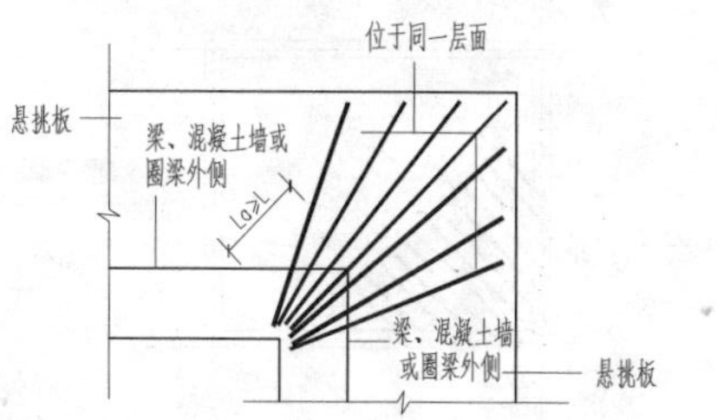

（本图未表示构造筋或分布筋）

C2.04-002 纯悬臂板悬挑阳角放射筋构造

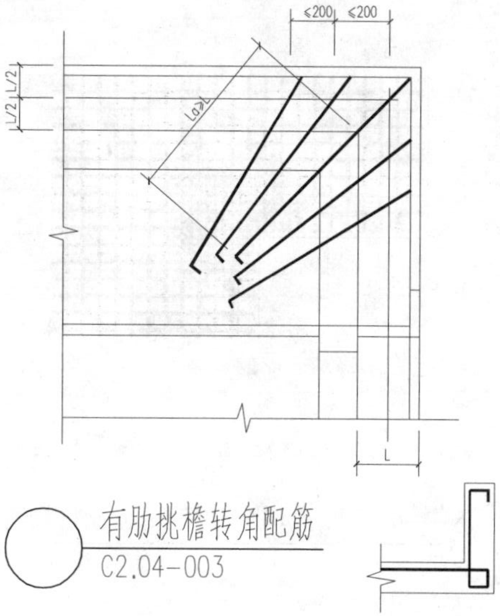

C2.04-003 有肋挑檐转角配筋

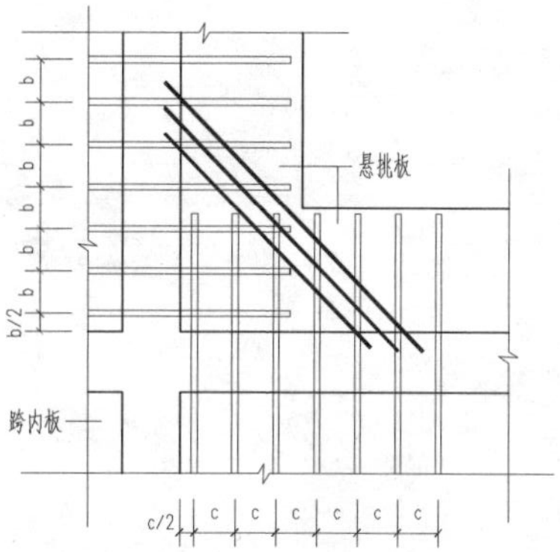

C2.04-004 板悬挑阴角附加筋构造 （本图未表示构造筋或分布筋）

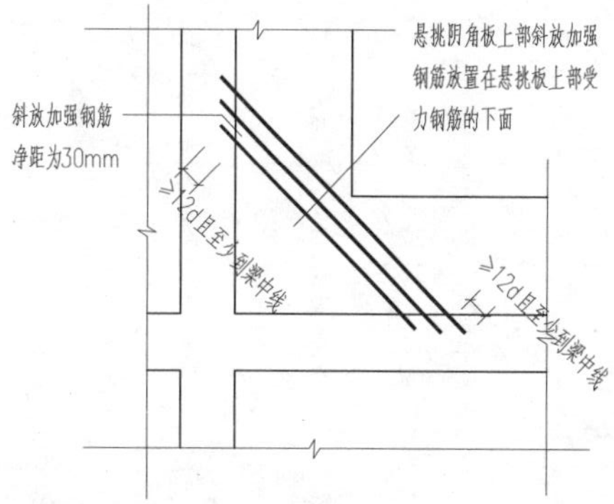

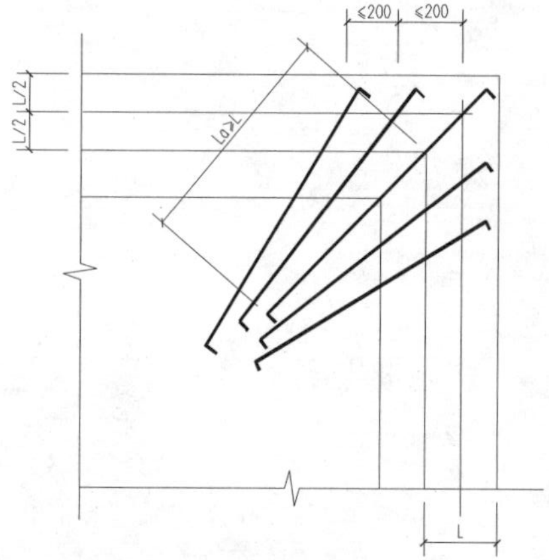

C2.04-005 无肋挑檐转角配筋

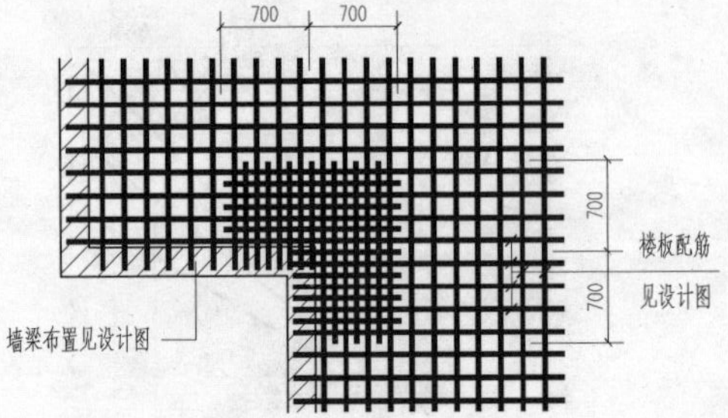

说明：钢筋规格不变，间距减半，板面钢筋原来的间距≤100mm的不再增加.

楼板位于阳角折角处的板面钢筋加强构造
C2.05-001

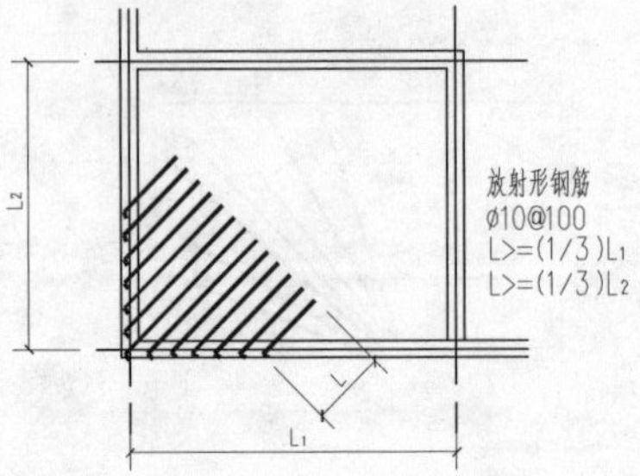

说明：放射形钢筋为另加的钢筋，可以放在钢筋的最上层.

楼板在外墙阳角处附加钢筋示意图
C2.05-002

参考详图

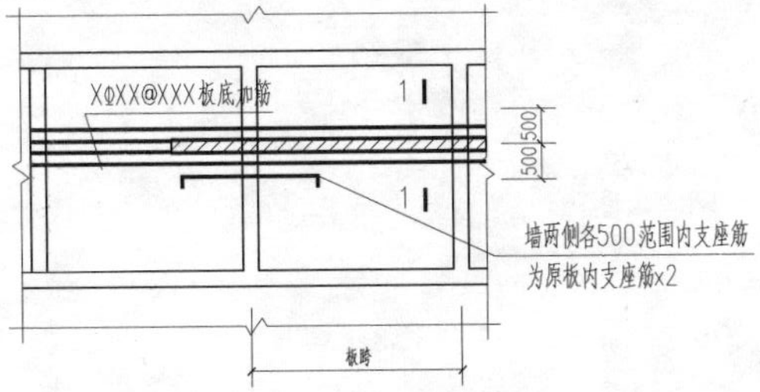

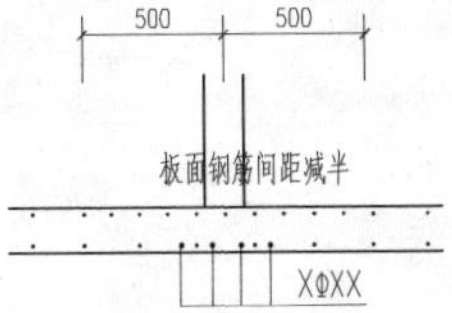

1-1

楼板上设隔墙加筋构造
C2.06-001

说明：除详图中注明外，当楼板上有半砖墙或轻质砌块隔墙，墙下未设梁而直接支承在板上时采用.

参考详图

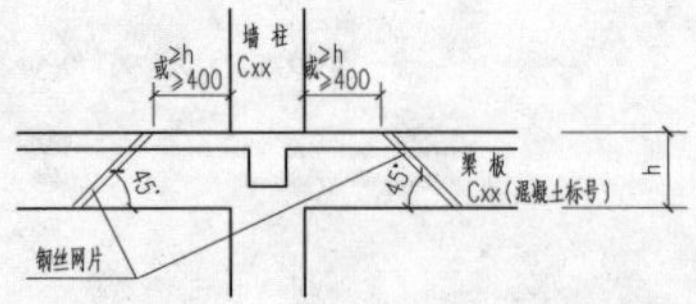

说明：此做法用于柱与梁板混凝土等级相差2级以上时。

墙柱与楼面梁板的施工节点构造

C2.07-001

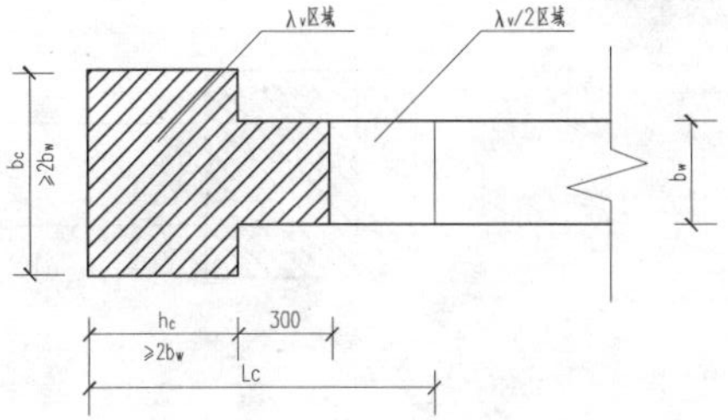

约束边缘端柱
C3.01-001

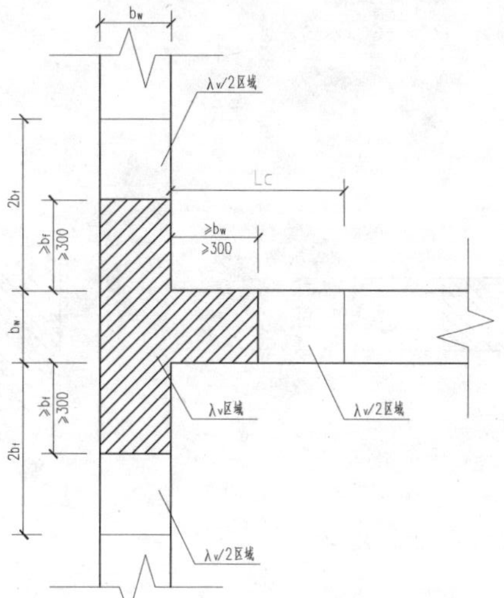

约束边缘翼墙(柱)
C3.01-002

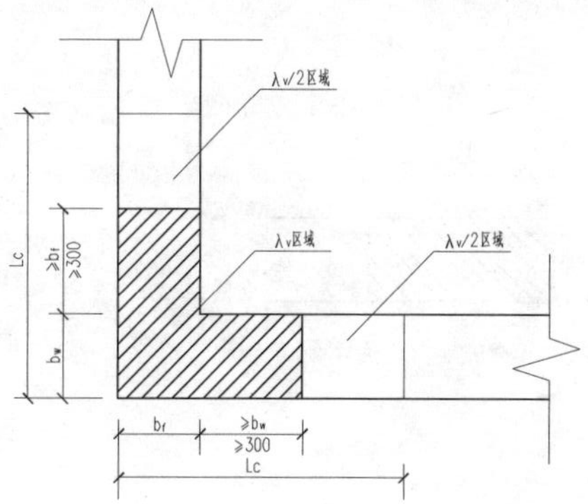

约束边缘转角墙(柱)
C3.01-003

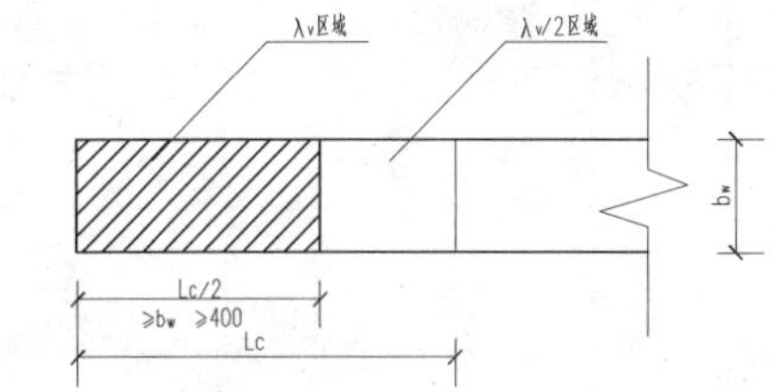

约束边缘暗柱
C3.01-004

约束边缘构件沿墙肢的长度Lc及配箍特征值λv					
抗震等级(设防烈度)		一级(9度)	一级(7、8度)	二级	特一级
λv		0.2	0.2	0.2	0.24
Lc(mm)	暗柱	0.25hw、1.5bw、450中的最大值	0.20hw、1.5bw、450中的最大值	0.20hw、1.5bw、450中的最大值	0.25hw、1.5bw、450中的最大值
	端柱、翼墙或转角柱	0.20hw、1.5bw、450中的最大值	0.15hw、1.5bw、450中的最大值	0.15hw、1.5bw、450中的最大值	0.20hw、1.5bw、450中的最大值

说明:

1. 翼墙长度小于其厚度3倍时，视为无翼墙剪力墙；端柱截面边长小于墙厚2倍时，视为无端柱剪力墙。
2. 约束边缘构件沿墙肢长度，除满足上表中的要求外，当有端柱、翼墙或转角墙时，尚不应小于翼墙厚度或墙柱沿墙肢方向截面高度加300mm。
3. 约束边缘构件的箍筋或拉筋沿竖向的间距，对一级抗震等级不宜大于100mm，对二级抗震等级不宜大于150mm。
4. h_w为剪力墙墙肢的长度。
5. 特一级的数据是跟据国家图集《混凝土结构剪力墙边缘构件和框架柱构造钢筋选用》(04SG330)选用的。

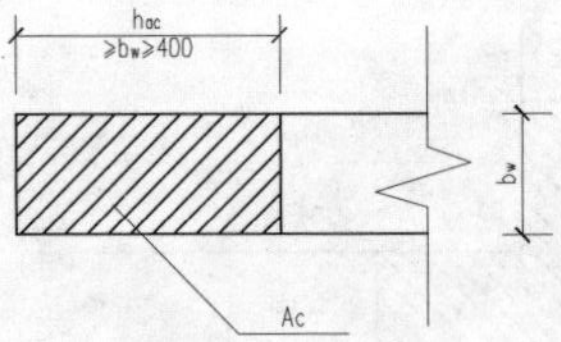

构造边缘暗柱
C3.02-001

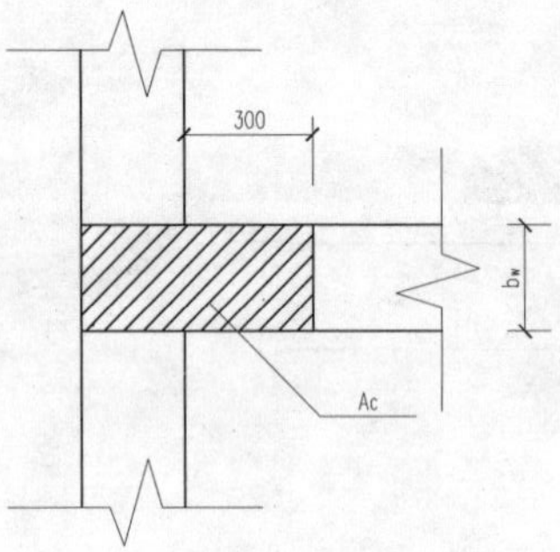

构造边缘翼墙（柱）
C3.02-002

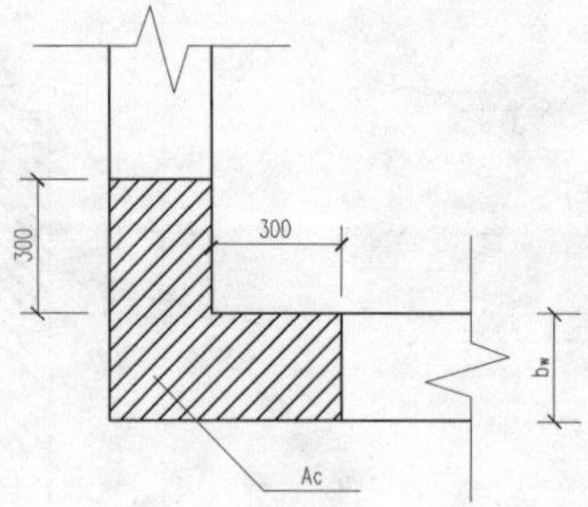

构造边缘转角墙(柱)
C3.02-003

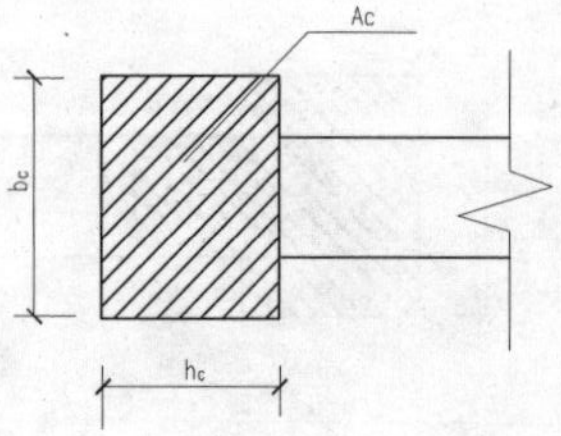

构造边缘端柱
C3.02-004

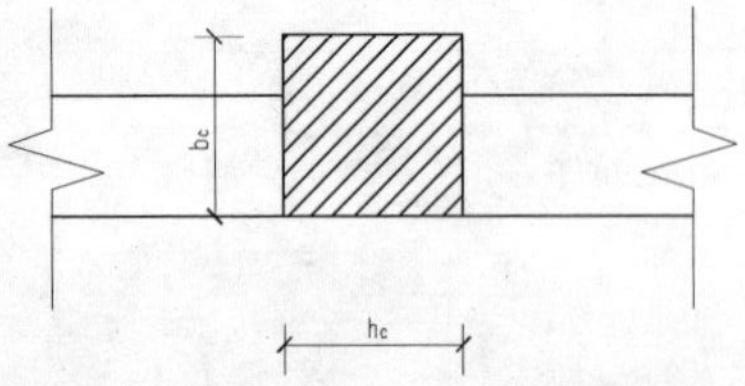

扶壁柱
C3.02-005

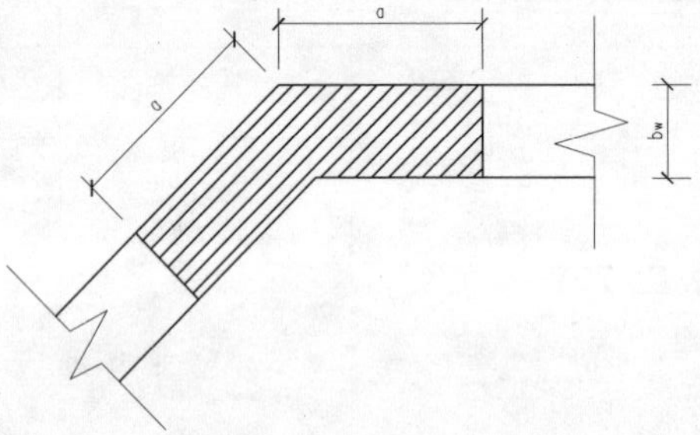

非边缘暗柱
C3.02-006

说明: 一般可取a=bw+300.

剪力墙构造边缘构件的配筋要求

抗震等级	底部加强部位			其他部位		
	纵向钢筋最小量（取较大值）	箍筋		纵向钢筋最小量（取较大值）	箍筋或拉筋	
		最小直径（mm）	最大间距（mm）		最小直径（mm）	最大间距（mm）
一级	0.010Ac ,6Φ16	8	100	0.008Ac ,6Φ14	8	150
二级	0.008Ac ,6Φ14	8	150	0.006Ac ,6Φ12	8	200
三级	0.005Ac ,4Φ12	6	150	0.004Ac ,4Φ12	6	200
四级	0.005Ac ,4Φ12	6	200	0.004Ac ,4Φ12	6	250
特一级	----	----	----	0.012Ac ,6Φ16	8	100

说明：特一级的数据是跟据国家图集《混凝土结构剪力墙边缘构件和框架柱构造钢筋选用》（04SG330）选用的.

参考详图

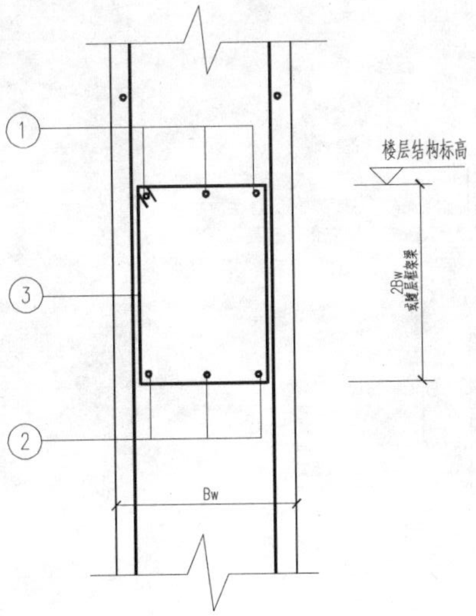

说明：1.凡是框剪结构,未另设边框梁时在楼层结构标高的剪力墙内都应设置暗梁.

2.对顶板作嵌固端时，可建议设计人员对外墙适当加强.

3.暗梁应满足框架梁相应的抗震等级的最小配筋率要求，暗梁与框架梁连通处及与端柱连接处应满足框架梁端部配筋要求，连梁部位应满足连梁配筋要求，暗梁两侧腰筋数量不应少于墙体水平筋.

暗梁构造要求
C3.03-001

参考详图

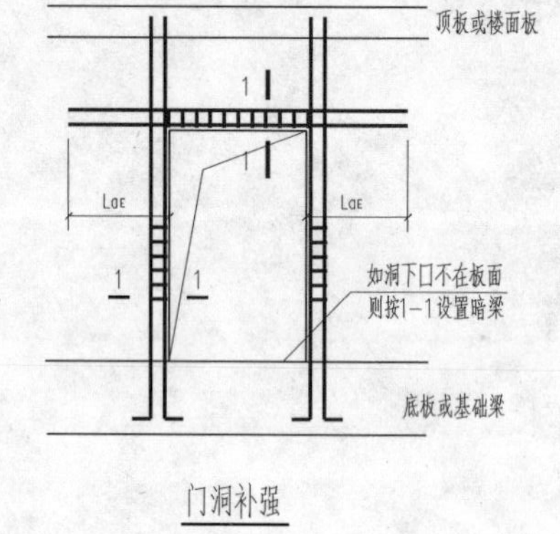

门洞补强

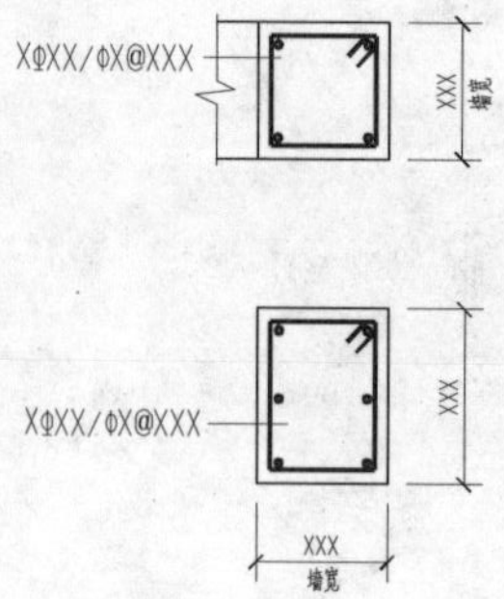

1-1

说明：1.墙板孔洞四周若未布置柱(暗柱)，梁(暗梁)，则应按本图设置边缘构件和暗梁.
2.边缘构件的设置和配筋应满足规范要求.

混凝土墙板开孔补强

C3.04-001

参考详图

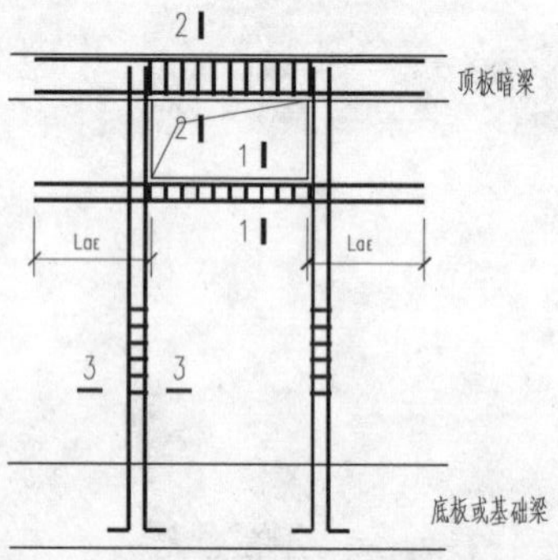

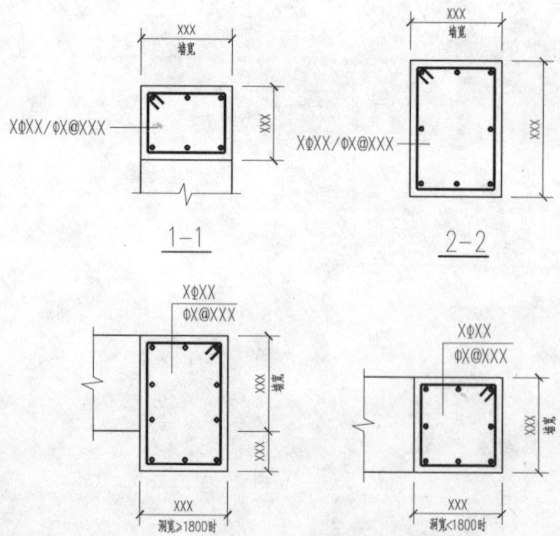

1-1

2-2

3-3

半地下室外墙板开洞

C3.04-002

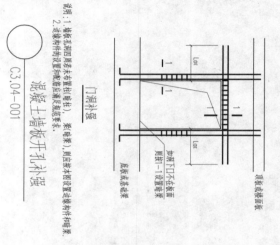

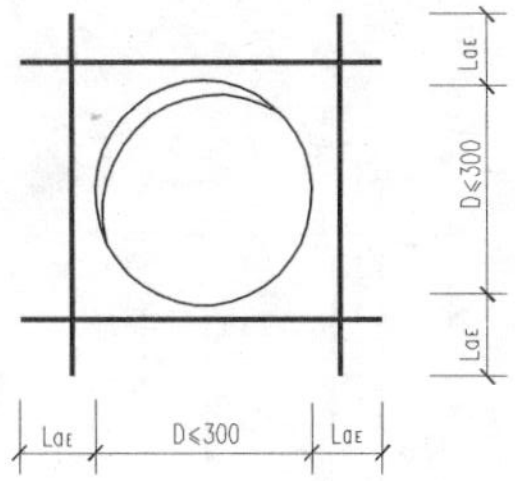

剪力墙圆形洞口
不大于300mm时的补强纵筋构造
C3.04-003

说明：洞口每侧补强纵筋按设计注写值。

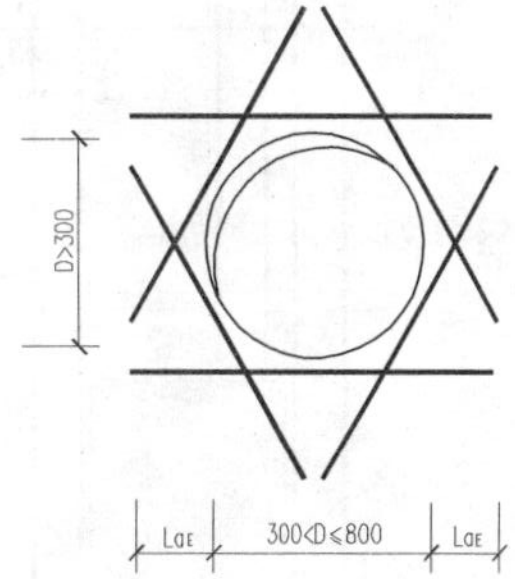

剪力墙圆形洞口
大于300mm时的补强纵筋构造
C3.04-004

说明：洞口每侧补强纵筋按设计注写值。

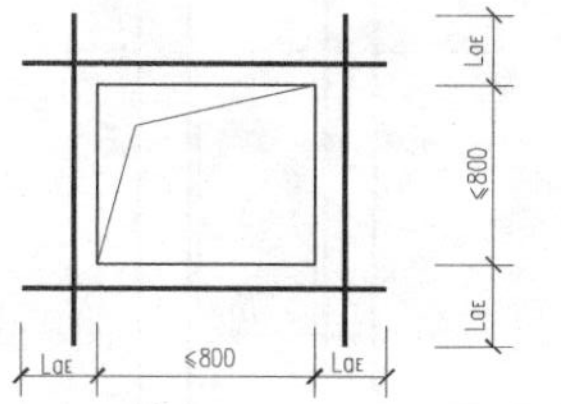

矩形洞宽和洞高均不大于800mm时的洞口补强纵筋构造
C3.04-005

说明：当洞口为非连续且其边长小于800时，洞口周边附加筋周边配置≥2Φ12并且每边加固面积不小于其中一个方向所截断的钢筋之半，取其大值。补强钢筋种类与被切断钢筋相同。当设计注写补强纵筋时，按注写值补强。

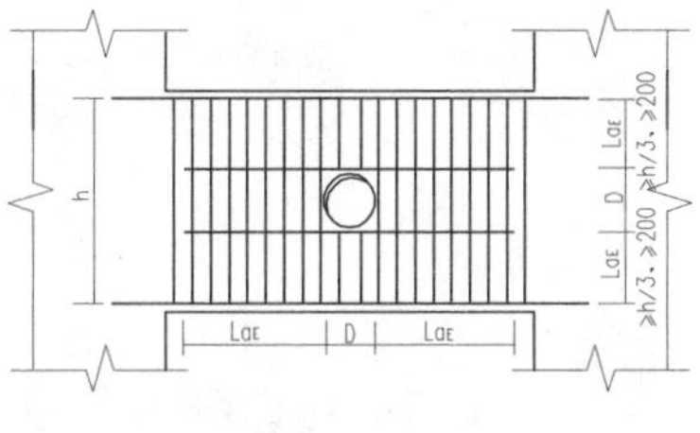

连梁中部圆形洞口补强钢筋构造
C3.04-006

说明：1.洞口每侧补强纵筋与补强箍筋按设计注写值。
2.水平向连续开洞间距≥3D。
3.被洞口削弱的截面还应进行验算。

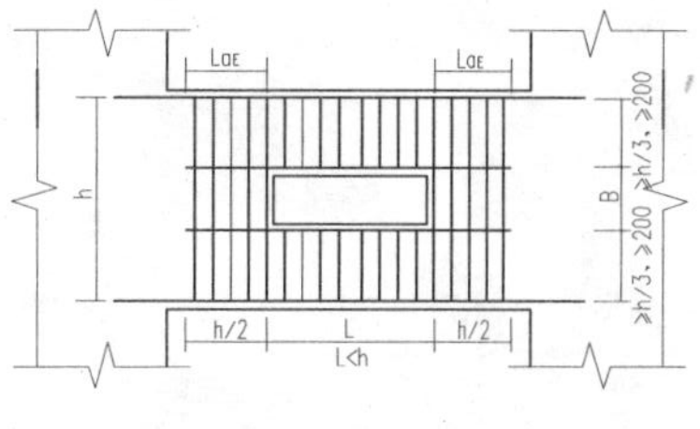

连梁中部矩形洞口补强钢筋构造
C3.04-007

说明：1.洞口每侧补强纵筋与补强箍筋按设计注写值。
2.水平向连续开洞间距≥3D。
3.被洞口削弱的截面还应进行验算。

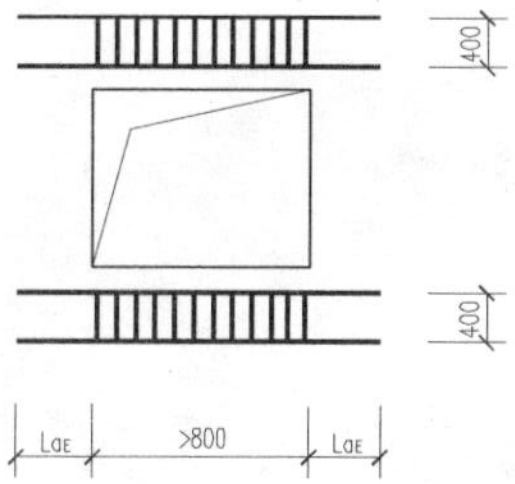

矩形洞宽和洞高均不大于800mm时的洞口补强暗梁构造
C3.04-008

说明：洞口上下补强暗梁配筋按设计标注。当洞口上边或下边为剪力墙连梁时，不再重复设置补强暗梁。洞口竖向两侧设置剪力墙边缘构件。

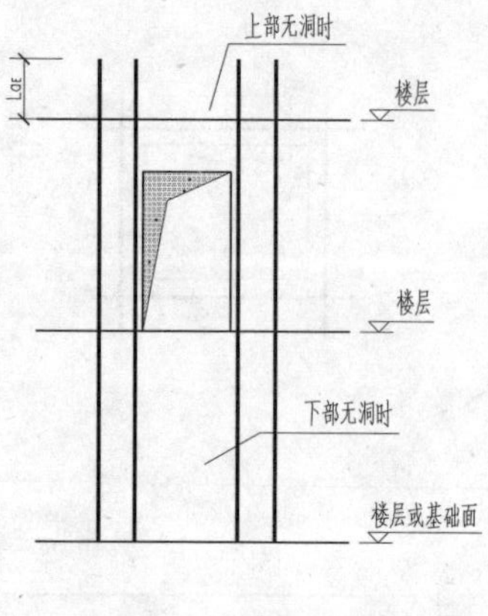

剪力墙暗柱主筋顶部锚固
C3.04-009

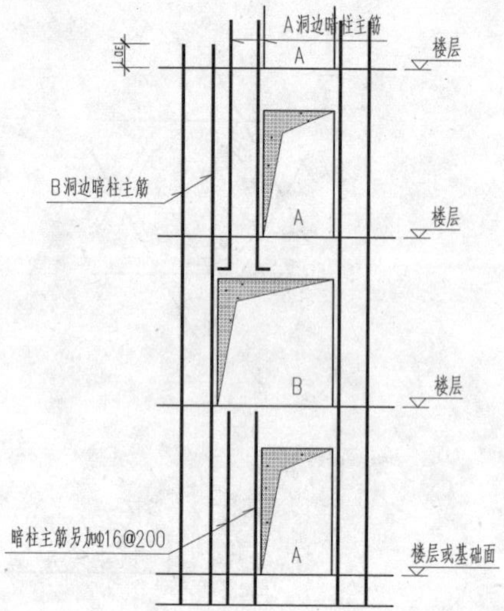

剪力墙暗柱主筋锚固
C3.04-010

说明：剪力墙上层或下层错洞时暗柱主筋锚固

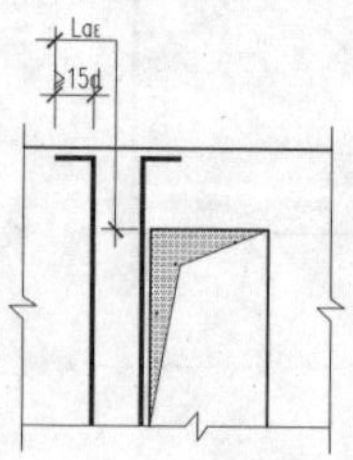

剪力墙暗柱主筋顶部锚固
C3.04-011

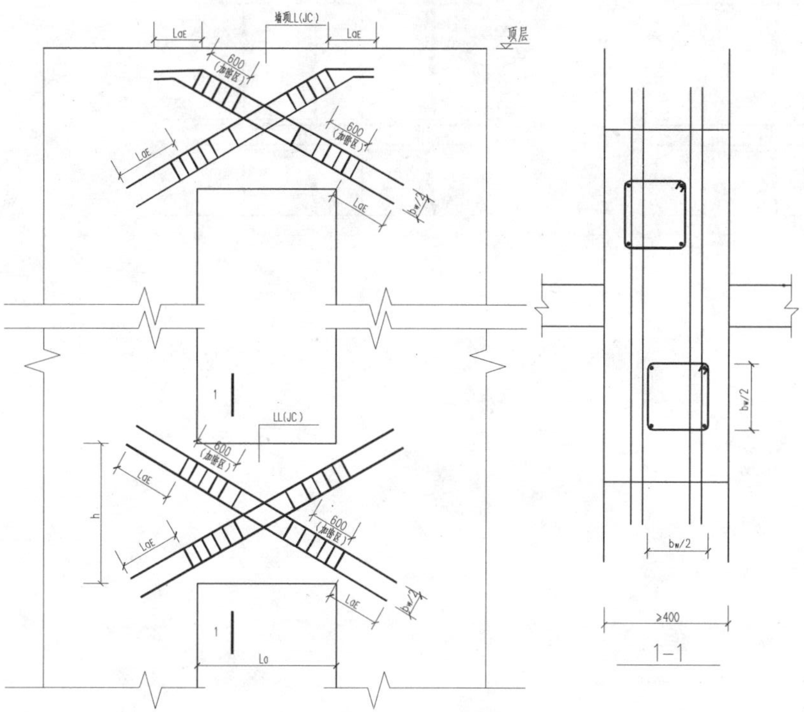

连梁斜向交叉暗撑构造

C3.05-001

说明：1. 当连梁跨高比≤2.0，且剪力墙厚度≥400mm时，宜设置交叉暗撑.
2. 连梁斜向交叉暗撑的纵筋与箍筋规格，以及斜向交叉钢筋的规格详具体设计.
3. 斜向交叉暗撑的箍筋加密要求适用于抗震设计.

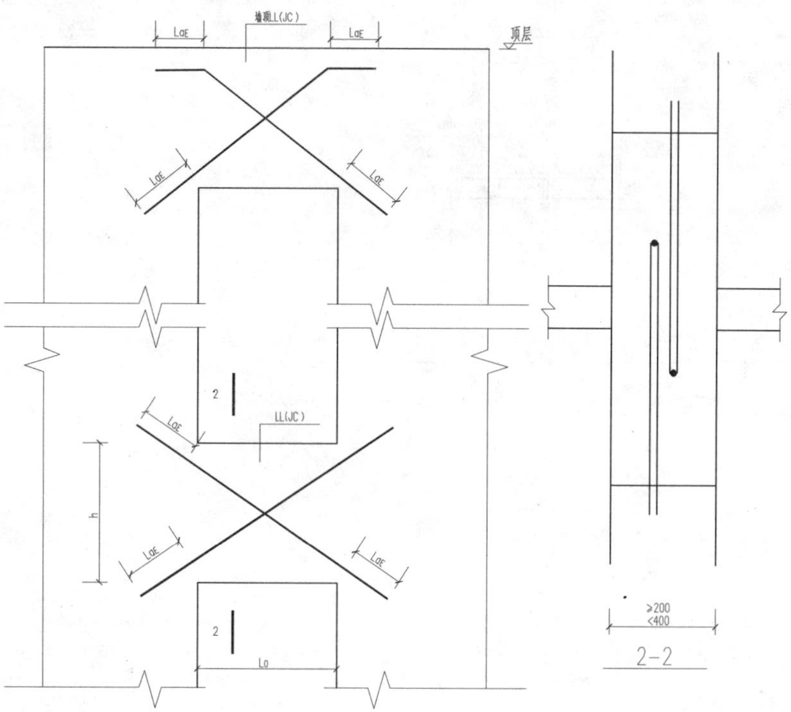

连梁斜向交叉钢筋构造

C3.05-002

说明：1. 当连梁跨高比≤2.0，且200mm≤剪力墙厚度<400mm时，宜设置交叉钢筋.
2. 连梁斜向交叉暗撑的纵筋与箍筋规格，以及斜向交叉钢筋的规格详具体设计.
3. 斜向交叉暗撑的箍筋加密要求适用于抗震设计.

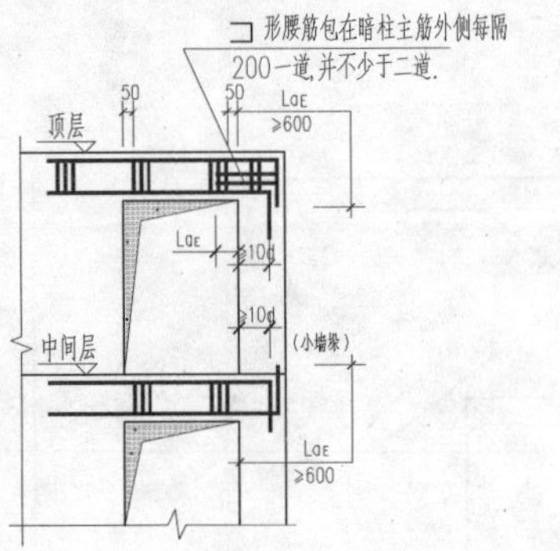

剪力墙端部为小墙肢时连梁配筋示意
C3.05-003

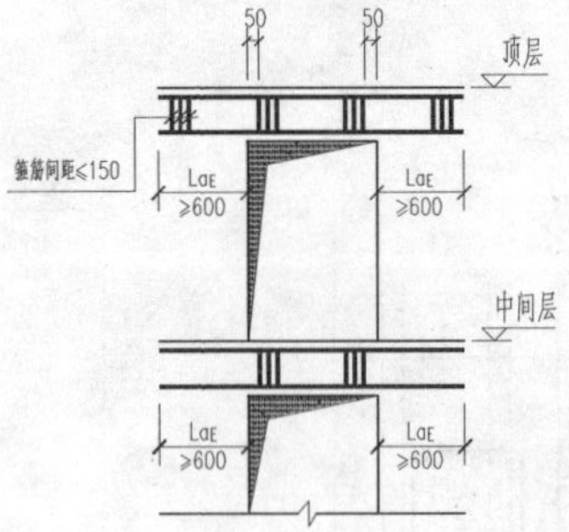

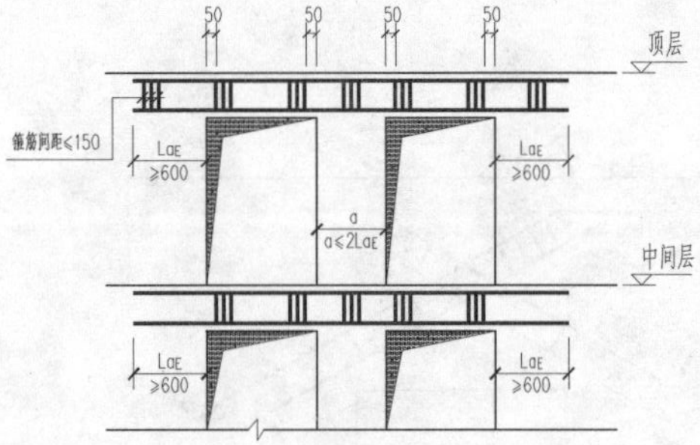

墙板连梁配筋示意图
C3.05-004

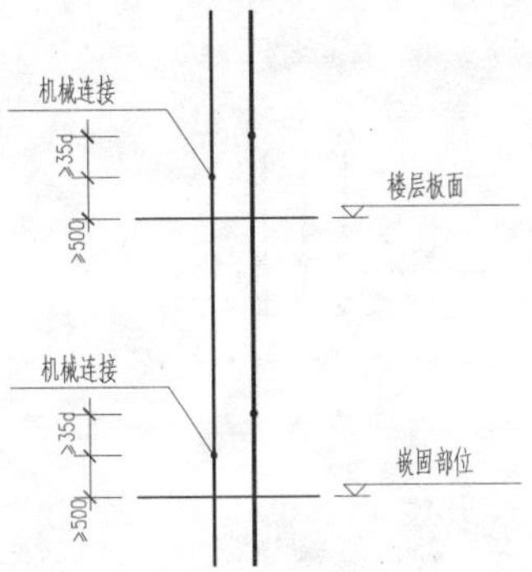

剪力墙墙端边缘构件主筋连接（一、二级）

C3.06-001

说明：

1. 剪力墙中边缘构件内纵向钢筋连接和锚固要求与框架柱相同。
2. 钢筋连接可采用机械连接，绑扎连接，也可采用焊接。

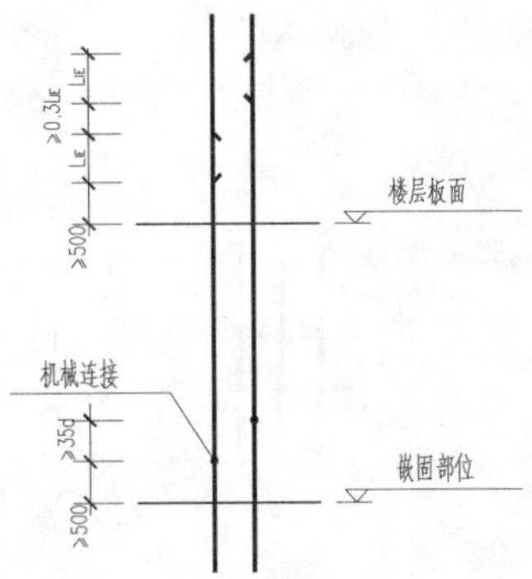

剪力墙墙端边缘构件主筋连接（三级）

C3.06-002

说明：

1. 剪力墙中边缘构件内纵向钢筋连接和锚固要求与框架柱相同。
2. 钢筋连接可采用机械连接，绑扎连接，也可采用焊接。

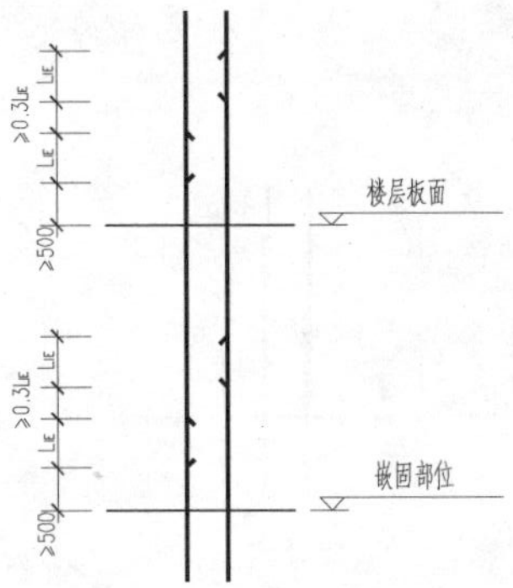

剪力墙墙端边缘构件主筋连接（四级）

C3.06-003

说明：

1. 剪力墙中边缘构件内纵向钢筋连接和锚固要求与框架柱相同。
2. 钢筋连接可采用机械连接，绑扎连接，也可采用焊接。

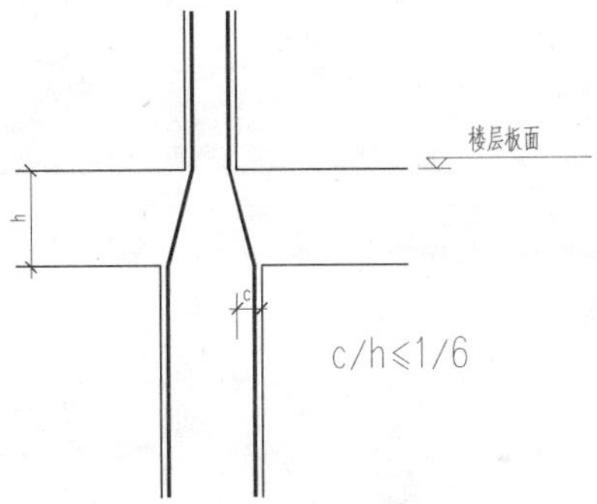

墙变截面处纵筋构造（一）

C.06-004

说明：

1. 剪力墙中边缘构件内纵向钢筋连接和锚固要求与框架柱相同。
2. 钢筋连接可采用机械连接，绑扎连接，也可采用焊接。

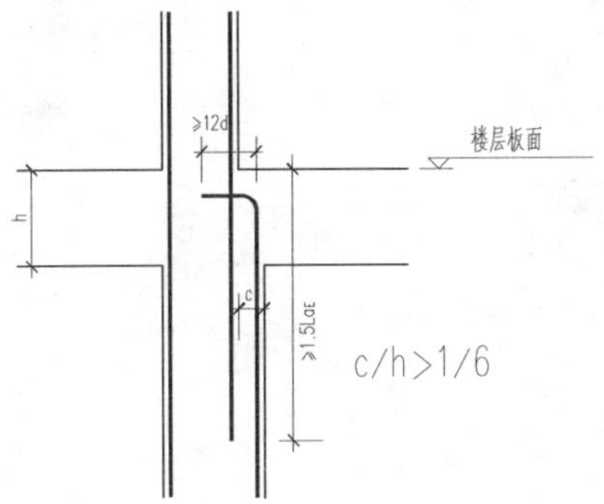

墙变截面处纵筋构造（二）

C3.06-005

说明：

1. 剪力墙中边缘构件内纵向钢筋连接和锚固要求与框架柱相同。
2. 钢筋连接可采用机械连接，绑扎连接，也可采用焊接。

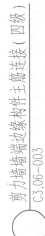

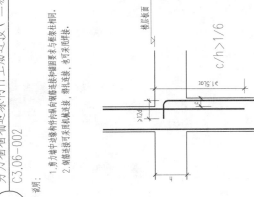

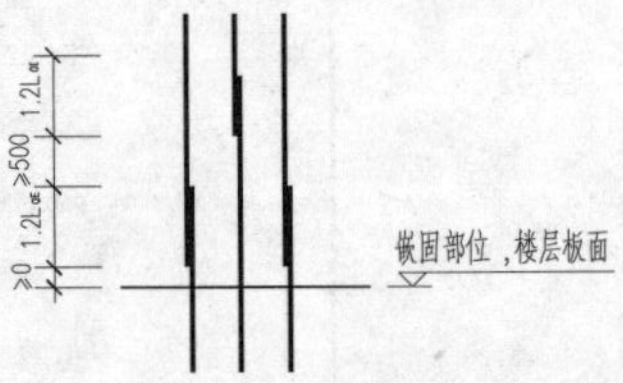

说明：一、二级抗震等级的加强部位剪力墙竖向分布钢筋直径≤28mm时钢筋连接构造。HPB235钢筋加弯钩。

剪力墙竖向钢筋连接构造
C3.07-001

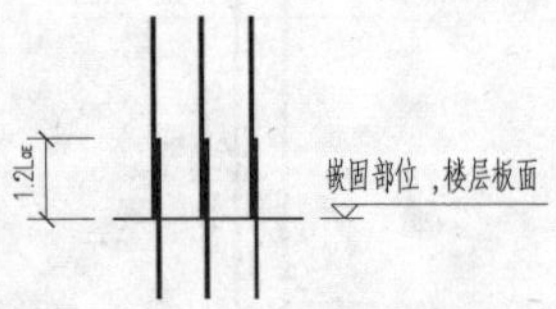

说明：一、二级抗震等级非加强部位和三、四级抗震等级剪力墙的竖向分布钢筋直径≤28mm时的钢筋连接构造。HPB235钢筋加弯钩。

剪力墙竖向钢筋连接构造
C3.07-002

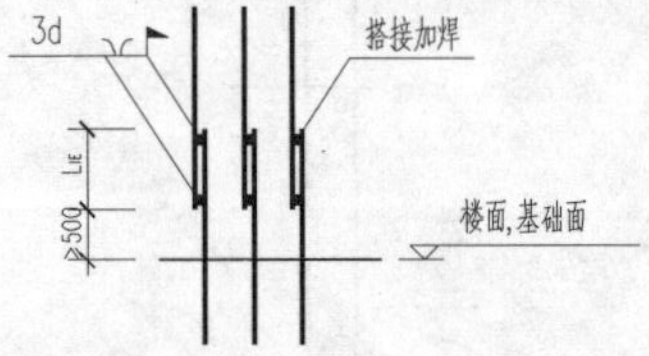

说明：剪力墙竖向分布钢筋直径>28mm时，宜采用机械连接、焊接连接或搭接加焊连接，采用搭接焊的连接构造见图。

剪力墙竖向钢筋连接构造
C3.07-003

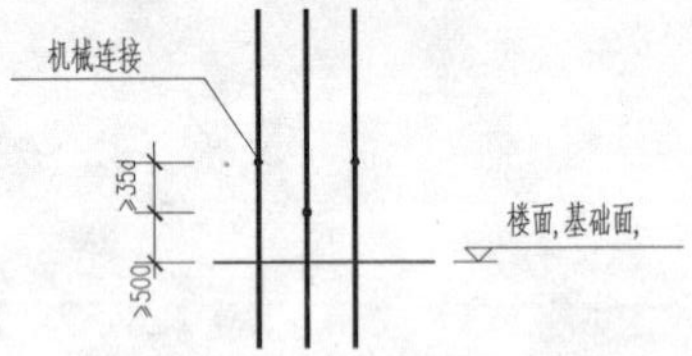

说明：剪力墙竖向分布钢筋直径>28mm时，采用机械连接。

剪力墙竖向钢筋连接构造
C3.07-004

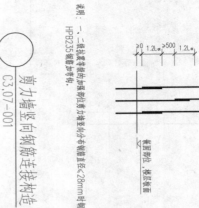

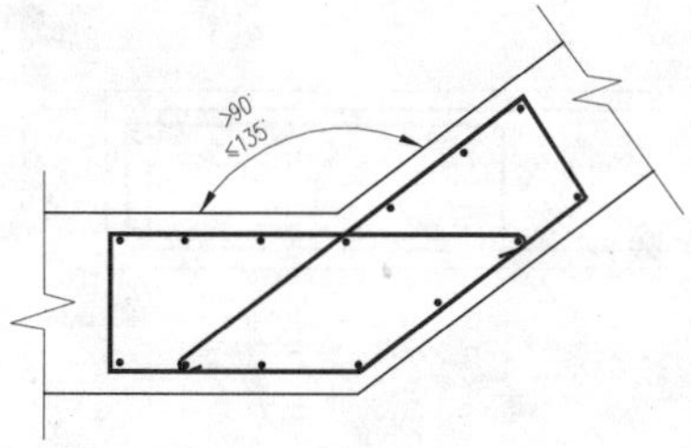

剪力墙转角处暗柱箍筋构造
C3.08-001

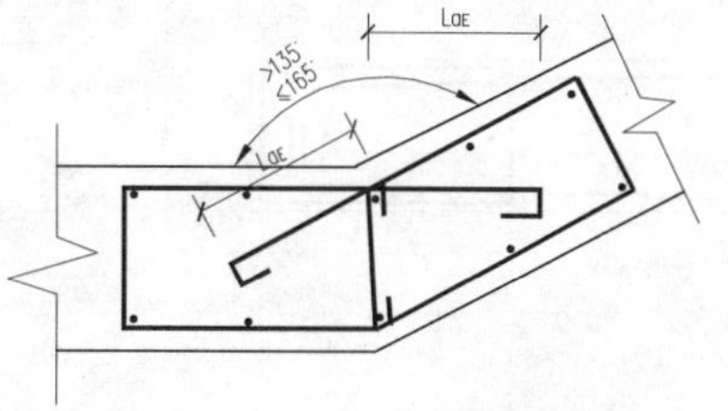

剪力墙转角处暗柱箍筋构造
C3.08-002

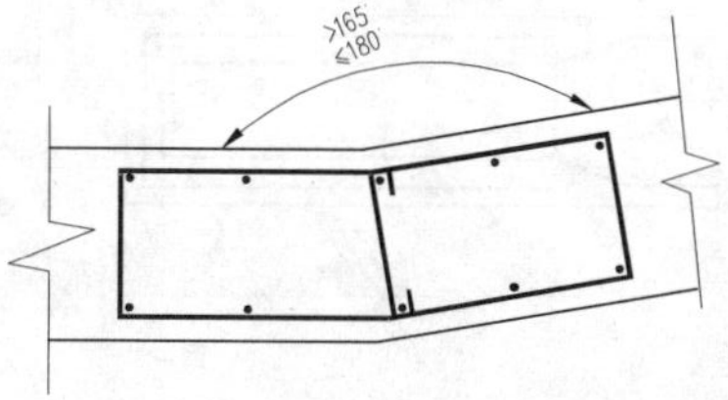

剪力墙转角处暗柱箍筋构造
C3.08-003

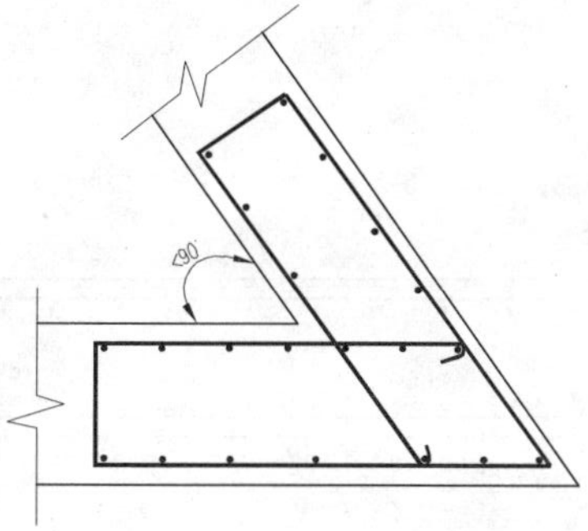

剪力墙转角处暗柱箍筋构造
C3.08-004

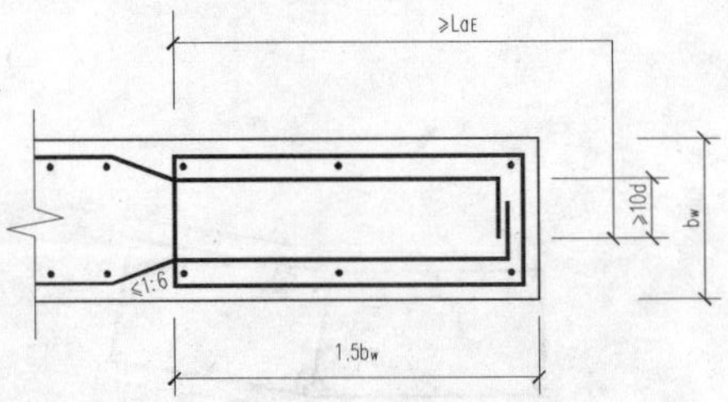

剪力墙水平筋端部锚固示意（一）
C3.09-001

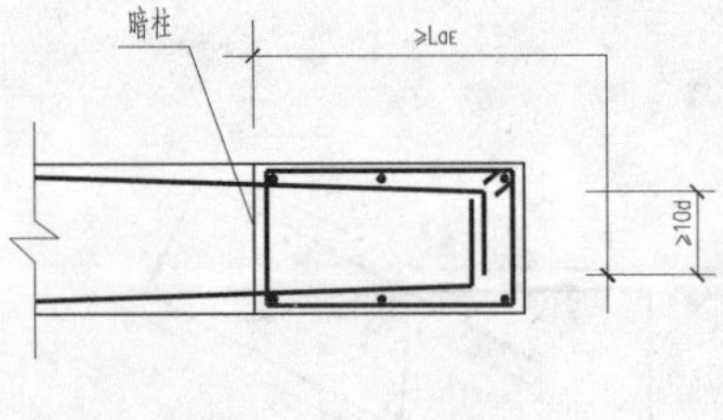

剪力墙水平筋端部锚固示意（二）
C3.09-002

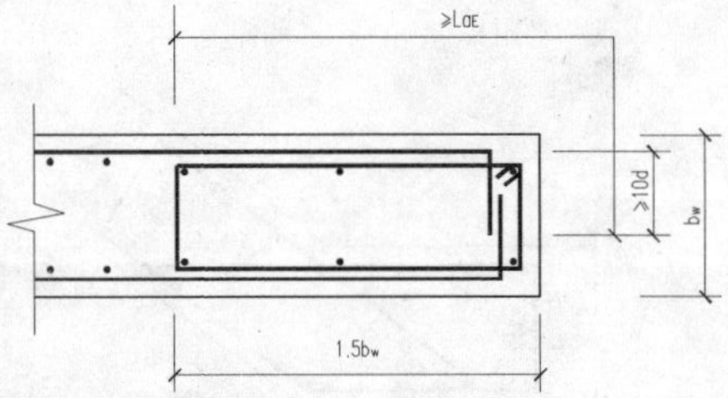

剪力墙水平筋端部锚固示意（三）
C3.09-003

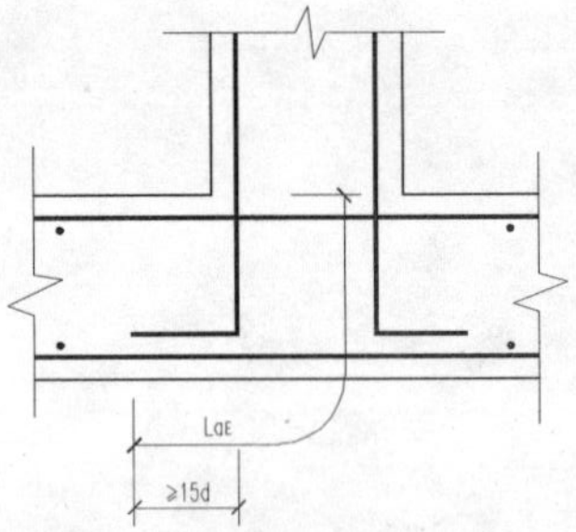

丁字型相交

剪力墙水平筋锚固示意
C3.09-004

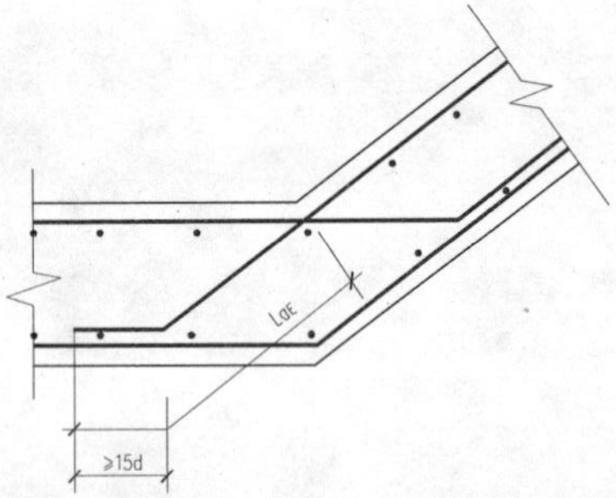

斜交

剪力墙水平筋锚固示意
C3.09-005

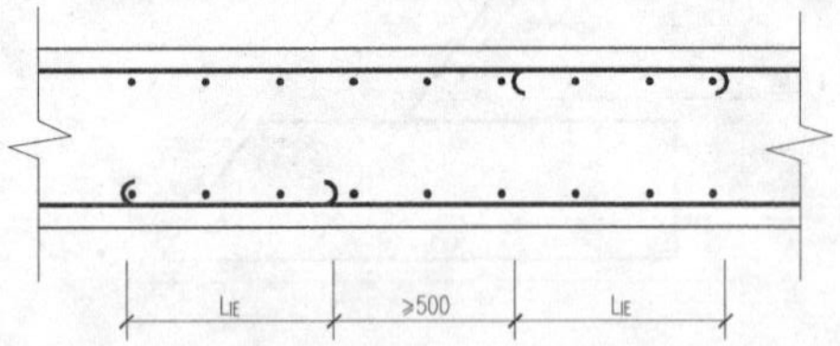

（沿高度每隔一根错开搭接）

直段墙体水平筋搭接示意
C3.09-006

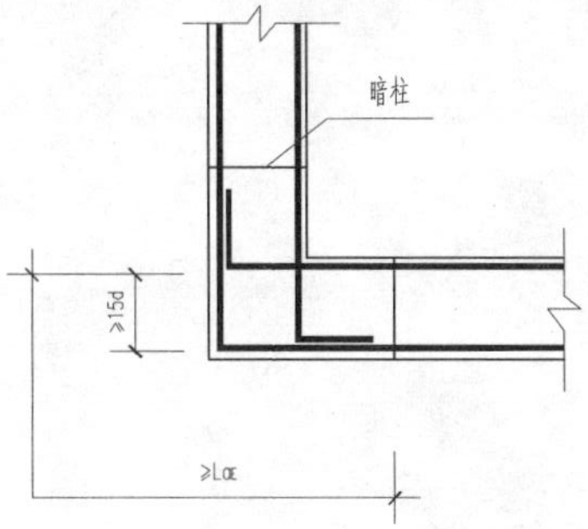

转角墙体水平筋锚固
C3.09-007

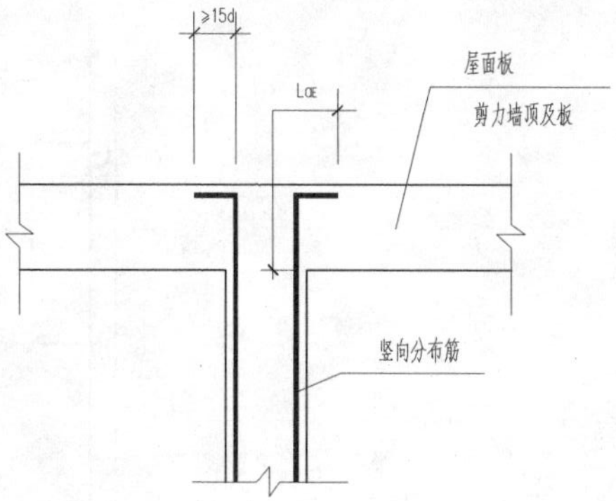

墙体竖向筋锚固
C3.09-008

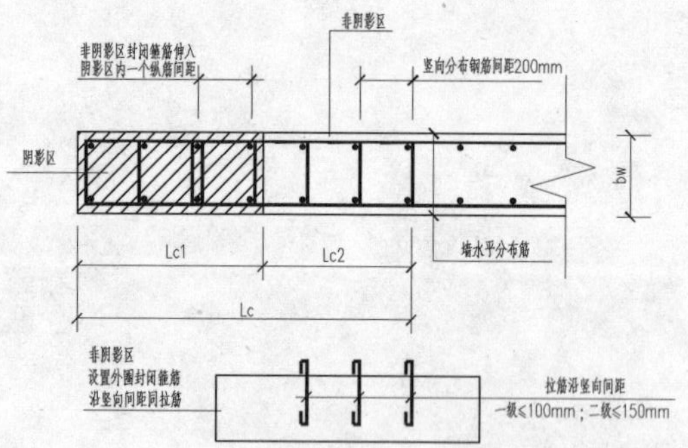

非阴影区箍筋及拉筋做法图

C3.10-001

说明：外圈设置封闭箍筋，该封闭箍筋伸入阴影区内一倍纵向钢筋间距，并箍住该纵向钢筋，封闭箍筋内设置拉筋。

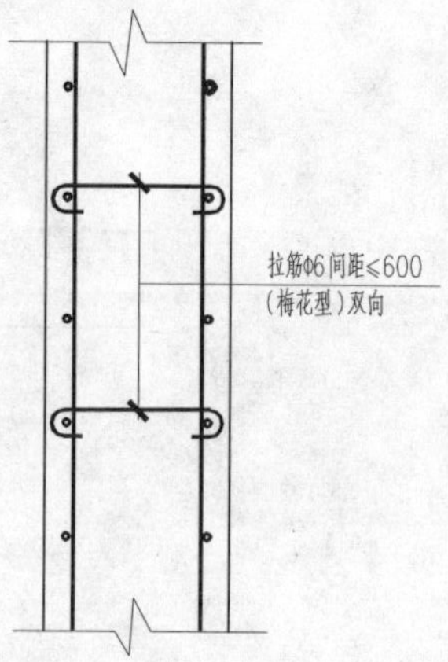

剪力墙拉筋构造图

C3.10-002

说明：对于特一级、一级、二级抗震建议加密至300~500.

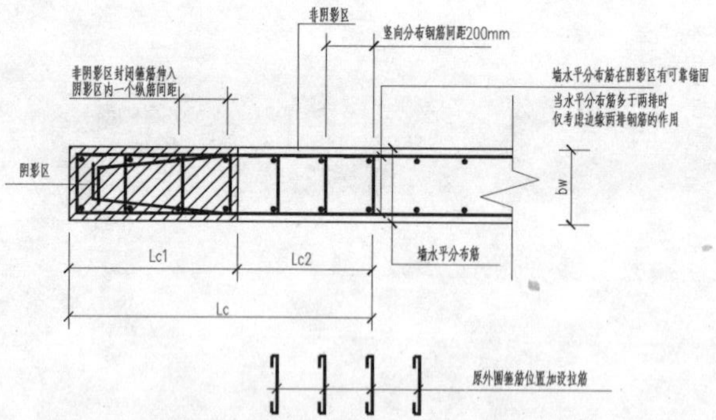

非阴影区考虑墙水平分布筋作用时的拉筋做法图

C3.10-003

说明：当水平分布筋的锚固及布置满足下列条件时，水平分布筋可取代相同位置（相同标高）处的封闭箍筋：
1.当墙内水平分布筋在阴影区内有可靠锚固时；
2.当墙内水平分布筋的强度等级及截面面积均不小于封闭箍筋时；
3.当墙内水平分布筋的位置（标高）与箍筋位置（标高）相同时。

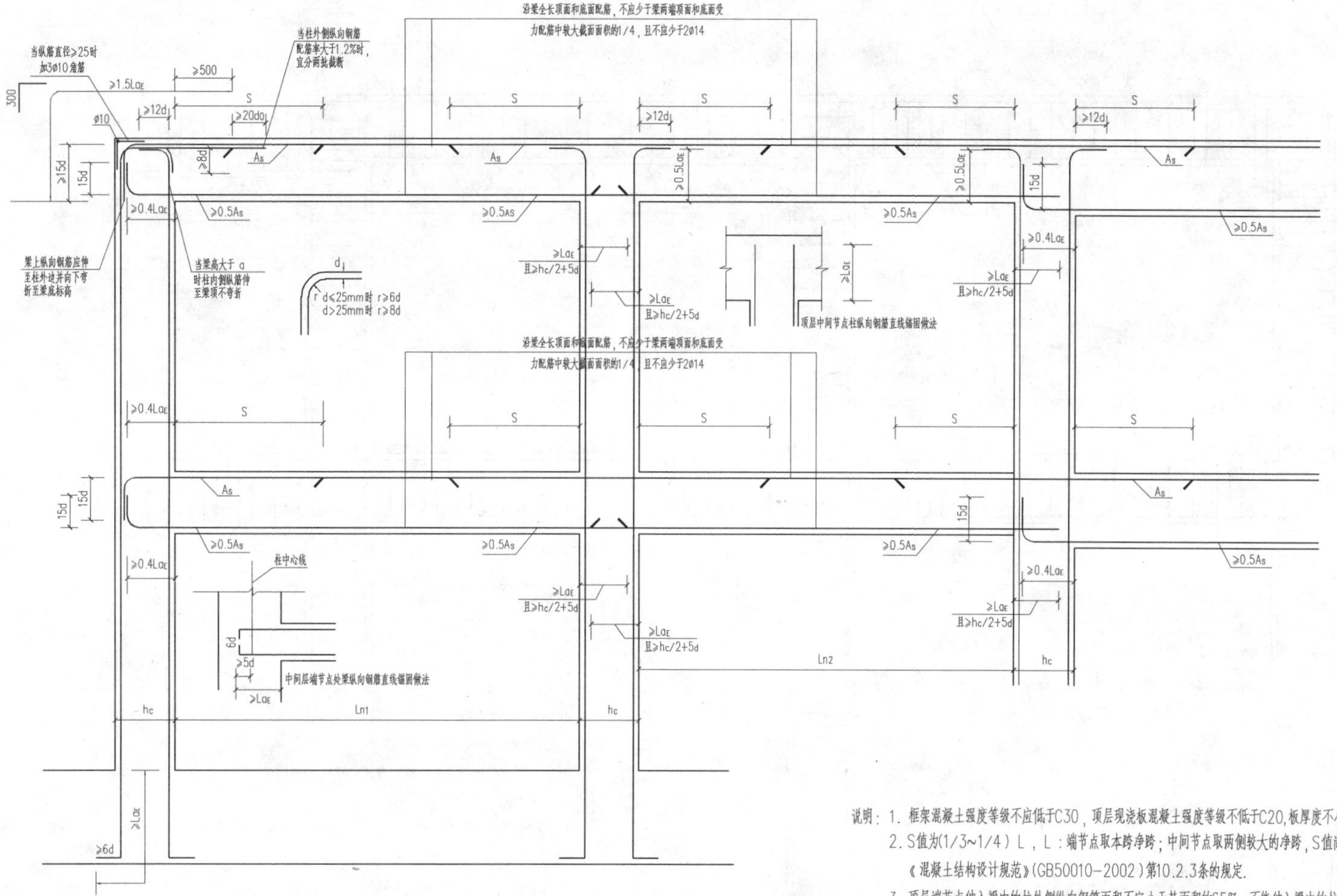

h：梁高；hc：柱高；d：纵筋直径
b：梁宽；bc：柱宽；do：柱外侧纵向钢筋直径
Laε：纵向受拉钢筋的抗震锚固长度
Φ：仅表示钢筋直径

一级抗震等级现浇框架梁、柱纵向钢筋构造图

C4.01-001

说明：1. 框架混凝土强度等级不应低于C30，顶层现浇板混凝土强度等级不低于C20，板厚度不小于80mm.

2. S值为(1/3~1/4) L，L：端节点取本跨净跨；中间节点取两侧较大的净跨，S值尚应满足《混凝土结构设计规范》(GB50010-2002)第10.2.3条的规定.

3. 顶层端节点伸入梁内的柱外侧纵向钢筋面积不宜小于其面积的65%，不能伸入梁内的柱外侧纵向钢筋，可伸入板内，其长度与伸入梁内的相同，也可沿柱顶伸至柱内边，向下弯折不小于8倍钢筋直径(并不小于楼板厚度)后截断；当该柱筋位于顶层第二层时，可伸至柱内边后截断.

4. 贯穿中间节点的梁纵向钢筋的直径，不宜大于柱在该方向截面尺寸(圆形截面柱取该钢筋所在位置柱截面的弦长)的1/20(顶层梁上部纵向钢筋为1/25).

5. 框架梁纵向钢筋配筋率及相关要求见附表5.

6. 框架柱纵向钢筋配筋率及相关要求见附表6.

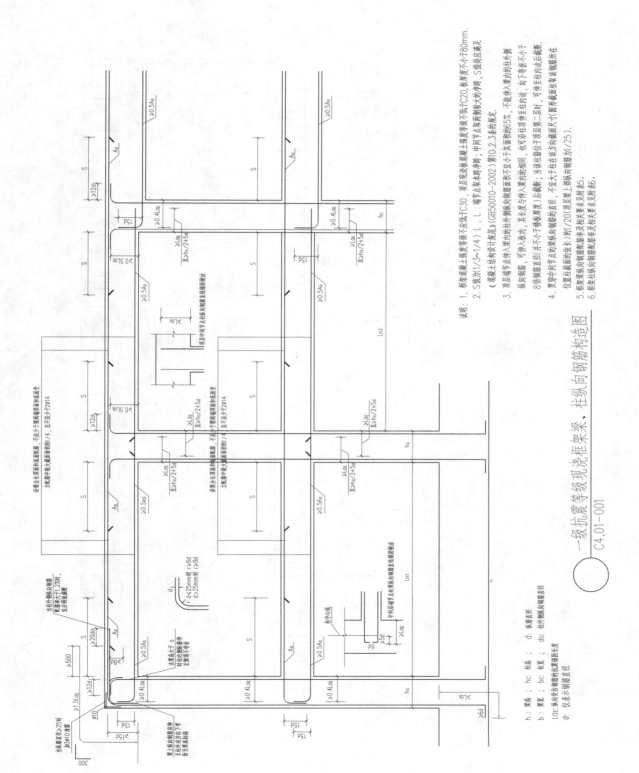

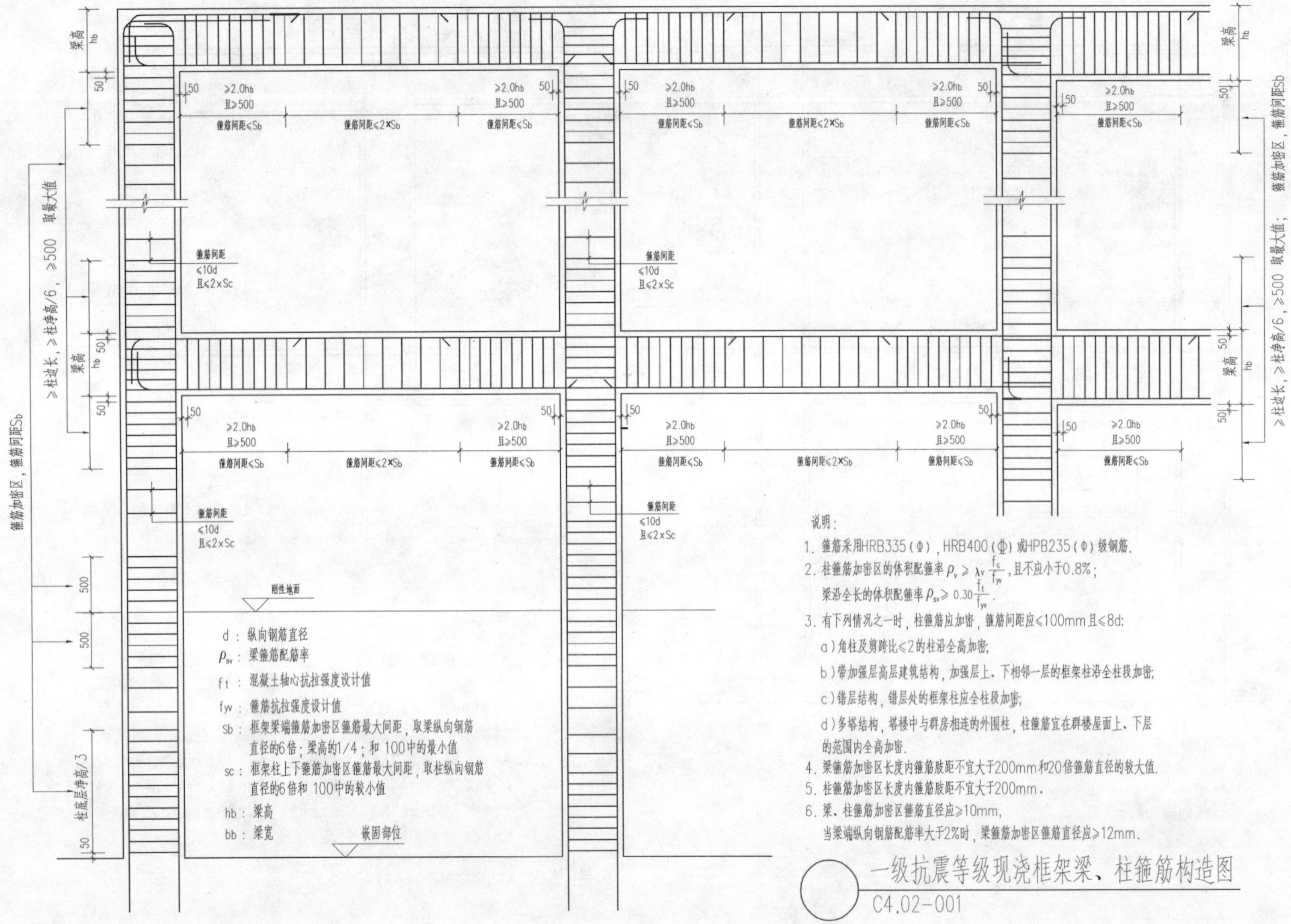

说明：

1. 箍筋采用HRB335（Φ），HRB400（Φ）或HPB235（Φ）级钢筋。
2. 柱箍筋加密区的体积配箍率 $\rho_v \geq \lambda_v \frac{f_c}{f_{yv}}$，且不应小于0.8%；
   梁沿全长的体积配箍率 $\rho_{sv} \geq 0.30\frac{f_t}{f_{yv}}$。
3. 有下列情况之一时，柱箍筋应加密，箍筋间距应≤100mm且≤8d:
   a）角柱及剪跨比≤2的柱沿全高加密；
   b）带加强层高层建筑结构，加强层上、下相邻一层的框架柱沿全柱段加密；
   c）错层结构，错层处的框架柱应全柱段加密；
   d）多塔结构，塔楼中与群房相连的外围柱，柱箍筋宜在群楼屋面上、下层的范围内全高加密。
4. 梁箍筋加密区长度内箍筋肢距不宜大于200mm和20倍箍筋直径的较大值。
5. 柱箍筋加密区长度内箍筋肢距不宜大于200mm。
6. 梁、柱箍筋加密区箍筋直径应≥10mm，
   当梁端纵向钢筋配筋率大于2%时，梁箍筋加密区箍筋直径应≥12mm。

一级抗震等级现浇框架梁、柱箍筋构造图
C4.02-001

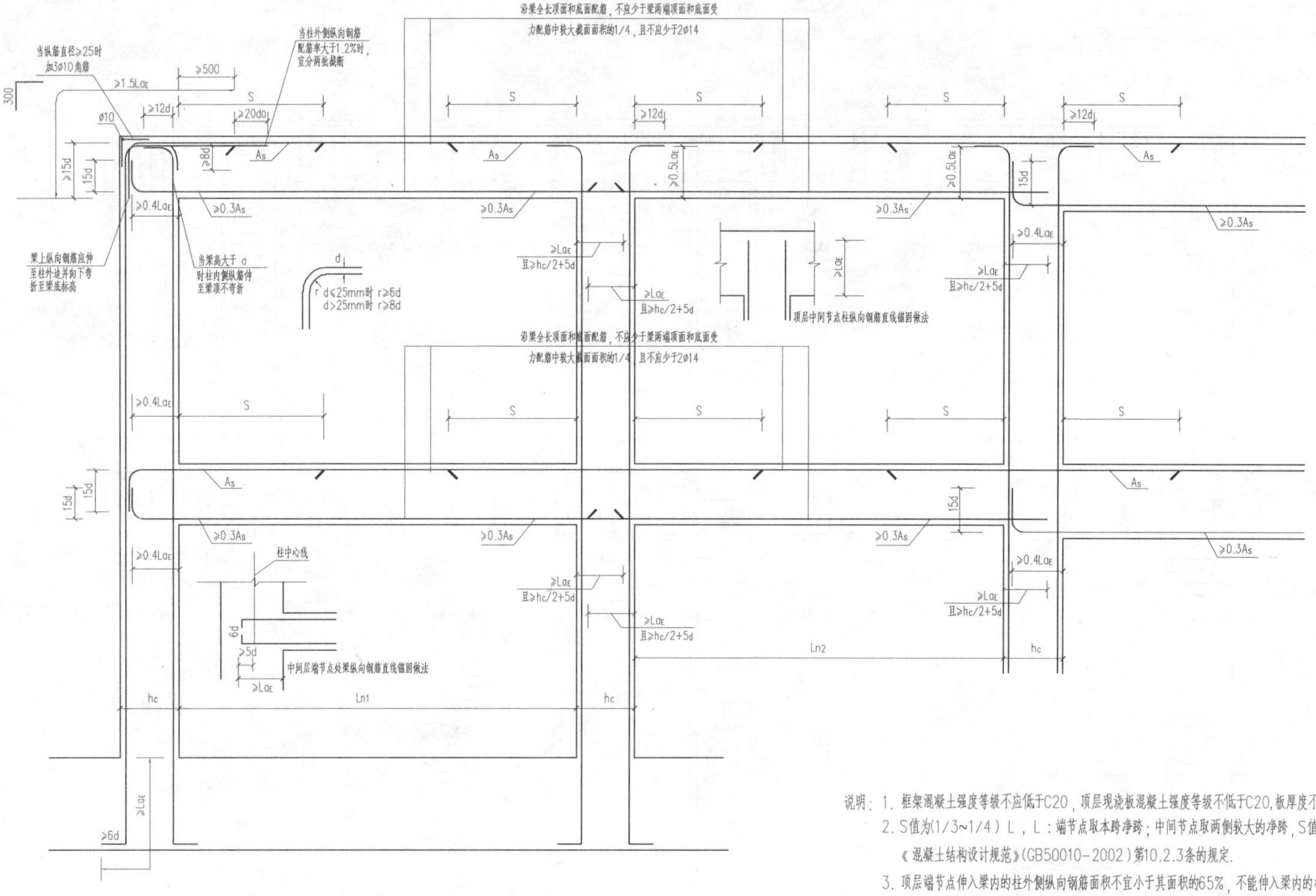

h：梁高 ；h：柱高 ； d：纵筋直径

b：梁宽 ；b：柱宽 ； do：柱外侧纵向钢筋直径

a：纵向受拉钢筋的抗震锚固长度

ø：仅表示钢筋直径

二级抗震等级现浇框架梁、柱纵向钢筋构造图

C4.03-001

说明：
1. 框架混凝土强度等级不应低于C20，顶层现浇板混凝土强度等级不低于C20，板厚度不小于80mm.
2. S值为(1/3~1/4) L，L：端节点取本跨净跨；中间节点取两侧较大的净跨，S值尚应满足《混凝土结构设计规范》(GB50010-2002)第10.2.3条的规定.
3. 顶层端节点伸入梁内的柱外侧纵向钢筋面积不宜小于其面积的65%，不能伸入梁内的柱外侧纵向钢筋，可伸入板内，其长度与伸入梁内的相同，也可沿柱顶伸至柱内边，向下弯折不小于8倍钢筋直径(并不小于楼板厚度)后截断；当该柱筋位于顶层第二层时，可伸至柱内边后截断.
4. 贯穿中间节点的梁纵向钢筋的直径，不宜大于柱在该方向截面尺寸(圆形截面柱取该钢筋所在位置柱截面的弦长)的1/20(顶层梁上部纵向钢筋为1/25).
5. 框架梁纵向钢筋配筋率及相关要求见附表5.
6. 框架柱纵向钢筋配筋率及相关要求见附表6.

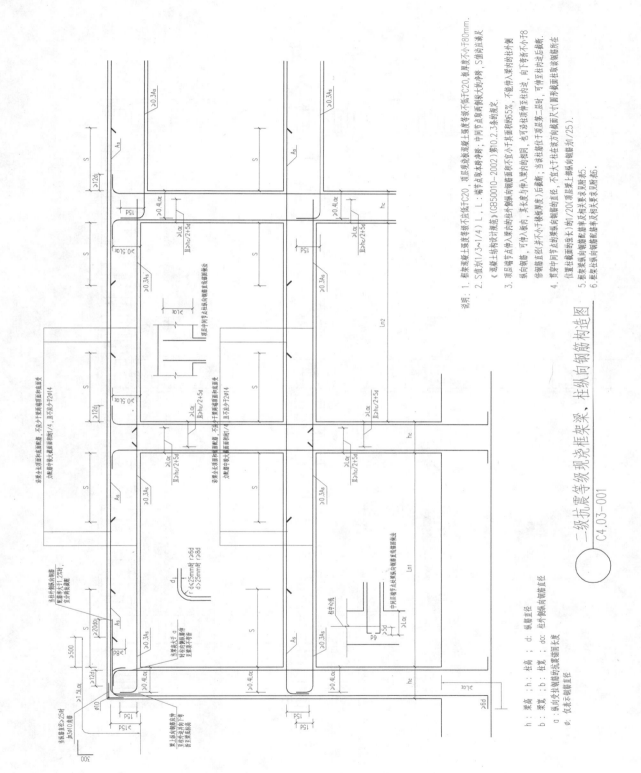

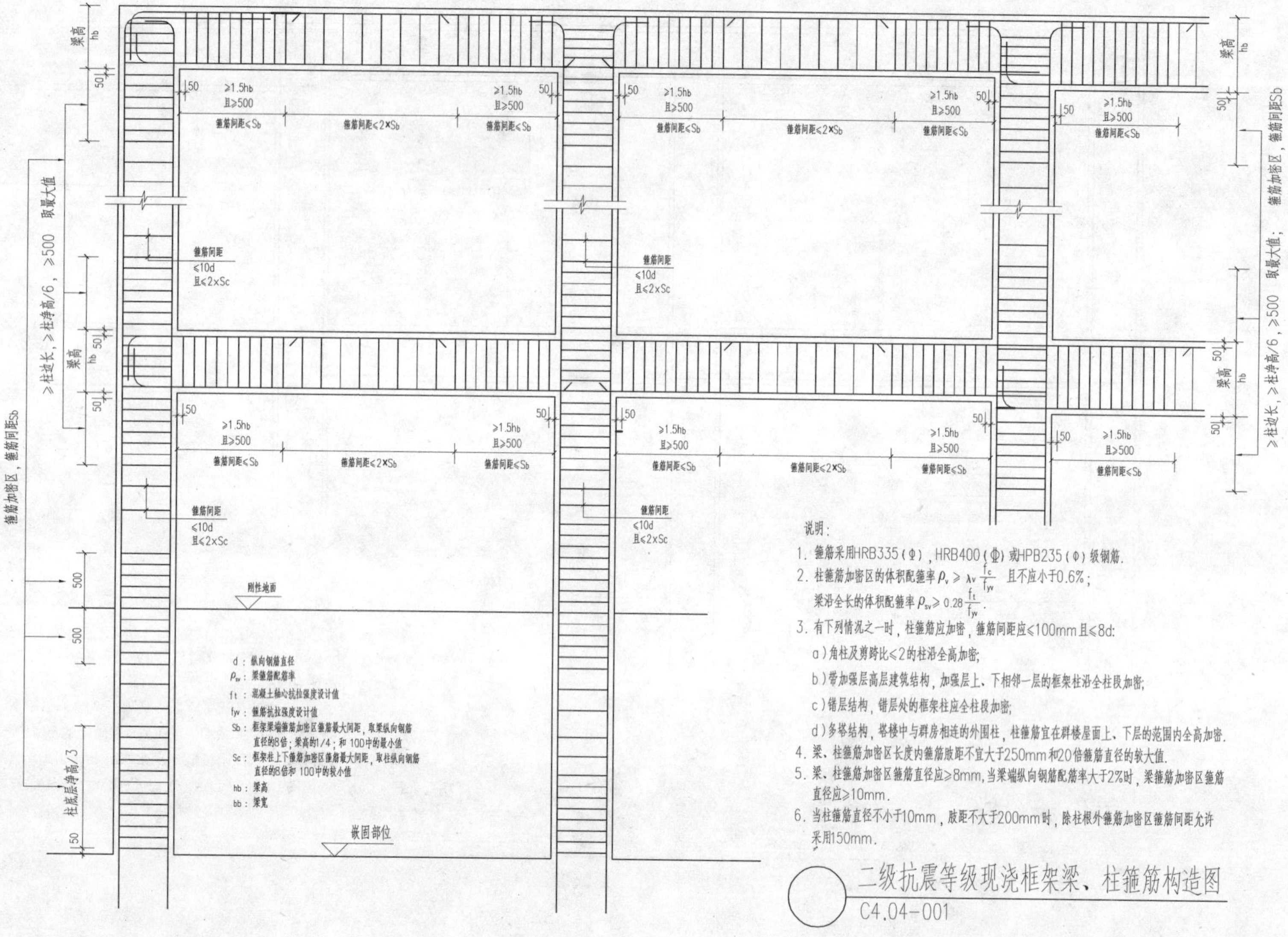

说明：

1. 箍筋采用HRB335（Φ），HRB400（Φ）或HPB235（φ）级钢筋.
2. 柱箍筋加密区的体积配箍率 $\rho_v \geqslant \lambda_v \frac{f_c}{f_{yv}}$ 且不应小于0.6%；
   梁沿全长的体积配箍率 $\rho_{sv} \geqslant 0.28 \frac{f_t}{f_{yv}}$.
3. 有下列情况之一时，柱箍筋应加密，箍筋间距应≤100mm且≤8d:
   a）角柱及剪跨比≤2的柱沿全高加密;
   b）带加强层高层建筑结构，加强层上、下相邻一层的框架柱沿全柱段加密;
   c）错层结构，错层处的框架柱应全柱段加密;
   d）多塔结构，塔楼中与群房相连的外围柱，柱箍筋宜在群楼屋面上、下层的范围内全高加密.
4. 梁、柱箍筋加密区长度内箍筋肢距不宜大于250mm和20倍箍筋直径的较大值.
5. 梁、柱箍筋加密区箍筋直径应≥8mm，当梁端纵向钢筋配筋率大于2%时，梁箍筋加密区箍筋直径应≥10mm.
6. 当柱箍筋直径不小于10mm，肢距不大于200mm时，除柱根外箍筋加密区箍筋间距允许采用150mm.

二级抗震等级现浇框架梁、柱箍筋构造图

C4.04-001

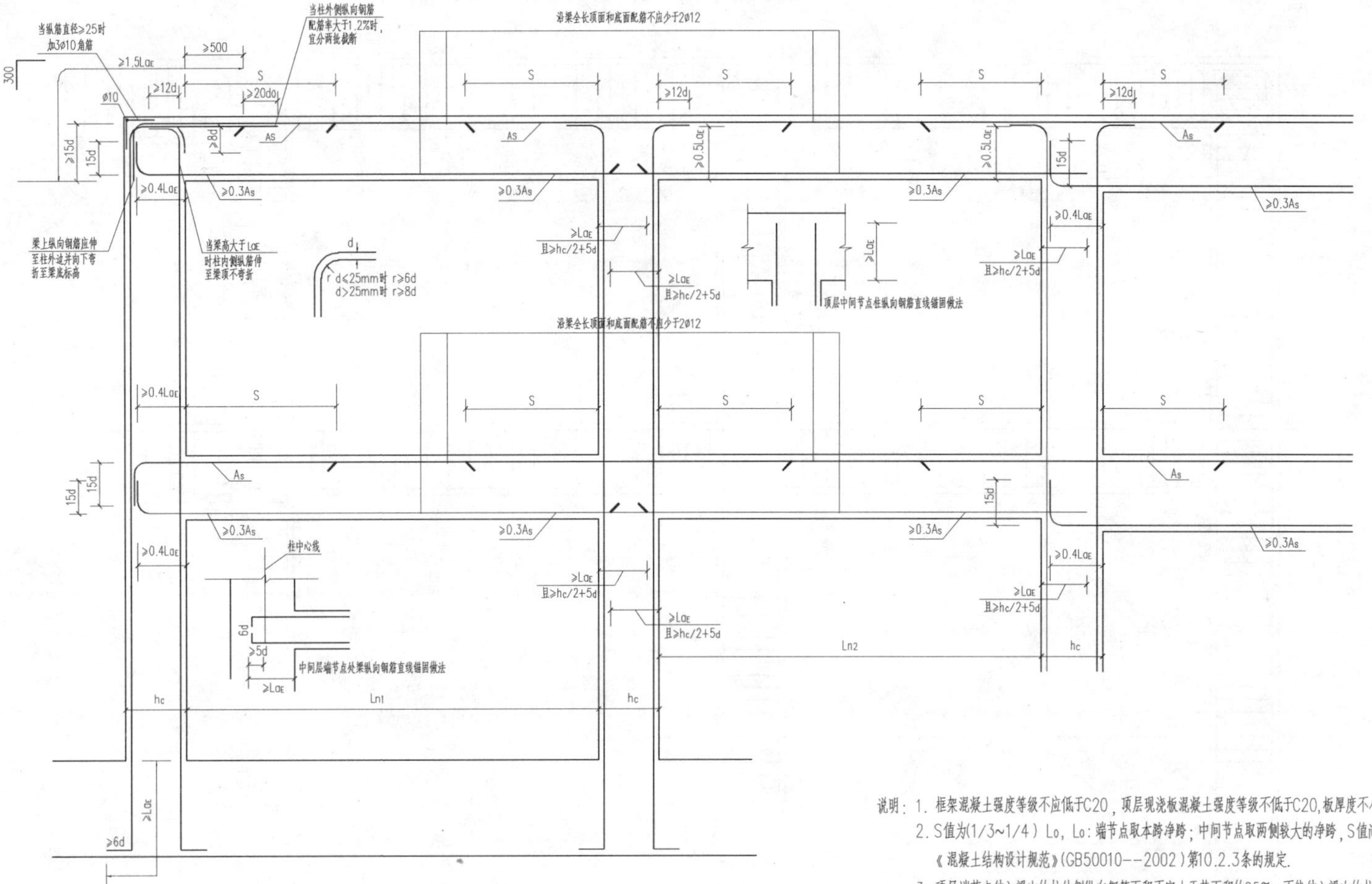

hb: 梁高 ;hc: 柱高 ; d: 纵筋直径

bb: 梁宽 ;bc: 柱宽 ; do: 柱外侧纵向钢筋直径

LaE:纵向受拉钢筋的抗震锚固长度

ø: 仅表示钢筋直径

三级抗震等级现浇框架梁、柱纵向钢筋构造图

C4.05-001

说明: 1. 框架混凝土强度等级不应低于C20,顶层现浇板混凝土强度等级不低于C20,板厚度不小于80mm.

2. S值为(1/3~1/4) Lo, Lo: 端节点取本跨净跨;中间节点取两侧较大的净跨,S值尚应满足《混凝土结构设计规范》(GB50010--2002)第10.2.3条的规定.

3. 顶层端节点伸入梁内的柱外侧纵向钢筋面积不宜小于其面积的65%,不能伸入梁内的柱外侧纵向钢筋,可伸入板内,其长度与伸入梁内的相同,也可沿柱顶伸至柱内边,向下弯折不小于8倍钢筋直径(并不小于楼板厚度)后截断;当该柱筋位于顶层第二层时,可伸至柱内边后截断.

4. 贯穿中间节点的梁纵向钢筋的直径,不宜大于柱在该方向截面尺寸(圆形截面柱取该钢筋所在位置柱截面的弦长)的1/20(顶层梁上部纵向钢筋为1/25).

5. 框架梁纵向钢筋配筋率及相关要求见附表5.

6. 框架柱纵向钢筋配筋率及相关要求见附表6.

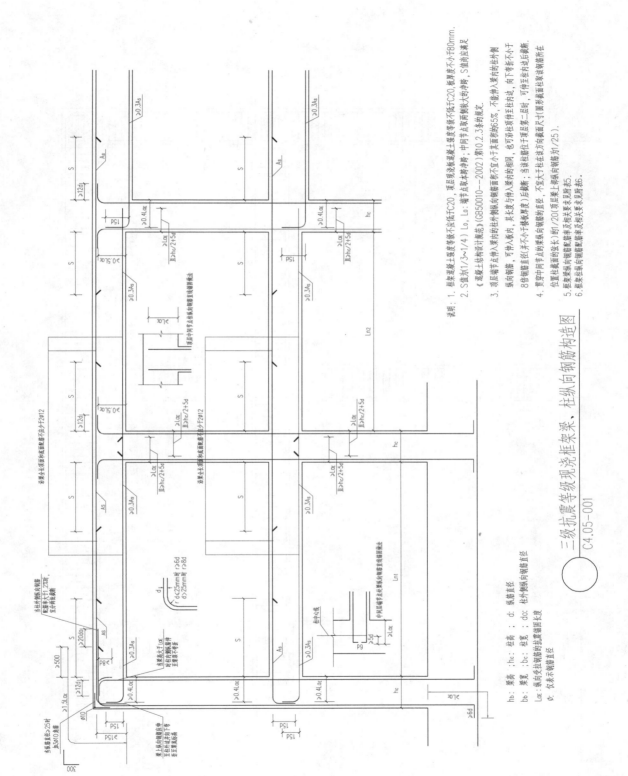

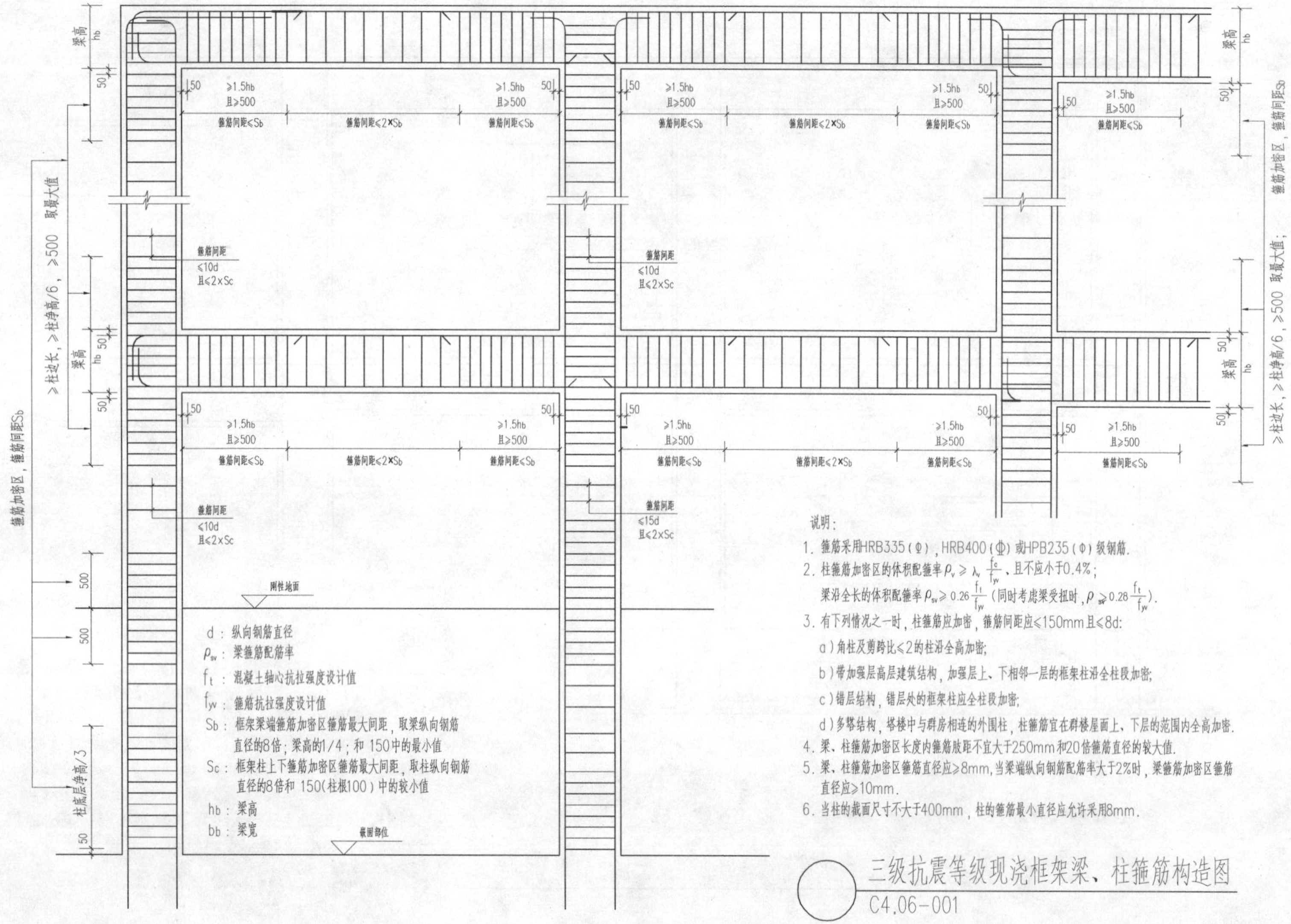

说明：

1. 箍筋采用HRB335(Φ)，HRB400(Φ)或HPB235(φ)级钢筋.
2. 柱箍筋加密区的体积配箍率$\rho_v \geqslant \lambda_v \frac{f_c}{f_{yv}}$、且不应小于0.4%；
   梁沿全长的体积配箍率$\rho_{sv} \geqslant 0.26\frac{f_t}{f_{yv}}$（同时考虑梁受扭时，$\rho_{sv} \geqslant 0.28\frac{f_t}{f_{yv}}$）.
3. 有下列情况之一时，柱箍筋应加密，箍筋间距应≤150mm且≤8d:
   a）角柱及剪跨比≤2的柱沿全高加密;
   b）带加强层高层建筑结构，加强层上、下相邻一层的框架柱沿全柱段加密;
   c）错层结构，错层处的框架柱应全柱段加密;
   d）多塔结构，塔楼中与群房相连的外围柱，柱箍筋宜在群楼屋面上、下层的范围内全高加密.
4. 梁、柱箍筋加密区长度内箍筋肢距不宜大于250mm和20倍箍筋直径的较大值.
5. 梁、柱箍筋加密区箍筋直径应≥8mm，当梁端纵向钢筋配筋率大于2%时，梁箍筋加密区箍筋直径应≥10mm.
6. 当柱的截面尺寸不大于400mm，柱的箍筋最小直径应允许采用8mm.

三级抗震等级现浇框架梁、柱箍筋构造图

C4.06-001

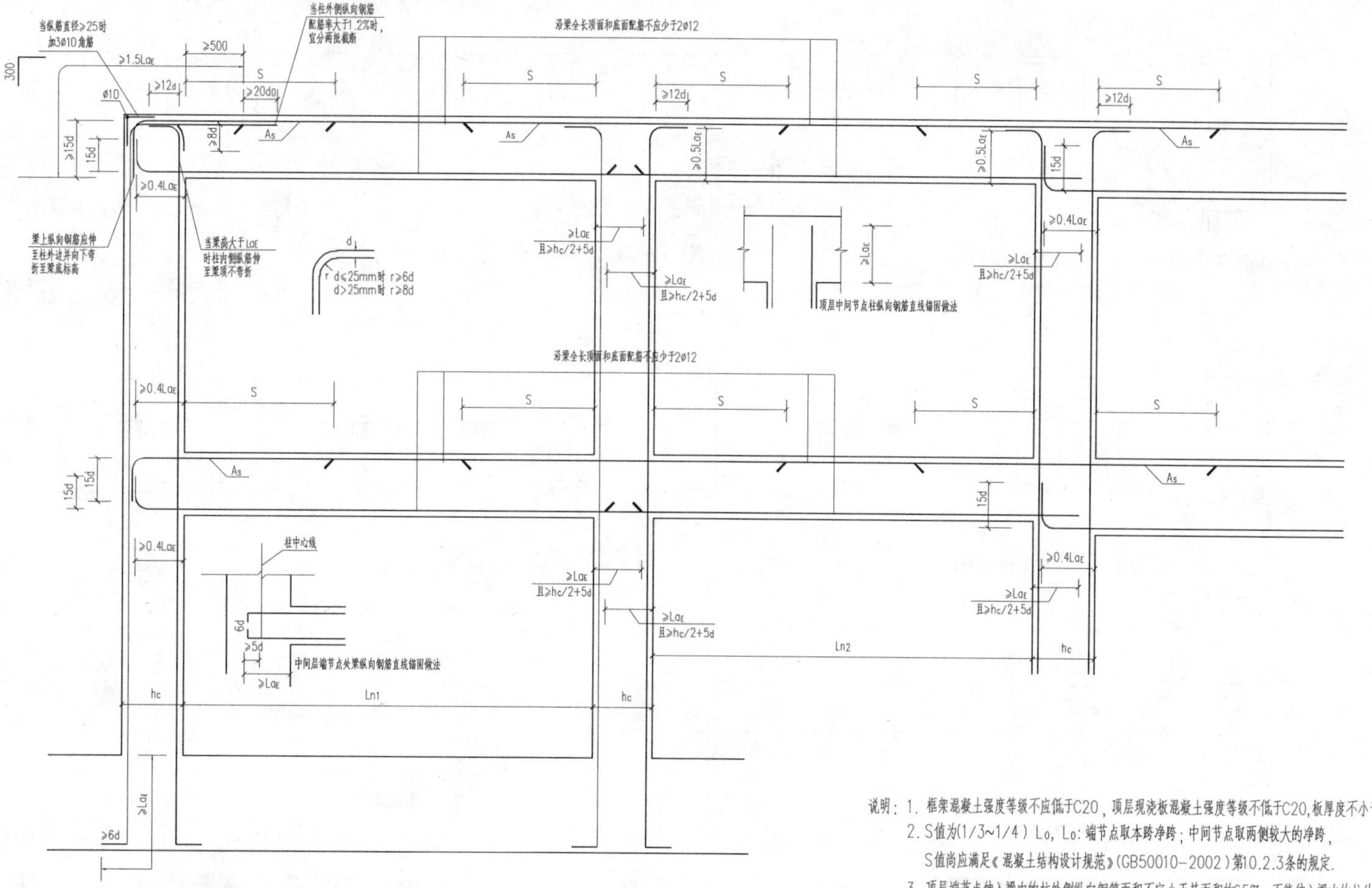

h_b：梁高 ； h_c：柱高 ； d：纵筋直径

b_b：梁宽 ； b_c：柱宽 ； do：柱外侧纵向钢筋直径

L_{aE}：纵向受拉钢筋的抗震锚固长度

Φ：仅表示钢筋直径

四级抗震等级现浇框架梁、柱纵向钢筋构造图

C4.07-001

说明：1. 框架混凝土强度等级不应低于C20，顶层现浇板混凝土强度等级不低于C20,板厚度不小于80mm.

2. S值为(1/3~1/4) L_o，L_o：端节点取本跨净跨；中间节点取两侧较大的净跨，S值尚应满足《混凝土结构设计规范》(GB50010-2002)第10.2.3条的规定.

3. 顶层端节点伸入梁内的柱外侧纵向钢筋面积不宜小于其面积的65%，不能伸入梁内的柱外侧纵向钢筋，可伸入板内，其长度与伸入梁内的相同，也可沿柱顶伸至柱内边，向下弯折不小于8倍钢筋直径(并不小于楼板厚度)后截断；当该柱筋位于顶层第二层时，可伸至柱内边后截断.

4. 贯穿中间节点的梁纵向钢筋的直径，不宜大于柱在该方向截面尺寸(圆形截面柱取该钢筋所在位置柱截面的弦长)的1/20(顶层梁上部纵向钢筋为1/25).

5. 框架梁纵向钢筋配筋率及相关要求见附表5.

6. 框架柱纵向钢筋配筋率及相关要求见附表6.

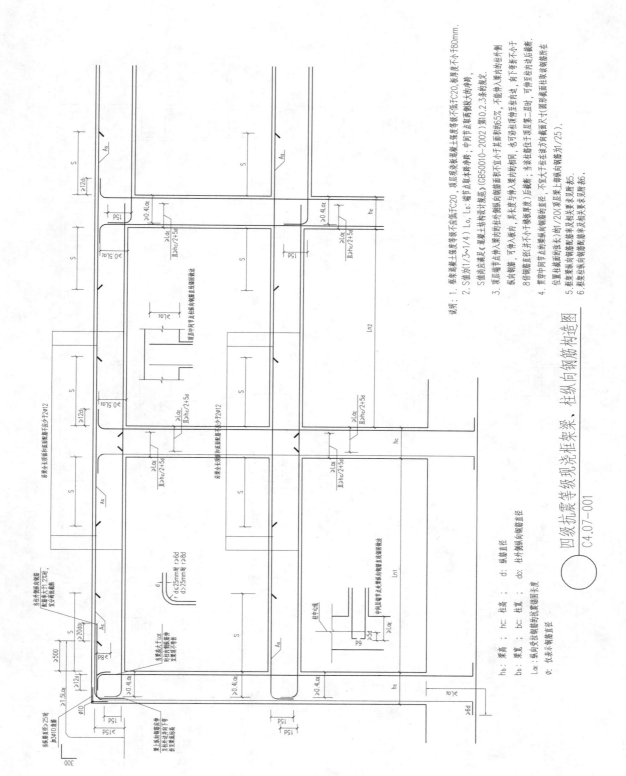

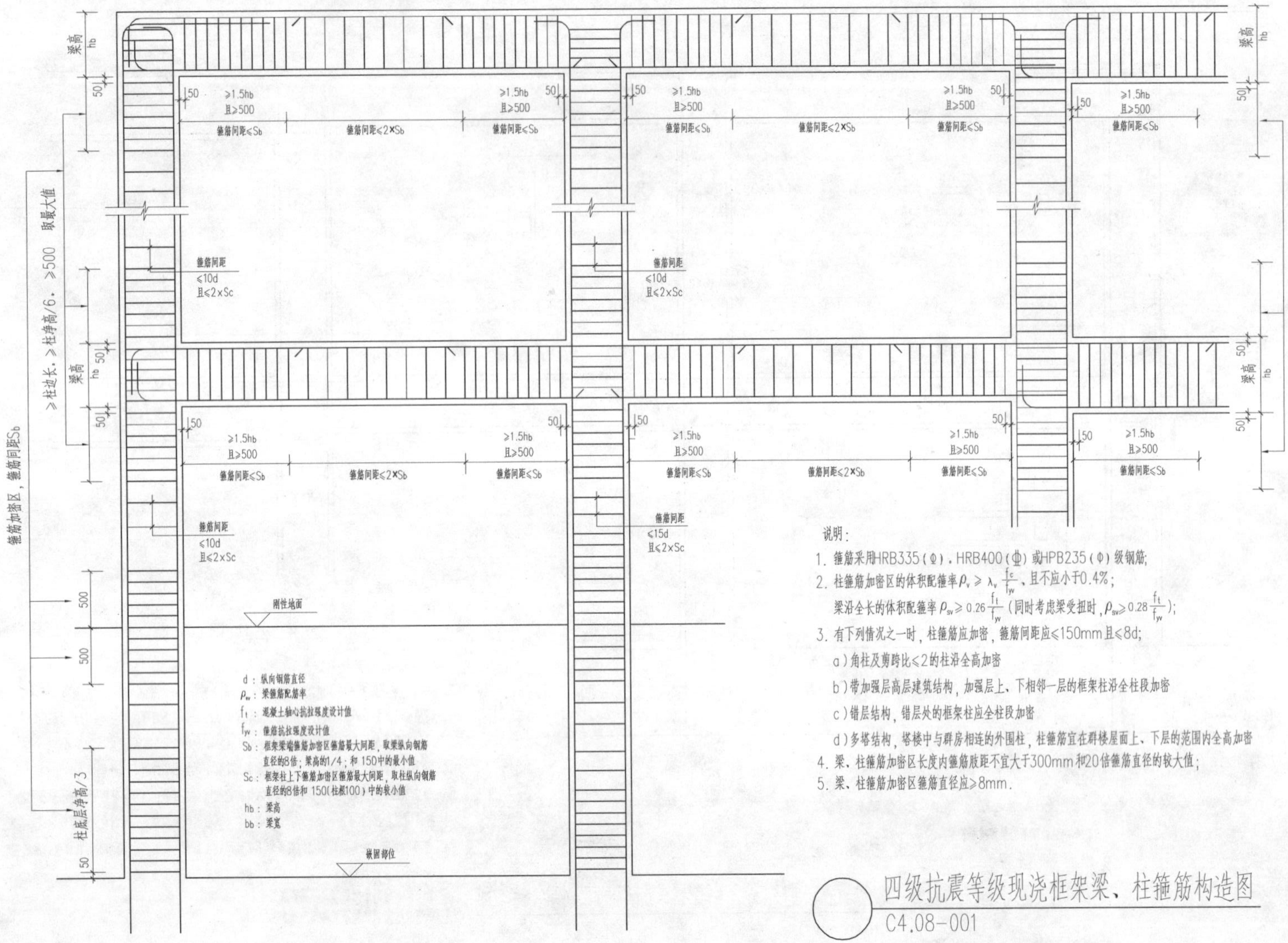

说明：

1. 箍筋采用HRB335（Φ）、HRB400（Φ）或HPB235（φ）级钢筋；
2. 柱箍筋加密区的体积配箍率$\rho_v \geq \lambda_v \frac{f_c}{f_{yv}}$，且不应小于0.4%；
   梁沿全长的体积配箍率$\rho_{sv} \geq 0.26\frac{f_t}{f_{yv}}$（同时考虑梁受扭时，$\rho_{sv} \geq 0.28\frac{f_t}{f_{yv}}$）；
3. 有下列情况之一时，柱箍筋应加密，箍筋间距应≤150mm且≤8d；
   a）角柱及剪跨比≤2的柱沿全高加密
   b）带加强层高层建筑结构，加强层上、下相邻一层的框架柱沿全柱段加密
   c）错层结构，错层处的框架柱应全柱段加密
   d）多塔结构，塔楼中与群房相连的外围柱，柱箍筋宜在群楼屋面上、下层的范围内全高加密
4. 梁、柱箍筋加密区长度内箍筋肢距不宜大于300mm和20倍箍筋直径的较大值；
5. 梁、柱箍筋加密区箍筋直径应≥8mm.

四级抗震等级现浇框架梁、柱箍筋构造图

C4.08-001

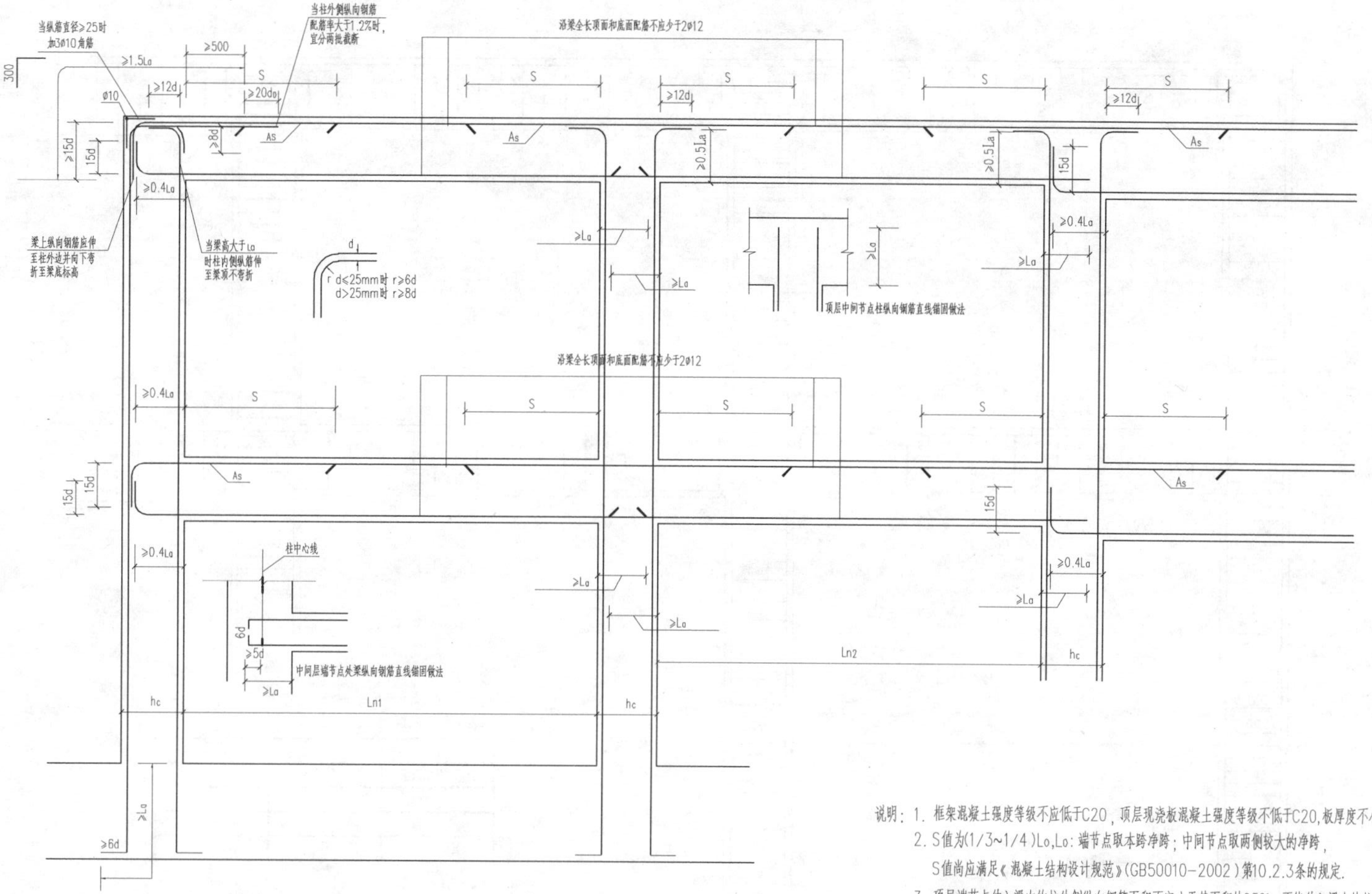

hb：梁高 ； hc：柱高 ； d：纵筋直径

bb：梁宽 ； bc：柱宽 ； do：柱外侧纵向钢筋直径

La：纵向受拉钢筋的锚固长度

ø：仅表示钢筋直径

非抗震现浇框架梁、柱纵向钢筋构造图

C4.09-001

说明：1. 框架混凝土强度等级不应低于C20，顶层现浇板混凝土强度等级不低于C20，板厚度不小于80mm.

2. S值为(1/3~1/4)Lo,Lo：端节点取本跨净跨；中间节点取两侧较大的净跨，S值尚应满足《混凝土结构设计规范》(GB50010-2002)第10.2.3条的规定.

3. 顶层端节点伸入梁内的柱外侧纵向钢筋面积不宜小于其面积的65%，不能伸入梁内的柱外侧纵向钢筋，可伸入板内，其长度与伸入梁内的相同，也可沿柱顶伸至柱内边，向下弯折不小于8倍钢筋直径(并不小于楼板厚度)后截断；当该柱筋位于顶层第二层时，可伸至柱内边后截断.

4. 贯穿中间节点的梁纵向钢筋的直径，不宜大于柱在该方向截面尺寸(圆形截面柱取该钢筋所在位置柱截面的弦长)的1/20(顶层梁上部纵向钢筋为1/25).

5. 框架梁纵向钢筋配筋率及相关要求见附表5.

6. 框架柱纵向钢筋配筋率及相关要求见附表6.

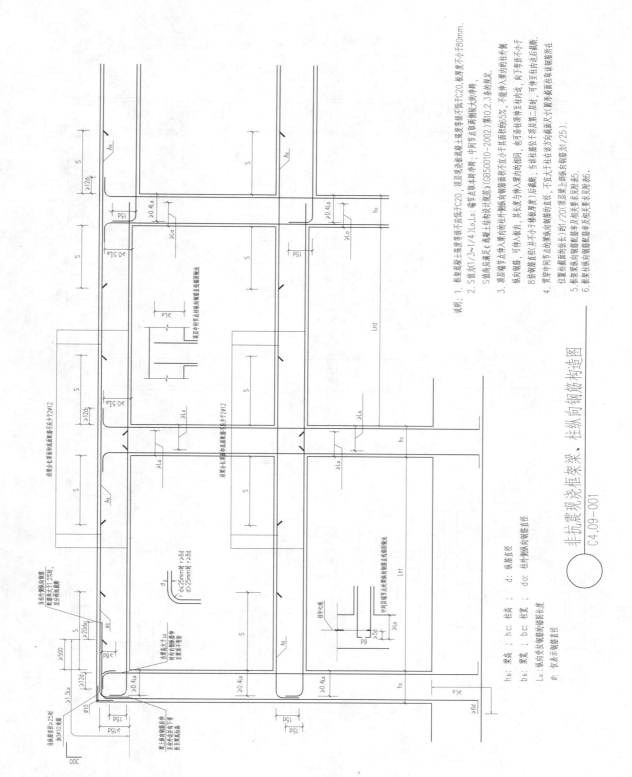

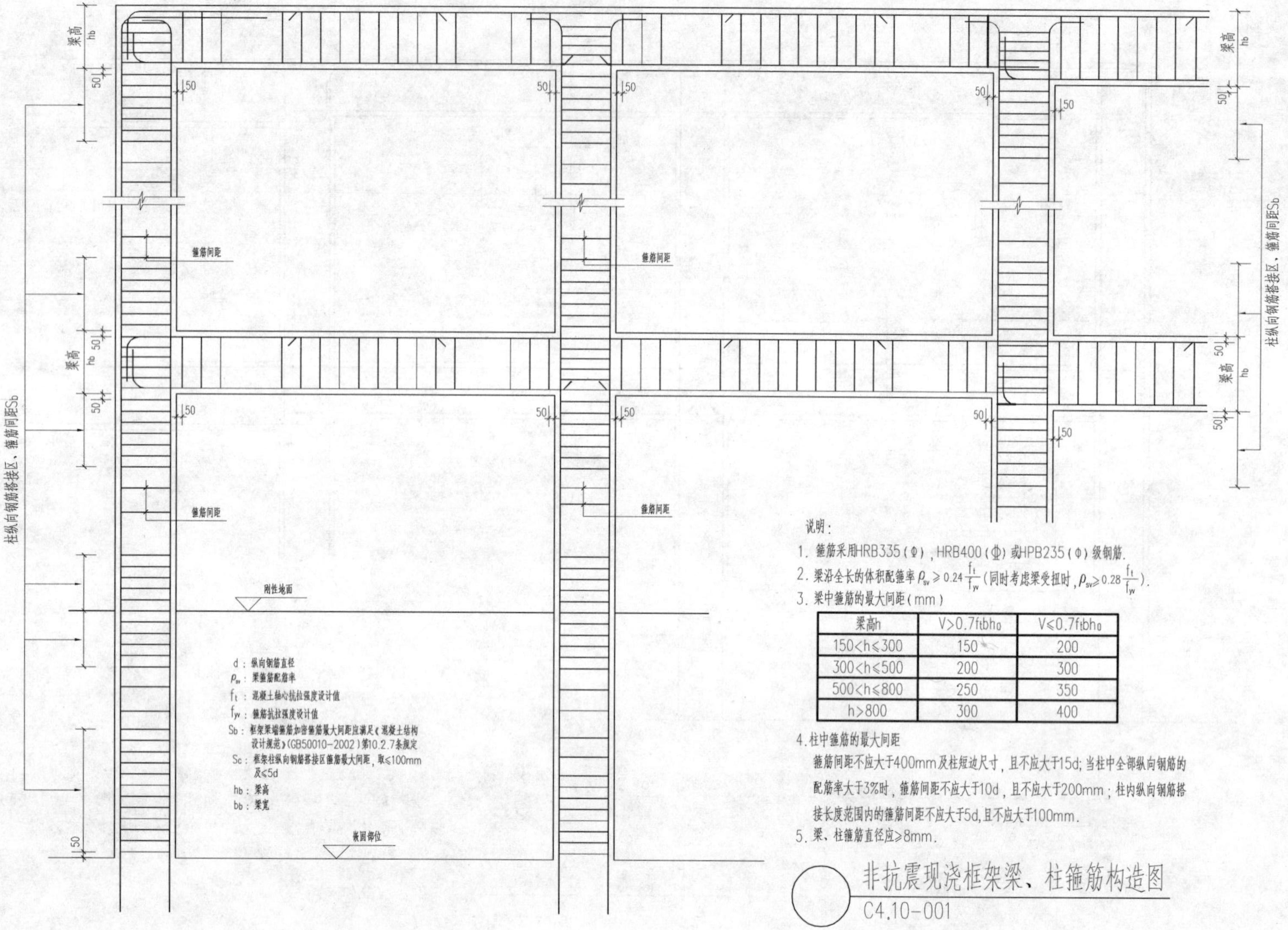

说明：

1. 箍筋采用HRB335(Φ)，HRB400(Φ)或HPB235(Φ)级钢筋.
2. 梁沿全长的体积配箍率 $\rho_{sv}\geq 0.24\frac{f_t}{f_{yv}}$（同时考虑梁受扭时，$\rho_{sv}\geq 0.28\frac{f_t}{f_{yv}}$）.
3. 梁中箍筋的最大间距（mm）

梁高h	V>0.7ftbh₀	V≤0.7ftbh₀
150<h≤300	150	200
300<h≤500	200	300
500<h≤800	250	350
h>800	300	400

4. 柱中箍筋的最大间距
   箍筋间距不应大于400mm及柱短边尺寸，且不应大于15d；当柱中全部纵向钢筋的配筋率大于3%时，箍筋间距不应大于10d，且不应大于200mm；柱内纵向钢筋搭接长度范围内的箍筋间距不应大于5d，且不应大于100mm.
5. 梁、柱箍筋直径应≥8mm.

非抗震现浇框架梁、柱箍筋构造图

C4.10-001

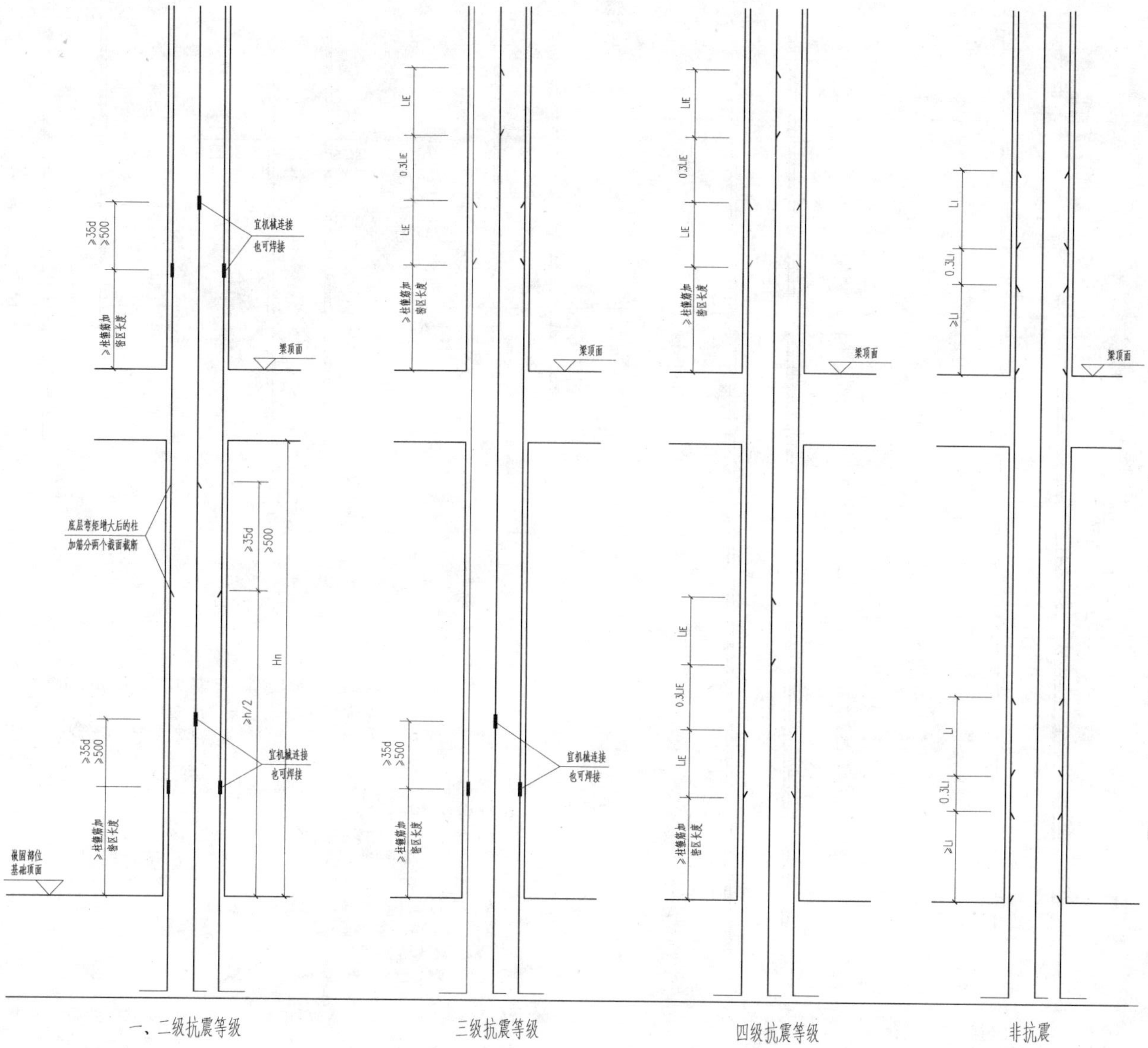

说明：

1. 受拉钢筋抗震搭接长度L_{lE}，受拉钢筋非抗震搭接长度L_l，详见附表3、附表4（表中括号内数据用于二级抗震等级；纵向纵向受拉钢筋绑扎搭接长度均不应小于300mm）；
2. 柱纵向钢筋连接接头的位置应错开，同一截面内钢筋接头不宜超过全截面钢筋总根数的50%。当柱钢筋总根数不多于8根时可在同一截面连接；
3. 当受拉钢筋的直径>28mm时，不宜采用绑扎搭接接头；
4. 偏心受拉柱内的纵筋不得采用绑扎搭接接头；
5. 柱纵向受力钢筋搭接长度范围内箍筋直径不应小于搭接钢筋较大直径的1/4。当钢筋受拉时，箍筋间距不应大于搭接钢筋较小直径的5倍，且不应大于100mm；当钢筋受压时，箍筋间距不应大于搭接钢筋较小直径的10倍，且不应大于200mm，当受压钢筋直径d>25mm时尚应在搭接接头两个端面外100mm范围内各设置两道箍筋；
6. 纵向受力钢筋接头的位置宜避开梁端、柱端箍筋加密区；当无法避免时，应采用满足等强度要求的高质量机械连接接头。

现浇框架柱纵向钢筋连接构造(一)

C4.11-001

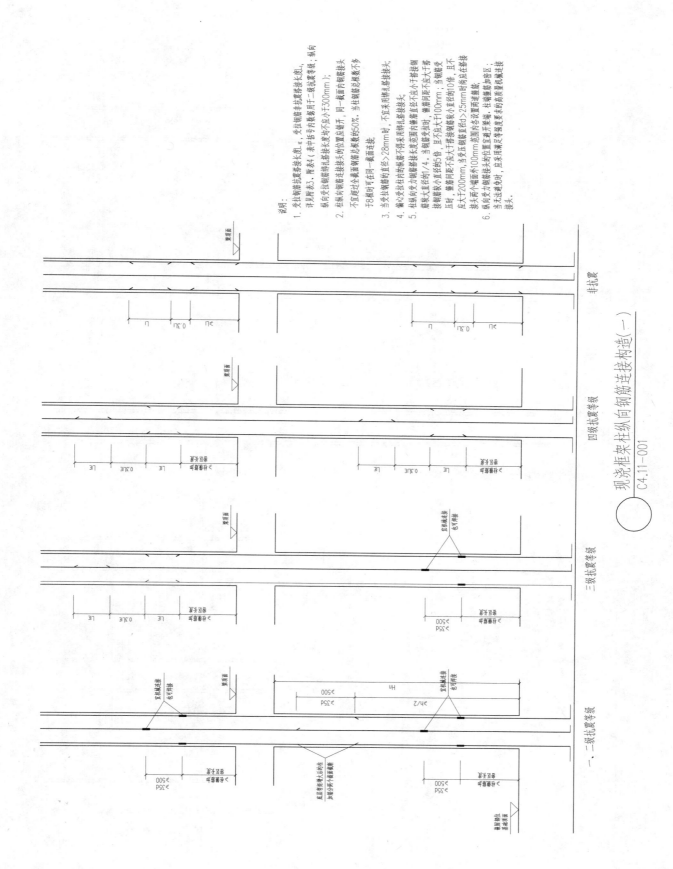

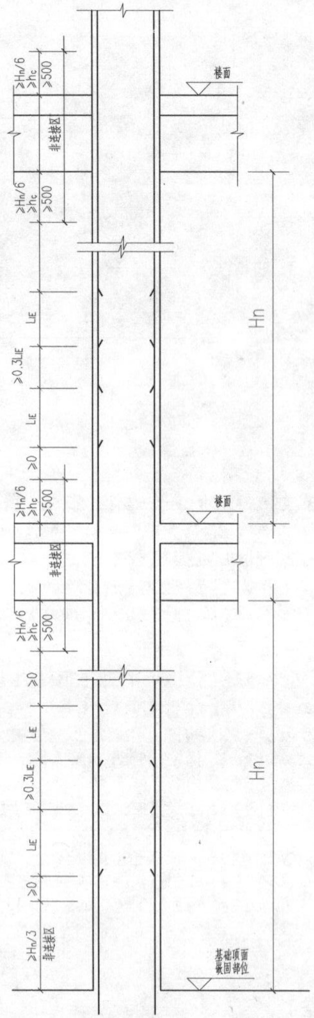

当某层连接区的高度小于纵筋分两批搭接所需要的高度时，应改用机械连接或焊接连接。

绑扎搭接

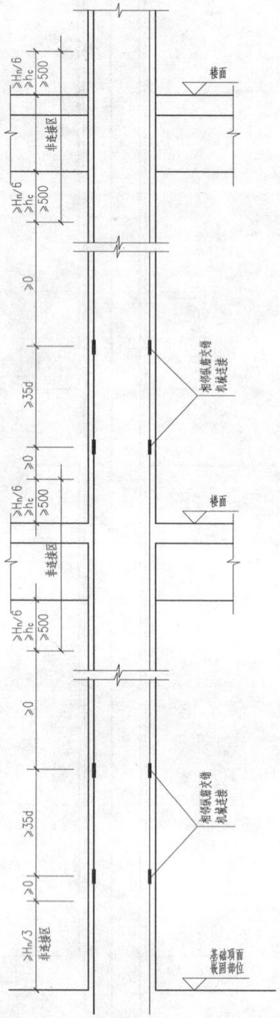

机械连接

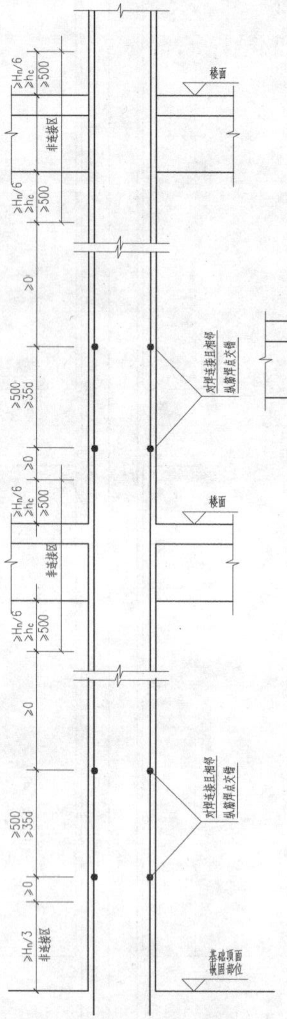

焊接连接

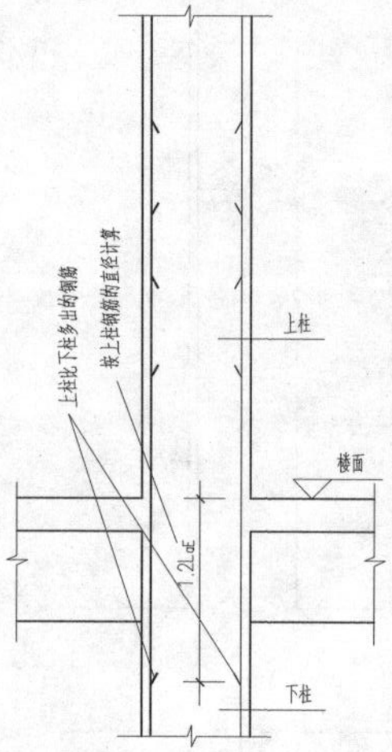

图 1

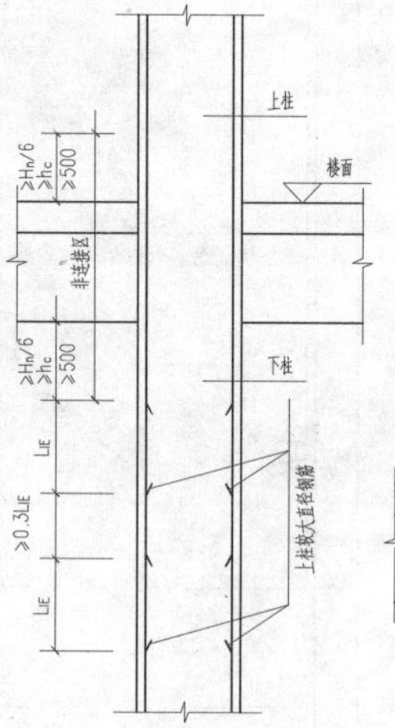

图 2 将柱下端的连接位置上移至柱上端。

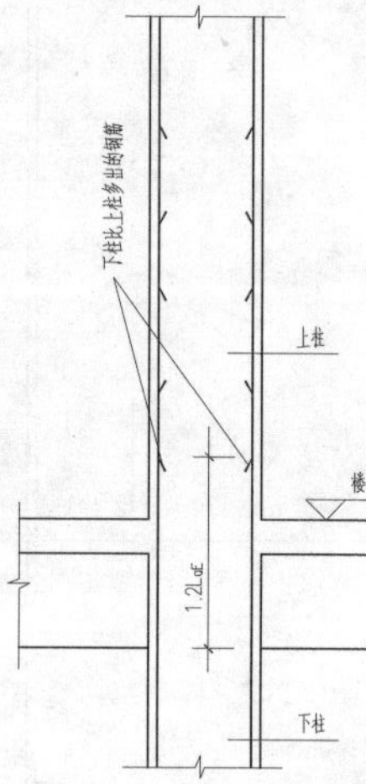

图 3

上柱钢筋比下柱多时见图1，上柱钢筋直径比下柱钢筋直径大时见图2，下柱钢筋比上柱多时见图3。图中为绑扎搭接，也可采用机械连接或对焊连接。

说明：

1. 受拉钢筋抗震锚固长度L_{aE}，受拉钢筋抗震搭接长度L_{lE}，详见附表1、附表2（表中括号内数据用于二级抗震等级；纵向受拉钢筋绑扎搭接长度均不应小于300mm）；
2. 柱纵向钢筋连接接头的位置应错开，同一截面内钢筋接头不宜超过全截面钢筋总根数的50%。当柱钢筋总根数不多于8根时可在同一截面连接；
3. 当受拉钢筋的直径>28mm时，不宜采用绑扎搭接接头；
4. 偏心受拉柱内的纵筋不得采用绑扎搭接接头；
5. 柱纵向受力钢筋搭接长度范围内箍筋直径不应小于搭接钢筋较大直径的1/4。当钢筋受拉时，箍筋间距不应大于搭接钢筋较小直径的5倍，且不应大于100mm；当钢筋受压时，箍筋间距不应大于搭接钢筋较小直径的10倍，且不应大于200mm，当受压钢筋直径d>25mm时，尚应在搭接接头两个端面外100mm范围内各设置两道箍筋；
6. 纵向受力钢筋接头的位置宜避开梁端、柱端箍筋加密区；当无法避免时，应采用满足等强度要求的高质量机械连接接头；
7. Hn为所在楼层的柱净高，hc为柱截面的长边尺寸（圆柱为截面直径）。

现浇框架抗震柱纵向钢筋连接构造(二)

C4.12-001

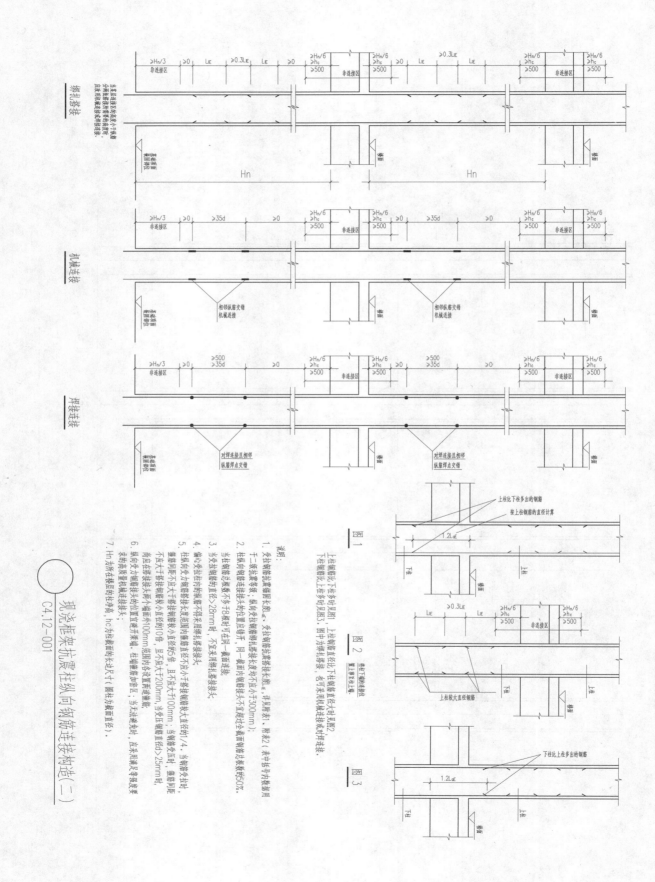

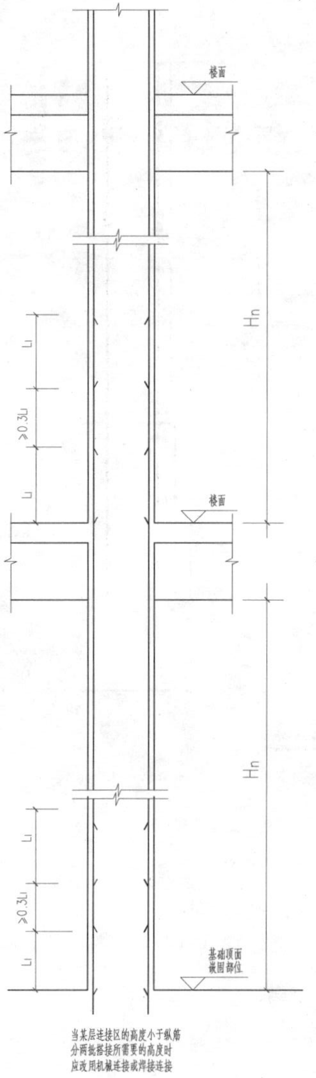

绑扎搭接

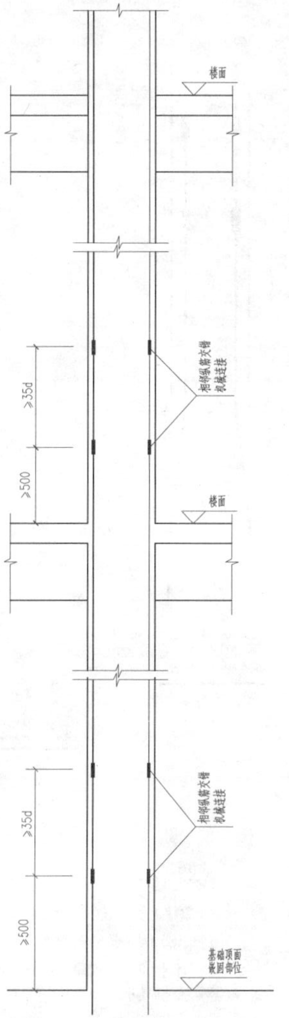

机械连接

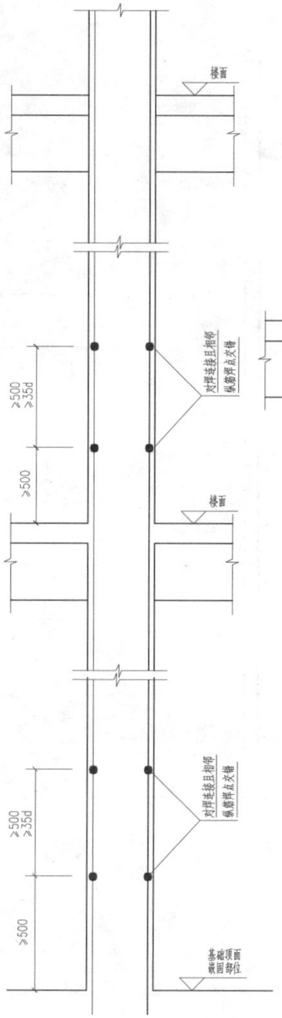

焊接连接

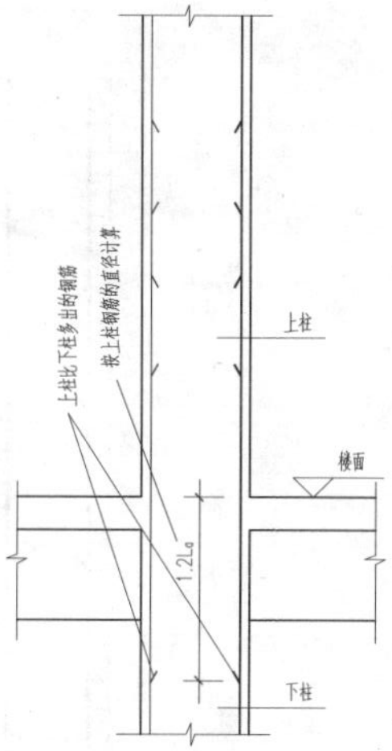

图 1

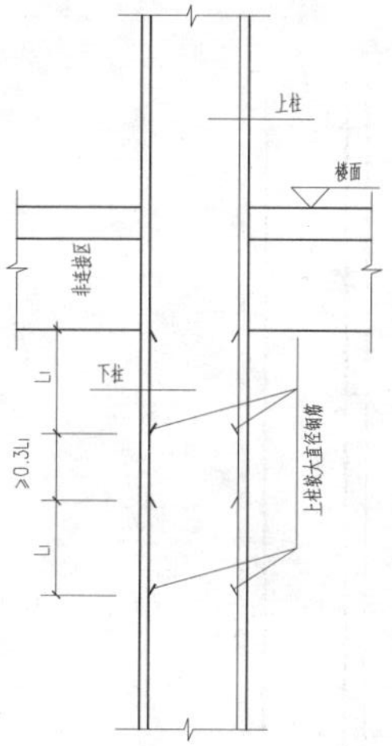

图 2 将柱下端的连接位置上移至柱上端

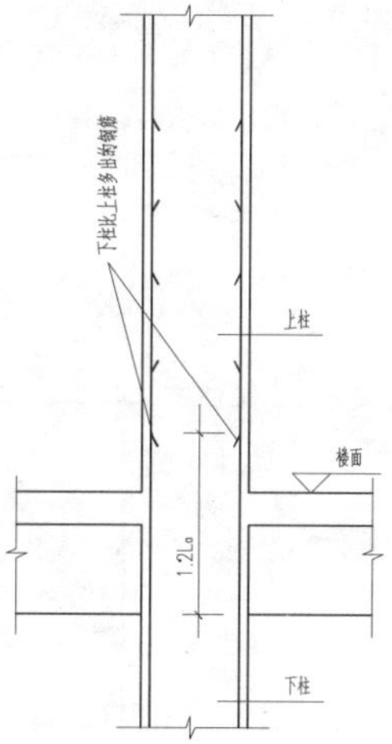

图 3

上柱钢筋比下柱多时见图1，上柱钢筋直径比下柱钢筋直径大时见图2
下柱钢筋比上柱多时见图3。图中为绑扎搭接，也可采用机械连接或对焊连接

说明：

1. 受拉钢筋非抗震搭接长度Ll详见附表4（纵向受拉钢筋绑扎搭接长度均不应小于300mm）.
2. 柱纵向钢筋连接接头的位置应错开，同一截面内钢筋接头不宜超过全截面钢筋总根数的50%.
   当柱钢筋总根数不多于8根时可在同一截面连接.
3. 当受拉钢筋的直径>28mm时，不宜采用绑扎搭接接头.
4. 偏心受拉柱内的纵筋不得采用绑扎搭接接头.
5. 柱纵向受力钢筋搭接长度范围内箍筋直径不应小于搭接钢筋较大直径的1/4，当钢筋受拉时，箍筋间距不应大于搭接钢筋较小直径的5倍，且不应大于100mm；当钢筋受压时，箍筋间距不应大于搭接钢筋较小直径的10倍，且不应大于200mm，当受压钢筋直径d>25mm时，尚应在搭接接头两个端面外100mm范围内各设置两道箍筋.
6. 纵向受力钢筋接头的位置宜避开梁端、柱端箍筋加密区；当无法避免时，应采用满足等强度要求的高质量机械连接接头.

现浇框架非抗震柱纵向钢筋连接构造(三)

C4.13-001

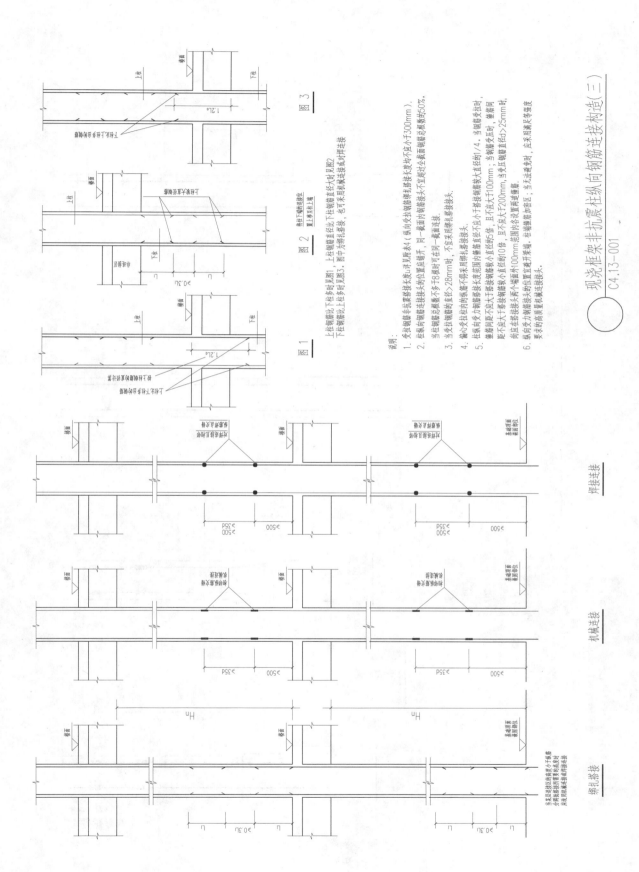

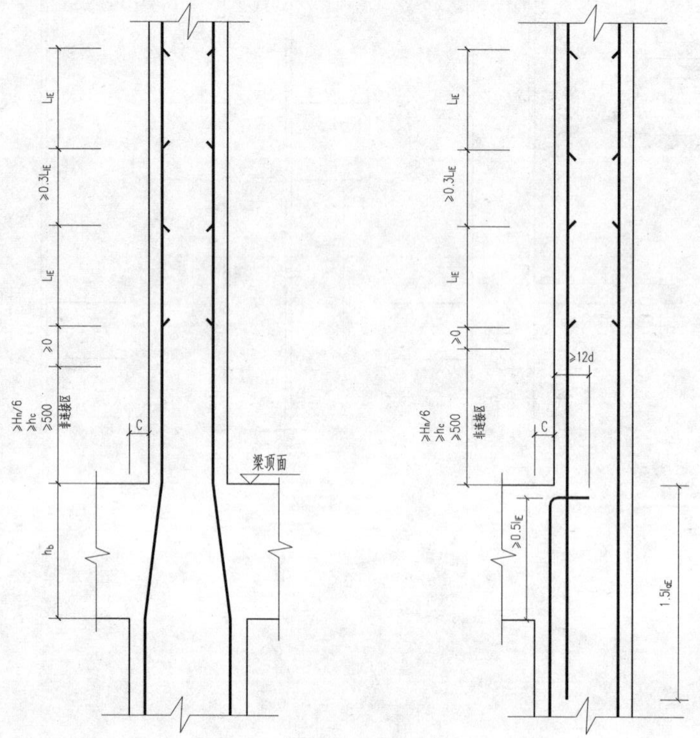

(C/hb≤1/6)

(C/hb>1/6)

绑扎搭接连接

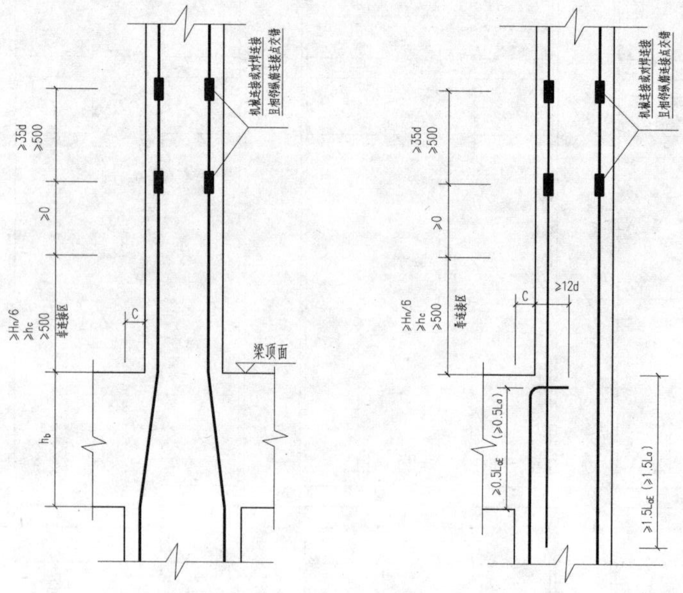

(C/hb≤1/6)

(C/hb>1/6)

机械或焊接连接

说明:

1. 受拉钢筋抗震锚固长度LaE 受拉钢筋抗震搭接长度LlE，详见附表1、附表2（表中括号内数据用于二级抗震等级；纵向受拉钢筋绑扎搭接长度均不应小于300mm）.
2. 柱纵向钢筋连接接头的位置应错开，同一截面内钢筋接头不宜超过全截面钢筋总根数的50%。当柱钢筋总根数不多于8根时可在同一截面连接.
3. 当受拉钢筋的直径>28mm时，不宜采用绑扎搭接接头.
4. 偏心受拉柱内的纵筋不得采用绑扎搭接接头.
5. 柱纵向受力钢筋搭接长度范围内箍筋直径不应小于搭接钢筋较大直径的1/4。当钢筋受拉时，箍筋间距不应大于搭接钢筋较小直径的5倍，且不应大于100mm；当钢筋受压时，箍筋间距不应大于搭接钢筋较小直径的10倍，且不应大于200mm，当受压钢筋直径d>25mm时，尚应在搭接接头两个端面外100mm范围内各设置两道箍筋.
6. 纵向受力钢筋接头的位置宜避开梁端，柱端箍筋加密区；当无法避免时，应采用满足等强度要求的高质量机械连接接头.

现浇框架变截面抗震柱纵向钢筋连接构造(四)

C4.14-001

注: 柱每边钢筋多于4根时分批交错搭接.

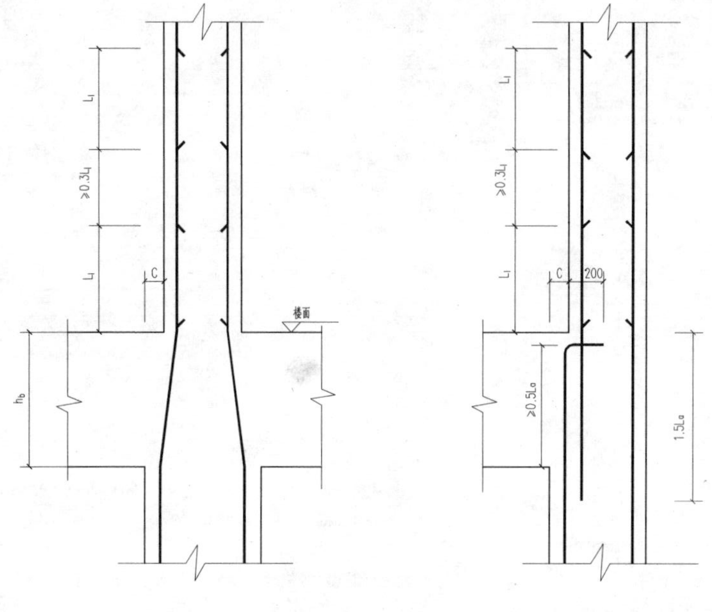

绑扎搭接连接

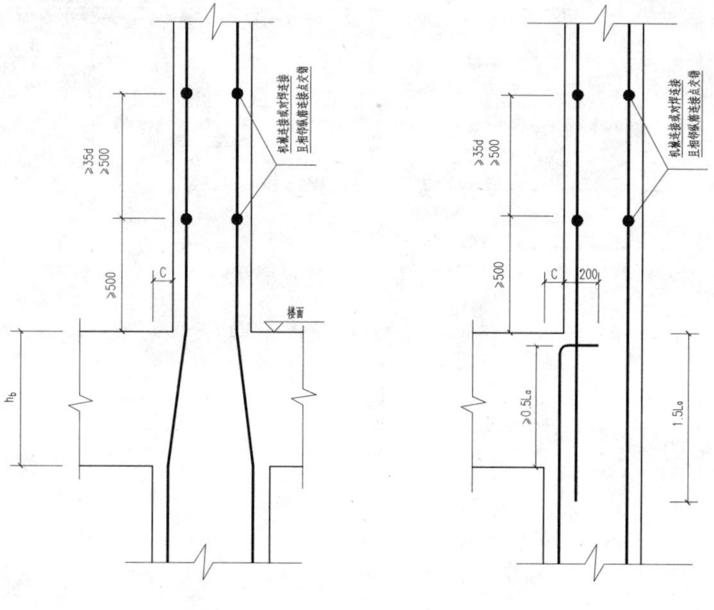

机械或焊接连接

说明：

1. 受拉钢筋非抗震搭接长度L_l，详见附表4（纵向受拉钢筋绑扎搭接长度均不应小于300mm）；
2. 柱纵向钢筋连接接头的位置应错开，同一截面内钢筋接头不宜超过全截面钢筋总根数的50%，当柱钢筋总根数不多于8根时可在同一截面连接；
3. 当受拉钢筋的直径>28mm时，不宜采用绑扎搭接接头；
4. 偏心受拉柱内的纵筋不得采用绑扎搭接接头；
5. 柱纵向受力钢筋搭接长度范围内箍筋直径不应小于搭接钢筋较大直径的1/4。当钢筋受拉时，箍筋间距不应大于搭接钢筋较小直径的5倍，且不应大于100mm；当钢筋受压时，箍筋间距不应大于搭接钢筋较小直径的10倍，且不应大于200mm，当受压钢筋直径d>25mm时，尚应在搭接接头两个端面外100mm范围内各设置两道箍筋；
6. 纵向受力钢筋接头的位置宜避开梁端、柱端箍筋加密区；当无法避免时，应采用满足等强度要求的高质量机械连接接头。

现浇框架变截面非抗震柱纵向钢筋连接构造（五）

C4.15-001

受拉钢筋锚固长度L_{aE}

附表1

抗震等级 / 混凝土强度等级 / 钢筋种类	一、二级抗震等级					三级抗震等级					四级抗震等级				
	C20	C25	C30	C35	≥C40	C20	C25	C30	C35	≥C40	C20	C25	C30	C35	≥C40
HPB235(Φ)	(35d)	(31d)	27d	25d	23d	32d	28d	25d	23d	21d	31d	27d	24d	22d	20d
HRB335(Φ)	(44d)	(38d)	34d	31d	29d	40d	34d	31d	28d	26d	38d	33d	30d	27d	25d
HRB400(Φ)	(53d)	(46d)	41d	37d	34d	48d	42d	37d	34d	31d	46d	40d	35d	32d	30d

说明：1.括号内数据用于二级抗震等级.

2.HRB235级钢筋为受拉钢筋时，其末端应做成180°弯钩，弯后平直段长度不应小于3d.

3.HRB335及HRB400级钢筋，当钢筋直径大于25mm时，其锚固长度应乘以修正系数1.1.

4.HRB335及HRB400级钢筋，当采用环氧树脂涂层钢筋时，其锚固长度应乘以修正系数1.25.

5.当钢筋在混凝土施工过程中易受扰动(如滑模施工)时，其锚固长度应乘以修正系数1.1.

6.当钢筋在锚固区的混凝土保护层厚度大于钢筋直径的3倍且配有箍筋时，其锚固长度可乘以修正系数0.8.

7.任何情况下锚固长度不应小于250mm.

8.当纵向受拉钢筋末端采用机械锚固措施时，包括附加锚固端头在内的长度可取附表锚固长度的0.7倍，机械锚固的形式及构造要求宜按下图采用：

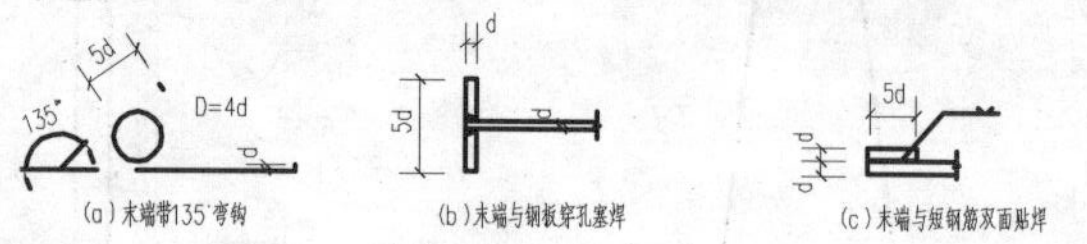

机械锚固的形式及构造要求

采用机械锚固措施时，锚固长度范围内的箍筋不应少于3个，其直径不应小于纵向钢筋直径的0.25倍，其间距不应大于纵向钢筋直径的5倍。当纵向钢筋的混凝土保护层厚度不小于钢筋公称直径的5倍时，可不配置上箍筋。

受拉钢筋搭接长度L_{lE}(搭接接头面积不大于25%)

附表2-1

抗震等级 / 混凝土强度等级 / 钢筋种类	一、二级抗震等级					三级抗震等级					四级抗震等级				
	C20	C25	C30	C35	≥C40	C20	C25	C30	C35	≥C40	C20	C25	C30	C35	≥C40
HPB235(Φ)	(42d)	(37d)	33d	30d	27d	39d	34d	30d	27d	25d	37d	32d	28d	26d	24d
HRB335(Φ)	(53d)	(46d)	41d	37d	34d	48d	42d	37d	34d	31d	46d	40d	35d	32d	30d
HRB400(Φ)	(63d)	(55d)	49d	45d	41d	58d	50d	45d	41d	37d	55d	48d	43d	39d	36d

说明：1.括号内数据用于二级抗震等级. 2.任何情况下纵向钢筋绑扎搭接长度均不应小于300mm.

受拉钢筋搭接长度L_{lE}(搭接接头面积大于25%，不大于50%)

附表2-2

抗震等级 / 混凝土强度等级 / 钢筋种类	一、二级抗震等级					三级抗震等级					四级抗震等级				
	C20	C25	C30	C35	≥C40	C20	C25	C30	C35	≥C40	C20	C25	C30	C35	≥C40
HPB235(Φ)	(49d)	(43d)	38d	35d	32d	45d	39d	35d	32d	29d	43d	37d	33d	30d	28d
HRB335(Φ)	(62d)	(53d)	48d	43d	40d	56d	49d	43d	40d	36d	54d	46d	41d	38d	35d
HRB400(Φ)	(74d)	(64d)	57d	52d	48d	68d	59d	52d	47d	44d	64d	56d	50d	45d	42d

说明：1.括号内数据用于二级抗震等级. 2.任何情况下纵向钢筋绑扎搭接长度均不应小于300mm.

受拉钢筋搭接长度L_{lE}(搭接接头面积大于50%)

附表2-3

抗震等级 / 混凝土强度等级 / 钢筋种类	一、二级抗震等级					三级抗震等级					四级抗震等级				
	C20	C25	C30	C35	≥C40	C20	C25	C30	C35	≥C40	C20	C25	C30	C35	≥C40
HPB235(Φ)	(56d)	(49d)	43d	40d	36d	51d	45d	40d	36d	33d	49d	43d	38d	35d	32d
HRB335(Φ)	(70d)	(61d)	54d	50d	45d	64d	56d	50d	45d	42d	61d	53d	47d	43d	40d
HRB400(Φ)	(84d)	(73d)	65d	59d	54d	77d	67d	60d	54d	50d	74d	64d	57d	52d	47d

说明：1.括号内数据用于二级抗震等级. 2.任何情况下纵向钢筋绑扎搭接长度均不应小于300mm.

受拉钢筋锚固长度L_a

附表3

混凝土强度等级 / 钢筋种类	C20	C25	C30	C35	≥C40
HPB235(Φ)	31d	27d	24d	22d	20d
HRB335(Φ)	39d	34d	30d	27d	25d
HRB400(Φ)	46d	40d	36d	33d	30d

说明：详见本页附表1说明中的第2条至第8条.

受拉钢筋搭接长度L_l

附表4

纵向钢筋搭接接头面积百分率	≤25%	50%	100%
L_l	$1.2L_a$	$1.4L_a$	$1.6L_a$

框架梁纵向受拉钢筋的最小配筋率(%)

附表5

抗震等级	梁中位置	
	支座	跨中
一级	0.4和$80f_t/f_y$中的较大值	0.3和$65f_t/f_y$中的较大值
二级	0.3和$65f_t/f_y$中的较大值	0.2和$55f_t/f_y$中的较大值
三级、四级	0.25和$55f_t/f_y$中的较大值	0.2和$45f_t/f_y$中的较大值
非抗震	0.2和$45f_t/f_y$中的较大值	0.2和$45f_t/f_y$中的较大值

说明：

1.混凝土强度等级不超过C60时，梁端纵向受拉钢筋的配筋率不应大于2.5%；混凝土强度等级超过C60时，梁端纵向钢筋的配筋率不宜大于3%(HRB335级钢筋)和2.6%(HRB400级钢筋).

2.计入受压钢筋的梁端混凝土受压区高度和有效高度之比一级抗震等级不应大于0.25，二、三级抗震等级不应大于0.35.

3.梁端截面的底部和顶部纵向受力钢筋截面面积的比值，除计算确定外，一级抗震等级不应小于0.5，二、三级抗震等级不应小于0.3.

柱截面全部纵向受力钢筋的最小总配筋率(%)

附表6

类别	抗震等级			
	一级	二级	三级	四级/非抗震
中柱和边柱	1.0	0.8	0.7	0.6
角柱	1.2	1.0	0.9	0.8/0.6

说明：

1.采用HRB400级热轧钢筋时允许减少0.1，混凝土强度等级高于C60时应增加0.1.

2.对于建造于Ⅳ类场地且较高的高层建筑，表中的数值应增加0.1.

3.柱纵向钢筋的最小配筋率除按上表采用外，同时每一侧的配筋率不应小于0.2%.

4.柱总配筋率不应大于5%(抗震).

5.柱总配筋率不宜大于5%(非抗震).

现浇框架柱纵向钢筋连接构造(六)

C4.16-001

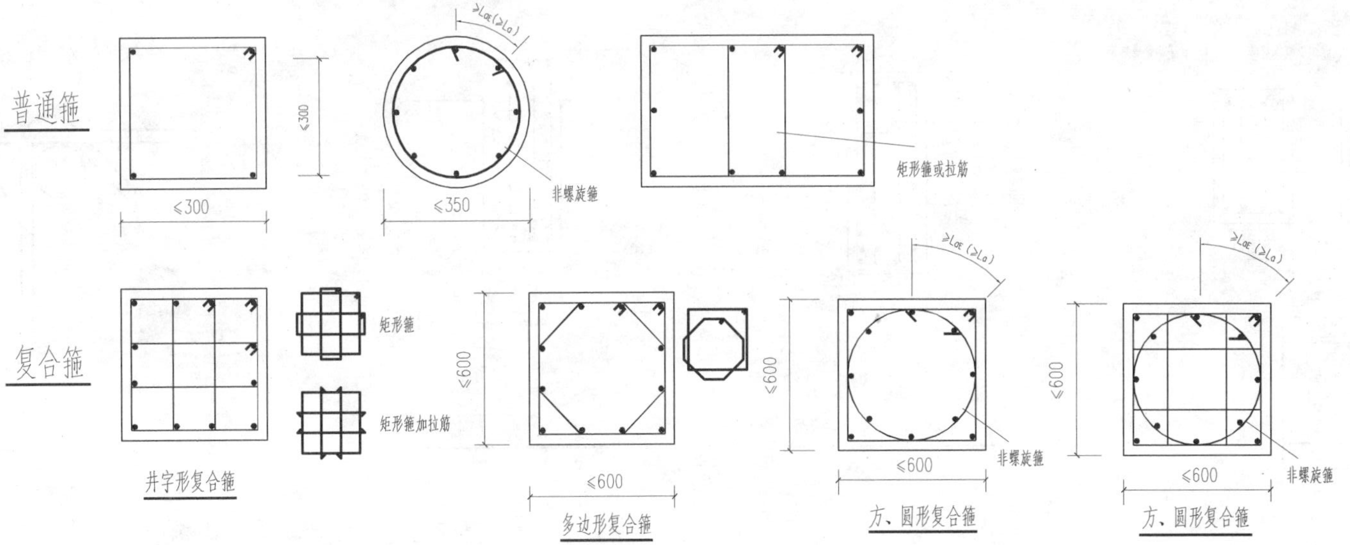

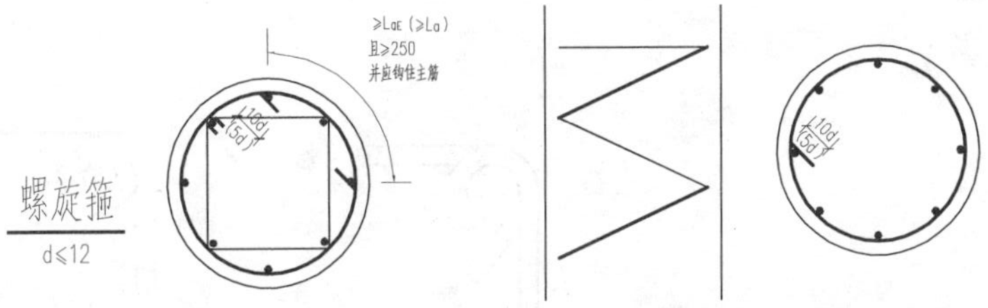

螺旋箍开始与结束处应有水平段，长度不小于一圈半，
用于圆柱时，每1~2m加一道定位箍筋≥φ12。

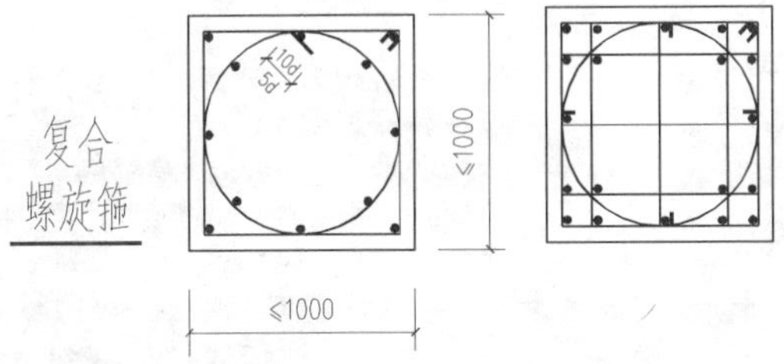

说明

一、非抗震柱的箍筋

1、箍筋间距不应大于400mm及柱截面的短边尺寸，且不应大于15d，d为柱纵向受力钢筋的最小直径.

2、当柱内全部纵向受力钢筋的配筋率大于3%时，箍筋直径应大于等于8mm.

3、当柱截面短边尺寸大于400mm且各边纵筋多于3根时，或当柱截面短边尺寸不大于400mm但各边纵筋多于4根时，应设置复合箍筋.

4、在柱纵向受力钢筋搭接长度范围内应配置箍筋，其直径不应小于钢筋较大直径的0.25倍。当钢筋受拉时，箍筋间距不应大于搭接钢筋较小直径的5倍，且不应大于100mm；当钢筋受压时，箍筋间距不应大于搭接钢筋较小直径的10倍，且不应大于200mm.

5、当偏心受压柱的截面高度h≥600mm时，在柱的侧面上应设置直径10~16mm的纵向构造钢筋，并相应设置复合箍筋或拉筋.

6、柱的箍筋应做成封闭式；对圆柱中的箍筋，搭接长度不应小于相应的锚固长度，且末端应做成135°弯钩，弯钩末端平直段长度不应小于箍筋直径的5倍.

7、箍筋直径不应小于d/4，且不应小于8mm，d为纵向钢筋的最大直径.

二、抗震柱的箍筋

1、抗震柱的箍筋要求详见"框架-4.2"、"框架-4.4"、"框架-4.6"、"框架-4.8".

2、对圆柱中的箍筋，搭接长度不应小于相应的锚固长度，且末端应做成135°弯钩，弯钩末端平直段长度不应小于箍筋直径的10倍.

现浇框架柱箍筋构造

C4.17-001

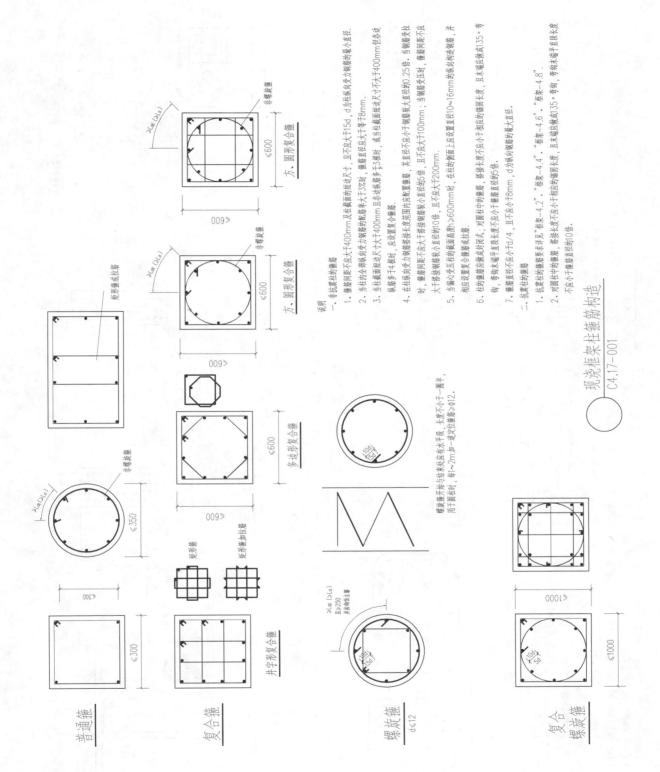

梁宽≤400mm，且一层内的纵向受压钢筋不多于4根时，可不设置复合箍筋。梁宽>400mm，且一层内的纵向受压钢筋多于3根时，应设置复合箍筋。梁中一层内纵向受拉钢筋多于5根时，宜采用复合箍筋

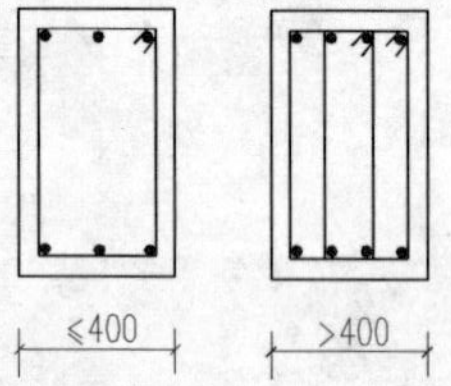

梁端箍筋加密区箍筋肢距要求

抗震等级	箍筋肢距
一级	宜≤200和20d的较大值
二、三级	宜≤250和20d的较大值
四级非抗震	宜≤300

d—箍筋直径

框架梁箍筋形式

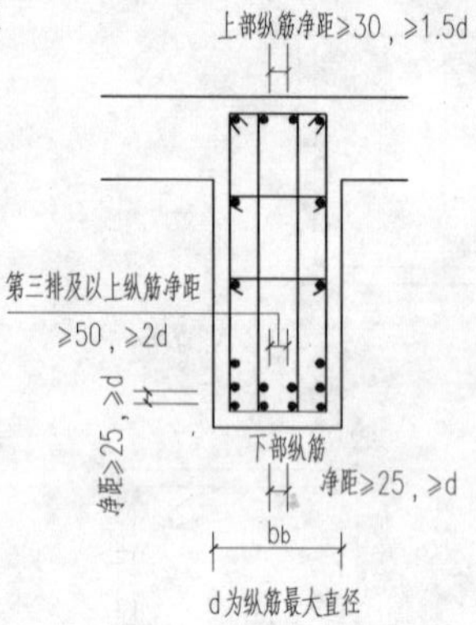

框架梁纵向受力钢筋排列间距

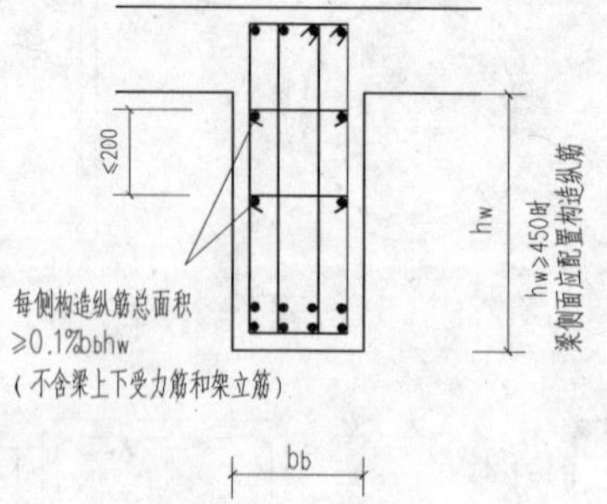

框架梁侧面纵向构造钢筋布置

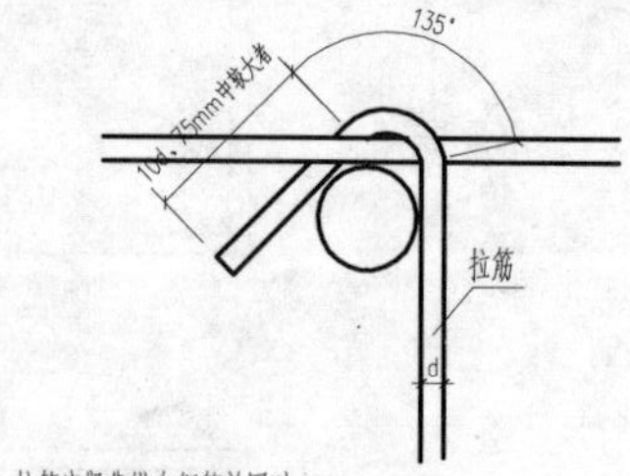

拉筋应紧靠纵向钢筋并同时钩住封闭箍筋和纵向钢筋

拉筋弯钩详图

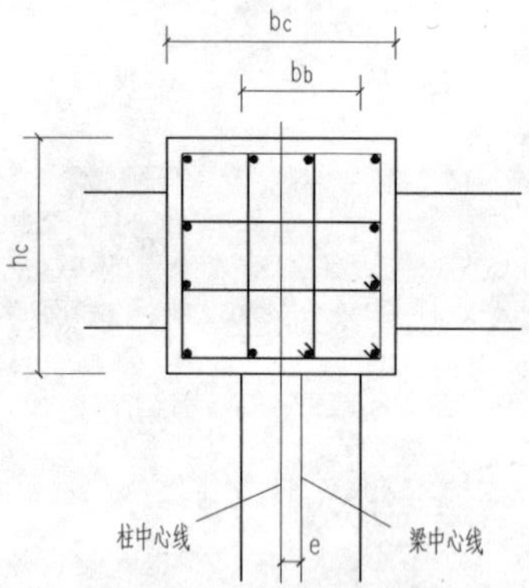

抗震设防等级为9度时应e≤bc/4

其余情况宜 e<bc/4，否则可采用梁水平加腋.

当e≤bc/4时，核芯区截面有效验算宽度 bj

取下列三式中较小值：

$b_j=b_b+0.5h_c$

$b_j=b_c$

$b_j=0.5(b_b+b_c)+0.25h_c-e$

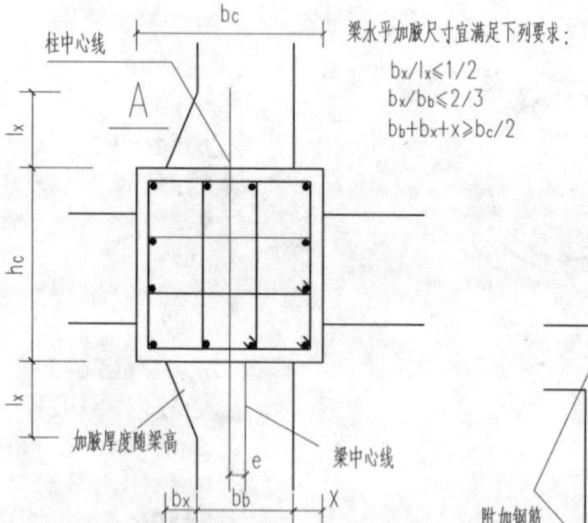

梁水平加腋尺寸宜满足下列要求：

$b_x/l_x\leq1/2$

$b_x/b_b\leq2/3$

$b_b+b_x+x\geq b_c/2$

e≥bc/4 时梁水平加腋

采用梁水平加腋后，bj 按下式计算：

当 x=0时，$b_j\leq b_b+b_x$

当 x≠0时，$b_j=b_b+b_x+x$ / $b_j=b_b+2x$ 取两式中较大值

且应满足 $b_j\leq b_b+0.5h_c$

bj 范围内所配箍筋应满足节点计算要求.

框架梁柱偏心构造要求

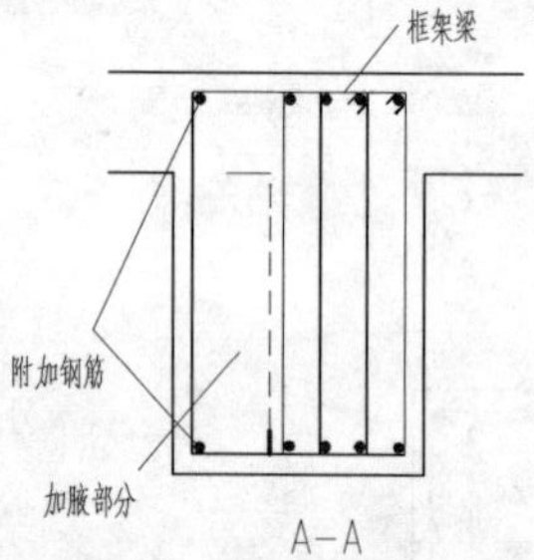

A–A

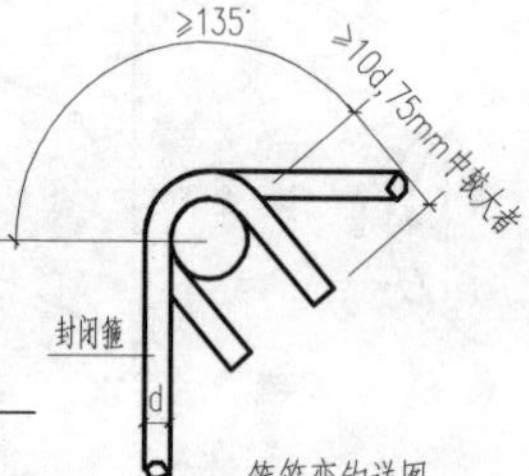

箍筋弯钩详图

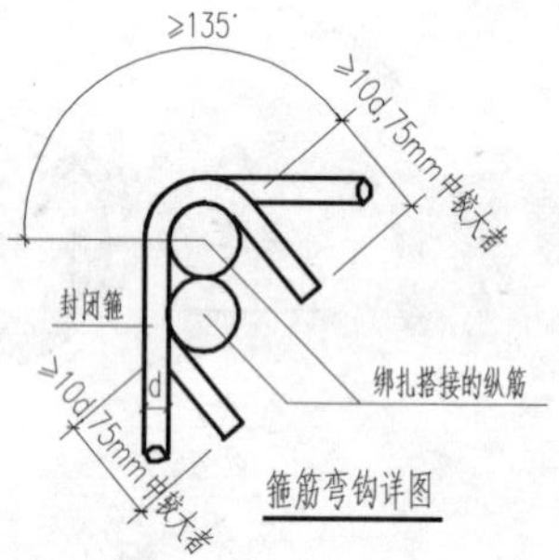

箍筋弯钩详图

说明：

1. 框架柱每隔一根纵向钢筋宜在两个方向有箍筋或拉筋约束. 当采用拉筋时，拉筋宜紧靠纵向钢筋并钩住封闭箍筋.
2. 框架梁柱的纵向钢筋不应与箍筋、拉筋及预埋件等焊接.
3. 梁柱周边箍筋应为封闭式，末端应有135°弯钩.
4. 框架节点核芯区应设置水平箍筋.
5. 框架梁、柱中心线宜重合. 当梁柱中心线不能重合时，在计算中应考虑偏心对梁柱节点核心区受力和构造的不利影响，以及梁荷载对柱子的偏心影响.

现浇框架柱箍筋构造

C4.18-001

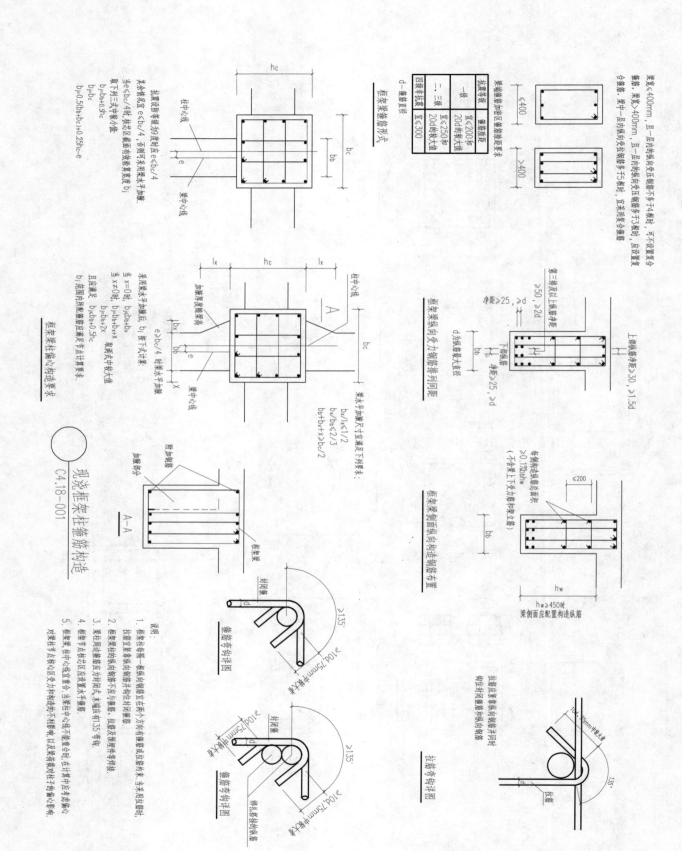

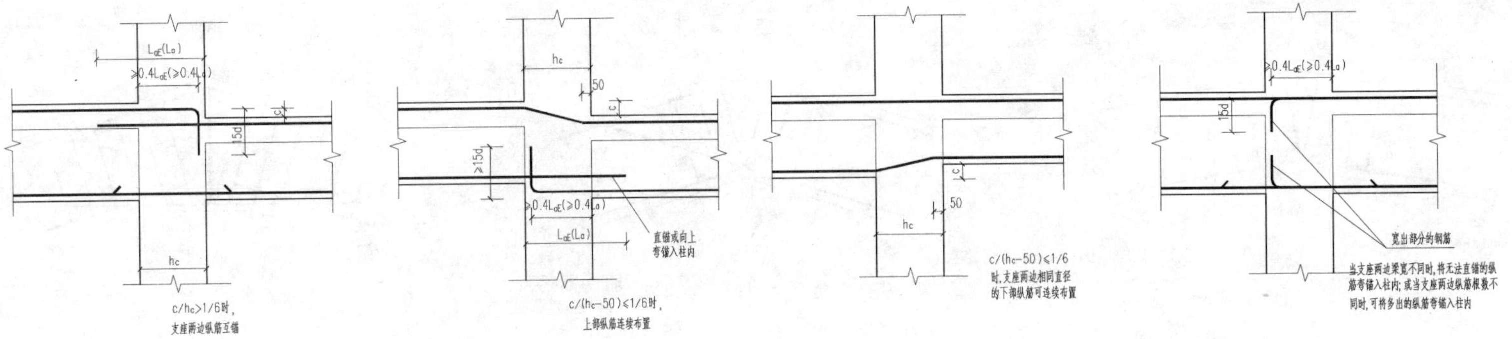

框架变截面梁纵向钢筋构造

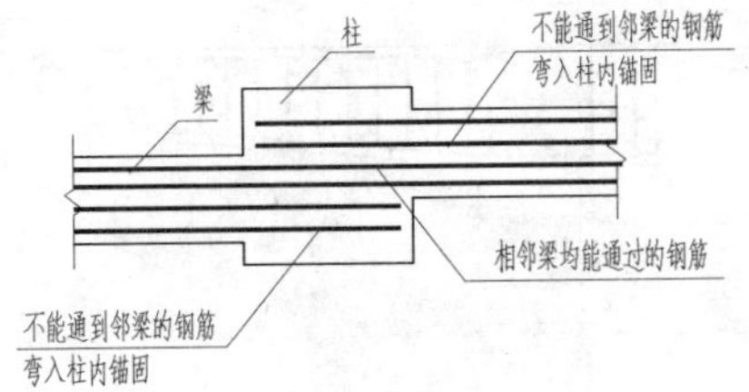

说明(锚固要求)：

平直段≥0.4L_{aE}(L_a)，

弯下段≥15d，总长≥L_{aE}(L_a)

框架梁平面错位时主筋锚固构造

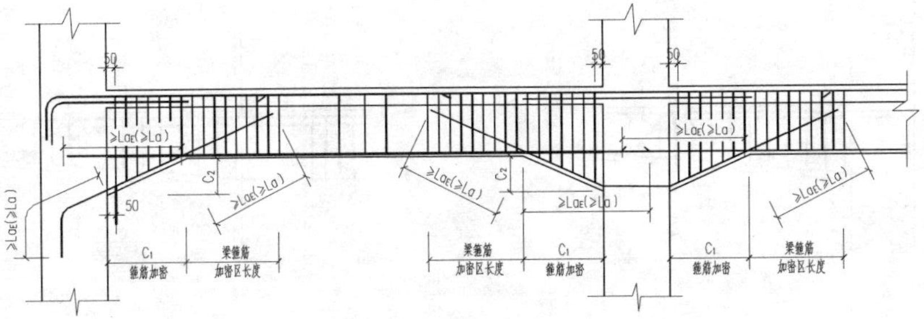

楼层框架梁加腋构造

说明：

1、括号内为非抗震梁纵筋的锚固定长度.
2、抗震梁的下部纵筋在中间支座的水平锚固长度，除满足图示外，尚应满足≥0.5hc+5d.
3、当梁纵向钢筋直锚入柱内的长度≥L_{aE}(≥L_a)且同时满足上条要求时，可不必向上(下)弯锚.
4、梁两侧面抗扭纵筋在中间支座及端支座的锚固长度均为≥L_{aE}(≥L_a).
5、当梁结构平法施工图中加腋部位的配筋未注明时，其梁腋的下部斜纵筋为伸入支座的梁下部纵筋根数n的n-1根(且不少于两根)，并插空放置；其箍筋与梁端部的箍筋相同.
6、L_{aE}、L_a详见附表1、附表3.

现浇框架变截面梁纵向钢筋构造详图

C4.19-001

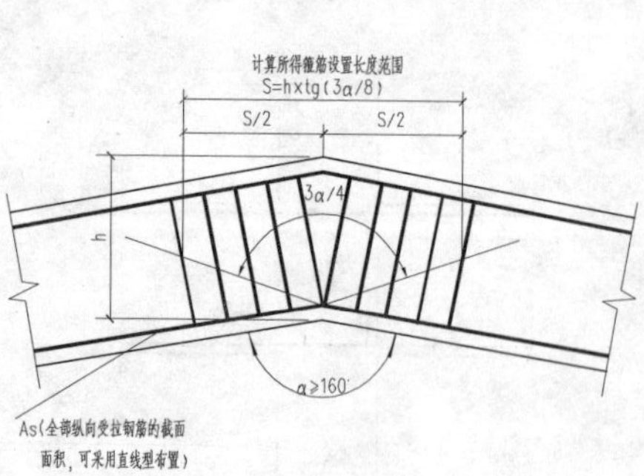

梁内折角(α≥160°)配筋示意

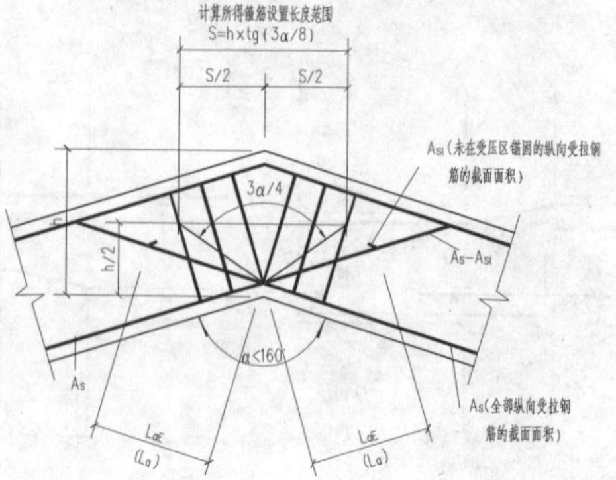

梁内折角(α<160°)配筋示意

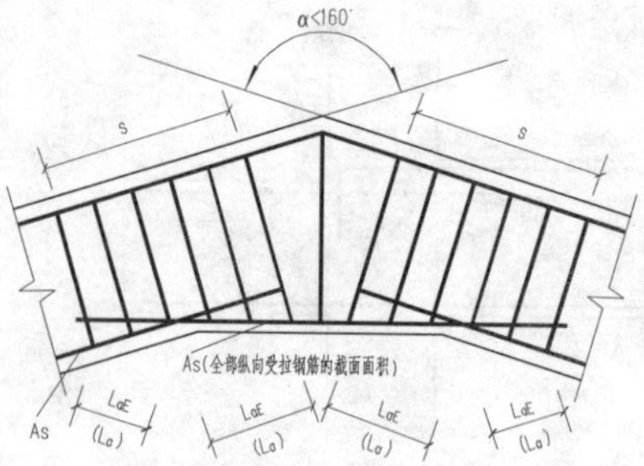

梁内折角(α<160°且有角托时)配筋示意

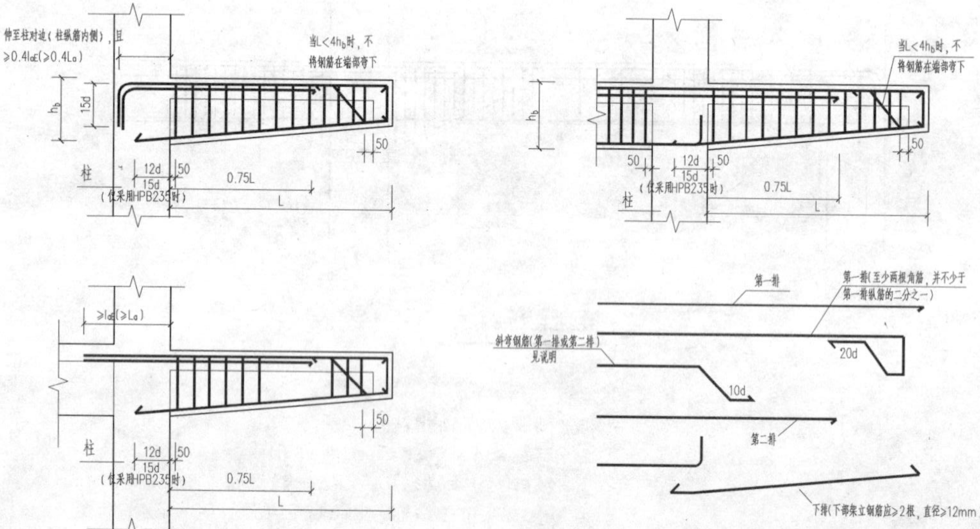

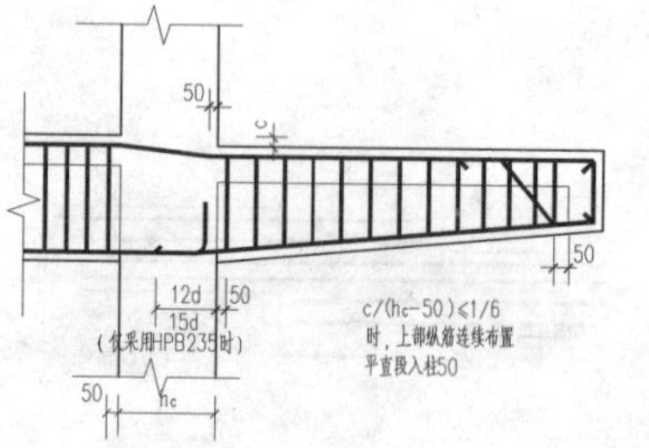

悬挑梁配筋示意

说明

1、h为折梁截面高度，s为梁内折角处计算所得箍筋设置长度范围.
2、hb为悬臂梁节点处高度，hc为悬臂梁节点处柱的高度.
3、悬臂梁外伸处端部斜弯钢筋的设置由计算决定；当需要设置斜弯钢筋时，由梁端上部第一排(或第二排)钢筋在距支座边50mm处向下弯折.

现浇框架变截面梁(折梁、悬臂梁)配筋示意图

C4.20-001

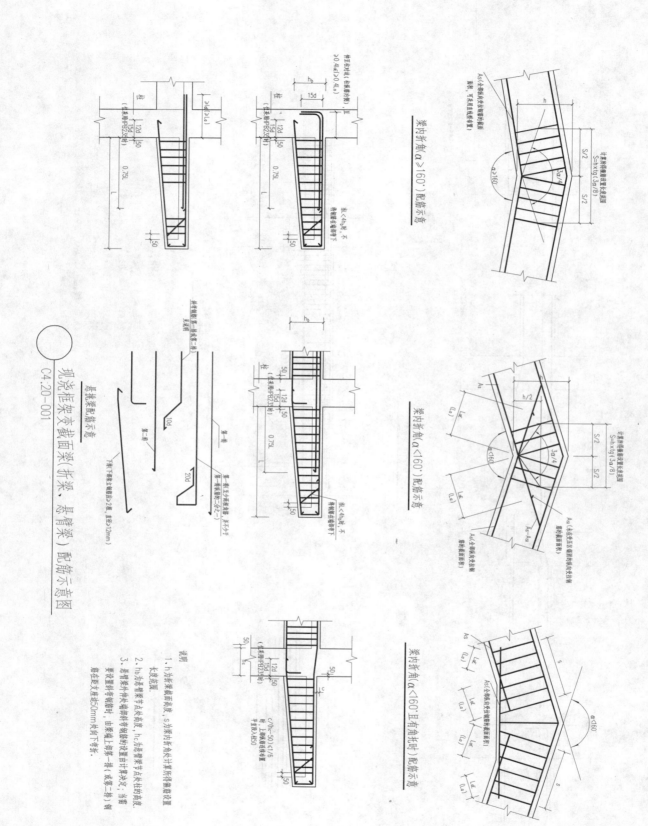

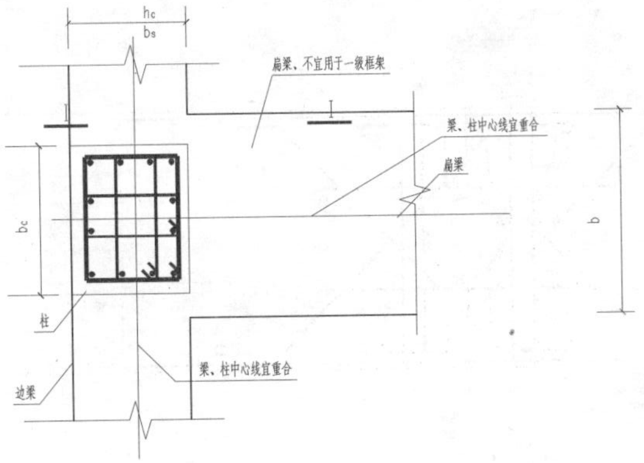

宽扁梁平面布置（边柱）

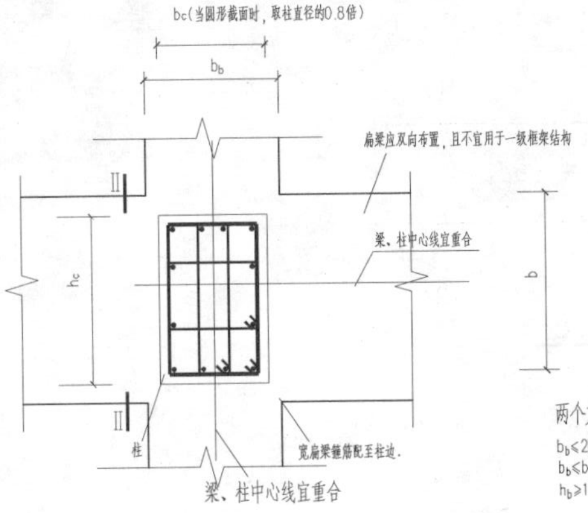

宽扁梁平面布置（中柱）

两个方向宽扁梁的截面尺寸应分别符合下列要求：

$b_b \leqslant 2b_c$　　$b \leqslant 2h_c$

$b_b \leqslant b_c + h_b$　　$b \leqslant h_c + h$

$h_b \geqslant 16d$　　$h \geqslant 16d$

b_c、h_c—分别为柱截面宽度和高度，圆形截面取柱直径的0.8倍

$b_b \times h_b$、$b \times h$—分别为梁截面宽度和高度

d—为柱纵筋直径

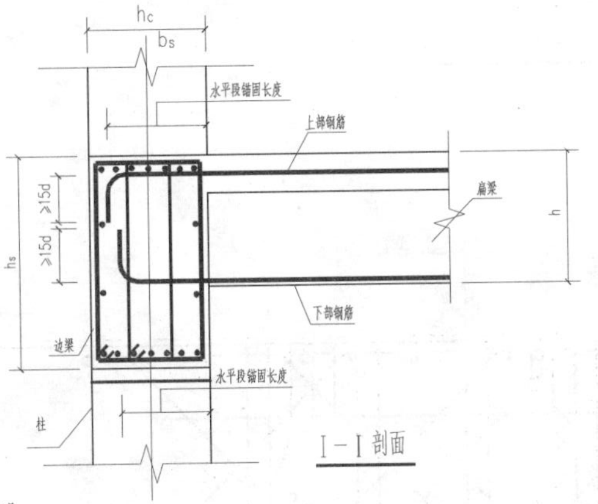

I－I 剖面

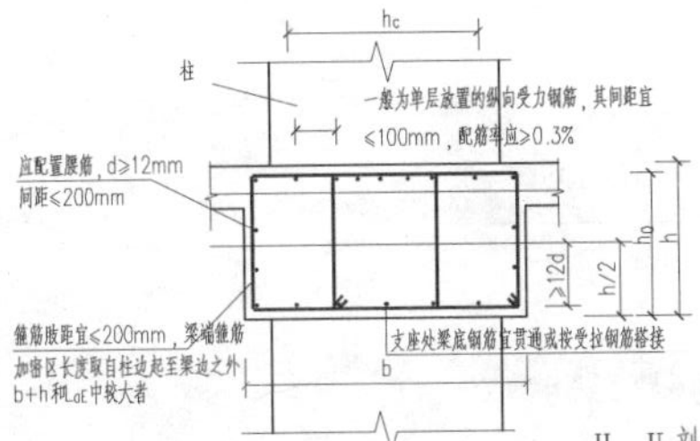

II－II 剖面

说明：

1.图示扁梁上部(或下部)纵向钢筋应锚固在边梁内。当采用直线锚固形式时，其水平段锚固长度应不小于La(非抗震、四级抗震)、1.05La(三级抗震)、1.15La(一、二级抗震)，且应伸过边梁中心线不小于5d。当边梁截面宽度尺寸不足时，可采用带90°弯折锚固形式，纵向钢筋应伸至边梁对边并向下(或向上)弯折不小于15d，竖直段钢筋外混凝土保护层厚度不小于50mm；其水平段锚固长度应不小于0.4La(非抗震、四级抗震)、0.42La(三级抗震)、0.46La(一、二级抗震)；d为上部(或下部)钢筋直径.

2.边梁宽度bs不宜超过柱截面高度hc.

3.当图示扁梁宽度b大于柱宽bc时，边梁应采取措施考虑其受扭的不利影响.

框架宽扁梁与边梁的连接构造

说明：

1、框架扁梁端的截面内宜有大于60%的上部纵向受力钢筋穿过柱子，且可靠地锚固在柱核心区内；对一、二级抗震等级，则应有大于60%的上部纵向受力钢筋穿过柱子，且贯穿中柱的每根纵向钢筋的直径，不宜大于柱在该方向截面尺寸的1/20.

2、节点核心区内的箍筋水平肢可利用扁梁端上部顶层纵筋和下部底层纵筋，该处纵筋截面面积需经计算复核.

3、扁梁内的箍筋末端应设置在混凝土受压区，箍筋的末端应做成135°弯钩，钩住纵向受力钢筋，弯钩端头平直段长度不小于10d（d为箍筋直径）。当箍筋采用HRB335级钢筋，且箍筋直径d≥18mm时，由截面h/2处至弯钩末端的锚固长度不应小于12d.

宽扁梁纵向钢筋和箍筋构造

现浇框架宽扁梁纵向钢筋和箍筋构造详图

C4.21-001

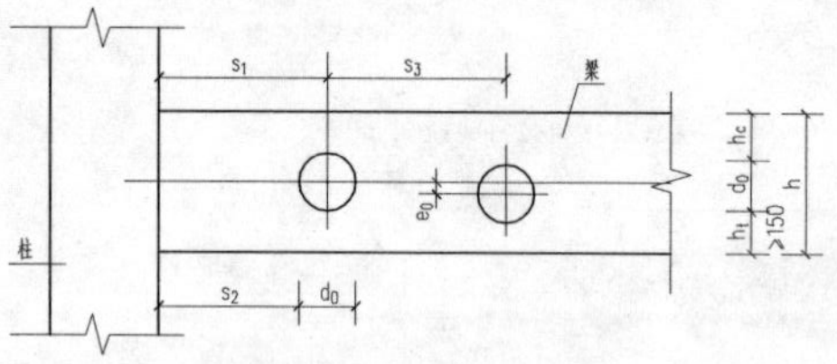

圆形孔洞位置

说明：梁腹圆孔尽可能设置于剪力较小的跨中1/3区域内,必要时可设置于梁端1/3区域内，圆洞尺寸和位置应满足附表规定。对于do/h≤0.2及150mm的小直径孔洞,圆孔中心位置应满足-0.1h≤eo≤0.2h(负号表示偏向受压区)和s2≥0.25h的要求,同时对于地震区,圆孔梁端塑性铰位置宜向跨中转移1.0h的距离.

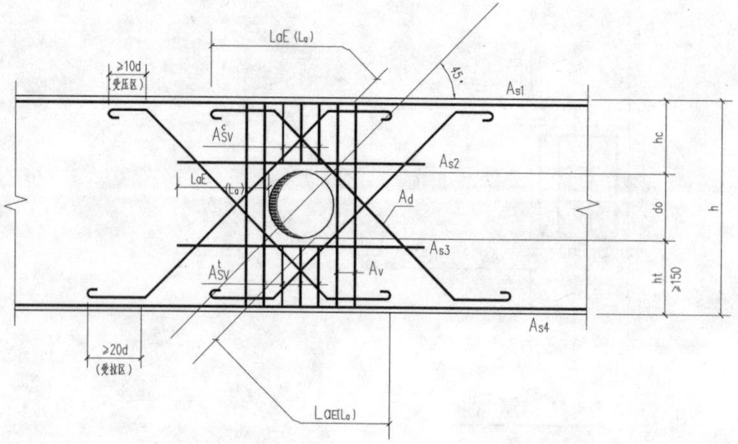

具有单孔圆形孔洞的梁构造详图

圆孔尺寸及位置　　附表

地区	e_0/h	跨中1/3区域			梁端1/3区域			
		d_0/h	h_c/h	S_3/d_0	d_0/h	h_c/h	S_2/d_0	S_3/d_0
非地震区	≤0.10 (偏向受拉区)	≤0.40	≥0.30	≥2.0	≤0.3	≥0.35	≥1.0	≥2.0
地震区							≥1.5	≥3.0

圆孔配筋构造：

(1)当孔洞直径do小于h/10及100mm时,孔洞周边可不设置补强钢筋;

(2)当孔洞直径do小于h/5及150mm时,孔洞周边配筋可按构造设置.弦杆纵筋A_{s2}、A_{s3}可采用2Ø10~2Ø12;弦杆箍筋A_{sv}、A_{sv}采用Ø8,且不应小于梁的箍筋，间距不应大于0.5倍弦杆有效高度及100mm.孔洞两侧补强钢筋(A_v、A_d)宜靠近孔洞边缘,倾斜钢筋A_d可取2Ø12,其倾角α可取45°;

(3)当孔洞直径不能满足上述要求时，孔洞周边的配筋应按计算确定，但不应小于按构造要求设置的钢筋.

孔洞上下弦杆内的纵向钢筋A_{s2}、A_{s3}可按下列原则选用，并不得小于梁受压区纵向钢筋A_{s1}.

当do≤200mm时,采用2Φ12

当200mm<do≤400mm时,采用2Φ14

当400mm<do≤600mm时,采用2Φ16

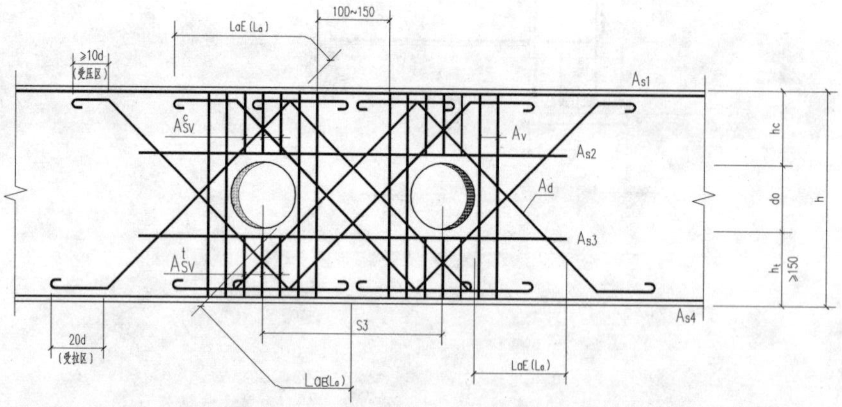

具有多孔圆形孔洞的梁构造详图

框架梁上开洞(圆孔)构造详图
C4.22-001

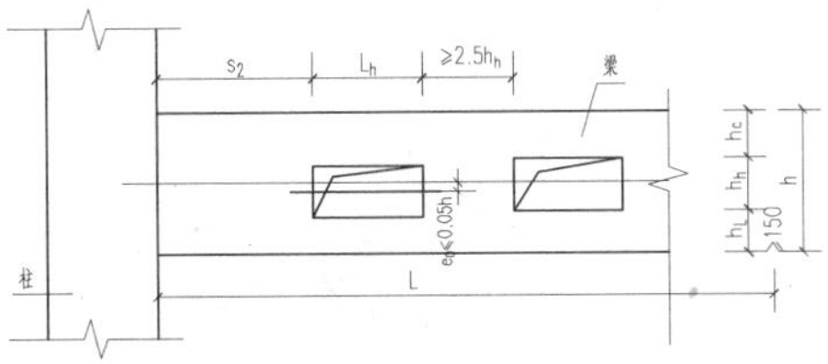

矩形孔洞位置及尺寸

说明：孔洞尽可能设置于剪力较小的跨中1/3区域内，必要时可设置于梁端1/3区域内。孔洞偏心宜偏向受拉区，偏心距e_0不宜大于0.05h。孔洞长度与高度之比值 l_h/h_h应满足：跨中1/3区域内的孔洞不大于4，梁端1/3区域内的孔洞不大于2.6。设置多孔时，相邻孔洞边缘间净距不应小于$2.5h_h$，孔洞尺寸和位置应满足附表规定。

矩形孔尺寸及位置　　附表

地区	跨中1/3区域 h_h/h	跨中1/3区域 l_h/h	跨中1/3区域 h_c/h	梁端1/3区域 h_h/h	梁端1/3区域 l_h/h	梁端1/3区域 h_c/h	梁端1/3区域 S_2/h
非地震区	≤0.40	≤1.60	≥0.30	≤0.30	≤0.80	≥0.35	≥1.0
地震区							≥1.5

矩形孔配筋构造：

(1)当孔洞高度小于h/6及100mm时，且孔洞长度小于h/3及200mm时，孔洞周边配筋可按构造设置。弦杆纵筋A_{s2}、A_{s3}可采用2Φ10～2Φ12；弦杆箍筋A_{sv}、A_{sv}采用Φ8，且不应小于梁的箍筋，间距不应大于0.5倍弦杆有效高度及100mm。垂直箍筋Av宜靠近洞口边缘，单向倾斜钢筋A_d可取2Φ12，其倾角α可取45°。

(2)当孔洞尺寸不满足上述要求时，孔洞周边配筋应按计算确定，但不应小于按构造要求设置的钢筋。

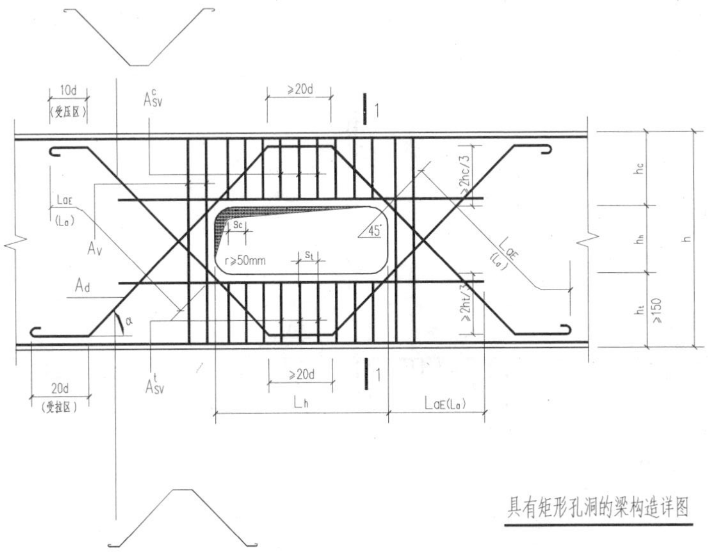

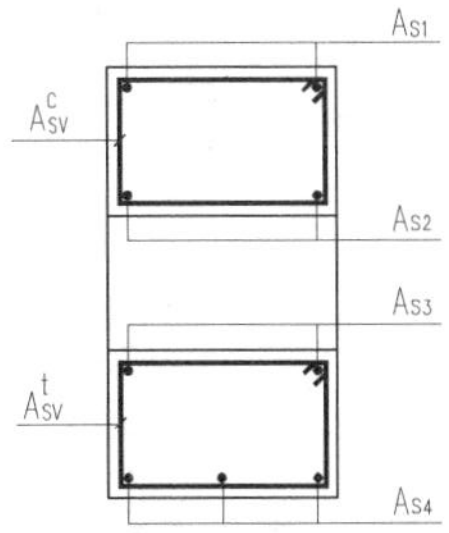

1—1

具有矩形孔洞的梁构造详图

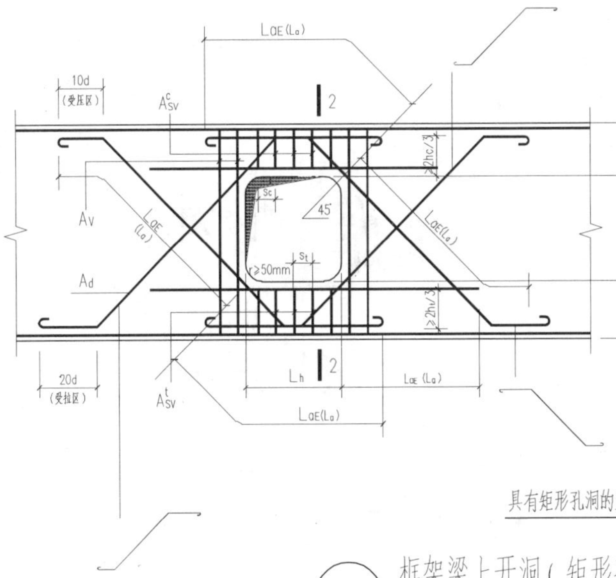

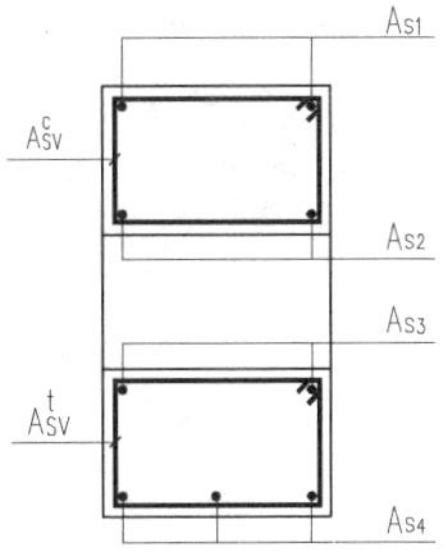

2—2

具有矩形孔洞的梁构造详图

框架梁上开洞(矩形孔洞)构造详图

C4.23-001

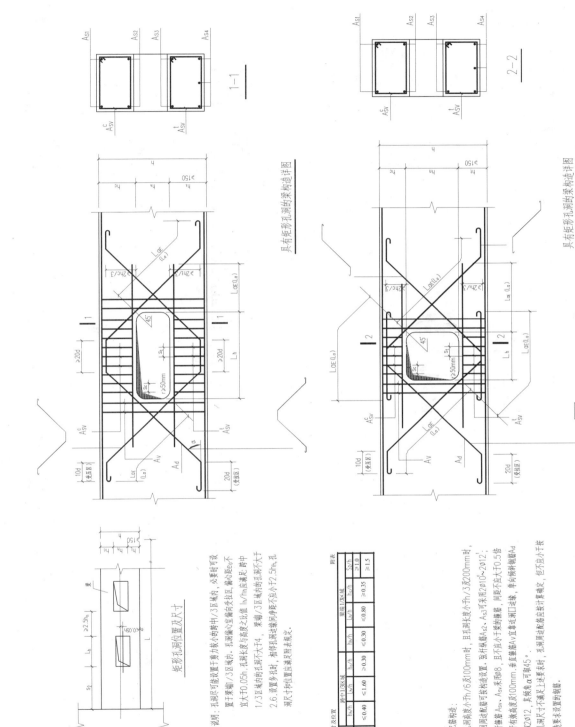

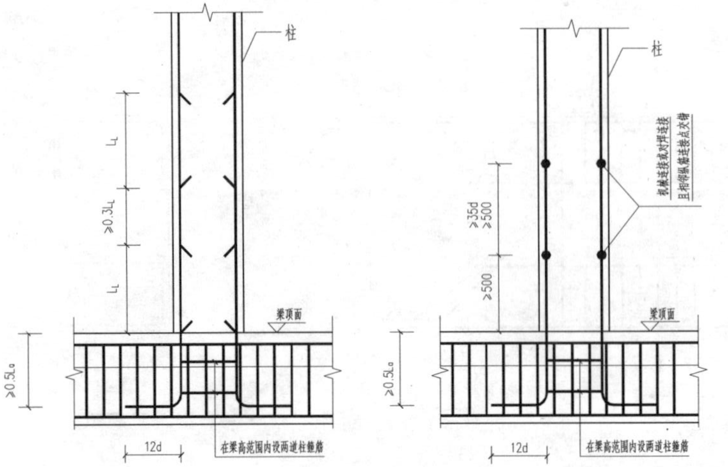

绑扎搭接连接　　机械或焊接连接

梁上柱纵筋构造(非抗震)

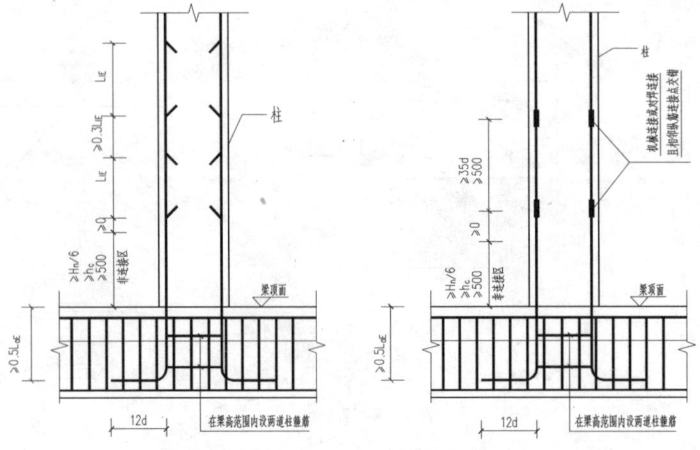

绑扎搭接连接　　机械或焊接连接

梁上柱纵筋构造(抗震)

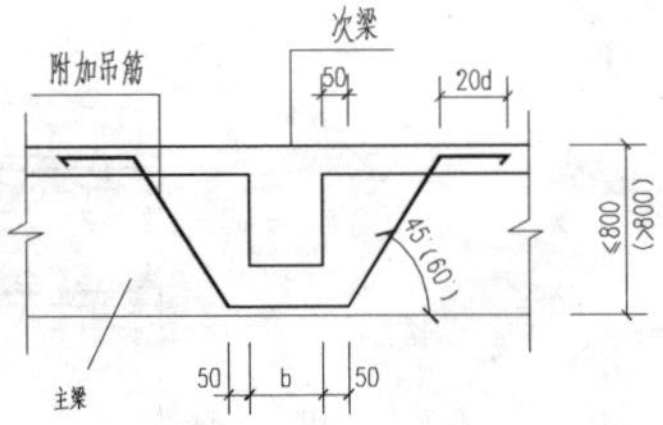

梁内附加吊筋构造

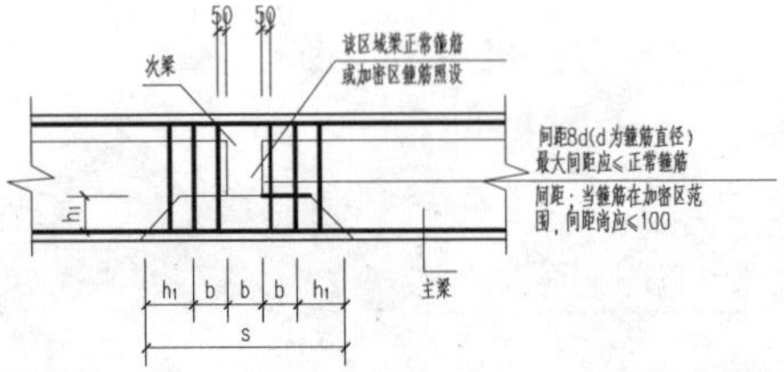

梁附加箍筋构造示意图

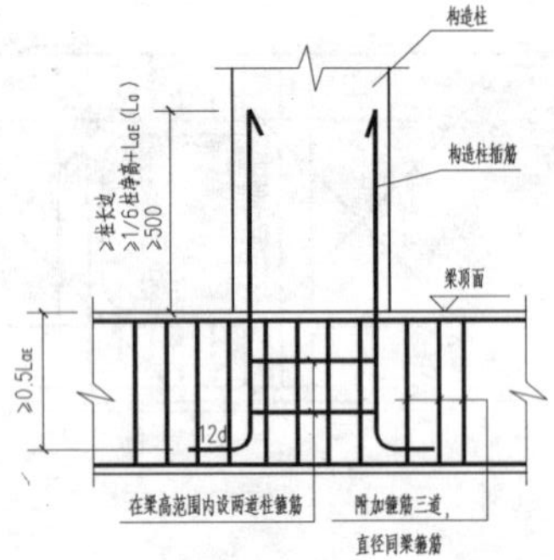

梁上构造柱插筋及两侧附加箍筋

说明

1. 柱纵向钢筋连接相邻接头相互错开，在同一截面内的钢筋接头百分率，对于绑扎搭接和机械连接不宜大于50%，对于焊接连接不应大于50%.
2. 柱纵向钢筋直径d>28mm时，不宜采用绑扎搭接接头.
3. 机械连接和焊接接头的类型及质量应符合国家现行有关标准的规定.
4. hc为柱截面长边尺寸(圆柱为直径)，Hn为所在楼层的柱净高.
5. 梁上起柱，在梁内设两道柱箍筋.
6. 本图各类柱的柱纵筋连接及锚固构造除柱根部位外，往上均与框架柱的纵筋连接及锚固构造相同.
7. L_{aE}、L_{lE}取值见附表1、附表2、附表3、附表4.

现浇框架梁上起柱节点详图

C4.24-001

参考详图

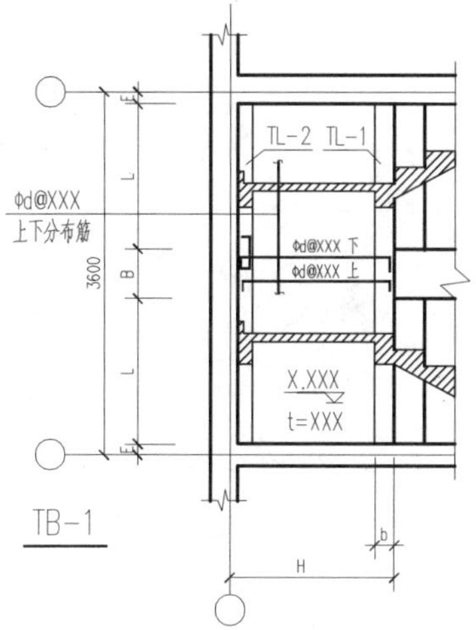

楼梯平台配筋详图示意

C5.01-001

参考详图

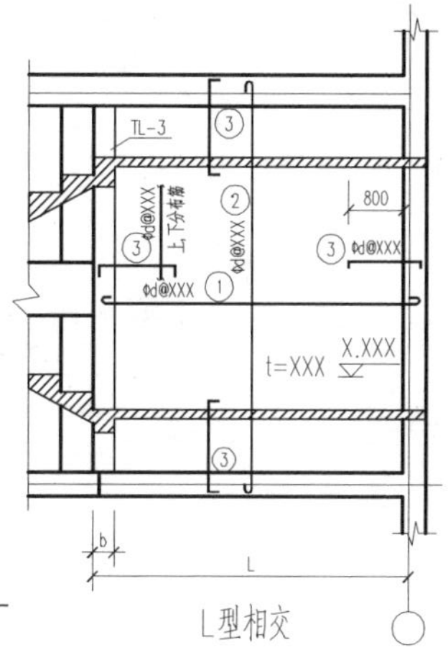

楼梯平台配筋详图示意

C5.01-002

参考详图

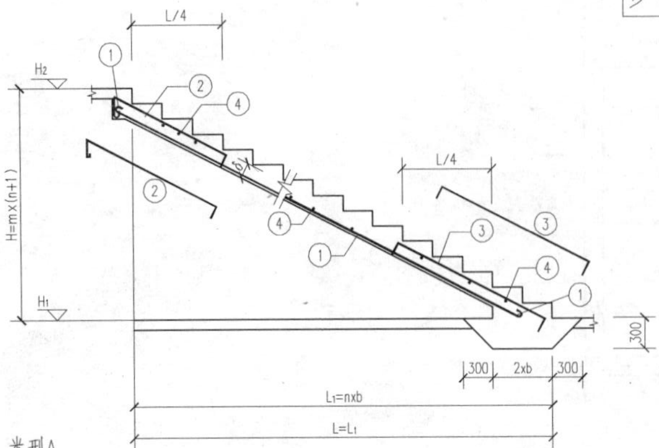

类型A

参考详图

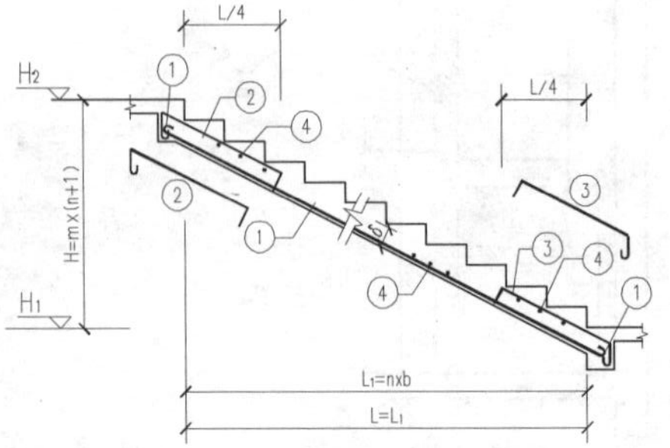

类型B

楼梯段配筋详图
C5.02-001

说明：1.配筋按具体工程确定.
2.上批钢筋锚入梁内弯起角≥135°时，建议弯折段增加平段过渡。

楼梯段配筋详图
C5.02-002

参考详图

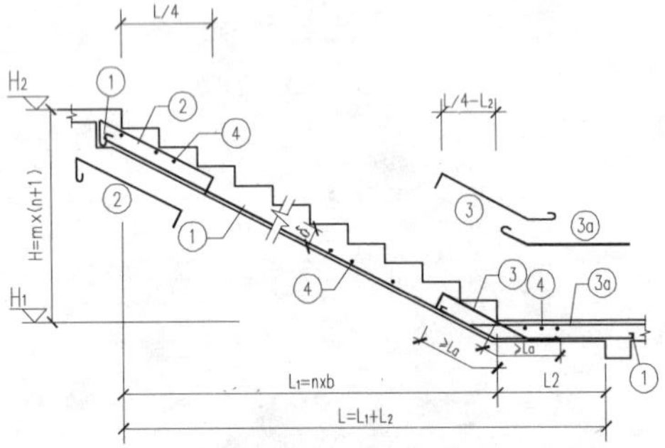

类型C

参考详图

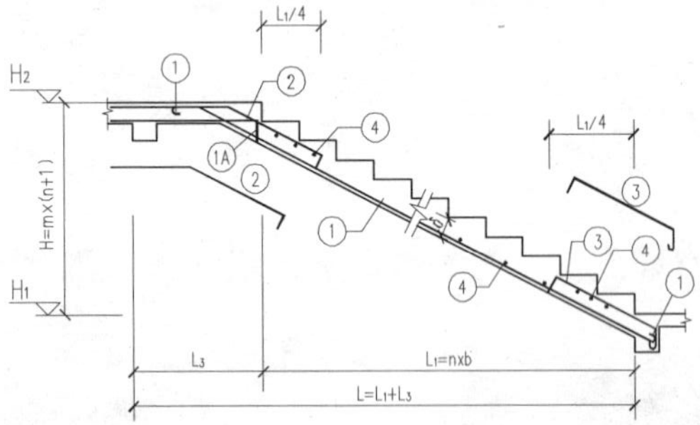

类型D

参考详图

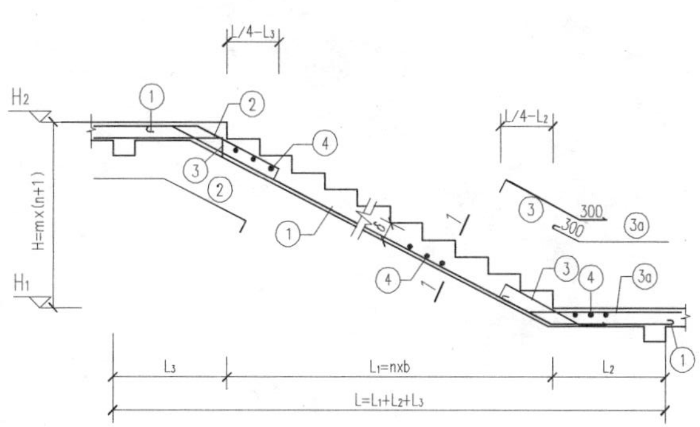

类型E

楼梯段配筋详图
C5.02-005

参考详图

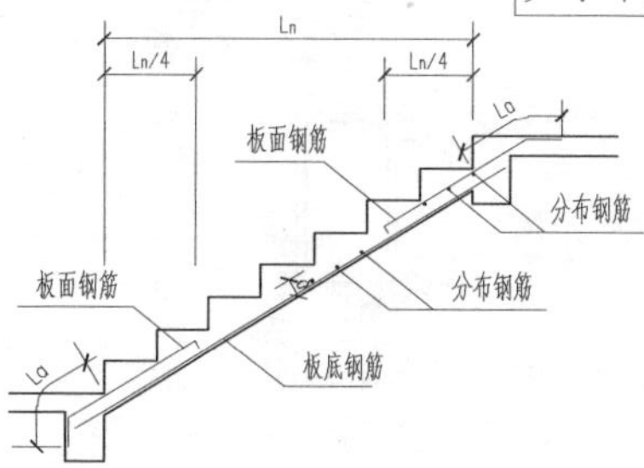

说明：
1. 本图适用于现浇钢筋混凝土板式楼梯.
2. 本图仅表示钢筋的布置及锚固要求，楼梯板厚度.
3. 踏步格数等具体尺寸，钢筋规格等见设计图. La：锚固长度.

楼梯段配筋详图
C5.02-006

参考详图

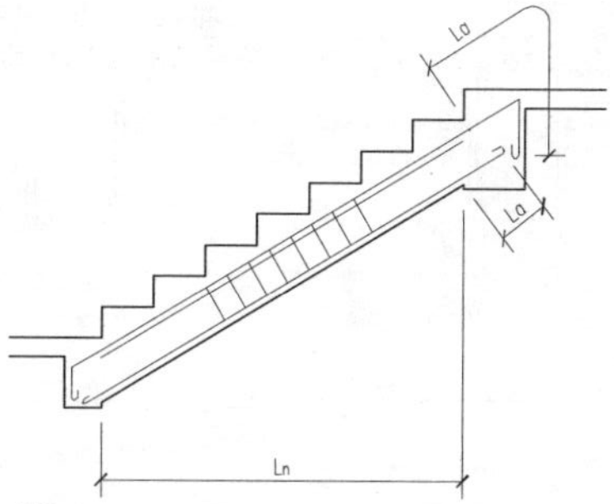

说明：
1. 本图适用于现浇钢筋混凝土梁式楼梯，梁式楼梯配筋与一般梁相同.
2. 本图仅表示钢筋的布置及锚固要求.
3. 踏步格数等具体尺寸，钢筋规格等见设计图. La：锚固长度.

楼梯段配筋详图
C5.02-007

参考详图

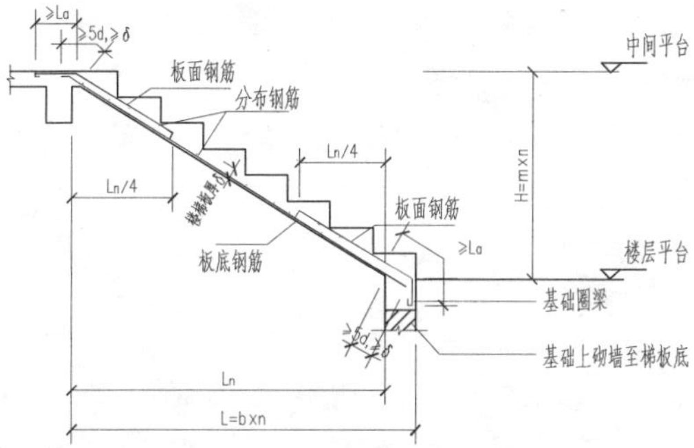

楼梯段配筋详图
C5.02-008

参考详图

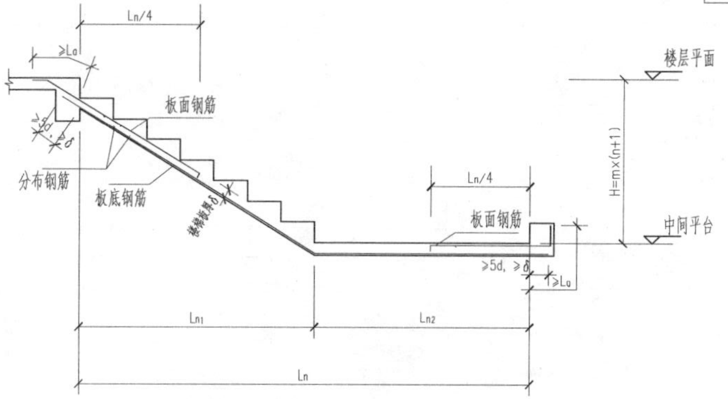

楼梯段配筋详图
C5.02-009

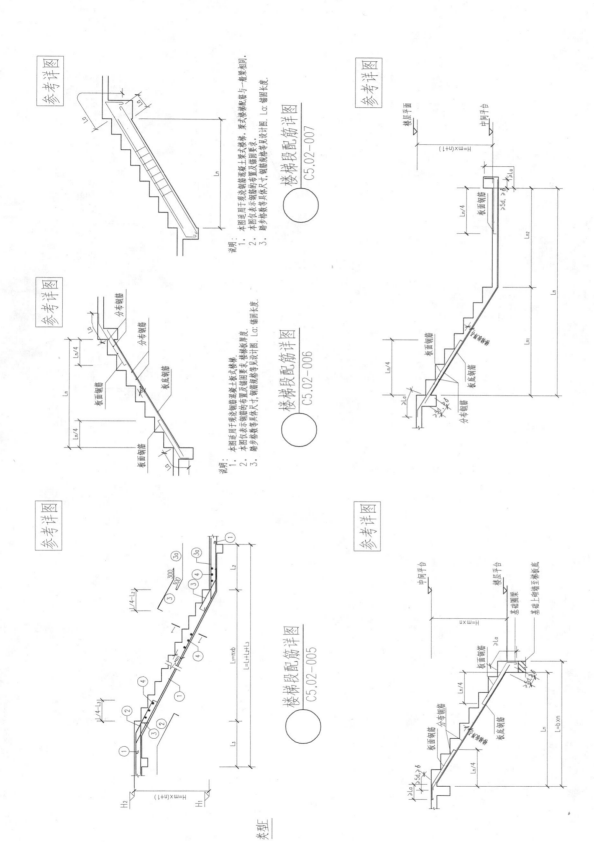

参考详图

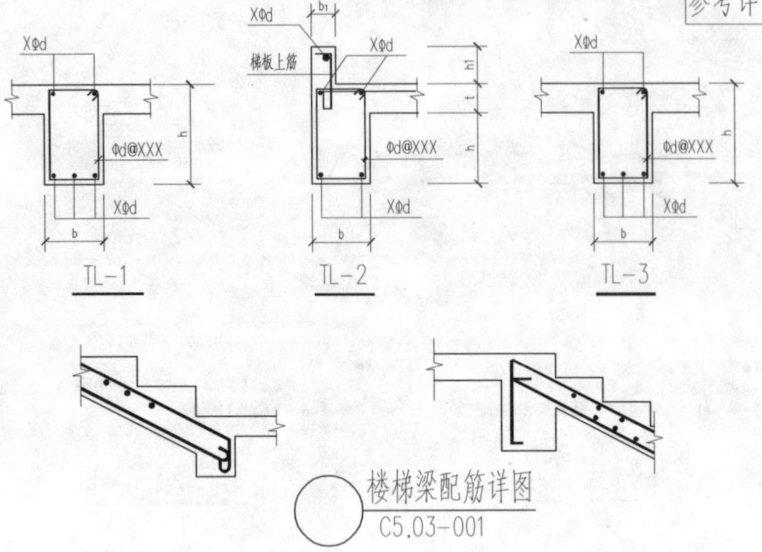

楼梯梁配筋详图
C5.03-001

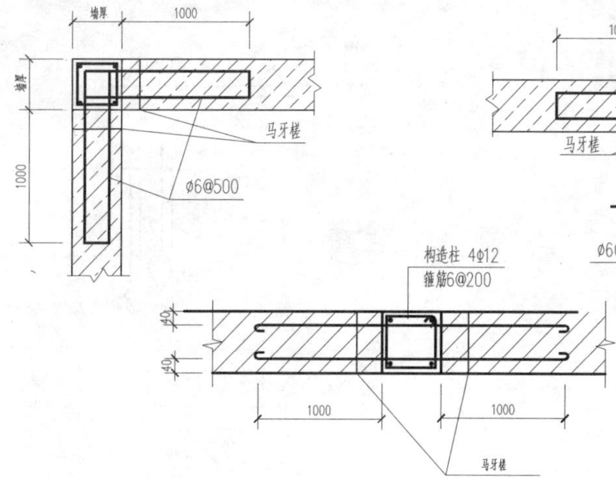

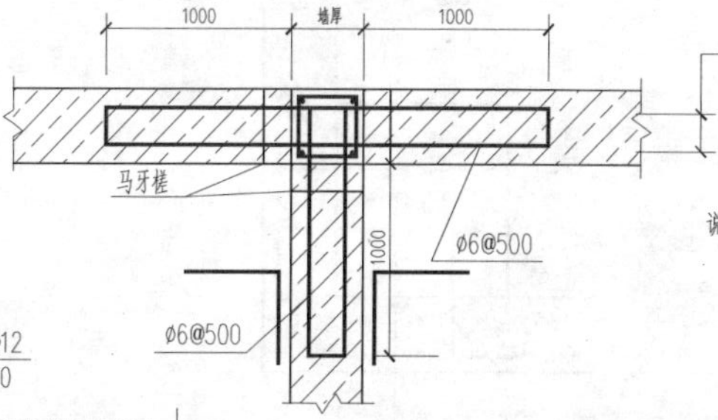

120(当墙厚≥200时)
60(当墙厚≤120时)

说明：

1. 砌体沿构造柱每隔500mm左右设置2ϕ6拉筋，抗震设防烈度8、9度时通长设置，6、7度时伸进墙1000mm.
2. 构造柱混凝土为CXX，先砌墙后浇拉.

砖墙与构造柱的拉结
C6.04-001

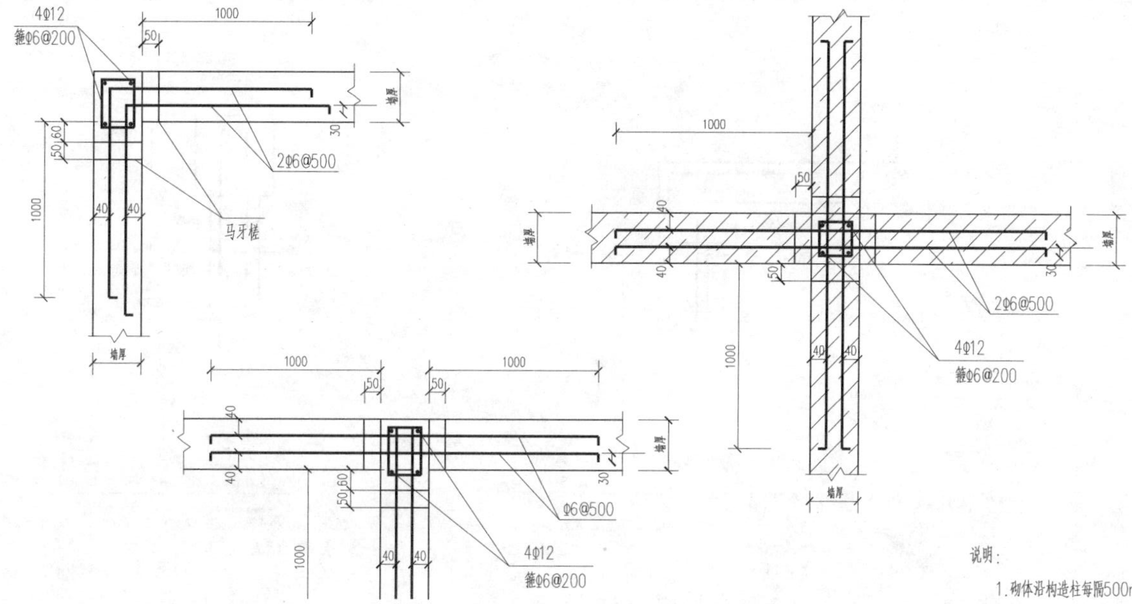

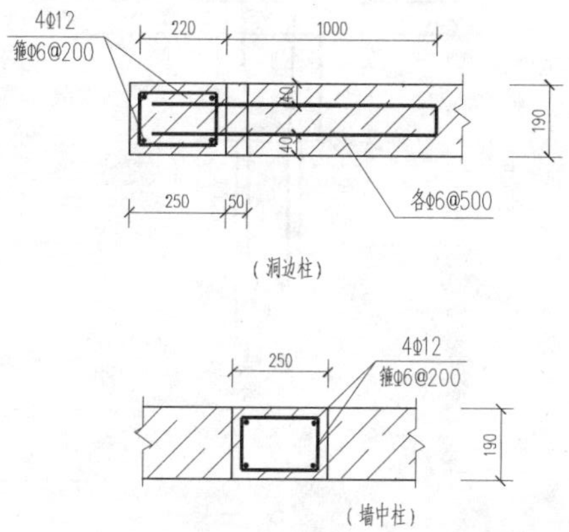

说明：

1. 砌体沿构造柱每隔500mm左右设置2ϕ6拉筋，抗震设防烈度8、9度时通长设置，6、7度时伸进墙1000mm.

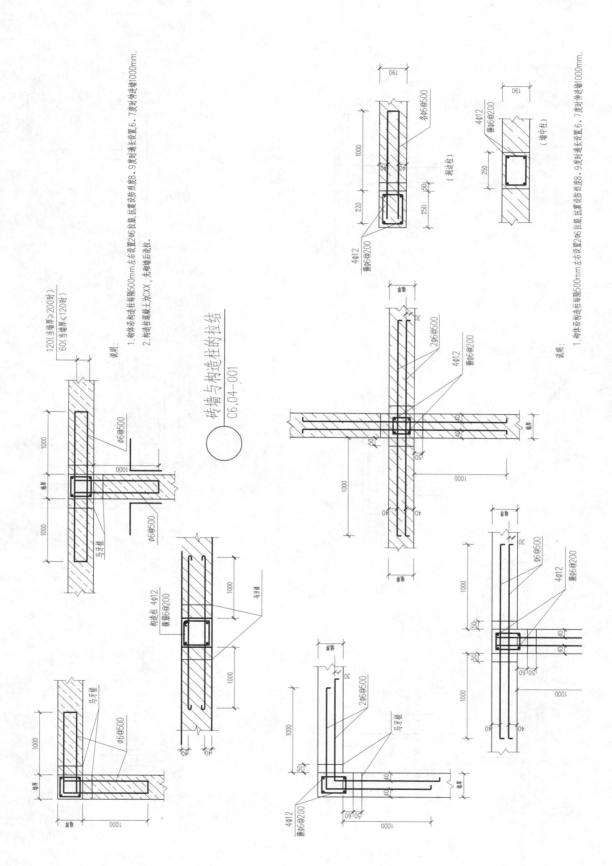

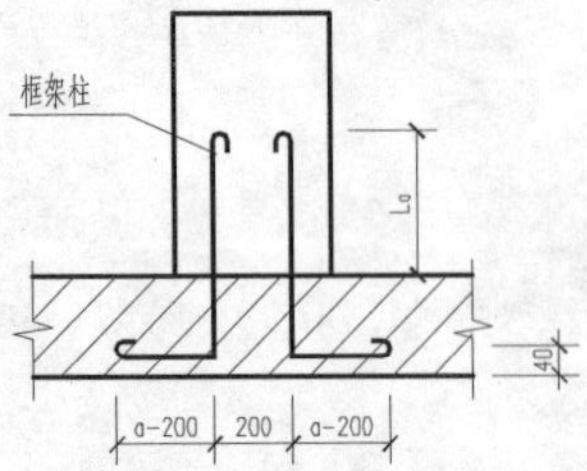

填充墙与框架柱的拉结
C6.01-007

说明：1. 图示拉结钢筋为Φ6@500mm.
2. a为1/5墙长且大于等于700mm.抗震设防烈度8度和9度时沿墙全长贯通，墙长大于5m时，墙顶与梁宜有拉结.

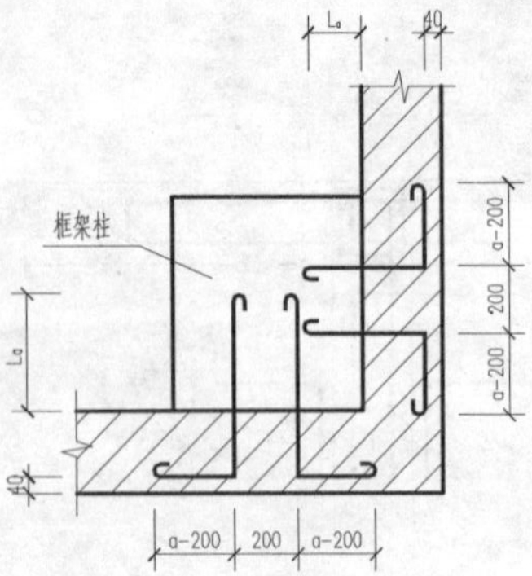

填充墙与框架柱的拉结
C6.01-008

说明：1. 图示拉结钢筋为Φ6@500mm.
2. a为1/5墙长且大于等于700mm.抗震设防烈度8度和9度时沿墙全长贯通，墙长大于5m时，墙顶与梁宜有拉结.

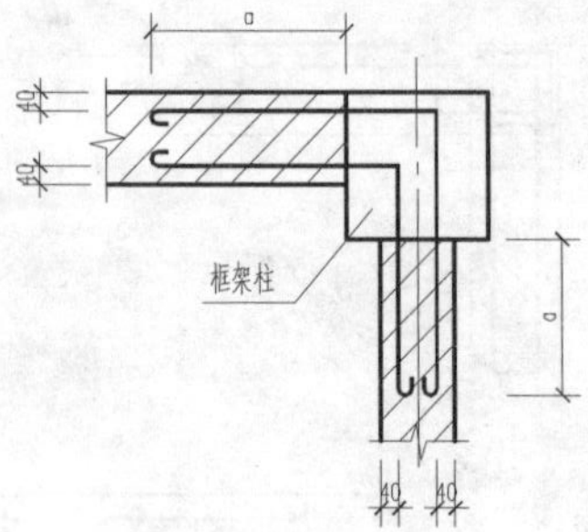

填充墙与框架柱的拉结
C6.01-009

说明：1. 图示拉结钢筋为Φ6@500mm.
2. a为1/5墙长且大于等于700mm.抗震设防烈度8度和9度时沿墙全长贯通，墙长大于5m时，墙顶与梁宜有拉结.

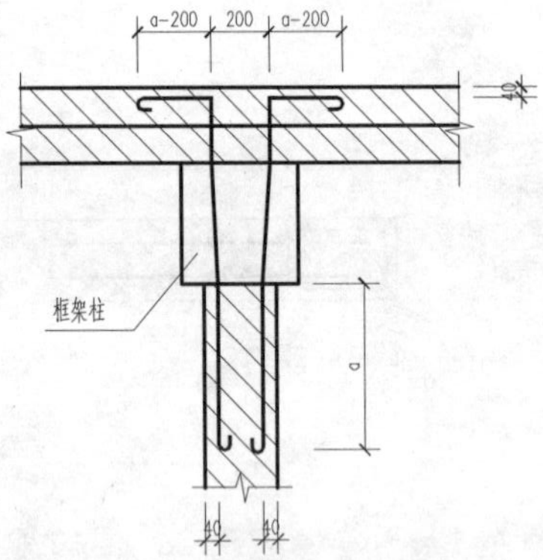

填充墙与框架柱的拉结
C6.01-010

说明：1. 图示拉结钢筋为Φ6@500mm.
2. a为1/5墙长且大于等于700mm.抗震设防烈度8度和9度时沿墙全长贯通，墙长大于5m时，墙顶与梁宜有拉结.

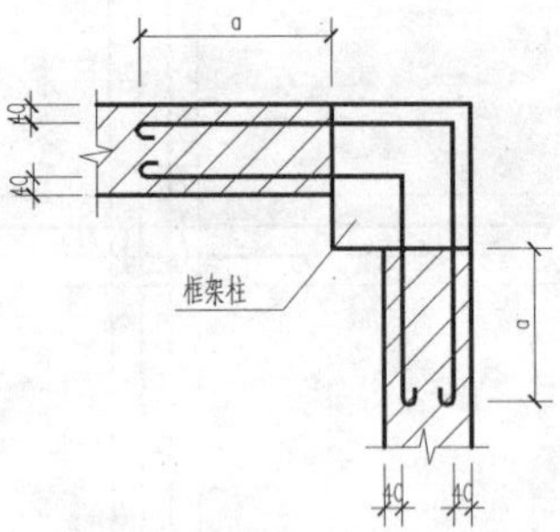

填充墙与框架柱的拉结
C6.01-011

说明：1. 图示拉结钢筋为Φ6@500mm.
2. a为1/5墙长且大于等于700mm.抗震设防烈度8度和9度时沿墙全长贯通，墙长大于5m时，墙顶与梁宜有拉结.

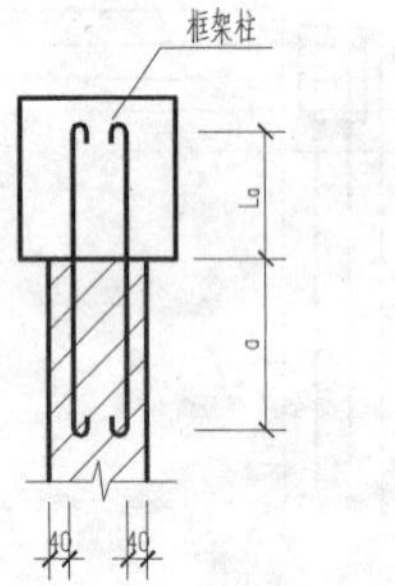

填充墙与框架柱的拉结
C6.01-012

说明：1. 图示拉结钢筋为Φ6@500mm.
2. a为1/5墙长且大于等于700mm.抗震设防烈度8度和9度时沿墙全长贯通，墙长大于5m时，墙顶与梁宜有拉结.

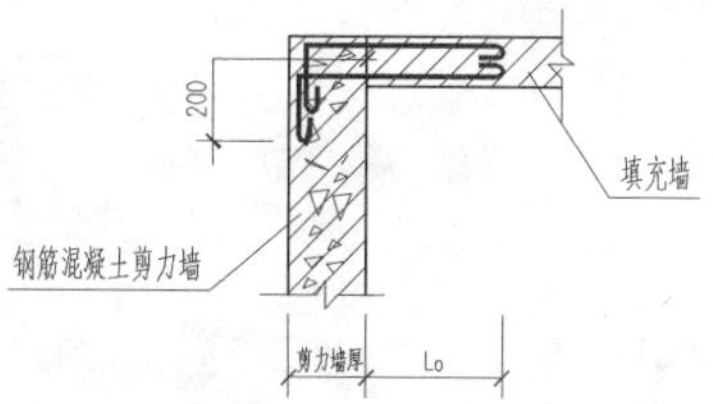

说明：填充墙（120、200、240厚）与剪力墙连接处设拉接筋详见图。浇捣剪力墙时，应配合建施有关图纸按图中要求位置预留ø6@500插筋。

Lo——抗震设防烈度为8度、9度时，沿墙全长布置。
抗震设防烈度为6度、7度时，不小于墙长的 1/5，且≥700mm。

填充墙与剪力墙的拉结
C6.02-001

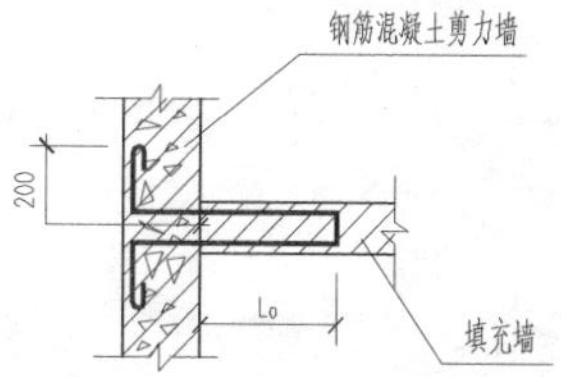

说明：填充墙（120、200、240厚）与剪力墙连接处设拉接筋详见图。浇捣剪力墙时，应配合建施有关图纸按图中要求位置预留ø6@500插筋。

Lo——抗震设防烈度为8度、9度时，沿墙全长布置。
抗震设防烈度为6度、7度时，不小于墙长的 1/5，且≥700mm。

填充墙与剪力墙的拉结
C6.02-002

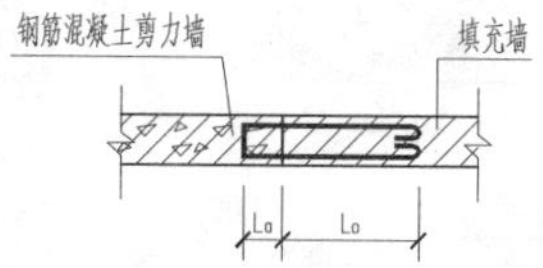

说明：填充墙（120、200、240厚）与剪力墙连接处设拉接筋详见图。浇捣剪力墙时，应配合建施有关图纸按图中要求位置预留ø6@500插筋。

Lo——抗震设防烈度为8度、9度时，沿墙全长布置。
抗震设防烈度为6度、7度时，不小于墙长的 1/5，且≥700mm。

填充墙与剪力墙的拉结
C6.02-003

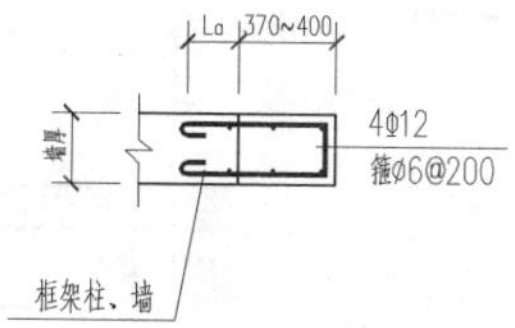

说明：当柱边或剪力墙边墙体长度≤400mm（120、200墙厚），≤370mm（240墙厚）时，柱边或剪力墙边砌体应以钢筋混凝土墙代替，见图。

填充墙与剪力墙的拉结
C6.02-004

参考详图

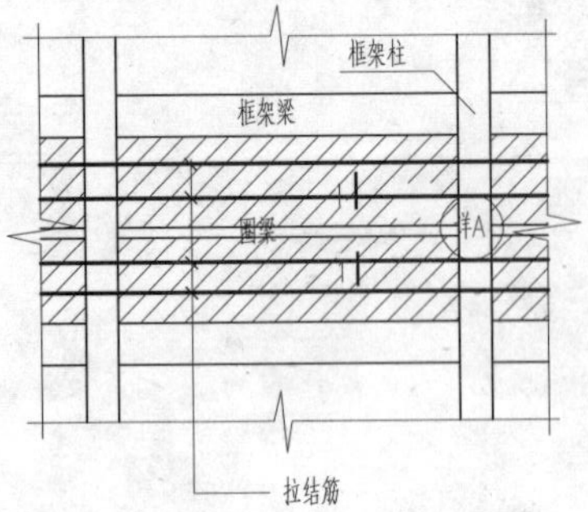

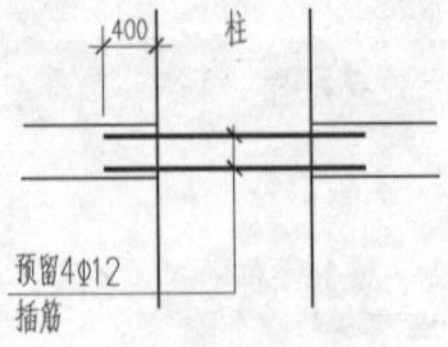

详 A

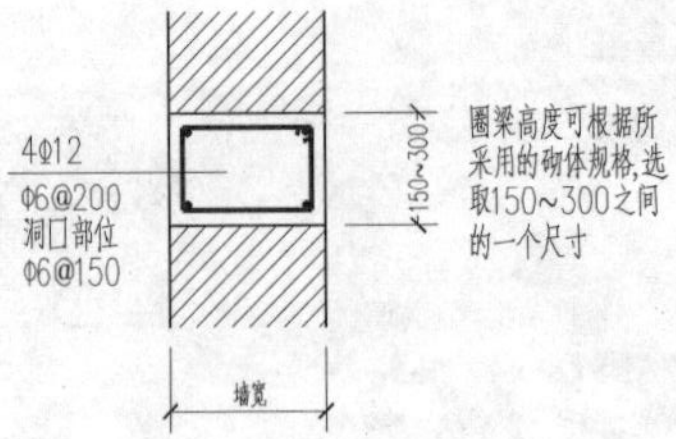

1-1

填充墙设圈梁和拉结筋示意

C6.03-001

说明：当墙高大于4m时，设圈梁，设在半高或门窗洞口上边.

参考详图

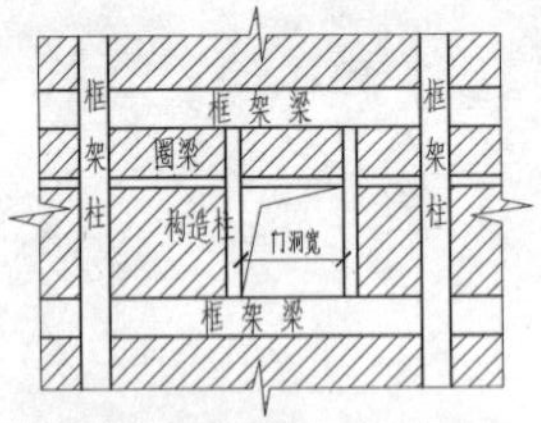

门框构造详图

C6.03-002

说明：120厚墙当洞宽度≥1500mm时,200厚墙当洞宽度≥1800mm时,应设钢筋混凝土构造柱,构造柱与墙体连接处应设拉结钢筋.除详图已注明者外可按图构造.

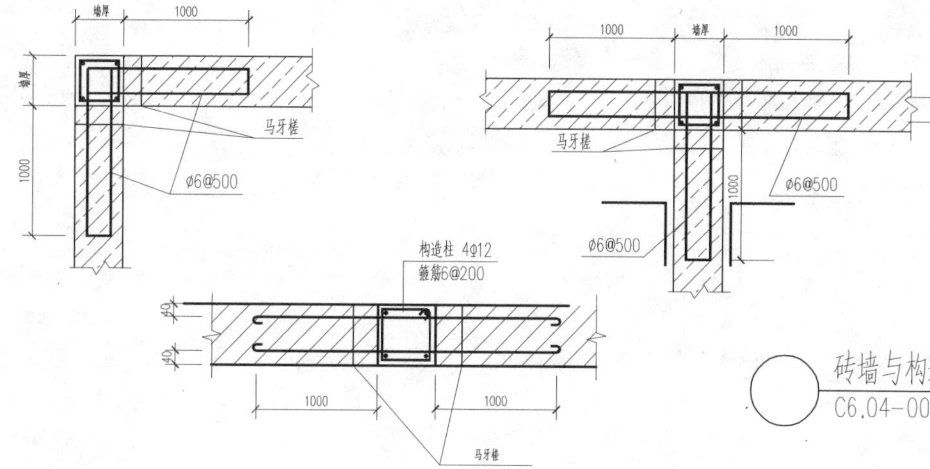

砖墙与构造柱的拉结
C6.04-001

说明:

1. 砌体沿构造柱每隔500mm左右设置2ϕ6拉筋,抗震设防烈度8、9度时通长设置,6、7度时伸进墙1000mm.
2. 构造柱混凝土为CXX,先砌墙后浇拉.

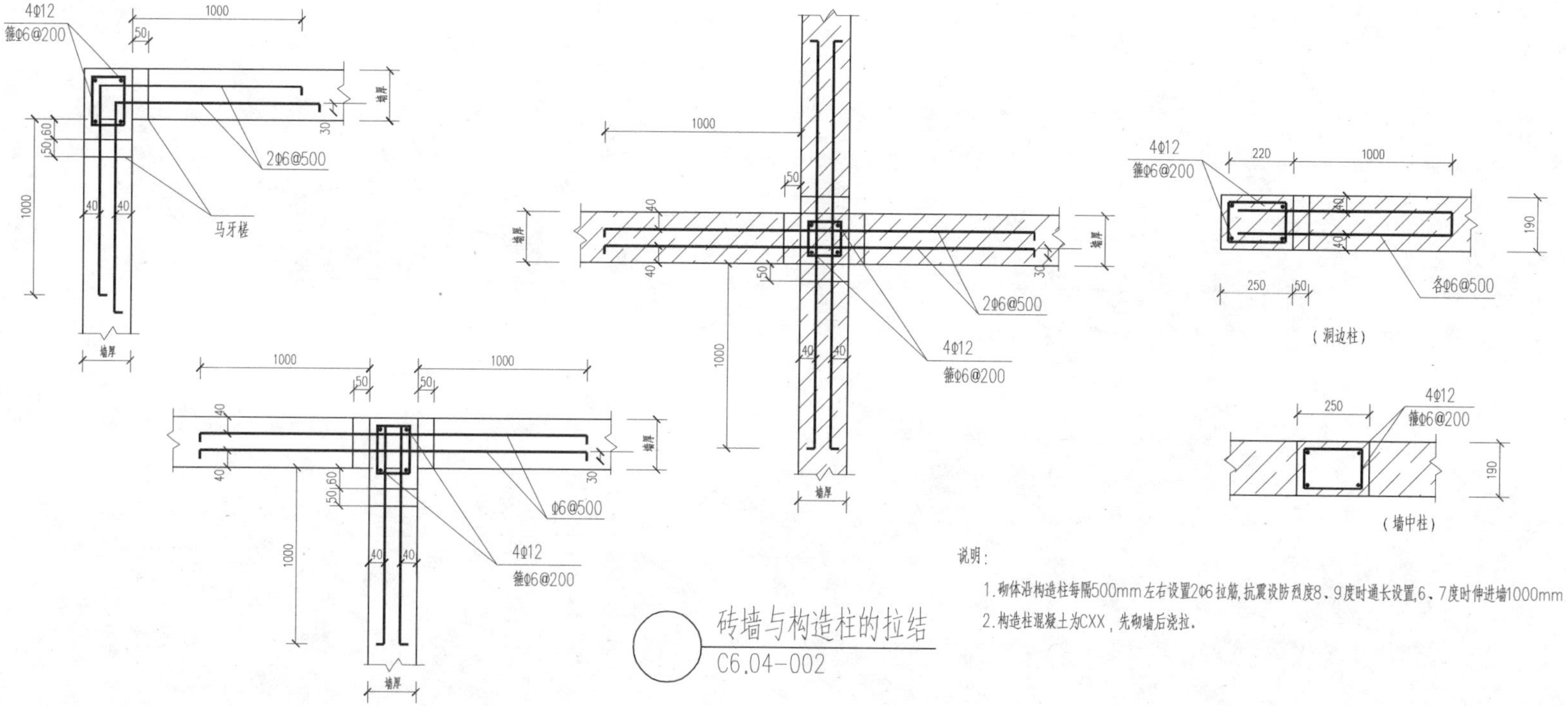

砖墙与构造柱的拉结
C6.04-002

说明:

1. 砌体沿构造柱每隔500mm左右设置2ϕ6拉筋,抗震设防烈度8、9度时通长设置,6、7度时伸进墙1000mm.
2. 构造柱混凝土为CXX,先砌墙后浇拉.

参考详图

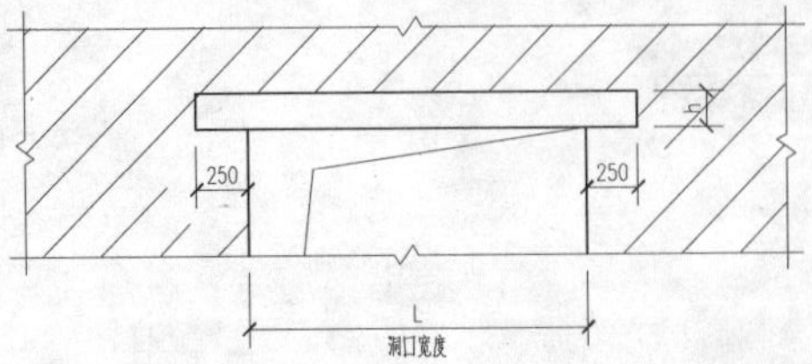

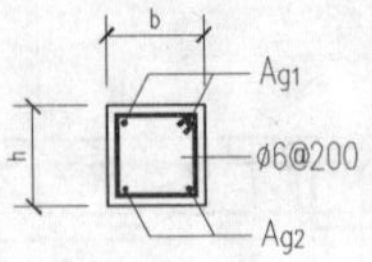

过梁断面

过梁断面及配筋表

洞口宽度 L	b=120			b=200			b=240		
	h	Ag1	Ag2	h	Ag1	Ag2	h	Ag1	Ag2
≤1200	120	2ϕ10	2ϕ10	120	2ϕ10	2ϕ10	120	2ϕ12	2ϕ12
≤1500	150	2ϕ10	2ϕ12	150	2ϕ10	2ϕ12	150	2ϕ12	2ϕ12
≤1800	180	2ϕ12	2ϕ12	180	2ϕ12	2ϕ12	180	2ϕ12	2ϕ14
≤2400	180	2ϕ12	2ϕ14	180	2ϕ12	2ϕ14	180	2ϕ14	2ϕ16

过梁配筋构造（仅供参考）
C6.05-001

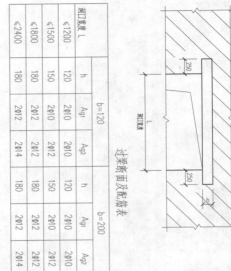

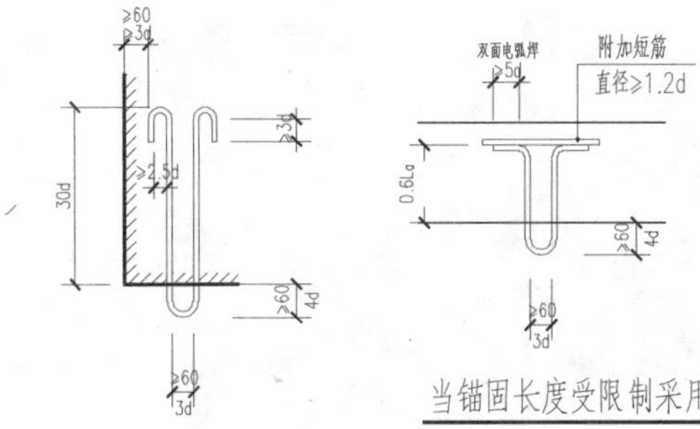

当锚固长度受限制采用

吊环详图
C7.01-001

说明：吊钩应采用 HPB235级钢筋制作,严禁使用冷加工钢筋,并应焊接或绑扎在钢筋骨架上.

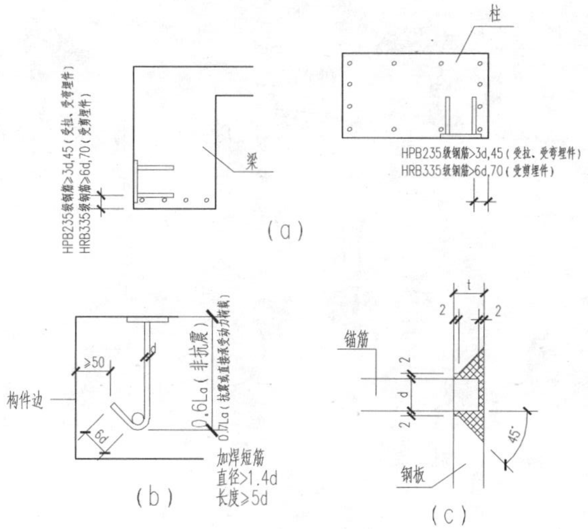

预埋件钢板详图
C7.01-002

说明：
1. 预埋件钢板采用Q235,锚筋采用HPB235级、HRB335级钢筋．严禁采用冷加工钢筋.
2. 预埋件锚筋应布置在梁柱主筋内侧,如图a.
3. 当受拉锚筋长度受限制时,可按图b方式锚固.
4. 锚筋与钢板采用T型压力埋弧焊,锚筋直径>20mm时采用穿孔塞焊,如图c.

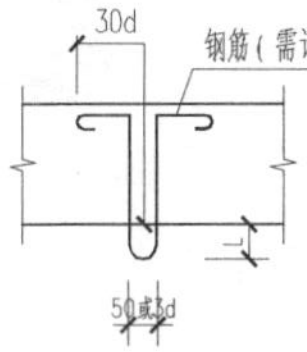

注：吊环应采用HPB235级钢筋制作,严禁使用冷加工钢筋，应焊接或绑扎在钢筋骨架上

梁吊环
C7.01-003

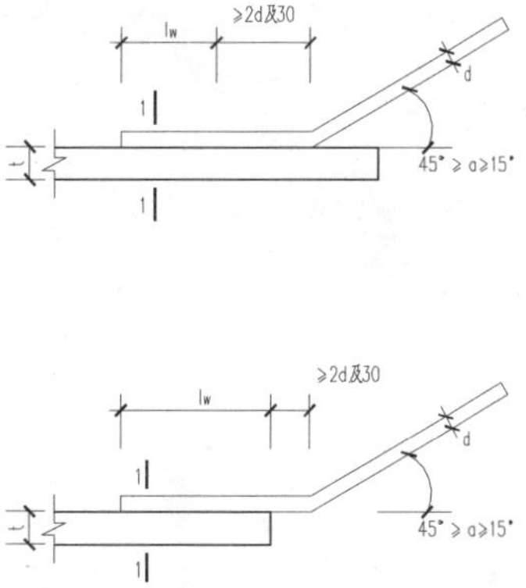

弯折锚筋
C7.01-004

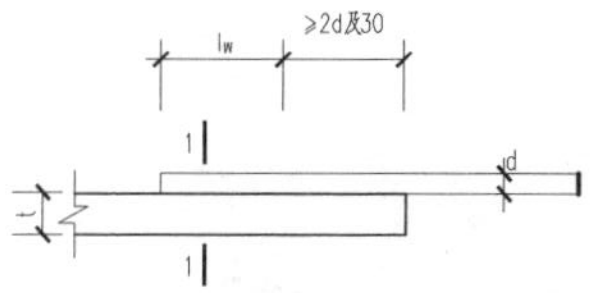

直锚筋
C7.01-005

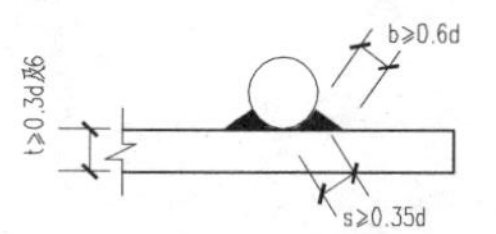

1—1

说明：
受拉锚筋（包括直锚筋和弯折锚筋）与锚板水平连接时，应采用双面角焊缝，
lw≥4d（HPB235钢筋）或≥5d（HRB335钢筋和HRB400钢筋）.

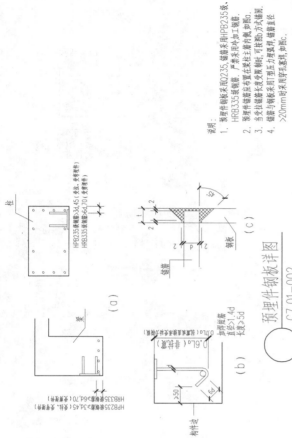

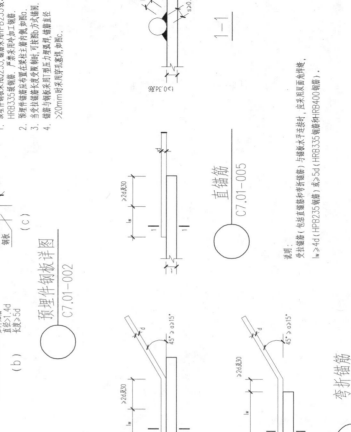

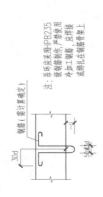

参考详图

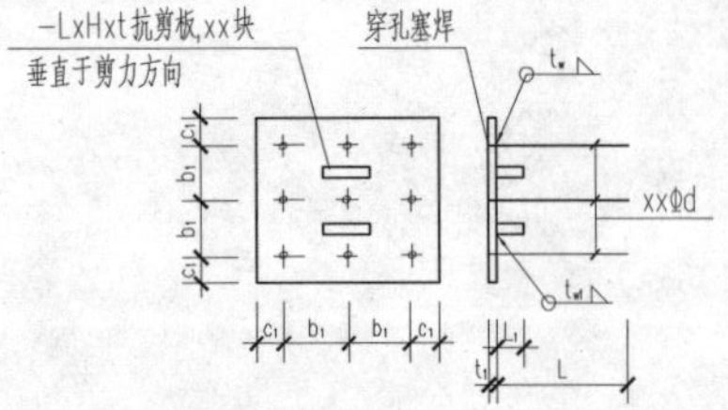

预埋件
C7.01-006

参考详图

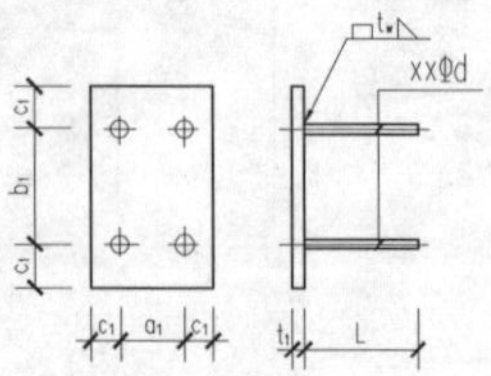

预埋件
C7.01-007

参考详图

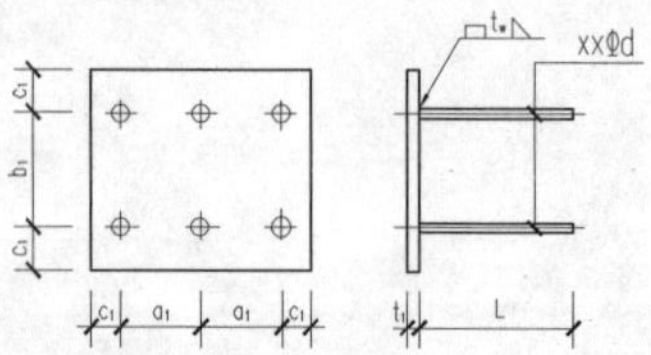

预埋件
C7.01-008

参考详图

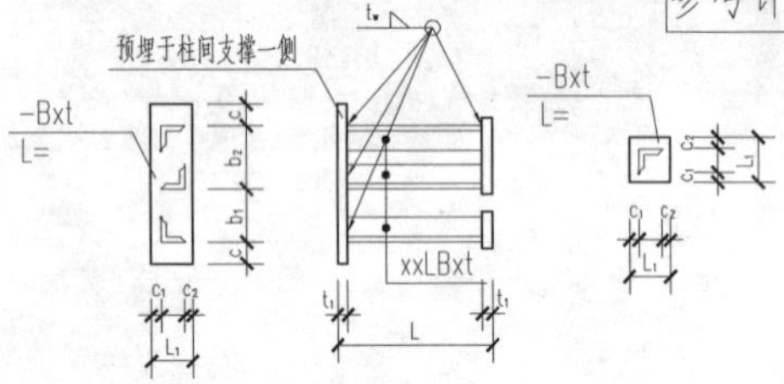

预埋件
C7.01-009

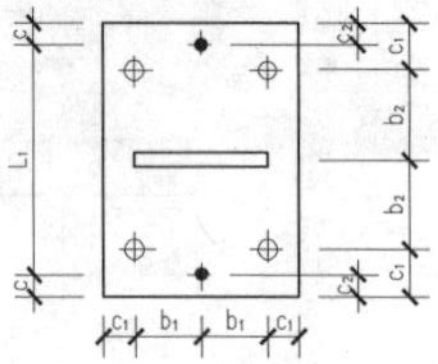

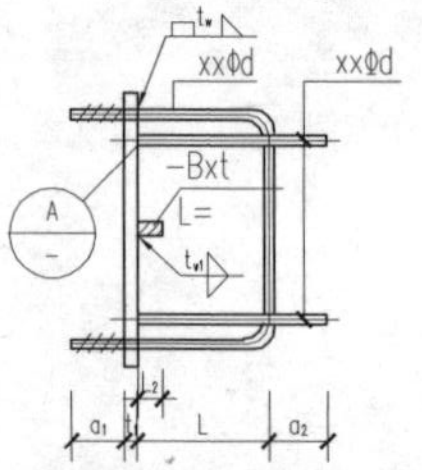

预埋件
C7.01-010

参考详图

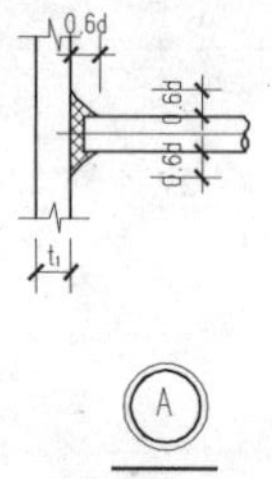

参考详图

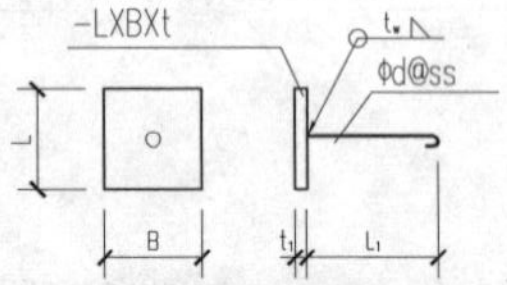

预埋件
C7.01-011

参考详图

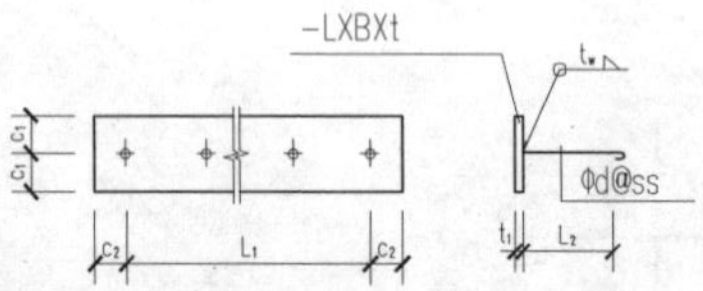

预埋件
C7.01-012

参考详图

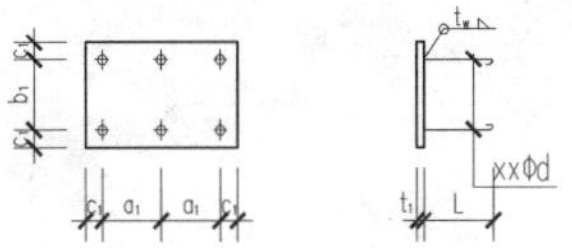

预埋件
C7.01-013

参考详图

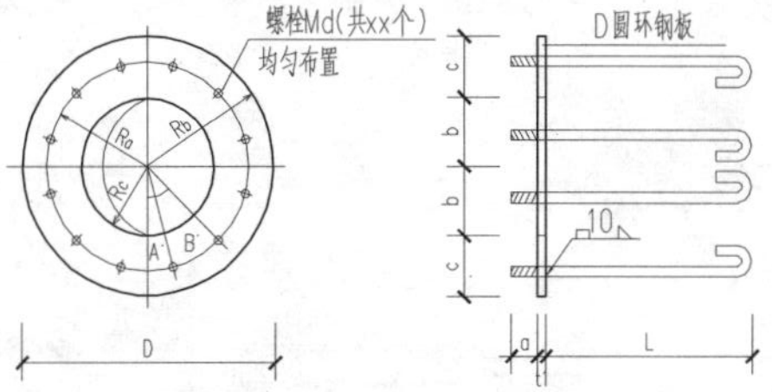

预埋件
C7.01-014

参考详图

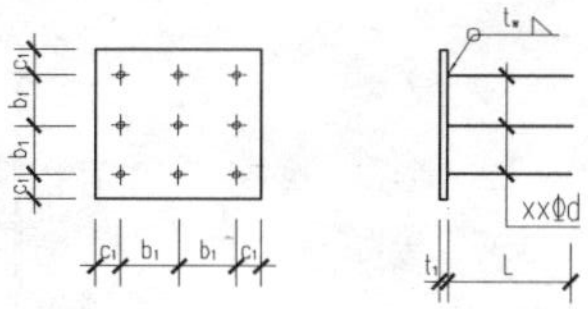

预埋件
C7.01-015

参考详图

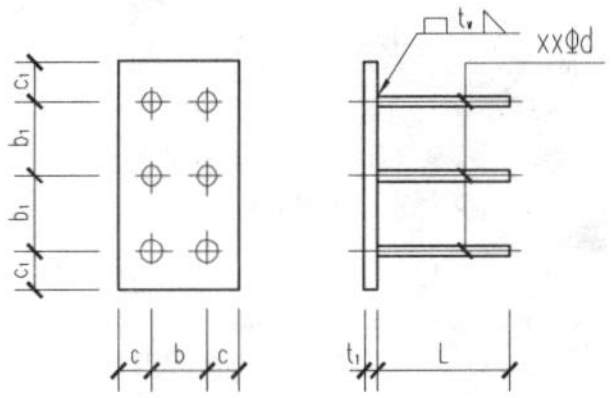

预埋件
C7.01-016

参考详图

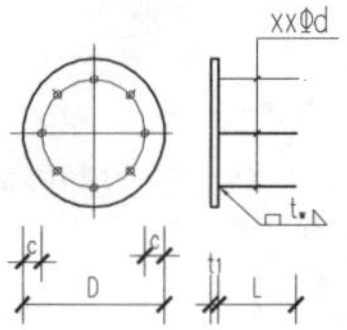

预埋件
C7.01-017

参考详图

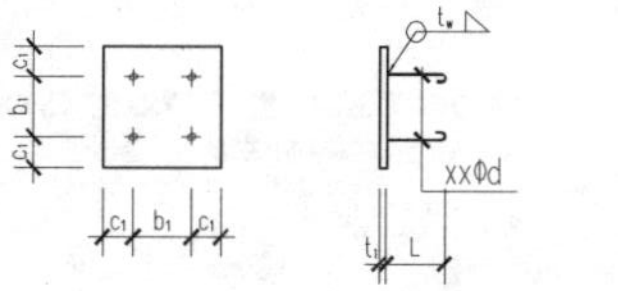

预埋件
C7.01-018

参考详图

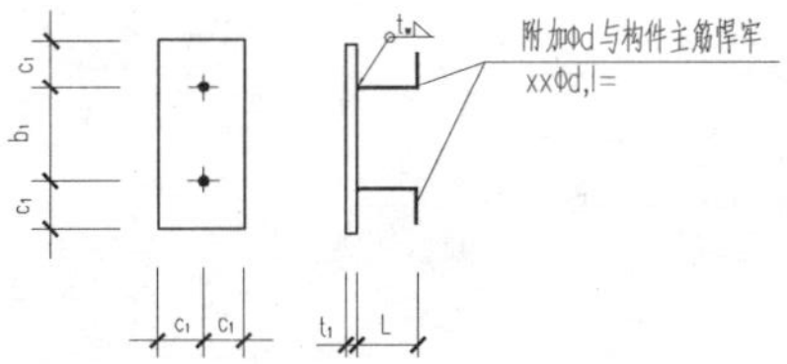

预埋件
C7.01-019

说明：

1.锚板厚度$t_1 \geq 0.6d$；$\geq max(a_1/8, b_1/8)$。

2.锚筋至锚板边缘距离$c_1 \geq 2d$、20mm，锚筋间距a_1、b_1均应$\geq 3d$、45mm。

3.受剪埋件：a_1，$b_1 \leq 30mm$，且锚筋在受力方向间距：

$b_1 \geq 6d$，$\geq 70mm$；

$a_1 \geq 3d$，$\geq 45mm$。

4.$L=L_a$。

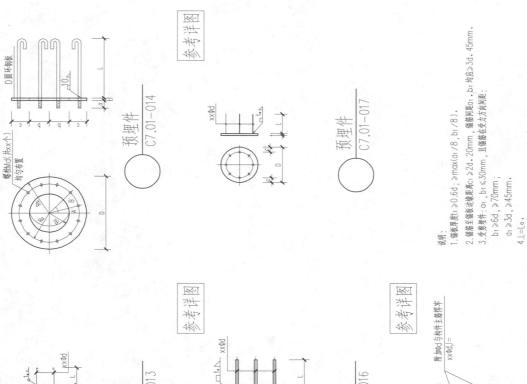

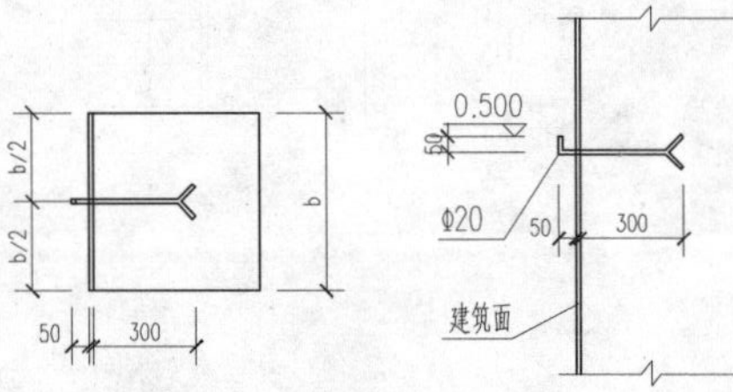

固定观测点（使用时）
（用于一般情况）

沉降观测点埋设详图
C8.01-001

说明：沉降观测点应按图纸设置，沉降观测应从楼层施工起直到建筑物沉降基本稳定为止.

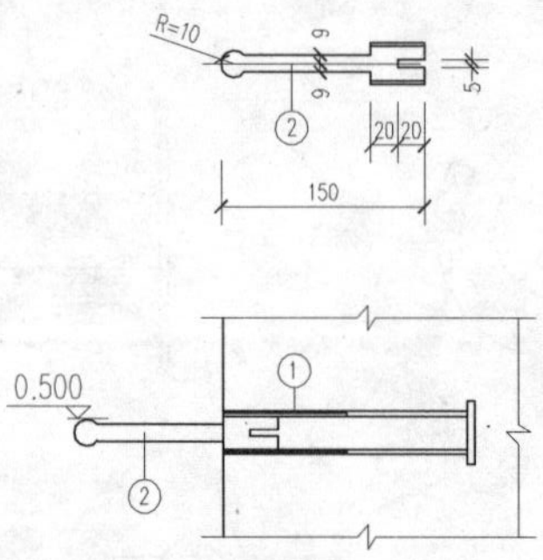

活动观测点（使用时）
（用于有较高立面要求时）

沉降观测点埋设详图
C8.01-002

说明：沉降观测—应按图纸上设置的观测点进行沉降观测，观测应从楼层施工起直到建筑物沉降基本稳定为止.

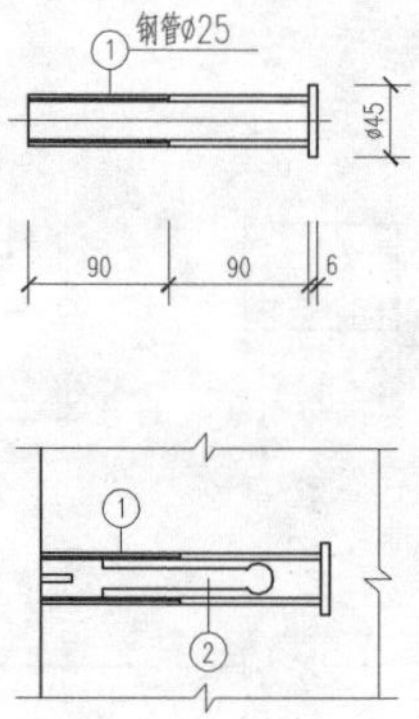

（平时）

沉降观测点埋设详图
C8.01-003

说明：沉降观测—应按图纸上设置的观测点进行沉降观测，观测应从楼层施工起直到建筑物沉降基本稳定为止.

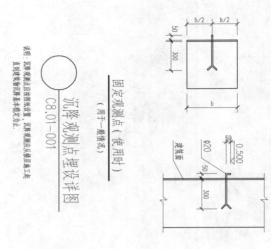

参考详图

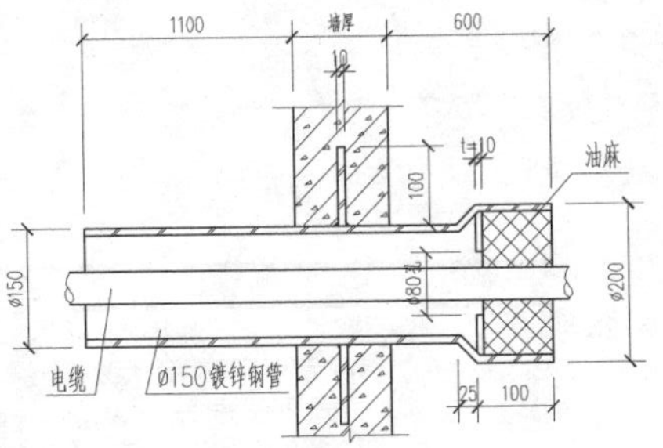

电缆管穿墙详图
C8.02-001

说明：(止水带做法)
1. 橡胶(或塑料)止水带应按设计要求在工厂预制成形,接头根据材质采用相应方法(如焊接或溶接法)接牢.
2. 橡胶止水带必须准确地埋设,其中空心圆环应与变形缝及结构厚度中心线重合.
3. 变形缝的止水带在转角处的转角半径R应做成大于200的圆弧形.
4. 止水带的接搓不得甩在转角处,且应留在较高部位.
5. 止水带在浇注混凝土前必须妥善固定在专用的钢筋套中,并在止水带的边缘处用镀锌丝绑牢,以防位移.
6. 施工浇注混凝土时,止水带下侧必须要捣密实.

参考详图

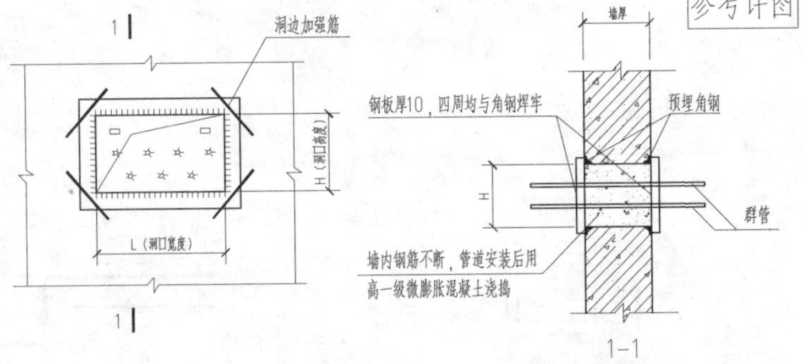

说明：管道穿地下室外墙时均应预埋套管或钢板.穿墙单根给排水管除图中注明外按给排水标准图集S312中S3采用(Ⅱ)型刚性防水套管.群管穿墙除已有详图者外可按此图施工，洞口尺寸 L×H见有关平面.

地下室群管穿墙详图
C8.02-002

参考详图

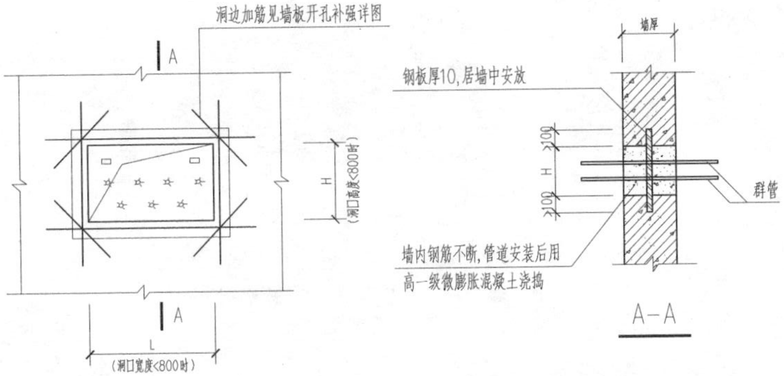

地下室群管穿墙详图
C8.02-003

参考详图

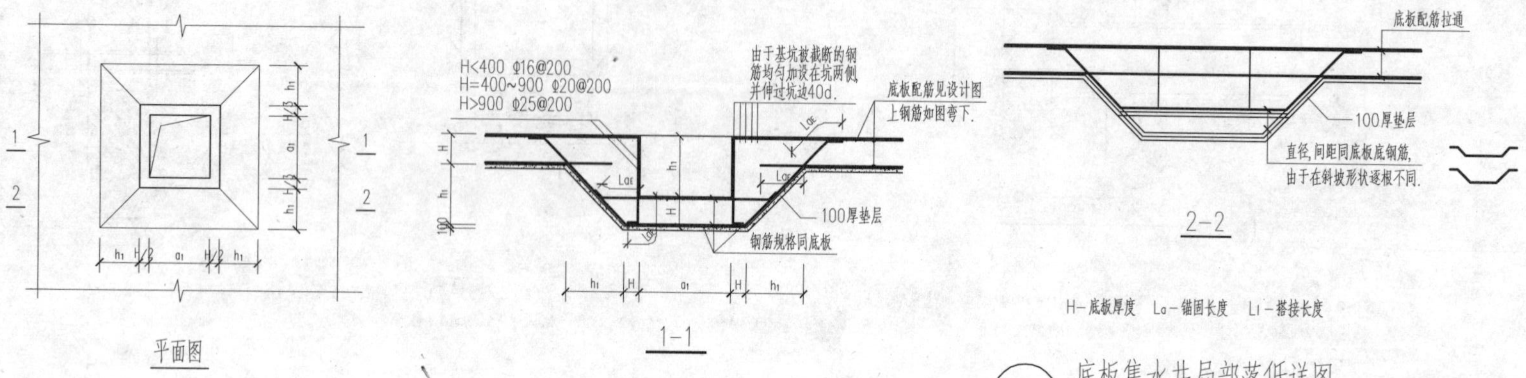
H<400 φ16@200
H=400~900 φ20@200
H>900 φ25@200
由于基坑被截断的钢筋均匀加设在坑两侧,并伸过坑边40d.
底板配筋见设计图
上钢筋如图弯下.
100厚垫层
钢筋规格同底板
底板配筋拉通
直径,间距同底板底钢筋,
由于在斜坡形状逐根不同.
平面图
1-1
2-2

H-底板厚度 La-锚固长度 Li-搭接长度

底板集水井局部落低详图

C8.03-001

参考详图

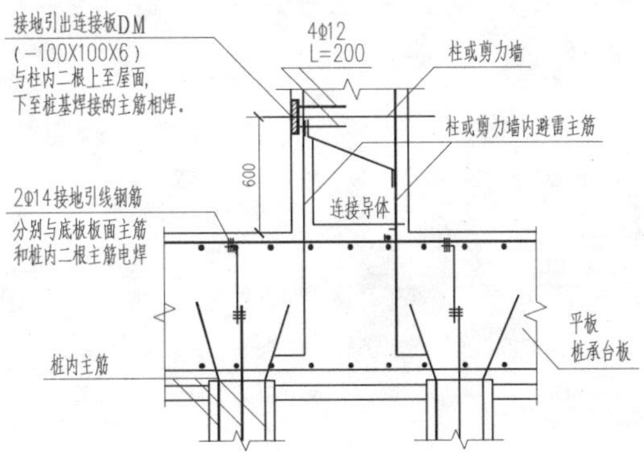

图 1

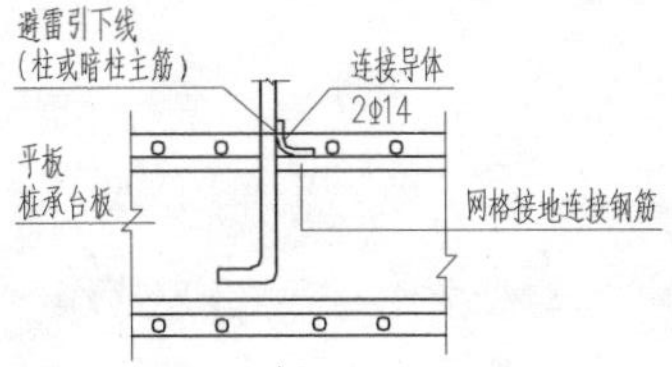

图 2

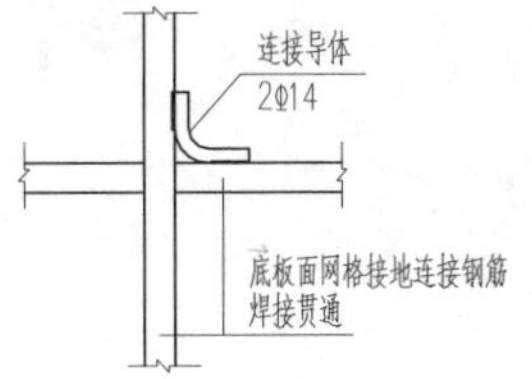

图 3

避雷接地详图
C8.04-001

说明:(避雷接地做法)

1. 避雷引下线用符号▲表示，它利用柱内或剪力墙暗柱内两根纵向钢筋(纵筋直径应大于16，需加焊接贯通)，通过连接导体(2Φ14)下面与相邻网格接地连接线连通，上面与高出屋面的连接避雷网带的预埋件连通见图2.
2. 利用桩平板承台面纵横交叉钢筋，通过连接导体(2Φ14)焊接连接见图3.
3. 利用靠近避雷引下线的桩内的二根主筋作防雷接地板，通过连接导体(2Φ14)与网格接地连接线相通见图1.
4. 为接地用的钢筋均需焊通，连接导体搭接长度≥6d，焊缝必须饱满.
5. 电气专业的避雷需利用结构构件部分，土建施工时需根据电气专业要求，做好接地钢筋的电焊连接，并加以标识.